에듀윌과 함께 시작하면,
당신도 합격할 수 있습니다!

대학 졸업 후 취업을 위해 바쁜 시간을 쪼개며
전기기사 자격시험을 준비하는 취준생

비전공자이지만 더 많은 기회를 만들기 위해
전기기사에 도전하는 수험생

전기직 업무를 수행하면서 승진을 위해
전기기사에 도전하는 주경야독 직장인

누구나 합격할 수 있습니다.
시작하겠다는 '다짐' 하나면 충분합니다.

마지막 페이지를 덮으면,

**에듀윌과 함께
전기기사 합격이 시작됩니다.**

전기기사 1위

꿈을 실현하는 에듀윌
real 합격 스토리

이○름 3주 초단기 동차합격

3주 만에 전기기사 취득, 과목별 전문 교수진 덕분

자격증을 따야겠다고 결심했던 시기가 시험 접수 기간이었습니다. 친구들에게 좋은 이야기를 많이 들었던 에듀윌이 생각나서 상담을 받고 본격적인 준비를 시작했습니다. 에듀윌은 과목별로 교수 라인업이 잘 짜여 있고, 취약한 부분은 교수님 별로 다양한 관점의 강의를 들을 수 있어서 많은 도움이 됐습니다. 또, 이 과정을 통해 학습 내용을 정리할 수 있는 점도 정말 좋았습니다.

이○학 3개월 단기 합격

나를 합격으로 이끌어 준 에듀윌 전기기사

공기업 취업을 준비하던 중에 취업에 도움이 될 거라는 생각에 전기기사 자격증 공부를 시작했습니다. 강의를 듣고 난 당일 복습했던 게 빠르게 합격할 수 있었던 이유라고 생각합니다. 아버지께서 에듀윌에서 전기산업기사 준비를 하셔서 자연스럽게 에듀윌을 선택하게 됐습니다. 전문 교수님들이 에듀윌의 가장 큰 장점이라고 생각합니다. 그리고 학습 상황을 객관적으로 파악할 수 있었던 모의고사 서비스도 만족스러웠습니다.

김○연 비전공자 3개월 합격

에듀윌이라 가능했던 3개월 단기 합격

비전공자임에도 불구하고 3개월 만에 전기기사 자격증을 취득할 수 있었습니다. 제게 맞는 강의를 선택할 수 있도록 다양한 콘텐츠를 지원해 준 에듀윌에 감사드립니다. 일반 물리학 정도의 지식만 있던 상태라 강의를 따라가기가 쉽지만은 않았습니다. 하지만 힘들어서 포기하고 싶을 때마다 용기를 주시고 격려해주신 교수님과 학습 매니저 분들에게 정말 감사 인사를 전하고 싶습니다.

다음 합격의 주인공은 당신입니다!

더 많은 합격 비법

* 2023 대한민국 브랜드만족도 전기(산업)기사 교육 1위(한경비즈니스)

에듀윌 전기기사

1위 에듀윌만의
체계적인 합격 커리큘럼

매일 선착순
100명

쉽고 빠른 합격의 첫걸음
기술자격증 입문서 8권 무료 신청

원하는 시간과 장소에서, 1:1 관리까지 한번에
온라인 강의

① 전 과목 최신 교재 제공
② 업계 최강 교수진의 전 강의 수강 가능
③ 맞춤형 학습플랜 및 커리큘럼으로 효율적인 학습

기술자격증 입문서
무료 신청

친구 추천 이벤트

" **친구 추천**하고 한 달 만에
920만원 받았어요 "

친구 1명 추천할 때마다 현금 10만원 제공
추천 참여 횟수 무제한 반복 가능

친구 추천 이벤트
바로가기

※ *a*o*h**** 회원의 2021년 2월 실제 리워드 금액 기준
※ 해당 이벤트는 예고 없이 변경되거나 종료될 수 있습니다.

---

* 2023 대한민국 브랜드만족도 전기(산업)기사 교육 1위(한경비즈니스)

전기기사 1위

이제 국비무료 교육도
에듀윌

수강생을 반겨주는 에듀윌의 환한 복도 (구로)

언제나 전문 학습 매니저와 상담이 가능한 안내데스크 (부평)

고품질 영상 및 음향 장비를 갖춘 최고의 강의실 (구로)

재충전을 위한 카페 분위기의 아늑한 휴게실 (부평)

다용도로 활용이 가능한 휴게실 (성남)

전기/소방/건축/쇼핑몰/회계/컴활 자격증 취득
국민내일배움카드제

에듀윌 국비교육원 대표전화

서울 구로	02)6482-0600	구로디지털단지역 2번 출구
경기 성남	031)604-0600	모란역 5번 출구
인천 부평	032)262-0600	부평역 5번 출구
인천 부평2관	032)263-2900	부평역 5번 출구

국비교육원
바로가기

* 2023 대한민국 브랜드만족도 전기(산업)기사 교육 1위(한경비즈니스)

시험 직전, CBT 시험 적응을 위한
최신기출 CBT 모의고사

💻 PC로 응시하기

1 | 최신 출제경향을 반영한 CBT 모의고사

실제 시험과 동일한 시험 환경 구현
CBT 시험 완벽 대비
총 3회 분량의 모의고사 제공

모의고사 입장하기
1회 | https://eduwill.kr/5Flp
2회 | https://eduwill.kr/1Flp
3회 | https://eduwill.kr/MFlp

2 | 학습자 맞춤형 성적분석

전체 응시생의 평균점수 비교를 통한
시험의 난이도와 합격예측 확인
과목별 점수와 난이도를 비교하여
스스로 취약한 부분 확인

STEP 1 모의고사 응시 후 [성적분석] 클릭

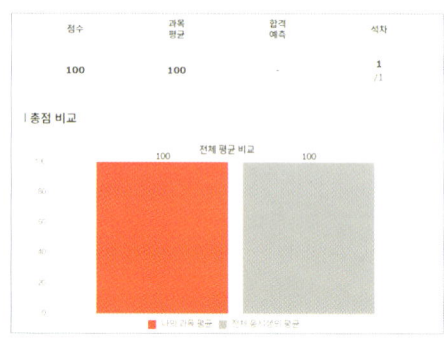

3 | 쉽고 빠르게 확인하는 오답해설

모의고사 채점을 통한 과목별 성적 및
상세한 해설 제공
문제별 정답률을 확인하여 문제 난이도를
한눈에 파악

STEP 1 모의고사 응시 후 [채점 결과] 클릭
STEP 2 점수 확인 후 [해설 보기] 클릭

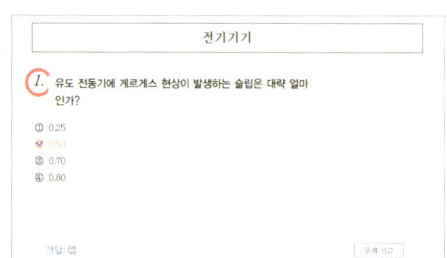

에듀윌 전기
전기자기학 필기
+무료특강

끝맺음 노트

☑ 핵심이론 및 빈출문제

☑ 최신기출 CBT 모의고사 (+무료특강 3강)

eduwill

에듀윌 전기
전기자기학 필기
+무료특강

에듀윌 전기
전기자기학
필기 기본서 + 유형별 N제

끝맺음 노트

eduwill

핵심이론 및 빈출문제

최근 20개년 동안 가장 많이 출제된 핵심이론만 모았습니다.
이론과 관련된 빈출문제를 풀어보면서 개념을 확립할 수 있습니다.
무료강의와 함께 학습하면 소화력이 배가 됩니다.

전기자기학 본권 학습 후 마무리를 도와주는 끝맺음 노트

> 시험에 나오는 요점만 정리한 이론과 문제!

핵심이론 및 빈출문제

PART 01 핵심이론 및 빈출문제

활용 방법
① 네이버앱 또는 카카오톡앱에서 QR코드 스캔 기능을 준비한다.
② QR코드 스캔하여 강의를 수강한다.
③ 동영상강의와 함께 부록으로 학습한다.

1 벡터의 발산

(1) 어떤 임의의 벡터가 외부로 발산되어 나가는 성질을 구할 때 사용되는 미분법이다.

(2) $div\,\dot{A}$ 계산 방법

$$div\,\dot{A} = \nabla \cdot \dot{A} = \left(\frac{\partial}{\partial x}i + \frac{\partial}{\partial y}j + \frac{\partial}{\partial z}k\right) \cdot (A_x i + A_y j + A_z k)$$
$$= \frac{\partial A_x}{\partial x} + \frac{\partial A_y}{\partial y} + \frac{\partial A_z}{\partial z}$$

대표 빈출 문제

위치 함수로 주어지는 벡터량이 $E(x,\,y,\,z) = E_x i + E_y j + E_z k$ 이다. 나블라(∇)와의 내적 $\nabla \cdot \dot{E}$ 와 같은 의미를 갖는 것은?

① $\dfrac{\partial E_x}{\partial x} + \dfrac{\partial E_y}{\partial y} + \dfrac{\partial E_z}{\partial z}$

② $i\dfrac{\partial E_x}{\partial x} + j\dfrac{\partial E_y}{\partial y} + k\dfrac{\partial E_z}{\partial z}$

③ $\int \dfrac{\partial E_x}{\partial x} + \int \dfrac{\partial E_y}{\partial y} + \int \dfrac{\partial E_z}{\partial z}$

④ $i\int E_x dx + j\int E_y dy + k\int E_z dz$

해설
$$div\,\dot{E} = \left(\frac{\partial}{\partial x}i + \frac{\partial}{\partial y}j + \frac{\partial}{\partial z}k\right) \cdot (E_x i + E_y j + E_z k)$$
$$= \frac{\partial E_x}{\partial x} + \frac{\partial E_y}{\partial y} + \frac{\partial E_z}{\partial z}$$

|정답| ①

---

2 쿨롱의 힘

서로 다른 두 전하($Q_1[C]$, $Q_2[C]$)에 의해 발생하는 반발력이나 흡인력은 다음과 같은 식에 의해서 구한다.

$$F = \frac{Q_1 Q_2}{4\pi\varepsilon_0 r^2} = 9 \times 10^9 \times \frac{Q_1 Q_2}{r^2}\,[N]$$

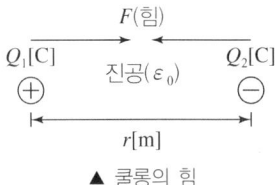

▲ 쿨롱의 힘

대표빈출문제 진공 중에 $+20[\mu C]$과 $-3.2[\mu C]$인 2개의 점 전하가 $1.2[m]$ 간격으로 놓여 있을 때 두 전하 사이에 작용하는 힘$[N]$과 작용력은 어떻게 되는가?

① $0.2[N]$, 반발력
② $0.2[N]$, 흡인력
③ $0.4[N]$, 반발력
④ $0.4[N]$, 흡인력

해설
- 힘의 성질: 문제에 주어진 전하가 (+)와 (−)로 서로 반대 극성의 전하이므로 이때 발생하는 힘은 흡인력이 된다.
- 흡인력의 크기

$$F = 9 \times 10^9 \times \frac{Q_1 Q_2}{r^2} = 9 \times 10^9 \times \frac{20 \times 10^{-6} \times 3.2 \times 10^{-6}}{1.2^2}$$
$$= 0.4[N]$$

|정답| ④

3 구 도체의 전계 세기

(1) 도체 내부에서의 전계($r_1 < a$)

$E_1 = 0$

(실제: 도체 내부에 전하가 없는 경우)

$E_1 = \dfrac{Q r_1}{4\pi\varepsilon_0 a^3}[V/m]$

(가정: 도체 내부에 전하가 고르게 분포된 경우)

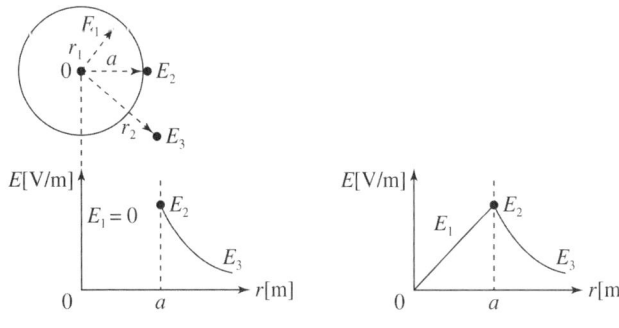

(a) 도체 내부에 전하가 없는 경우 (b) 도체 내부에 전하가 있는 경우

▲ 구 도체의 전계

(2) 도체 표면에서의 전계($r_1 = a$)

$E_2 = \dfrac{Q}{4\pi\varepsilon_0 a^2}[V/m]$

(3) 도체 외부에서의 전계($r_2 > a$)

$E_3 = \dfrac{Q}{4\pi\varepsilon_0 r_2^2}[V/m]$

대표빈출문제 반지름이 a[m]인 구대칭 전하에 의한 구 내외의 전계의 세기에 해당되는 것은?(단, 전하는 도체 표면에만 분포한다.)

① 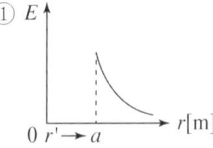 ② 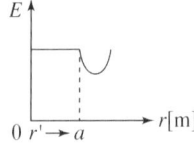 ③ 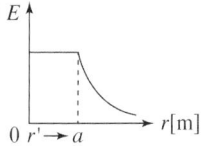 ④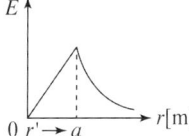

해설
- 도체 내부에서의 전계($r < a$)
  $E = 0$
  (실제: 도체 내부에 전하가 없는 경우)
  $E = \dfrac{Qr}{4\pi\varepsilon_0 a^3}$ [V/m]
  (가정: 도체 내부에 전하가 고르게 분포된 경우)
- 도체 표면에서의 전계($r = a$)
  $E = \dfrac{Q}{4\pi\varepsilon_0 a^2}$ [V/m]
- 도체 외부에서의 전계($r > a$)
  $E = \dfrac{Q}{4\pi\varepsilon_0 r^2}$ [V/m]

| 정답 | ①

4 전위차

(1) 전위차의 정의
 ① 어느 임의의 두 지점 A, B에서의 각각의 전위가 V_A, V_B일 때 이 두 지점 간의 전위차를 말한다.
 ② 전위차의 기호는 V_{AB}로 표시하고, 단위는 [V](볼트)를 사용한다.

(2) 전위차의 계산
 ① 기본식
 $$V_{AB} = V_A - V_B = -\int_B^A E\,dr = \int_A^B E\,dr\,[\text{V}]$$

 ② 점(구) 전하에서 두 지점 A, B 간의 전위차
 $$V = \int_A^B E\,dr = \dfrac{Q}{4\pi\varepsilon_0 r_1} - \dfrac{Q}{4\pi\varepsilon_0 r_2} = \dfrac{Q}{4\pi\varepsilon_0}\left(\dfrac{1}{r_1} - \dfrac{1}{r_2}\right)[\text{V}]$$

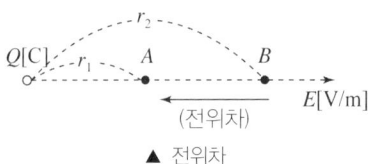

▲ 전위차

대표빈출문제 그림과 같이 $\overline{AB} = \overline{BC} = 1[\text{m}]$일 때 A와 B에 동일한 $+1[\mu C]$이 있는 경우 C 점의 전위는 몇 $[V]$인가?

```
A       B       C
○───────○───────○
```

① 6.25×10^3 ② 8.75×10^3 ③ 12.5×10^3 ④ 13.5×10^3

해설 $V = V_{AC} + V_{BC} = 9 \times 10^9 \times \dfrac{10^{-6}}{2} + 9 \times 10^9 \times \dfrac{10^{-6}}{1}$
$= 13.5 \times 10^3 [\text{V}]$

|정답| ④

5 동심구 도체의 정전 용량

(1) $a \sim b$ 사이의 전위차

$$V = \int_a^b \dfrac{Q}{4\pi\varepsilon_0 r^2} dr = \dfrac{Q}{4\pi\varepsilon_0}\left[-\dfrac{1}{r}\right]_a^b = \dfrac{Q}{4\pi\varepsilon_0}\left(\dfrac{1}{a} - \dfrac{1}{b}\right) [\text{V}]$$

(2) 동심구 도체의 정전 용량

$$C = \dfrac{Q}{V} = \dfrac{Q}{\dfrac{Q}{4\pi\varepsilon_0}\left(\dfrac{1}{a} - \dfrac{1}{b}\right)} = \dfrac{4\pi\varepsilon_0}{\dfrac{1}{a} - \dfrac{1}{b}} = \dfrac{4\pi\varepsilon_0 ab}{b-a} [\text{F}]$$

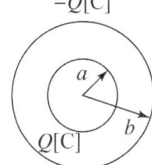

▲ 동심구 도체

대표빈출문제 공기 중에 있는 지름 $6[\text{cm}]$인 단일 도체구의 정전 용량은 몇 $[\text{pF}]$인가?

① 0.34 ② 0.67 ③ 3.34 ④ 6.71

해설 단일 도체구의 정전 용량
$C = 4\pi\varepsilon_0 a = 4\pi \times \dfrac{1}{4\pi \times 9 \times 10^9} \times 3 \times 10^{-2} = \dfrac{1}{3} \times 10^{-11}$
$= 3.33 \times 10^{-12} [\text{F}] \fallingdotseq 3.34 [\text{pF}]$

|정답| ③

6 평행판 콘덴서의 정전 용량

(1) 평행판 사이의 전계 세기

$$E = \frac{\rho_s}{\varepsilon_0} \, [\text{V/m}]$$

(2) 평행판 사이의 전위차

$$V = Ed = \frac{\rho_s}{\varepsilon_0} d \, [\text{V}]$$

(3) 평행판 도체의 정전 용량

$$C = \frac{Q}{V} = \frac{\rho_s S}{\frac{\rho_s}{\varepsilon_0} d} = \frac{\varepsilon_0 S}{d} \, [\text{F}]$$

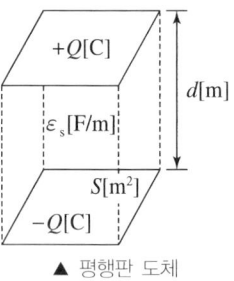
▲ 평행판 도체

대표 빈출 문제 평행판 콘덴서의 양극판 면적을 3배로 하고 간격을 $\frac{1}{3}$로 줄이면 정전 용량은 처음의 몇 배가 되는가?

① 1   ② 3   ③ 6   ④ 9

해설
- 원래의 평행판 콘덴서

  $$C_1 = \frac{\varepsilon_0 S}{d} \, [\text{F}]$$

- 면적과 간격을 바꾼 평행판 콘덴서

  $$C_2 = \frac{\varepsilon_0 \times 3S}{\frac{d}{3}} = 9 \times \frac{\varepsilon_0 S}{d} = 9 C_1 \, [\text{F}]$$

|정답| ④

---

7 분극의 세기

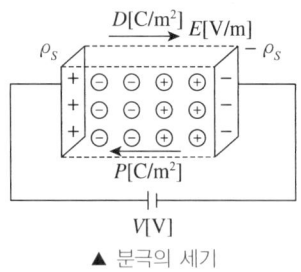
▲ 분극의 세기

(1) 유전체 내에서 분극의 세기를 고려할 경우 다음과 같이 나타낼 수 있다.

$$D = \varepsilon_0 E + P \, [\text{C/m}^2]$$

분극의 세기 P에 관해 정리하면

$$P = D - \varepsilon_0 E = \varepsilon_0 \varepsilon_s E - \varepsilon_0 E = \varepsilon_0 (\varepsilon_s - 1) E \, [\text{C/m}^2]$$

(2) 위 식에서 분극률 $\chi = \varepsilon_0(\varepsilon_s - 1)$, 비분극률 $\frac{\chi}{\varepsilon_0} = \chi_e = \varepsilon_s - 1$이라 하면

$$P = \varepsilon_0 (\varepsilon_s - 1) E = \chi E = \varepsilon_0 \chi_e E \, [\text{C/m}^2]$$

대표빈출문제 비유전율 $\varepsilon_r = 5$인 유전체 내의 한 점에서 전계의 세기가 $10^4 [\text{V/m}]$라면, 이 점의 분극의 세기는 약 몇 $[\text{C/m}^2]$인가?

① 3.5×10^{-7} ② 4.3×10^{-7} ③ 3.5×10^{-11} ④ 4.3×10^{-11}

해설 분극의 세기
$$P = D - \varepsilon_0 E = \varepsilon_0 \varepsilon_r E - \varepsilon_0 E = \varepsilon_0 (\varepsilon_r - 1) E$$
$$= 8.854 \times 10^{-12} \times (5-1) \times 10^4 = 3.54 \times 10^{-7} [\text{C/m}^2]$$

| 정답 | ①

8 유전율이 다른 콘덴서의 연결

(1) 공기 콘덴서에 유전체 콘덴서를 병렬 삽입하는 경우

① 평행판 콘덴서에서 평행판 사이에 유전체를 수직으로 채우는 것이다.

② 이때에는 그림처럼 2개의 평행판 콘덴서가 병렬 구조로 된다.

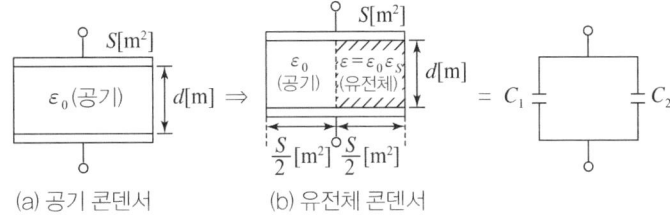

▲ 유전체의 병렬 삽입

③ 각각의 정전 용량을 구하면
- (a) 그림의 순수한 공기 콘덴서의 경우
$$C_0 = \frac{\varepsilon_0 S}{d} [\text{F}]$$

- (b) 그림의 유전체와 공기 콘덴서 합성의 경우
$$C = C_1 + C_2 = \frac{\varepsilon_0 \frac{S}{2}}{d} + \frac{\varepsilon_0 \varepsilon_s \frac{S}{2}}{d} = \frac{1}{2} C_0 + \frac{1}{2} \varepsilon_s C_0 = \frac{C_0}{2}(1 + \varepsilon_s) [\text{F}]$$

(2) 공기 콘덴서에 유전체 콘덴서를 직렬 삽입하는 경우

① 평행판 콘덴서의 평행판 사이에 유전체를 수평으로 채우는 것이다.

② 이때에는 그림처럼 2개의 평행판 콘덴서가 직렬 구조로 된다.

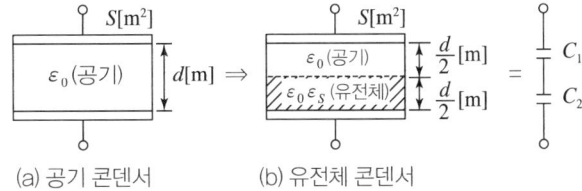

▲ 유전체의 직렬 삽입

③ 각각의 정전 용량을 구하면
- (a) 그림의 순수한 공기 콘덴서의 경우
$$C_0 = \frac{\varepsilon_0 S}{d} \, [\text{F}]$$
- (b) 그림의 유전체와 공기 콘덴서 합성의 경우
$$C_1 = \frac{\varepsilon_0 S}{\frac{d}{2}} = 2C_0, \quad C_2 = \frac{\varepsilon_0 \varepsilon_s S}{\frac{d}{2}} = 2\varepsilon_s C_0$$
$$C = \frac{C_1 \times C_2}{C_1 + C_2} = \frac{2C_0 \times 2\varepsilon_s C_0}{2C_0 + 2\varepsilon_s C_0} = \frac{2\varepsilon_s C_0}{1 + \varepsilon_s} \, [\text{F}]$$

대표 빈출 문제

면적 $S[\text{m}^2]$의 평행한 평판 전극 사이에 유전율이 $\varepsilon_1, \varepsilon_2[\text{F/m}]$ 되는 두 종류의 유전체를 $\frac{d}{2}$ 두께가 되도록 각각 넣으면 정전 용량은 몇 $[\text{F}]$이 되는가?

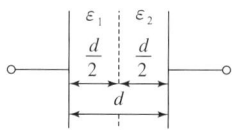

① $\dfrac{2S}{d(\varepsilon_1 + \varepsilon_2)}$ ② $\dfrac{2\varepsilon_1 \varepsilon_2}{dS(\varepsilon_1 + \varepsilon_2)}$ ③ $\dfrac{2\varepsilon_1 \varepsilon_2 S}{d(\varepsilon_1 + \varepsilon_2)}$ ④ $\dfrac{\varepsilon_1 \varepsilon_2 S}{2d(\varepsilon_1 + \varepsilon_2)}$

해설
- 평행판 콘덴서의 정전 용량
$$C = \frac{\varepsilon S}{d} \, [\text{F}]$$
- 콘덴서를 직렬 연결할 경우 합성 정전 용량
$$C' = \frac{C_1 C_2}{C_1 + C_2} \, [\text{F}]$$
- 유전율이 $\varepsilon_1, \varepsilon_2[\text{F/m}]$되는 두 종류의 유전체를 $\frac{d}{2}$ 두께가 되도록 넣으면 직렬 연결이 되므로 합성 정전 용량은
$$C' = \frac{C_1 C_2}{C_1 + C_2} = \frac{\dfrac{\varepsilon_1 S}{\dfrac{d}{2}} \times \dfrac{\varepsilon_2 S}{\dfrac{d}{2}}}{\dfrac{\varepsilon_1 S}{\dfrac{d}{2}} + \dfrac{\varepsilon_2 S}{\dfrac{d}{2}}} = \frac{2\varepsilon_1 \varepsilon_2 S}{d(\varepsilon_1 + \varepsilon_2)} \, [\text{F}]$$

| 정답 | ③

---

9 경계면 조건

(1) 유전체 경계면에서의 접선(수평) 성분
① 경계면에서 전계의 수평 성분이 같다(연속).
② 이를 식으로 표현하면 다음과 같다.
$$E_{1t} = E_{2t} \Rightarrow E_1 \sin\theta_1 = E_2 \sin\theta_2$$
③ 전속 밀도의 접선 성분은 경계면에서 불연속적이다($D_{1t} \neq D_{2t}$).

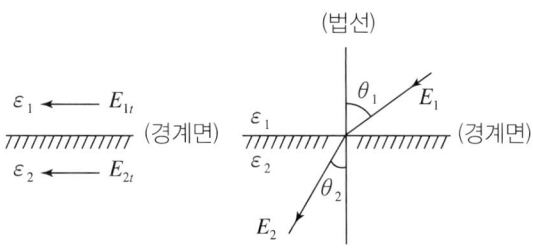

▲ 유전체 경계면에 수평인 전계의 세기

(2) 유전체 경계면에서의 법선(수직) 성분

① 경계면에서 전속 밀도의 수직 성분이 같다(연속).

② 이를 식으로 표현하면 다음과 같다.

$$D_{1n} = D_{2n} \Rightarrow D_1\cos\theta_1 = D_2\cos\theta_2$$

③ 전계 세기의 법선 성분은 경계면에서 불연속적이다($E_{1n} \neq E_{2n}$).

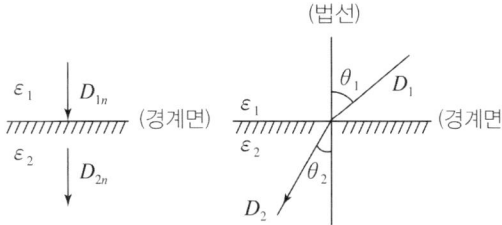

▲ 유전체 경계면에 수직인 전속 밀도

내표 빈출 문제   두 유전체의 경계면에서 정전계가 만족하는 것은?

① 전계의 법선 성분이 같다.
② 전계의 접선 성분이 같다.
③ 전속 밀도의 접선 성분이 같다.
④ 분극 세기의 접선 성분이 같다.

해설
- 경계면에서 전계의 수평(접선) 성분은 같다.
  $E_1\sin\theta_1 = E_2\sin\theta_2$
- 경계면에서 전속 밀도의 수직(법선) 성분은 같다.
  $D_1\cos\theta_1 = D_2\cos\theta_2$
- 경계면에서 굴절의 법칙
  $$\frac{\tan\theta_1}{\tan\theta_2} = \frac{\varepsilon_1}{\varepsilon_2}$$

|정답| ②

10 점 전하의 전기 영상법

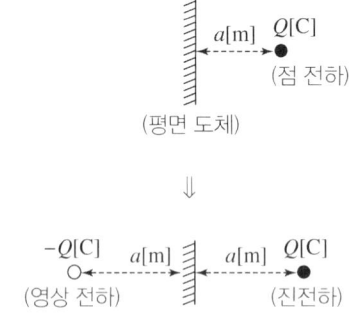

▲ 점 전하와 평면 도체의 전기 영상법 적용 방법

(1) 실제의 전하와 평면 도체 간의 거리 $a[\mathrm{m}]$와 똑같은 반대편에 영상 전하를 둔다.

(2) 영상 전하의 크기는 실제 전하와 같고 부호는 반대이다.

(3) 전기 영상법을 적용한 점 전하와 평면 도체 간의 쿨롱의 힘

$$F = \frac{Q_1 Q_2}{4\pi\varepsilon_0 r^2} = \frac{Q \times (-Q)}{4\pi\varepsilon_0 (2a)^2} = -\frac{Q^2}{16\pi\varepsilon_0 a^2} \ [\mathrm{N}]$$

(4) 무한 평면 도체 전하 밀도

무한 평면 도체의 최대 전하 밀도 $|\sigma_{\max}|$는 $|\sigma_{\max}| = \dfrac{Q}{2\pi d^2}[\mathrm{C/m^2}]$이다.

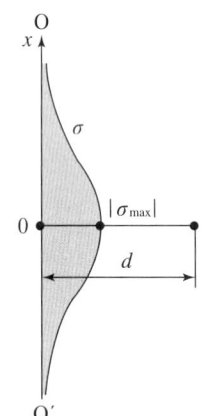

▲ 무한 평면 도체 전하 밀도

대표빈출문제 무한 평면 도체로부터 $d[\text{m}]$인 곳에 점전하 $Q[\text{C}]$가 있을 때 도체 표면상에 최대로 유도되는 전하 밀도는 몇 $[\text{C/m}^2]$인가?

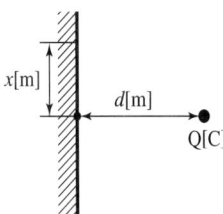

① $-\dfrac{Q}{2\pi d^2}$ ② $-\dfrac{Q}{2\pi\varepsilon_0 d^2}$ ③ $-\dfrac{Q}{4\pi d^2}$ ④ $-\dfrac{Q}{4\pi\varepsilon_0 d^2}$

해설 무한 평면 도체에서 최대 전하 밀도

$$\sigma_{\max} = -\dfrac{Q}{2\pi d^2}[\text{C/m}^2]$$

| 정답 | ①

11 전기 저항

(1) 전선의 고유 저항과 전선의 단면적 $S[\text{m}^2]$ 및 전선의 길이 $l[\text{m}]$를 감안한 전선의 실제 저항을 말한다.

(2) 전기 저항의 기호로는 R을 사용하고, 단위는 $[\Omega]$을 쓴다.

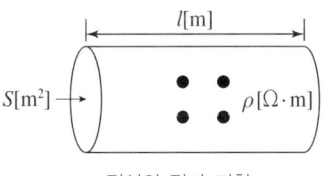

▲ 전선의 전기 저항

(3) 전선의 전기 저항은 다음과 같이 구한다.

$$R = \rho\dfrac{l}{S} = \dfrac{l}{kS}\,[\Omega]$$

(단, k: 도전율$[\mho/\text{m}]$로, 고유 저항 ρ의 역수를 의미한다.)

대표빈출문제 전선을 균일하게 2배의 길이로 당겨 늘였을 때 전선의 체적이 불변이라면 저항은 몇 배가 되는가?

① 2　　　　　② 4　　　　　③ 6　　　　　④ 8

해설
- 원래의 저항
$$R_1 = \rho\frac{l}{S}\,[\Omega]$$
- 새로운 저항
전선의 체적 $V[\text{m}^3]$가 불변인 상태에서 전선의 길이를 2배로 늘리면 $l' = 2l\,[\text{m}]$
$$V = S' \times l' = \frac{S}{2} \times 2l\,[\text{m}^3]$$
즉, 단면적은 $\frac{1}{2}$배로 된다. ($S' = \frac{1}{2} \times S\,[\text{m}^2]$)
따라서 새로운 저항값은
$$R_2 = \rho\frac{l'}{S'} = \rho\frac{2l}{\frac{1}{2}S} = 4R_1\,[\Omega]$$이므로 저항이 4배로 증가한다.

|정답| ②

12 저항과 정전 용량의 관계

$$R \times C = \rho\frac{d}{S} \times \frac{\varepsilon S}{d} = \varepsilon\rho$$

대표빈출문제 반지름이 각각 $a = 0.2\,[\text{m}]$, $b = 0.5\,[\text{m}]$가 되는 동심 구간에 고유 저항 $\rho = 2 \times 10^{12}\,[\Omega \cdot \text{m}]$, 비유전율 $\varepsilon_r = 100$인 유전체를 채우고 내외 동심 구간에 $150\,[\text{V}]$의 전위차를 가할 때 유전체를 통하여 흐르는 누설 전류는 몇 $[\text{A}]$인가?

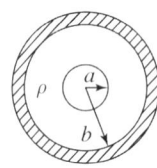

① 2.15×10^{-10}　　② 3.14×10^{-10}　　③ 5.31×10^{-10}　　④ 6.13×10^{-10}

해설
- 정전 용량
$$C = \frac{4\pi\varepsilon ab}{b-a}\,[\text{F}]$$
- 저항
$RC = \varepsilon\rho$에 의해
$$R = \frac{\varepsilon\rho}{C} = \frac{\varepsilon\rho}{\frac{4\pi\varepsilon ab}{b-a}} = \frac{\rho(b-a)}{4\pi ab}\,[\Omega]$$
- 누설 전류
$$I = \frac{V}{R} = \frac{V}{\frac{\rho(b-a)}{4\pi ab}} = \frac{4\pi ab\,V}{\rho(b-a)} = \frac{4\pi \times 0.2 \times 0.5 \times 150}{2 \times 10^{12} \times (0.5-0.2)}$$
$$= 3.14 \times 10^{-10}\,[\text{A}]$$

|정답| ②

13 열전 효과의 종류

(1) 제벡(Seebeck) 효과
   ① 열전 효과의 가장 기본적인 현상이다.
   ② 서로 다른 금속체를 접합하여 폐회로를 만들고 두 접합점에 온도차를 두면 그 폐회로에서 열기전력이 발생한다.

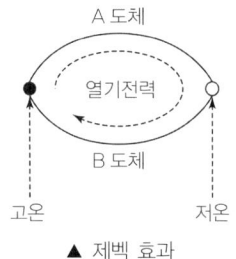
▲ 제벡 효과

(2) 펠티에(Peltier) 효과
   ① 제벡 효과의 역효과 현상이다.
   ② 서로 다른 금속체를 접합하여 폐회로를 만들고 이 폐회로에 전류를 흘려 주면 그 폐회로의 접합점에서 열의 흡수 및 발생이 일어나는 현상이다.

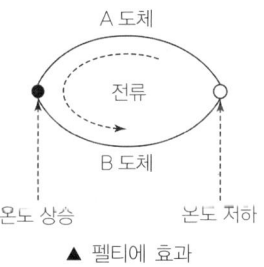
▲ 펠티에 효과

(3) 톰슨(Thomson) 효과
   ① 동일한 금속 사이에 발생하는 열전 효과이다.
   ② 동일한 금속 도선의 두 점 사이에 온도차를 주고 전류를 흘렸을 때, 열의 발생 또는 흡수가 일어나는 현상이다.

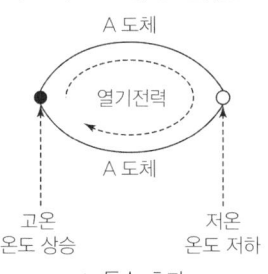
▲ 톰슨 효과

| 대표빈출문제 | 동일한 금속 도선의 두 점 사이에 온도차를 주고 전류를 흘렸을 때 열의 발생 또는 흡수가 일어나는 현상은?

① 펠티에(Peltier) 효과
② 볼타(Volta) 효과
③ 제벡(Seebeck) 효과
④ 톰슨(Thomson) 효과

해설 동일한 금속에서 발생하는 열전현상은 톰슨 효과이다.
- 펠티에(Peltier) 효과: 서로 다른 금속체를 접합한 폐회로에 전류를 흘렸을 때, 그 접점에서 열의 발생 또는 흡수가 일어나는 현상
- 볼타(Volta) 효과: 서로 다른 두 종류의 금속을 접촉시키고 얼마 후에 떼어서 각각 검사하면 양과 음으로 대전되는 현상
- 제벡(Seebeck) 효과: 서로 다른 금속체를 접합한 폐회로에 온도차를 두면, 열기전력이 발생하는 현상
- 톰슨(Thomson) 효과: 동일한 금속에 부분적인 온도차가 있을 때 전류를 흘리면 발열 또는 흡열이 일어나는 현상

|정답| ④

14 전계의 특수한 현상

(1) 초전(Pyro) 효과
① 어떤 특수한 물질을 가열시키거나 반대로 냉각을 시키면 전기 분극을 일으키는 현상이다.
② 로셀염이나 수정 등에서 이러한 현상이 발생한다.

(2) 압전 효과
① 유전체 결정에 기계적 변형을 가하면 결정 표면에 양·음의 전하가 발생하여 대전되는 현상이다.
② 반대로 이 결정을 전계 내에 놓으면 결정에 기계적 변형이 생기기도 한다.

(3) 홀(Hall) 효과
전류가 흐르고 있는 도체에 자계를 가하면 플레밍의 왼손 법칙에 의하여 도체 측면에 전위차가 발생되는 현상이다.

(4) 핀치 효과
① 액체 상태의 도체에 직류(DC) 전류를 가하면 로렌츠의 힘의 법칙에 따른 압축력으로 인해 액체 도체가 수축되는 현상이다.
② 이로 인해 전류는 표피 효과와는 반대로 도체 중심 쪽으로 전류가 집중되어 흐르게 된다.

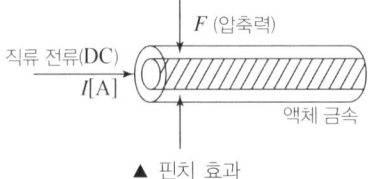

▲ 핀치 효과

(5) 스트레치 효과(Stretch Effect)
전류와 자계 사이의 효과를 이용한 것으로 자유로이 구부릴 수 있는 도선으로 직사각형을 만들고 전류를 흘러주면 반발력이 작용하여 직사각형 도선이 원형의 형태를 이루는 현상이다.

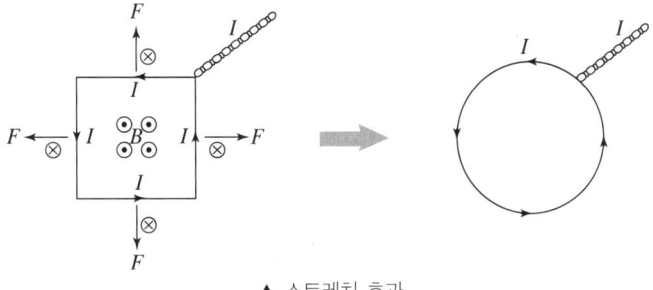

▲ 스트레치 효과

대표빈출문제 전류가 흐르고 있는 도체와 직각 방향으로 자계를 가하게 되면 도체 측면에 정·부의 전하가 생기는 것을 무슨 효과라고 하는가?

① 톰슨(Thomson) 효과
② 펠티에(Peltier) 효과
③ 제벡(Seebeck) 효과
④ 홀(Hall) 효과

해설 홀 효과
어떤 도체에 전류를 흘리고 이 전류와 직각 방향으로 자계를 가하면 이 전류와 자계 발생 면에 수직 방향으로 기전력이 발생되는데, 이를 홀 효과라고 한다.

|정답| ④

---

15 자계의 세기 구하는 공식

$$F = \frac{m_1 m_2}{4\pi\mu_0 r^2}$$

$$H = \frac{F}{m} = \frac{m}{4\pi\mu_0 r^2} = 6.33 \times 10^4 \times \frac{m}{r^2} [\text{A/m}]$$

$(\therefore F = mH[\text{N}])$

▲ 자계의 세기

대표빈출문제 자극의 크기 $m = 4[\text{Wb}]$의 점자극으로부터 $r = 4[\text{m}]$ 떨어진 점의 자계의 세기$[\text{AT/m}]$를 구하면?

① 7.9×10^3 ② 6.3×10^4 ③ 1.6×10^4 ④ 1.3×10^3

해설 자계의 세기

$$H = \frac{m}{4\pi\mu_0 r^2} = 6.33 \times 10^4 \times \frac{m}{r^2} = 6.33 \times 10^4 \times \frac{4}{4^2}$$

$\fallingdotseq 1.6 \times 10^4 [\text{AT/m}]$

|정답| ③

16 암페어의 주회 적분 법칙

(1) 전류에 의한 자계의 크기를 구하는 법칙이다.

(2) 자계를 자계의 경로에 따라 일주 적분시키면 폐회로 내에 흐르는 전류의 총합과 같다.

$$\oint_l \dot{H} \cdot d\vec{l} = \sum NI$$

(단, H: 자계의 세기[A/m], dl: 자계의 미소 경로[m], N: 도체(코일)의 권수[Turn], I: 도체(코일)에 흐르는 전류[A])

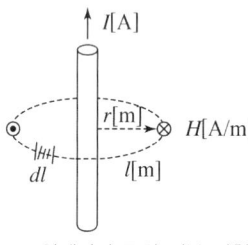

▲ 암페어의 주회 적분 법칙

(3) 암페어의 주회 적분 법칙을 적용하여 직선 도체에 흐르는 전류 I[A]에 의해 도체로부터 r[m] 떨어진 지점의 자계의 세기를 구하면

$$\oint_l \dot{H} \cdot d\vec{l} = Hl = H \times 2\pi r = NI$$

$$\therefore H = \frac{NI}{2\pi r} \text{ [AT/m]}$$

대표빈출문제 무한장 직선형 도선에 I[A]의 전류가 흐를 경우 도선으로부터 R[m] 떨어진 점의 자속 밀도 B[Wb/m²]는?

① $B = \dfrac{\mu I}{2\pi R}$　　② $B = \dfrac{I}{2\pi\mu R}$　　③ $B = \dfrac{I}{4\pi\mu R}$　　④ $B = \dfrac{\mu I}{4\pi R}$

해설　무한장 직선 도체로부터 R[m] 떨어진 지점의 자계의 세기는

$$H = \frac{I}{2\pi R} \text{[A/m]}$$

따라서 자속 밀도는

$$B = \mu H = \mu \times \frac{I}{2\pi R} = \frac{\mu I}{2\pi R} \text{ [Wb/m}^2\text{]}$$

| 정답 | ①

17 원형 코일에서의 자계

(1) 원형 코일 중심에서 직각으로 $r[\text{m}]$ 떨어진 지점의 자계

$$H = \frac{a^2 NI}{2(a^2+r^2)^{\frac{3}{2}}} [\text{AT/m}]$$

(단, N: 코일의 권수[Turn])

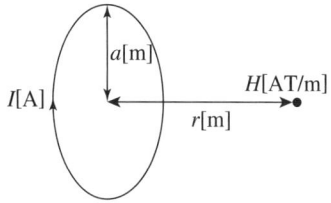

▲ 원형 코일 중심에 수직인 지점의 자계

(2) 원형 코일 중심에서의 자계

$$H = \frac{NI}{2a} [\text{AT/m}]$$

(단, N: 코일의 권수[Turn])

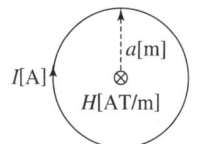

▲ 원형 코일 중심에서의 자계

대표빈출문제 반지름 1[m]인 원형 코일에 1[A]의 전류가 흐를 때 중심점의 자계의 세기는 몇 [A/m]인가?

① $\frac{1}{4}$ ② $\frac{1}{2}$ ③ 1 ④ 2

해설 $H = \frac{I}{2a} = \frac{1}{2 \times 1} = \frac{1}{2} [\text{A/m}]$

|정답| ②

---

18 원주 도체에서의 자계

(1) 내부: $H_1 = \dfrac{r_1 I}{2\pi a^2} [\text{A/m}] (r_1 < a)$

(2) 표면: $H_2 = \dfrac{I}{2\pi a} [\text{A/m}] (r_1 = a)$

(3) 외부: $H_3 = \dfrac{I}{2\pi r_2} [\text{A/m}] (r_2 > a)$

(단, 전선에 표피 효과가 발생하여 전류가 도체 표면에만 흐를 경우 내부 자계는 $H=0$이 된다.)

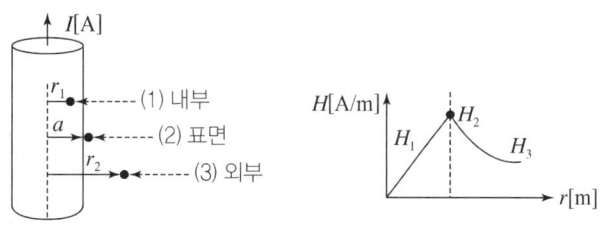

▲ 원주 도체의 자계

대표빈출문제 반지름 $a[\text{m}]$인 원통 도체에 전류 $I[\text{A}]$가 균일하게 분포되어 흐르고 있을 때의 도체 내부의 자계의 세기는 몇 $[\text{A/m}]$인가?(단, 중심으로부터의 거리는 $r[\text{m}]$라 한다.)

① $\dfrac{Ir}{\pi a^2}$ ② $\dfrac{Ir}{2\pi a}$ ③ $\dfrac{Ir}{2\pi a^2}$ ④ $\dfrac{Ir}{4\pi a^2}$

해설 원주 도체(원통 도체)에서의 자계
- 내부: $H = \dfrac{Ir}{2\pi a^2}$ [A/m]
- 표면: $H = \dfrac{I}{2\pi a}$ [A/m]
- 외부: $H = \dfrac{I}{2\pi r}$ [A/m]

단, 전선에 표피 효과가 발생하여 전류가 도체 표면에만 흐를 경우 내부 자계는 $H=0$이 된다.

|정답| ③

19 한 변의 길이가 $l[\text{m}]$일 때 정 n각형에 의한 내부 중심에서의 자계

$$H = \frac{nI}{\pi l} \sin\frac{\pi}{n} \cdot \tan\frac{\pi}{n} [\text{AT/m}]$$

(단, n: 정각형 도체의 변수[개])

구분	정삼각형	정사각형	정육각형
그림	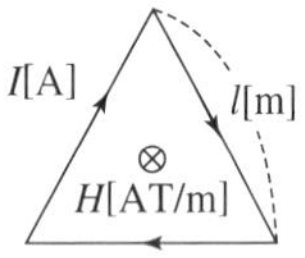 (삼각형 그림)	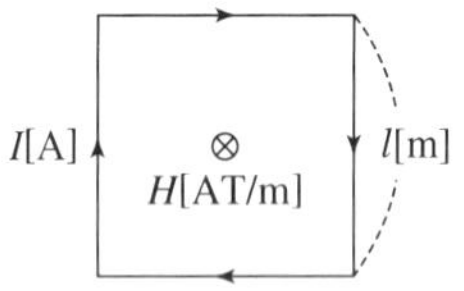 (사각형 그림)	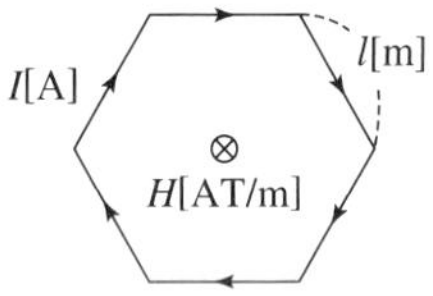 (육각형 그림)
자계의 세기	$H = \dfrac{9I}{2\pi l}$ [AT/m]	$H = \dfrac{2\sqrt{2}\,I}{\pi l}$ [AT/m]	$H = \dfrac{\sqrt{3}\,I}{\pi l}$ [AT/m]

대표빈출문제 한 변의 길이가 10[cm]인 정사각형 회로에 직류 전류 10[A]가 흐를 때 정사각형의 중심에서의 자계의 세기는 몇 [A/m]인가?

① $\dfrac{100\sqrt{2}}{\pi}$ ② $\dfrac{200\sqrt{2}}{\pi}$ ③ $\dfrac{300\sqrt{2}}{\pi}$ ④ $\dfrac{400\sqrt{2}}{\pi}$

해설 정사각형 중심 자계의 세기

$$H = \frac{2\sqrt{2}\,I}{\pi l} = \frac{2\sqrt{2}\times 10}{\pi \times 10\times 10^{-2}} = \frac{200\sqrt{2}}{\pi} [\text{A/m}]$$

|정답| ②

20 환상 솔레노이드에서의 자계

(1) 철심 내부의 자계

$$H = \frac{NI}{l} = \frac{NI}{2\pi a} \text{[AT/m]}$$

(단, l: 철심의 평균 길이[m], a: 철심의 평균 반지름[m])

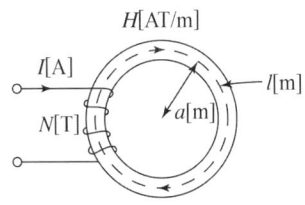

▲ 환상 솔레노이드에서의 자계

(2) 철심 외부의 자계

$$H_i = 0$$

(즉, 솔레노이드는 누설 자속이 없다.)

대표 빈출 문제

다음 설명 중 옳은 것은?

① 무한 직선 도선에 흐르는 전류에 의한 도선 내부에서 자계의 크기는 도선의 반경에 비례한다.
② 무한 직선 도선에 흐르는 전류에 의한 도선 외부에서 자계의 크기는 도선의 중심과의 거리에 무관하다.
③ 무한장 솔레노이드 내부 자계의 크기는 코일에 흐르는 전류의 크기에 비례한다.
④ 무한장 솔레노이드 내부 자계의 크기는 단위 길이당 권수의 제곱에 비례한다.

해설 ① 무한 원통 도체 내부 자계 $H = \frac{Ir}{2\pi a^2}$[AT/m], $H \propto \frac{1}{a^2}$
  ∴ 자계는 도선 반경 a의 제곱에 반비례
② 무한 원통 도체 외부 자계 $H = \frac{I}{2\pi r}$[AT/m], $H \propto \frac{1}{r}$
  ∴ 자계는 도선 중심과의 거리 r에 반비례
③,④ 무한 솔레노이드 내부 자계 $H = nI$[AT/m], $H \propto I$, $H \propto n$
  ∴ 자계는 전류 I에 비례, 단위 길이당 권수 n에 비례

|정답| ③

21 플레밍의 왼손 법칙

$F = I|\vec{l} \times \vec{B}| = BIl\sin\theta$ [N]
(단, θ: 도체와 자계(자속 밀도)가 이루는 각도[°], l: 도체의 길이[m])

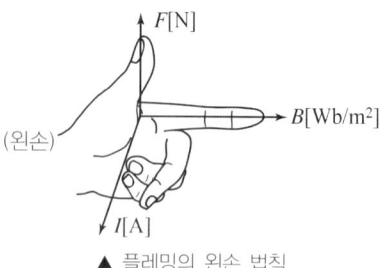

▲ 플레밍의 왼손 법칙

> **대표 빈출 문제**
>
> 평등 자계 내에 놓여 있는 전류가 흐르는 직선 도선이 받는 힘에 대한 설명으로 틀린 것은?
> ① 힘은 전류에 비례한다.
> ② 힘은 자장의 세기에 비례한다.
> ③ 힘은 도선의 길이에 반비례한다.
> ④ 힘은 전류의 방향과 자장의 방향의 사이 각의 정현에 관계된다.
>
> **해설**
> - 플레밍의 왼손 법칙
> $F = BIl\sin\theta$ [N]
> - 직선 도선이 받는 힘
>   - 자속 밀도의 크기에 비례한다.
>   - 전류의 크기에 비례한다.
>   - 도체의 길이에 비례한다.
>   - 도체와 자속 밀도가 이루는 각의 정현에 비례한다.
>
> |정답| ③

22 히스테리시스 곡선

(1) 횡축에는 자계의 세기 H를, 종축에는 자속 밀도 B를 평면상에 나타낸 강자성체의 자속 밀도 분포를 그린 곡선이다.

(2) 이렇게 하여 얻어진 히스테리시스 곡선의 면적이 바로 영구 자석을 만들기 위해 외부에서 가한 강자성체의 체적당 자속 밀도가 된다.

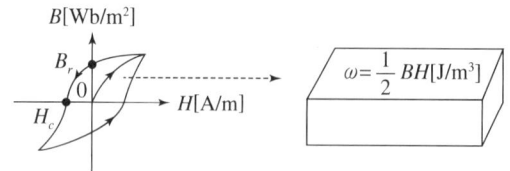

(a) 히스테리시스 곡선   (b) 강자성체에 가한 에너지 밀도
▲ 히스테리시스 곡선과 에너지 관계

(3) 히스테리시스 곡선
① 종축과 만나는 점(B_r): 잔류 자기라고 하며, 자계를 0으로 해도 강자성체의 내부에 소멸되지 않고 남아있는 자속 밀도 성분으로서 이것 때문에 영구 자석은 외부의 자계를 제거하여도 자석의 성질을 유지하는 것이다.

② 횡축과 만나는 점(H_c): 보자력이라고 하며, 잔류 자기를 없애기 위해 필요한 자계의 세기이다.

③ 외부에서 가한 에너지 중 히스테리시스 곡선의 면적에 해당하는 에너지는 열로 소비된다. 이것을 히스테리시스 손실(P_h)이라고 한다.

$$P_h = k_h f v B_m^{1.6} [W]$$

(k_h: 히스테리시스 상수, f: 주파수, v: 자성체 체적, B_m: 최대 자속 밀도)

④ 자성체 내의 자속의 변화로 자성체 내부에 기전력이 생성되고 생성된 기전력에 의해 와전류가 흐르게 되는데, 와전류에 의해 발생하는 손실을 와류손(P_e)이라고 한다.

$$P_e = k_e f^2 B_m^2 t^2 [W/m^3]$$

(k_e: 와류손 상수, f: 주파수, B_m: 최대 자속 밀도, t: 두께)

대표 빈출 문제

히스테리시스 곡선에서 히스테리시스 손실에 해당하는 것은?

① 보자력의 크기
② 잔류 자기의 크기
③ 보자력과 잔류 자기의 곱
④ 히스테리시스 곡선의 면적

해설 강자성체에서 발생하는 히스테리시스 현상을 나타내는 곡선은 히스테리시스 곡선이다. 이 곡선의 면적은 히스테리시스 손실의 크기를 나타낸다.

| 정답 | ④

---

23 자기 회로의 구성

(1) 대표적인 자기 회로는 환상 철심에 코일이 감겨 있는 회로로 구성할 수 있다.

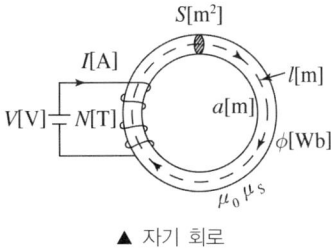

▲ 자기 회로

(2) 자기 회로를 구성하는 요소

① 기자력: $F = \phi R_m = NI [AT]$

② 자속: $\phi = \dfrac{F}{R_m} [Wb]$

③ 자기 저항: $R_m = \dfrac{F}{\phi} = \dfrac{l}{\mu S} [AT/Wb]$

(단, l: 철심 내 자속이 통과하는 평균 자로 길이[m], μ: 철심의 투자율($\mu_0 \mu_s [H/m]$), S: 철심의 단면적[m²])

> **대표빈출문제** 자기 회로에서 자기 저항의 관계로 옳은 것은?
> ① 자기 회로의 길이에 비례
> ② 자기 회로의 단면적에 비례
> ③ 자성체의 비투자율에 비례
> ④ 자성체의 비투자율의 제곱에 비례
>
> **해설** 자기 저항
> $$R_m = \frac{l}{\mu S} \,[\text{AT/Wb}]$$
> 따라서 자기 저항은 다음과 같은 특징이 있다.
> - 자로의 길이(l)에 비례
> - 철심의 투자율(μ)에 반비례
> - 철심의 단면적(S)에 반비례
>
> |정답| ①

24 공극이 있는 자기 회로

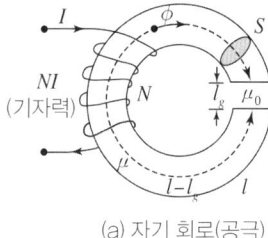
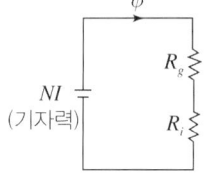

(a) 자기 회로(공극)   (b) 등가 자기 회로

(1) 자기 저항(철심 저항 R_i, 공극 저항 R_g)

$$R_i = \frac{l - l_g}{\mu S} \fallingdotseq \frac{l}{\mu S}\,[\text{AT/Wb}],\ R_g = \frac{l_g}{\mu_0 S}\,[\text{AT/Wb}]$$

(2) 합성 자기 저항(R_m)

$$R_m = R_i + R_g = \frac{l}{\mu S} + \frac{l_g}{\mu_0 S}$$

$$\therefore R_m = \frac{l}{\mu S}\left(1 + \frac{\mu l_g}{\mu_0 l}\right) = \frac{l}{\mu S}\left(1 + \frac{l_g}{l}\mu_s\right)[\text{AT/Wb}]$$

(3) 공극이 없는 경우와 있는 경우 자기 저항 비

$$\frac{R_m}{R} = 1 + \frac{\mu l_g}{\mu_0 l} = 1 + \frac{l_g}{l}\mu_s$$

(4) 자속(ϕ)

$$\phi = \frac{NI}{R_m} = \frac{\mu SNI}{l\left(1 + \frac{l_g}{l}\mu_s\right)}[\text{Wb}]$$

대표빈출문제 코일로 감겨진 환상 자기 회로에서 철심의 투자율을 $\mu[\mathrm{H/m}]$라 하고 자기 회로의 길이를 $l[\mathrm{m}]$라 할 때 그 자기 회로의 일부에 미소 공극 $l_g[\mathrm{m}]$을 만들면 회로의 자기 저항은 이전의 약 몇 배 정도가 되는가?

① $\dfrac{1+\dfrac{l_g}{l_i}\mu_s}{1+\dfrac{l_g}{l_i}}$ ② $1+\dfrac{\mu l}{\mu_0 l_g}$ ③ $\dfrac{\mu l_g}{\mu_0 l}$ ④ $\dfrac{\mu l}{\mu_0 l_g}$

해설 공극의 길이가 l_g일 때 철심의 길이를 l_i라 하면
- 공극이 없는 철심의 자기 저항
$$R_m = \frac{l}{\mu_0\mu_s S} = \frac{l_g + l_i}{\mu_0\mu_s S}$$
- 공극이 있는 철심의 자기 저항
$$R = R_g + R_i = \frac{l_g}{\mu_0 S} + \frac{l_i}{\mu_0\mu_s S} = \frac{l_i}{\mu_0\mu_s S}\left(1+\frac{l_g}{l_i}\mu_s\right)$$

$$\therefore \frac{R}{R_m} = \frac{\dfrac{l_g}{\mu_0 S}+\dfrac{l_i}{\mu_0\mu_s S}}{\dfrac{l_i+l_g}{\mu_0\mu_s S}} = \frac{\mu_s l_g + l_i}{l_i + l_g} = \frac{1+\dfrac{l_g}{l_i}\mu_s}{1+\dfrac{l_g}{l_i}}$$

|정답| ①

25 환상 솔레노이드의 자기 인덕턴스

철심을 환상식으로 만들고 여기에 권수가 N회인 코일을 감은 후에 이 코일에 전류를 흘려 주면 오른쪽과 같이 자속이 발생하여 인덕턴스가 생기게 된다.

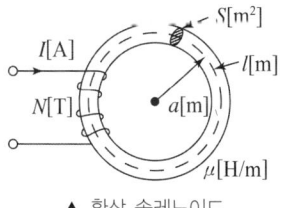

▲ 환상 솔레노이드

(1) 철심 내부 자계의 세기

$$H = \frac{NI}{l} = \frac{NI}{2\pi a}\,[\mathrm{AT/m}]$$

(2) 철심 내부 자속

$$\phi = BS = \mu HS = \frac{\mu NIS}{l}\,[\mathrm{Wb}]$$

(3) 환상 솔레노이드의 자기 인덕턴스

$$L = \frac{N\phi}{I} = \frac{\mu S N^2}{l} = \frac{\mu S N^2}{2\pi a} = \frac{N^2}{R_m}\,[\mathrm{H}]$$

(단, R_m: 자기 저항$[\mathrm{AT/Wb}](=\dfrac{l}{\mu S})$, N: 솔레노이드 전체의 코일을 감은 횟수$[\mathrm{T}]$)

대표빈출문제 그림과 같이 균일하게 도선을 감은 권수 N, 단면적 $S[\text{m}^2]$, 평균 길이 $l[\text{m}]$인 공심의 환상 솔레노이드에 $I[\text{A}]$의 전류를 흘렸을 때 자기 인덕턴스 $L[\text{H}]$의 값은?

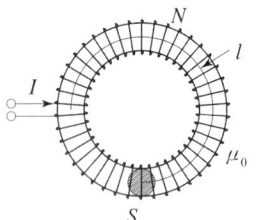

① $L = \dfrac{4\pi N^2 S}{l} \times 10^{-5}$ ② $L = \dfrac{4\pi N^2 S}{l} \times 10^{-6}$

③ $L = \dfrac{4\pi N^2 S}{l} \times 10^{-7}$ ④ $L = \dfrac{4\pi N^2 S}{l} \times 10^{-8}$

해설 환상 솔레노이드의 자기 인덕턴스

$L = \dfrac{\mu S N^2}{l} = \dfrac{4\pi N^2 S}{l} \times 10^{-7} [\text{H}]$

여기서, 투자율 μ는 공기 중에서 투자율로 가정하였다.

| 정답 | ③

26 무한장 솔레노이드의 자기 인덕턴스

(1) 무한장 솔레노이드

단면적에 비해 충분히 긴 철심을 막대 모양으로 만들고 여기에 권수가 N회인 코일을 감은 후에 이 코일에 전류를 흘려 주면 다음과 같이 자속이 발생하여 인덕턴스가 생기게 된다.

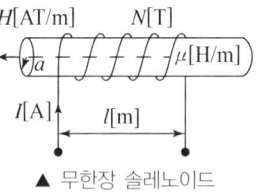

▲ 무한장 솔레노이드

(2) 철심 내부 자계의 세기

$$H = \dfrac{NI}{l} = nI [\text{AT/m}]$$

(단, N: 전체의 코일을 감은 횟수[T], n: 단위 길이당 코일을 감은 횟수[T/m])

(3) 철심 내부 자속

$\phi = BS = \mu HS = \mu n IS [\text{Wb}]$

(4) 무한장 솔레노이드의 자기 인덕턴스

$$L = \dfrac{n\phi}{I} = \mu S n^2 = \mu \pi a^2 n^2 [\text{H/m}]$$

| 대표빈출문제 | 그 양이 증가함에 따라 무한장 솔레노이드의 자기 인덕턴스 값이 증가하지 않는 것은 무엇인가?
① 철심의 반경
② 철심의 길이
③ 코일의 권수
④ 철심의 투자율

해설
- 길이 $l[\mathrm{m}]$, 권선수 N인 무한장 솔레노이드의 자기 인덕턴스
$$L = \frac{\mu N^2 S}{l} = \frac{\mu_0 \mu_s N^2 \pi r^2}{l}[\mathrm{H}]$$
- 단위 길이당 인덕턴스(n: 단위 길이당 권수)
$$\frac{L}{l} = \frac{\mu N^2 S}{l^2} = \mu n^2 S [\mathrm{H/m}]$$
∴ μ, N, S, r 증가 시 L이 증가하고 l 증가 시 L이 감소한다.(증가하지 않는다.)

| 정답 | ② |

27 플레밍의 오른손 법칙

유도 기전력 공식

$$e = |\dot{v} \times \dot{B}|l = Bvl\sin\theta [\mathrm{V}]$$

(단, θ: 도체와 자계(자속 밀도)가 이루는 각도[°], l: 도체의 길이[m])

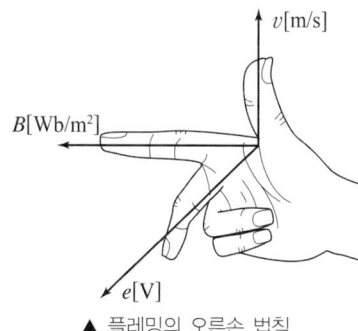

▲ 플레밍의 오른손 법칙

| 대표빈출문제 | 자속 밀도가 $10[\mathrm{Wb/m^2}]$인 자계 중에 $10[\mathrm{cm}]$ 도체를 자계와 $30°$의 각도로 $30[\mathrm{m/s}]$로 움직일 때 도체에 유도되는 기전력은 몇 $[\mathrm{V}]$인가?

① 15   ② $15\sqrt{3}$ ③ 1,500   ④ $1,500\sqrt{3}$

해설 $e = Bvl\sin\theta = 10 \times 30 \times 10 \times 10^{-2} \times \sin 30° = 15[\mathrm{V}]$

| 정답 | ①

28 변위 전류

(1) 변위 전류의 정의

콘덴서와 같은 유전체 내에서 전기적인 변위에 의해 발생되는 전류를 말한다.

(2) 변위 전류 관계식

① 변위 전류: $I_d = C\dfrac{dV}{dt}$ [A]

② 변위 전류 밀도

$$i_d = \dfrac{I_d}{S} = \dfrac{1}{S} \cdot C\dfrac{dV}{dt} = \dfrac{1}{S} \cdot \dfrac{\varepsilon S}{d}\dfrac{\partial}{\partial t}Ed = \varepsilon\dfrac{\partial E}{\partial t} = \dfrac{\partial D}{\partial t} \text{ [A/m}^2\text{]}$$

(단, E: 전계[V/m], D: 전속 밀도[C/m²], ε: 유전체 내의 유전율[F/m])

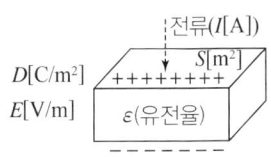

▲ 변위 전류 관계도

(3) 변위 전류에 영향을 미치는 요소

① 전속 밀도(D), 전계(E), 전압(V)의 시간적 변화에 의해 발생한다.
② 변위 전류는 정전 용량의 크기(C), 전압(V)의 변화율에 따라 달라진다.

대표빈출문제

변위 전류와 관계가 가장 깊은 것은?

① 도체　　② 반도체　　③ 자성체　　④ 유전체

해설 변위 전류는 절연체인 유전체 내에서의 에너지 흐름을 나타내는 전류 밀도이다. 따라서 변위 전류는 유전체와 가장 관계가 깊다.

$i_d = \dfrac{\partial D}{\partial t} = \varepsilon\dfrac{\partial E}{\partial t}$

| 정답 | ④

29 맥스웰의 방정식

(1) 맥스웰의 제1 기본 방정식
① 암페어의 주회 적분 법칙에서 유도된 방정식이다.
② 전도 전류 및 변위 전류는 회전하는 자계를 형성시킨다.
③ 전류와 자계의 연속성 관계를 나타내는 방정식이다.

$$rot\,\dot{H} = i_c + i_d = k\dot{E} + \frac{\partial \dot{D}}{\partial t}$$

(단, $i_c = k\dot{E}$: 전도 전류 밀도, $i_d = \frac{\partial \dot{D}}{\partial t} = \varepsilon\frac{\partial \dot{E}}{\partial t}$: 변위 전류 밀도)

(2) 맥스웰의 제2 기본 방정식
① 패러데이의 전자 유도 법칙에서 유도된 방정식이다.
② 자속 밀도의 시간적 변화는 전계를 회전시키고 유기 기전력을 발생시킨다.

$$rot\,\dot{E} = -\frac{\partial \dot{B}}{\partial t} = -\mu\frac{\partial \dot{H}}{\partial t}$$

(3) 맥스웰의 제3 방정식(정전계의 가우스 미분형)
① 정전계의 가우스 법칙에서 유도된 방정식이다.
② 임의의 폐곡면 내의 전하에서 전속선이 발산한다.

$$div\,\dot{D} = \rho$$

(단, ρ: 체적 전하 밀도[C/m^3])

(4) 맥스웰의 제4 방정식(정자계의 가우스 미분형)
① 정자계의 가우스의 법칙에서 유도된 방정식이다.
② 외부로 발산하는 자속은 없다(자속은 연속적이다).
③ 따라서 고립된 N극 또는 S극만으로 이루어진 자석은 만들 수 없다.

$$div\,\dot{B} = 0$$

대표빈출문제 맥스웰(Maxwell) 전자 방정식의 물리적 의미 중 틀린 것은?

① 자계의 시간적 변화에 따라 전계의 회전이 발생한다.
② 전도 전류와 변위 전류는 자계를 발생시킨다.
③ 고립된 자극이 존재한다.
④ 전하에서 전속선이 발산한다.

해설
- 맥스웰의 제1 방정식
  $$rot\,\dot{H} = i_c + \frac{\partial \dot{D}}{\partial t}$$
  - 전도 전류 및 변위 전류는 회전하는 자계를 형성
  - 전류와 자계의 연속성 관계를 나타내는 방정식
- 맥스웰의 제2 방정식
  $$rot\,\dot{E} = -\frac{\partial \dot{B}}{\partial t} = -\mu\frac{\partial \dot{H}}{\partial t}$$
  - 패러데이의 전자 유도 법칙에서 유도된 방정식
  - 자속 밀도의 시간적 변화는 전계를 회전시키고 유기 기전력을 발생
- 맥스웰의 제3 방정식
  $$div\,\dot{D} = \rho$$
  - 정전계의 가우스 법칙에서 유도된 방정식
  - 임의의 폐곡면 내의 전하에서 전속선이 발산
- 맥스웰의 제4 방정식
  $$div\,\dot{B} = 0$$
  - 정자계의 가우스 법칙에서 유도된 방정식
  - 외부로 발산하는 자속은 없다(자속은 연속적이다).
  - 고립된 N극 또는 S극만으로 이루어진 자석은 만들 수 없다.

| 정답 | ③

30 전자파 관계식

(1) 전자파의 고유(파동) 임피던스

$$\eta = \frac{E}{H} = \sqrt{\frac{\mu}{\varepsilon}} = \sqrt{\frac{\mu_0 \mu_s}{\varepsilon_0 \varepsilon_s}} = 377\sqrt{\frac{\mu_s}{\varepsilon_s}} \; [\Omega]$$

($\therefore$ 공기에서의 고유 임피던스는 $\eta = \sqrt{\frac{\mu_0}{\varepsilon_0}} = 377[\Omega]$)

(2) 전자파의 전파 속도

$$v = \frac{\omega}{\beta} = \frac{1}{\sqrt{\varepsilon\mu}} = \frac{1}{\sqrt{\varepsilon_0 \mu_0 \times \varepsilon_s \mu_s}} = 3 \times 10^8 \times \frac{1}{\sqrt{\varepsilon_s \mu_s}} \; [\text{m/s}]$$

(3) 파장(전자파의 길이)

$$\lambda = \frac{v}{f} = \frac{1}{f} \times \frac{1}{\sqrt{\varepsilon\mu}} = \frac{1}{f\sqrt{\varepsilon_0 \mu_0 \times \varepsilon_s \mu_s}} = 3 \times 10^8 \times \frac{1}{f\sqrt{\varepsilon_s \mu_s}} \; [\text{m}]$$

(4) 포인팅 벡터(전자파의 단위 면적당 에너지)

$$P = |\dot{E} \times \dot{H}| = EH\sin\theta = EH \; [\text{W/m}^2]$$

($\therefore$ 전계와 자계가 이루는 각도는 직각이므로 $\sin\theta = \sin 90° = 1$)

대표 빈출 문제

유전율 ε, 투자율 μ인 매질 내에서 전자파의 속도[m/s]는?

① $\sqrt{\frac{\mu}{\varepsilon}}$ ② $\sqrt{\mu\varepsilon}$ ③ $\sqrt{\frac{\varepsilon}{\mu}}$ ④ $\frac{3 \times 10^8}{\sqrt{\varepsilon_s \mu_s}}$

해설 전자파의 전파 속도

$$v = \frac{\omega}{\beta} = \frac{1}{\sqrt{\varepsilon\mu}} = \frac{1}{\sqrt{\varepsilon_0 \mu_0 \times \varepsilon_s \mu_s}} = \frac{3 \times 10^8}{\sqrt{\varepsilon_s \mu_s}} \; [\text{m/s}]$$

|정답| ④

PART 02

최신기출 CBT 모의고사

시험 전 최신 기출문제를 풀며 최종 점검을 할 수 있습니다.
CBT 모의고사로 학습하면 온라인 시험 방식에 적응할 수 있습니다.
무료특강과 함께하면 소화력은 배가 됩니다.(무료특강은 2025년 9월 중 오픈 예정입니다.)

전기자기학 본권 학습 후 마무리를 도와주는 끝맺음 노트

2025년 1회 최신기출 CBT 모의고사

01
반지름 $2[\text{mm}]$, 무한히 긴 원통 도체 두 개가 중심 간격 $2[\text{m}]$로 진공 중에 평행하게 놓여 있을 때 $1[\text{km}]$당 정전 용량은 약 몇 $[\mu F]$인가?

① $1 \times 10^{-3}[\mu F]$
② $2 \times 10^{-3}[\mu F]$
③ $4 \times 10^{-3}[\mu F]$
④ $6 \times 10^{-3}[\mu F]$

02
속도 v의 전자가 평등 자계 내에 수직으로 들어갈 때, 이 전자에 대한 설명으로 옳은 것은?

① 구면 위에서 회전하고 구의 반지름은 자계의 세기에 비례한다.
② 원운동을 하고 원의 반지름은 자계의 세기에 비례한다.
③ 원운동을 하고 원의 반지름은 자계의 세기에 반비례한다.
④ 원운동을 하고 원의 반지름은 전자의 처음 속도의 제곱에 비례한다.

03
자화율 χ는 상자성체에서 일반적으로 어떤 값을 갖는가?

① $\chi = 0$
② $\chi = 1$
③ $\chi < 0$
④ $\chi > 0$

04
평등 전계 중에 유전체 구에 의한 전속 분포가 그림과 같을 때, ε_1과 ε_2의 크기 관계는?

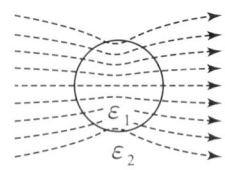

① $\varepsilon_1 > \varepsilon_2$
② $\varepsilon_1 < \varepsilon_2$
③ $\varepsilon_1 = \varepsilon_2$
④ $\varepsilon_1 \leq \varepsilon_2$

05
진공 내에서 전위 함수가 $V = x^2 + y^2[\text{V}]$와 같이 주어질 때 점 $(2, 2, 0)$에서 체적 전하 밀도 ρ는 몇 $[\text{C/m}^3]$인가?(단, ε_0는 자유 공간의 유전율이다.)

① $-4\varepsilon_0$
② $4e^{-2y}\cos 2x$
③ 0
④ $2e^{-2y}\cos 2x$

06
공극(air gap)이 $\delta[\mathrm{m}]$인 강자성체로 된 영구 자석에서 항상 성립하는 식은?(단, $l[\mathrm{m}]$는 영구 자석의 길이이며 $l \gg \delta$이고, 자속 밀도는 $B[\mathrm{Wb/m^2}]$, 자계의 세기는 $H[\mathrm{AT/m}]$라 한다.)

① $\dfrac{B}{H} = -\dfrac{l\mu_0}{\delta}$ ② $\dfrac{B}{H} = -\dfrac{\delta\mu_0}{l}$

③ $\dfrac{B}{H} = \dfrac{\delta\mu_0}{l}$ ④ $\dfrac{B}{H} = \dfrac{l\mu_0}{\delta}$

07
전위 함수가 $V = 3xy + 2z^2 + 4$일 때 전계의 세기는?

① $-3yi - 3xj - 4zk$
② $-3yi + 3xj - 4zk$
③ $3yi + 3xj + 4zk$
④ $3yi - 3xj + 4zk$

08
$0.2[\mu\mathrm{F}]$인 평행판 공기 콘덴서가 있다. 전극 간에 그 간격의 절반 두께의 유리판을 넣었다면 콘덴서의 용량은 약 몇 $[\mu\mathrm{F}]$인가?(단, 유리의 비유전율은 10이다.)

① 0.26   ② 0.36
③ 0.46   ④ 0.56

09
전속 밀도에 대한 설명으로 가장 옳은 것은?

① 전속은 스칼라량이므로 전속 밀도도 스칼라량이다.
② 전속 밀도는 전계의 세기의 방향과 반대 방향이다.
③ 전속 밀도는 유전체 내 분극의 세기와 같다.
④ 전속 밀도는 유전체와 관계없이 크기가 일정하다.

10
자계의 시간적 변화에 의해 유도 기전력이 발생하여 코일에 유도 전류가 흐르는 현상을 발견한 사람은 누구인가?

① 패러데이   ② 가우스
③ 노이만   ④ 렌츠

11

유전체 A, B의 접합면에 전하가 없을 때 각 유전체 중 전계의 방향이 그림과 같다면 전계 $E_2[\text{V/m}]$는 어떻게 되는가?

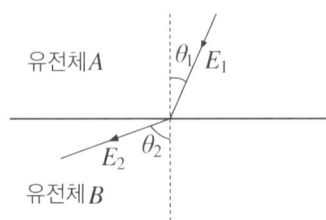

① $\dfrac{\cos\theta_2}{\cos\theta_1}E_1$ ② $\dfrac{\sin\theta_1}{\sin\theta_2}E_1$

③ $\dfrac{\tan\theta_1}{\tan\theta_2}E_1$ ④ $\dfrac{\cos\theta_1}{\cos\theta_2}E_1$

12

유전율이 9인 유전체 내 전계의 세기 $100[\text{V/m}]$일 때, 유전체 내에 저장되는 에너지 밀도는 몇 $[\text{J/m}^3]$인가?

① 5.5×10^2 ② 4.5×10^4

③ 9×10^2 ④ 4.5×10^5

13

유전체에서의 변위 전류에 대한 설명으로 옳은 것은?

① 유전체의 굴절률이 2배가 되면 변위 전류의 크기도 2배가 된다.
② 전속 밀도의 공간적 변화가 변위 전류를 발생시킨다.
③ 변위 전류의 크기는 투자율의 값에 비례한다.
④ 변위 전류는 자계를 발생시킨다.

14

반사 계수 $\rho = 0.8$일 때, 정재파비 s를 데시벨$[\text{dB}]$로 표현하면?

① $10\log_{10}\dfrac{1}{9}$ ② $10\log_{10}9$

③ $20\log_{10}\dfrac{1}{9}$ ④ $20\log_{10}9$

15

진공 중에 반지름이 $\dfrac{1}{50}[\text{m}]$인 도체 구 A와 내외 반지름이 $\dfrac{1}{25}[\text{m}]$ 및 $\dfrac{1}{20}[\text{m}]$인 도체 구 B를 동심으로 놓은 후 도체 구 A에 $Q_A = 4 \times 10^{-10}[\text{C}]$의 전하를 대전시키고 도체 구 B의 전하를 0으로 했을 때, 도체 구 A의 전위는 약 몇 $[\text{V}]$인가?

① 112   ② 132
③ 162   ④ 182

16
플레밍의 왼손 법칙을 나타낸 식 $F = B \times I \times l\,[\text{N}]$ 중 F에 대한 설명으로 옳은 것은?

① 발전기 정류자에 가해지는 힘이다.
② 발전기 브러시에 가해지는 힘이다.
③ 전동기 계자극에 가해지는 힘이다.
④ 전동기 전기자에 가해지는 힘이다.

17
자심 재료의 히스테리시스 곡선의 특징으로 잘못된 것은?

① 세로축은 자속 밀도이다.
② 자화의 경력과 관계없이 자속 밀도는 일정하다.
③ 자화력이 0일 때 세로축과 만나는 점을 잔류 자기라고 한다.
④ 잔류 자기를 0으로 하기 위해서는 반대 방향의 자화력을 가해야 한다.

18
한 변의 길이가 $l\,[\text{m}]$인 정사각형 도체 회로에 전류 $I\,[\text{A}]$를 흘릴 때 회로의 중심점에서 자계의 세기는 몇 $[\text{AT/m}]$인가?

① $\dfrac{2I}{\pi l}$
② $\dfrac{I}{\sqrt{2}\,\pi l}$
③ $\dfrac{\sqrt{2}\,I}{\pi l}$
④ $\dfrac{2\sqrt{2}\,I}{\pi l}$

19
그림과 같이 회로 C에 전류 $I\,[\text{A}]$가 흐를 때, C의 미소 부분 dl에 의하여 거리 r만큼 떨어진 P점에서의 자계의 세기 $dH\,[\text{AT/m}]$는?(단, θ는 dl과 거리 r가 이루는 각이다.)

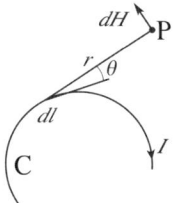

① $\dfrac{Idl\sin\theta}{4\pi r}$
② $\dfrac{Idl\sin\theta}{r^2}$
③ $\dfrac{Idl\sin\theta}{4\pi r^2}$
④ $\dfrac{4\pi Idl\sin\theta}{r^2}$

20
원형 단면을 균일하게 흐르는 전류 $I\,[\text{A}]$에 의한, 반지름 $a\,[\text{m}]$, 길이 $l\,[\text{m}]$, 비투자율 μ_s인 원형 도체의 내부 인덕턴스는 몇 $[\text{H}]$인가?

① $10^{-7}\mu_s l$
② $3 \times 10^{-7}\mu_s l$
③ $\dfrac{1}{4a} \times 10^{-7}\mu_s l$
④ $\dfrac{1}{2} \times 10^{-7}\mu_s l$

2025년 1회 정답과 해설

무료 해설 강의

1회 SPEED CHECK 빠른정답표

01	02	03	04	05	06	07	08	09	10
③	③	④	①	①	①	①	②	④	①
11	12	13	14	15	16	17	18	19	20
②	②	④	④	③	④	②	④	③	④

01 | ③
평행한 두 원통 도체의 정전 용량
$$C = \frac{\pi\varepsilon_0 l}{\ln\frac{d}{a}}$$
$$= \frac{\pi \times 8.854 \times 10^{-12} \times 10^3}{\ln\left(\frac{2}{2\times 10^{-3}}\right)}$$
$$= 4 \times 10^{-3}\,[\mu F]$$

02 | ③
평등 자계 내에 들어가는 전자의 입사 방향이 자계와 평행하면 전자는 직선 운동을 하며, 전자의 입사 방향이 자계와 수직하면 전자는 원운동을 한다.
자계에 수직하게 입사하는 전자의 반지름, 각속도, 주기는 다음과 같다.

- 반지름 $r = \dfrac{mv}{Bq} = \dfrac{mv}{\mu_0 Hq}\,[m]$
- 각속도 $\omega = \dfrac{Bq}{m} = \dfrac{\mu_0 Hq}{m}\,[rad/sec]$
- 주기 $T = \dfrac{2\pi m}{Bq} = \dfrac{2\pi m}{\mu_0 Hq}\,[sec]$

원의 반지름은 자계의 세기에 반비례한다.

03 | ④
자성체의 성질
- 역자성체(반자성체)
  $\mu_s < 1,\ \chi < 0$ (단, μ_s: 비투자율, χ: 자화율)
- 상자성체
  $\mu_s > 1,\ \chi > 0$
- 강자성체
  $\mu_s \gg 1,\ \chi \gg 0$

04 | ①
유전속(전속선)은 유전율이 큰 쪽으로 모이려는 성질이 있다. 문제에서는 구 내부의 유전속 밀도가 높으므로 $\varepsilon_1 > \varepsilon_2$의 상태임을 알 수 있다.

05 | ①
포아송 방정식
$\nabla^2 V = -\dfrac{\rho_v}{\varepsilon_0}$ 에서
$$\nabla^2 V = \frac{\partial^2 V}{\partial x^2} + \frac{\partial^2 V}{\partial y^2} = \frac{\partial^2}{\partial x^2}(x^2+y^2) + \frac{\partial^2}{\partial y^2}(x^2+y^2)$$
$$= \frac{\partial}{\partial x}(2x) + \frac{\partial}{\partial y}(2y) = 2+2 = 4$$
$\therefore \rho_v = -\varepsilon_0 \nabla^2 V = -4\varepsilon_0\,[C/m^3]$

06 | ①
자기 회로에서 기자력
코일 권선수 N, 전류 I, 자속 밀도 B, 자계의 세기 H, 자석의 길이 l, 공극의 길이 δ일 때 외부 기자력 F_{out}과 내부 기자력 F_{in}은 다음과 같다.
$$F_{out} = NI,\quad F_{in} = Hl + \frac{B}{\mu_0}\delta$$
영구 자석은 외부 기자력이 0이므로
$F_{in} = F_{out} = 0$이다. 즉
$$Hl + \frac{B}{\mu_0}\delta = 0 \rightarrow Hl = -\frac{B\delta}{\mu_0}$$
$\therefore \dfrac{B}{H} = -\dfrac{l\mu_0}{\delta}$

07 | ①
전계의 세기 $E = -grad\,V = -\nabla V = -\dfrac{\partial V}{\partial x}i - \dfrac{\partial V}{\partial y}j - \dfrac{\partial V}{\partial z}k$ 이므로
$$E = -\frac{\partial}{\partial x}(3xy+2z^2+4)i - \frac{\partial}{\partial y}(3xy+2z^2+4)j$$
$$\quad - \frac{\partial}{\partial z}(3xy+2z^2+4)k$$
$$= -3yi - 3xj - 4zk$$

08 | ②

유전체 내 평행판 전극의 직렬연결인 경우 공기 콘덴서의 정전 용량은 다음과 같다.

$C = \dfrac{\varepsilon_0 S}{d} = 0.2\,[\mu\text{F}]$

평행판 전극과 단자가 수직이므로 콘덴서는 직렬로 접속된다. 각 콘덴서의 정전 용량을 C_1, C_2라 하면

$C_1 = \dfrac{\varepsilon_0 S}{\dfrac{d}{2}} = \dfrac{2\varepsilon_0 S}{d} = 2C = 2 \times 0.2 = 0.4\,[\mu\text{F}]$,

$C_2 = \dfrac{\varepsilon_0 \varepsilon_s S}{\dfrac{d}{2}} = \dfrac{2\varepsilon_0 \varepsilon_s S}{d} = 2\varepsilon_s C = 2 \times 10 \times 0.2 = 4\,[\mu\text{F}]$ 이다.

∴ 합성 정전 용량 $C' = \dfrac{1}{\dfrac{1}{C_1} + \dfrac{1}{C_2}} = \dfrac{C_1 C_2}{C_1 + C_2} = \dfrac{0.4 \times 4}{0.4 + 4} = 0.36\,[\mu\text{F}]$

09 | ④

전속 밀도의 성질
- 전속은 스칼라량이지만 전속 밀도는 벡터량이다.
- 전속 밀도는 유전율과 관계없이 크기가 일정하다.

10 | ①

- 패러데이 법칙: 자계의 시간적 변화로 유도 기전력이 발생하여 코일에 유도 전류가 흐른다.
- 가우스 법칙: 어떤 폐곡면을 통과하는 전속은 그 곡면 내에 있는 총 전하량과 같다.
- 노이만 공식: 서로 근접한 두 폐쇄 코일 중 어느 한쪽 코일에 전류가 흐르면 다른 코일에 전압이 유기되는 현상을 상호 유도라고 한다. 이때, 기전력에 비례하는 상호 유도 계수 또는 상호 인덕턴스의 공식을 노이만 공식이라고 한다.
- 렌츠의 법칙: 코일에 유기되는 기전력의 방향은 자속의 증가를 방해하는 방향과 같다.

11 | ②

전계의 세기는 경계면의 접선 성분이 서로 같다.
$E_1 \sin\theta_1 = E_2 \sin\theta_2$ 에서

$E_2 = \dfrac{\sin\theta_1}{\sin\theta_2} E_1\,[\text{V/m}]$

12 | ②

유전체 내의 정전 에너지 밀도 $\omega_e = \dfrac{1}{2}\varepsilon E^2\,[\text{J/m}^3]$
$\varepsilon = 9$, $E = 100\,[\text{V/m}]$ 이므로
$\omega_e = \dfrac{1}{2}\varepsilon E^2 = \dfrac{1}{2} \times 9 \times 100^2 = 4.5 \times 10^4\,[\text{J/m}^3]$

13 | ④

맥스웰 방정식

앙페르 주회 적분 법칙으로부터 $\operatorname{rot}\dot{H} = \nabla \times \dot{H} = \dot{i} + \dot{i}_d = \dot{i} + \dfrac{\partial \dot{D}}{\partial t}$
$= \dot{i} + \varepsilon \dfrac{\partial \dot{E}}{\partial t}$ 이다. 이때 변위 전류 밀도 i_d는 전속 밀도의 시간에 따른 변화량으로 정의하며, 유전체 내를 흐르는 변위 전류가 주위에 자계를 생성한다.

14 | ④

정재파비 $s = \dfrac{1+|\rho|}{1-|\rho|} = \dfrac{1+0.8}{1-0.8} = 9$

∴ 이득 $y = 20\log_{10} s = 20\log_{10} 9\,[\text{dB}]$

15 | ③

도체 A만 전하량 $+Q\,[\text{C}]$로 대전된 경우 도체 A의 전위
$V_A = \dfrac{Q}{4\pi\varepsilon_0}\left(\dfrac{1}{a} - \dfrac{1}{b} + \dfrac{1}{c}\right)[\text{V}]$ 이다.

이때 $a = \dfrac{1}{50}\,[\text{m}]$, $b = \dfrac{1}{25}\,[\text{m}]$, $c = \dfrac{1}{20}\,[\text{m}]$, $Q_A = 4 \times 10^{-10}\,[\text{C}]$ 이므로

$V_A = \dfrac{Q}{4\pi\varepsilon_0}\left(\dfrac{1}{a} - \dfrac{1}{b} + \dfrac{1}{c}\right) = 9 \times 10^9 \times 4 \times 10^{-10} \times (50 - 25 + 20)$
$= 162\,[\text{V}]$

16 | ④

플레밍의 왼손 법칙

$F = \displaystyle\int (I \times B) \cdot dl = IBl\sin\theta\,[\text{N}]$

자계 속에서 전류가 흐르는 도체가 운동할 때 도체에는 자계와 전류의 방향에 동시에 수직인 방향으로 힘이 작용한다. 이는 전동기의 전기자 도체에 힘이 작용하는 원리와 같다.

17 | ②
히스테리시스 곡선(B-H 곡선)
- 횡축(가로축)에 자계, 종축(세로축)에 자속 밀도를 취하여 그리는 자화 곡선이다.
- 자계축과 만나는 점을 보자력, 자속 밀도축과 만나는 점을 잔류 자기라고 한다.
- 자화의 경력이 있으면 잔류 자기와 보자력이 생기므로 곡선은 변형된다.
- 잔류 자기를 상쇄할 때에만 역방향으로 자화력을 가한다.

18 | ④

구분	정삼각형	정사각형	정육각형
그림	(정삼각형 그림)	(정사각형 그림)	(정육각형 그림)
자계의 세기	$\dfrac{9I}{2\pi l}$[AT/m]	$\dfrac{2\sqrt{2}I}{\pi l}$[AT/m]	$\dfrac{\sqrt{3}I}{\pi l}$[AT/m]

∴ 정사각형 도체 중심의 자계의 세기 $H = \dfrac{2\sqrt{2}I}{\pi l}$ [AT/m]

19 | ③
비오-사바르의 법칙
임의의 점 P에서 미소 전류소에 의한 자계 크기는 전류와 전소의 크기에 비례하고, 점 P와 선소를 잇는 선분과 선소 사이의 각 $\sin\theta$에 비례하며, 점 P와 선소 사이의 직선거리의 제곱에 반비례한다.

∴ $dH = \dfrac{|\dot{I} \times a_r|}{4\pi r^2}dl = \dfrac{Idl\sin\theta}{4\pi r^2}$[AT/m]

20 | ④
원통 도체에 의한 자기 인덕턴스

$L = \dfrac{\mu l}{8\pi}$[H], $\dfrac{L}{l} = \dfrac{\mu}{8\pi}$[H/m]에서 $\mu_0 = 4\pi \times 10^{-7}$[H/m]이다.

∴ $L = \dfrac{\mu l}{8\pi} = \dfrac{\mu_0 \mu_s l}{8\pi}$

$= \dfrac{4\pi \times 10^{-7} \mu_s l}{8\pi}$

$= \dfrac{1}{2} \times 10^{-7} \mu_s l$ [H]

2025년 2회 최신기출 CBT 모의고사

01
자기 회로와 전기 회로에 대한 설명으로 틀린 것은?

① 자기 저항의 역수를 컨덕턴스라 한다.
② 자기 회로의 투자율은 전기 회로의 도전율에 대응된다.
③ 전기 회로의 전류는 자기 회로의 자속에 대응된다.
④ 자기 저항의 단위는 [AT/Wb]이다.

02
강자성체의 자화의 세기 J와 자화력 H의 관계에 대한 그래프로 옳은 것은?

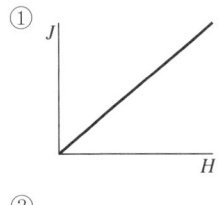
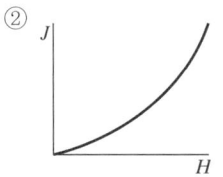
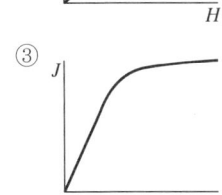
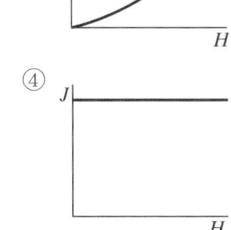

03
물질의 자화 현상은?

① 전자의 자전
② 전자의 공전
③ 전자의 이동
④ 분자의 운동

04
진공 중에 전하량이 각각 $2 \times 10^{-6}[\mathrm{C}]$, $1 \times 10^{-4}[\mathrm{C}]$인 두 점전하가 $50[\mathrm{cm}]$ 떨어져 있을 때 두 전하 사이에 작용하는 힘$[\mathrm{N}]$은?

① 0.9
② 1.8
③ 3.6
④ 7.2

05
평행판 축전기에서 $d = 80[\mu\mathrm{m}]$, $S = 0.12[\mathrm{m}^2]$, $V = 12[\mathrm{V}]$이고 축전기에 충전된 정전 에너지가 $1[\mu\mathrm{J}]$일 때, 사용된 유전체의 비유전율은?

① 1.054
② 1.154
③ 2.054
④ 2.154

06

간격 d만큼 떨어진 무한히 긴 두 평행 도선에 전류 I가 서로 반대 방향으로 흐를 때 힘의 방향 P에서의 자계 세기 [AT/m]는?

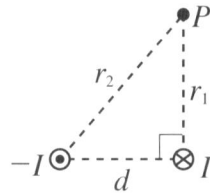

① $\dfrac{Id}{2\pi r_1 r_2}$
② $\dfrac{Ir_2}{2\pi d r_1}$
③ $\dfrac{Ir_1}{2\pi d r_2}$
④ $\dfrac{Id}{4\pi r_1 r_2}$

07

맥스웰의 법칙을 설명한 것으로 틀린 것은?

① 변위 전류는 실제 전류와 같은 성질을 가진다.
② 전자기파는 전기장과 자기장의 변화에 의해 발생한다.
③ 전계가 경계면에 수직으로 진행하는 경우 인장 응력이 작용한다.
④ 전계가 경계면에 수평으로 진행하는 경우 압축 응력이 작용한다.

08

내부 도체의 반지름이 a[m]이고, 외부 도체의 내 반지름이 b[m], 외 반지름이 c[m]인 동축 케이블의 단위길이당 자기 인덕턴스는 몇 [H/m]인가?

① $\dfrac{\mu_0}{2\pi}\ln\dfrac{b}{a}$
② $\dfrac{\mu_0}{\pi}\ln\dfrac{b}{a}$
③ $\dfrac{2\pi}{\mu_0}\ln\dfrac{b}{a}$
④ $\dfrac{\pi}{\mu_0}\ln\dfrac{b}{a}$

09

유전율이 각각 다른 두 종류의 유전체 경계면에 전속이 입사할 때 이 전속은 어떻게 되는가?(단, 경계면에 수직으로 입사하지 않는 경우이다.)

① 굴절
② 반사
③ 회절
④ 직진

10

쌍극자 모멘트가 M[C·m]인 전기 쌍극자에서 점 P의 전계는 $\theta = \dfrac{\pi}{2}$ 에서 어떻게 되는가?(단, θ는 전기 쌍극자의 중심에서 축 방향과 점 P를 잇는 선분의 사잇각이다.)

① 0
② 최소
③ 최대
④ $-\infty$

11
$40[\text{V/m}]$인 전계 내의 $50[\text{V}]$ 되는 점에서 $1[\text{C}]$의 전하가 전계 방향으로 $80[\text{cm}]$ 이동하였을 때 그 점의 전위는 몇 $[\text{V}]$인가?

① 18
② 22
③ 35
④ 65

12
면전하 밀도 $\rho_s[\text{C/m}^2]$인 2개의 무한 평면판 내부의 전계의 세기$[\text{V/m}]$는?

① $\dfrac{\rho_s}{\varepsilon_0}$
② $\dfrac{\rho_s}{2\varepsilon_0}$
③ $\dfrac{\rho_s}{2\pi\varepsilon_0}$
④ $\dfrac{\rho_s}{4\pi\varepsilon_0}$

13
대지면에 높이 h로 평행하게 가설된 매우 긴 선 전하가 지면으로부터 받는 힘은?

① h^2에 비례한다.
② h^2에 반비례한다.
③ h에 비례한다.
④ h에 반비례한다.

14
다이아몬드와 같은 단결정 물체에 전장을 가할 때 유도되는 분극은?

① 전자 분극
② 이온 분극과 배향 분극
③ 전자 분극과 이온 분극
④ 전자 분극, 이온 분극, 배향 분극

15
반지름 $a[\text{m}]$인 접지 도체 구의 중심에서 $d[\text{m}]$ 되는 거리에 점전하 $Q[\text{C}]$을 놓았을 때 도체 구에 유도된 총 전하는 몇 $[\text{C}]$인가?

① 0
② $-Q$
③ $-\dfrac{a}{d}Q$
④ $-\dfrac{d}{a}Q$

16
자성체의 종류에 대한 설명으로 옳은 것은?(단, χ_m는 자화율, μ_r는 비투자율이다.)

① $\chi_m > 0$이면 역자성체이다.
② $\chi_m < 0$이면 상자성체이다.
③ $\mu_r > 1$이면 비자성체이다.
④ $\mu_r < 1$이면 역자성체이다.

17
두 개의 인덕턴스 $L_1[\text{H}]$, $L_2[\text{H}]$를 병렬로 접속하였을 때의 합성 인덕턴스 L은 몇 $[\text{H}]$인가?

① $L_1 L_2 \pm 2M[\text{H}]$
② $L_1 + L_2 \pm 2M[\text{H}]$
③ $\dfrac{L_1 L_2 - M^2}{L_1 + L_2 \pm 2M}[\text{H}]$
④ $\dfrac{L_1 L_2 + M^2}{L_1 + L_2 \pm 2M}[\text{H}]$

18
맥스웰의 전자 방정식으로 틀린 것은?

① $div \dot{B} = \phi$
② $div \dot{D} = \rho$
③ $rot \dot{E} = -\dfrac{\partial \dot{B}}{\partial t}$
④ $rot \dot{H} = \dot{i} + \dfrac{\partial \dot{D}}{\partial t}$

19
전기력선의 설명 중 틀린 것은?

① 단위 전하에서는 $\dfrac{1}{\varepsilon_0}$ 개의 전기력선이 출입한다.
② 전기력선은 부전하에서 시작하여 정전하에서 끝난다.
③ 전기력선은 전위가 높은 점에서 낮은 점으로 향한다.
④ 전기력선의 방향은 그 점의 전계의 방향과 일치하며, 밀도는 그 점에서의 전계의 크기와 같다.

20
자극의 세기가 $8 \times 10^{-6}[\text{Wb}]$, 길이가 $3[\text{cm}]$인 막대자석을 $120[\text{AT/m}]$의 평등 자계 내에 자력선과 $30°$의 각도로 놓으면 이 막대자석이 받는 회전력은 몇 $[\text{N} \cdot \text{m}]$인가?

① 1.44×10^{-4}
② 1.44×10^{-5}
③ 3.02×10^{-4}
④ 3.02×10^{-5}

2025년 2회 정답과 해설

무료 해설 강의

2회 SPEED CHECK 빠른정답표

01	02	03	04	05	06	07	08	09	10
①	③	①	④	①	①	①	①	①	②
11	12	13	14	15	16	17	18	19	20
①	①	④	①	③	④	③	①	②	②

01 | ①

- 기전력 $V = IR$ [V]
- 기자력 $F = R_m \phi$ [AT]
- 전기 저항 $R = \dfrac{l}{kS}$ [Ω]
- 컨덕턴스 $G = \dfrac{1}{R} = \dfrac{kS}{l}$ [℧] (전기 저항의 역수)
- 자기 저항 $R_m = \dfrac{l}{\mu S}$ [AT/Wb]
- 퍼미언스 $P = \dfrac{1}{R_m} = \dfrac{\mu S}{l}$ [Wb/AT] (자기 저항의 역수)

02 | ③

히스테리시스 곡선
강자성체에 가하는 자계(H)가 증가하면 자화의 세기(J)도 증가하며, 자계가 일정 값 이상으로 증가하여 자기 포화 현상이 일어나면 자화의 세기는 더이상 증가하지 않는다.

03 | ①

자성체
자성체 주변에 자계를 가하면 자성체 속 전자의 스핀 배열이 변화하여 자화 현상이 일어난다.

04 | ④

쿨롱의 힘
$F = \dfrac{Q_1 Q_2}{4\pi\varepsilon_0 r^2} = 9 \times 10^9 \times \dfrac{2 \times 10^{-6} \times 1 \times 10^{-4}}{0.5^2} = 7.2$ [N]

05 | ①

축전기에 충전된 정전 에너지
$W = \dfrac{1}{2}CV^2$ 이므로 $C = \dfrac{2W}{V^2} = \dfrac{2 \times 10^{-6}}{12^2} = 0.014$ [μF] 이다.

평행판 축전기의 정전 용량 $C = \dfrac{\varepsilon_0 \varepsilon_s S}{d}$ 이므로

$\varepsilon_s = \dfrac{Cd}{\varepsilon_0 S} = \dfrac{0.014 \times 10^{-6} \times 80 \times 10^{-6}}{8.854 \times 10^{-12} \times 0.12} = 1.054$

06 | ①

- 전류 I인 도선이 거리 r_1만큼 떨어진 지점에 만드는 자계의 세기
$H_1 = \dfrac{I}{2\pi r_1}$

- 전류 $-I$인 도선이 거리 r_2만큼 떨어진 지점에 만드는 자계의 세기
$H_2 = \dfrac{I}{2\pi r_2}$

H_1, H_2의 방향이 다르므로, 점 P에서의 자계 H는 벡터의 합을 고려하여 계산한다.

$H = |\vec{H_1} - \vec{H_2}| = \sqrt{H_1^2 + H_2^2 - 2H_1 H_2 \cos\theta}$ 이므로

$H^2 = H_1^2 + H_2^2 - 2H_1 H_2 \cos\theta$

$= \left(\dfrac{I}{2\pi}\right)^2 \left(\dfrac{1}{r_1^2} + \dfrac{1}{r_2^2} - 2 \times \dfrac{1}{r_1} \times \dfrac{1}{r_2} \times \dfrac{r_1}{r_2}\right) = \left(\dfrac{I}{2\pi}\right)^2 \left(\dfrac{1}{r_1^2} - \dfrac{1}{r_2^2}\right)$

$= \left(\dfrac{I}{2\pi}\right)^2 \left(\dfrac{r_2^2 - r_1^2}{r_1^2 r_2^2}\right) = \left(\dfrac{I}{2\pi}\right)^2 \left(\dfrac{d^2}{r_1^2 r_2^2}\right)$

($\because r_2^2 = r_1^2 + d^2$)

$\therefore H = \dfrac{I}{2\pi} \times \dfrac{d}{r_1 r_2} = \dfrac{Id}{2\pi r_1 r_2}$ [AT/m]

07 | ①

변위 전류는 전기적인 변위로 인해 발생하는 전류로, 실제로 전하가 이동하는 것이 아니기 때문에 실제 전류와 성질이 다르다. 따라서 변위 전류를 실제 전류와 같은 것으로 간주하는 것은 틀린 표현이다.

08 | ①

- 동심 원통 도체의 내부와 외부 도체 사이의 인덕턴스(동축 케이블)

$$L_e = \frac{\mu_0 l}{2\pi} \ln \frac{b}{a} \, [\text{H}]$$

- 단위길이당 동심 원통 도체의 내부와 외부 도체 사이의 인덕턴스

$$\frac{L_e}{l} = \frac{\mu_0}{2\pi} \ln \frac{b}{a} \, [\text{H/m}]$$

09 | ①

유전체 경계면에 전속이 입사각 $\theta_i (0° \leq \theta_i \leq 90°)$로 입사할 경우

- $\theta_i = 90°$: 투과(Transmission)
- $\theta_c < \theta_i < 90°$: 굴절(Refraction)

$$\left(\text{단, 임계각 } \theta_c = \sin^{-1} \sqrt{\frac{\varepsilon_2}{\varepsilon_1}} \right)$$

- $0° \leq \theta_i \leq \theta_c$: 반사(Reflection)

즉, 전속이 유전체 경계면에 입사하는 경우(수직 입사는 제외) 전속은 굴절한다.

10 | ②

전기 쌍극자의 전계 세기 및 전위

$$E = \frac{M}{4\pi\varepsilon_0 r^3} \sqrt{1 + 3\cos^2\theta} \, [\text{V/m}], \quad V = \frac{M}{4\pi\varepsilon_0 r^2} \cos\theta \, [\text{V}]$$

- $\theta = 0°$일 때 E와 V는 최댓값을 가진다.
- $\theta = 90°$일 때 E와 V는 최솟값을 가진다.

11 | ①

1[C]의 전하가 전계 방향으로 80[cm] 이동하면서 발생하는 전압 강하 $V = Ed = 40 \times 0.8 = 32[\text{V}]$이다.
따라서 80[cm] 떨어진 지점에서의 전위는 다음과 같다.
$V' = 50 - 32 = 18[\text{V}]$

12 | ①

무한 평면 임의의 도체 표면에서 전계의 세기는 거리(r)와 무관하다.

즉 두 무한 평면 도체 내부의 전계의 세기는 $\dfrac{\rho_s}{\varepsilon_0}$이다.

13 | ④

선전하 밀도가 $\lambda[\text{C/m}]$인 경우 대지면에 의한 영상 전하에 의해 전계가 발생한다.

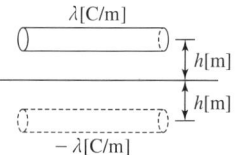

전계 $E = -\dfrac{\lambda}{2\pi\varepsilon_0(2h)}[\text{V/m}]$이므로

도선에 작용하는 힘 $F = QE = \lambda l \left(-\dfrac{\lambda}{2\pi\varepsilon_0(2h)} \right) = \dfrac{-\lambda^2 l}{4\pi\varepsilon_0 h}[\text{N}]$

따라서 대지면으로부터 받는 힘은 높이 h에 반비례한다.

14 | ①

- 전자 분극: 다이아몬드와 같은 단결정체에서 외부 전계에 의해 양전하 중심인 핵의 위치와 음전하의 위치가 변화하는 분극 현상
- 이온 분극: 세라믹 화합물과 같은 이온 결합의 특성을 가진 물질에 전계를 가하면 (+), (−) 이온에 상대적 변위가 일어나 쌍극자를 유발하는 분극 현상
- 배향 분극: 물, 암모니아, 알코올 등 영구 자기 쌍극자를 가진 유극 분자들이 외부 전계와 같은 방향으로 움직이는 분극 현상

15 | ③

접지 도체 구와 점전하 간의 전기 영상법

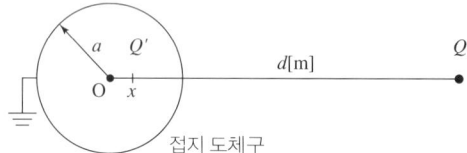

- 영상 전하의 크기

$$Q' = -\frac{a}{d} Q [\text{C}]$$

- 영상 전하의 위치

$$x = \frac{a^2}{d} [\text{m}]$$

16 | ④
자성체의 종류
- $\mu_r \gg 1$: 강자성체, $\chi_m = \mu_r - 1 \gg 0$: 강자성체
- $\mu_r > 1$: 상자성체, $\chi_m = \mu_r - 1 > 0$: 상자성체
- $\mu_r < 1$: 반(역)자성체, $\chi_m = \mu_r - 1 < 0$: 반(역)자성체

17 | ③
병렬 접속 합성 인덕턴스
- 가동 접속인 경우: $\dfrac{L_1 L_2 - M^2}{L_1 + L_2 - 2M}$ [H]
- 차동 접속인 경우: $\dfrac{L_1 L_2 - M^2}{L_1 + L_2 + 2M}$ [H]

18 | ①
- 맥스웰의 제1 방정식

$$rot\,\dot{H} = \dot{i_c} + \dfrac{\partial \dot{D}}{\partial t}$$

- 전류와 자계의 연속성 관계를 나타내는 방정식
- 전도 전류 및 변위 전류는 회전하는 자계를 형성

- 맥스웰의 제2 방정식

$$rot\,\dot{E} = -\dfrac{\partial \dot{B}}{\partial t} = -\mu \dfrac{\partial \dot{H}}{\partial t}$$

- 패러데이의 전자 유도 법칙에서 유도된 방정식
- 자속 밀도의 시간적 변화는 전계를 회전시키고 유기 기전력을 발생

- 맥스웰의 제3 방정식

$$div\,\dot{D} = \rho$$

- 정전계의 가우스 법칙에서 유도된 방정식
- 임의의 폐곡면 내의 전하에서 전속선이 발산

- 맥스웰의 제4 방정식

$$div\,\dot{B} = 0$$

- 정자계의 가우스 법칙에서 유도된 방정식
- 외부로 발산하는 자속은 없다(자속은 연속적이다).
- 고립된 N극 또는 S극만으로 이루어진 자석은 만들 수 없다.

19 | ②
전기력선의 성질
- 전기력선은 반드시 정(+)전하에서 나와서 부(-)전하로 들어간다.
- 전기력선의 방향은 그 점의 전계의 방향과 일치한다.
- 전기력선의 밀도는 전계의 세기와 같다.
- 전기력선은 전위가 높은 곳에서 낮은 곳으로 향한다.
- Q[C]의 전하에서 나오는 전기력선의 개수는 $\dfrac{Q}{\varepsilon_0}$ 개이다. 단위 전하에서는 $\dfrac{1}{\varepsilon_0}$ 개의 전기력선이 출입한다.

20 | ②
- 자기 모멘트

$$M = ml = 8 \times 10^{-6} \times 3 \times 10^{-2} = 2.4 \times 10^{-7}\,[\text{Wb·m}]$$

- 회전력

$$\begin{aligned}T &= MH\sin\theta \\ &= 2.4 \times 10^{-7} \times 120 \times \sin 30° \\ &= 1.44 \times 10^{-5}\,[\text{N·m}]\end{aligned}$$

2025년 3회 최신기출 CBT 모의고사

01
전하 $q[C]$가 진공 중의 자계 $H[AT/m]$에 수직한 방향의 속도 $v[m/s]$로 움직일 때 받는 힘은 몇 $[N]$인가?(단, 진공 중의 투자율은 μ_0이다.)

① qvH
② $\mu_0 qH$
③ πqvH
④ $\mu_0 qvH$

02
대지의 고유 저항이 $\rho[\Omega \cdot m]$일 때 그림과 같이 반지름이 $a[m]$인 반구 접지극의 접지 저항$[\Omega]$은?

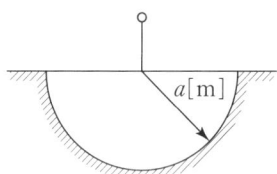

① $\dfrac{\rho}{4\pi a}$
② $\dfrac{\rho}{2\pi a}$
③ $\dfrac{2\pi\rho}{a}$
④ $2\pi\rho a$

03
반사 계수 $\rho = 0.8$일 때, 정재파비 s를 데시벨$[dB]$로 표시하면?

① $10\log_{10}\dfrac{1}{9}$
② $10\log_{10}9$
③ $20\log_{10}\dfrac{1}{9}$
④ $20\log_{10}9$

04
압전기 현상에서 전기 분극이 기계적 응력에 수직한 방향으로 발생하는 현상은?

① 종효과
② 횡효과
③ 역효과
④ 직접 효과

05
진공 중에 반지름이 $\dfrac{1}{50}[m]$인 도체 구 A와 내외 반지름이 $\dfrac{1}{25}[m]$ 및 $\dfrac{1}{20}[m]$인 도체 구 B를 동심으로 놓은 후 도체 구 A에 $Q_A = 4 \times 10^{-10}[C]$의 전하를 대전시키고 도체 구 B의 전하를 0으로 했을 때, 도체 구 A의 전위는 약 몇 $[V]$인가?

① 112
② 132
③ 162
④ 182

06

정전 용량이 $1[\mu F]$이고 판 간격이 d인 공기 콘덴서가 있다. 두께 $\frac{1}{2}d$, 비유전율 $\varepsilon_r = 2$인 유전체를 그 콘덴서의 한 전극면에 접촉하여 넣었을 때 전체의 정전 용량$[\mu F]$은?

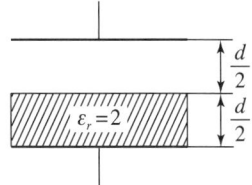

① 2
② $\frac{1}{2}$
③ $\frac{4}{3}$
④ $\frac{5}{3}$

07

진공 내 전위 함수가 $V = x^2 + y^2 [V]$로 주어졌을 때, $0 \leq x \leq 1$, $0 \leq y \leq 1$, $0 \leq z \leq 1$인 공간에 저장되는 정전 에너지$[J]$는?

① $\frac{4}{3}\varepsilon_0$
② $\frac{2}{3}\varepsilon_0$
③ $4\varepsilon_0$
④ $2\varepsilon_0$

08

단면적이 균일한 환상 철심에 권수 N_A인 코일 A와 권수 N_B인 코일 B가 있을 때, 코일 B의 자기 인덕턴스가 $L_A[H]$라면 두 코일의 상호 인덕턴스$[H]$는?

① $\frac{L_A N_A}{N_B}$
② $\frac{L_A N_B}{N_A}$
③ $\frac{N_A}{L_A N_B}$
④ $\frac{N_B}{L_A N_A}$

09

유전율이 10인 유전체를 $5[V/m]$인 전계 내에 놓으면 유전체의 표면 전하 밀도는 몇 $[C/m^2]$인가?(단, 유전체의 표면과 전계는 수직하다.)

① 0.5
② 1.0
③ 50
④ 250

10

전계가 유리에서 공기로 입사할 때 입사각 θ_1과 굴절각 θ_2의 관계와, 유리에서의 전계 E_1과 공기에서의 전계 E_2의 관계는?

① $\theta_1 > \theta_2$, $E_1 > E_2$
② $\theta_1 < \theta_2$, $E_1 > E_2$
③ $\theta_1 > \theta_2$, $E_1 < E_2$
④ $\theta_1 < \theta_2$, $E_1 < E_2$

11

간격이 $1.5[\text{m}]$이고 서로 평행한 무한히 긴 단상 송전 선로가 가설되었다. 여기에 $6,600[\text{V}]$, $3[\text{A}]$를 송전하면 단위길이당 작용하는 힘은?

① $1.2 \times 10^{-3}[\text{N}]$, 흡인력
② $5.89 \times 10^{-5}[\text{N}]$, 흡인력
③ $1.2 \times 10^{-6}[\text{N}]$, 반발력
④ $6.28 \times 10^{-7}[\text{N}]$, 반발력

12

$V = x^2[\text{V}]$로 주어지는 전위 분포에서, $x = 20[\text{cm}]$인 점의 전계는?

① $+x$ 방향으로 $40[\text{V/m}]$
② $-x$ 방향으로 $40[\text{V/m}]$
③ $+x$ 방향으로 $0.4[\text{V/m}]$
④ $-x$ 방향으로 $0.4[\text{V/m}]$

13

원형 선전류 $I[\text{A}]$의 중심축상 점 P의 자위$[\text{A}]$를 나타내는 식은?(단, θ는 점 P에서 원형 전류를 바라보는 평면각이다.)

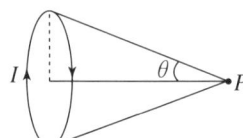

① $\dfrac{I}{2}(1-\cos\theta)$
② $\dfrac{I}{4}(1-\cos\theta)$
③ $\dfrac{I}{2}(1-\sin\theta)$
④ $\dfrac{I}{4}(1-\sin\theta)$

14

반지름 $a[\text{m}]$의 구 도체에 전하 $Q[\text{C}]$가 주어질 때 구 도체 표면에 작용하는 정전 응력은 몇 $[\text{N/m}^2]$인가?

① $\dfrac{9Q^2}{16\pi^2\varepsilon_0 a^6}$
② $\dfrac{9Q^2}{32\pi^2\varepsilon_0 a^6}$
③ $\dfrac{Q^2}{16\pi^2\varepsilon_0 a^4}$
④ $\dfrac{Q^2}{32\pi^2\varepsilon_0 a^4}$

15

z 방향으로 진행하는 평면파에 대한 설명으로 잘못된 것은?

① z 성분이 0이다.
② x의 미분 계수가 0이다.
③ y의 미분 계수가 0이다.
④ z의 미분 계수가 0이다.

16
자기 인덕턴스가 $L[\mathrm{H}]$인 코일에 전류 $I[\mathrm{A}]$가 흐를 때 자계의 세기는 $H[\mathrm{AT/m}]$였다. 이 코일을 진공 중에서 자화시키는 데 필요한 에너지 밀도 $[\mathrm{J/m^3}]$는?

① $\frac{1}{2}LI^2$ ② LI^2

③ $\frac{1}{2}\mu_0 H^2$ ④ $\mu_0 H^2$

17
평면 전자파가 유전율 ε, 투자율 μ인 유전체 내를 전파한다. 전계의 세기가 $E = E_m \sin \omega(t - \frac{x}{v})[\mathrm{V/m}]$라면 자계의 세기 $H[\mathrm{AT/m}]$는?

① $\sqrt{\mu\varepsilon}\, E_m \sin \omega(t - \frac{x}{v})$

② $\sqrt{\frac{\varepsilon}{\mu}}\, E_m \cos \omega(t - \frac{x}{v})$

③ $\sqrt{\frac{\varepsilon}{\mu}}\, E_m \sin \omega(t - \frac{x}{v})$

④ $\sqrt{\frac{\mu}{\varepsilon}}\, E_m \cos \omega(t - \frac{x}{v})$

18
정전계에서 도체에 정(+)의 전하를 주었을 때의 설명으로 틀린 것은?

① 도체 표면의 곡률 반지름이 작은 곳에 전하가 많이 분포한다.
② 도체 외측의 표면에만 전하가 분포한다.
③ 도체 표면에서 수직으로 전기력선이 출입한다.
④ 도체 내에 있는 공동면에도 전하가 골고루 분포한다.

19
길이가 $10[\mathrm{cm}]$이고 단면의 반지름이 $1[\mathrm{cm}]$인 원통형 자성체가 길이 방향으로 균일하게 자화되어 있을 때 자회의 세기가 $0.5[\mathrm{Wb/m^2}]$이라면 이 자성체의 자기 모멘트$[\mathrm{Wb \cdot m}]$는?

① 1.57×10^{-5} ② 1.57×10^{-4}

③ 1.57×10^{-3} ④ 1.57×10^{-2}

20
매질 1의 $\mu_1 = 500$, 매질 2의 $\mu_2 = 1{,}000$이다. 매질 2에서 경계면에 대하여 $45°$ 각도로 자계가 입사한 경우 매질 1에서 경계면과 자계의 각도에 가장 가까운 것은?

① $20°$ ② $30°$

③ $60°$ ④ $80°$

2025년 3회 정답과 해설

3회 SPEED CHECK 빠른정답표

01	02	03	04	05	06	07	08	09	10
④	②	④	②	③	③	①	①	③	③
11	12	13	14	15	16	17	18	19	20
③	④	①	④	④	③	③	④	①	③

01 | ④
로렌츠 힘
$$F = I|\vec{l} \times \vec{B}| = IBl\sin\theta$$
$$= IBl \; (\because \theta = 90°)$$
$$= qvB = \mu_0 qvH [N]$$

02 | ②
반지름이 $a[m]$인 구 도체의 정전 용량 $C = 4\pi\varepsilon a[F]$에서, 반구의 정전 용량은 구 도체 정전 용량의 절반이므로 $C = 2\pi\varepsilon a[F]$
$RC = \rho\varepsilon$이므로 반구 접지극의 접지 저항은 다음과 같다.
$$R = \frac{\rho\varepsilon}{C} = \frac{\rho\varepsilon}{2\pi\varepsilon a} = \frac{\rho}{2\pi a}[\Omega]$$

03 | ④
정재파비 $s = \frac{1+|\rho|}{1-|\rho|} = \frac{1+0.8}{1-0.8} = 9$
∴ 이득 $g = 20\log_{10} s = 20\log_{10} 9 [dB]$

04 | ②
압전 효과
특정 물질에 기계적인 압력을 가할 때 전위차가 발생하거나, 전위차로 인해 기계적 변형이 일어나는 현상
- 종효과: 힘을 가하는 방향과 전위차 발생 방향이 같은 경우
- 횡효과: 힘을 가하는 방향과 전위차 발생 방향이 수직한 경우

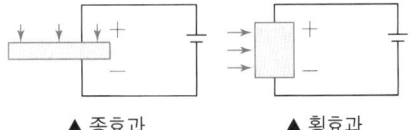

▲ 종효과   ▲ 횡효과

05 | ③
도체 A만 전하량 $+Q[C]$으로 대전된 경우 도체 A의 전위
$V_A = \frac{Q}{4\pi\varepsilon_0}\left(\frac{1}{a} - \frac{1}{b} + \frac{1}{c}\right)[V]$이다.
$$\therefore V_A = \frac{Q_A}{4\pi\varepsilon_0}(50-25+20) = 9\times10^9 \times 4\times10^{-10} \times (50-25+20)$$
$$= 162[V]$$

06 | ③
- 공기 콘덴서일 때
$$C_0 = \frac{\varepsilon_0 S}{d} = 1[\mu F]$$
- 유전체를 콘덴서에 넣었을 때
$$C_1 = \frac{\varepsilon_0 S}{\frac{d}{2}} = 2\times\frac{\varepsilon_0 S}{d} = 2C_0 \; (\frac{d}{2} \text{만큼 공기})$$
$$C_2 = \frac{2\varepsilon_0 S}{\frac{d}{2}} = 4\times\frac{\varepsilon_0 S}{d} = 4C_0 \; (\frac{d}{2} \text{만큼 유전체})$$
$$\therefore C = \frac{C_1 C_2}{C_1 + C_2} = \frac{2C_0 \times 4C_0}{2C_0 + 4C_0} = \frac{8}{6}C_0$$
$$= \frac{4}{3}[\mu F]$$

07 | ①
- 전위 함수로부터의 전계 식
$$\dot{E} = -\text{grad}V$$
$$= -\left\{\frac{\partial(x^2+y^2)}{\partial x}a_x + \frac{\partial(x^2+y^2)}{\partial y}a_y + \frac{\partial(x^2+y^2)}{\partial z}a_z\right\}$$
$$= -2xa_x - 2ya_y [V/m]$$
- E^2은 전계 벡터의 내적으로부터 구할 수 있다.
$$E^2 = \dot{E}\cdot\dot{E} = (-2xa_x - 2ya_y)\cdot(-2xa_x - 2ya_y) = 4x^2 + 4y^2$$
- 전계에 저장되는 에너지
$$W = \iiint \frac{1}{2}\varepsilon_0 E^2 \, dv [J]$$
$$= \frac{1}{2}\varepsilon_0 \int_0^1\int_0^1\int_0^1 (4x^2+4y^2)dxdydz$$
$$= \frac{1}{2}\varepsilon_0 \int_0^1\int_0^1 \left(\frac{4}{3}+4y^2\right)dydz$$
$$= \frac{1}{2}\varepsilon_0 \int_0^1 \left(\frac{4}{3}+\frac{4}{3}\right)dz = \frac{1}{2}\varepsilon_0 \times \frac{8}{3} = \frac{4}{3}\varepsilon_0 [J]$$

08 | ①

길이 $l[\text{m}]$인 환상 솔레노이드의 인덕턴스 $L = \dfrac{\mu N^2 S}{l}[\text{H}]$

코일 B의 인덕턴스는 $L_B = \dfrac{\mu N_B^2 S}{l}$ 이므로

코일 A의 인덕턴스 $L = \dfrac{\mu N_A^2 S}{l} = \dfrac{\mu S}{l} N_A^2 = \dfrac{L_A}{N_B^2} N_A^2 [\text{H}]$

누설 자속이 없다고 가정하면 상호 인덕턴스는 다음과 같다.

$M = \sqrt{L_A \times L} = \sqrt{L_A \times \dfrac{N_A^2}{N_B^2} L_A} = \dfrac{L_A N_A}{N_B} [\text{H}]$

09 | ③

$D = \rho_s = \varepsilon E = 10 \times 5 = 50[\text{C}/\text{m}^2]$

10 | ③

유전체에서 경계면 조건
- $\varepsilon_1 > \varepsilon_2$일 때 $\theta_1 > \theta_2$이다.
- $\varepsilon_1 > \varepsilon_2$일 때 $D_1 > D_2$이다.
- $\varepsilon_1 > \varepsilon_2$일 때 $E_1 < E_2$이다.

11 | ③

두 선에 작용하는 힘 $F = \dfrac{\mu_0 I_1 I_2}{2\pi d} = \dfrac{2 I_1 I_2}{d} \times 10^{-7} [\text{N}/\text{m}]$

단상 2선식 송전 선로는 왕복 도선으로, 각 상의 전류 방향이 반대이고 크기가 같다. ($I_1 = I_2 = 3[\text{A}]$)

$F = \dfrac{2I^2}{d} \times 10^{-7} = \dfrac{2 \times 3^2}{1.5} \times 10^{-7} = 1.2 \times 10^{-6} [\text{N}/\text{m}]$

플레밍의 왼손 법칙에 따라 두 도선 사이에는 반발력이 작용한다.

12 | ④

$\dot{E} = -\nabla V = -\dfrac{\partial V}{\partial x}i - \dfrac{\partial V}{\partial y}j - \dfrac{\partial V}{\partial z}k [\text{V}/\text{m}]$ 이므로

$\dot{E} = -\dfrac{\partial V}{\partial x}i = -\dfrac{\partial (x^2)}{\partial x}i = -2xi = -2 \times 20 \times 10^{-2} i = -0.4i[\text{V}/\text{m}]$

즉, $-x$방향으로 $0.4[\text{V}/\text{m}]$이다.

13 | ①

점 P에서의 자위 $U = \dfrac{I}{4\pi} \omega = \dfrac{I}{4\pi} \times 2\pi(1 - \cos\theta)$

$= \dfrac{I}{2}(1 - \cos\theta)[\text{A}]$

($\because$ 입체각 $\omega = 2\pi(1 - \cos\theta)[\text{sr}]$)

14 | ④

정전 응력 $f = \dfrac{1}{2}\varepsilon_0 E^2 = \dfrac{1}{2}\varepsilon_0 \left(\dfrac{Q}{4\pi\varepsilon_0 a^2}\right)^2 = \dfrac{Q^2}{32\pi^2 \varepsilon_0 a^4} [\text{N}/\text{m}^2]$

15 | ④

z 방향으로 진행하는 평면파 $F = E\hat{x} \times B\hat{y}$에 대하여, 전계 $E = E_0 \cos(\omega t - kz)\hat{x}$, 자계 $B = B_0 \cos(\omega t - kz)\hat{y}$와 같이 나타낼 수 있다. 즉 z 방향으로 진행하는 평면파의 z 성분은 0이며, x, y이 미분 계수는 각각 0이다. $\dfrac{\partial E}{\partial z} = -kE_0 \sin(\omega t - kz) \neq 0$, $\dfrac{\partial B}{\partial z} = kB_0 \cos(\omega t - kz) \neq 0$이므로 z의 미분 계수는 0이 아니다.

16 | ③

진공에서 자기장에 저장되는 에너지 밀도

$w = \dfrac{B^2}{2\mu_0} = \dfrac{1}{2}\mu_0 H^2 = \dfrac{1}{2}HB[\text{J}/\text{m}^3]$

17 | ③

고유 임피던스 $\eta = \dfrac{E}{H} = \sqrt{\dfrac{\mu}{\varepsilon}}$ 이므로

$H = \dfrac{E}{\eta} = \sqrt{\dfrac{\varepsilon}{\mu}} E_m \sin\omega\left(t - \dfrac{x}{v}\right)[\text{AT}/\text{m}]$

18 | ④

도체의 성질
- 대전된 도체의 전하는 도체 표면에만 존재한다.
- 도체 내부에 전하는 존재하지 않는다.
- 도체의 표면과 내부의 전위는 동일하다.
- 도체면에서 전계의 세기는 도체 표면에 항상 수직이다.
- 도체 표면에서의 전하 밀도는 곡률이 클수록, 즉 곡률 반경이 작을수록 높다.

19 | ①

자화의 세기 $J = \dfrac{\text{자기 모멘트}(M)}{\text{자성체의 체적}(V)}$ [Wb/m^2]

자기 모멘트 $M = J \times V = J \times (\pi r^2 \times l)$
$= 0.5 \times \pi \times (10^{-2})^2 \times 10 \times 10^{-2}$
$= 1.57 \times 10^{-5}$ [Wb·m]

20 | ③

자성체의 경계면 조건에서,

$\dfrac{\mu_1}{\mu_2} = \dfrac{\tan\theta_1}{\tan\theta_2} \Rightarrow \dfrac{500}{1,000} = \dfrac{\tan\theta_1}{\tan 45°}$

(단, θ_1: 투과각, θ_2: 입사각)

$\tan\theta_1 = \dfrac{500}{1,000} \times \tan 45° = 0.5$

$\therefore \theta_1 = \tan^{-1} 0.5 = 26.56°$

매질 1에서 경계면과 자계의 세기가 이루는 각 θ는 다음과 같다.
$\theta = 90° - 26.56° = 63.44° ≒ 60°$

MEMO

여러분의 작은 소리
에듀윌은 크게 듣겠습니다.

본 교재에 대한 여러분의 목소리를 들려주세요.
공부하시면서 어려웠던 점, 궁금한 점,
칭찬하고 싶은 점, 개선할 점, 어떤 것이라도 좋습니다.

에듀윌은 여러분께서 나누어 주신 의견을
통해 끊임없이 발전하고 있습니다.

에듀윌 도서몰 book.eduwill.net
- 부가학습자료 및 정오표: 에듀윌 도서몰 → 도서자료실
- 교재 문의: 에듀윌 도서몰 → 문의하기 → 교재(내용, 출간) / 주문 및 배송

끝맺음 노트

에듀윌 전기
전기자기학 필기
+무료특강

📱 Mobile로 응시하기

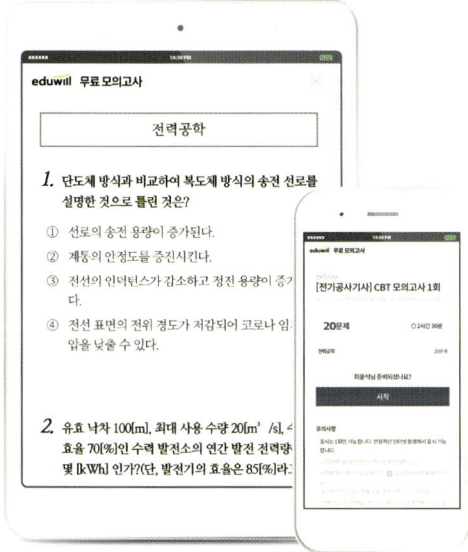

PC 버전 CBT 모의고사의 장점만을 그대로 담았습니다.
QR 코드를 스캔하여 더욱 쉽고 빠르게 서비스를 이용할 수 있습니다.

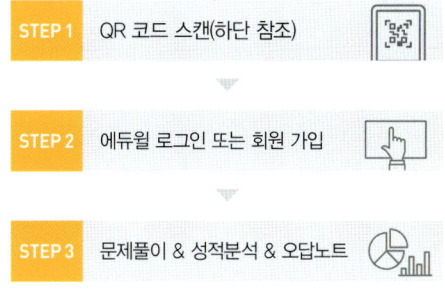

STEP 1 QR 코드 스캔(하단 참조)

STEP 2 에듀윌 로그인 또는 회원 가입

STEP 3 문제풀이 & 성적분석 & 오답노트

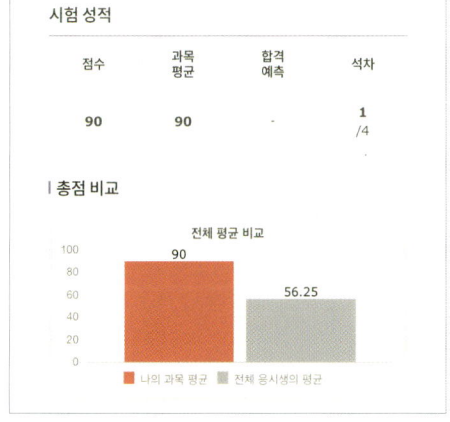

맞춤형 성적 분석

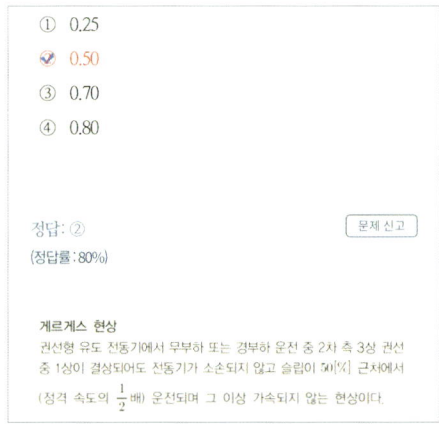

쉽고 빠른 오답해설

CBT 모의고사 3회 QR 코드

 1회 →  2회 →  3회

* CBT 모의고사는 2026년 1회차 시험 한달 전에 제공됩니다.
* CBT 모의고사 유효기간은 2027년 12월 31일까지이며, 이후 서비스 제공이 중단될 수 있습니다.

2026 에듀윌 전기 전기자기학
6주 플래너

기초부터 탄탄하게 학습한다!
꼼꼼하게 학습하는 사람에게
추천하는 플래너

WEEK	DAY	차례		페이지	공부한 날	완료
1주	DAY 1	기본서	CHAPTER 01 벡터 해석	기본서 p.24	__월 __일	☐
	DAY 2		CHAPTER 02 진공 중의 정전계	기본서 p.34	__월 __일	☐
	DAY 3		CHAPTER 02 진공 중의 정전계	기본서 p.34	__월 __일	☐
	DAY 4		CHAPTER 03 진공 중의 도체계	기본서 p.60	__월 __일	☐
	DAY 5		CHAPTER 03 진공 중의 도체계	기본서 p.60	__월 __일	☐
	DAY 6		CHAPTER 04 유전체	기본서 p.74	__월 __일	☐
	DAY 7		CHAPTER 04 유전체	기본서 p.74	__월 __일	☐
2주	DAY 8		CHAPTER 05 전기 영상법	기본서 p.94	__월 __일	☐
	DAY 9		CHAPTER 06 전류	기본서 p.104	__월 __일	☐
	DAY 10		CHAPTER 06 전류	기본서 p.104	__월 __일	☐
	DAY 11		CHAPTER 07 진공 중의 정자계	기본서 p.122	__월 __일	☐
	DAY 12		CHAPTER 08 전류에 의해 발생되는 자계	기본서 p.136	__월 __일	☐
	DAY 13		CHAPTER 08 전류에 의해 발생되는 자계	기본서 p.136	__월 __일	☐
	DAY 14		CHAPTER 08 전류에 의해 발생되는 자계	기본서 p.136	__월 __일	☐
3주	DAY 15		CHAPTER 09 자성체 및 자기 회로	기본서 p.154	__월 __일	☐
	DAY 16		CHAPTER 10 인덕턴스	기본서 p.172	__월 __일	☐
	DAY 17		CHAPTER 11 전자 유도 현상	기본서 p.186	__월 __일	☐
	DAY 18		CHAPTER 11 전자 유도 현상	기본서 p.186	__월 __일	☐
	DAY 19		CHAPTER 12 전자계	기본서 p.196	__월 __일	☐
	DAY 20		전기자기학 기본서 전체 복습		__월 __일	☐
	DAY 21				__월 __일	
4주	DAY 22	유형별 N제	CHAPTER 01 ~ 02	유형별 N제 p.8	__월 __일	☐
	DAY 23		CHAPTER 03 ~ 04	유형별 N제 p.38	__월 __일	☐
	DAY 24		CHAPTER 05 ~ 06	유형별 N제 p.70	__월 __일	☐
	DAY 25		CHAPTER 07	유형별 N제 p.92	__월 __일	☐
	DAY 26		CHAPTER 08	유형별 N제 p.102	__월 __일	☐
	DAY 27		CHAPTER 09	유형별 N제 p.120	__월 __일	☐
	DAY 28		CHAPTER 10	유형별 N제 p.138	__월 __일	☐
5주	DAY 29		CHAPTER 11 ~ 12 1회독 완료	유형별 N제 p.152	__월 __일	☐
	DAY 30		CHAPTER 01 ~ 03	유형별 N제 p.8	__월 __일	☐
	DAY 31		CHAPTER 04 ~ 06	유형별 N제 p.54	__월 __일	☐
	DAY 32		CHAPTER 07 ~ 08	유형별 N제 p.92	__월 __일	☐
	DAY 33		CHAPTER 09 ~ 10	유형별 N제 p.120	__월 __일	☐
	DAY 34		CHAPTER 11 ~ 12 2회독 완료	유형별 N제 p.152	__월 __일	☐
	DAY 35		CHAPTER 01 ~ 03	유형별 N제 p.8	__월 __일	☐
6주	DAY 36		CHAPTER 04 ~ 06	유형별 N제 p.54	__월 __일	☐
	DAY 37		CHAPTER 07 ~ 09	유형별 N제 p.92	__월 __일	☐
	DAY 38		CHAPTER 10 ~ 12 3회독 완료	유형별 N제 p.138	__월 __일	☐
	DAY 39		전기자기학 유형별 N제 전체 복습		__월 __일	☐
	DAY 40				__월 __일	
	DAY 41		전기자기학 전체 복습		__월 __일	☐
	DAY 42				__월 __일	

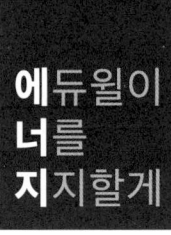

에듀윌이 너를 지지할게
ENERGY

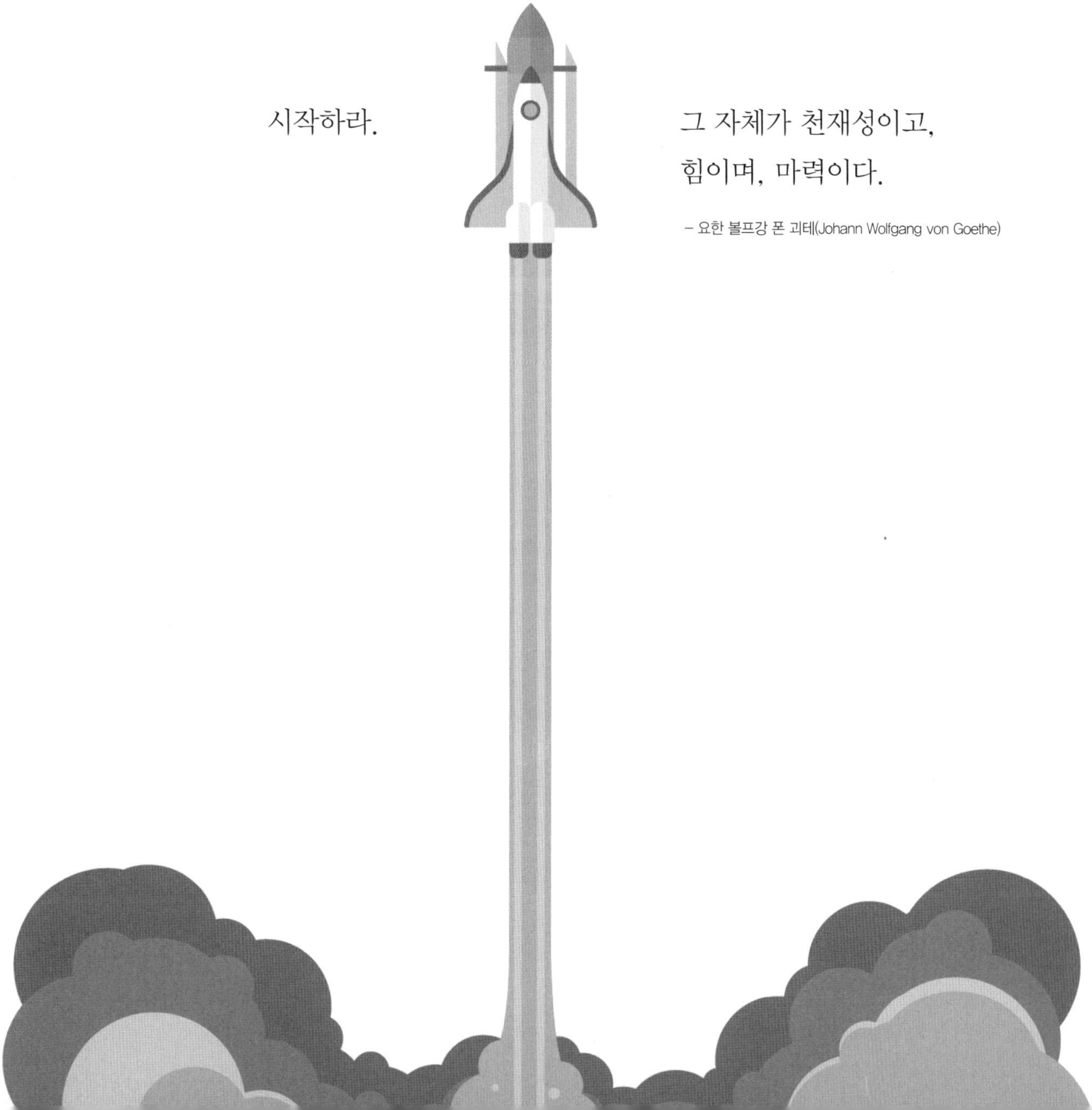

시작하라. 그 자체가 천재성이고, 힘이며, 마력이다.

– 요한 볼프강 폰 괴테(Johann Wolfgang von Goethe)

에듀윌 전기 전기자기학

필기 기본서

전기설비기술기준 & KEC
용어표준화 및 국문순화

어떻게 변했는가?

- 산업통상자원부에서 전기설비기술기준 및 한국전기설비규정(KEC) 내 일본식 한자, 어려운 축약어, 외래어 등의 순화에 관한 사항을 2023년 10월 12일에 공고하였습니다.
- 용어표준화 및 국문순화는 공고 즉시 시행되었으며 순화된 용어는 다음과 같이 총 177개입니다. 순화 대상이 된 용어는 앞으로 전기 관련 시험에 반영되어 출제될 것으로 예상됩니다.

*산업통상자원부 고시 제 2023-197호(전기설비기술기준 변경)
*산업통상자원부 공고 제 2023-768호(한국전기설비규정 변경)

*용어표준화 및 국문순화 대상

용어 변경에 따른 학습의 방향

- 2022년 3회차 전기기사 필기 시험부터 적용된 CBT 시험 방식의 특성상 용어의 변경이 시험 문제 전반에 걸쳐 모두 반영되지 않을 수 있습니다.
- 그러나 전기설비기술기준, 한국전기설비규정(KEC)에서 순화된 용어로 개정된 것은 명백한 사실이므로 용어표준화 및 국문순화에 따른 시험 문제 및 보기의 문항이 바뀔 가능성이 높습니다.
- 따라서 변경된 용어 위주로 학습하되 변경되기 전의 용어는 무엇이었는지 알고 넘어간다면 더욱 완벽한 시험 대비를 할 수 있습니다.

수험자별로 다르게 출제되는 CBT시험 어떻게 준비해야 할까요?

 사람마다 출제되는 문제가 다르므로 지금보다 좀 더 폭넓은 개념을 익혀두어야 합니다.

 연도별 기출풀이보다는 빈출 유형별로 정리하여야 시험에 대응하기 수월합니다.

 실전과 비슷한 방법으로 컴퓨터 시험 환경에 익숙해져야 합니다.

2026년 대비 CBT 맞춤 개정판 출간

CBT 시험에 강한 유형별 N제	문제은행 방식으로 출제됨에 따라 과년도 기출문제를 폭넓게 접해보는 것이 더욱 중요해졌습니다. 최신 기출문제는 물론 2000년도 이전에 시행된 시험까지 분석하여 엄선한 문제들로 유형별 N제를 구성하였습니다. 반복학습을 통해 가장 쉽고 빠르게 합격이 가능합니다.
핵심이론만 모은 기본서	과년도 기출문제를 분석하여 자주 출제된 문제 유형을 챕터 및 테마별로 정리하였습니다. 시험대비에 꼭 필요한 내용으로만 구성하여 효율적으로 학습이 가능합니다.
최신기출 CBT 모의고사	최신 기출복원문제 3회분을 수록하여 시험 직전 최종 점검을 할 수 있도록 하였습니다. 제공되는 상세한 해설 및 동영상 강의를 활용하여 시험 직전 마무리 학습을 더 효율적으로 할 수 있습니다.

이 책의 구성

2026 에듀윌 전기 기본서

비전공자도 이해하기 쉬운, 기초개념

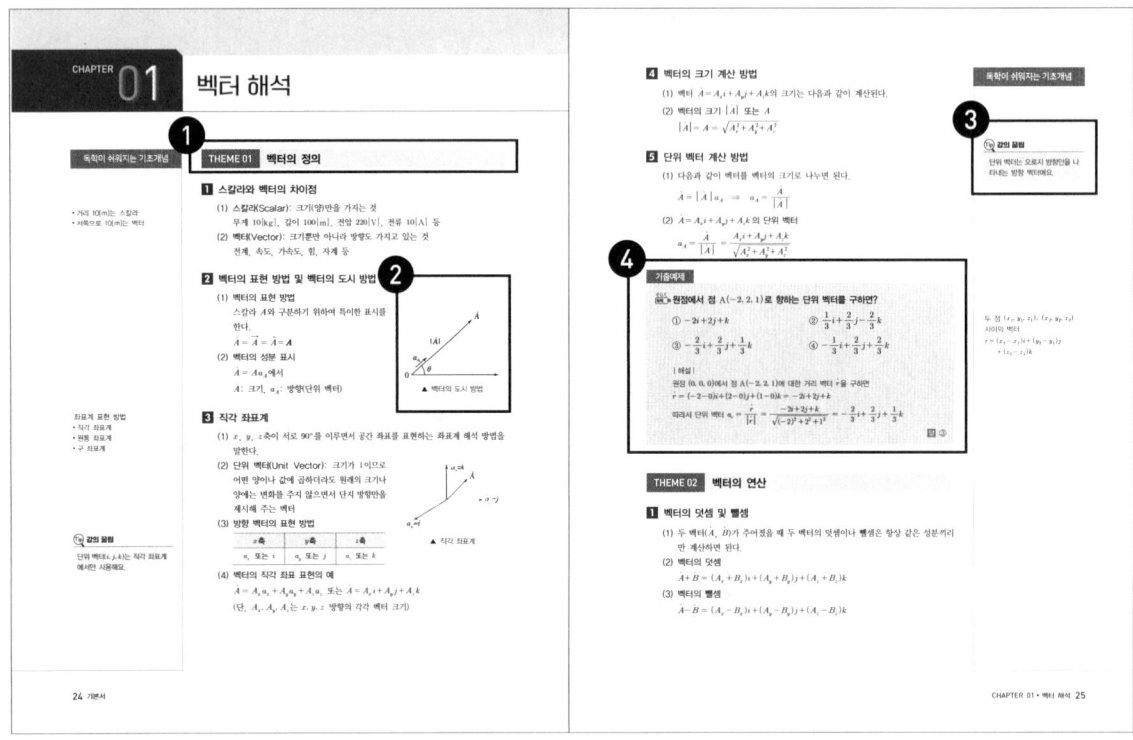

❶ CBT 시험 대비에 꼭 필요한 유형을 챕터별 THEME로 분류하였다.

❷ 이론 설명에 꼭 필요한 다양한 그림을 제공하여 수월한 학습을 할 수 있도록 하였다.

❸ 전공자부터 비전공자까지 누구나 쉽게 이해할 수 있도록 어려운 개념을 알기 쉽게 풀어서 쓴 강의꿀팁을 제공하였다.

❹ 기출예제를 통해 이론 학습 후 바로 실전 적용을 할 수 있도록 하였다.

"시험에 출제되는 이론을 탄탄하게 학습할 수 있습니다."

합격에 꼭 필요한, 유형별 N제

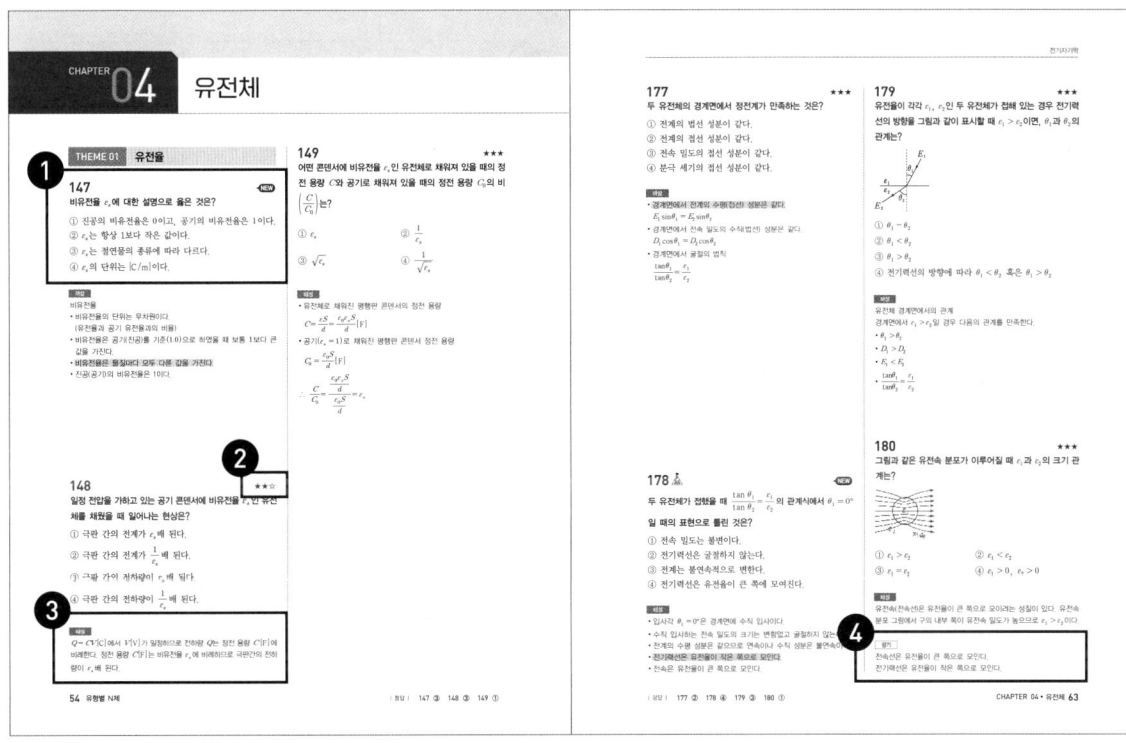

❶ 유형별로 쉬운 문제부터 어려운 문제까지 엄선하여 수록하였습니다.

❷ 출제 비중을 ★~★★★로 표시하여 중요도를 한눈에 알 수 있도록 하였습니다.

❸ 누구나 쉽게 이해할 수 있게 친절한 해설을 제공하였습니다.

❹ 중요한 이론이나 공식은 로 수록하였습니다.

"유형별 N제 3회독 학습으로 쉽고 빠르게 합격 가능합니다."

이 책의 구성

2026 에듀윌 전기 기본서

마무리 학습을 위한, 끝맺음 노트

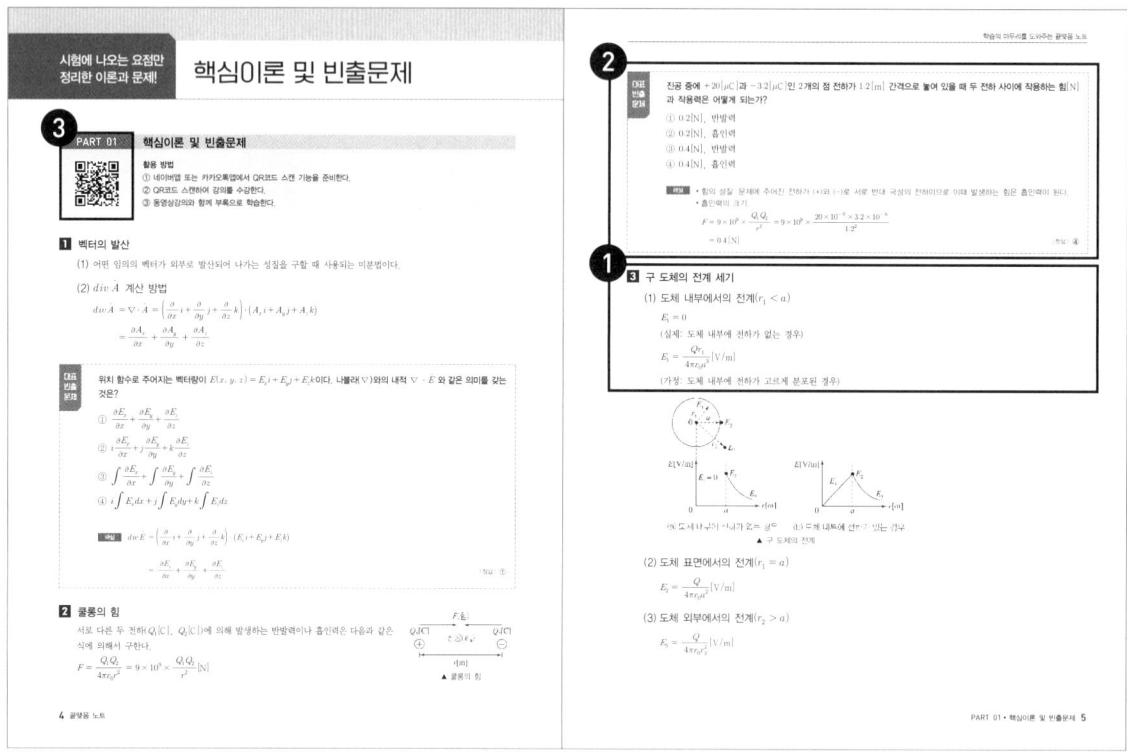

1. 시험에 나오는 요점만 정리한 핵심이론을 제공하였다.
2. 대표 빈출문제를 수록하여 핵심이론에 관련된 문제를 바로 풀어볼 수 있게 하였다.
3. QR코드를 스캔하여 학습을 돕는 무료특강을 수강할 수 있도록 하였다.

"시험 전, **끝맺음 노트**와 함께 최종 점검하면 좋습니다."

시험 전에 준비하는, 최신기출 CBT 모의고사

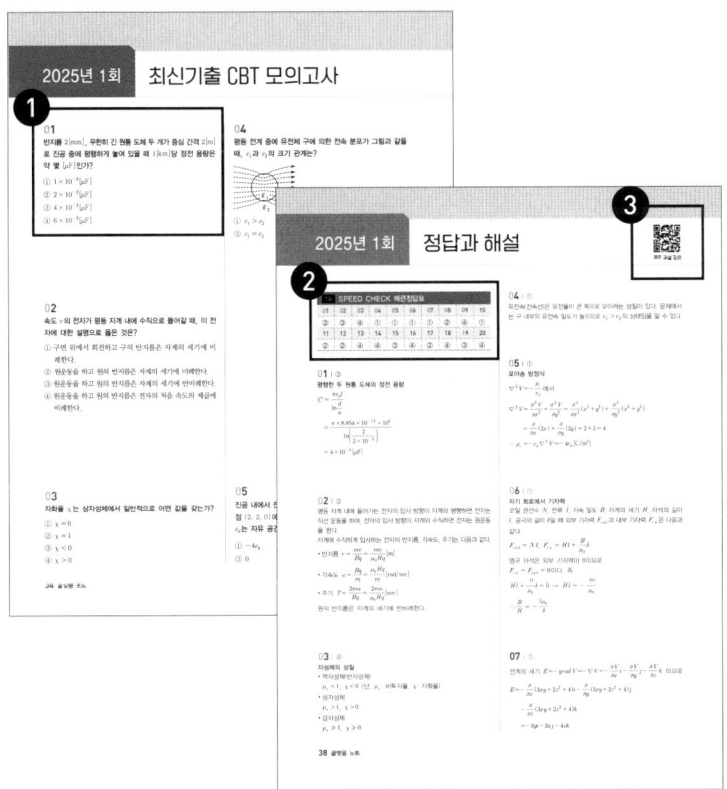

최신기출 CBT 모의고사 편

❶ 기출문제를 기반으로 실제 시험에 출제될 만한 문제들로 구성한 모의고사 3회를 제공합니다.
하단의 링크를 입력하거나 QR코드를 스캔하여 온라인 CBT 모의고사에 응시해 보세요!

정답과 해설 편

❷ 정답을 한눈에 확인할 수 있도록 빠른 정답표를 제공합니다.
❸ QR코드를 스캔하여 무료 해설 특강으로 접근할 수 있으며, 강의를 통해 효율적인 학습이 가능합니다.

CBT 모의고사 빠른 입장

- 1회 | https://eduwill.kr/5Flp
- 2회 | https://eduwill.kr/1Flp
- 3회 | https://eduwill.kr/MFlp

PC 버전 / 모바일 버전 / 1회 ▶ 2회 ▶ 3회

※ CBT 모의고사 유효기간은 2027년 12월 31일까지이며, 이후 서비스 제공이 중단될 수 있습니다.

합격의 첫 걸음
전기직 취업

전기기사 과목별 출제 정보

과목	전기(산업)기사	전기공사(산업)기사	전기직 공사·공단	전기직 공무원
회로이론	O	O	O	O
제어공학	O	O	O	O
전기기기	O	O	O	O
전기자기학	O	X	O	O
전력공학	O	O	O	X
전기설비기술기준	O	O	O	X
전기응용 및 공사재료	X	O	O	X
전기설비 설계 및 관리	O	X	X	X
전기설비 견적 및 시공	X	O	X	X

※ 단, 전기산업기사 및 전기공사산업기사는 제어공학이 출제되지 않음
※ 전기직 공사·공단 출제 정보는 회사마다 다름

필기

- 회로이론
- 제어공학
- 전력공학
- 전기자기학
- 전기기기
- 전기설비기술기준
- 전기응용 및 공사재료

실기

- 전기설비 설계 및 관리
- 전기설비 견적 및 시공

전기직 취업 정보

전기직군 공사·공단 취업

- 회로이론
- 제어공학
- 전기기기
- 전기자기학
- 전력공학
- 전기설비기술기준

→ 전기 전문성을 갖춘 인력의 수요는 꾸준히 존재하므로 관련 공사·공단에서 전기직 중심의 채용이 이루어지고 있음. 회사마다 시험과목은 다르므로 자세한 내용은 회사별 채용 공지사항 확인

전기직 공무원 취업

직렬	선발예정인원	시험과목(선택형 필기시험)
전기직 (7급)	• 일반:14명 • 장애인:1명	언어논리영역, 자료해석영역, 상황판단영역, 영어(영어능력검정시험으로 대체), 한국사(한국사능력검정시험으로 대체), 물리학개론, 전기자기학, 회로이론, 전기기기
전기직 (9급)	• 일반:43명 • 장애인:4명 • 저소득:1명	국어, 영어, 한국사, 전기이론, 전기기기

- 회로이론
- 제어공학
- 전기기기
- 전기자기학

→ 2023년 7·9급 전기직 공무원, 군무원 시험과목에 전기 기초 과목이 포함됨

결국 최종 목표는 전기직 취업, 전기기사 자격증부터 전기직 취업까지
에듀윌 전기기사 시리즈로 한번에 해결!

Why? 전기기사
취업의 치트키 전기기사 자격증

취업 기회가 늘어나는 전기 관련 시장

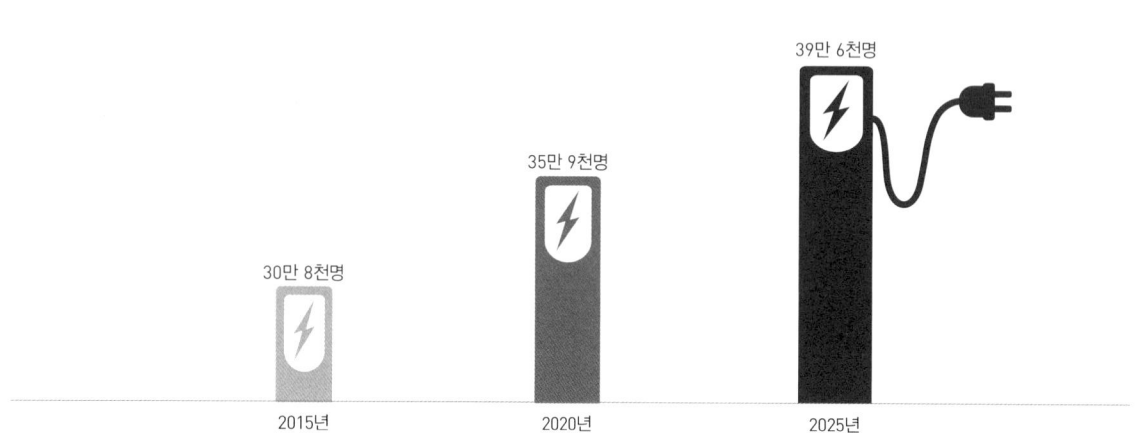

전기전자 관련직 수요증가

- 2015년: 30만 8천명
- 2020년: 35만 9천명
- 2025년: 39만 6천명

※ 출처: 고용노동부 직종별 사업체 노동력 조사

취업 부담이 줄어드는 다양한 가산점

한국전력공사 채용	한국철도공사 일반직 6급 채용
전기기사 10점 + 전기공사기사 10점 총 20점까지 부여	전기기사 4점 가산 전기산업기사 2.5점 가산

6급 이하 및 기술직공무원 채용	경찰공무원 채용
과목별 만점의 3~5% 가산	전기기사 4점 가산 전기산업기사 2점 가산

알아 두면 쓸데 있는 전기기사 시험 Q&A

Q 전기기사와 전기공사기사 시험, 무엇이 다를까요?

A 전기기사와 전기공사기사의 필기시험은 총 5과목입니다. 이 중에서 4과목은 공통이고 1과목만 서로 다릅니다. 전기기사는 전기자기학, 전기공사기사는 전기응용 및 공사재료 과목이 다릅니다. 실기시험은 50%만 공통으로 출제되고 나머지 50%는 다르게 출제됩니다. 2과목만 더 준비하면 합격이 가능하기 때문에 쌍기사 자격증에 도전하는 것을 권합니다.

Q 필기시험과 실기시험, 무엇이 다른가요?

A 필기시험이 5과목이어서 어려워 보일 수도 있지만, 실제 시험 결과는 정반대입니다. 필기는 객관식 문제로 출제되고 평균 60점을 넘으면 합격할 수 있지만, 실기는 논술식이기 때문에 체감 난이도가 훨씬 높습니다.
또 필기시험의 학습 분량에 비해 실기시험의 학습 분량은 2배입니다. 실기시험은 단답, 시퀀스, 수변전 설비의 3과목으로 나뉘어 필기보다 2과목이 적지만, 단답을 세분화하면 필기보다 더 많은 부분을 공부해야 합니다.

Q CBT 시험으로 변경된 후 어떤 출제 경향을 보이나요?

A 2022년 제3회 시험부터 CBT 시험 방식이 도입되었습니다. CBT 시험 특성상 수험자별로 출제되는 문제가 다르기 때문에 출제 경향을 예측하기 쉽지 않은 상황입니다. 그러나 문제은행 방식으로 출제된다는 특징이 있기 때문에, 유형별로 이론과 문제들을 반복학습하면 쉽게 합격할 수 있습니다.

전기기사 합격전략

How? 전기기사

효율 UP 학습순서

전략 UP 과목별 맞춤학습법

회로이론	• 모든 과목의 바탕이 되는 중요한 과목 • 전기기사는 회로이론 전체를 학습 • 산업기사는 회로이론 앞부분을 중심으로 학습	60점 이상
제어공학	• 70점 이상의 점수를 얻기 쉬운 과목 • 전기기사는 회로이론의 기본만 학습하고 제어공학을 중심으로 학습	70점 이상
전력공학	• 고득점을 얻어야 유리한 과목 • 필기시험과 실기시험에도 영향을 미치는 과목 • 발전보다는 전력 부분에 초점을 맞추어 학습	70점 이상
전기자기학	• 고난도 문제가 자주 출제되는 과목 • 출제 기준에 맞추어서 학습	60점 이상
전기기기	• 어려운 내용에 비해 문제는 비교적 쉽게 출제되는 과목 • 기본공식을 암기하는 것에 집중하여 학습 • 기출문제를 중심으로 학습	70점 이상
전기응용 및 공사재료	• 난이도가 높지 않은 과목 • 기출문제 위주로 학습	70점 이상
전기설비기술기준	• 암기가 중요한 과목 • 고득점을 얻어야 하는 쉽지만 중요한 과목 • 내용을 요약하여 정리한 후 문제를 풀면서 학습	75점 이상

전기자기학의 흐름을 잡는

완벽한 출제분석

전기자기학 출제기준

분야	세부 출제기준
1. 진공 중의 정전계	정전기 및 전자 유도 / 전계 / 전기력선 / 전하 / 전위 / 가우스의 정리 / 전기 쌍극자
2. 진공 중의 도체계	도체계의 전하 및 전위 분포 / 전위계수, 용량계수 및 유도계수 / 도체계의 정전 에너지 / 정전 용량 / 도체 간에 작용하는 정전력 / 정전 차폐
3. 유전체	분극도와 전계 / 전속 밀도 / 유전체 내의 전계 / 경계 조건 / 정전 용량 / 전계의 에너지 / 유전체 사이의 힘 / 유전체의 특수 현상
4. 전계의 특수 해법 및 전류	전기 영상법 / 정전계의 2차원 문제 / 전류에 관련된 제현상 / 저항률 및 도전율
5. 자계	자석 및 자기 유도 / 자계 및 자위 / 자기 쌍극자 / 자계와 전류 사이의 힘 / 분포 전류에 의한 자계
6. 자성체와 자기 회로	자화의 세기 / 자속 밀도 및 자속 / 투자율과 자화율 / 경계면의 조건 / 감자력과 자기 차폐 / 자계의 에너지 / 강자성체의 자화 / 자기 회로 / 영구자석
7. 전자 유도 및 인덕턴스	전자 유도 현상 / 자기 및 상호 유도 작용 / 자계 에너지와 전자 유도 / 도체의 운동에 의한 기전력 / 전류에 작용하는 힘 / 전자 유도에 의한 전계 / 도체 내의 전류 분포 / 전류에 의한 자계 에너지 / 인덕턴스
8. 전자계	변위 전류 / 맥스웰의 방정식 / 전자파 및 평면파 / 경계 조건 / 전자계에서의 전압 / 전자와 하전 입자의 운동 / 방전 현상

전기자기학 최근 20개년 출제비중

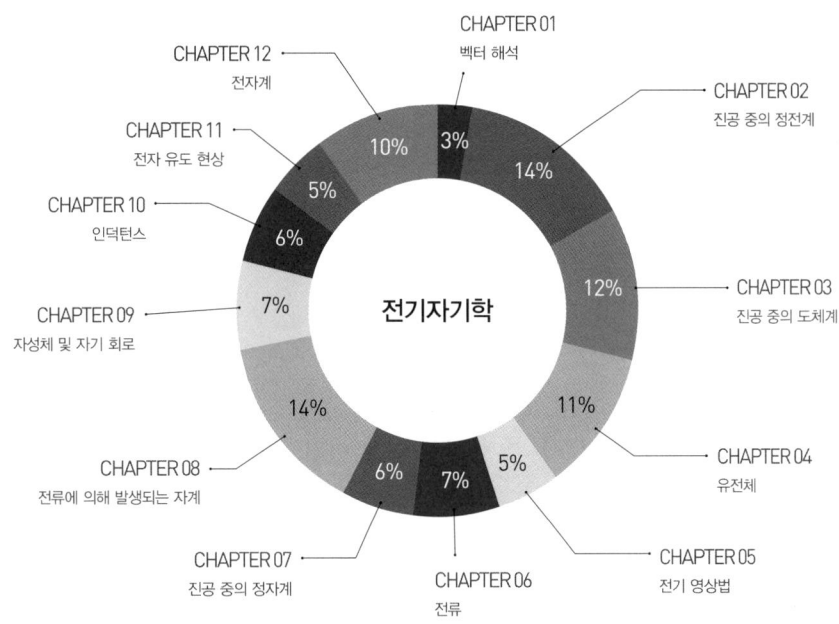

GUIDE
전기기사 시험안내

2026 시험 예상 일정

1. 전기(산업)기사, 전기공사(산업)기사

구분	필기시험	필기합격 (예정자)발표	실기시험	최종합격 발표일
제1회	2~3월	3월	4~5월	6월
제2회	5월	6월	7~8월	9월
제3회	7월	8월	10~11월	12월

※ 정확한 시험 일정은 한국산업인력공단(Q-net) 참고

2. 빈자리 추가 접수기간

구분	필기시험	실기시험
제1회	2월	4월
제2회	5월	7월
제3회	6월	-

※ 정확한 시험 일정은 한국산업인력공단(Q-net) 참고

3. 공통사항

(1) 원서접수 시간은 원서접수 첫날 10:00부터 마지막 날 18:00까지 임
(2) 필기시험 합격(예정)자 및 최종합격자 발표시간은 해당 발표일 09:00임

검정기준 및 응시자격

1. 검정기준

등급	검정기준
기사	해당 국가기술자격의 종목에 관한 공학적 기술이론 지식을 가지고 설계·시공·분석 등의 업무를 수행할 수 있는 능력 보유
산업기사	해당 국가기술자격의 종목에 관한 기술기초이론 지식 또는 숙련기능을 바탕으로 복합적인 기초기술 및 기능 업무를 수행할 수 있는 능력 보유

※ 국가기술자격 검정의 기준(제14조 제1항 관련)

2. 응시자격

등급		응시자격 조건
기능사	자격제한 없음	
산업기사	자격증 + 경력	기능사 + 실무경력 1년
		실무경력 2년
	관련학과 졸업	관련학과 4년제 대졸 또는 졸업 예정
		관련학과 2, 3년제 대졸 또는 졸업 예정
기사	자격증 + 경력	산업기사 + 실무경력 1년
		기능사 + 실무경력 3년
		실무경력 4년
	관련학과 졸업	관련학과 4년제 대졸 또는 졸업 예정
		관련학과 3년제 대졸 + 실무경력 1년
		관련학과 2년제 대졸 + 실무경력 2년

GUIDE
전기기사 시험안내

전기기사

구분	시험과목	검정방법	합격기준
필기	· 전기자기학 · 전력공학 · 전기기기 · 회로이론 및 제어공학 · 전기설비기술기준	객관식 4지 택일형, 과목당 20문항(30분)	과목당 40점 이상, 전과목 평균 60점 이상(100점 만점 기준)
실기	전기설비 설계 및 관리	필답형(2시간 30분)	60점 이상(100점 만점 기준)

분류	종목	인정학점	표준교육과정 해당 전공	
			전문학사	학사
전기일반	전기기사	20(30)	시스템제어, 자동제어, 전기, 전기공사, 전자기기	메카트로닉스학, 전기공학, 제어계측공학
	전기산업기사	16(24)		
전기설비	전기공사기사	20(30)	시스템제어, 자동제어, 전기, 전기공사	전기공학, 제어계측공학
	전기공사산업기사	16(24)		

※ 인정학점 옆 괄호 학점은 2009년 3월 1일 이전 취득한 자격에 한해 인정

전기산업기사

구분	시험과목	검정방법	합격기준
필기	· 전기자기학 · 전력공학 · 전기기기 · 회로이론 · 전기설비기술기준	객관식 4지 택일형, 과목당 20문항(30분)	과목당 40점 이상, 전과목 평균 60점 이상(100점 만점 기준)
실기	전기설비 설계 및 관리	필답형(2시간)	60점 이상(100점 만점 기준)

분류	종목	인정학점	표준교육과정 해당 전공	
			전문학사	학사
전기일반	전기기사	20(30)	시스템제어, 자동제어, 전기, 전기공사, 전자기기	메카트로닉스학, 전기공학, 제어계측공학
	전기산업기사	16(24)		
전기설비	전기공사기사	20(30)	시스템제어, 자동제어, 전기, 전기공사	전기공학, 제어계측공학
	전기공사산업기사	16(24)		

※ 인정학점 옆 괄호 학점은 2009년 3월 1일 이전 취득한 자격에 한해 인정

전기공사기사

구분	시험과목	검정방법	합격기준
필기	· 전기응용 및 공사재료 · 전력공학 · 전기기기 · 회로이론 및 제어공학 · 전기설비기술기준	객관식 4지 택일형, 과목당 20문항(30분)	과목당 40점 이상, 전과목 평균 60점 이상(100점 만점 기준)
실기	전기설비 견적 및 시공	필답형(2시간 30분)	60점 이상(100점 만점 기준)

분류	종목	인정학점	표준교육과정 해당 전공	
			전문학사	학사
전기일반	전기기사	20(30)	시스템제어, 자동제어, 전기, 전기공사, 전자기기	메카트로닉스학, 전기공학, 제어계측공학
	전기산업기사	16(24)		
전기설비	전기공사기사	20(30)	시스템제어, 자동제어, 전기, 전기공사	전기공학, 제어계측공학
	전기공사산업기사	16(24)		

※ 인정학점 옆 괄호 학점은 2009년 3월 1일 이전 취득한 자격에 한해 인정

전기공사산업기사

구분	시험과목	검정방법	합격기준
필기	· 전기응용 · 전력공학 · 전기기기 · 회로이론 · 전기설비기술기준	객관식 4지 택일형, 과목당 20문항(30분)	과목당 40점 이상, 전과목 평균 60점 이상(100점 만점 기준)
실기	전기설비 견적 및 시공	필답형(2시간)	60점 이상(100점 만점 기준)

분류	종목	인정학점	표준교육과정 해당 전공	
			전문학사	학사
전기일반	전기기사	20(30)	시스템제어, 자동제어, 전기, 전기공사, 전자기기	메카트로닉스학, 전기공학, 제어계측공학
	전기산업기사	16(24)		
전기설비	전기공사기사	20(30)	시스템제어, 자동제어, 전기, 전기공사	전기공학, 제어계측공학
	전기공사산업기사	16(24)		

※ 인정학점 옆 괄호 학점은 2009년 3월 1일 이전 취득한 자격에 한해 인정

CONTENTS
기본서 차례

CHAPTER 01 벡터 해석
1. 벡터의 정의 … 24
2. 벡터의 연산 … 25
3. 벡터의 미분 … 27
4. 벡터의 적분 … 29
CBT 적중문제 … 30

CHAPTER 02 진공 중의 정전계
1. 정전계의 기초 개념 … 34
2. 쿨롱의 법칙 … 35
3. 전계(전장)의 세기 … 36
4. 전기력선 … 36
5. 전속 및 전속 밀도 … 38
6. 가우스(Gauss)의 정리 … 39
7. 여러 가지 도체 모양에서의 전계(전장)의 세기 … 41
8. 전위 및 전위차 … 43
9. 포아송과 라플라스 방정식 … 45
10. 전기 쌍극자 및 전기 이중층 … 45
CBT 적중문제 … 47

CHAPTER 03 진공 중의 도체계
1. 전위 계수, 용량 계수, 유도 계수 … 60
2. 정전 용량(Capacitance) … 61
3. 정전 용량의 종류 … 62
4. 정전 용량 회로의 계산 방법 … 64
5. 저장 에너지 … 65
CBT 적중문제 … 66

CHAPTER 04 유전체
1. 유전율 … 74
2. 전기 분극 … 75
3. 분극의 세기 … 76
4. 유전체에서의 콘덴서 … 77
5. 유전율이 다른 콘덴서의 접속 … 78
6. 유전체의 경계면 조건 … 80
7. 유전체의 경계면에 작용하는 힘(맥스웰 응력) … 81
CBT 적중문제 … 83

CHAPTER 05 전기 영상법
1. 전기 영상법의 원리 … 94
2. 전기 영상법의 종류 … 94
CBT 적중문제 … 98

CHAPTER 06 전류
1. 전류 … 104
2. 전기 저항 … 106
3. 옴의 법칙 … 107
4. 온도 변화에 따른 저항 … 108
5. 전력과 전력량 … 109
6. 접지 저항(R)과 정전 용량(C)의 관계 … 110
7. 열전 효과 … 110
8. 전기의 특수한 현상 … 112
CBT 적중문제 … 114

CHAPTER 07 진공 중의 정자계

1. 정자계의 쿨롱의 법칙	122
2. 자계(자장)의 세기	123
3. 자기력선	124
4. 자속 및 자속 밀도	125
5. 자위	126
6. 자기 쌍극자 및 자기 이중층	127
7. 막대 자석	128
CBT 적중문제	130

CHAPTER 08 전류에 의해 발생되는 자계

1. 암페어의 법칙	136
2. 비오-사바르의 법칙	137
3. 여러 가지 도체 모양에 따른 자계의 세기	138
4. 솔레노이드에 의한 자계의 세기	140
5. 플레밍의 왼손 법칙	141
6. 평행 도선 사이에 작용하는 힘	142
7. 로렌츠의 힘	143
CBT 적중문제	145

CHAPTER 09 자성체 및 자기 회로

1. 자성체의 기초	154
2. 자성체의 종류	154
3. 히스테리시스 곡선	156
4. 자화의 세기	158
5. 자성체의 경계면 조건	159
6. 자기 회로	161
CBT 적중문제	164

CHAPTER 10 인덕턴스

1. 인덕턴스의 종류	172
2. 결합 계수	172
3. 코일의 접속	173
4. 코일(인덕터)에 축적되는 에너지	174
5. 도체 모양에 따른 인덕턴스의 값	175
6. 표피 효과(Skin Effect)	177
CBT 적중문제	178

CHAPTER 11 전자 유도 현상

1. 유도 기전력	186
2. 정현파에 의해 코일에 유도되는 기전력	187
3. 플레밍의 오른손 법칙	188
4. 금속 원판을 회전시킬 때 유도되는 기전력	189
CBT 적중문제	190

CHAPTER 12 전자계

1. 전도 전류와 변위 전류	196
2. 맥스웰 방정식	197
3. 전자파	198
CBT 적중문제	201

벡터 해석

1. 벡터의 정의
2. 벡터의 연산
3. 벡터의 미분
4. 벡터의 적분

학습 전략

벡터 해석 부분은 전기자기학을 처음 배우는 초보자 입장에서는 수학적인 부분이 많아서 어렵게 느껴질 수 있습니다. 하지만 학습에 필요한 가장 기초적인 기본 수학 내용이므로 조금은 어렵더라도 최선을 다해 학습해야 합니다. 특히 벡터의 내적과 외적 계산법, 벡터의 미분편은 확실하게 파악하는 것이 좋습니다.

CHAPTER 01 | 흐름 미리보기

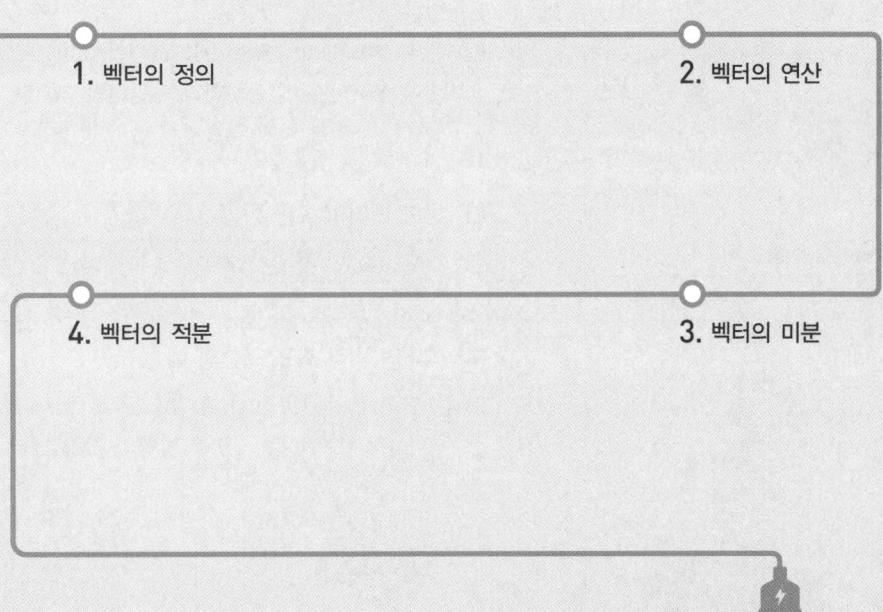

NEXT **CHAPTER 02**

CHAPTER 01 벡터 해석

THEME 01 벡터의 정의

1 스칼라와 벡터의 차이점

(1) 스칼라(Scalar): 크기(양)만을 가지는 것
  무게 10[kg], 길이 100[m], 전압 220[V], 전류 10[A] 등
(2) 벡터(Vector): 크기뿐만 아니라 방향도 가지고 있는 것
  전계, 속도, 가속도, 힘, 자계 등

2 벡터의 표현 방법 및 벡터의 도시 방법

(1) 벡터의 표현 방법
  스칼라 A와 구분하기 위하여 특이한 표시를 한다.
  $\dot{A} = \vec{A} = \hat{A} = \boldsymbol{A}$
(2) 벡터의 성분 표시
  $\dot{A} = A a_A$ 에서
  A: 크기, a_A: 방향(단위 벡터)

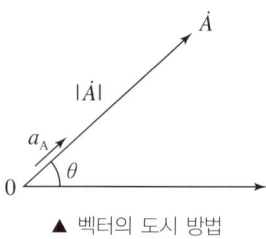

▲ 벡터의 도시 방법

3 직각 좌표계

(1) x, y, z축이 서로 90°를 이루면서 공간 좌표를 표현하는 좌표계 해석 방법을 말한다.
(2) 단위 벡터(Unit Vector): 크기가 1이므로 어떤 양이나 값에 곱하더라도 원래의 크기나 양에는 변화를 주지 않으면서 단지 방향만을 제시해 주는 벡터
(3) 방향 벡터의 표현 방법

x축	y축	z축
a_x 또는 i	a_y 또는 j	a_z 또는 k

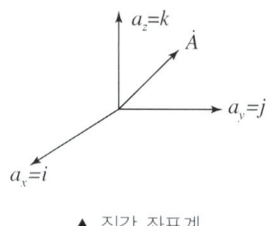

▲ 직각 좌표계

(4) 벡터의 직각 좌표 표현의 예
  $\dot{A} = A_x a_x + A_y a_y + A_z a_z$ 또는 $\dot{A} = A_x i + A_y j + A_z k$
  (단, A_x, A_y, A_z는 x, y, z 방향의 각각 벡터 크기)

독학이 쉬워지는 기초개념

- 거리 10[m]는 스칼라
- 서쪽으로 10[m]는 벡터

좌표계 표현 방법
- 직각 좌표계
- 원통 좌표계
- 구 좌표계

Tip 강의 꿀팁
단위 벡터(i, j, k)는 직각 좌표계에서만 사용해요.

4 벡터의 크기 계산 방법

(1) 벡터 $\dot{A} = A_x i + A_y j + A_z k$의 크기는 다음과 같이 계산된다.
(2) 벡터의 크기 $|\dot{A}|$ 또는 A
$$|\dot{A}| = A = \sqrt{A_x^2 + A_y^2 + A_z^2}$$

5 단위 벡터 계산 방법

(1) 다음과 같이 벡터를 벡터의 크기로 나누면 된다.
$$\dot{A} = |\dot{A}| a_A \Rightarrow a_A = \frac{\dot{A}}{|\dot{A}|}$$
(2) $\dot{A} = A_x i + A_y j + A_z k$의 단위 벡터
$$a_A = \frac{\dot{A}}{|\dot{A}|} = \frac{A_x i + A_y j + A_z k}{\sqrt{A_x^2 + A_y^2 + A_z^2}}$$

독학이 쉬워지는 기초개념

Tip 강의 꿀팁

단위 벡터는 오로지 방향만을 나타내는 방향 벡터예요.

기출예제

원점에서 점 $A(-2, 2, 1)$로 향하는 단위 벡터를 구하면?

① $-2i + 2j + k$
② $\frac{1}{3}i + \frac{2}{3}j - \frac{2}{3}k$
③ $-\frac{2}{3}i + \frac{2}{3}j + \frac{1}{3}k$
④ $-\frac{1}{3}i + \frac{2}{3}j + \frac{2}{3}k$

| 해설 |

원점 $(0, 0, 0)$에서 점 $A(-2, 2, 1)$에 대한 거리 벡터 $\dot{r}$을 구하면
$\dot{r} = (-2-0)i + (2-0)j + (1-0)k = -2i + 2j + k$

따라서 단위 벡터 $a_r = \frac{\dot{r}}{|\dot{r}|} = \frac{-2i + 2j + k}{\sqrt{(-2)^2 + 2^2 + 1^2}} = -\frac{2}{3}i + \frac{2}{3}j + \frac{1}{3}k$

답 ③

두 점 (x_1, y_1, z_1), (x_2, y_2, z_2) 사이의 벡터
$\dot{r} = (x_2 - x_1)i + (y_2 - y_1)j$
$\quad + (z_2 - z_1)k$

THEME 02 벡터의 연산

1 벡터의 덧셈 및 뺄셈

(1) 두 벡터($\dot{A}, \dot{B}$)가 주어졌을 때 두 벡터의 덧셈이나 뺄셈은 항상 같은 성분끼리만 계산하면 된다.
(2) 벡터의 덧셈
$$\dot{A} + \dot{B} = (A_x + B_x)i + (A_y + B_y)j + (A_z + B_z)k$$
(3) 벡터의 뺄셈
$$\dot{A} - \dot{B} = (A_x - B_x)i + (A_y - B_y)j + (A_z - B_z)k$$

기출예제

중요도 어떤 물체에 $\dot{F_1} = -3i+4j-5k$ 와 $\dot{F_2}=6i+3j-2k$의 힘이 작용하고 있다. 이 물체에 또 다른 힘 $\dot{F_3}$을 가했을 때 세 힘이 평형이 되기 위한 힘 $\dot{F_3}$을 구하면 얼마인가?

① $-3i-7j+7k$
② $3i-7j-7k$
③ $3i+j+7k$
④ $3i-7j+3k$

| 해설 |
세 힘이 평형이므로
$\dot{F_1}+\dot{F_2}+\dot{F_3}=0$
물체에 처음 가해진 힘 $\dot{F_1}$과 $\dot{F_2}$를 합하면
$\dot{F_1}+\dot{F_2} = (-3+6)i+(4+3)j+(-5-2)k = 3i+7j-7k$
따라서 세 힘이 평형이 되기 위한 힘 $\dot{F_3}$는
$\dot{F_3} = -(\dot{F_1}+\dot{F_2}) = -(3i+7j-7k) = -3i-7j+7k$

답 ①

독학이 쉬워지는 기초개념

- 내적은 '·'로 표시
- 외적은 '×'로 표시

2 벡터의 곱셈

(1) 내적
  ① 두 벡터의 사이 각 안으로 곱하는 계산 방법이다.
  ② 벡터의 내적 계산은 특정 방향으로의 성분 크기나 두 벡터 사이의 각도를 구할 경우에 주로 사용된다.
  ③ 내적의 계산식
  $$\dot{A} \cdot \dot{B} = |\dot{A}||\dot{B}|\cos\theta$$
  $$\left(\therefore \cos\theta = \frac{\dot{A} \cdot \dot{B}}{|\dot{A}||\dot{B}|} \right)$$

  ④ 내적의 성질
  위 내적 계산식에서
  $\cos 0° = 1$, $\cos 90° = 0$이므로
  $\begin{cases} i \cdot i = 1 \\ j \cdot j = 1 \\ k \cdot k = 1 \end{cases}$ $\begin{cases} i \cdot j = 0 \\ j \cdot k = 0 \\ k \cdot i = 0 \end{cases}$

▲ 벡터의 내적

(2) 외적
  ① 두 벡터의 사이 각 바깥으로 곱하는 계산 방법이다.
  ② 벡터의 외적 계산은 두 벡터가 이루는 면적이나 두 벡터가 형성하는 에너지를 계산할 때 주로 사용된다.
  ③ 외적의 계산식(크기)
  $$\dot{A} \times \dot{B} = |\dot{A}||\dot{B}|\sin\theta$$
  ④ 외적의 성질
  $\begin{cases} i \times i = 0 \\ j \times j = 0 \\ k \times k = 0 \end{cases}$ $\begin{cases} i \times j = k \\ j \times k = i \\ k \times i = j \end{cases}$
  또는 벡터의 방향이 반대가 되면
  $\begin{cases} j \times i = -k \\ k \times j = -i \\ i \times k = -j \end{cases}$

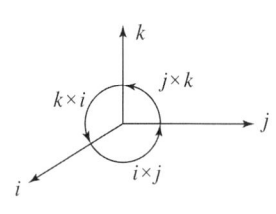

▲ 벡터의 외적

벡터의 외적(벡터 값)
외적의 방향은 벡터 $\dot{A}$ 와 $\dot{B}$ 가 이루는 면적에 수직하며 크기는 벡터 $\dot{A}$ 와 $\dot{B}$ 가 이루는 면적(평행사변형)과 같다.

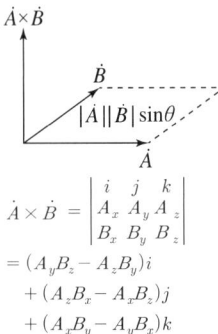

$\dot{A} \times \dot{B} = \begin{vmatrix} i & j & k \\ A_x & A_y & A_z \\ B_x & B_y & B_z \end{vmatrix}$
$= (A_yB_z - A_zB_y)i$
$+ (A_zB_x - A_xB_z)j$
$+ (A_xB_y - A_yB_x)k$

기출예제

벡터 $\dot{A} = -7i - j$와 $\dot{B} = -3i - 4j$가 있었을 때 이 두 벡터가 이루는 각도를 계산하면?

① 30°　　　② 45°
③ 60°　　　④ 90°

| 해설 |

두 벡터의 내적 값은
$\dot{A} \cdot \dot{B} = (-7i - j) \cdot (-3i - 4j) = (-7 \times -3) + (-1 \times -4) = 25$

각도를 내적 계산식을 이용하여 구하면
$\cos\theta = \dfrac{\dot{A} \cdot \dot{B}}{|\dot{A}||\dot{B}|} = \dfrac{25}{\sqrt{(-7)^2 + (-1)^2} \times \sqrt{(-3)^2 + (-4)^2}}$
$= \dfrac{25}{5\sqrt{50}} = \dfrac{5}{\sqrt{50}} = \dfrac{5}{5\sqrt{2}} = \dfrac{1}{\sqrt{2}}$

$\therefore \theta = \cos^{-1}\left(\dfrac{1}{\sqrt{2}}\right) = 45°$

답 ②

독학이 쉬워지는 기초개념

Tip 강의 꿀팁

벡터 내적의 값이 0이면 두 벡터는 수직 관계이다.

THEME 03 벡터의 미분

1 벡터의 미분 연산자 ∇

(1) 벡터를 미분하기 위한 편미분 계산식을 미분 연산자라 한다.
(2) 미분 연산자 표현 방법
$$\nabla = \dfrac{\partial}{\partial x}i + \dfrac{\partial}{\partial y}j + \dfrac{\partial}{\partial z}k$$

2 스칼라의 구배(기울기) $grad$

(1) 어떤 스칼라 양의 기울기를 구하기 위하여 스칼라를 벡터로 변환하는 데 쓰인다.
(2) 스칼라 A의 구배
$$grad\,A = \nabla A = \left(\dfrac{\partial}{\partial x}i + \dfrac{\partial}{\partial y}j + \dfrac{\partial}{\partial z}k\right)A = \dfrac{\partial A}{\partial x}i + \dfrac{\partial A}{\partial y}j + \dfrac{\partial A}{\partial z}k$$

Tip 강의 꿀팁

미분 연산자 ∇는 나블라(nabla) 또는 델(del)이라고 표현하기도 해요.

- $grad$: 스칼라 → 벡터 결과
- div: 벡터 → 스칼라 결과
- rot: 벡터 → 벡터 결과

기출예제

$A = 3x^2 y - y^3 z^2$에 대하여 점 $(1, -2, -1)$에서의 $grad\,A$를 계산하면?

① $12i + 9j + 16k$
② $12i - 9j + 16k$
③ $-12i - 9j - 16k$
④ $-12i + 9j - 16k$

| 해설 |
$$grad A = \left(\frac{\partial}{\partial x}i + \frac{\partial}{\partial y}j + \frac{\partial}{\partial z}k\right) \cdot (3x^2y - y^3z^2)$$
$$= 6xyi + (3x^2 - 3y^2z^2)j - 2y^3zk$$
따라서 점 $(1, -2, -1)$, 즉 $x=1, y=-2, z=-1$을 대입하면
$$grad A = -12i - 9j - 16k$$

답 ③

3 벡터의 발산 div

(1) 어떤 임의의 벡터가 외부로 발산되어 나가는 성질을 구할 때 사용되는 미분법이다.

(2) $div \dot{A}$ 계산 방법
$$div \dot{A} = \nabla \cdot \dot{A} = \left(\frac{\partial}{\partial x}i + \frac{\partial}{\partial y}j + \frac{\partial}{\partial z}k\right) \cdot (A_xi + A_yj + A_zk)$$
$$= \frac{\partial A_x}{\partial x} + \frac{\partial A_y}{\partial y} + \frac{\partial A_z}{\partial z}$$

기출예제

중요도 $\dot{A} = 3x^2i + 2xy^2j + x^2yzk$ 의 $div \dot{A}$ 를 구하면?

① $-6xi + xyj + x^2yk$
② $6xi + 6xyj + x^2yk$
③ $-6xi - 6xyj - x^2yk$
④ $6x + 4xy + x^2y$

| 해설 |
$$div \dot{A} = \left(\frac{\partial}{\partial x}i + \frac{\partial}{\partial y}j + \frac{\partial}{\partial z}k\right) \cdot (3x^2i + 2xy^2j + x^2yzk)$$
$$= 6x + 4xy + x^2y$$

답 ④

rot 은 $curl$ 로도 표현한다.
$rot \dot{A} = curl \dot{A} = \nabla \times \dot{A}$

4 벡터의 회전 rot, $curl$

(1) 어떤 임의의 벡터가 임의의 경로를 회전할 때 많이 사용되는 미분법이다.

(2) $rot \dot{A}$ 계산 방법
$$rot \dot{A} = curl \dot{A} = \nabla \times \dot{A} = \left(\frac{\partial}{\partial x}i + \frac{\partial}{\partial y}j + \frac{\partial}{\partial z}k\right) \times (A_xi + A_yj + A_zk)$$
$$= \begin{vmatrix} i & j & k \\ \frac{\partial}{\partial x} & \frac{\partial}{\partial y} & \frac{\partial}{\partial z} \\ A_x & A_y & A_z \end{vmatrix}$$
$$= \left(\frac{\partial A_z}{\partial y} - \frac{\partial A_y}{\partial z}\right)i + \left(\frac{\partial A_x}{\partial z} - \frac{\partial A_z}{\partial x}\right)j + \left(\frac{\partial A_y}{\partial x} - \frac{\partial A_x}{\partial y}\right)k$$

THEME 04 　 벡터의 적분

1 스토크스의 정리(Stokes Theorem)

(1) 선 적분을 면적 적분으로 변환할 때 사용하는 적분법이다.
(2) 선을 회전시키면 면적을 구할 수 있다는 원리를 적용한 것이다.
(3) 선 적분을 면적 적분으로 변환하는 공식

$$\oint_l \dot{A} \cdot dl = \int_s rot\, \dot{A} \cdot d\dot{s} = \int_s curl\, \dot{A} \cdot d\dot{s}$$

(단, $\oint_l dl$: 폐경로 선 적분, $\int_s d\dot{s}$: 면적 적분)

▲ 벡터의 회전

2 가우스의 발산 정리(Divergence Theorem)

(1) 면적 적분을 체적 적분으로 변환할 때 사용하는 적분법이다.
(2) 면적에서 에너지를 외부로 발산시키면 체적을 구할 수 있다는 원리를 적용한 것이다.
(3) 면적 적분을 체적 적분으로 변환하는 공식

$$\int_s \dot{A} \cdot d\dot{s} = \int_v div\, \dot{A} \cdot dv$$

(단, $\int_s d\dot{s}$: 면적 적분, $\int_v dv$: 체적 적분)

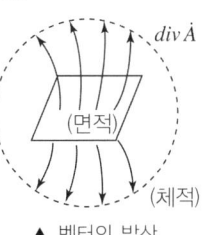
▲ 벡터의 발산

독학이 쉬워지는 기초개념

스토크스의 정리의 의미
면적내의 회전력의 합과 테두리의 회전력이 같다.

발산 정리의 의미
체적내의 발산량 총합은 체적 바깥으로 나오는 발산량과 같다.

- 선 $L: Line$ (또는 $C: Curve$)
- 면적 $S: Surface$
- 체적 $V: Volume$

기출예제

다음 중 스토크스의 정리를 표현하는 일반식은 어느 것인가?

① $\int_v rot\, \dot{E} \cdot dv = \int_s div\, \dot{E} \cdot d\dot{s}$

② $\int_s \dot{E} \cdot d\dot{s} = \int_v div\, \dot{E} \cdot dv$

③ $\oint_l \dot{E} \cdot dl = \int_s rot\, \dot{E} \cdot d\dot{s}$

④ $\oint_l \dot{E} \cdot dl = \int_v div\, \dot{E} \cdot dv$

| 해설 |
스토크스의 정리
선 적분을 회전(Rotation)시켜서 면적 적분을 구하는 적분법

답 ③

CHAPTER 01 CBT 적중문제

01
다음 중 옳지 않은 것은?

① $i \cdot i = j \cdot j = k \cdot k = 0$
② $i \cdot j = j \cdot k = k \cdot i = 0$
③ $\dot{A} \cdot \dot{B} = |\dot{A}||\dot{B}|\cos\theta$
④ $i \times i = j \times j = k \times k = 0$

해설
- 내적의 성질
$\begin{cases} i \cdot i = 1 \\ j \cdot j = 1 \\ k \cdot k = 1 \end{cases}$ $\begin{cases} i \cdot j = 0 \\ j \cdot k = 0 \\ k \cdot i = 0 \end{cases}$
- 외적의 성질
$\begin{cases} i \times i = 0 \\ j \times j = 0 \\ k \times k = 0 \end{cases}$ $\begin{cases} i \times j = k \\ j \times k = i \\ k \times i = j \end{cases}$

02
두 벡터 $\dot{A} = 2i + 4j$, $\dot{B} = 6j - 4k$가 이루는 각은 약 몇 도인가?

① $36°$
② $42°$
③ $50°$
④ $61°$

해설
$\cos\theta = \dfrac{\dot{A} \cdot \dot{B}}{|\dot{A}||\dot{B}|} = \dfrac{(2i+4j) \cdot (6j-4k)}{\sqrt{2^2+4^2} \times \sqrt{6^2+(-4)^2}}$
$= \dfrac{24}{\sqrt{20} \times \sqrt{52}} = 0.744$
$\therefore \theta = \cos^{-1} 0.744 = 41.9°$

03
$\dot{A} = i + 4j + 3k$, $\dot{B} = 4i + 2j - 4k$의 두 벡터는 서로 어떤 관계에 있는가?

① 평행
② 면적
③ 접근
④ 수직

해설
$\dot{A} \cdot \dot{B} = (i+4j+3k) \cdot (4i+2j-4k) = 4+8-12 = 0$
벡터 $\dot{A}$와 $\dot{B}$의 내적이 0이므로 두 벡터는 수직 관계에 있다.

04
두 벡터 $\dot{A} = A_x i + 2j$, $\dot{B} = 3i - 3j - k$가 서로 직교하기 위한 A_x의 값은?

① 0
② 2
③ $\dfrac{1}{2}$
④ -2

해설
두 벡터가 직교($\theta = 90°$)가 되려면 $\dot{A} \cdot \dot{B} = 0$이 되어야 한다.
즉, $\dot{A} \cdot \dot{B} = (A_x i + 2j) \cdot (3i - 3j - k) = 3A_x - 6 = 0$
$\therefore A_x = \dfrac{6}{3} = 2$

| 정답 | 01 ① 02 ② 03 ④ 04 ②

05

모든 장소에서 $\nabla \cdot \dot{D} = 0$, $\nabla \times \dfrac{\dot{D}}{\varepsilon} = 0$과 같은 관계가 성립하면 $\dot{D}$는 어떤 성질을 가져야 하는가?

① x의 함수
② y의 함수
③ z의 함수
④ 상수

해설

• 벡터의 발산

$$\vec{\nabla} \cdot \vec{D} = \frac{\partial D_x}{\partial x} + \frac{\partial D_y}{\partial y} + \frac{\partial D_z}{\partial z} = 0$$을 항상 만족하기 위한 조건은 D_x, D_y, D_z이 각각 x, y, z의 함수가 아니어야 한다.

• 벡터의 회전

$$\nabla \times \frac{\vec{D}}{\varepsilon} = \frac{1}{\varepsilon}(\nabla \times \vec{D})$$
$$= \frac{1}{\varepsilon}\left[\left(\frac{\partial D_z}{\partial y} - \frac{\partial D_y}{\partial z}\right)i + \left(\frac{\partial D_x}{\partial z} - \frac{\partial D_z}{\partial x}\right)j + \left(\frac{\partial D_y}{\partial x} - \frac{\partial D_x}{\partial y}\right)k\right] = 0$$

위 식을 항상 만족하기 위해서는 D_x, D_y, D_z은 각각 y와 z, z와 x, x와 y의 함수가 아니어야 한다.

$\therefore$ D_x, D_y, D_z은 모두 x, y, z의 함수가 아니므로 상수이다.

06

위치 함수로 주어지는 벡터량이 $E(x, y, z) = E_x i + E_y j + E_z k$이다. 나블라($\nabla$)와의 내적 $\nabla \cdot \dot{E}$와 같은 의미를 갖는 것은?

① $\dfrac{\partial E_x}{\partial x} + \dfrac{\partial E_y}{\partial y} + \dfrac{\partial E_z}{\partial z}$

② $i\dfrac{\partial E_x}{\partial x} + j\dfrac{\partial E_y}{\partial y} + k\dfrac{\partial E_z}{\partial z}$

③ $\int \dfrac{\partial E_x}{\partial x} + \int \dfrac{\partial E_y}{\partial y} + \int \dfrac{\partial E_z}{\partial z}$

④ $i\int E_x dx + j\int E_y dy + k\int E_z dz$

해설

$$div\,\dot{E} = \left(\frac{\partial}{\partial x}i + \frac{\partial}{\partial y}j + \frac{\partial}{\partial z}k\right) \cdot (E_x i + E_y j + E_z k)$$
$$= \frac{\partial E_x}{\partial x} + \frac{\partial E_y}{\partial y} + \frac{\partial E_z}{\partial z}$$

07

$f = xyz$, $\dot{A} = xi + yj + zk$라고 할 때 점 $(1, 1, 1)$에서의 $div(f\dot{A})$는?

① 3
② 4
③ 5
④ 6

해설

$f\dot{A} = (xyz)(xi + yj + zk) = x^2yzi + xy^2zj + xyz^2k$

$$div(f\dot{A}) = \left(\frac{\partial}{\partial x}i + \frac{\partial}{\partial y}j + \frac{\partial}{\partial z}k\right) \cdot (x^2yzi + xy^2zj + xyz^2k)$$
$$= 2xyz + 2xyz + 2xyz = 6xyz$$

위 값에 주어진 $x = 1$, $y = 1$, $z = 1$을 대입하면
$6xyz = 6 \times 1 \times 1 \times 1 = 6$이다.

08

스토크스의 정리를 표현한 일반식은 어느 것인가?

① $\int_v rot\,\dot{E} \cdot \dot{dv} = \int_s div\,\dot{E} \cdot \dot{ds}$

② $\int_s \dot{E} \cdot \dot{ds} = \int_v div\,\dot{E} \cdot \dot{dv}$

③ $\oint_l \dot{E} \cdot \dot{dl} = \int_s rot\,\dot{E} \cdot \dot{ds}$

④ $\oint_l \dot{E} \cdot \dot{dl} = \int_v div\,\dot{E} \cdot \dot{dv}$

해설

스토크스(Stokes)의 정리

• 선 적분을 면적 적분으로 변환할 때 사용하는 적분법이다.
• 선을 회전시키면 면적을 구할 수 있다는 원리를 적용한 것이다.
• 선 적분에서 면적 적분으로 변환하는 공식

$$\oint_l \dot{A} \cdot \dot{dl} = \int_s rot\,\dot{A} \cdot \dot{ds}$$

가우스(Gauss)의 발산 정리

• 면적 적분을 체적 적분으로 변환할 때 사용하는 적분법이다.
• 면적에서 에너지를 외부로 발산시키면 체적을 구할 수 있다는 원리를 적용한 것이다.
• 면적 적분에서 체적 적분으로 변환하는 공식

$$\int_s \dot{A} \cdot \dot{ds} = \int_v div\,\dot{A} \cdot \dot{dv}$$

| 정답 | 05 ④ 06 ① 07 ④ 08 ③

진공 중의 정전계

1. 정전계의 기초 개념
2. 쿨롱의 법칙
3. 전계(전장)의 세기
4. 전기력선
5. 전속 및 전속 밀도
6. 가우스(Gauss)의 정리
7. 여러 가지 도체 모양에서의 전계(전장)의 세기
8. 전위 및 전위차
9. 포아송과 라플라스 방정식
10. 전기 쌍극자 및 전기 이중층

학습 전략

진공 중의 정전계에서는 가장 먼저 등장하는 쿨롱의 법칙에 대해 철저하게 학습을 해 두어야 합니다. 특히 쿨롱의 법칙에서 등장하는 여러 가지 전기자기학 용어, 유전율과 같은 상수의 값 등이 중요한 부분입니다. 그리고 뒤에 나오는 전계, 전위 등의 개념을 진도에 따라 하나하나씩 학습하길 바랍니다.

CHAPTER 02 | 흐름 미리보기

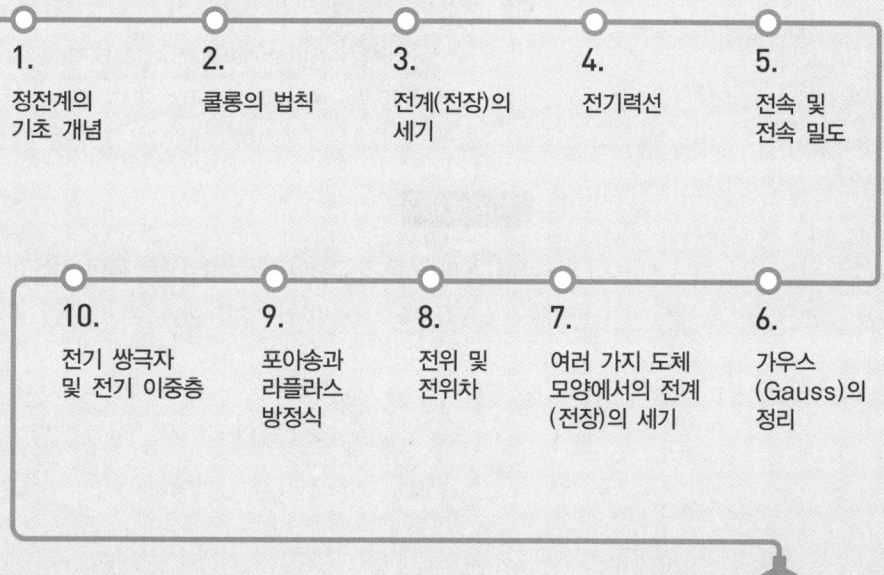

1. 정전계의 기초 개념
2. 쿨롱의 법칙
3. 전계(전장)의 세기
4. 전기력선
5. 전속 및 전속 밀도
6. 가우스(Gauss)의 정리
7. 여러 가지 도체 모양에서의 전계(전장)의 세기
8. 전위 및 전위차
9. 포아송과 라플라스 방정식
10. 전기 쌍극자 및 전기 이중층

NEXT **CHAPTER 03**

CHAPTER 02 진공 중의 정전계

THEME 01 정전계의 기초 개념

독학이 쉬워지는 기초개념

에너지(일)
$W = \vec{F} \cdot \vec{r} \, [\text{N} \cdot \text{m} = \text{J}]$

1 정전계의 정의

(1) 정전계는 전계 에너지가 최소로 되는 상태로 가장 안정된 상태이다.
(2) 어느 전기 에너지를 가지고 있는 공간에서 정지하고 있거나 에너지 변화가 없는 물체에 대한 전기적 에너지와 전계 에너지 등을 해석하는 것이다.

2 기본 용어 정리

(1) 전하($Q\,[\text{C}]$)
   ① 외부의 에너지에 의하여 대전된 전기를 전하라고 한다.
   ② 기호로는 Q라 쓰고, 단위로는 $[\text{C}]$(쿨롱)을 사용한다.
(2) 진공(공기)의 유전율
   ① 유전율: 전기장을 유전체에 가하면 전기분극 현상이 발생하여 유전체 내에서 전기장이 작아지는데 진공(공기)에 비해 작아진 비율을 말한다.
   ② 진공(공기)의 유전율은 기호로는 ε_0라 쓰고, 단위는 $[\text{F/m}]$를 사용한다.
   ③ 진공(공기)의 유전율 값(절대 유전율, 공기의 유전율을 측정한 결과)

$$\varepsilon_0 = 8.854 \times 10^{-12} = \frac{1}{36\pi} \times 10^{-9} \, [\text{F/m}]$$

> **Tip 강의 꿀팁**
> $\varepsilon = \varepsilon_0 \varepsilon_r \, [\text{F/m}]$
> 유전율 공식과 진공의 유전율 값은 반드시 암기해야 해요.

3 정전력($F\,[\text{N}]$)

(1) 정전계에서 전기적 에너지를 지닌 두 물체 사이에는 전기적인 힘이 작용하는데, 이러한 힘을 정전력이라고 한다.
(2) 힘의 기호는 F를 보통 사용하고, 단위는 $[\text{N}]$(뉴턴)을 사용한다.

기출예제

다음 중 정전계에 대한 설명으로 옳은 것은?
① 전계 에너지가 최소로 되는 전하 분포의 전계이다.
② 전계 에너지가 최대로 되는 전하 분포의 전계이다.
③ 전계 에너지가 항상 0인 전기장을 말한다.
④ 전계 에너지가 항상 ∞인 전기장을 말한다.

| 해설 |
정전계
전계 에너지가 최소로 되는 상태로 가장 안정된 상태이다.

답 ①

THEME 02 쿨롱의 법칙

1 쿨롱의 법칙
어느 임의의 공간에 두 물체를 적당한 간격 r[m]을 떨어뜨려 놓고 이 두 물체에 전하 Q[C]를 가하면 두 물체 간에는 어떤 힘(정전력)이 작용한다는 사실을 전기학자 쿨롱(Coulomb)이 발견하였다.

2 정전력의 성질
쿨롱의 힘은 같은 전기(⊕와 ⊕)끼리는 반발력이, 서로 다른 전기(⊕와 ⊖)끼리는 흡인력이 발생하는 성질이 있다.

(a) 같은 극성의 전기   (b) 반대 극성의 전기
▲ 정전력의 성질

3 쿨롱의 힘
진공 중에서 서로 다른 두 전하(Q_1[C], Q_2[C])에 의해 발생하는 반발력이나 흡인력은 다음과 같은 식에 의해서 구한다.

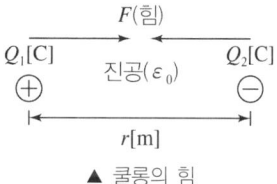

▲ 쿨롱의 힘

$$F = \frac{Q_1 Q_2}{4\pi\varepsilon_0 r^2} = 9\times 10^9 \times \frac{Q_1 Q_2}{r^2} [N]$$

독학이 쉬워지는 기초개념

(Tip) 강의 꿀팁

쿨롱의 힘에 대한 공식은 반드시 암기해야 해요.

$$\frac{1}{4\pi\varepsilon_0} = \frac{1}{4\pi \times \frac{1}{36\pi} \times 10^{-9}}$$
$$= 9 \times 10^9$$

$n : 10^{-9}$

$p : 10^{-12}$

기출예제

10[nC]의 점 전하로부터 100[mm] 떨어진 거리에 100[pC]의 점 전하가 놓인 경우 이 두 전하에 작용하는 반발력의 크기는 몇 [nN]인가?
① 600
② 700
③ 800
④ 900

| 해설 |
$$F = \frac{1}{4\pi\varepsilon_0} \times \frac{Q_1 Q_2}{r^2} = 9\times 10^9 \times \frac{10\times 10^{-9} \times 100 \times 10^{-12}}{(100\times 10^{-3})^2}$$
$$= 900 \times 10^{-9} [N] = 900 [nN]$$

답 ④

독학이 쉬워지는 기초개념

강의 꿀팁

쿨롱의 힘과 전계의 세기는 똑같은 정전력을 다루는 것이에요.

$F = QE\,[\text{N}]$

THEME 03 전계(전장)의 세기

1 전계의 세기 정의

(1) 임의의 공간에 전하 $Q[\text{C}]$에서 거리 $r[\text{m}]$ 떨어진 곳에 단위 정전하($+1[\text{C}]$)를 놓았을 때 작용하는 힘을 그 점의 전계의 세기라 한다.
(2) 전계의 세기는 기호로서 E라 하고 단위는 $[\text{N/C}]$ 또는 $[\text{V/m}]$를 사용한다.
(3) 전계의 세기를 구하는 공식도 쿨롱의 힘을 구하는 식과 똑같이 적용된다.

2 전계의 세기 구하는 공식

$$E = \frac{F}{Q} = \frac{Q \times 1}{4\pi\varepsilon_0 r^2} = 9 \times 10^9 \times \frac{Q}{r^2}\,[\text{V/m}]$$

▲ 전계의 세기

기출예제

중요도 원점에 $10^{-8}[\text{C}]$의 전하가 있을 때 점 $(1,\,2,\,2)[\text{m}]$에서의 전계의 세기는 몇 $[\text{V/m}]$인가?

① 0.1
② 1
③ 10
④ 100

| 해설 |
원점 $(0,\,0,\,0)$에서부터 점 $(1,\,2,\,2)[\text{m}]$ 지점의 거리를 구하면
$\dot{r} = (1-0)i + (2-0)j + (2-0)k = i + 2j + 2k$
$\therefore |\dot{r}| = \sqrt{1^2 + 2^2 + 2^2} = 3[\text{m}]$
따라서 전계의 세기 $E = 9 \times 10^9 \times \dfrac{Q}{r^2} = 9 \times 10^9 \times \dfrac{10^{-8}}{3^2} = 10[\text{V/m}]$

답 ③

THEME 04 전기력선

1 전기력선의 정의

쿨롱의 법칙에 따라 어떤 도체에 전하를 가했을 때 그 도체에는 정전기력이 존재한다. 이러한 어떤 물체에 작용하는 정전력(전기력)을 가상으로 그린 선을 전기력선이라고 한다.

전계(E)와 전기력선 수(N)의 관계

$N = \oint \dot{E} \cdot d\dot{s} = ES$

$= \dfrac{Q}{4\pi\varepsilon_0 r^2} \cdot 4\pi r^2 = \dfrac{Q}{\varepsilon_0}$

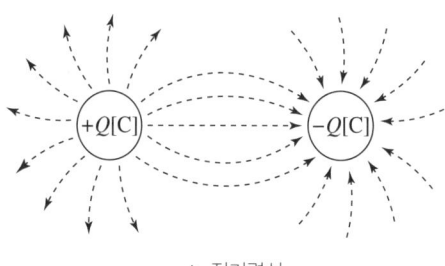

▲ 전기력선

2 전기력선의 성질

(1) 전기력선은 반드시 정(+)전하에서 나와서 부(-)전하로 들어간다.
(2) 전기력선은 반드시 도체 표면에 수직으로 출입한다.
(3) 전기력선끼리는 서로 반발력이 작용하여 교차할 수 없다.
(4) 도체에 주어진 전하는 도체 표면에만 분포한다.(도체 내부에는 전하가 없어 전기력선이 존재하지 않는다.)
(5) 전기력선은 그 자신만으로는 폐곡선을 이룰 수 없다.
(6) 전기력선의 방향은 그 점의 전계의 방향과 일치한다.
(7) 전기력선의 밀도는 전계의 세기와 같다.
(8) 전기력선은 등전위면과 수직이다.
(9) 전기력선은 전위가 높은 곳에서 낮은 곳으로 향한다.
(10) $Q[C]$의 전하에서 나오는 전기력선의 개수는 $\dfrac{Q}{\varepsilon_0}$개이다.

3 전기력선의 방정식

(1) 어떤 전하에서 나오는 전기력선을 표현한 방정식이다.
(2) x, y, z축으로 나오는 전기력선 표현 방정식

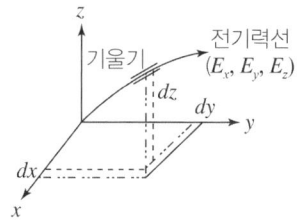

▲ 전속 밀도와 전속선

$$\dfrac{dx}{E_x} = \dfrac{dy}{E_y} = \dfrac{dz}{E_z}$$

E_x, E_y, E_z : x, y, z 방향의 전계 세기
dx, dy, dz : x, y, z 방향의 미소 거리

독학이 쉬워지는 기초개념

전계 $E = \dfrac{\text{전기력선 수}}{\text{표면적}} = \dfrac{N}{S}$

$\qquad = \dfrac{Q}{\varepsilon_0} \cdot \dfrac{1}{4\pi r^2}$

독학이 쉬워지는 기초개념

기출예제

전기력선의 기본 성질에 관한 설명으로 옳지 않은 것은?

① 전기력선의 방향은 그 점의 전계의 방향과 일치한다.
② 전기력선은 전위가 높은 곳에서 낮은 곳으로 향한다.
③ 전기력선은 그 자신만으로 폐곡선이 된다.
④ 전계가 0이 아닌 곳에서 전기력선은 도체 표면에 수직으로 만난다.

| 해설 |
전기력선의 성질
- 전기력선은 반드시 정(+)전하에서 나와서 부(−)전하로 들어간다.
- 전기력선끼리는 서로 반발력이 작용하여 교차할 수 없다.
- 전기력선의 도체에 주어진 전하는 도체 표면에만 분포한다.
- 전기력선은 그 자신만으로는 폐곡선을 이룰 수 없다.
- 전기력선은 전위가 높은 곳에서 낮은 곳으로 향한다.
- $Q[C]$의 전하에서 나오는 전기력선의 개수는 $\dfrac{Q}{\varepsilon_0}$ 개이다.

답 ③

THEME 05 전속 및 전속 밀도

1 전속($\psi[C]$)

(1) **전속의 정의**: 전기력선의 묶음을 전속이라고 하며, **임의의 폐곡면 내에 존재하는 전하량 $Q[C]$만큼 존재**한다. 전속의 기호는 ψ라고 표현하며, 단위는 $[C]$(쿨롱)을 사용한다.

(2) **전속의 성질**: 전속은 공기 중에서든 어떤 유전체 내에서든 $\psi = Q[C]$으로서 매질 상수(유전율)와는 관계없다.

2 전속 밀도($D[C/m^2]$)

(1) **전속 밀도의 정의**
   ① 전속의 밀도로서 단위 면적당 전속의 수를 말한다.
   ② 전속 밀도의 기호는 D라고 표현하며, 단위는 $[C/m^2]$을 사용한다.

(2) **전속 밀도 계산**

전속선은 반지름 $r[m]$를 갖는 구 표면을 통해 사방으로 퍼져 나가므로 전속 밀도를 수식으로 정리하면 다음과 같다.

$$D = \frac{\psi}{S} = \frac{Q}{S} = \frac{Q}{4\pi r^2}[C/m^2]$$

따라서 전속 밀도와 전계의 세기와의 관계는

$$D = \varepsilon_0 E = \varepsilon_0 \times \frac{Q}{4\pi\varepsilon_0 r^2} = \frac{Q}{4\pi r^2}[C/m^2]$$

로서 전계의 세기와는 다르게 매질 상수(유전율)와는 관계가 없음을 알 수 있다.

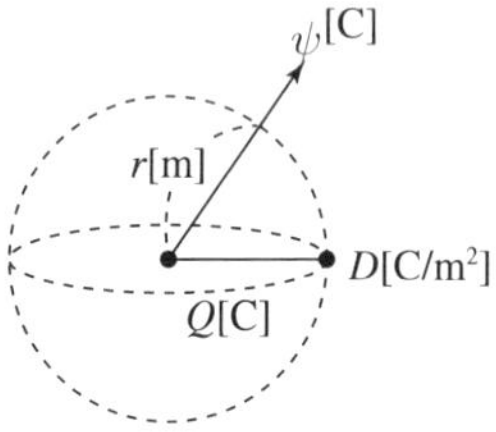

▲ 전속 밀도와 전속선

> **강의 꿀팁**
> 전기력선과 전속의 차이를 확실하게 알아야 혼동이 생기지 않아요.

기출예제

유전체 중의 전계의 세기를 E, 유전율을 ε이라 하면 전기변위 $[C/m^2]$는?

① εE
② εE^2
③ $\dfrac{\varepsilon}{E}$
④ $\dfrac{E}{\varepsilon}$

| 해설 |
전속 밀도
$D = \varepsilon E \,[C/m^2]$

답 ①

THEME 06 가우스(Gauss)의 정리

1 가우스의 정리의 의미

(1) 임의의 폐곡면 S를 관통하는 전기력선의 총 수는 그 폐곡면 내에 존재하는 전하량 $Q[C]$의 $\dfrac{1}{\varepsilon_0}$배와 같다.

(2) 임의의 점에서 전기력선의 발산량은 그 점에서의 체적 전하밀도 $\rho_v[C/m^3]$의 $\dfrac{1}{\varepsilon_0}$배와 같다.

가우스 정리 미분형
$div \dot E = \nabla \cdot \dot E = \dfrac{\rho_v}{\varepsilon_0}$

2 가우스의 정리를 이용한 전계의 세기 산출 예

가우스 정리는 대칭적인 진하 분포(전하의 밀도 분포 균일)일 경우에 전계의 세기를 구하는 데 유용한 정리이다.

(1) 점(구) 전하 $Q[C]$에서 발산되는 전계의 세기
① 가우스 정리에 의하여
$$\oint_s \dot E \cdot d\dot s = E \times S = \dfrac{Q}{\varepsilon_0}$$
② 위 식에서 점 전하로부터 $r[m]$ 떨어진 지점에서의 폐곡면의 면적은
$S = 4\pi r^2 \,[m^2]$
③ 따라서 점 전하로부터 $r[m]$ 떨어진 지점에서의 전계의 세기는
$E \times 4\pi r^2 = \dfrac{Q}{\varepsilon_0}$
$\therefore E = \dfrac{Q}{4\pi\varepsilon_0 r^2} = 9 \times 10^9 \times \dfrac{Q}{r^2} \,[V/m]$

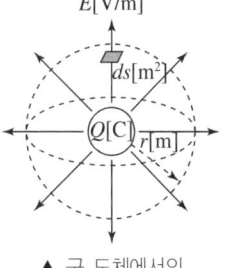

▲ 구 도체에서의 가우스의 표면적

$D = \dfrac{\text{내부전하량}}{\text{폐곡면 면적}}$

$E = \dfrac{1}{\varepsilon_0} \times \dfrac{\text{내부전하량}}{\text{폐곡면 면적}}$

독학이 쉬워지는 기초개념

Tip 강의 꿀팁

직선 도체에서 전계는 도체에 수직한 방향으로만 발생돼요.

(2) 직선 전하 밀도 (ρ_l)에서 발산되는 전계의 세기

① 가우스 정리에 의하여

$$\oint_s \dot{E} \cdot d\dot{s} = \frac{Q}{\varepsilon_0} \Rightarrow E \times S = \frac{\rho_l}{\varepsilon_0} \times l$$

② 위 식에서 직선 전하로부터 $r[\mathrm{m}]$ 떨어진 지점에서의 폐곡면의 면적

$$S = 2\pi r l [\mathrm{m}^2]$$

③ 따라서 직선 전하로부터 $r[\mathrm{m}]$ 떨어진 지점에서의 전계의 세기는

$$E \times 2\pi r l = \frac{\rho_l}{\varepsilon_0} \times l \quad \therefore \quad E = \frac{\rho_l}{2\pi \varepsilon_0 r} = 18 \times 10^9 \times \frac{\rho_l}{r} [\mathrm{V/m}]$$

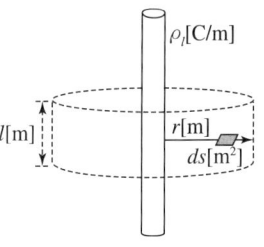

▲ 직선 도체에서의 전계

3 가우스 정리의 공식

(1) 가우스 정리의 기본(적분)형

① 전기력선의 수: $N = \oint_s \dot{E} \cdot d\dot{s} = \frac{Q}{\varepsilon_0}$

② 전속선의 수: $\psi = \oint_s \dot{D} \cdot d\dot{s} = Q = \varepsilon_0 N$

③ 전기력선의 수는 유전율과 반비례, 전속선의 수는 유전율과 무관한 성질을 가지고 있다.

(2) 가우스 정리의 미분형

① 전기력선의 수: $div \dot{E} = \frac{\rho_v}{\varepsilon_0}$

② 전속선의 수: $div \dot{D} = \rho_v$

기출예제

중요도
표면 전하 밀도 $\rho_s > 0$인 도체 표면상의 한 점의 전속 밀도가 $\dot{D} = 4a_x - 5a_y + 2a_z$일 때 ρ_s는 몇 $[\mathrm{C/m}^2]$인가?

① $2\sqrt{3} [\mathrm{C/m}^2]$ ② $2\sqrt{5} [\mathrm{C/m}^2]$
③ $3\sqrt{3} [\mathrm{C/m}^2]$ ④ $3\sqrt{5} [\mathrm{C/m}^2]$

| 해설 |

도체 표면에서의 전계는 $E = \frac{\rho_s}{\varepsilon_0} [\mathrm{V/m}]$이다. 따라서 $\rho_s = \varepsilon_0 E$이므로 표면 전하 밀도 = 전속 밀도$[\mathrm{C/m}^2]$이다.

$\rho_s = |\dot{D}| = |4a_x - 5a_y + 2a_z| = \sqrt{4^2 + (-5)^2 + 2^2} = 3\sqrt{5} [\mathrm{C/m}^2]$

답 ④

THEME 07 여러 가지 도체 모양에서의 전계(전장)의 세기

1 도체 모양에 따른 전하(전기량)의 종류

(1) 점(구) 도체

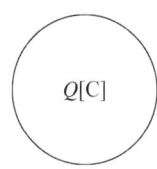

▲ 점(구) 전하

(2) 직선 도체

▲ 선 전하 밀도

(3) 면 도체

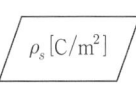

▲ 면 전하 밀도

(4) 미소 체적을 갖는 도체

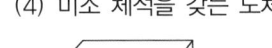

▲ 체적 전하 밀도

2 도체 모양에 따른 전계의 세기

(1) 원형 도체 중심에서 직각으로 $r[m]$ 떨어진 지점의 전계 세기

$$E = \frac{\rho_l a r}{2\varepsilon_0 (a^2 + r^2)^{\frac{3}{2}}} [V/m]$$

(단, ρ_l 또는 λ: 선 전하 밀도[C/m])

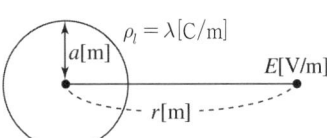

▲ 원형 도체 중심에서 직각으로 $r[m]$ 떨어진 지점의 전계

(2) 구 도체의 전계 세기

① 도체 내부에서의 전계($r_1 < a$)

$$E_1 = 0$$

(실제: 도체 내부에 전하가 없는 경우)

$$E_1 = \frac{Q r_1}{4\pi\varepsilon_0 a^3} [V/m]$$

(가정: 도체 내부에 전하가 고르게 분포된 경우)

② 도체 표면에서의 전계($r_1 = a$)

$$E_2 = \frac{Q}{4\pi\varepsilon_0 a^2} [V/m]$$

③ 도체 외부에서의 전계($r_2 > a$)

$$E_3 = \frac{Q}{4\pi\varepsilon_0 r_2^2} [V/m]$$

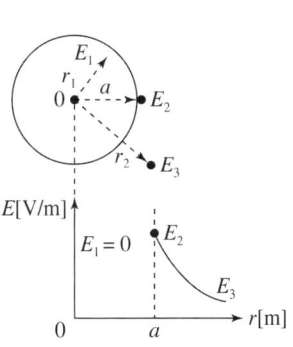

(a) 도체 내부에 전하가 없는 경우

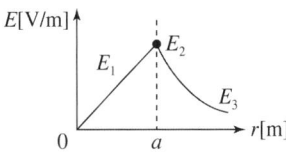

(b) 도체 내부에 전하가 있는 경우

▲ 구 도체의 전계

독학이 쉬워지는 기초개념

Tip 강의 꿀팁

도체 모양에 따른 전하의 명칭과 단위를 정확히 알아 두세요.

도체 전하량이 Q일 때

선 전하 밀도 $\rho_l = \dfrac{Q}{l} [C/m]$

면 전하 밀도 $\rho_s = \dfrac{Q}{S} [C/m^2]$

체적 전하 밀도 $\rho_v = \dfrac{Q}{v} [C/m^3]$

Tip 강의 꿀팁

도체 모양에 따른 전계의 세기 공식의 유도 과정은 너무 깊게 학습하지 않아도 돼요.

독학이 쉬워지는 기초개념

(3) 무한장 직선 도체에 의한 전계 세기

$$E = \frac{\rho_l}{2\pi\varepsilon_0 r}[\text{V/m}]$$

(단, ρ_l 또는 λ: 선 전하 밀도[C/m])

▲ 무한장 직선 도체의 전계

(4) 원주 도체에 의한 전계 세기

① 도체 내부에서의 전계($r_1 < a$)

$$E_1 = 0$$

(실제: 도체 내부에 전하가 없는 경우)

$$E_1 = \frac{\rho_l r_1}{2\pi\varepsilon_0 a^2}[\text{V/m}]$$

(가정: 도체 내부에 전하가 고르게 분포된 경우)

② 도체 표면에서의 전계($r = a$)

$$E_2 = \frac{\rho_l}{2\pi\varepsilon_0 a}[\text{V/m}]$$

③ 도체 외부에서의 전계($r_2 > a$)

$$E_3 = \frac{\rho_l}{2\pi\varepsilon_0 r_2}[\text{V/m}]$$

(단, ρ_l 또는 λ: 선 전하 밀도[C/m])

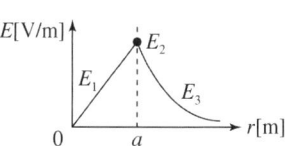

(a) 도체 내부에 전하가 없는 경우

(b) 도체 내부에 전하가 있는 경우

▲ 원주(원통) 도체의 전계

Tip 강의 꿀팁

무한 평면, 두 무한 평면, 임의의 도체 표면에서 전계의 세기는 거리와는 무관해요.

(5) 무한 평면 도체에 의한 전계 세기

$$E = \frac{\rho_s}{2\varepsilon_0}[\text{V/m}]$$

(단, ρ_s 또는 σ: 면 전하 밀도[C/m²])

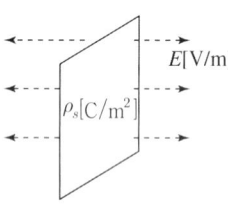

▲ 무한 평면 도체의 전계

(6) 2개의 무한 평면 도체 내부의 전계 세기

$$E = \frac{\rho_s}{\varepsilon_0}[\text{V/m}]$$

(단, ρ_s 또는 σ: 면 전하 밀도[C/m²])

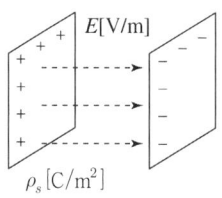

▲ 2개의 무한 평면 도체의 전계

(7) 임의 모양의 도체의 표면 전계 세기

$$E = \frac{\rho_s}{\varepsilon_0}[\text{V/m}]$$

(단, ρ_s 또는 σ: 면 전하 밀도[C/m²])

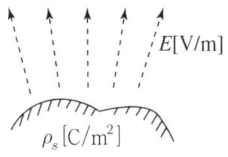

▲ 임의 모양의 도체의 전계

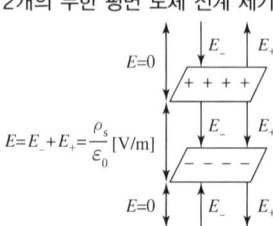

2개의 무한 평면 도체 전계 세기

$$E = E_- + E_+ = \frac{\rho_s}{\varepsilon_0}[\text{V/m}]$$

THEME 08 전위 및 전위차

1 전위($V[\mathrm{V}]$)

(1) 전위의 정의
  ① 어느 전계가 존재하는 공간에서 단위 정전하($+1[\mathrm{C}]$)를 무한하게 먼 곳($r=\infty[\mathrm{m}]$) 위치에서 임의의 관측 지점까지 전계의 방향과 반대 방향으로 이동시키는 데 필요한 전기 에너지를 말한다.
  ② 전위의 기호는 V로 표시하고, 단위는 $[\mathrm{V}]$(볼트)를 사용한다.

(2) 전위의 계산
  ① 기본식
  $$V = -\int_{\infty}^{r} E\,dr = \int_{r}^{\infty} E\,dr\,[\mathrm{V}]$$

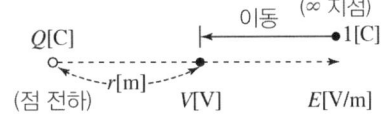

  ② 점(구) 전하로부터 $r[\mathrm{m}]$ 떨어진 위치의 전위

  ▲ 전위

  $$V = \int_{r}^{\infty} E\,dr = \left[-\frac{Q}{4\pi\varepsilon_0 r}\right]_{r}^{\infty} = \frac{Q}{4\pi\varepsilon_0 r} = E \cdot r\,[\mathrm{V}]$$

2 전위차

(1) 전위차의 정의
  ① 어느 임의의 두 지점 A, B에서의 각각의 전위가 V_A, V_B일 때 이 두 지점 간의 전위차를 말한다.
  ② 전위차의 기호는 V_{AB}로 표시하고, 단위는 $[\mathrm{V}]$(볼트)를 사용한다.

(2) 전위차의 계산
  ① 기본식
  $$V_{AB} = V_A - V_B = -\int_{B}^{A} E\,dr = \int_{A}^{B} E\,dr\,[\mathrm{V}]$$

  ② 점(구) 전하에서 두 지점 A, B 간의 전위차
  $$V = \int_{A}^{B} E\,dr = \frac{Q}{4\pi\varepsilon_0 r_1} - \frac{Q}{4\pi\varepsilon_0 r_2} = \frac{Q}{4\pi\varepsilon_0}\left(\frac{1}{r_1} - \frac{1}{r_2}\right)[\mathrm{V}]$$

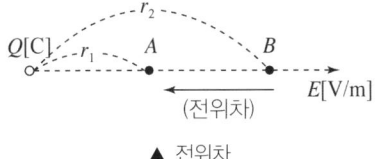

▲ 전위차

독학이 쉬워지는 기초개념

Tip 강의 꿀팁

$V = E \cdot r\,[\mathrm{V}]$

적분 공식

$$\int \frac{1}{x^2}\,dx = -\frac{1}{x} + C$$

Tip 강의 꿀팁

$V = \dfrac{Q}{4\pi\varepsilon_0}\left(\dfrac{1}{r_1} - \dfrac{1}{r_2}\right)[\mathrm{V}]$
공식을 꼭! 암기해야 한다.

독학이 쉬워지는 기초개념

기출예제

어느 점 전하에 의해서 생기는 전위를 처음 전위의 $\frac{1}{2}$이 되게 하려면 전하로부터의 거리를 몇 배로 하면 되는가?

① 3　　　　　　　　② 2
③ 4　　　　　　　　④ 5

| 해설 |

$V = \dfrac{Q}{4\pi\varepsilon_0 r}$ [V]이고 $V \propto \dfrac{1}{r}$ 관계이다.

∴ 거리가 2배로 되면 전위는 $\dfrac{1}{2}$로 줄어들게 된다.

답 ②

3 전위 경도(전위의 기울기)

(1) 전위 경도의 정의

어느 전계가 존재하는 공간에서 두 점 간의 전위차를 그 거리로 나눈 것을 말한다. 전위 경도의 크기는 전계의 세기와 같고 전위 경도의 방향은 전계와 반대 방향이다. 전위 경도의 기호로는 $grad\,V$로 표시하고 단위는 [V/m]를 사용한다.

(2) 전위 경도의 계산

① 전위 경도는 전계와 크기는 같고 방향은 반대이다.
② 전위 경도 공식

$$\dot{E} = -grad\,V = -\nabla V = -\left(\frac{\partial}{\partial x}i + \frac{\partial}{\partial y}j + \frac{\partial}{\partial z}k\right)V$$

$$= -\frac{\partial V}{\partial x}i - \frac{\partial V}{\partial y}j - \frac{\partial V}{\partial z}k\,[\text{V/m}]$$

기출예제

전위 $V = 3xy + z + 3$일 때 전계 $\dot{E}$는 얼마인가?

① $3xi + 3yj + k$　　　　② $-3yi - 3xj - k$
③ $3xi - 3yj - k$　　　　④ $3yi + 3xj + k$

| 해설 |

$\dot{E} = -grad\,V = -\left(\dfrac{\partial}{\partial x}i + \dfrac{\partial}{\partial y}j + \dfrac{\partial}{\partial z}k\right) \cdot (3xy + z + 3) = -3yi - 3xj - k$

답 ②

THEME 09 포아송과 라플라스 방정식

1 포아송 방정식

(1) 의미

체적 전하밀도 $\rho_v[\text{C/m}^3]$가 공간적으로 분포하고 있을 때 내부의 임의의 점에서 전위를 구하는 식이다.

(2) 포아송 방정식

$$div\dot{E} = div(-grad V) = -\nabla \cdot \nabla V = -\nabla^2 V = \frac{\rho_v}{\varepsilon_0}$$

$$\therefore \nabla^2 V = \frac{\partial^2 V}{\partial x^2} + \frac{\partial^2 V}{\partial y^2} + \frac{\partial^2 V}{\partial z^2} = -\frac{\rho_v}{\varepsilon_0}$$

> ∇^2은 2중 미분연산자로 라플라시안이라고 한다.

2 라플라스 방정식

(1) 의미

전하가 존재하지 않는 곳에서의 전위는 0이다.

(2) 라플라스 방정식

$$\nabla^2 V = \frac{\partial^2 V}{\partial x^2} + \frac{\partial^2 V}{\partial y^2} + \frac{\partial^2 V}{\partial z^2} = 0$$

THEME 10 전기 쌍극자 및 전기 이중층

1 전기 쌍극자

(1) 전기 쌍극자의 정의

크기는 같고, 부호가 반대인 2개의 점전하가 매우 근접하여 미소한 거리 $\delta[\text{m}]$만큼 떨어져 존재하는 상태의 전하를 말한다. 이때 전기 쌍극자를 이루는 쌍극자 모멘트는 $M = Q\delta[\text{C} \cdot \text{m}]$로 나타낸다.

(2) **전기 쌍극자의 전계 세기 및 전위**

① 점 P에서의 전계

$$E = \frac{M}{4\pi\varepsilon_0 r^3}\sqrt{1+3\cos^2\theta} \ [\text{V/m}]$$

② 점 P에서의 전위

$$V = \frac{M}{4\pi\varepsilon_0 r^2}\cos\theta \ [\text{V}]$$

(단, δ: 두 점 전하 간의 미소 거리[m]
r: 쌍극자 중심에서 어느 임의의 지점 간의 거리[m]
θ: 쌍극자 평행선과 임의의 지점이 이루는 각[°])

▲ 전기 쌍극자

> **Tip 강의 꿀팁**
> 전기 쌍극자와 전기 이중층은 CHAPTER 07에서 학습하게 될 자기 쌍극자와 자기 이중층과 형태가 비슷해요.

독학이 쉬워지는 기초개념

2 전기 이중층

(1) 전기 이중층의 정의

정(+)전하와 부(-)전하가 매우 짧은 거리를 두고 마주보면서 분포된 상태를 전기 이중층이라 한다. 이때 전기 이중층을 이루는 전기 이중층의 세기는 $M = \rho_s \delta [\text{C/m}]$로 나타낸다.

(2) 전기 이중층의 전위

$$V = \frac{M}{4\pi\varepsilon_0}\omega$$

$$= \frac{M}{2\varepsilon_0}\left(1 - \frac{r}{\sqrt{a^2+r^2}}\right) [\text{V}]$$

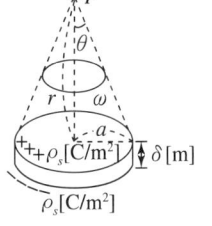
▲ 전기 이중층

(단, ω: 입체각($\omega = 2\pi(1-\cos\theta)[\text{sr}]$), ρ_s: 면 전하 밀도$[\text{C/m}^2]$)

기출예제

중요도 전기 쌍극자로부터 임의의 점의 거리가 r이라 할 때 전계의 세기는 r과 어떤 관계가 있는가?

① $\frac{1}{r}$에 비례
② $\frac{1}{r^2}$에 비례
③ $\frac{1}{r^3}$에 비례
④ $\frac{1}{r^4}$에 비례

해설

전기 쌍극자의 전계 세기 $E = \frac{M}{4\pi\varepsilon_0 r^3}\sqrt{1+3\cos^2\theta}$ [V/m] 식에서 전계의 세기와 거리의 관계는 $\frac{1}{r^3}$에 비례한다.

답 ③

전기 쌍극자

전계 $E \propto \frac{1}{r^3}$

전위 $V \propto \frac{1}{r^2}$

CHAPTER 02 CBT 적중문제

01
정전계에 대한 설명으로 옳은 것은?

① 전계 에너지가 항상 ∞인 전기장을 의미한다.
② 전계 에너지가 항상 0인 전기장을 의미한다.
③ 전계 에너지가 최소로 되는 전하 분포의 전계를 의미한다.
④ 전계 에너지가 최대로 되는 전하 분포의 전계를 의미한다.

해설
정전계는 전계 에너지가 최소로 되는 전하 분포의 계이다.

02
진공 중에 $+20[\mu C]$과 $-3.2[\mu C]$인 2개의 점 전하가 1.2[m] 간격으로 놓여 있을 때 두 전하 사이에 작용하는 힘[N]과 작용력은 어떻게 되는가?

① 0.2[N], 반발력
② 0.2[N], 흡인력
③ 0.4[N], 반발력
④ 0.4[N], 흡인력

해설
- 문제에 주어진 전하가 (+)와 (−)로 서로 반대 극성의 전하이므로 이때 발생하는 힘은 흡인력이 된다.
- 흡인력의 크기

$$F = 9 \times 10^9 \times \frac{Q_1 Q_2}{r^2} = 9 \times 10^9 \times \frac{20 \times 10^{-6} \times 3.2 \times 10^{-6}}{1.2^2}$$
$$= 0.4[N]$$

03
진공 중 $1[C]$의 전하에 대한 정의로 옳은 것은?(단, Q_1, Q_2는 전하이며, F는 작용력이다.)

① $Q_1 = Q_2$, 거리 $1[m]$, 작용력 $F = 9 \times 10^9[N]$일 때이다.
② $Q_1 < Q_2$, 거리 $1[m]$, 작용력 $F = 6 \times 10^9[N]$일 때이다.
③ $Q_1 = Q_2$, 거리 $1[m]$, 작용력 $F = 1[N]$일 때이다.
④ $Q_1 > Q_2$, 거리 $1[m]$, 작용력 $F = 1[N]$일 때이다.

해설

$$F = \frac{Q_1 Q_2}{4\pi\varepsilon_0 r^2} = 9 \times 10^9 \times \frac{1 \times 1}{1^2} = 9 \times 10^9 [N]$$

전하 $Q = Q_1 = Q_2 = 1[C]$, 거리 $r = 1[m]$일 때 작용력 $F = 9 \times 10^9[N]$이다.

04
진공 중에 같은 전기량 $+1[C]$의 대전체 두 개가 약 몇 [m] 떨어져 있을 때 각 대전체에 작용하는 반발력이 $1[N]$이 되는가?

① 3.2×10^{-3}
② 3.2×10^3
③ 9.5×10^{-4}
④ 9.5×10^4

해설
쿨롱의 힘 $F = 9 \times 10^9 \times \frac{Q_1 Q_2}{r^2}[N]$에서

거리 $r = \sqrt{\frac{9 \times 10^9 \times Q_1 Q_2}{F}} = \sqrt{\frac{9 \times 10^9 \times 1 \times 1}{1}}$
$= 9.5 \times 10^4[m]$

| 정답 | 01 ③　02 ④　03 ①　04 ④

05

진공 중에서 $z=0$인 평면 위의 점 $(0, 1)[\text{m}]$ 되는 곳에 $-2\times 10^{-9}[\text{C}]$의 점 전하가 있을 때 점 $(2, 0)[\text{m}]$에 있는 $1[\text{C}]$에 작용하는 힘$[\text{N}]$은?

① $-\dfrac{36}{5\sqrt{5}}a_x + \dfrac{18}{5\sqrt{5}}a_y$

② $-\dfrac{18}{5\sqrt{5}}a_x + \dfrac{36}{5\sqrt{5}}a_y$

③ $-\dfrac{36}{3\sqrt{5}}a_z + \dfrac{18}{5\sqrt{5}}a_y$

④ $\dfrac{36}{5\sqrt{5}}a_z + \dfrac{18}{5\sqrt{5}}a_y$

해설

- 두 점전하 사이의 거리 벡터
$\dot{r} = (2-0)a_x + (0-1)a_y = 2a_x - a_y$
- 벡터의 크기
$|\dot{r}| = \sqrt{2^2 + (-1)^2} = \sqrt{5}\,[\text{m}]$
- $1[\text{C}]$의 점전하에 작용하는 힘
$\dot{F} = 9\times 10^9 \times \dfrac{-2\times 10^{-9} \times 1}{(\sqrt{5})^2} \times \left(\dfrac{2}{\sqrt{5}}a_x - \dfrac{1}{\sqrt{5}}a_y\right)$
$= -\dfrac{36}{5\sqrt{5}}a_x + \dfrac{18}{5\sqrt{5}}a_y\,[\text{N}]$

06

진공 중에 놓인 $3[\mu\text{C}]$의 점 전하에서 $3[\text{m}]$가 되는 점의 전계는 몇 $[\text{V/m}]$인가?

① 100 ② 1,000
③ 300 ④ 3,000

해설

$E = \dfrac{Q}{4\pi\varepsilon_0 r^2} = 9\times 10^9 \times \dfrac{3\times 10^{-6}}{3^2} = 3,000\,[\text{V/m}]$

07

공기 중에 있는 지름 $2[\text{m}]$의 구 도체에 줄 수 있는 최대 전하는 약 몇 $[\text{C}]$인가?(단, 공기의 절연 내력은 $3,000[\text{kV/m}]$이다.)

① 5.3×10^{-4} ② 3.33×10^{-4}
③ 2.65×10^{-4} ④ 1.67×10^{-4}

해설

전계 $E = \dfrac{Q}{4\pi\varepsilon_0 r^2} = 9\times 10^9 \times \dfrac{Q}{r^2}$ 에서

$Q = \dfrac{E\times r^2}{9\times 10^9} = \dfrac{3,000\times 10^3 \times 1^2}{9\times 10^9} = 3.33\times 10^{-4}[\text{C}]$

문제 조건에서 지름이라고 주어진 것에 주의한다. r은 반지름이므로 $1[\text{m}]$를 대입한다.

08

자유 공간에서 정육각형의 꼭짓점에 동량, 동질의 점 전하 Q가 각각 놓여 있을 때 정육각형 한 변의 길이가 a라 하면 정육각형 중심에서 전계의 세기는?

① $\dfrac{Q}{4\pi\varepsilon_0 a^2}$ ② $\dfrac{3Q}{2\pi\varepsilon_0 a^2}$
③ $6Q$ ④ 0

해설

전계는 벡터값으로서 크기와 방향이 있는데 문제에 주어진 조건은 정육각형 중심의 전계라고 하였으므로 각 꼭짓점에서 발생하는 전계의 세기는 크기가 같으면서 서로 방향이 반대 방향으로 생긴다. 따라서 정육각형 중심에서의 전계는 서로 상쇄되어 0이 된다.

09

원점에 $+1[C]$, 점 $(2, 0)$에 $-2[C]$의 점 전하가 있을 때 전계의 세기가 0인 점은?

① $-3-2\sqrt{3}$, 0
② $-3+2\sqrt{3}$, 0
③ $-2-2\sqrt{2}$, 0
④ $-2+2\sqrt{2}$, 0

해설

- 문제에서 전계의 세기가 0인 지점이라고 하였으므로
$E_1 + E_2 = 0$
$E_1 = -E_2$
- 전계의 세기를 각각 구하여 0인 지점을 찾으면
$$\frac{1}{4\pi\varepsilon_0 x^2} = -\frac{-2}{4\pi\varepsilon_0 (x+2)^2}$$
$2x^2 = (x+2)^2 \Rightarrow \sqrt{2}x = x+2$
$\therefore x = \frac{2}{\sqrt{2}-1} = \frac{2(\sqrt{2}+1)}{(\sqrt{2}-1)(\sqrt{2}+1)} = 2+2\sqrt{2}$
- 전계의 세기가 0인 지점의 좌표는
$(-2-2\sqrt{2}, 0)$

```
              +1[C]  -2[C]
  ···x···      0     (2, 0)
```

10

$-1.2[C]$의 점 전하가 $5a_x + 2a_y - 3a_z [\text{m/s}]$인 속도로 운동한다. 이 전하가 $\dot{E} = -18a_x + 5a_y - 10a_z [\text{V/m}]$ 전계에서 운동하고 있을 때 이 전하에 작용하는 힘은 약 몇 $[\text{N}]$인가?

① 21.1
② 23.5
③ 25.4
④ 27.3

해설

전하에 작용하는 힘
$\dot{F} = Q\dot{E} = -1.2 \times (-18a_x + 5a_y - 10a_z) = 21.6a_x - 6a_y + 12a_z$
$\therefore |\dot{F}| = \sqrt{21.6^2 + (-6)^2 + 12^2} = 25.4[\text{N}]$

암기

전하에 작용하는 힘은 이동 속도와 무관하다.

11

다음 중 전기력선의 성질에 대한 설명으로 틀린 것은?

① 전하가 없는 곳에서 전기력선은 발생 및 소멸이 없다.
② 전기력선은 그 자신만으로 폐곡선이 되는 일은 없다.
③ 전기력선은 등전위면과 수직이다.
④ 전기력선은 도체 내부에 존재한다.

해설

전하는 도체 내부에는 없고 표면에만 분포하므로 전기력선은 도체 내부에 존재하지 않는다.

12
전기력선의 성질에 관한 설명으로 틀린 것은?

① 전기력선의 방향은 그 점의 전계의 방향과 같다.
② 전기력선은 전위가 높은 점에서 낮은 점으로 향한다.
③ 전하가 없는 곳에서도 전기력선의 발생, 소멸이 있다.
④ 전계가 0이 아닌 곳에서 2개의 전기력선은 교차하는 일이 없다.

해설

전기력선의 성질
- 전기력선은 반드시 정(+)전하에서 나와서 부(-)전하로 들어간다.
- 전기력선끼리는 서로 반발력이 작용하여 교차할 수 없다.
- 전기력선은 그 자신만으로는 폐곡선을 이룰 수 없다.
- 전기력선은 전위가 높은 곳에서 낮은 곳으로 향한다.
- $Q[C]$의 전하에서 나오는 전기력선의 개수는 $\dfrac{Q}{\varepsilon_0}$개이다.
- 전기력선의 방향은 그 점의 전계의 방향과 같다.
- 전하가 없는 곳에서도 전기력선이 존재할 수 있으나 전기력선의 발생, 소멸은 없다.

13
$\dot{E} = xi - yj [\text{V/m}]$일 때 점 $(3, 4)$를 통과하는 전기력선의 방정식은?

① $y = 12x$ ② $y = \dfrac{x}{12}$
③ $y = \dfrac{12}{x}$ ④ $y = \dfrac{3}{4}x$

해설

전기력선의 방정식
$$\frac{dx}{E_x} = \frac{dy}{E_y}$$
위 식에 문제에서 주어진 조건을 대입하면
$$\frac{dx}{x} = \frac{dy}{-y}$$
양변을 적분하면
$$\int \frac{dx}{x} = -\int \frac{dy}{y}$$
$\ln x = -\ln y + k (k: 적분 상수)$
$\ln xy = k$
$\therefore xy = e^k = k'$
따라서 문제에 주어진 $x = 3$, $y = 4$를 대입하면
$3 \times 4 = 12 = k'$
$\therefore y = \dfrac{k'}{x} = \dfrac{12}{x}$

암기
- $\ln x + \ln y = \ln(xy)$
- $\log_e 10 = \ln 10$
- $\ln xy = k \rightarrow e^k = xy$

14
전속 밀도에 대한 설명으로 가장 옳은 것은?

① 전속은 스칼라량이기 때문에 전속 밀도도 스칼라량이다.
② 전속 밀도는 전계의 세기의 방향과 반대 방향이다.
③ 전속 밀도는 유전체 내에 분극의 세기와 같다.
④ 전속 밀도는 유전체와 관계없이 크기는 일정하다.

해설

전속 밀도 $D = \varepsilon_0 E = \varepsilon_0 \times \dfrac{Q}{4\pi\varepsilon_0 r^2} = \dfrac{Q}{4\pi r^2} [\text{C/m}^2]$로 주위 매질 상수(유전율)와는 관계가 없음을 알 수 있다.

15
진공 중에 놓인 $Q[\text{C}]$의 전하에서 발생되는 전기력선의 수는?

① Q
② ε_0
③ $\dfrac{Q}{\varepsilon_0}$
④ $\dfrac{\varepsilon_0}{Q}$

해설

점전하로부터 반지름 $r[\text{m}]$인 구의 표면을 통과하는 전기력선 수
$$N = \oint_s \dot{E} \cdot d\dot{s} = E \times S = \dfrac{Q}{4\pi\varepsilon_0 r^2} \times 4\pi r^2 = \dfrac{Q}{\varepsilon_0}$$

16
진공 중에서 선 전하 밀도 $\rho_l = 6 \times 10^{-8} [\text{C/m}]$인 무한히 긴 직선상 선 전하가 x축과 나란하고 $z = 2[\text{m}]$점을 지나고 있다. 이 선 전하에 의하여 반지름 $5[\text{m}]$인 원점에 중심을 둔 구 표면 S_0를 통과하는 전기력의 선수는 몇 개인가?

① 3.1×10^4
② 4.8×10^4
③ 5.5×10^4
④ 6.2×10^4

해설

전기력선의 수는 전하량을 진공의 유전율 ε_0로 나눈 것이다.
원점에서 z축으로 $2[\text{m}]$인 곳의 선 전하의 길이는
$l = \sqrt{5^2 - 2^2} \times 2 = 2\sqrt{21}\,[\text{m}]$이다.
이 선전하가 갖는 전하량 $Q = \rho_l l$
따라서 반지름 $5[\text{m}]$인 구 표면 S_0를 통과하는 전기력선의 개수는
$$N = \dfrac{Q}{\varepsilon_0} = \dfrac{\rho_l l}{\varepsilon_0} = \dfrac{6 \times 10^{-8} \times 2\sqrt{21}}{8.854 \times 10^{-12}} \fallingdotseq 6.2 \times 10^4 [\text{개}]\text{이다.}$$

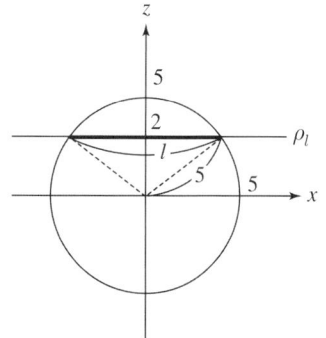

17
중심은 원점에 있고 반지름 $a[\text{m}]$인 원형 선 도체가 $z = 0$인 평면에 있다. 도체에 선 전하 밀도 $\rho_l[\text{C/m}]$가 분포되어 있을 때 $z = b[\text{m}]$인 점에서 전계 $\dot{E}[\text{V/m}]$는?(단, a_r, a_z는 원통 좌표계에서 r 및 z 방향의 단위 벡터이다.)

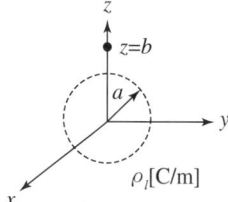

① $\dfrac{ab\rho_l}{2\pi\varepsilon_0(a^2+b^2)} a_r$
② $\dfrac{ab\rho_l}{4\pi\varepsilon_0(a^2+b^2)} a_z$
③ $\dfrac{ab\rho_l}{2\varepsilon_0(a^2+b^2)^{\frac{3}{2}}} a_z$
④ $\dfrac{ab\rho_l}{4\varepsilon_0(a^2+b^2)^{\frac{3}{2}}} a_z$

해설

원형 도체 중심에서 직각으로 $r[\text{m}]$ 떨어진 지점의 전계 세기
$$E = \dfrac{ar\rho_l}{2\varepsilon_0(a^2+r^2)^{\frac{3}{2}}} = \dfrac{ab\rho_l}{2\varepsilon_0(a^2+b^2)^{\frac{3}{2}}}\,[\text{V/m}]$$
여기서, 전계의 방향은 $+z(a_z)$ 방향이다.

18

진공 중에 균일하게 대전된 반지름 $a[\mathrm{m}]$인 선 전하 밀도 $\lambda_l[\mathrm{C/m}]$의 원환이 있을 때 그 중심으로부터 중심축상 $x[\mathrm{m}]$의 거리에 있는 점의 전계의 세기는 몇 $[\mathrm{V/m}]$인가?

① $\dfrac{a\lambda_l x}{2\varepsilon_0(a^2+x^2)^{\frac{3}{2}}}$ ② $\dfrac{a\lambda_l x}{\varepsilon_0(a^2+x^2)^{\frac{3}{2}}}$

③ $\dfrac{\lambda_l x}{2\varepsilon_0(a^2+x^2)^{\frac{3}{2}}}$ ④ $\dfrac{\lambda_l x}{\varepsilon_0(a^2+x^2)^{\frac{3}{2}}}$

해설

원환 미소 부분의 선 전하에 의한 중심축상 $x[\mathrm{m}]$인 곳의 전계의 세기는
$dE = \dfrac{\lambda_l dl}{4\pi\varepsilon_0 r^2}\ [\mathrm{V/m}]$

x 방향의 전계의 세기는 다음과 같이 구한다.
$dE_x = dE\cos\theta = dE \times \dfrac{x}{r} = \dfrac{\lambda_l x}{4\pi\varepsilon_0 r^3}dl\ [\mathrm{V/m}]$

따라서 x 방향의 전계의 세기는
$E_x = \displaystyle\int_0^{2\pi a} \dfrac{\lambda_l x}{4\pi\varepsilon_0 r^3}dl = \dfrac{\lambda_l x}{4\pi\varepsilon_0 r^3}[l]_0^{2\pi a}$

$= \dfrac{\lambda_l a x}{2\varepsilon_0 r^3} = \dfrac{a\lambda_l x}{2\varepsilon_0(a^2+x^2)^{\frac{3}{2}}}\ [\mathrm{V/m}]$

19

코로나 방전이 $3\times 10^6[\mathrm{V/m}]$ 난다고 하면 반지름 $10[\mathrm{cm}]$인 도체구에 저축할 수 있는 최대 전하량은 몇 $[\mathrm{C}]$인가?

① 0.33×10^{-5} ② 0.72×10^{-6}
③ 0.33×10^{-7} ④ 0.98×10^{-8}

해설

$E = \dfrac{Q}{4\pi\varepsilon_0 r^2}$ 에서

$Q = 4\pi\varepsilon_0 r^2 E = \dfrac{1}{9\times 10^9}\times(10\times 10^{-2})^2\times 3\times 10^6$

$= 0.33\times 10^{-5}[\mathrm{C}]$

20

반지름이 $a[\mathrm{m}]$인 구대칭 전하에 의한 구 내외의 전계의 세기에 해당되는 것은?(단, 전하는 도체 표면에만 분포한다.)

① 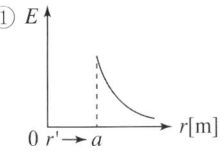 ②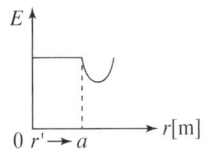

③ 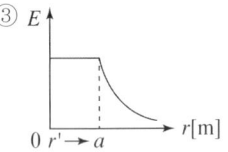 ④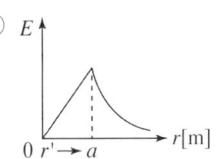

해설

- 도체 내부에서의 전계 ($r < a$)
  $E = 0$
  (실제: 도체 내부에 전하가 없는 경우)
  $E = \dfrac{Qr}{4\pi\varepsilon_0 a^3}\ [\mathrm{V/m}]$
  (가정: 도체 내부에 전하가 고르게 분포된 경우)

- 도체 표면에서의 전계 ($r = a$)
  $E = \dfrac{Q}{4\pi\varepsilon_0 a^2}\ [\mathrm{V/m}]$

- 도체 외부에서의 전계 ($r > a$)
  $E = \dfrac{Q}{4\pi\varepsilon_0 r^2}\ [\mathrm{V/m}]$

21
진공 중에 있는 반지름 $a[\text{m}]$인 도체구의 표면 전하 밀도가 $\sigma[\text{C}/\text{m}^2]$일 때 도체구 표면의 전계의 세기는 몇 $[\text{V}/\text{m}]$인가?

① $\dfrac{\sigma}{\varepsilon_0}$
② $\dfrac{\sigma}{2\varepsilon_0}$
③ $\dfrac{\sigma^2}{2\varepsilon_0}$
④ $\dfrac{\varepsilon_0 \sigma^2}{2}$

해설
- 도체구 표면의 전계

$E = \dfrac{\sigma}{\varepsilon_0}\ [\text{V}/\text{m}]$

(단, ρ_s 또는 σ: 면 전하 밀도$[\text{C}/\text{m}^2]$)

- 무한 평면 도체에 의한 전계 세기

$E = \dfrac{\rho_s}{2\varepsilon_0}\ [\text{V}/\text{m}]$

(단, ρ_s 또는 σ: 면 전하 밀도$[\text{C}/\text{m}^2]$)

- 2개의 무한 평면 도체에 의한 내부 전계 세기

$E = \dfrac{\rho_s}{\varepsilon_0}\ [\text{V}/\text{m}]$

(단, ρ_s 또는 σ: 면 전하 밀도$[\text{C}/\text{m}^2]$)

22
무한장 선로에 균일하게 전하가 분포된 경우 선로로부터 $r[\text{m}]$ 떨어진 P점에서의 전계의 세기 $E[\text{V}/\text{m}]$는 얼마인가?(단, 선 전하 밀도는 $\rho_l[\text{C}/\text{m}]$이다.)

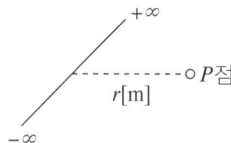

① $E = \dfrac{\rho_l}{4\pi\varepsilon_0 r}$
② $E = \dfrac{\rho_l}{4\pi\varepsilon_0 r^2}$
③ $E = \dfrac{\rho_l}{2\pi\varepsilon_0 r}$
④ $E = \dfrac{\rho_l}{2\pi\varepsilon_0 r^2}$

해설
무한장 직선 도체에 의한 전계 세기

$E = \dfrac{\rho_l}{2\pi\varepsilon_0 r}\ [\text{V}/\text{m}]$

(단, ρ_l 또는 λ: 선 전하 밀도$[\text{C}/\text{m}]$)

23
전계의 세기를 주는 대전체 중 거리 r에 반비례하는 것은?

① 구전하에 의한 전계
② 점전하에 의한 전계
③ 선전하에 의한 전계
④ 전기 쌍극자에 의한 전계

해설
- 점전하에 의한 전계의 세기 $E = \dfrac{Q}{4\pi\varepsilon_0 r^2}\ [\text{V}/\text{m}]$
- 구전하에 의한 전계의 세기 $E = \dfrac{Q}{4\pi\varepsilon_0 r^2}\ [\text{V}/\text{m}]$
- 전기 쌍극자에 의한 전계의 세기 $E = \dfrac{M}{4\pi\varepsilon_0 r^3}\sqrt{1+3\cos^2\theta}\ [\text{V}/\text{m}]$
- 선전하에 의한 전계의 세기 $E = \dfrac{\rho_l}{2\pi\varepsilon_0 r}\ [\text{V}/\text{m}]$

24
선 전하 밀도 $\rho_l[\text{C}/\text{m}]$를 갖는 코일이 반원형의 형태를 취할 때 반원의 중심에서 전계의 세기를 구하면 몇 $[\text{V}/\text{m}]$인가? (단, 반지름은 $r[\text{m}]$이다.)

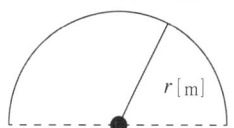

① $\dfrac{\rho_l}{8\pi\varepsilon_0 r^2}$
② $\dfrac{\rho_l}{4\pi\varepsilon_0 r}$
③ $\dfrac{\rho_l}{4\pi\varepsilon_0 r^2}$
④ $\dfrac{\rho_l}{2\pi\varepsilon_0 r}$

해설
반원형 선 전하에 의한 전계의 세기

$E = \dfrac{\rho_l}{2\pi\varepsilon_0 r}\ [\text{V}/\text{m}]$

문제에 주어진 반원형 선 전하에 의한 전계의 세기는 직선 전하에 의한 전계의 세기와 같은 효과를 낸다고 보고 풀면 된다.

| 정답 | 21 ① 22 ③ 23 ③ 24 ④

25

무한히 넓은 두 장의 평면판 도체를 간격 $d[\text{m}]$로 평행하게 배치하고 각각의 평면판에 면 전하 밀도 $\pm\sigma[\text{C}/\text{m}^2]$로 분포되어 있는 경우 전기력선은 면에 수직으로 나와 평행하게 발산한다. 이 평면판 내부의 전계의 세기는 몇 $[\text{V}/\text{m}]$인가?

① $\dfrac{\sigma}{\varepsilon_0}$ ② $\dfrac{\sigma}{2\varepsilon_0}$

③ $\dfrac{\sigma}{2\pi\varepsilon_0}$ ④ $\dfrac{\sigma}{4\pi\varepsilon_0}$

해설

- 무한 평면 도체에 의한 전계 세기

$$E = \dfrac{\rho_s}{2\varepsilon_0} = \dfrac{\sigma}{2\varepsilon_0}\,[\text{V}/\text{m}]$$

(단, ρ_s 또는 σ: 면 전하 밀도$[\text{C}/\text{m}^2]$)

- **2개의 무한 평면 도체에 의한 내부 전계 세기**

$$E = \dfrac{\rho_s}{\varepsilon_0} = \dfrac{\sigma}{\varepsilon_0}\,[\text{V}/\text{m}]$$

(단, ρ_s 또는 σ: 면 전하 밀도$[\text{C}/\text{m}^2]$)

26

전하 밀도 $\rho_s[\text{C}/\text{m}^2]$인 무한 판상 전하 분포에 의한 임의 점의 전장에 대한 설명으로 틀린 것은?

① 전장의 세기는 매질에 따라 변한다.
② 전장의 세기는 거리 r에 반비례한다.
③ 전장은 판에 수직 방향으로만 존재한다.
④ 전장의 세기는 전하 밀도 ρ_s에 비례한다.

해설

무한 평면 도체에 의한 전계 세기

$$E = \dfrac{\rho_s}{2\varepsilon_0}\,[\text{V}/\text{m}]$$

(단, ρ_s 또는 σ: 면 전하 밀도$[\text{C}/\text{m}^2]$)

- 전장의 세기는 매질에 따라 변한다.
- **전장의 세기는 거리 r과 관계가 없다.**
- 전장은 판에 수직 방향으로 존재한다.
- 전장의 세기는 전하 밀도 ρ_s에 비례한다.

27

구의 전하가 $5\times 10^{-6}[\text{C}]$일 때 $3[\text{m}]$ 떨어진 점에서의 전위를 구하면 몇 $[\text{V}]$인가?(단, $\varepsilon_s = 1$이다.)

① 10×10^3 ② 15×10^3
③ 20×10^3 ④ 25×10^3

해설

$$V = \dfrac{1}{4\pi\varepsilon_0}\times\dfrac{Q}{r} = 9\times 10^9\times\dfrac{5\times 10^{-6}}{3} = 15\times 10^3\,[\text{V}]$$

암기

전계 $E = \dfrac{Q}{4\pi\varepsilon_0 r^2}$

전위 $V = \dfrac{Q}{4\pi\varepsilon_0 r}$, $\therefore\ V = Er\,[\text{V}]$

28

$40[\text{V}/\text{m}]$인 전계 내의 $50[\text{V}]$ 되는 점에서 $1[\text{C}]$의 전하가 전계 방향으로 $80[\text{cm}]$ 이동하였을 때 그 점의 전위는 몇 $[\text{V}]$인가?

① 18 ② 22
③ 35 ④ 65

해설

$1[\text{C}]$의 전하가 전계 방향으로 $80[\text{cm}]$ 이동하면서 발생하는 전압 강하를 구해 보면

$$V = Ed = 40\times 0.8 = 32\,[\text{V}]$$

따라서 $80[\text{cm}]$ 떨어진 지점에서의 전위는

$$V' = 50 - 32 = 18\,[\text{V}]$$

29

반지름이 $1[\text{m}]$인 도체구에 최고로 줄 수 있는 전위는 몇 $[\text{kV}]$인가?(단, 주위 공기의 절연 내력은 $3\times 10^6[\text{V/m}]$이다.)

① 30
② 300
③ 3,000
④ 30,000

해설

절연 내력은 단위 두께당 절연 파괴 전압의 크기를 나타내며 전계와 같은 차원이다.

절연 내력 $G=E=\dfrac{V}{r}[\text{V/m}]$이므로

$V=Er=3\times 10^6\times 1=3,000\times 10^3[\text{V}]=3,000[\text{kV}]$

30

그림과 같이 $\overline{AB}=\overline{BC}=1[\text{m}]$일 때 A와 B에 동일한 $+1[\mu\text{C}]$이 있는 경우 C 점의 전위는 몇 $[\text{V}]$인가?

A — B — C

① 6.25×10^3
② 8.75×10^3
③ 12.5×10^3
④ 13.5×10^3

해설

$V=V_{AC}+V_{BC}=9\times 10^9\times\dfrac{10^{-6}}{2}+9\times 10^9\times\dfrac{10^{-6}}{1}$

$=13.5\times 10^3[\text{V}]$

암기

$V=\dfrac{Q}{4\pi\varepsilon_0 r}=9\times 10^9\times\dfrac{Q}{r}[\text{V}]$

31

한 변의 길이가 $\sqrt{2}[\text{m}]$인 정사각형의 4개 꼭짓점에 $+10^{-9}[\text{C}]$의 점 전하가 각각 있을 때 이 사각형의 중심에서의 전위 $[\text{V}]$는?

① 0
② 18
③ 36
④ 72

해설

- 정사각형 꼭짓점에서 중심까지의 거리
  $r=1[\text{m}]$
- 점 전하 1개에 의한 중심의 전위
  $V_1=9\times 10^9\times\dfrac{Q}{r}=9\times 10^9\times\dfrac{10^{-9}}{1}=9[\text{V}]$

따라서 정사각형 네 군데에 의한 중심의 총 전위는
$V=4V_1=4\times 9=36[\text{V}]$

※ 참고

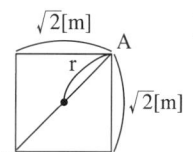

$\overline{AB}=\sqrt{(\sqrt{2})^2+(\sqrt{2})^2}=2[\text{m}]$
∴ $r=1[\text{m}]$

32

면 전하 밀도 $\sigma[\text{C/m}^2]$, 판간 거리 $d[\text{m}]$인 무한 평행판 대전체 간의 전위차$[\text{V}]$는?

① σd
② $\dfrac{\sigma}{\varepsilon}$
③ $\dfrac{\varepsilon_0\sigma}{d}$
④ $\dfrac{\sigma d}{\varepsilon_0}$

해설

- 무한 평행판 대전체 간의 전계
  $E=\dfrac{\sigma}{\varepsilon_0}[\text{V/m}]$
- 전위차 $V=Ed[\text{V}]$이므로
  $V=Ed=\dfrac{\sigma d}{\varepsilon_0}[\text{V}]$

33
전위 $V = 3xy + z + 4$일 때 전계 E는?

① $3xi + 3yj + k$
② $-3yi + 3xj + k$
③ $3xi + 3yj - k$
④ $-3yi - 3xj - k$

해설

$\dot{E} = -\text{grad}\,V = -\left(\dfrac{\partial}{\partial x}i + \dfrac{\partial}{\partial y}j + \dfrac{\partial}{\partial z}k\right) \cdot (3xy + z + 4)$

$= -3yi - 3xj - k\,[\text{V/m}]$

34
$V = x^2\,[\text{V}]$로 주어지는 전위 분포일 때 $x = 20\,[\text{cm}]$인 점의 전계는?

① $+x$ 방향으로 $40\,[\text{V/m}]$
② $-x$ 방향으로 $40\,[\text{V/m}]$
③ $+x$ 방향으로 $0.4\,[\text{V/m}]$
④ $-x$ 방향으로 $0.4\,[\text{V/m}]$

해설

$\dot{E} = -\text{grad}\,V = -\left(\dfrac{\partial}{\partial x}i + \dfrac{\partial}{\partial y}j + \dfrac{\partial}{\partial z}k\right) \cdot (x^2)$

$= -2xi = -2 \times 0.2 a_x = -0.4 a_x\,[\text{V/m}]$

따라서 전계의 세기는 $0.4\,[\text{V/m}]$이고 방향은 $-x$ 방향이다.

35
전위 함수가 $V = x^2 + y^2\,[\text{V}]$인 자유 공간 내의 전하 밀도는 몇 $[\text{C/m}^3]$인가?

① -12.5×10^{-12}
② -22.4×10^{-12}
③ -35.4×10^{-12}
④ -70.8×10^{-12}

해설

포아송 방정식 $\nabla^2 V = -\dfrac{\rho}{\varepsilon_0}$ 에서

$\nabla^2 V = \dfrac{\partial^2}{\partial x^2}(x^2 + y^2) + \dfrac{\partial^2}{\partial y^2}(x^2 + y^2)$

$= 2 + 2 = 4 = -\dfrac{\rho}{\varepsilon_0}$

$\therefore \rho = -4\varepsilon_0 = -4 \times 8.854 \times 10^{-12} = -35.4 \times 10^{-12}\,[\text{C/m}^3]$

36
다음 ( ) 안에 들어갈 내용으로 옳은 것은?

> 전기 쌍극자에 의해 발생하는 전위의 크기는 전기 쌍극자 중심으로부터 거리의 (㉮)에 반비례하고, 전기 쌍극자에 의해 발생하는 전계의 크기는 전기 쌍극자 중심으로부터 거리의 (㉯)에 반비례한다.

① ㉮ 제곱, ㉯ 제곱
② ㉮ 제곱, ㉯ 세제곱
③ ㉮ 세제곱, ㉯ 제곱
④ ㉮ 세제곱, ㉯ 세제곱

해설

• 전기 쌍극자의 전위

$V = \dfrac{M}{4\pi\varepsilon_0 r^2}\cos\theta\,[\text{V}]$ (거리의 2승에 반비례)

• 전기 쌍극자의 전계

$E = \dfrac{M}{4\pi\varepsilon_0 r^3}\sqrt{1 + 3\cos^2\theta}\,[\text{V/m}]$ (거리의 3승에 반비례)

| 정답 | 33 ④ 34 ④ 35 ③ 36 ②

37

쌍극자 모멘트가 $M[\text{C} \cdot \text{m}]$인 전기 쌍극자에 의한 임의의 점 P에서의 전계의 크기는 전기 쌍극자의 중심에서 축 방향과 점 P를 잇는 선분 사이의 각이 얼마일 때 최대가 되는가?

① 0
② $\dfrac{\pi}{2}$
③ $\dfrac{\pi}{3}$
④ $\dfrac{\pi}{4}$

해설

전기 쌍극자의 전계 세기

$E = \dfrac{M}{4\pi\varepsilon_0 r^3} \sqrt{1 + 3\cos^2\theta}\ [\text{V/m}]$

위 식에서 전계의 세기는 $\theta = 0°$일 때 최댓값을 갖고, $\theta = 90°$일 때 최솟값을 갖는다.

암기

전기 쌍극자의 전계 세기 및 전위

$E = \dfrac{M}{4\pi\varepsilon_0 r^3} \sqrt{1 + 3\cos^2\theta}\ [\text{V/m}]$

$V = \dfrac{M}{4\pi\varepsilon_0 r^2} \cos\theta\ [\text{V}]$

| 정답 | 37 ①

진공 중의 도체계

1. 전위 계수, 용량 계수, 유도 계수
2. 정전 용량(Capacitance)
3. 정전 용량의 종류
4. 정전 용량 회로의 계산 방법
5. 저장 에너지

학습전략

진공 중의 도체계 부분에서 최우선으로 가져야 할 학습 목표는 도체 형태에 따른 정전 용량 공식을 완벽하게 암기하는 것입니다. 특히 이 부분은 시험에서 자주 출제되는 내용입니다. 주요 공식을 얼마나 확실하게 암기하고 있느냐에 따라 점수의 차이가 벌어지므로 주요 공식들을 암기하는 것에 집중하길 바랍니다.

CHAPTER 03 | 흐름 미리보기

1. 전위 계수, 용량 계수, 유도 계수
2. 정전 용량(Capacitance)
3. 정전 용량의 종류
4. 정전 용량 회로의 계산 방법
5. 저장 에너지

NEXT **CHAPTER 04**

CHAPTER 03 진공 중의 도체계

> **독학이 쉬워지는 기초개념**
>
> **Tip 강의 꿀팁**
>
> 전기적 에너지를 갖는 물체가 여러 개 존재할 경우 이들 사이의 에너지 관계를 나타낼 때 전위 계수, 용량 계수, 유도 계수를 사용해요.

THEME 01 전위 계수, 용량 계수, 유도 계수

1 전위 계수

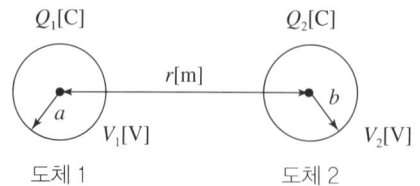

▲ 2개의 도체구

(1) 두 도체구에서의 전위

$$V_1 = V_{11} + V_{12} = \frac{Q_1}{4\pi\varepsilon_0 a} + \frac{Q_2}{4\pi\varepsilon_0 r} \,[\text{V}]$$

$$V_2 = V_{21} + V_{22} = \frac{Q_1}{4\pi\varepsilon_0 r} + \frac{Q_2}{4\pi\varepsilon_0 b} \,[\text{V}]$$

여기서

① V_1, V_2: 도체 1과 도체 2에 각각 유기되는 전체 전위[V]

② V_{11}, V_{22}: 도체 1과 도체 2의 자기 전하량에 의해 유기되는 각각의 전위[V]

③ V_{12}: 도체 2의 전하 Q_2에 의해 도체 1에 유기되는 전위[V]

④ V_{21}: 도체 1의 전하 Q_1에 의해 도체 2에 유기되는 전위[V]

> • 용량 계수: 도체 자체의 관계를 나타내는 계수
> • 유도 계수: 다른 도체에 의해 영향을 받는 계수

(2) 앞 식에서 전하 Q_1, Q_2를 제외한 나머지 값을 상수로 취급하여 식을 구한다.

$$V_1 = \frac{Q_1}{4\pi\varepsilon_0 a} + \frac{Q_2}{4\pi\varepsilon_0 r} = P_{11}Q_1 + P_{12}Q_2\,[\text{V}]$$

$$V_2 = \frac{Q_1}{4\pi\varepsilon_0 r} + \frac{Q_2}{4\pi\varepsilon_0 b} = P_{21}Q_1 + P_{22}Q_2\,[\text{V}]$$

위 식에서 P_{11}, P_{12}, P_{21}, P_{22}를 전위 계수라 한다.

(3) 전위 계수의 성질

① P_{11}, $P_{22} > 0$

② P_{12}, $P_{21} \geq 0$

③ $P_{12} = P_{21}$

④ P_{11}, $P_{22} \geq P_{12}$, P_{21}

2 용량 계수 및 유도 계수

(1) 전위 계수 식을 다시 정리하여 전하 Q에 대한 식으로 표현하면 다음과 같다.

$Q_1 = q_{11}V_1 + q_{12}V_2 [\text{C}]$

$Q_2 = q_{21}V_1 + q_{22}V_2 [\text{C}]$

위 식에서 q_{11}, q_{22}를 용량 계수, q_{12}, q_{21}을 유도 계수라 한다.

(2) 용량 계수와 유도 계수의 성질

① $q_{11}, q_{22} > 0$

② $q_{12}, q_{21} \leq 0$

③ $q_{12} = q_{21}$

④ $q_{11}, q_{22} \geq -q_{12}, -q_{21}$

기출예제

용량 계수와 유도 계수에 대한 표현 중 옳지 않은 것은?

① 용량 계수는 정(+)이다.
② 유도 계수는 정(+)이다.
③ $q_{rs} = q_{sr}$
④ 전위 계수를 알고 있는 도체계에서는 q_{rr}, q_{rs}를 계산으로 구할 수 있다.

| 해설 |

$q_{12}, q_{21} \leq 0$(유도 계수는 0보다 작거나 같다.)

답 ②

THEME 02 정전 용량(Capacitance)

1 정전 용량의 정의

(1) 어느 매질(유전체)에 전위를 가하면 전기 에너지(전하)를 축적시키는 성질을 가진 소자를 정전 용량 또는 커패시턴스라고 한다.
(2) 기호는 C라 쓰고, 단위로는 [F](패럿)을 사용한다.

> 정전 용량 = 커패시턴스

2 정전 용량에 전하를 축적시킬 때의 전기량

(1) 전하 $Q = CV [\text{C}]$

(2) 정전 용량 $C = \dfrac{Q}{V} [\text{F}]$

(3) 엘라스턴스(Elastance)

$l = \dfrac{1}{C} = \dfrac{V}{Q} [1/\text{F}]$ (정전 용량의 역수)

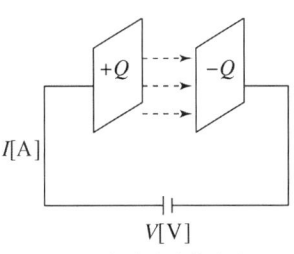

▲ 평행판 사이에 축적되는 전하량

> **전기 회로에서 역수 소자**
> • 저항(R) ↔ 컨덕턴스(G)
> • 리액턴스(X) ↔ 서셉턴스(B)
> • 임피던스(Z) ↔ 어드미턴스(Y)
> • 커패시턴스(C) ↔ 엘라스턴스(l)

독학이 쉬워지는 기초개념

기출예제

다음 중 엘라스턴스(Elastance)란?

① $\dfrac{1}{(\text{전위차}) \times (\text{전기량})}$ ② $\dfrac{\text{전위차}}{\text{전기량}}$

③ $(\text{전위차}) \times (\text{전기량})$ ④ $\dfrac{\text{전기량}}{\text{전위차}}$

| 해설 |
엘라스턴스: 정전 용량의 역수를 의미한다.
$$l = \dfrac{1}{C} = \dfrac{1}{\dfrac{Q}{V}} = \dfrac{V}{Q} = \dfrac{\text{전위차}}{\text{전기량}}$$

답 ②

THEME 03   정전 용량의 종류

1 구 도체

(1) 구 도체 표면의 전위

$$V = \dfrac{Q}{4\pi\varepsilon_0 a} \, [\text{V}]$$

(2) 구 도체의 정전 용량

$$C = \dfrac{Q}{V} = \dfrac{Q}{\dfrac{Q}{4\pi\varepsilon_0 a}} = 4\pi\varepsilon_0 a \, [\text{F}]$$

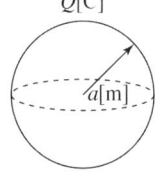

▲ 구 도체

2 동심구 도체

(1) $a \sim b$ 사이의 전위차

$$V = \int_a^b \dfrac{Q}{4\pi\varepsilon_0 r^2} \, dr = \dfrac{Q}{4\pi\varepsilon_0} \left[-\dfrac{1}{r} \right]_a^b$$

$$= \dfrac{Q}{4\pi\varepsilon_0} \left(\dfrac{1}{a} - \dfrac{1}{b} \right) [\text{V}]$$

(2) 동심구 도체의 정전 용량

$$C = \dfrac{Q}{V} = \dfrac{Q}{\dfrac{Q}{4\pi\varepsilon_0} \left(\dfrac{1}{a} - \dfrac{1}{b} \right)} = \dfrac{4\pi\varepsilon_0}{\dfrac{1}{a} - \dfrac{1}{b}} = \dfrac{4\pi\varepsilon_0 ab}{b-a} \, [\text{F}]$$

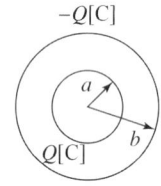

▲ 동심구 도체

3 평행판 콘덴서

(1) 평행판 사이의 전계 세기

$$E = \dfrac{\rho_s}{\varepsilon_0} \, [\text{V/m}]$$

(2) 평행판 사이의 전위차

$$V = Ed = \dfrac{\rho_s}{\varepsilon_0} d \, [\text{V}]$$

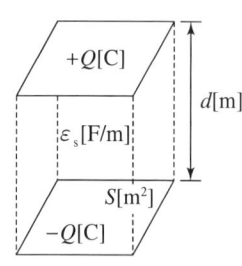

▲ 평행판 도체

(3) 평행판 도체의 정전 용량

$$C = \frac{Q}{V} = \frac{\rho_s S}{\frac{\rho_s}{\varepsilon_0}d} = \frac{\varepsilon_0 S}{d} \, [\text{F}]$$

4 동심 원통(동축 케이블) 도체

(1) 동심 원통에서 임의의 지점에서의 전계 세기

$$E = \frac{\rho_l}{2\pi\varepsilon_0 r} \, [\text{V/m}]$$

(2) 동심 원통 사이의 전위차

$$V = \int_a^b \frac{\rho_l}{2\pi\varepsilon_0 r} dr = \frac{\rho_l}{2\pi\varepsilon_0} \ln\frac{b}{a} \, [\text{V}]$$

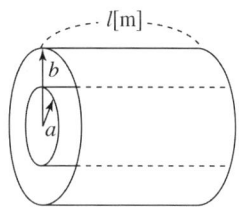

▲ 동심 원통(동축 케이블)

(3) 동심 원통 도체의 정전 용량

$$C = \frac{Q}{V} = \frac{\rho_l l}{\frac{\rho_l}{2\pi\varepsilon_0}\ln\frac{b}{a}} = \frac{2\pi\varepsilon_0 l}{\ln\frac{b}{a}} \, [\text{F}]$$

5 평행 도선

평행 도선의 정전 용량은 다음과 같이 구할 수 있다.

$$C = \frac{\pi\varepsilon_0 l}{\ln\frac{D-r}{r}} \fallingdotseq \frac{\pi\varepsilon_0 l}{\ln\frac{D}{r}} \, [\text{F}]$$

(단, $D \gg r$이다.)

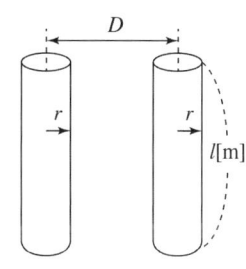

▲ 평행 도선

> **독학이 쉬워지는 기초개념**
>
> **Tip 강의 꿀팁**
>
> 평행 도선의 정전 용량을 묻는 문제는 일반적으로 $D \gg r$인 조건으로 출제돼요.

기출예제

[중요도] 내원통 반지름 $10[\text{cm}]$, 외원통 반지름 $20[\text{cm}]$인 동축 원통 도체의 정전 용량 $[\text{pF/m}]$은?

① 100
② 90
③ 80
④ 70

| 해설 |

$$C = \frac{2\pi\varepsilon_0}{\ln\frac{b}{a}} = \frac{2\pi \times 8.854 \times 10^{-12}}{\ln\frac{0.2}{0.1}} = 80[\text{pF/m}]$$

답 ③

독학이 쉬워지는 기초개념

① 저항과 인덕턴스의 계산은 동일
② 컨덕턴스와 정전 용량의 계산은 동일
③ 위 ①과 ②는 서로 반대 특성

THEME 04 정전 용량 회로의 계산 방법

1 정전 용량의 합성

(1) 직렬 합성

① 2개의 정전 용량 값이 다른 경우
$$C = \frac{C_1 \times C_2}{C_1 + C_2} [\text{F}]$$

② 2개의 정전 용량 값이 같은 경우
$$C = \frac{C_1}{2} = \frac{C_2}{2} [\text{F}]$$

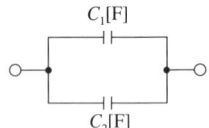
▲ 정전 용량의 직렬 접속

(2) 병렬 합성

① 2개의 정전 용량 값이 다른 경우
$$C = C_1 + C_2 [\text{F}]$$

② 2개의 정전 용량 값이 같은 경우
$$C = 2C_1 = 2C_2 [\text{F}]$$

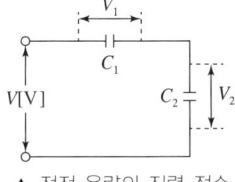
▲ 정전 용량의 병렬 접속

2 정전 용량의 전압 분배의 법칙(직렬 접속)

$$V = V_1 + V_2 = \left(\frac{1}{C_1} + \frac{1}{C_2}\right) Q$$

$$V_1 = \frac{C_2}{C_1 + C_2} V [\text{V}], \quad V_2 = \frac{C_1}{C_1 + C_2} V [\text{V}]$$

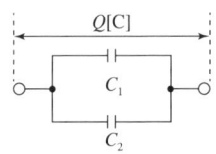
▲ 정전 용량의 직렬 접속

3 정전 용량의 전하량 분배의 법칙(병렬 접속)

$$Q = Q_1 + Q_2 = (C_1 + C_2) V$$

$$Q_1 = \frac{C_1}{C_1 + C_2} Q [\text{C}], \quad Q_2 = \frac{C_2}{C_1 + C_2} Q [\text{C}]$$

▲ 정전 용량의 병렬 접속

정전 용량에서의 합성 방법이나 전압 분배의 법칙 및 전하량 분배의 법칙은 저항(R) 회로와는 정반대로 됨을 알 수 있다.

기출예제

다음과 같은 2개의 콘덴서가 직렬 접속되어 있다. C_2 양단에 걸리는 전압은?

① 3.3[V] ② 5[V]
③ 7[V]   ④ 6.67[V]

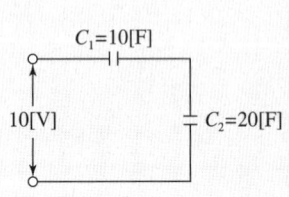

| 해설 |
$$V_2 = \frac{C_1}{C_1 + C_2} V = \frac{10}{10+20} \times 10 = 3.3[\text{V}]$$

답 ①

THEME 05 저장 에너지

1 에너지의 종류

(1) 어느 지점에서 다른 지점으로 전하가 이동하는 데 필요한 에너지
$$W = QV \text{[J]}$$

(2) 콘덴서에 저장되는 에너지
$$W = \frac{1}{2}CV^2 = \frac{1}{2}QV = \frac{Q^2}{2C} \text{[J]}$$

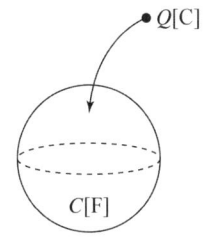

▲ 구 도체에 저장되는 에너지

2 콘덴서에 저장되는 에너지

(1) 축적 에너지
$$W = \frac{1}{2}CV^2 = \frac{1}{2} \times \frac{\varepsilon_0 S}{d} \times \left(\frac{\rho_s}{\varepsilon_0}d\right)^2 = \frac{\rho_s^2}{2\varepsilon_0}v \text{[J]}$$
(단, v: 체적($v = Sd \text{[m}^3\text{]}$))

따라서 단위 체적당 축적되는 에너지 밀도는
$$w = \frac{W}{v} = \frac{\rho_s^2}{2\varepsilon_0} = \frac{D^2}{2\varepsilon_0} = \frac{1}{2}\varepsilon_0 E^2 = \frac{1}{2}ED \text{[J/m}^3\text{]}$$

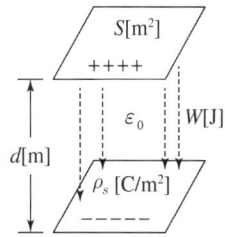

▲ 평행판 콘덴서 내에 축적되는 에너지

(2) 정전 흡인력(단위 면적당 받는 힘)

평행판 콘덴서에 에너지가 축적이 되면 평행판은 (+)와 (-) 전하 밀도에 의해 단위 면적당 다음과 같은 흡인력이 발생한다.
$$f = \frac{D^2}{2\varepsilon_0} = \frac{1}{2}\varepsilon_0 E^2 = \frac{1}{2}ED \text{[N/m}^2\text{]}$$

독학이 쉬워지는 기초개념

- 전하를 이동하는 데 필요한 에너지
  $W = QV \text{[J]}$
- 유전체에 저장되는 에너지
  $W = \frac{1}{2}QV \text{[J]}$

평행판 콘덴서의 정전 용량
$C = \frac{\varepsilon_0 S}{d} \text{[F]}$
평행판 사이의 전위차
$V = Ed = \frac{\rho_s}{\varepsilon_0}d \text{[V]}$
($\because E = \frac{\rho_s}{\varepsilon_0} \text{[V/m]}$)

기출예제

중요도 무한히 넓은 2개의 평행판 도체의 간격이 $d\text{[m]}$이며 그 전위차는 $V\text{[V]}$이다. 도체판의 단위 면적에 작용하는 힘$\text{[N/m}^2\text{]}$은?(단, 유전율은 ε_0 이다.)

① $\varepsilon_0 \dfrac{V}{d}$

② $\varepsilon_0 \left(\dfrac{V}{d}\right)^2$

③ $\dfrac{1}{2}\varepsilon_0 \dfrac{V}{d}$

④ $\dfrac{1}{2}\varepsilon_0 \left(\dfrac{V}{d}\right)^2$

| 해설 |
평행판 사이의 전계 $E = \dfrac{V}{d} \text{[V/m]}$

$\therefore f = \dfrac{1}{2}\varepsilon_0 E^2 = \dfrac{1}{2}\varepsilon_0 \left(\dfrac{V}{d}\right)^2 \text{[N/m}^2\text{]}$

답 ④

CHAPTER 03 CBT 적중문제

01

도체 1을 Q가 되도록 대전시키고 여기에 도체 2를 접촉했을 때 도체 2가 얻는 전하를 전위 계수로 표시하면?(단, P_{11}, P_{12}, P_{21}, P_{22}는 전위 계수이다.)

① $\dfrac{Q}{P_{11}-2P_{12}+P_{22}}$
② $\dfrac{(P_{11}-P_{12})Q}{P_{11}-2P_{12}+P_{22}}$
③ $\dfrac{(P_{11}P_{12}+P_{22})Q}{P_{11}+2P_{12}+P_{22}}$
④ $\dfrac{(P_{11}-P_{12})Q}{P_{11}+2P_{12}+P_{22}}$

해설

- 전위 계수 방정식
 $V_1 = P_{11}Q_1 + P_{12}Q_2 [\text{V}]$
 $V_2 = P_{21}Q_1 + P_{22}Q_2 [\text{V}]$
 두 도체를 접촉시켰으므로
 $V_1 = V_2 [\text{V}], \ Q_1 = Q - Q_2 [\text{C}]$
- 도체 2가 얻는 전하
 $P_{11}(Q-Q_2) + P_{12}Q_2 = P_{21}(Q-Q_2) + P_{22}Q_2$
 $(P_{11}-P_{12})Q = (P_{11}+P_{22}-2P_{12})Q_2 \ (\because P_{12}=P_{21})$
 $\therefore Q_2 = \dfrac{(P_{11}-P_{12})Q}{P_{11}-2P_{12}+P_{22}}[\text{C}]$

02

진공 중에 서로 떨어져 있는 두 도체 A, B가 있다. 도체 A에만 $1[\text{C}]$의 전하를 줄 때, 도체 A, B의 전위가 각각 $3[\text{V}]$, $2[\text{V}]$이었다. 지금 도체 A, B에 각각 $1[\text{C}]$과 $2[\text{C}]$의 전하를 주면 도체 A의 전위는 몇 $[\text{V}]$인가?

① 6
② 7
③ 8
④ 9

해설

도체 A, B 도체계에 대한 전위 계수 방정식은 다음과 같다.
$V_1 = P_{11}Q_1 + P_{12}Q_2 [\text{V}]$
$V_2 = P_{21}Q_1 + P_{22}Q_2 [\text{V}]$
도체 A에만 $1[\text{C}]$ 전하를 주면 $Q_1 = 1[\text{C}], Q_2 = 0$이므로
$V_1 = P_{11} \times 1 + P_{12} \times 0 = 3 [\text{V}]$
$V_2 = P_{21} \times 1 + P_{22} \times 0 = 2 [\text{V}]$
$\therefore P_{11} = 3, \ P_{21} = P_{12} = 2$
따라서 도체 A, B에 $Q_1 = 1[\text{C}], Q_2 = 2[\text{C}]$ 전하를 주면 도체 A의 전위는 다음과 같다.
$V_1 = P_{11}Q_1 + P_{12}Q_2 = 3 \times 1 + 2 \times 2 = 7 [\text{V}]$

| 정답 | 01 ② 02 ②

03
모든 전기 장치를 접지시키는 근본적 이유는?

① 영상 전하를 이용하기 때문에
② 지구는 전류가 잘 통하기 때문에
③ 편의상 지면의 전위를 무한대로 보기 때문에
④ 지구의 용량이 커서 전위가 거의 일정하기 때문에

해설
모든 전기 장치를 접지시키는 근본적인 이유는 지구의 용량이 커서 전위가 거의 일정하기 때문에 지구에 접지시킨다.(편의상 지면의 전위를 0[V]로 취급한다.)

04
구 도체에 $50[\mu C]$의 전하가 있다. 이때의 전위가 $10[V]$이면 도체의 정전 용량은 몇 $[\mu F]$인가?

① 3
② 4
③ 5
④ 6

해설
정전 용량 $C = \dfrac{Q}{V} = \dfrac{50[\mu C]}{10[V]} = 5[\mu F]$

05
진공 중에 있는 반지름 $a[m]$인 구 도체의 정전 용량[F]은?

① $4\pi\varepsilon_0 a$
② $2\pi\varepsilon_0 a$
③ $8\pi\varepsilon_0 a$
④ a

해설
구 도체의 정전 용량 $C = 4\pi\varepsilon_0 a[F]$

06
공기 중에 있는 지름 $6[cm]$인 단일 도체구의 정전 용량은 몇 $[pF]$인가?

① 0.34
② 0.67
③ 3.34
④ 6.71

해설
$C = 4\pi\varepsilon_0 a = 4\pi \times 8.854 \times 10^{-12} \times 3 \times 10^{-2}$
$\fallingdotseq 3.34 \times 10^{-12}[F] = 3.34[pF]$

07
고립 구 도체의 정전 용량이 $50[pF]$일 때 이 구 도체의 반지름은 약 몇 $[cm]$인가?

① 5
② 25
③ 45
④ 85

해설
구 도체의 정전 용량 $C = 4\pi\varepsilon_0 a[F]$
반지름 $a = \dfrac{C}{4\pi\varepsilon_0} = \dfrac{50 \times 10^{-12}}{4\pi \times 8.854 \times 10^{-12}}$
$= 0.45[m] = 45[cm]$

| 정답 | 03 ④ 04 ③ 05 ① 06 ③ 07 ③

08

내경 $a[\text{m}]$, 외경 $b[\text{m}]$인 동심구 콘덴서의 내구를 접지했을 때의 정전 용량은 몇 $[\text{F}]$인가?

① $\dfrac{4\pi\varepsilon_0 b^2}{b-a}$ ② $\dfrac{4\pi\varepsilon_0 a^2}{b-a}$

③ $\dfrac{4\pi\varepsilon_0 ab}{b-a}$ ④ $\dfrac{4\pi\varepsilon_0(b-a)}{ab}$

해설

동심구 콘덴서의 정전 용량

• **내구가 접지된 경우**(전기 영상법으로 계산)

$$C = \dfrac{4\pi\varepsilon_0 b^2}{b-a}[\text{F}]$$

• 외구가 접지된 경우

$$C = \dfrac{4\pi\varepsilon_0 ab}{b-a}[\text{F}]$$

09

면적이 $S[\text{m}^2]$인 금속판 2매를 간격이 $d[\text{m}]$가 되도록 공기 중에 나란하게 놓았을 때 두 도체 사이의 정전 용량 $[\text{F}]$은?

① $\dfrac{S}{d}\varepsilon_0$ ② $\dfrac{d}{S}\varepsilon_0$

③ $\dfrac{d}{S^2}\varepsilon_0$ ④ $\dfrac{S^2}{d}\varepsilon_0$

해설

평행판 콘덴서의 정전 용량

$$C = \dfrac{\varepsilon_0 S}{d}[\text{F}]$$

10

평행판 콘덴서의 양극판 면적을 3배로 하고 간격을 $\dfrac{1}{3}$로 줄이면 정전 용량은 처음의 몇 배가 되는가?

① 1 ② 3

③ 6 ④ 9

해설

• 원래의 평행판 콘덴서

$$C_1 = \dfrac{\varepsilon_0 S}{d}[\text{F}]$$

• 면적과 간격을 바꾼 평행판 콘덴서

$$C_2 = \dfrac{\varepsilon_0 \times 3S}{\dfrac{d}{3}} = 9 \times \dfrac{\varepsilon_0 S}{d} = 9C_1[\text{F}]$$

11

평행판 콘덴서에서 전극 간에 $[\text{V}]$의 전위차를 가할 때 전계의 세기가 공기의 절연 내력 $E[\text{V/m}]$를 넘지 않도록 하기 위한 콘덴서의 단위 면적당 최대 용량은 몇 $[\text{F/m}^2]$인가?

① $\dfrac{\varepsilon_0 V}{E}$ ② $\dfrac{\varepsilon_0 E}{V}$

③ $\dfrac{\varepsilon_0 V^2}{E}$ ④ $\dfrac{\varepsilon_0 E^2}{V}$

해설

• 평행판 콘덴서의 정전 용량

$$C = \dfrac{\varepsilon_0 S}{d}[\text{F}]$$

• 단위 면적당 정전용량

$$C' = \dfrac{C}{S} = \dfrac{\varepsilon_0}{d}[\text{F/m}^2]$$

• 전위

$$V = Ed = E \times \dfrac{\varepsilon_0}{C'}[\text{V}]$$

따라서 평행판 콘덴서의 단위 면적당 정전 용량은

$$C' = \dfrac{\varepsilon_0 E}{V}[\text{F/m}^2] \text{ 이다.}$$

| 정답 | 08 ① 09 ① 10 ④ 11 ②

12

그림과 같이 길이가 $1[\text{m}]$인 동축 원통 사이의 정전 용량 $[\text{F/m}]$은?

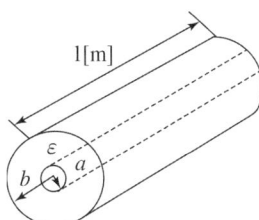

① $C = \dfrac{2\pi}{\varepsilon \ln \dfrac{b}{a}}$ ② $C = \dfrac{\varepsilon}{2\pi \ln \dfrac{b}{a}}$

③ $C = \dfrac{2\pi\varepsilon}{\ln \dfrac{b}{a}}$ ④ $C = \dfrac{\pi\varepsilon}{\ln \dfrac{b}{a}}$

해설

- 동심 원통 도체의 정전 용량

  $C = \dfrac{2\pi\varepsilon l}{\ln \dfrac{b}{a}} \, [\text{F}]$

- 단위 길이당 동심 원통 도체의 정전 용량

  $C' = \dfrac{2\pi\varepsilon}{\ln \dfrac{b}{a}} \, [\text{F/m}]$

13

그림과 같이 반지름 $a[\text{m}]$, 중심 간격 $d[\text{m}]$인 평행 원통 도체가 공기 중에 있다. 원통 도체의 선 전하 밀도가 각각 $\pm \rho_l [\text{C/m}]$일 때 두 원통 도체 사이의 단위 길이당 정전 용량은 약 몇 $[\text{F/m}]$인가? (단, $d \gg a$이다.)

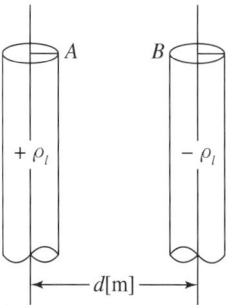

① $\dfrac{\pi\varepsilon_0}{\ln \dfrac{d}{a}}$ ② $\dfrac{\pi\varepsilon_0}{\ln \dfrac{a}{d}}$

③ $\dfrac{4\pi\varepsilon_0}{\ln \dfrac{d}{a}}$ ④ $\dfrac{4\pi\varepsilon_0}{\ln \dfrac{a}{d}}$

해설

- 평행 도선의 정전 용량

  $C = \dfrac{\pi\varepsilon_0 l}{\ln \dfrac{d}{a}} \, [\text{F}]$ (단, $d \gg a$)

- 단위 길이당 정전 용량

  $C' = \dfrac{\pi\varepsilon_0}{\ln \dfrac{d}{a}} \, [\text{F/m}]$ (단, $d \gg a$)

14

$Q_1[\text{C}]$으로 대전된 용량 $C_1[\text{F}]$의 콘덴서에 $C_2[\text{F}]$를 병렬 연결한 경우 C_2가 분배받는 전기량 $Q_2[\text{C}]$는?(단, $V_1[\text{V}]$은 콘덴서 C_1이 Q_1으로 충전되었을 때 C_1의 양단 전압이다.)

① $Q_2 = \dfrac{C_1 + C_2}{C_2} V_1$ ② $Q_2 = \dfrac{C_2}{C_1 + C_2} V_1$

③ $Q_2 = \dfrac{C_1 + C_2}{C_1} V_1$ ④ $Q_2 = \dfrac{C_1 C_2}{C_1 + C_2} V_1$

해설

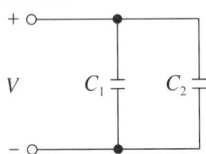

- 병렬 합성 정전 용량
  $C = C_1 + C_2 [\text{F}]$
- 콘덴서 2개를 병렬 접속한 후의 전위차
  $V_0 = \dfrac{Q}{C} = \dfrac{Q}{C_1 + C_2} [\text{V}]$
- C_2가 분배받는 전하량
  $Q_2 = C_2 V_0 = C_2 \times \dfrac{Q_1}{C_1 + C_2} = \dfrac{C_1 C_2}{C_1 + C_2} V_1 [\text{C}]$

15

콘덴서를 그림과 같이 접속했을 때 C_x의 정전 용량은 몇 $[\mu\text{F}]$인가?(단, $C_1 = C_2 = C_3 = 3[\mu\text{F}]$이고, $a-b$ 사이의 합성 정전 용량은 $5[\mu\text{F}]$이다.)

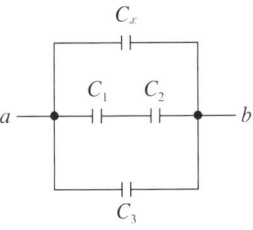

① 0.5 ② 1
③ 2   ④ 4

해설

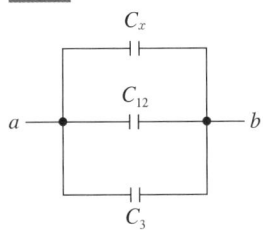

C_1, C_2의 합성 정전 용량
$C_{12} = \dfrac{C_1 \times C_2}{C_1 + C_2} = \dfrac{3 \times 3}{3 + 3} = 1.5 [\mu\text{F}]$

모든 콘덴서의 합성 정전 용량
$C = C_x + C_{12} + C_3 = C_x + 1.5 + 3 = 5[\mu\text{F}]$
∴ $C_x = 5 - 4.5 = 0.5[\mu\text{F}]$

정답 14 ④ 15 ①

16

정전 용량이 $4[\mu F]$, $5[\mu F]$, $6[\mu F]$이고, 각각의 내압이 순서대로 $500[V]$, $450[V]$, $350[V]$인 콘덴서 3개를 직렬로 연결하여 전압을 서서히 증가시키면 콘덴서의 상태는 어떻게 되겠는가?(단, 유전체의 재질이나 두께는 같다.)

① 동시에 모두 파괴된다.
② $4[\mu F]$가 가장 먼저 파괴된다.
③ $5[\mu F]$가 가장 먼저 파괴된다.
④ $6[\mu F]$가 가장 먼저 파괴된다.

해설

직렬 콘덴서에는 모두 같은 양의 전하가 저장된다.
따라서 각 콘덴서에 저장할 수 있는 최대 전하량을 구하면
$Q_1 = C_1 V_1 = 4 \times 500 = 2,000[\mu C]$
$Q_2 = C_2 V_2 = 5 \times 450 = 2,250[\mu C]$
$Q_3 = C_3 V_3 = 6 \times 350 = 2,100[\mu C]$
따라서 가장 전하량 축적 용량이 적은 $C_1 = 4[\mu F]$ 콘덴서가 가장 먼저 파괴된다.

17

진공 중에서 전계의 세기 E인 전계 내 단위 체적당 축적되는 에너지는?

① $\dfrac{E}{2\varepsilon_0}$
② $\dfrac{2E}{\varepsilon_0}$
③ $\dfrac{\varepsilon_0 E^2}{2}$
④ $\dfrac{\varepsilon_0^2 E^2}{2}$

해설

• 전계 내에 저장되는 에너지
$W = \dfrac{1}{2}CV^2 = \dfrac{\rho_s^2}{2\varepsilon_0}v [J]$

• 단위 체적당 축적되는 에너지 밀도
$w = \dfrac{W}{v} = \dfrac{\rho_s^2}{2\varepsilon_0} = \dfrac{D^2}{2\varepsilon_0} = \dfrac{\varepsilon_0 E^2}{2}[J/m^3]$

※ 참고
단위 체적당 축적되는 에너지 밀도의 공식 자체를 암기하는 것도 빠른 합격의 지름길이다.
$W = \dfrac{1}{2}\varepsilon_0 E^2 [J/m^3] (\because D = \varepsilon_0 E)$

18

$C = 5[\mu F]$인 평행판 콘덴서에 $5[V]$인 전압을 걸어줄 때 콘덴서에 축적되는 에너지는 몇 $[J]$인가?

① 6.25×10^{-5}
② 6.25×10^{-3}
③ 1.25×10^{-5}
④ 1.25×10^{-3}

해설

콘덴서에 축적되는 에너지
$W = \dfrac{1}{2}CV^2 = \dfrac{1}{2} \times 5 \times 10^{-6} \times 5^2 = 6.25 \times 10^{-5}[J]$

19

진공 중에서 전하가 $Q[C]$, 전위가 $V[V]$, 반지름 $a[m]$인 구 도체가 갖는 에너지는 몇 $[J]$인가?

① $\dfrac{1}{2}\pi\varepsilon_0 a V^2$
② $\pi\varepsilon_0 a V^2$
③ $2\pi\varepsilon_0 a V^2$
④ $4\pi\varepsilon_0 a V^2$

해설

• 구 도체의 정전 용량
$C = 4\pi\varepsilon_0 a [F]$

• 구 도체가 갖는 에너지
$W = \dfrac{1}{2}CV^2 = \dfrac{1}{2} \times 4\pi\varepsilon_0 a \times V^2 = 2\pi\varepsilon_0 a V^2 [J]$

20

$100[kV]$로 충전된 $8 \times 10^3 [pF]$의 콘덴서가 축적할 수 있는 에너지는 몇 $[W]$인 전구가 2초 동안 한 일에 해당하는가?

① 10
② 20
③ 30
④ 40

해설

• 콘덴서에 저장된 에너지
$W = \dfrac{1}{2}CV^2 = \dfrac{1}{2} \times 8 \times 10^3 \times 10^{-12} \times (100 \times 10^3)^2 = 40[J]$

• 2초 간 전구에서 소비되는 에너지는 콘덴서에 저장된 에너지와 같은 소비 에너지이므로 $W = Pt [J]$에서
$P = \dfrac{W}{t} = \dfrac{40}{2} = 20[W]$이다.

유전체

1. 유전율
2. 전기 분극
3. 분극의 세기
4. 유전체에서의 콘덴서
5. 유전율이 다른 콘덴서의 접속
6. 유전체의 경계면 조건
7. 유전체의 경계면에 작용하는 힘(맥스웰 응력)

학습전략

유전체에서 중점적으로 학습해야 하는 부분은 유전율, 비유전율, 분극의 세기 등 기본적인 용어의 정의를 암기하는 것과 관련된 관계식을 학습하는 것입니다. 교재에서 제시하는 그림과 이론을 함께 이해하는 것이 중요합니다.

CHAPTER 04 | 흐름 미리보기

1. 유전율
2. 전기 분극
3. 분극의 세기
4. 유전체에서의 콘덴서
5. 유전율이 다른 콘덴서의 접속
6. 유전체의 경계면 조건
7. 유전체의 경계면에 작용하는 힘(맥스웰 응력)

NEXT **CHAPTER 05**

CHAPTER 04 유전체

독학이 쉬워지는 기초개념

THEME 01 유전율

1 비유전율의 정의

(1) 평행판 콘덴서의 정전 용량

① 공기 중에서의 정전 용량

$$C_0 = \frac{\varepsilon_0 S}{d} \, [\text{F}]$$

② 유전체에서의 정전 용량

$$C = \frac{\varepsilon_0 \varepsilon_s S}{d} \, [\text{F}]$$

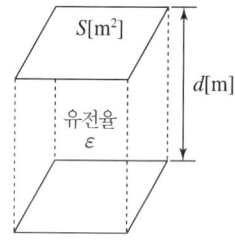

▲ 평행판 콘덴서

(2) 위 두 식에서 공기 중일 때와 유전체 내에서의 정전 용량의 비(ε_s)를 비유전율이라고 한다.

$$\varepsilon_s = \frac{C}{C_0} = \frac{\frac{\varepsilon_0 \varepsilon_s S}{d}}{\frac{\varepsilon_0 S}{d}}$$

2 유전율

(1) 진공 중의 유전율

$\varepsilon_0 = 8.854 \times 10^{-12} \, [\text{F/m}]$

(2) 진공의 유전율과 비유전율을 곱한 $\varepsilon_0 \varepsilon_s = \varepsilon \, [\text{F/m}]$를 유전체의 유전율이라고 한다.

3 비유전율의 성질

(1) 비유전율은 물질의 매질에 따라 다르다.

공기의 $\varepsilon_s \fallingdotseq 1$, 종이의 $\varepsilon_s = 2$, 고무의 $\varepsilon_s = 3$, 물의 $\varepsilon_s = 80$

(2) 비유전율은 1보다 작은 값이 없다(1보다 크거나 같음).

(3) 비유전율은 단위가 없다.

$$\varepsilon_s = \frac{\varepsilon [\text{F/m}]}{\varepsilon_0 [\text{F/m}]}$$

Tip 강의 꿀팁

비유전율의 기호는 ε_s 뿐만 아니라 ε_r로 표시하기도 해요.

비유전율 삽입 시 특성
- 정전 용량(C): ε_s배 만큼 증가
- 전하(Q): ε_s배 만큼 증가

비유전율 값이 가장 큰 물질
산화 티탄 자기: $\varepsilon_s = 500$ 이상

기출예제

중요도 ▮▮▮▯▯ 콘덴서에 비유전율 ε_s 인 유전체가 채워져 있을 때 정전 용량 C 와 공기로 채워져 있을 때의 정전 용량 C_0 와의 비 $\dfrac{C}{C_0}$ 는?

① ε_s
② $\dfrac{1}{\varepsilon_s}$
③ $\sqrt{\varepsilon_s}$
④ $\dfrac{1}{\sqrt{\varepsilon_s}}$

| 해설 |

$$\frac{C}{C_0} = \frac{\frac{\varepsilon_0 \varepsilon_s S}{d}}{\frac{\varepsilon_0 S}{d}} = \varepsilon_s$$

답 ①

THEME 02 전기 분극

1 전기 분극의 정의

(1) 유전체에 전계가 인가되면 유전체 안에 있는 중성 상태의 전자와 핵이 외부 전계의 영향을 받아 원자핵은 전계 방향으로, 음전하인 전자 궤도는 전계 반대 방향으로 이동한다. 이때, 원자 내에서 약간의 위치 이동을 하게 되어 전자운의 중심과 원자핵의 중심이 분리되는 현상이다.
(2) 전자와 핵의 위치 이동으로 인하여 극이 분리되는 것처럼 나타나는 현상이다.

2 분극의 종류

(1) **전자 분극**: 다이아몬드와 같은 단결정체에서 외부 전계에 의해 양전하 중심인 핵의 위치와 음전하의 위치가 변화하는 분극이다.
(2) **이온 분극**: 세라믹 화합물과 같은 이온 결합의 특성을 가진 물질에 전계를 가하면 (+), (−) 이온에 상대적 변위가 일어나 쌍극자를 유발하는 분극 현상이다.
(3) **배향 분극**: 물, 암모니아, 알콜 등 영구 자기 쌍극자를 가진 유극 분자들처럼 외부 전계와 같이 같은 방향으로 움직이려는 성질이다.

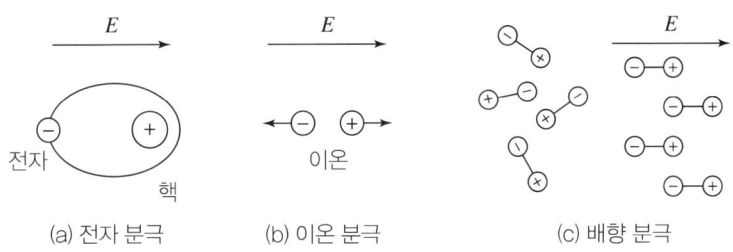

▲ 전기 분극 현상

문제에 잘 나오는 유형
• 분극의 종류: 전자 분극, 이온 분극, 배향 분극
• 단결정체에서 일어나는 분극: 전자 분극

독학이 쉬워지는 기초개념

기출예제

다이아몬드와 같은 단결정 물체에 전장을 가할 때 유도되는 분극은?

① 전자 분극 ② 이온 분극
③ 배향 분극 ④ 쌍극자 분극

| 해설 |
전자 분극
다이아몬드와 같은 단결정체에서 외부 전계에 의해 양전하 중심인 핵의 위치와 음전하의 위치가 변화하는 분극이다.

답 ①

THEME 03 분극의 세기

1 분극 세기의 정의

(1) 유전체에 전압을 가하여 분극을 일으켰을 때 유전체의 단위 체적당의 모멘트를 분극의 세기라고 하며 단위 체적 내의 전하와 전기 변위의 곱이다.

(2) 분극 세기의 기호는 P라 하고 단위는 $[C/m^2]$를 사용한다.

2 분극의 세기 관계식

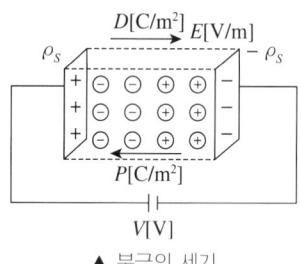

▲ 분극의 세기

(1) 관계식

① 유전체 내에서 분극의 세기를 고려할 경우 다음과 같이 나타낼 수 있다.

$$D = \varepsilon_0 E + P \, [C/m^2]$$

분극의 세기 P에 관해 정리하면

$$P = D - \varepsilon_0 E = \varepsilon_0 \varepsilon_s E - \varepsilon_0 E = \varepsilon_0 (\varepsilon_s - 1) E \, [C/m^2]$$

② 위 식에서 분극률 $\chi = \varepsilon_0 (\varepsilon_s - 1)$, 비분극률 $\dfrac{\chi}{\varepsilon_0} = \chi_e = \varepsilon_s - 1$이라 하면

$$P = \varepsilon_0 (\varepsilon_s - 1) E = \chi E = \varepsilon_0 \chi_e E \, [C/m^2]$$

강의 꿀팁

분극률과 비분극률의 차이점을 정확히 알아 두세요.

기출예제

[중요도] 비유전율이 5인 유전체의 한 점에서의 전계의 세기가 $10[\text{kV/m}]$라고 한다면 이 점의 분극의 세기는 약 몇 $[\text{C/m}^2]$인가?

① 1.4×10^{-7} ② 3.5×10^{-7}
③ 8.8×10^{-7} ④ 9.5×10^{-7}

| 해설 |

$P = \varepsilon_0(\varepsilon_s - 1)E = 8.854 \times 10^{-12} \times (5-1) \times 10 \times 10^3 ≒ 3.5 \times 10^{-7} [\text{C/m}^2]$

답 ②

THEME 04 유전체에서의 콘덴서

1 정전 용량($C[\text{F}]$)

유전체 내에서의 정전 용량은 공기(진공) 중의 정전 용량에서 비유전율 ε_s를 곱해준 값과 같다.

구분	동심구 도체	평행판 콘덴서	동심 원통	평행 도선
그림	(반지름 a, b, 전하 $\pm Q[\text{C}]$)	$+Q[\text{C}]$, $-Q[\text{C}]$, $d[\text{m}]$, $\varepsilon_s[\text{F/m}]$, $S[\text{m}^2]$	$l[\text{m}]$, 반지름 a, b	D, r, r, $l[\text{m}]$
정전 용량	$C = \dfrac{4\pi\varepsilon ab}{b-a}$ $= \dfrac{4\pi\varepsilon_0\varepsilon_s ab}{b-a}[\text{F}]$	$C = \dfrac{\varepsilon S}{d}$ $= \dfrac{\varepsilon_0\varepsilon_s S}{d}[\text{F}]$	$C = \dfrac{2\pi\varepsilon l}{\ln\dfrac{b}{a}}$ $= \dfrac{2\pi\varepsilon_0\varepsilon_s l}{\ln\dfrac{b}{a}}[\text{F}]$	$C = \dfrac{\pi\varepsilon l}{\ln\dfrac{D}{r}}$ $= \dfrac{\pi\varepsilon_0\varepsilon_s l}{\ln\dfrac{D}{r}}[\text{F}]$

2 정전 에너지($W[\text{J}]$)

유전체 내에서 콘덴서에 전하를 축적시키는 데 필요한 에너지는 공기(진공) 중에서 필요한 에너지에 ε_s를 곱해준 값과 같다.

(1) 정전 에너지

$$W = \frac{1}{2}CV^2 = \frac{Q^2}{2C} = \frac{1}{2}QV[\text{J}]$$

(2) 유전체에 축적되는 단위 체적당 에너지

$$w = \frac{1}{2}\varepsilon E^2 = \frac{1}{2}ED = \frac{D^2}{2\varepsilon}[\text{J/m}^3]$$

> **Tip 강의 꿀팁**
>
> CHAPTER 03 진공 중의 도체계와 함께 학습하면 쉽게 이해할 수 있어요.

정전 흡입력(단위 면적당 받는 힘)

$$f = \frac{1}{2}\varepsilon E^2 = \frac{1}{2}ED = \frac{D^2}{2\varepsilon}[\text{N/m}^2]$$

독학이 쉬워지는 기초개념

기출예제

유전율 $\varepsilon = 10$이고 전계의 세기가 $100[\text{V/m}]$인 유전체 내부에 축적되는 에너지 밀도는 몇 $[\text{J/m}^3]$인가?

① 2.5×10^4
② 5×10^4
③ 4.5×10^9
④ 9×10^9

| 해설 |
유전체에 축적되는 단위 체적당 에너지
$$w = \frac{1}{2}\varepsilon E^2 = \frac{1}{2} \times 10 \times 100^2 = 5 \times 10^4 [\text{J/m}^3]$$

답 ②

THEME 05 유전율이 다른 콘덴서의 접속

1 공기 콘덴서에 유전체 콘덴서를 병렬 삽입하는 경우

(1) 평행판 콘덴서에서 평행판 사이에 유전체를 수직으로 채우는 것이다.
(2) 이때에는 그림처럼 2개의 평행판 콘덴서가 병렬 구조로 된다.

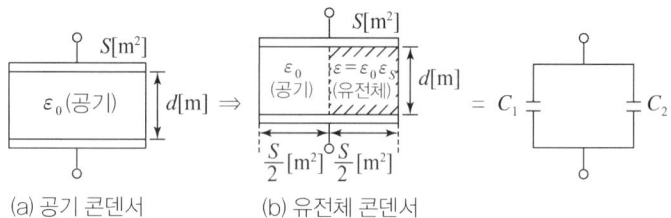

▲ 유전체의 병렬 삽입

강의 꿀팁
콘덴서의 접속은 저항 접속과 항상 반대의 성질이 있어요.

(3) 각각의 정전 용량을 구하면
① (a) 그림의 순수한 공기 콘덴서의 경우
$$C_0 = \frac{\varepsilon_0 S}{d} [\text{F}]$$

② (b) 그림의 유전체와 공기 콘덴서 합성의 경우
$$C = C_1 + C_2 = \frac{\varepsilon_0 \frac{S}{2}}{d} + \frac{\varepsilon_0 \varepsilon_s \frac{S}{2}}{d} = \frac{1}{2}C_0 + \frac{1}{2}\varepsilon_s C_0$$
$$= \frac{C_0}{2}(1 + \varepsilon_s) [\text{F}]$$

2 공기 콘덴서에 유전체 콘덴서를 직렬 삽입하는 경우

(1) 평행판 콘덴서의 평행판 사이에 유전체를 수평으로 채우는 것이다.
(2) 이때에는 그림처럼 2개의 평행판 콘덴서가 직렬 구조로 된다.

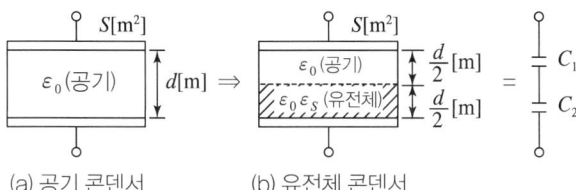

▲ 유전체의 직렬 삽입

(3) 각각의 정전 용량을 구하면
① (a) 그림의 순수한 공기 콘덴서의 경우
$$C_0 = \frac{\varepsilon_0 S}{d}\,[\mathrm{F}]$$

② (b) 그림의 유전체와 공기 콘덴서 합성의 경우
$$C_1 = \frac{\varepsilon_0 S}{\frac{d}{2}} = 2C_0,\quad C_2 = \frac{\varepsilon_0 \varepsilon_s S}{\frac{d}{2}} = 2\varepsilon_s C_0$$

$$C = \frac{C_1 \times C_2}{C_1 + C_2} = \frac{2C_0 \times 2\varepsilon_s C_0}{2C_0 + 2\varepsilon_s C_0} = \frac{2\varepsilon_s C_0}{1 + \varepsilon_s}\,[\mathrm{F}]$$

기출예제

0.03 [μF]인 평행판 공기 콘덴서의 극판 간에 그 간격의 절반 두께에 비유전율 10인 유전체를 평행하게 넣었다면 이 콘덴서의 정전 용량[μF]은?

① 5.5
② 55.5
③ 0.055
④ 0.55

| 해설 |

공기 부분의 콘덴서 C_1과 유전체 부분의 C_2를 각각 구하면

$$C_1 = \frac{\varepsilon_0 S}{\frac{d}{2}} = 2C_0 = 2 \times 0.03 = 0.06\,[\mu\mathrm{F}]$$

$$C_2 = \frac{\varepsilon_0 \varepsilon_s S}{\frac{d}{2}} = 2\varepsilon_s C_0 = 2 \times 10 \times 0.03 = 0.6\,[\mu\mathrm{F}]$$

따라서 이들을 직렬 합성하면

$$C = \frac{C_1 \times C_2}{C_1 + C_2} = \frac{0.06 \times 0.6}{0.06 + 0.6} = 0.055\,[\mu\mathrm{F}]$$

답 ③

독학이 쉬워지는 기초개념

$D_1\cos\theta_1 = D_2\cos\theta_2$
$\varepsilon_1 E_1\cos\theta_1 = \varepsilon_2 E_2\cos\theta_2$

THEME 06　유전체의 경계면 조건

1 유전체 경계면에서의 접선(수평) 성분

(1) 경계면에서 전계의 수평 성분이 같다(연속).

(2) 이를 식으로 표현하면 다음과 같다.
$$E_{1t} = E_{2t} \;\Rightarrow\; E_1\sin\theta_1 = E_2\sin\theta_2$$

(3) 전속 밀도의 접선 성분은 경계면에서 불연속적이다($D_{1t} \neq D_{2t}$).

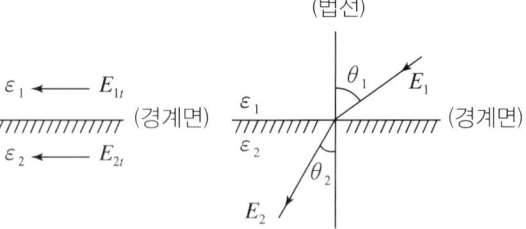

▲ 유전체 경계면에 수평인 전계의 세기

2 유전체 경계면에서의 법선(수직) 성분

(1) 경계면에서 전속 밀도의 수직 성분이 같다(연속).

(2) 이를 식으로 표현하면 다음과 같다.
$$D_{1n} = D_{2n} \;\Rightarrow\; D_1\cos\theta_1 = D_2\cos\theta_2$$

(3) 전계 세기의 법선 성분은 경계면에서 불연속적이다($E_{1n} \neq E_{2n}$).

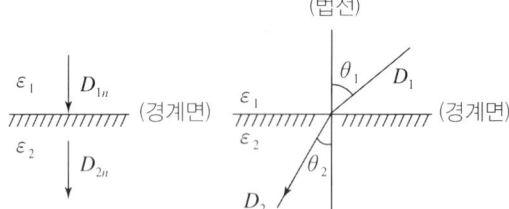

▲ 유전체 경계면에 수직인 전속 밀도

3 유전율과의 관계

(1) $\varepsilon_1 > \varepsilon_2$일 때 $\theta_1 > \theta_2$의 관계가 있다.

(2) $\varepsilon_1 > \varepsilon_2$일 때 $D_1 > D_2$의 관계가 있다.

(3) $\varepsilon_1 > \varepsilon_2$일 때 $E_1 < E_2$의 관계가 있다.

(4) $\dfrac{\varepsilon_1}{\varepsilon_2} = \dfrac{\tan\theta_1}{\tan\theta_2}$

기출예제

[중요도] 유전율이 다른 두 유전체가 서로 경계를 이루고 있다. 다음 중 옳지 않은 것은?

① 경계면에서 전계의 접선 성분은 연속이다.
② 경계면에서 전속 밀도의 법선 성분은 연속이다.
③ 경계면에서 전계와 전속 밀도는 굴절한다.
④ 경계면에서 전계와 전속 밀도는 불변이다.

| 해설 |
- 전계의 접선 성분은 서로 같다(연속이다).
- 전속 밀도의 법선 성분은 서로 같다(연속이다).

답 ④

THEME 07 유전체의 경계면에 작용하는 힘(맥스웰 응력)

1 경계면에 작용하는 힘

(1) 힘의 크기

$$f = \frac{D^2}{2\varepsilon} = \frac{1}{2}\varepsilon E^2 = \frac{1}{2}ED \,[\text{N/m}^2]$$

(2) 경계면에 작용하는 힘은 유전율이 큰 쪽에서 작은 쪽으로 작용한다.

2 전계가 경계면에 수평으로 입사되는 경우 $(\varepsilon_1 > \varepsilon_2)$

(1) 이때는 경계면에 생기는 각각의 힘 f_1과 f_2가 압축력으로 작용한다.

(2) 압축력의 크기를 구하는 방법(전계 이용)

$$f = f_1 - f_2$$
$$= \frac{1}{2}(\varepsilon_1 - \varepsilon_2)E^2 \,[\text{N/m}^2]$$

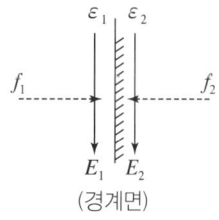

▲ 경계면에 전계가 수평 입사

3 전계가 경계면에 수직으로 입사되는 경우 $(\varepsilon_1 > \varepsilon_2)$

(1) 이때는 경계면에 생기는 각각의 힘 f_1과 f_2가 인장력으로 작용한다.

(2) 인장력의 크기를 구하는 방법(전속 밀도 이용)

$$f = f_2 - f_1$$
$$= \frac{1}{2}\left(\frac{1}{\varepsilon_2} - \frac{1}{\varepsilon_1}\right)D^2 \,[\text{N/m}^2]$$

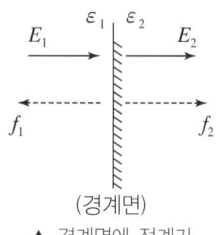

▲ 경계면에 전계가 수직 입사

독학이 쉬워지는 기초개념

유전체에 작용하는 힘
- 전계 수평 입사: 압축력
- 전계 수직 입사: 인장력

Tip 강의 꿀팁

단위 면적당 힘은 보통 소문자 f로 표현해요.

독학이 쉬워지는 기초개념

기출예제

중요도 $\varepsilon_1 > \varepsilon_2$인 두 유전체의 경계면에 전계가 수직일 때 경계면에 작용하는 힘의 방향은?

① 전계의 방향
② 전속 밀도의 방향
③ ε_1의 유전체에서 ε_2의 유전체 방향
④ ε_2의 유전체에서 ε_1의 유전체 방향

| 해설 |
경계면에 작용하는 힘은 유전율이 큰 쪽에서 작은 쪽으로 작용한다.

답 ③

CHAPTER 04 CBT 적중문제

01
비유전율 ε_s에 대한 설명으로 옳은 것은?

① ε_s의 단위는 $[\text{C/m}]$이다.
② ε_s는 항상 1보다 작은 값이다.
③ ε_s는 유전체의 종류에 따라 다르다.
④ 진공의 비유전율은 0이고 공기의 비유전율은 1이다.

해설

비유전율
- 비유전율의 단위는 무차원이다.
  (유전율과 공기 유전율과의 비율)
- 비유전율은 공기(진공)를 기준(1.0)으로 하였을 때 보통 1보다 큰 값을 가진다.
- 비유전율은 물질마다 모두 다른 값을 가진다.
- 진공(공기)의 비유전율은 1이다.

02
평행판 콘덴서의 판 사이에 비유전율 ε_s의 유전체를 삽입하였을 때의 정전 용량은 진공일 때의 정전 용량의 몇 배인가?

① ε_s
② $\dfrac{1}{\varepsilon_s}$
③ $\varepsilon_s - 1$
④ $\varepsilon_s + 1$

해설

- 내부를 진공으로 채운 평행판 콘덴서의 정전 용량
$$C_0 = \dfrac{\varepsilon_0 S}{d}\,[\text{F}]$$
- 비유전율 ε_s의 유전체를 삽입한 콘덴서의 정전 용량
$$C = \dfrac{\varepsilon S}{d} = \dfrac{\varepsilon_0 \varepsilon_s S}{d} = \varepsilon_s \dfrac{\varepsilon_0 S}{d} = \varepsilon_s C_0\,[\text{F}]$$
따라서 진공일 때의 정전 용량에 비해 ε_s배이다.

03
전속 밀도 D, 전계의 세기 E, 분극의 세기 P 사이의 관계식은?

① $P = D + \varepsilon_0 E$
② $P = D - \varepsilon_0 E$
③ $P = D(1-\varepsilon_0)E$
④ $P = \varepsilon_0(D-E)$

해설

분극의 세기 관계식
$$P = D - \varepsilon_0 E = \varepsilon_0 \varepsilon_s E - \varepsilon_0 E$$
$$= \varepsilon_0(\varepsilon_s - 1)E\,[\text{C/m}^2]$$

04
베이클라이트 중의 전속 밀도가 $D[\text{C/m}^2]$일 때의 분극의 세기는 몇 $[\text{C/m}^2]$인가?(단, 베이클라이트의 비유전율은 ε_s이다.)

① $D(\varepsilon_s - 1)$
② $D\left(1 + \dfrac{1}{\varepsilon_s}\right)$
③ $D\left(1 - \dfrac{1}{\varepsilon_s}\right)$
④ $D(\varepsilon_s + 1)$

해설

분극의 세기 관계식
$$P = D - \varepsilon_0 E = \varepsilon_0 \varepsilon_s E - \varepsilon_0 E = \varepsilon_0(\varepsilon_s - 1)E$$
$$= D\left(1 - \dfrac{1}{\varepsilon_s}\right)[\text{C/m}^2]$$

| 정답 | 01 ③ 02 ① 03 ② 04 ③

05

간격에 비해 충분히 넓은 평행판 콘덴서의 판 사이에 비유전율 ε_s인 유전체를 채우고 외부에서 판에 수직 방향으로 전계 E_0를 가할 때 분극 전하에 의한 전계의 세기는 몇 [V/m]인가?

① $\dfrac{\varepsilon_s + 1}{\varepsilon_s} E_0$ ② $\dfrac{\varepsilon_s}{\varepsilon_s + 1} E_0$

③ $\dfrac{\varepsilon_s - 1}{\varepsilon_s} E_0$ ④ $\dfrac{\varepsilon_s}{\varepsilon_s - 1} E_0$

해설

유전체 내에 비유전율 ε_s를 채웠을 때의
분극 전하에 의한 전속 밀도
$D_p = \varepsilon_0 \varepsilon_s E_p = D - D_0 = \varepsilon_0 \varepsilon_s E_0 - \varepsilon_0 E_0$
$\quad = \varepsilon_0 (\varepsilon_s - 1) E_0$

따라서 분극 전하에 의한 전계의 세기 E_p는
$E_p = \dfrac{\varepsilon_0 (\varepsilon_s - 1) E_0}{\varepsilon_0 \varepsilon_s} = \dfrac{(\varepsilon_s - 1) E_0}{\varepsilon_s}$ [V/m]

06

면적이 $S[\text{m}^2]$, 극 사이의 거리가 $d[\text{m}]$, 유전체의 비유전율이 ε_s인 평판 콘덴서의 정전 용량은 몇 [F]인가?

① $\dfrac{\varepsilon_0 S}{d}$ ② $\dfrac{\varepsilon_0 \varepsilon_s S}{d}$

③ $\dfrac{\varepsilon_0 d}{S}$ ④ $\dfrac{\varepsilon_0 \varepsilon_s d}{S}$

해설

• 평행판 공기 콘덴서 정전 용량
$C_0 = \dfrac{\varepsilon_0 S}{d}$ [F]

• 평행판 유전체 콘덴서 정전 용량
$C = \dfrac{\varepsilon_0 \varepsilon_s S}{d}$ [F]

07

반지름 $a[\text{m}]$의 구 도체와 내외 반지름이 각각 $b[\text{m}]$, $c[\text{m}]$인 구 도체가 동심으로 되어 있다. 두 구 도체 사이에 비유전율 ε_s인 유전체를 채웠을 경우의 정전 용량 [F]은?

① $\dfrac{1}{9 \times 10^9} \times \dfrac{abc}{a - b + c}$ ② $9 \times 10^9 \times \dfrac{bc}{b - c}$

③ $\dfrac{\varepsilon_s}{9 \times 10^9} \times \dfrac{ac}{c - a}$ ④ $\dfrac{\varepsilon_s}{9 \times 10^9} \times \dfrac{ab}{b - a}$

해설

구 도체의 정전 용량
$C = \dfrac{4\pi \varepsilon_0 \varepsilon_s ab}{b - a} = \dfrac{\varepsilon_s}{9 \times 10^9} \times \dfrac{ab}{b - a}$ [F]

08

$Q[\text{C}]$의 전하를 가진 반지름 $a[\text{m}]$의 도체구를 유전율 $\varepsilon[\text{F/m}]$의 기름 탱크로부터 공기 중으로 빼내는 데 필요한 에너지는 몇 [J]인가?

① $\dfrac{Q^2}{8\pi \varepsilon_0 a} \left(1 - \dfrac{1}{\varepsilon_s} \right)$ ② $\dfrac{Q^2}{4\pi \varepsilon_0 a} \left(1 - \dfrac{1}{\varepsilon_s} \right)$

③ $\dfrac{Q^2}{8\pi \varepsilon_0 a} (\varepsilon_s - 1)$ ④ $\dfrac{Q^2}{4\pi \varepsilon_0 a} (\varepsilon_s - 1)$

해설

• 공기 중에서의 구 도체의 에너지
$C_0 = 4\pi \varepsilon_0 a$ [F]

$\therefore W_1 = \dfrac{Q^2}{2C_0} = \dfrac{Q^2}{2 \times 4\pi \varepsilon_0 a} = \dfrac{Q^2}{8\pi \varepsilon_0 a}$ [J]

• 기름 탱크에서의 구 도체의 에너지
$C = 4\pi \varepsilon_0 \varepsilon_s a$ [F]

$\therefore W_2 = \dfrac{Q^2}{2C} = \dfrac{Q^2}{2 \times 4\pi \varepsilon_0 \varepsilon_s a} = \dfrac{Q^2}{8\pi \varepsilon_0 \varepsilon_s a}$ [J]

따라서 두 에너지의 차는
$\Delta W = W_1 - W_2 = \dfrac{Q^2}{8\pi \varepsilon_0 a} - \dfrac{Q^2}{8\pi \varepsilon_0 \varepsilon_s a}$
$\quad = \dfrac{Q^2}{8\pi \varepsilon_0 a} \left(1 - \dfrac{1}{\varepsilon_s} \right)$ [J]

09

평행판 콘덴서에 어떤 유전체를 넣었을 때 전속 밀도가 $4.8 \times 10^{-7} [\text{C/m}^2]$이고 단위 체적당 정전 에너지가 $5.3 \times 10^{-3} [\text{J/m}^3]$이었다. 이 유전체의 유전율은 몇 $[\text{F/m}]$인가?

① 1.15×10^{-11}
② 2.17×10^{-11}
③ 3.19×10^{-11}
④ 4.21×10^{-11}

해설

단위 체적당 정전 에너지 $w = \dfrac{D^2}{2\varepsilon} [\text{J/m}^3]$에서

유전율 $\varepsilon = \dfrac{D^2}{2w} = \dfrac{(4.8 \times 10^{-7})^2}{2 \times 5.3 \times 10^{-3}} = 2.17 \times 10^{-11} [\text{F/m}]$

10

정전 에너지, 전속 밀도 및 유전 상수 ε_r의 관계에 대한 설명 중 틀린 것은?

① 굴절각이 큰 유전체는 ε_r이 크다.
② 동일 전속 밀도에서는 ε_r이 클수록 정전 에너지는 작아진다.
③ 동일 정전 에너지에서는 ε_r이 클수록 전속 밀도가 커진다.
④ 전속은 매질에 축적되는 에너지가 최대가 되도록 분포한다.

해설

- 정전계는 전계 에너지가 최소가 되도록 하는 전하 분포의 전계이다.
- 전속은 매질에 축적되는 에너지가 최소가 되도록 분포한다.
- $\dfrac{\tan\theta_1}{\tan\theta_2} = \dfrac{\varepsilon_1}{\varepsilon_2}$ (비유전율 ε_r이 클수록 굴절각이 큼)
- $w = \dfrac{D^2}{2\varepsilon} = \dfrac{D^2}{2\varepsilon_0\varepsilon_r} [\text{J/m}^3]$ (비유전율 ε_r이 클수록 에너지가 작아짐)

11

두 개의 콘덴서를 직렬 접속하고 직류 전압을 인가 시 설명으로 옳지 않은 것은?

① 정전 용량이 작은 콘덴서에 전압이 많이 걸린다.
② 합성 정전 용량은 각 콘덴서의 정전 용량의 합과 같다.
③ 합성 정전 용량은 각 콘덴서의 정전 용량보다 작아진다.
④ 각 콘덴서의 두 전극에 정전 유도에 의하여 정·부의 동일한 전하가 나타나고 전하량은 일정하다.

해설

- 직렬 접속 시의 전압 분배

$V_1 = \dfrac{C_2}{C_1 + C_2} V [\text{V}]$

$V_2 = \dfrac{C_1}{C_1 + C_2} V [\text{V}]$

- 콘덴서의 직렬 합성

$C = \dfrac{C_1 C_2}{C_1 + C_2} [\text{F}]$

- 콘덴서의 병렬 합성

$C = C_1 + C_2 [\text{F}]$

합성 정전 용량이 각 콘덴서의 정전 용량 합과 같은 접속은 병렬 접속이다. 즉, 합성 정전 용량은 각 콘덴서의 정전 용량의 합보다 작다.

| 정답 | 09 ② 10 ④ 11 ②

12

면적 $S[\text{m}^2]$, 간격 $d[\text{m}]$인 평행판 콘덴서에 그림과 같이 두께 d_1, $d_2[\text{m}]$이며 유전율 ε_1, $\varepsilon_2[\text{F/m}]$인 두 유전체를 극판 간에 평행으로 채웠을 때 정전 용량[F]은?

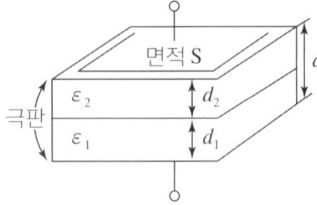

① $\dfrac{S}{\dfrac{d_1}{\varepsilon_1}+\dfrac{d_2}{\varepsilon_2}}$ ② $\dfrac{S^2}{\dfrac{d_1}{\varepsilon_2}+\dfrac{d_2}{\varepsilon_1}}$

③ $\dfrac{\varepsilon_1 S}{d_1}+\dfrac{\varepsilon_2 S}{d_2}$ ④ $\dfrac{\varepsilon_1 \varepsilon_2 S}{d}$

해설

- ε_1 부분의 정전 용량

$$C_1 = \dfrac{\varepsilon_1 S}{d_1}\,[\text{F}]$$

- ε_2 부분의 정전 용량

$$C_2 = \dfrac{\varepsilon_2 S}{d_2}\,[\text{F}]$$

2개의 콘덴서는 직렬 연결이므로 합성 정전 용량

$$C = \dfrac{C_1 \times C_2}{C_1 + C_2} = \dfrac{\dfrac{\varepsilon_1 S}{d_1}\times\dfrac{\varepsilon_2 S}{d_2}}{\dfrac{\varepsilon_1 S}{d_1}+\dfrac{\varepsilon_2 S}{d_2}} = \dfrac{\varepsilon_1 \varepsilon_2 S}{d_2 \varepsilon_1 + d_1 \varepsilon_2}$$

$$= \dfrac{\varepsilon_1 \varepsilon_2 S \times \dfrac{1}{\varepsilon_1 \varepsilon_2}}{(d_2 \varepsilon_1 + d_1 \varepsilon_2)\times \dfrac{1}{\varepsilon_1 \varepsilon_2}} = \dfrac{S}{\dfrac{d_1}{\varepsilon_1}+\dfrac{d_2}{\varepsilon_2}}\,[\text{F}]$$

13

면적 $S[\text{m}^2]$의 평행한 평판 전극 사이에 유전율이 ε_1, $\varepsilon_2[\text{F/m}]$가 되는 두 종류의 유전체를 $d/2[\text{m}]$ 두께가 되도록 각각 넣으면 정전 용량은 몇 [F]이 되는가?

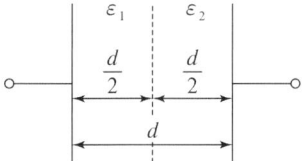

① $\dfrac{2S}{d(\varepsilon_1+\varepsilon_2)}$ ② $\dfrac{2\varepsilon_1 \varepsilon_2}{dS(\varepsilon_1+\varepsilon_2)}$

③ $\dfrac{2\varepsilon_1 \varepsilon_2 S}{d(\varepsilon_1+\varepsilon_2)}$ ④ $\dfrac{S\varepsilon_1 \varepsilon_2}{2d(\varepsilon_1+\varepsilon_2)}$

해설

- ε_1 부분의 정전 용량

$$C_1 = \dfrac{\varepsilon_1 S}{\dfrac{d}{2}} = \dfrac{2\varepsilon_1 S}{d}\,[\text{F}]$$

- ε_2 부분의 정전 용량

$$C_2 = \dfrac{\varepsilon_2 S}{\dfrac{d}{2}} = \dfrac{2\varepsilon_2 S}{d}\,[\text{F}]$$

2개의 콘덴서는 직렬 연결이므로 합성 정전 용량

$$C = \dfrac{C_1 \times C_2}{C_1 + C_2} = \dfrac{\dfrac{2\varepsilon_1 S}{d}\times\dfrac{2\varepsilon_2 S}{d}}{\dfrac{2\varepsilon_1 S}{d}+\dfrac{2\varepsilon_2 S}{d}} = \dfrac{2\varepsilon_1 \varepsilon_2 S}{d(\varepsilon_1+\varepsilon_2)}\,[\text{F}]$$

14

정전 용량이 $C_0[\mu F]$인 평행판 공기 콘덴서 판의 면적 $\frac{2}{3}S$에 비유전율 ε_s인 에보나이트 판을 삽입하면 콘덴서의 정전 용량은 몇 $[\mu F]$인가?

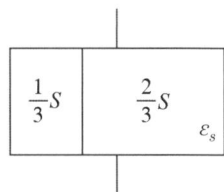

① $\frac{1}{2}\varepsilon_s C_0$　　② $\frac{3}{1+2\varepsilon_s}C_0$

③ $\frac{1+\varepsilon_s}{3}C_0$　　④ $\frac{1+2\varepsilon_s}{3}C_0$

해설

- 공기 콘덴서 부분의 정전 용량

$$C_1 = \frac{\varepsilon_0 \times \frac{1}{3}S}{d} = \frac{1}{3}C_0\,[\mu F]$$

- 에보나이트 콘덴서 부분의 정전 용량

$$C_2 = \frac{\varepsilon_0 \varepsilon_s \times \frac{2}{3}S}{d} = \frac{2}{3}\varepsilon_s C_0\,[\mu F]$$

두 콘덴서는 병렬 연결이므로 합성 정전 용량은

$$C_1 + C_2 = \frac{1}{3}C_0 + \frac{2}{3}\varepsilon_s C_0 = \frac{1+2\varepsilon_s}{3}C_0\,[\mu F]$$

15

면적 S, 두께 d인 공기 콘덴서를 두께가 d이고 극판면적이 $\frac{S}{3}$인 유전체 콘덴서 1개, 두께가 $\frac{d}{2}$이고 극판면적이 $\frac{S}{3}$인 유전체 콘덴서 1개를 이용하여 그림과 같이 공기 콘덴서에 끼웠을 경우 합성 정전 용량은 처음의 몇 배인가?(단, 비유전율 $\varepsilon_s = 3$이다.)

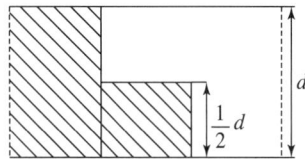

① $\frac{1}{6}$　　② $\frac{5}{6}$

③ $\frac{11}{6}$　　④ $\frac{13}{6}$

해설

공기 콘덴서의 정전용량

$$C_0 = \frac{\varepsilon_0 S}{d}\,[F]$$

위 그림의 콘덴서는 다음과 같이 표현할 수 있다.

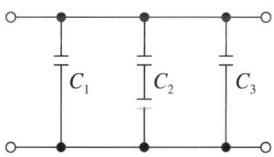

각 부분의 정전 용량을 각각 구해 보면

$$C_1 = \frac{3\varepsilon_0 \times \frac{S}{3}}{d} = \frac{\varepsilon_0 S}{d} = C_0\,[F]$$

$$C_2 = \frac{\dfrac{\varepsilon_0 \times \frac{S}{3}}{\frac{d}{2}} \times \dfrac{3\varepsilon_0 \times \frac{S}{3}}{\frac{d}{2}}}{\dfrac{\varepsilon_0 \times \frac{S}{3}}{\frac{d}{2}} + \dfrac{3\varepsilon_0 \times \frac{S}{3}}{\frac{d}{2}}} = \frac{\varepsilon_0 S}{2d} = \frac{1}{2}C_0\,[F]$$

$$C_3 = \frac{\varepsilon_0 \times \frac{S}{3}}{d} = \frac{\varepsilon_0 S}{3d} = \frac{1}{3}C_0\,[F]$$

3개의 콘덴서는 병렬 연결이므로 합성 정전 용량은

$$C_1 + C_2 + C_3 = C_0 + \frac{1}{2}C_0 + \frac{1}{3}C_0 = \frac{11}{6}C_0\,[F]$$

16
두 유전체의 경계면에서 정전계가 만족하는 것은?

① 전계의 법선 성분이 같다.
② 전계의 접선 성분이 같다.
③ 전속 밀도의 접선 성분이 같다.
④ 분극 세기의 접선 성분이 같다.

해설
유전체의 경계 조건의 성질
- 전속 밀도의 법선 성분은 같다.
- **전계의 접선 성분은 같다.**
- 경계면에 수직으로 입사한 전속은 굴절하지 않는다.
- 유전율이 큰 유전체에서 유전율이 작은 유전체로 전계가 입사하는 경우 굴절각은 입사각보다 작다.

17
완전 유전체에서 경계 조건을 설명한 것 중 맞는 것은?

① 전속 밀도의 접선 성분은 같다.
② 전계의 법선 성분은 같다.
③ 경계면에 수직으로 입사한 전속은 굴절하지 않는다.
④ 유전율이 큰 유전체에서 유전율이 작은 유전체로 전계가 입사하는 경우 굴절각은 입사각보다 크다.

해설
유전체의 경계 조건의 성질
- 전속 밀도의 법선 성분은 같다.
- 전계의 접선 성분은 같다.
- **경계면에 수직으로 입사한 전속은 굴절하지 않는다.**
- 유전율이 큰 유전체에서 유전율이 작은 유전체로 전계가 입사하는 경우 굴절각은 입사각보다 작다.

18
$x<0$ 영역에는 자유 공간, $x>0$ 영역에는 비유전율 $\varepsilon_s = 2$인 유전체가 있다. 자유 공간에서 전계 $\dot{E} = 10\,a_x$가 경계면에 수직으로 입사한 경우 유전체 내의 전속 밀도는?

① $5\varepsilon_0 a_x$ ② $10\varepsilon_0 a_x$
③ $15\varepsilon_0 a_x$ ④ $20\varepsilon_0 a_x$

해설
전속 밀도는 경계면에 수직으로 입사하면 매질의 유전율(ε)에 관계없이 일정하다. 따라서 자유 공간의 $\dot{D}_1 = \varepsilon_0 \dot{E}_1$에서 유전체의 전속 밀도는 $\dot{D}_2 = \dot{D}_1 = \varepsilon_0 \dot{E}_1 = 10\varepsilon_0 a_x$이다.

19
그림과 같이 유전체 경계면에서 $\varepsilon_1 < \varepsilon_2$이었을 때 E_1과 E_2의 관계식 중 옳은 것은?

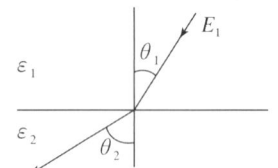

① $E_1 > E_2$
② $E_1 < E_2$
③ $E_1 = E_2$
④ $E_1 \cos\theta_1 = E_2 \cos\theta_2$

해설
경계면에서 유전율과의 관계
- $\varepsilon_1 > \varepsilon_2$일 때, $\theta_1 > \theta_2$의 관계가 있다.
- $\varepsilon_1 > \varepsilon_2$일 때, $D_1 > D_2$의 관계가 있다.
- **$\varepsilon_1 > \varepsilon_2$일 때, $E_1 < E_2$의 관계가 있다.**

20

매질 1은 나일론(비유전율 $\varepsilon_s = 4$)이고, 매질 2는 진공이다. 전속 밀도 D가 경계면에서 각각 θ_1, θ_2의 각을 이룰 때, $\theta_2 = 30°$ 라면 θ_1의 값은?

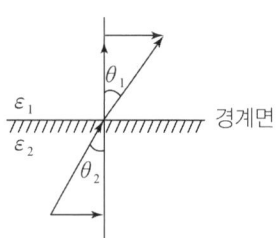

① $\tan^{-1}\dfrac{4}{\sqrt{3}}$

② $\tan^{-1}\dfrac{\sqrt{3}}{4}$

③ $\tan^{-1}\dfrac{\sqrt{3}}{2}$

④ $\tan^{-1}\dfrac{2}{\sqrt{3}}$

해설

경계면 조건 $\dfrac{\tan\theta_1}{\tan\theta_2} = \dfrac{\varepsilon_1}{\varepsilon_2}$ 에서

$\dfrac{\tan\theta_1}{\tan 30°} = \dfrac{4}{1}$

$\tan\theta_1 = 4\tan 30° = \dfrac{4}{\sqrt{3}}$ 이므로

$\theta_1 = \tan^{-1}\dfrac{4}{\sqrt{3}}$

21

평등 전계 중에 유전체 구에 의한 전속 분포가 그림과 같이 되었을 때 ε_1과 ε_2의 크기 관계는?

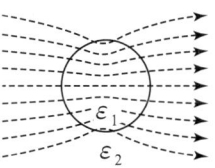

① $\varepsilon_1 > \varepsilon_2$

② $\varepsilon_1 < \varepsilon_2$

③ $\varepsilon_1 = \varepsilon_2$

④ $\varepsilon_1 \leq \varepsilon_2$

해설

유전속(전속선)은 유전율이 큰 쪽으로 모이려는 성질이 있다. 유전속 분포 그림에서 구의 내부 쪽이 유전속 밀도가 높으므로 $\varepsilon_1 > \varepsilon_2$이다.

암기

전속선은 유전율이 큰 쪽으로 모인다.
전기력선은 유전율이 작은 쪽으로 모인다.

22

$x>0$인 영역에 $\varepsilon_1=3$인 유전체, $x<0$인 영역에 $\varepsilon_2=5$인 유전체가 있다. 유전율 ε_2인 영역에서 전계가 $E_2=20a_x+30a_y-40a_z[\text{V/m}]$일 때 유전율 ε_1인 영역에서의 전계 $E_1[\text{V/m}]$은?

① $\dfrac{100}{3}a_x+30a_y-40a_z$

② $20a_x+90a_y-40a_z$

③ $100a_x+10a_y-40a_z$

④ $60a_x+30a_y-40a_z$

해설

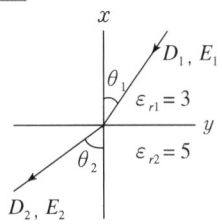

(경계면에서 전계와 전속 굴절)
x 방향으로 전계가 진행하므로
경계면에 수직한 성분: a_x
경계면에 수평한 성분: a_y, a_z

- 수직 성분
 $D_{1x}=D_{2x}$ (∵ 전속 밀도는 수직 성분이 같으므로)
 $\varepsilon_{r1}\times E_{1x}=\varepsilon_{r2}\times E_{2x}$
 $E_{1x}=\dfrac{\varepsilon_{r2}}{\varepsilon_{r1}}\times E_{2x}=\dfrac{5}{3}(20)=\dfrac{100}{3}(a_x\ \text{성분})$

- 수평 성분
 $E_{1y}=E_{2y}=30(a_y\ \text{성분})$
 $E_{1z}a_z=E_{2z}a_z=-40a_z(a_z\ \text{성분})$

- 경계면에서 전계
 $\dot{E}_1=E_{1x}a_x+E_{1y}a_y+E_{1z}a_z=\dfrac{100}{3}a_x+30a_y-40a_z[\text{V/m}]$

23

유전율 ε_1, ε_2인 두 유전체 경계면에서 전계가 경계면에 수직일 때 경계면에 작용하는 힘은 몇 $[\text{N/m}^2]$인가?(단, $\varepsilon_1>\varepsilon_2$이다.)

① $\left(\dfrac{1}{\varepsilon_1}+\dfrac{1}{\varepsilon_2}\right)D$

② $2\left(\dfrac{1}{\varepsilon_1}+\dfrac{1}{\varepsilon_2}\right)D^2$

③ $\dfrac{1}{2}\left(\dfrac{1}{\varepsilon_2}-\dfrac{1}{\varepsilon_1}\right)D$

④ $\dfrac{1}{2}\left(\dfrac{1}{\varepsilon_2}-\dfrac{1}{\varepsilon_1}\right)D^2$

해설

경계면에 작용하는 힘

- 전계가 경계면에 수평으로 입사되는 경우($\varepsilon_1>\varepsilon_2$)
 - 경계면에 생기는 각각의 힘 f_1과 f_2가 압축력으로 작용한다.
 - 압축력의 크기는 다음과 같이 구한다.
  $f=f_1-f_2=\dfrac{1}{2}(\varepsilon_1-\varepsilon_2)E^2[\text{N/m}^2]$

- 전계가 경계면에 수직으로 입사되는 경우($\varepsilon_1>\varepsilon_2$)
 - 경계면에 생기는 각각의 힘 f_1과 f_2가 인장력으로 작용한다.
 - 인장력의 크기는 다음과 같이 구한다.
  $f=f_2-f_1=\dfrac{1}{2}\left(\dfrac{1}{\varepsilon_2}-\dfrac{1}{\varepsilon_1}\right)D^2[\text{N/m}^2]$

24

$\varepsilon_1 > \varepsilon_2$인 두 유전체의 경계면에 전계가 수직으로 입사할 때 단위 면적당 경계면에 작용하는 힘은?

① 힘 $f = \frac{1}{2}\left(\frac{1}{\varepsilon_1} - \frac{1}{\varepsilon_2}\right)D^2$이 ε_2에서 ε_1으로 작용한다.

② 힘 $f = \frac{1}{2}\left(\frac{1}{\varepsilon_1} - \frac{1}{\varepsilon_2}\right)E^2$이 ε_2에서 ε_1으로 작용한다.

③ 힘 $f = \frac{1}{2}\left(\frac{1}{\varepsilon_2} - \frac{1}{\varepsilon_1}\right)D^2$이 ε_1에서 ε_2로 작용한다.

④ 힘 $f = \frac{1}{2}\left(\frac{1}{\varepsilon_1} - \frac{1}{\varepsilon_2}\right)E^2$이 ε_1에서 ε_2로 작용한다.

해설

- 전계가 경계면에 수직으로 입사되는 경우($\varepsilon_1 > \varepsilon_2$)
  - 경계면에 생기는 각각의 힘 f_1과 f_2가 인장력으로 작용한다.
  - 인장력의 크기는 다음과 같이 구한다.
  $$f = f_2 - f_1 = \frac{1}{2}\left(\frac{1}{\varepsilon_2} - \frac{1}{\varepsilon_1}\right)D^2 \, [\text{N/m}^2]$$

CHAPTER 05

전기 영상법

1. 전기 영상법의 원리
2. 전기 영상법의 종류

학습전략

전기 영상법 관련 문제는 기본 내용에서 다른 내용을 응용하여 출제되는 경향이 강합니다. 전기 영상법에 대한 기본 이론을 학습한 후에는 다양한 연습문제와 기출문제를 통해 응용력을 높여야 합니다. 특히 쿨롱의 법칙과 전계의 세기 등의 내용은 복합적인 응용문제로 출제됩니다. 따라서 전기 영상법에 대한 다양한 문제를 풀어보면서 학습하길 바랍니다.

CHAPTER 05 | 흐름 미리보기

1. 전기 영상법의 원리

2. 전기 영상법의 종류

NEXT **CHAPTER 06**

CHAPTER 05 전기 영상법

THEME 01 전기 영상법의 원리

1 쿨롱의 힘

쿨롱의 힘을 구하기 위해서는 반드시 2개의 전하가 존재해야 한다.

▲ 쿨롱의 힘

$$F = \frac{Q_1 Q_2}{4\pi\varepsilon_0 r^2} \text{ [N]}$$
$$= 9 \times 10^9 \times \frac{Q_1 Q_2}{r^2} \text{ [N]}$$

2 전기 영상법

전기 영상법은 전하가 1개만 존재하여 쿨롱의 힘을 직접 구하지 못하는 경우에 임의의 가상 전하(영상 전하)를 놓고 해석하는 특수한 기법이다. 이때 영상 전하는 실제의 전하와는 항상 극성이 반대이다.

THEME 02 전기 영상법의 종류

1 점 전하와 평면 도체

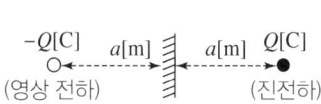

▲ 점 전하와 평면 도체의 전기 영상법 적용 방법

독학이 쉬워지는 기초개념

Tip 강의 꿀팁
'영상이 반대편에 비친다'를 기억하세요.

점 전하 주변에 평면 도체나 지표면이 있을 경우 영상 전하가 있다고 가정할 수 있다.

(1) 실제의 전하와 평면 도체 간의 거리 a[m]와 똑같은 반대편에 영상 전하를 둔다.
(2) 영상 전하의 크기는 실제 전하와 같고 부호는 반대이다.
(3) 전기 영상법을 적용한 점 전하와 평면 도체 간의 쿨롱의 힘

$$F = \frac{Q_1 Q_2}{4\pi\varepsilon_0 r^2} = \frac{Q \times (-Q)}{4\pi\varepsilon_0 (2a)^2} = -\frac{Q^2}{16\pi\varepsilon_0 a^2} \text{ [N]}$$

(4) 무한 평면 도체 전하 밀도

무한 평면 도체의 최대 전하 밀도 $|\sigma_{\max}|$는 $|\sigma_{\max}| = \dfrac{Q}{2\pi d^2}$[C/m^2]이다.

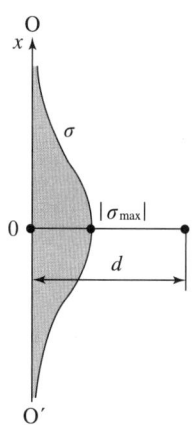

▲ 무한 평면 도체 전하 밀도

독학이 쉬워지는 기초개념

실제 전하는 진전하라고도 한다.

기출예제

점 전하 Q[C]에 이한 무한 평면 도체의 영상 전하는?

① $-Q$[C]보다 작다.
② Q[C]보다 크다.
③ $-Q$[C]과 같다.
④ Q[C]과 같다.

| 해설 |
영상 전하는 항상 실제 전하의 부호와 반대이다.

답 ③

> 독학이 쉬워지는 기초개념

2 직선 전하와 평면 도체

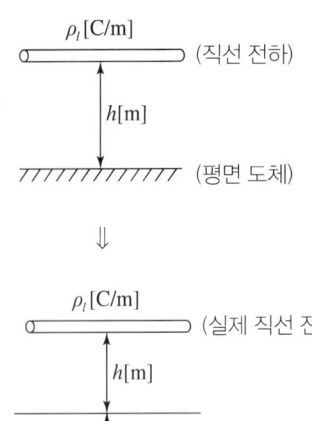

▲ 직선 전하와 평면 도체의 전기 영상법 적용 방법

(1) 실제 직선 전하와 평면 도체 간의 거리 $h[\mathrm{m}]$와 똑같은 반대편에 영상 직선 전하를 둔다.
(2) 영상 직선 전하의 크기는 실제 전하와 같고 부호는 반대로 둔다.
(3) 전기 영상법을 적용한 직선 전하와 평면 도체 간의 단위 길이당 쿨롱의 힘

$$F = QE = -\rho_l \times \frac{\rho_l}{2\pi\varepsilon_0 r} = -\rho_l \times \frac{\rho_l}{2\pi\varepsilon_0 (2h)} = -\frac{\rho_l^2}{4\pi\varepsilon_0 h} \ [\mathrm{N/m}]$$

> (Tip) 강의 꿀팁
>
> 전기 영상법은 3가지 경우의 적용 방법만 확실히 학습해도 좋아요.

3 점 전하와 접지구 도체

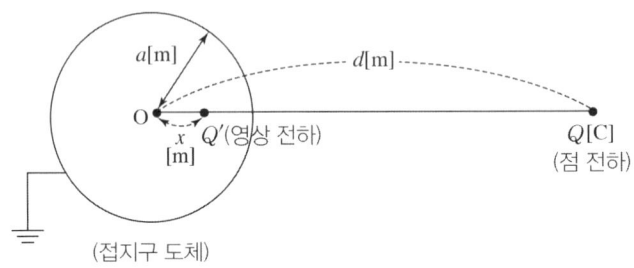

▲ 점 전하와 구 도체의 전기 영상법 적용 방법

(1) 접지구 도체 내에 접지구 도체 중심에서 임의의 지점 $x[\mathrm{m}]$만큼 떨어진 곳에 영상 전하가 위치한다.
(2) 또한 영상 전하의 크기도 원래의 점 전하 $Q[\mathrm{C}]$의 크기와는 다른 $Q'[\mathrm{C}]$으로 생긴다고 가정한다.
(3) **영상 전하의 위치 및 크기 구하는 공식**

① 영상 전하의 위치: $x = \dfrac{a^2}{d}[\mathrm{m}]$

② 영상 전하의 크기: $Q' = -\dfrac{a}{d}Q[\mathrm{C}]$

(4) 쿨롱의 힘

$$F = \frac{Q_1 Q_2}{4\pi\varepsilon_0 r^2} = \frac{Q \times \left(-\dfrac{a}{d}Q\right)}{4\pi\varepsilon_0 (d-x)^2} = -\frac{a}{d} \times \frac{Q^2}{4\pi\varepsilon_0 \left(d - \dfrac{a^2}{d}\right)^2} [\mathrm{N}]$$

기출예제

접지되어 있는 반지름 $0.2[\mathrm{m}]$인 구 도체의 중심으로부터 거리가 $0.4[\mathrm{m}]$ 떨어진 점 P에 점 전하 $6 \times 10^{-3}[\mathrm{C}]$이 있다. 영상 전하는 몇 $[\mathrm{C}]$인가?

① -2×10^{-3}
② -3×10^{-3}
③ -4×10^{-3}
④ -6×10^{-3}

| 해설 |

$Q' = -\dfrac{a}{d}Q = -\dfrac{0.2}{0.4} \times 6 \times 10^{-3} = -3 \times 10^{-3} [\mathrm{C}]$

답 ②

CHAPTER 05 CBT 적중문제

01
점 전하 $+Q[\text{C}]$의 무한 평면 도체에 대한 영상 전하는?

① $Q[\text{C}]$와 같다.
② $-Q[\text{C}]$와 같다.
③ $Q[\text{C}]$보다 작다.
④ $Q[\text{C}]$보다 크다.

해설
점 전하와 무한 평면 도체 간에 생기는 영상 전하는 실제 전하와 크기는 같고 부호가 항상 반대인 전하로 존재한다.
$Q' = -Q[\text{C}]$

02
직교하는 무한 평판 도체와 점전하에 의한 영상전하는 몇 개 존재하는가?

① 2
② 3
③ 4
④ 5

해설
점전하에 의해 무한 평판 도체에 발생하는 영상전하 수는
$n = \dfrac{360°}{평판\ 각도} - 1$ 이다.
무한 평판도체가 직교하므로 각도는 90°이므로
$n = \dfrac{360°}{평판\ 각도} - 1 = \dfrac{360°}{90°} - 1 = 3$
∴ 영상 전하는 3개이다.

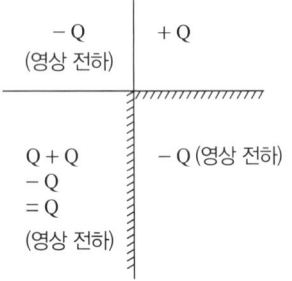

03
그림과 같이 공기 중에서 무한 평면 도체의 표면으로부터 $2[\text{m}]$인 곳에 점 전하 $4[\text{C}]$이 있다. 전하가 받는 힘은 몇 $[\text{N}]$인가?

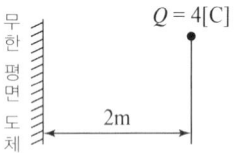

① 3×10^9
② 9×10^9
③ 1.2×10^{10}
④ 3.6×10^{10}

해설
점 전하와 평면 도체
실제의 진전하와 평면 도체 간의 거리 $a[\text{m}]$와 똑같은 반대편에 영상 전하를 둔다. 이때 영상 전하의 크기는 진전하와 같고 부호는 반대로 둔다. 따라서 전기 영상법을 적용한 점 전하와 평면 도체 간의 쿨롱의 힘은 다음과 같다.
$$F = \dfrac{Q_1 Q_2}{4\pi\varepsilon_0 r^2} = \dfrac{Q \times (-Q)}{4\pi\varepsilon_0 (2a)^2} = -\dfrac{Q^2}{16\pi\varepsilon_0 a^2}[\text{N}]$$
위 식에 문제의 조건을 대입하면
$F = -\dfrac{Q^2}{16\pi\varepsilon_0 a^2} = -9 \times 10^9 \times \dfrac{4^2}{4 \times 2^2}$
$= -9 \times 10^9 [\text{N}] = 9 \times 10^9 [\text{N}]$ (흡인력)

| 정답 | 01 ② 02 ② 03 ②

04

접지된 무한히 넓은 평면 도체로부터 $a[\text{m}]$ 떨어져 있는 공간에 $Q[\text{C}]$의 점 전하가 놓여 있을 때 그림 P점의 전위는 몇 $[\text{V}]$인가?

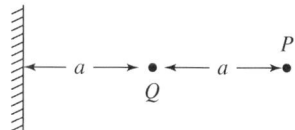

① $\dfrac{Q}{8\pi\varepsilon_0 a}$ ② $\dfrac{Q}{6\pi\varepsilon_0 a}$

③ $\dfrac{3Q}{4\pi\varepsilon_0 a}$ ④ $\dfrac{Q}{2\pi\varepsilon_0 a}$

해설

평면 도체에 의해 영상 전하가 $-a$ 지점에 발생되므로 P점에서의 전위를 전기 영상법을 이용하여 구하면

$$V = \frac{Q}{4\pi\varepsilon_0 a} + \frac{-Q}{4\pi\varepsilon_0(3a)} = \frac{Q}{6\pi\varepsilon_0 a}[\text{V}]$$

05

평면 도체 표면에서 $d[\text{m}]$ 거리에 점 전하 $Q[\text{C}]$이 있을 때 이 전하를 무한 원점까지 운반하는 데 필요한 일$[\text{J}]$은?

① $\dfrac{Q^2}{4\pi\varepsilon_0 d}$ ② $\dfrac{Q^2}{8\pi\varepsilon_0 d}$

③ $\dfrac{Q^2}{16\pi\varepsilon_0 d}$ ④ $\dfrac{Q^2}{32\pi\varepsilon_0 d}$

해설

전기 영상법에 의하여 점 전하와 영상 전하 간의 거리는 $r = 2d[\text{m}]$이므로 서로 작용하는 힘은 다음과 같다.

$$F = \frac{-Q^2}{4\pi\varepsilon_0(2d)^2} = \frac{-Q^2}{16\pi\varepsilon_0 d^2}[\text{N}]$$

따라서 무한 원점으로 운반하는 데 필요한 일은

$$W = \int_d^\infty F dr = \int_d^\infty \frac{-Q^2}{16\pi\varepsilon_0 r^2} dr = -\frac{Q^2}{16\pi\varepsilon_0 d}[\text{J}]$$

06

무한 평면 도체로부터 거리 $a[\text{m}]$인 곳에 점 전하 $Q[\text{C}]$가 있을 때 도체 표면에 유도되는 최대 전하 밀도는 몇 $[\text{C}/\text{m}^2]$인가?

① $\dfrac{Q}{2\pi\varepsilon_0 a^2}$ ② $\dfrac{Q}{4\pi a^2}$

③ $-\dfrac{Q}{2\pi a^2}$ ④ $\dfrac{Q}{4\pi\varepsilon_0 a^2}$

해설

무한 평면 도체로부터 거리 $a[\text{m}]$ 떨어진 지점에 있는 점 전하 $Q[\text{C}]$에 의해 유도되는 전하 밀도 ρ는

$$\rho = -D = -\varepsilon_0 E = -\frac{Q \times a}{2\pi(a^2+r^2)^{\frac{3}{2}}}[\text{C}/\text{m}^2]$$

그런데 최대 전하 밀도는 거리 $r = 0$인 지점에서 분포하므로

$$\sigma_{\max} = -\frac{Q \times a}{2\pi(a^2+0^2)^{\frac{3}{2}}} = -\frac{Q}{2\pi a^2}[\text{C}/\text{m}^2]$$

07

무한 평면 도체로부터 거리 $a[\text{m}]$인 곳에 점 전하 $2\pi[\text{C}]$가 있을 때 도체 표면에 유도되는 최대 전하 밀도는 몇 $[\text{C}/\text{m}^2]$인가?

① $-\dfrac{1}{a^2}$ ② $-\dfrac{1}{2a^2}$

③ $-\dfrac{1}{2\pi a}$ ④ $-\dfrac{1}{4\pi a}$

해설

무한 평면 도체에서 최대 전하 밀도

$$\sigma_{\max} = -\frac{Q}{2\pi a^2} = -\frac{2\pi}{2\pi a^2} = -\frac{1}{a^2}[\text{C}/\text{m}^2]$$

| 정답 | 04 ② 05 ③ 06 ③ 07 ①

08

그림과 같이 무한 평면 도체 앞 $a[\text{m}]$ 거리에 점 전하 $Q[\text{C}]$가 있다. 점 0에서 $x[\text{m}]$인 P점의 전하 밀도 $\rho_s[\text{C/m}^2]$는?

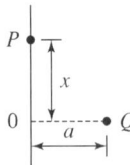

① $\dfrac{Qa}{4\pi(a^2+x^2)^{\frac{3}{2}}}$
② $\dfrac{Qa}{2\pi(a^2+x^2)^{\frac{3}{2}}}$
③ $\dfrac{Qa}{4\pi(a^2+x^2)^{\frac{2}{3}}}$
④ $\dfrac{Qa}{2\pi(a^2+x^2)^{\frac{2}{3}}}$

해설

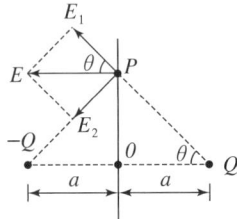

전기 영상법을 적용하여 전계의 세기를 구하면
$$E_1 = E_2 = \frac{Q}{4\pi\varepsilon_0(\sqrt{a^2+x^2})^2} = \frac{Q}{4\pi\varepsilon_0(a^2+x^2)}\,[\text{V/m}]$$

총 전계의 세기는
$$E = E_1\cos\theta + E_2\cos\theta = 2E_1\cos\theta$$
$$= 2 \times \frac{Q}{4\pi\varepsilon_0(a^2+x^2)} \times \frac{a}{\sqrt{a^2+x^2}}$$
$$= \frac{Qa}{2\pi\varepsilon_0(a^2+x^2)^{\frac{3}{2}}}\,[\text{V/m}]$$

따라서 면 전하 밀도와 전계의 세기와의 관계는
$$\sigma = D = \varepsilon_0 E = \frac{Q}{2\pi} \cdot \frac{a}{(a^2+x^2)^{\frac{3}{2}}}\,[\text{C/m}^2]$$

09

대지면에 높이 h로 평행하게 가설된 매우 긴 선 전하가 지면으로부터 받는 힘은?

① h^2에 비례한다.
② h^2에 반비례한다.
③ h에 비례한다.
④ h에 반비례한다.

해설

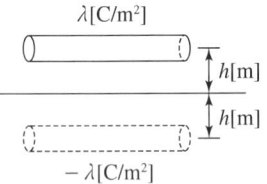

선전하 밀도가 $\lambda[\text{C/m}^2]$인 경우 대지면에 의한 영상 전하에 의해 전계가 발생한다.

전계 $E = -\dfrac{\lambda}{2\pi\varepsilon_0(2h)}[\text{V/m}]$이므로

도선에 작용하는 힘
$$F = QE = \lambda l\left(-\frac{\lambda}{2\pi\varepsilon_0(2h)}\right) = \frac{-\lambda^2 l}{4\pi\varepsilon_0 h}\,[\text{N}]$$

따라서 대지면으로부터 받는 힘은 높이 h에 반비례한다.

10

접지구 도체와 점 전하 간의 작용력은?

① 항상 반발력이다.
② 항상 흡인력이다.
③ 조건적 반발력이다.
④ 조건적 흡인력이다.

해설

접지 도체구와 점전하 간의 전기 영상법
• 영상 전하의 크기
$$Q' = -\frac{a}{r}Q[\text{C}]$$
• 전기 영상법에서 영상 전하는 항상 실제 전하와는 극성이 반대인 전하가 생기므로 이에 의해 발생하는 작용력은 항상 흡인력이 작용한다.

11

반지름 $a[\text{m}]$인 접지구 도체의 중심에서 $r[\text{m}]$가 되는 거리에 점 전하 $Q[\text{C}]$을 놓았을 때 구 도체에 유도된 총 전하는 몇 $[\text{C}]$인가?

① 0
② $-Q$
③ $-\dfrac{a}{r}Q$
④ $-\dfrac{r}{a}Q$

해설

접지구 도체와 점 전하 간의 전기 영상법

- 영상 전하의 크기

$Q' = -\dfrac{a}{r}Q[\text{C}]$

- 영상 전하의 위치

$x = \dfrac{a^2}{r}[\text{m}]$

12

반지름이 $0.01[\text{m}]$인 구 도체를 접지시키고 중심으로부터 $0.1[\text{m}]$의 거리에 $10[\mu\text{C}]$의 점 전하를 놓았다. 구 도체에 유도된 총 전하량은 몇 $[\mu\text{C}]$인가?

① 0
② -1
③ -10
④ 10

해설

$Q' = -\dfrac{a}{d}Q = -\dfrac{0.01}{0.1}\times 10$
$ = -1[\mu\text{C}]$

| 정답 | 11 ③ 12 ②

전류

1. 전류
2. 전기 저항
3. 옴의 법칙
4. 온도 변화에 따른 저항
5. 전력과 전력량
6. 접지 저항(R)과 정전 용량(C)의 관계
7. 열전 효과
8. 전기의 특수한 현상

학습전략

회로이론에서 배웠던 내용과 관련된 내용이 많은 챕터입니다. 회로이론을 통해 기본적인 학습만 해도 부담 없이 대비할 수 있습니다. 틈틈이 나오는 기본 공식들을 학습하여 응용할 수 있도록 합니다.

CHAPTER 06 | 흐름 미리보기

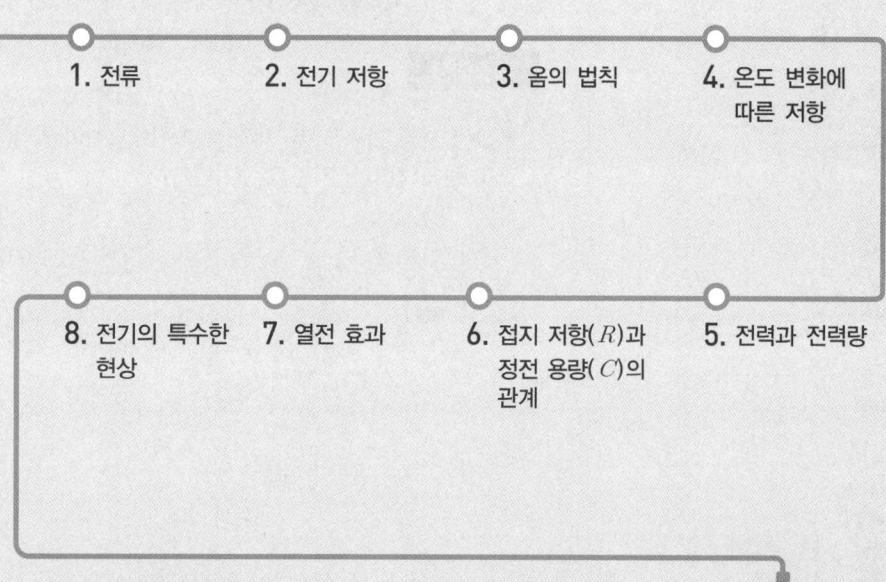

1. 전류
2. 전기 저항
3. 옴의 법칙
4. 온도 변화에 따른 저항
5. 전력과 전력량
6. 접지 저항(R)과 정전 용량(C)의 관계
7. 열전 효과
8. 전기의 특수한 현상

NEXT **CHAPTER 07**

CHAPTER 06 전류

> **독학이 쉬워지는 기초개념**

> **Tip 강의 꿀팁**
> 6장 전류를 잘 알고 나면 회로이론을 공부할 때 많은 도움이 돼요.

> **Tip 강의 꿀팁**
> 전자 1개의 전하량 값은 필수로 암기해야 해요.

THEME 01 전류

1 전하

(1) 전하의 정의
  ① 외부의 에너지에 의해 대전된 전기를 전하라고 한다.
  ② 기호로는 Q라 쓰고, 단위는 [C](쿨롱)을 사용한다.
(2) 전하의 종류
  ① 양전하(정(+) 전하): 양자
  ② 음전하(부(-) 전하): 전자
  ③ 전자 1개의 전하량
    $e = -1.602 \times 10^{-19} [C]$
  ④ 전자 1개의 무게
    $m = 9.1 \times 10^{-31} [kg]$

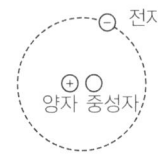
▲ 원자의 구조

2 전기량

(1) 전기량의 정의: 어떤 물체 또는 입자가 띠고 있는 전기의 양이다. 대전량 또는 하전량이라고도 한다.
(2) n개의 전자가 이동한 경우의 전체 전하량
  $Q = n \times e\,[C]$
  (단, n: 이동한 전자의 개수, e: 전자 1개의 전하량[C])

> **기출예제**
>
> **중요도**
> 전자의 개수가 10^{19}개가 통과하는 도선이 있다. 1초 동안에 통과한 전체 전하량의 값의 크기는 몇 [C]인가?
>
> ① 1.602 ② 16.02
> ③ 160.2 ④ 1,602
>
> | 해설 |
> $Q = n \times e = 10^{19} \times 1.602 \times 10^{-19} = 1.602\,[C]$
>
> 답 ①

3 전류의 계산

(1) 전하량(Q[C])
   ① 임의의 단면적을 지나가는 전하의 총량을 전하량이라고 하고, 전하량의 단위는 [C](쿨롱)이다.
   ② 1[C]은 1[A]의 전류가 1초 동안 흐를 때의 전하량이 된다.
   ③ 전하량은 다음과 같이 구할 수 있다.
   $$Q = It\,[\text{A}\cdot\text{sec}] = ne\,[\text{C}]$$
   (단, n: 이동한 전자의 개수, e: 전자 1개의 전하량[C])

(2) 전류(I[A])
   ① 단위 시간당(1초) 임의의 단면적을 통과한 전하량의 크기를 말한다.
   ② 전류의 기호는 I라 쓰고, 단위는 [A](암페어)를 사용한다.
   ③ 전류는 다음과 같이 구할 수 있다.
   $$I = \frac{Q}{t} = \frac{n \times e}{t}\,[\text{A}]$$

(3) 전류 밀도(i[A/m²])
   단위 면적당 전류의 비로 다음과 같이 구할 수 있다.
   $$i = \frac{전류}{단면적} = \frac{I}{S} = env\,[\text{A/m}^2]$$
   (단, v: 전자의 이동 속도[m/s])

기출예제

중요도 10[mm]의 지름을 가진 전선에 50[A]의 전류가 흐를 때 단위 시간에 전선의 단면을 통과하는 전자의 수는 몇 개인가?

① 약 50×10^{19}개
② 약 20.45×10^{15}개
③ 약 31.21×10^{19}개
④ 약 7.85×10^{16}개

| 해설 |
$I = \frac{n \times e}{t}$에서 $n = \frac{I \times t}{e} = \frac{50 \times 1}{1.602 \times 10^{-19}} = 31.21 \times 10^{19}$개

답 ③

4 전류의 키르히호프 법칙

임의의 도체 단면에 들어오는 전류의 총합은 나가는 전류의 총합과 같다는 것으로 전류의 연속성을 의미한다.

$$\sum I = \int_s i \cdot ds = \int_v div\,i \cdot dv = 0$$

즉, $div\,i = 0$이므로 단위 체적당 전류의 발산은 없음을 의미한다.

독학이 쉬워지는 기초개념

Tip 강의 꿀팁
회로에 전류를 흘리기 위해서는 엄청나게 많은 전자가 이동해야 해요.

전류의 연속성
$div\,i = 0$(정상전류 가정)

독학이 쉬워지는 기초개념

Tip 강의 꿀팁

고유 저항이 전혀 없는 전선은 만들 수 없어요. 단, 예외로 특수한 재질을 전선으로 만들어 초저온으로 냉각을 시키면 도체의 내부 저항이 사라지는 도체인 초전도체가 있어요.

THEME 02 전기 저항

1 고유 저항($\rho[\Omega \cdot m]$)

(1) 고유 저항의 정의: 전선이나 도체를 구성하면서 그 물질 자체의 고유한 특성으로 인해서 생기는 전류의 흐름을 방해하는 요소를 말한다.
(2) 고유 저항의 기호로는 ρ를 사용하고, 단위는 $[\Omega \cdot m]$를 쓴다.

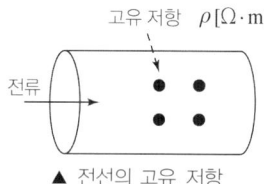

▲ 전선의 고유 저항

2 전기 저항($R[\Omega]$)

(1) 전선의 고유 저항과 전선의 단면적 $S[m^2]$ 및 전선의 길이 $l[m]$를 감안한 전선의 실제 저항을 말한다.
(2) 전기 저항의 기호로는 R을 사용하고, 단위는 $[\Omega]$을 쓴다.

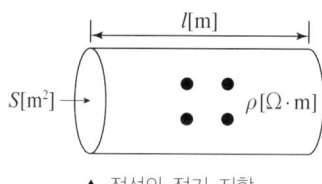

▲ 전선의 전기 저항

(3) 전선의 전기 저항은 다음과 같이 구한다.

$$R = \rho \frac{l}{S} = \frac{l}{kS} \, [\Omega]$$

(단, k: 도전율$[\mho/m]$로, 고유 저항 ρ의 역수를 의미한다.)

3 컨덕턴스($G[\mho]$)

(1) 전기 저항 $R[\Omega]$의 역수로, 전기가 잘 통하는 정도를 말한다.
(2) 컨덕턴스의 기호로는 G를 사용하고, 단위는 $\mathrm{mho}[\mho]$를 쓴다.

$$G = \frac{1}{R} [\mho]$$

Tip 강의 꿀팁

컨덕턴스는 좋은 것이고, 전기 저항은 나쁜 것이라고 생각하면 돼요.

기출예제

도체의 저항과 관계가 없는 것은?
① 온도
② 길이
③ 단면적
④ 단면적의 모양

| 해설 |
$R = \rho \dfrac{l}{S}\,[\Omega]$에서 전선의 저항 R은 단면적의 모양과는 무관하다.

답 ④

THEME 03 옴의 법칙

1 옴의 법칙

(1) 옴의 법칙 정의: 전기 회로의 3요소인 전압(V), 전류(I), 저항(R)의 상관관계를 나타내는 회로의 가장 기본적인 법칙이다.

(2) 상관관계
① 회로에 가한 전압($V[\mathrm{V}]$)이 클수록 전류($I[\mathrm{A}]$)는 많이 흐른다.
② 회로에 흐르는 전류가 클수록 회로의 전압은 높아진다.
③ 회로의 저항($R[\Omega]$)이 클수록 회로에는 전류가 흐르기 어렵다.

- 전류 $I = \dfrac{V}{R}\,[\mathrm{A}]$
- 전압 $V = IR\,[\mathrm{V}]$
- 저항 $R = \dfrac{V}{I}\,[\Omega]$

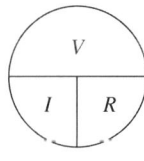

▲ 옴의 법칙

(3) 옴의 법칙 미분형
$i = \dfrac{1}{\rho}E = kE = \sigma E$
(단, ρ: 고유 저항, $k = \sigma$: 도전율)

2 저항의 접속 방법

(1) 직렬 연결

합성 저항 $R = R_1 + R_2\,[\Omega]$

저항을 직렬로 연결할수록 합성 저항값은 커진다.

▲ 저항의 직렬 접속

(2) 병렬 연결

합성 저항 $R = \dfrac{R_1 \times R_2}{R_1 + R_2}\,[\Omega]$

저항을 병렬로 연결할수록 합성 저항값은 작아진다.

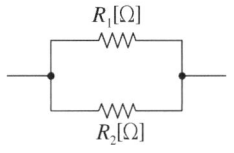

▲ 저항의 병렬 접속

독학이 쉬워지는 기초개념

기출예제

2개의 저항 R_1 및 R_2를 직렬로 접속하면 $16[\Omega]$이 되고, R_1 및 R_2를 병렬로 접속하면 $3.75[\Omega]$이 된다. 두 저항값 R_1 및 R_2는 각각 몇 $[\Omega]$인가?

① $R_1 = 4[\Omega]$, $R_2 = 12[\Omega]$ ② $R_1 = 5[\Omega]$, $R_2 = 11[\Omega]$
③ $R_1 = 6[\Omega]$, $R_2 = 10[\Omega]$ ④ $R_1 = 7[\Omega]$, $R_2 = 9[\Omega]$

| 해설 |
2개의 저항을 직렬 접속했을 때 합성 저항값 식은
$R = R_1 + R_2 = 16[\Omega]$
또한 2개의 저항을 병렬 접속했을 때 합성 저항값 식은
$R = \dfrac{R_1 \times R_2}{R_1 + R_2} = \dfrac{R_1 \times R_2}{16} = 3.75 \Rightarrow R_1 \times R_2 = 16 \times 3.75 = 60$
따라서 2개의 저항 R_1과 R_2를 곱해서 60이 나오려면 선택지에서
$R_1 = 6[\Omega]$, $R_2 = 10[\Omega]$을 선택한다.

답 ③

THEME 04 온도 변화에 따른 저항

1 온도 변화에 따른 저항값

(1) 일반적으로 전선은 전선 주변의 온도가 올라가면 이에 비례하여 전선의 저항값도 증가하게 된다. 이는 온도가 올라가면 도체 내부의 분자 운동이 활발해져서 전하의 흐름을 방해하기 때문이다.

(2) 온도 변화에 따른 저항값 구하는 식

$$R_t = R_0 \{1 + \alpha(t_2 - t_1)\} [\Omega]$$

(단, R_t: 새로운 저항값$[\Omega]$, R_0: 온도 변화 전의 원래의 저항값$[\Omega]$
α: $t_1[°C]$에서 도체의 고유한 온도 계수
t_1, t_2: 변화 전과 후의 전선의 온도$[°C]$)

2 합성 온도 계수

저항값과 온도 계수 값이 다른 2개의 도체를 직렬로 접속하였을 때의 합성 온도계수는 다음과 같이 구할 수 있다.

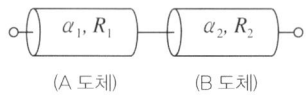
(A 도체)   (B 도체)
▲ 합성 온도 계수

$$\alpha = \dfrac{\alpha_1 R_1 + \alpha_2 R_2}{R_1 + R_2}$$

Tip 강의 꿀팁

겨울철 전선의 저항보다 여름철에 사용하는 전선의 저항이 더 커져요.

표준 연동 재료일 경우
$\alpha = \dfrac{1}{234.5 + t_1[°C]}$

기출예제

[중요도] 저항 $10[\Omega]$인 구리선과 저항 $30[\Omega]$인 망간선을 직렬 접속하면 합성 온도 계수는 몇 $[\%]$인가?(단, 구리선의 온도 계수는 $0.4[\%]$, 망간선의 온도 계수는 $0[\%]$이다.)

① 0.1　　　　　　② 0.2
③ 0.3　　　　　　④ 0.4

| 해설 |

$$\alpha = \frac{\alpha_1 R_1 + \alpha_2 R_2}{R_1 + R_2} = \frac{0.4 \times 10 + 0 \times 30}{10 + 30} = 0.1[\%]$$

답 ①

THEME 05 전력과 전력량

1 전력($P[\text{W}]$)

(1) 전력의 정의
　① 전류가 단위 시간 동안에 행할 수 있는 실제적인 일 에너지를 말한다.
　② 전력의 기호로는 P를 사용하고, 단위는 $[\text{W}]$(와트) 또는 $[\text{J/sec}]$를 쓴다.
(2) 전력 계산식

$$P = VI = I^2 R = \frac{V^2}{R} \, [\text{W}], [\text{J/sec}]$$

2 전력량($W[\text{W} \cdot \text{sec}]$)

(1) 전력량의 정의
　① 전력을 어느 정해진 시간 동안에 소비한 전기 에너지의 총량을 말한다.
　② 전력량의 기호로는 W를 사용하고, 단위는 $[\text{J}]$또는 $[\text{W} \cdot \text{sec}]$를 쓴다.
(2) 전력량 계산식

$$W = Pt = VIt = I^2 Rt = \frac{V^2}{R} t \, [\text{W} \cdot \text{sec}], [\text{J}]$$

기출예제

[중요도] $10[\mu\text{F}]$의 콘덴서를 $100[\text{V}]$의 전압으로 충전시킨 것을 단락시켜서 $0.1[\text{ms}]$ 동안에 방전시켰다고 한다면 소비되는 평균 전력은 몇 $[\text{W}]$이겠는가?

① $450[\text{W}]$　　　　　② $500[\text{W}]$
③ $550[\text{W}]$　　　　　④ $600[\text{W}]$

| 해설 |

$$P = \frac{W}{t} = \frac{\frac{1}{2}CV^2}{t} = \frac{\frac{1}{2} \times 10 \times 10^{-6} \times 100^2}{0.1 \times 10^{-3}} = 500[\text{W}]$$

답 ②

독학이 쉬워지는 기초개념

열량과 전력량의 단위 변환
- $1[\text{J}] = 0.24[\text{cal}]$
- $1[\text{kWh}] = 860[\text{kcal}]$

THEME 06 접지 저항(R)과 정전 용량(C)의 관계

1 접지 저항과 접지극에 작용하는 정전 용량 값

전류가 접지극을 통해 대지로 흘러들어가므로 그에 작용하는 저항 R과 접지극 표면의 전하로 인해 작용하게 되는 C가 존재한다.

(1) 접지 저항 R의 크기

$$R = \rho \frac{d}{S} [\Omega]$$

(2) 접지극에 작용하는 정전 용량 C의 크기

$$C = \frac{Q}{V} = \frac{Q}{Ed} = \frac{Q}{d\frac{Q}{\varepsilon S}} = \frac{\varepsilon S}{d}[\text{F}]$$

($\because$ 도체 표면의 전계 $E = \frac{Q}{\varepsilon S}[\text{V/m}]$)

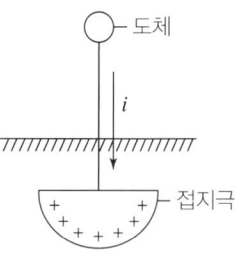
▲ 접지 저항과 정전 용량

2 접지 저항과 접지극에 작용하는 정전 용량의 관계

$$R \times C = \rho \frac{d}{S} \times \frac{\varepsilon S}{d} = \varepsilon \rho$$

3 접지극에 흐르는 누설전류

$$I = \frac{V}{R} = \frac{V}{\frac{\varepsilon \rho}{C}} = \frac{CV}{\varepsilon \rho}[\text{A}]$$

기출예제

비유전율 $\varepsilon_s = 2.2$, 고유 저항 $\rho = 10^{11}[\Omega \cdot \text{m}]$인 유전체를 넣은 콘덴서의 용량이 $20[\mu\text{F}]$이었다. 여기에 $500[\text{kV}]$의 전압을 가하였을 때의 누설 전류는 약 몇 $[\text{A}]$인가?

① 4.2 ② 5.1
③ 54.5 ④ 61.0

| 해설 |

$$I = \frac{V}{R} = \frac{V}{\frac{\rho \varepsilon}{C}} = \frac{CV}{\rho \varepsilon_0 \varepsilon_s} = \frac{(20 \times 10^{-6}) \times (500 \times 10^3)}{10^{11} \times 8.854 \times 10^{-12} \times 2.2} = 5.13[\text{A}]$$

답 ②

THEME 07 열전 효과

1 열전 효과의 정의

(1) 어떠한 폐회로에서 열과 전기의 상관관계를 나타낸 것이다.

(2) 즉, 어떤 폐회로에 온도 차가 생기면 전기가 발생하고 전기를 가하면 온도 차가 발생하는 열 효과이다.

2 열전 효과의 종류

(1) 제벡(Seebeck) 효과
   ① 열전 효과의 가장 기본적인 현상이다.
   ② 서로 다른 금속체를 접합하여 폐회로를 만들고 두 접합점에 온도차를 두면 그 폐회로에서 열기전력이 발생한다.

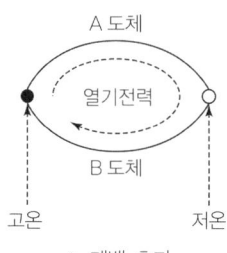

▲ 제벡 효과

(2) 펠티에(Peltier) 효과
   ① 제벡 효과의 역효과 현상이다.
   ② 서로 다른 금속체를 접합하여 폐회로를 만들고 이 폐회로에 전류를 흘려 주면 그 폐회로의 접합점에서 열의 흡수 및 발생이 일어나는 현상이다.

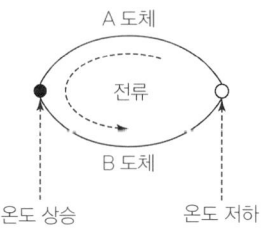

▲ 펠티에 효과

(3) 톰슨(Thomson) 효과
   ① 동일한 금속 사이에 발생하는 열전 효과이다.
   ② 동일한 금속 도선의 두 점 사이에 온도차를 주고 전류를 흘렸을 때, 열의 발생 또는 흡수가 일어나는 현상이다.

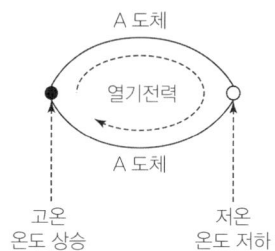

▲ 톰슨 효과

열전 효과
- 제벡: 다른 금속
- 톰슨: 같은 금속

독학이 쉬워지는 기초개념

기출예제

두 종류의 금속선으로 된 회로에 전류를 통하면 각 접속점에서 열의 흡수 또는 발생이 일어나는 현상은?

① 톰슨 효과
② 제벡 효과
③ 볼타 효과
④ 펠티에 효과

| 해설 |
펠티에 효과
- 제벡 효과의 역효과 현상이다.
- 서로 다른 금속체를 접합하여 폐회로를 만들고 이 폐회로에 전류를 흘려 주면 그 폐회로의 접합점에서 열의 흡수 및 발생이 일어나는 현상이다.

답 ④

THEME 08 전기의 특수한 현상

1 초전(Pyro) 효과
(1) 어떤 특수한 물질을 가열시키거나 반대로 냉각을 시키면 전기 분극을 일으키는 현상이다.
(2) 로셀염이나 수정 등에서 이러한 현상이 발생한다.

2 압전 효과
(1) 유전체 결정에 기계적 변형을 가하면 결정 표면에 양·음의 전하가 발생하여 대전되는 현상이다.
(2) 반대로 이 결정을 전계 내에 놓으면 결정에 기계적 변형이 생기기도 한다.

3 홀(Hall) 효과
전류가 흐르고 있는 도체에 자계를 가하면 플레밍의 왼손 법칙에 의하여 도체 측면에 전위차가 발생되는 현상이다.

4 핀치 효과
(1) 액체 상태의 도체에 직류(DC) 전류를 가하면 로렌츠의 힘의 법칙에 따른 압축력으로 인해 액체 도체가 수축되는 현상이다.
(2) 이로 인해 전류는 표피 효과와는 반대로 도체 중심 쪽으로 전류가 집중되어 흐르게 된다.

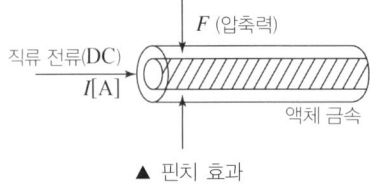

▲ 핀치 효과

주의
- 표피 효과: 교류(AC)
- 핀치 효과: 직류(DC)

기출예제

액체 상태의 도체에 DC 전압을 가하면 전류는 도선 중심 쪽으로 흐르려고 한다. 이러한 현상을 무슨 효과라고 하는가?

① 표피 효과
② 핀치 효과
③ 압전 전기
④ 펠티에 효과

| 해설 |
핀치 효과
액체 상태의 도체에 직류(DC) 전류를 가하면 압축력으로 인해 액체 도체가 수축되는 현상으로, 이로 인해 전류는 표피 효과와는 반대로 도체 중심 쪽으로 전류가 집중되어 흐르게 된다.

답 ②

5 스트레치 효과(Stretch Effect)

전류와 자계 사이의 효과를 이용한 것으로 자유로이 구부릴 수 있는 도선으로 직사각형을 만들고 전류를 흘러주면 반발력이 작용하여 직사각형 도선이 원형의 형태를 이루는 현상이다.

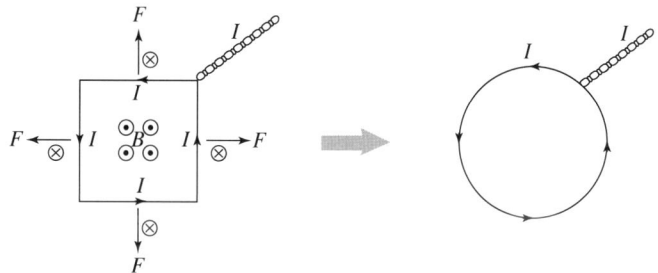

▲ 스트레치 효과

CHAPTER 06 CBT 적중문제

01
$1[\mu A]$의 전류가 흐르고 있을 때, 1초 동안 통과하는 전자 수는 약 몇 개인가?(단, 전자 1개의 전하는 $1.602 \times 10^{-19}[C]$이다.)

① 6.24×10^{10}
② 6.24×10^{11}
③ 6.24×10^{12}
④ 6.24×10^{13}

해설
- 총 전하량
$$Q = It = 1 \times 10^{-6} \times 1 = 10^{-6}[C]$$
- 1초 동안에 통과한 전자의 개수는
$$n = \frac{Q}{e} = \frac{10^{-6}}{1.602 \times 10^{-19}} = 6.24 \times 10^{12}$$

02
길이가 $1[cm]$, 지름이 $5[mm]$인 동선에 $1[A]$의 전류를 흘렸을 때 전자가 동선을 흐르는 데 걸리는 평균 시간은 약 몇 초인가?(단, 동선의 전자 밀도는 $1 \times 10^{28}[개/m^3]$이다.)

① 3
② 31
③ 314
④ 3,147

해설
동선의 전하량은 그 체적 내에 존재하는 전자의 총 전하량으로 나타낼 수 있다.
- 총 전하량
$$Q = 전자 \; 밀도 \times 전자의 \; 전하량 \times 체적$$
$$= (1 \times 10^{28}) \times (1.602 \times 10^{-19}) \times \left(\frac{5}{2} \times 10^{-3}\right)^2 \pi \times 1 \times 10^{-2}$$
$$\fallingdotseq 314[C]$$
- 동선을 흐르는 데 걸리는 평균 시간
$$t = \frac{Q}{I} = \frac{314}{1} = 314[sec]$$

03
전선을 균일하게 2배의 길이로 당겨 늘였을 때 전선의 체적이 불변이라면 저항은 몇 배가 되는가?

① 2
② 4
③ 6
④ 8

해설
- 원래의 저항
$$R_1 = \rho \frac{l}{S}[\Omega]$$
- 새로운 저항
전선의 체적 $V[m^3]$가 불변인 상태에서 전선의 길이를 2배로 늘리면 $l' = 2l[m]$
$$V = S' \times l' = \frac{S}{2} \times 2l[m^3] \; 즉, \; 단면적은 \; \frac{1}{2}배로 \; 된다.$$
따라서 새로운 저항값 $R_2 = \rho \frac{l'}{S'} = \rho \frac{2l}{\frac{1}{2}S} = 4R_1[\Omega]$으로 저항이 4배로 증가한다.

04
다음 중 틀린 것은?

① 저항의 역수는 컨덕턴스이다.
② 저항률의 역수는 도전율이다.
③ 도체의 저항은 온도가 올라가면 그 값이 증가한다.
④ 저항률의 단위는 $[\Omega/m^2]$이다.

해설
- 저항
$$R = \rho \frac{l}{S}[\Omega] = \frac{l}{kS}[\Omega]$$
(고유 저항 $\rho[\Omega \cdot m]$의 역수는 도전율이다.)
- 컨덕턴스
$$G = \frac{1}{R}[\mho]$$
(저항의 역수는 컨덕턴스이다.)
- 도체의 저항은 도체의 온도가 상승하면 저항값도 커진다.

| 정답 | 01 ③ 02 ③ 03 ② 04 ④

05
온도가 20[℃]일 때 저항률의 온도 계수가 가장 작은 금속은?

① 금
② 철
③ 알루미늄
④ 백금

해설

금속 종류별 온도 계수
- 금: 0.0034
- 알루미늄: 0.0042
- 철: 0.005
- 백금: 0.003

06
도전율의 단위로 옳은 것은?

① $[m/\Omega]$
② $[\Omega/m^2]$
③ $[1/\mho \cdot m]$
④ $[\mho/m]$

해설
- 고유 저항: $\rho[\Omega \cdot m]$
- 도전율: $k = \dfrac{1}{\rho}[1/\Omega \cdot m]$ (또는 $[\mho/m]$)

07
도체의 저항에 관한 설명으로 옳은 것은?

① 도체의 단면적에 비례한다.
② 도체의 길이에 반비례한다.
③ 저항률이 클수록 저항은 적어진다.
④ 온도가 올라가면 저항값이 증가한다.

해설
- 전선의 전기 저항은 다음과 같이 구한다.

$$R = \rho\frac{l}{S} = \frac{l}{kS}[\Omega]$$

(단, k는 도전율$[\mho/m]$로, 고유 저항 ρ의 역수를 의미한다.)
- 온도 변화에 따른 저항값의 관계
일반적으로 전선은 전선 주변의 온도가 올라가면 이에 비례하여 전선의 저항값도 증가하게 된다. 이는 온도가 올라가면 도체 내부의 분자 운동이 활발해져서 전하의 흐름을 방해하기 때문이다.
- 온도 변화에 따른 저항값 구하는 식
$R_t = R_0\{1 + \alpha(t_2 - t_1)\}[\Omega]$

08
금속 도체의 전기 저항은 일반적으로 온도와 어떤 관계인가?

① 전기 저항은 온도의 변화에 무관하다.
② 전기 저항은 온도의 변화에 대해 정특성을 가진다.
③ 전기 저항은 온도의 변화에 대해 부특성을 가진다.
④ 금속 도체의 종류에 따라 전기 저항의 온도 특성은 일관성이 없다.

해설

온도에 따른 저항값
$R_t = R_o[1 + \alpha(t_2 - t_1)]$
도체의 전기 저항은 온도 상승 시 비례해서 증가하는 정특성을 갖는다.

| 정답 | 05 ④ 06 ④ 07 ④ 08 ②

09

다음 중 틀린 것은?

① 도체의 전류 밀도 J는 가해진 전기장 E에 비례하여 온도 변화와 무관하게 항상 일정하다.
② 도전율의 변화는 원자 구조, 불순도 및 온도에 의하여 설명이 가능하다.
③ 전기 저항은 도체의 재질, 형상, 온도에 따라 결정되는 상수이다.
④ 고유 저항의 단위는 $[\Omega \cdot m]$이다.

해설

도체에 흐르는 전류 밀도는 온도가 증가하면 도체 내의 저항이 증가하므로 전류 밀도는 감소하게 된다. 즉, 도체 내의 전류 밀도는 온도 변화에 따라 변화한다.

10

온도 $0°C$에서 저항이 $R_1[\Omega]$, $R_2[\Omega]$, 저항 온도 계수가 α_1, $\alpha_2[1/°C]$인 두 개의 저항선을 직렬로 접속하는 경우 그 합성 저항 온도 계수는 몇 $[1/°C]$인가?

① $\dfrac{\alpha_1 R_2}{R_1 + R_2}$
② $\dfrac{\alpha_1 R_1 + \alpha_2 R_2}{R_1 + R_2}$
③ $\dfrac{\alpha_1 R_1 - \alpha_2 R_2}{R_1 + R_2}$
④ $\dfrac{\alpha_1 R_2 + \alpha_2 R_1}{R_1 + R_2}$

해설

서로 다른 두 도체의 합성 온도 계수

$\alpha = \dfrac{\alpha_1 R_1 + \alpha_2 R_2}{R_1 + R_2} [1/°C]$

11

$10^6[cal]$의 열량은 몇 $[kWh]$의 전력량에 상당한가?

① 0.07
② 1.17
③ 2.27
④ 4.17

해설

$1[cal] = 4.2[J] = 4.2[W \cdot s]$
$10^6[cal] = 4.2 \times 10^6[J] = 4.2 \times 10^6[W \cdot s]$
위의 단위 변환에서

$\therefore 4.2 \times 10^6 \times 10^{-3} \times \dfrac{1}{3,600} = 1.17[kWh]$

12

액체 유전체를 포함한 콘덴서 용량이 $C[F]$인 것에 $V[V]$의 전압을 가했을 경우에 흐르는 누설 전류$[A]$는?(단, 유전체의 유전율은 ε, 고유 저항은 ρ라 한다.)

① $\dfrac{\rho\varepsilon}{C}V$
② $\dfrac{C}{\rho\varepsilon}V$
③ $\dfrac{C}{\rho\varepsilon}V^2$
④ $\dfrac{\rho\varepsilon}{CV}$

해설

• 저항

$RC = \varepsilon\rho \Rightarrow R = \dfrac{\varepsilon\rho}{C}$

• 누설 전류

$I = \dfrac{V}{R} = \dfrac{V}{\dfrac{\varepsilon\rho}{C}} = \dfrac{CV}{\varepsilon\rho}[A]$

| 정답 | 09 ① 10 ② 11 ② 12 ②

13

액체 유전체를 넣은 콘덴서의 용량은 $30[\mu F]$이다. 여기에 $500[V]$의 전압을 가했을 때 누설 전류는 약 몇 $[mA]$인가? (단, 고유 저항 ρ는 $10^{11}[\Omega \cdot m]$, 비유전율 $\varepsilon_s = 2.2$이다.)

① 5.1
② 7.7
③ 10.2
④ 15.4

해설

- 저항

$$RC = \varepsilon\rho \rightarrow R = \frac{\varepsilon\rho}{C}$$

- 누설 전류

$$I = \frac{V}{R} = \frac{V}{\frac{\varepsilon\rho}{C}} = \frac{CV}{\varepsilon\rho} = \frac{30 \times 10^{-6} \times 500}{8.854 \times 10^{-12} \times 2.2 \times 10^{11}}$$

$$= 7.7 \times 10^{-3}[A] = 7.7[mA]$$

14

반지름이 각각 $a = 0.2[m]$, $b = 0.5[m]$가 되는 동심 구간에 고유 저항 $\rho = 2 \times 10^{12}[\Omega \cdot m]$, 비유전율 $\varepsilon_r = 100$인 유전체를 채우고 내외 동심 구간에 $150[V]$의 전위 차를 가할 때 유전체를 통하여 흐르는 누설 전류는 몇 $[A]$인가?

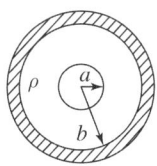

① 2.15×10^{-10}
② 3.14×10^{-10}
③ 5.31×10^{-10}
④ 6.13×10^{-10}

해설

- 정전 용량

$$C = \frac{4\pi\varepsilon ab}{b-a}[F]$$

- 저항

$RC = \varepsilon\rho$에 의해

$$R = \frac{\varepsilon\rho}{C} = \frac{\varepsilon\rho}{\frac{4\pi\varepsilon ab}{b-a}} = \frac{\rho(b-a)}{4\pi ab}[\Omega]$$

- 누설 전류

$$I = \frac{V}{R} = \frac{V}{\frac{\rho(b-a)}{4\pi ab}} = \frac{4\pi ab V}{\rho(b-a)}$$

$$= \frac{4\pi \times 0.2 \times 0.5 \times 150}{2 \times 10^{12} \times (0.5 - 0.2)}$$

$$= 3.14 \times 10^{-10}[A]$$

15

지름 20[cm]의 구리로 만든 반구의 볼에 물을 채우고 그 중에 지름 10[cm]의 구를 띄운다. 이때에 양구가 동심구라면 양구 간의 저항 [Ω]은 약 얼마인가?(단, 물의 도전율은 10^{-3}[℧/m]이고 물은 충만되어 있다.)

① 159
② 1,590
③ 2,800
④ 2,850

해설

- 반구형 동심구의 정전 용량

$$C = \frac{4\pi\varepsilon ab}{b-a} \times \frac{1}{2} = \frac{4\pi \times 8.854 \times 10^{-12} \times 0.05 \times 0.1}{0.1 - 0.05} \times \frac{1}{2}$$
$$= 5.56 \times 10^{-12} [F]$$

- 저항
$RC = \varepsilon\rho$

$$\therefore R = \frac{\varepsilon\rho}{C} = \frac{\varepsilon}{kC} = \frac{8.854 \times 10^{-12}}{10^{-3} \times 5.56 \times 10^{-12}} \fallingdotseq 1,590 [\Omega]$$

16

두 종류의 금속 접합면에 전류를 흘리면 접속점에서 열의 흡수 또는 발생이 일어나는 현상은?

① 제벡 효과
② 펠티에 효과
③ 톰슨 효과
④ 코일의 상대 위치

해설

- 제벡 효과(Seebeck Effect)
  금속선 양쪽 끝을 접합하여 폐회로를 구성하고 한 접점에 열을 가하게 되면 두 접점에 온도차로 인해 생기는 전위차에 의해 전류가 흐르게 되는 현상
- 펠티에 효과(Peltier Effect)
  두 금속으로 이루어진 열전대에 전류를 흐르게 했을 때 열전대의 각 접점에서 발열 혹은 흡열 작용이 일어나는 현상
- 톰슨 효과(Thomson Effect)
  동일한 금속에 부분적인 온도차가 있을 때 전류를 흘리면 발열 또는 흡열이 일어나는 현상

17

동일한 금속 도선의 두 점 사이에 온도차를 주고 전류를 흘렸을 때 열의 발생 또는 흡수가 일어나는 현상은?

① 펠티에(Peltier) 효과
② 볼타(Volta) 효과
③ 제벡(Seebeck) 효과
④ 톰슨(Thomson) 효과

해설

- 펠티에 효과(Peltier Effect)
  두 금속으로 이루어진 열전대에 전류를 흐르게 했을 때 열전대의 각 접점에서 발열 혹은 흡열 작용이 일어나는 현상
- 볼타(Volta) 효과: 서로 다른 두 종류의 금속을 접촉시키고 얼마 후에 떼어서 각각 검사하면 양과 음으로 대전되는 현상
- 제벡 효과(Seebeck Effect)
  금속선 양쪽 끝을 접합하여 폐회로를 구성하고 한 접점에 열을 가하게 되면 두 접점에 온도차로 인해 생기는 전위차에 의해 전류가 흐르게 되는 현상
- **톰슨 효과(Thomson Effect)**
  동일한 금속에 부분적인 온도차가 있을 때 전류를 흘리면 발열 또는 흡열이 일어나는 현상

18

제벡(Seebeck) 효과를 이용한 것은?

① 광전지
② 열전대
③ 전자 냉동
④ 수정 발전기

해설

- 제벡 효과(Seebeck Effect)
  금속선 양쪽 끝을 접합하여 폐회로를 구성하고 한 접점에 열을 가하게 되면 두 접점에 온도 차로 인해 생기는 전위 차에 의해 전류가 흐르게 되는 현상
- 제벡 효과를 이용한 기기: 열전대, 전자 온도계

19

전류가 흐르고 있는 도체와 직각 방향으로 자계를 가하게 되면 도체 측면에 정·부의 전하가 생기는 것을 무슨 효과라고 하는가?

① 톰슨(Thomson) 효과
② 펠티에(Peltier) 효과
③ 제벡(Seebeck) 효과
④ 홀(Hall) 효과

해설
홀(Hall) 효과
도체에 전류를 흘리고 이 전류와 직각 방향으로 자계를 가하면 이 두 방향과 직각 방향으로 분극이 나타나고 기전력이 생기는 효과가 발생한다.

20

전류와 자계 사이의 힘의 효과를 이용한 것으로 자유로이 구부릴 수 있는 도선에 대전류를 통하면 도선 상호 간에 반발력에 의하여 도선이 원을 형성하는데 이와 같은 현상은?

① 스트레치 효과
② 핀치 효과
③ 홀 효과
④ 스킨 효과

해설
스트레치 효과
전류와 자계 사이의 힘의 효과를 이용한 것으로 자유로이 구부릴 수 있는 도선에 대전류를 통하면 도선 상호 간에 반발력에 의하여 도선이 원을 형성하는 효과이다.

| 정답 | 19 ④ 20 ①

CHAPTER 07

진공 중의 정자계

1. 정자계의 쿨롱의 법칙
2. 자계(자장)의 세기
3. 자기력선
4. 자속 및 자속 밀도
5. 자위
6. 자기 쌍극자 및 자기 이중층
7. 막대 자석

학습전략

진공 중의 정자계는 진공 중의 정전계와 상당히 유사한 내용을 포함하고 있으므로 CHAPTER 02의 진공 중의 정전계와 연관하여 학습하면 상당히 큰 학습 효과를 볼 수 있습니다. 예를 들어 정전계의 유전율에 대응되는 정자계 요소는 투자율과 같은 식으로 학습한다면 정전계와 정자계를 한번에 학습하는 효과가 있습니다.

CHAPTER 07 | 흐름 미리보기

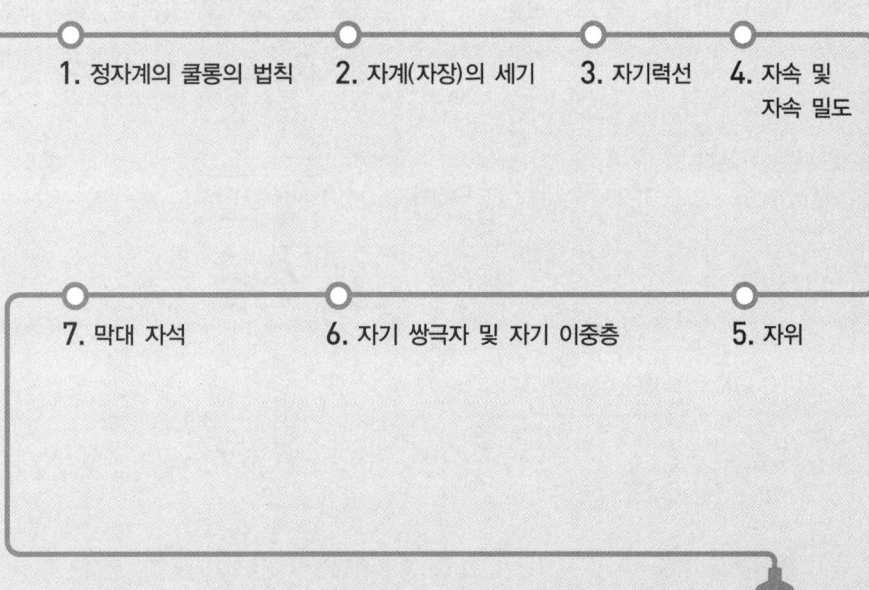

1. 정자계의 쿨롱의 법칙
2. 자계(자장)의 세기
3. 자기력선
4. 자속 및 자속 밀도
5. 자위
6. 자기 쌍극자 및 자기 이중층
7. 막대 자석

NEXT **CHAPTER 08**

CHAPTER 07 진공 중의 정자계

독학이 쉬워지는 기초개념

$\dfrac{1}{4\pi\mu_0} = \dfrac{1}{4\pi \times 4\pi \times 10^{-7}}$
$= 6.33 \times 10^4$

정전계의 쿨롱의 법칙

$F = \dfrac{Q_1 Q_2}{4\pi\varepsilon_0 r^2}$

$= 9 \times 10^9 \times \dfrac{Q_1 Q_2}{r^2} [\text{N}]$

THEME 01 정자계의 쿨롱의 법칙

1 정자계의 쿨롱의 법칙

어느 임의의 공간에 두 물체를 적당한 간격 $r[\text{m}]$로 떨어뜨려 놓고 이 두 물체에 자하 $m[\text{Wb}]$를 가하면 두 물체 간에는 자기적인 힘이 발생한다.

2 정자계의 쿨롱의 힘

이 쿨롱의 힘은 같은 자하($+m[\text{Wb}]$와 $+m[\text{Wb}]$)끼리는 반발력이, 서로 다른 자하 ($+m[\text{Wb}]$와 $-m[\text{Wb}]$)끼리는 흡인력이 발생하는 성질이 있다.

(반발력)　　　　　　　　(흡인력)

$F \leftarrow \boxed{+m}$　$\boxed{+m} \rightarrow$　　$\boxed{+m} \rightarrow \; F \; \leftarrow \boxed{-m}$

(a) 같은 극성의 자하　　　(b) 다른 극성의 자하

▲ 자기력의 성질

3 정자계에서 쿨롱의 힘을 구하는 식

두 자하가 발생하는 반발력이나 흡인력은 다음과 같은 식에 의해 구한다.

$$F = \dfrac{m_1 m_2}{4\pi\mu_0 r^2}\,[\text{N}] = 6.33 \times 10^4 \times \dfrac{m_1 m_2}{r^2}\,[\text{N}]$$

(단, μ_0: 진공 중의 투자율)

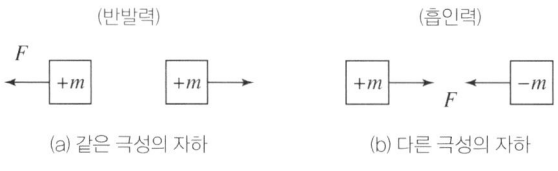

▲ 쿨롱의 힘

기출예제

$10^{-5}[\text{Wb}]$와 $1.2 \times 10^{-5}[\text{Wb}]$의 점자극을 공기 중에서 $2[\text{cm}]$ 거리에 놓았을 때 극 간에 작용하는 힘은 몇 $[\text{N}]$인가?

① $1.9 \times 10^{-2}[\text{N}]$
② $1.9 \times 10^{-3}[\text{N}]$
③ $3.8 \times 10^{-3}[\text{N}]$
④ $3.8 \times 10^{-2}[\text{N}]$

| 해설 |

$$F = 6.33 \times 10^4 \times \frac{m_1 m_2}{r^2} = 6.33 \times 10^4 \times \frac{10^{-5} \times 1.2 \times 10^{-5}}{(2 \times 10^{-2})^2} = 1.9 \times 10^{-2}[\text{N}]$$

답 ①

4 투자율($\mu[\text{H/m}]$)

매질에 따른 자성 특성의 차이를 설명하기 위해 투자율(μ)의 개념을 도입하였다. 이 투자율은 자계에 의한 자속을 유도하는 능력을 의미하며 다음과 같은 특성이 있다.

(1) 진공(공기)에서 투자율

$\mu_0 = 4\pi \times 10^{-7}[\text{H/m}]$

(2) 매질에 따른 투자율

$\mu = \mu_0 \mu_s [\text{H/m}]$

(3) 비투자율

매질에서의 투자율과 진공 중의 투자율의 비로 다음과 같이 표현할 수 있다.

$\mu_s = \dfrac{\mu}{\mu_0}$

비투자율은 비유전율과 같이 단위가 없다.

> **Tip 강의 꿀팁**
>
> 진공에서 투자율
> $\mu_0 = 4\pi \times 10^{-7}[\text{H/m}]$
> 값은 필수로 암기해야 해요.

THEME 02 자계(자장)의 세기

1 자계의 세기 정의

(1) 임의의 공간에 자하 $m[\text{Wb}]$에서 거리 $r[\text{m}]$ 떨어진 곳에 단위 정(+)자하 ($+1[\text{Wb}]$)를 놓았을 때 작용하는 힘을 그 점의 자계의 세기라고 한다.
(2) 자계의 세기는 기호 H로 표시하고 단위는 $[\text{A/m}]$ 또는 $[\text{AT/m}]$를 사용한다.
(3) 자계의 세기를 구하는 공식도 쿨롱의 힘을 구하는 식과 똑같이 적용된다.

2 자계의 세기 구하는 공식

$$H = \frac{F}{m} = \frac{m}{4\pi\mu_0 r^2} = 6.33 \times 10^4 \times \frac{m}{r^2}[\text{A/m}]$$

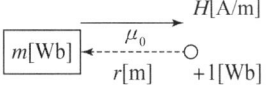

▲ 자계의 세기

> **Tip 강의 꿀팁**
>
> 전계의 경우와 비교하여 학습하면 쉬워요.

정전계 ↔ 정자계
- $\varepsilon_0 \leftrightarrow \mu_0$
- $Q \leftrightarrow m$
- $8.854 \times 10^{-12} \leftrightarrow 4\pi \times 10^{-7}$
- $9 \times 10^9 \leftrightarrow 6.33 \times 10^4$
- $F = QE \leftrightarrow F = mH$

기출예제

자극의 크기가 $4[\text{Wb}]$로부터 $4[\text{m}]$ 거리 떨어진 지점의 자계의 세기 $H[\text{AT/m}]$를 구하면?

① $6.3 \times 10^4 [\text{AT/m}]$
② $1.6 \times 10^4 [\text{AT/m}]$
③ $1.3 \times 10^3 [\text{AT/m}]$
④ $8.0 \times 10^3 [\text{AT/m}]$

| 해설 |

$$H = \frac{m}{4\pi\mu_0 r^2} = 6.33 \times 10^4 \times \frac{m}{r^2} = 6.33 \times 10^4 \times \frac{4}{4^2} = 1.6 \times 10^4 [\text{AT/m}]$$

답 ②

THEME 03 자기력선

1 자기력선의 정의

쿨롱의 법칙에서 어떤 자성체에 자하를 가했을 때 그 자성체에는 자기력이 존재한다는 사실을 알게 되었다. 이러한 어떤 자성체에 작용하는 자기력을 가상으로 그린 선을 자기력선이라고 한다.

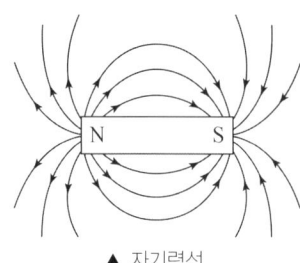

▲ 자기력선

2 자기력선의 성질

(1) 자기력선은 반드시 정(+)자하(N극)에서 나와서 부(−)자하(S극)로 들어간다.
(2) 자기력선은 반드시 자성체 표면에 수직으로 출입한다.
(3) 자기력선끼리는 서로 반발력이 작용하여 교차할 수 없다.
(4) 자기력선의 방향은 그 점의 자계의 방향과 일치한다.
(5) 자기력선의 밀도는 자계의 세기와 같다.
(6) 자기력선은 등자위면과 수직이다.
 (자위: 전위와 쌍대되는 개념으로 전류[A]와 같다.)
(7) $m[\text{Wb}]$의 자하에서 나오는 자기력선의 개수는 $\dfrac{m}{\mu_0}$개이다.

독학이 쉬워지는 기초개념

Tip 강의 꿀팁

전기력선의 성질을 잘 알아두면 자기력선의 성질은 거의 비슷해요.

자기력선 수(N)와 자계(H)의 관계

$$N = \int_s \dot{H} \cdot d\dot{s} = HS$$
$$= \frac{m}{4\pi\mu_0 r^2} \times 4\pi r^2 = \frac{m}{\mu_0}$$

전기력선의 성질
(1) 전기력선은 반드시 정(+)전하에서 나와서 부(−)전하로 들어간다.
(2) 전기력선은 반드시 도체 표면에 수직으로 출입한다.
(3) 전기력선끼리는 서로 반발력이 작용하여 교차할 수 없다.
(4) 도체에 주어진 전하는 도체 표면에만 분포한다.(도체 내부에는 전하가 없어, 전기력선이 존재할 수 없다.)
(5) 전기력선은 그 자신만으로는 폐곡선을 이룰 수 없다.
(6) 전기력선의 방향은 그 점의 전계의 방향과 일치한다.
(7) 전기력선의 밀도는 전계의 세기와 같다.
(8) 전기력선은 등전위면과 수직이다.
(9) 전기력선은 전위가 높은 곳에서 낮은 곳으로 향한다.
(10) $Q[\text{C}]$의 전하에서 나오는 전기력선의 개수는 $\dfrac{Q}{\varepsilon_0}$개이다.

기출예제

다음 자력선의 성질 중 맞지 않는 것은?
① 자력선은 N(+)극에서 출발하여 S(-)극에서 끝난다.
② 한 점의 자력선의 밀도는 그 점의 자계의 크기와 같다.
③ $m[\text{Wb}]$의 자하에서 나오는 자력선의 개수는 m개이다.
④ 자력선에 그은 접선은 그 점에서의 자계의 방향을 나타낸다.

| 해설 |
$m[\text{Wb}]$의 자하에서 나오는 자기력선(자력선)의 개수는 $\dfrac{m}{\mu_0}$개이다.

답 ③

THEME 04 자속 및 자속 밀도

1 자속($\phi[\text{Wb}]$)

(1) 자속의 정의
   ① 자기력선의 묶음을 자속이라고 하며, 임의의 폐곡면 내에 존재하는 자하량 $m[\text{Wb}]$만큼 존재한다.
   ② 자속의 기호는 ϕ로 표시하고, 단위는 $[\text{Wb}]$(웨버)를 사용한다.
(2) **자속의 성질**: 자속은 공기 중에서든 어떤 자성체 내에서든 $\phi = m[\text{Wb}]$로서 매질 상수(투자율)와는 관계없다.

2 자속 밀도($B[\text{Wb/m}^2]$)

(1) 자속 밀도의 정의
   ① 자속의 밀도로, 단위 면적당 자속의 수를 말한다.
   ② 자속 밀도의 기호는 B로 표시하고, 단위는 $[\text{Wb/m}^2]$ 또는 $[T]$(테슬라)를 사용한다.
(2) 자속 밀도의 계산
   ① 자속선은 반지름 $r[\text{m}]$를 갖는 구 표면을 통하여 사방으로 퍼져 나가므로 이를 수식으로 정리하면 다음과 같다.
   $$B = \frac{\phi}{S} = \frac{m}{S} = \frac{m}{4\pi r^2}[\text{Wb/m}^2]$$
   ② 따라서 **자속 밀도와 자계의 세기의 관계는**
   $$\boxed{B = \mu_0 H} = \mu_0 \times \frac{m}{4\pi\mu_0 r^2}$$
   $$= \frac{m}{4\pi r^2}[\text{Wb/m}^2]$$로서
   자계의 세기와 다르게 주위 매질 상수(투자율)와 관계가 없음을 알 수 있다.

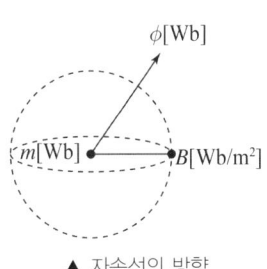

▲ 자속선의 방향

독학이 쉬워지는 기초개념

기출예제

비투자율 μ_s, 자속 밀도 B인 자계 중에 있는 $m[\text{Wb}]$의 자극이 받는 힘은?

① $\dfrac{Bm}{\mu_0 \mu_s}$ ② $\dfrac{Bm}{\mu_0}$

③ $\dfrac{\mu_0 \mu_s}{Bm}$ ④ $\dfrac{Bm}{\mu_s}$

| 해설 |

$F = mH = m \times \dfrac{B}{\mu} = \dfrac{mB}{\mu_0 \mu_s} [\text{N}]$

답 ①

3 정자계에서의 가우스 정리

(1) 자기력선의 수: $N = \int_s \dot{H} \cdot d\dot{s} = \dfrac{m}{\mu_0}$

(2) 자속선의 수: $\phi = \int_s \dot{B} \cdot d\dot{s} = m$

(3) 자기력선의 수는 투자율과 반비례, 자속선의 수는 투자율과 무관한 성질을 가지고 있다.

THEME 05   자위

1 자위의 정의($U[\text{A}]$)

(1) 임의의 자계가 존재하는 공간에서 단위 정자하($+1[\text{Wb}]$)를 무한하게 먼 곳($r = \infty[\text{m}]$) 위치에서 임의의 관측 지점까지 자계의 방향과 반대 방향으로 이동시키는 데 필요한 자계 에너지를 말한다.

(2) 자위의 기호로는 U로 표시하고, 단위는 $[\text{A}]$(암페어)를 사용한다.

2 자위 구하는 공식

(1) 기본식

$U = -\int_\infty^r H\,dr = \int_r^\infty H\,dr \,[\text{A}]$

(2) 점(구) 자하의 자위

$U = \int_r^\infty H\,dr = \left[-\dfrac{m}{4\pi\mu_0 r} \right]_r^\infty$

$= \dfrac{m}{4\pi\mu_0 r} = H \cdot r \,[\text{A}]$

Tip 강의 꿀팁

자위의 단위는 [A]이므로 결국 전류를 의미해요.

▲ 자위

THEME 06 자기 쌍극자 및 자기 이중층

1 자기 쌍극자(소자석)

(1) 자기 쌍극자의 정의
① 크기는 같고 부호가 반대인 2개의 점자하가 매우 근접하여 미소한 거리 l[m]만큼 떨어져 존재하는 상태의 자하를 말한다.
② 이때 자기 쌍극자를 이루는 자기 쌍극자 모멘트는 $M = ml$ [Wb·m]로 나타낸다.

(2) 자기 쌍극자의 자계 세기 및 자위

$$H = \frac{M}{4\pi\mu_0 r^3}\sqrt{1+3\cos^2\theta}\ [\text{A/m}]$$

$$U = \frac{M}{4\pi\mu_0 r^2}\cos\theta\ [\text{A}]$$

(단, l: 두 점자하 간의 미소 거리[m]
 r: 쌍극자 중심에서 어느 임의의 지점 간의 거리[m]
 θ: 쌍극자 평행선과 임의의 지점이 이루는 각[°])

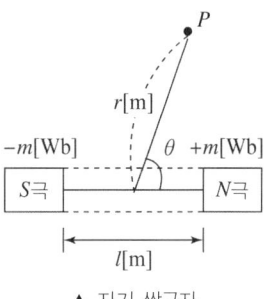
▲ 자기 쌍극자

2 자기 이중층(판자석)

(1) 자기 이중층의 정의
① 정(+)자하와 부(−)자하가 매우 짧은 거리를 두고 마주 보면서 분포된 상태를 자기 이중층이라고 한다.
② 이때 자기 이중층을 이루는 자기 이중층의 세기는
$M = \sigma_s \delta$[Wb/m]로 나타낸다(∴ σ_s: 면자하 밀도[Wb/m²]).

(2) 자기 이중층의 자위

$$U = \frac{M}{4\pi\mu_0}\omega$$
$$= \frac{M}{2\mu_0}\left(1 - \frac{r}{\sqrt{a^2+r^2}}\right)[\text{A}]$$

(단, ω: 입체각, $\omega = 2\pi(1-\cos\theta)$[sr]
 σ_s: 면자하 밀도[Wb/m²])

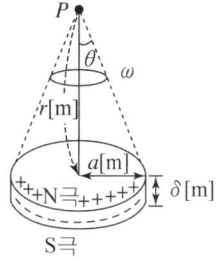
▲ 자기 이중층

> **Tip 강의 꿀팁**
> 전기 쌍극자 공식을 정확히 알고 나면 자기 쌍극자 공식도 알 수 있어요.

독학이 쉬워지는 기초개념

기출예제

자기 쌍극자에 의한 자계는 쌍극자 중심으로부터 거리의 몇 제곱에 반비례하는가?

① 1 ② 2
③ 3 ④ 4

| 해설 |
$H = \dfrac{M}{4\pi\mu_0 r^3}\sqrt{1+3\cos^2\theta}$ [A/m]로서 자계 H는 거리 r의 3승에 반비례한다.

답 ③

THEME 07 막대 자석

1 막대 자석의 회전력(토크)

(1) 자계의 세기 $H[\mathrm{AT/m}]$인 공간에 자극의 세기가 $m[\mathrm{Wb}]$이고, 길이가 $l[\mathrm{m}]$인 막대 자석을 자계 방향과 θ의 각으로 놓으면 막대 자석에 반대 방향으로 회전력(토크)이 작용하게 된다.

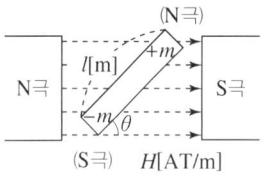

▲ 막대 자석의 회전력

(2) 회전력의 크기

$$T = |\dot{M} \times \dot{H}| = MH\sin\theta = mlH\sin\theta\,[\mathrm{N \cdot m}]$$

(단, M: 자기 모멘트$[\mathrm{Wb \cdot m}]$ ($M = ml$))

2 막대 자석을 회전시키는 데 필요한 에너지

(1) 막대 자석을 회전하기 위해 필요한 회전력은 이에 필요한 총 토크량과 같다.
(2) 회전시키는 데 필요한 에너지

$$W = \int_0^\theta T\,d\theta = \int_0^\theta MH\sin\theta\,d\theta = MH(1-\cos\theta)\,[\mathrm{J}]$$

기출예제

중요도 자극의 세기 8×10^{-6} [Wb], 길이가 3[cm]인 막대 자석을 120[AT/m]의 평등 자계 내에 자계와 30°로 놓았을 때 막대 자석이 받는 회전력은 몇 [N·m]인가?

① 1.44×10^{-4} [N·m]
② 1.44×10^{-5} [N·m]
③ 3.02×10^{-4} [N·m]
④ 3.02×10^{-5} [N·m]

| 해설 |

$T = mlH\sin\theta = 8 \times 10^{-6} \times 3 \times 10^{-2} \times 120 \times \sin 30°$
$= 1.44 \times 10^{-5}$ [N·m]

답 ②

독학이 쉬워지는 기초개념

CHAPTER 07 CBT 적중문제

01
진공 중의 자계 $10[\text{AT/m}]$인 점에 $5 \times 10^{-3}[\text{Wb}]$의 자극을 놓으면 그 자극에 작용하는 힘$[\text{N}]$은?

① 5×10^{-2}
② 5×10^{-3}
③ 2.5×10^{-2}
④ 2.5×10^{-3}

해설
자극에 작용하는 힘
$F = mH = 5 \times 10^{-3} \times 10 = 5 \times 10^{-2}[\text{N}]$

02
$10^{-5}[\text{Wb}]$와 $1.2 \times 10^{-5}[\text{Wb}]$의 점자극을 공기 중에서 $2[\text{cm}]$ 거리에 놓았을 때 극 간에 작용하는 힘은 약 몇 $[\text{N}]$인가?

① 1.9×10^{-2}
② 1.9×10^{-3}
③ 3.8×10^{-2}
④ 3.8×10^{-3}

해설
두 점 자극 m_1, m_2 사이에 발생하는 쿨롱의 힘
$$F = \frac{1}{4\pi\mu_0} \times \frac{m_1 m_2}{r^2}$$
$$= 6.33 \times 10^4 \times \frac{10^{-5} \times 1.2 \times 10^{-5}}{(2 \times 10^{-2})^2} = 1.9 \times 10^{-2}[\text{N}]$$

03
비투자율 μ_s, 자속 밀도 $B[\text{Wb/m}^2]$인 자계 중에 있는 $m[\text{Wb}]$의 자극이 받는 힘$[\text{N}]$은?

① $\dfrac{mB}{\mu_0 \mu_s}$
② $\dfrac{mB}{\mu_0}$
③ $\dfrac{\mu_0 \mu_s}{mB}$
④ $\dfrac{mB}{\mu_s}$

해설
자극이 받는 힘
$F = mH = m \times \dfrac{B}{\mu_0 \mu_s} = \dfrac{mB}{\mu_0 \mu_s}[\text{N}]$

04
단면적 $4[\text{cm}^2]$의 철심에 $6 \times 10^{-4}[\text{Wb}]$의 자속을 통하게 하려면 $2,800[\text{AT/m}]$의 자계가 필요하다. 이 철심의 비투자율은?

① 43
② 75
③ 324
④ 426

해설
자속 밀도 $B = \mu_0 \mu_s H = \dfrac{\phi}{S}[\text{Wb/m}^2]$에서
$$\mu_s = \frac{B}{\mu_0 H} = \frac{\frac{\phi}{S}}{\mu_0 H} = \frac{\frac{6 \times 10^{-4}}{4 \times 10^{-4}}}{4\pi \times 10^{-7} \times 2,800} = 426$$

| 정답 | 01 ① 02 ① 03 ① 04 ④

05
자위(Magnetic Potential)의 단위로 옳은 것은?

① [C/m] ② [N·m]
③ [AT]   ④ [J]

해설
자위 U
: 1[Wb]의 자극을 무한 원점에서 임의의 점까지 옮기는 데 필요로 하는 일을 말하며, 단위는 [A] 또는 [AT]이다.

06
다음 ( ) 안에 들어갈 내용으로 옳은 것은?

> 전기 쌍극자에 의해 발생하는 전위의 크기는 전기 쌍극자 중심으로부터 거리의 (㉮)에 반비례하고, 자기 쌍극자에 의해 발생하는 자계의 크기는 자기 쌍극자 중심으로부터 거리의 (㉯)에 반비례한다.

① ㉮ 제곱   ㉯ 제곱
② ㉮ 제곱   ㉯ 세제곱
③ ㉮ 세제곱 ㉯ 제곱
④ ㉮ 세제곱 ㉯ 세제곱

해설
- 전기 쌍극자의 전계
  $E = \dfrac{M}{4\pi\varepsilon_0 r^3}\sqrt{1+3\cos^2\theta}$ [V/m] (거리의 3승에 반비례)
- 전기 쌍극자의 전위
  $V = \dfrac{M}{4\pi\varepsilon_0 r^2}\cos\theta$ [V] (거리의 2승에 반비례)
- 자기 쌍극자의 자계
  $H = \dfrac{M}{4\pi\mu_0 r^3}\sqrt{1+3\cos^2\theta}$ [A/m] (거리의 3승에 반비례)
- 자기 쌍극자의 자위
  $U = \dfrac{M}{4\pi\mu_0 r^2}\cos\theta$ [A] (거리의 2승에 반비례)

07
자기 쌍극자의 중심축으로부터 r[m]인 점의 자계의 세기에 관한 설명으로 옳은 것은?

① r에 비례한다.
② r^2에 비례한다.
③ r^2에 반비례한다.
④ r^3에 반비례한다.

해설
자기 쌍극자에 의한 자계의 세기
$H = \dfrac{M}{4\pi\mu_0 r^3}\sqrt{1+3\cos^2\theta}$ [A/m]

08
자기 쌍극자에 의한 자위 U[A]에 해당되는 것은?(단, 자기 쌍극사의 자기 모멘트 M[Wb·m], 쌍극자의 중심으로부터의 거리는 r[m], 쌍극자의 정방향과의 각도는 θ라 한다.)

① $6.33 \times 10^3 \times \dfrac{M\sin\theta}{r^3}$

② $6.33 \times 10^3 \times \dfrac{M\sin\theta}{r^2}$

③ $6.33 \times 10^4 \times \dfrac{M\cos\theta}{r^3}$

④ $6.33 \times 10^4 \times \dfrac{M\cos\theta}{r^2}$

해설
자기 쌍극자의 자계 세기 및 자위
- 자계의 세기
  $H = \dfrac{M}{4\pi\mu_0 r^3}\sqrt{1+3\cos^2\theta}$
  $= 6.33 \times 10^4 \times \dfrac{M}{r^3} \times \sqrt{1+3\cos^2\theta}$ [A/m]
- 자위
  $U = \dfrac{M}{4\pi\mu_0 r^2}\cos\theta = 6.33 \times 10^4 \times \dfrac{M\cos\theta}{r^2}$ [A]

09

그림과 같이 균일한 자계의 세기 $H[\text{AT/m}]$ 내에 자극의 세기가 $\pm m[\text{Wb}]$, 길이 $l[\text{m}]$인 막대 자석을 그 중심 주위에 회전할 수 있도록 놓는다. 이때 자석과 자계의 방향이 이룬 각을 θ라 하면 자석이 받는 회전력 $[\text{N} \cdot \text{m}]$은?

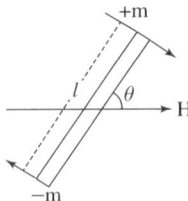

① $mHl\cos\theta$
② $mHl\sin\theta$
③ $2mHl\sin\theta$
④ $2mHl\tan\theta$

해설

막대 자석의 회전력
$T = MH\sin\theta = mlH\sin\theta [\text{N} \cdot \text{m}]$
(단, $M(=ml)$: 자기 모멘트 $[\text{Wb} \cdot \text{m}]$)

10

자극의 세기가 $8 \times 10^{-6}[\text{Wb}]$, 길이가 $3[\text{cm}]$인 막대 자석을 $120[\text{A/m}]$의 평등 자계 내에 자력선과 $30°$의 각도로 놓으면 이 막대 자석이 받는 회전력은 몇 $[\text{N} \cdot \text{m}]$인가?

① 3.02×10^{-5}
② 3.02×10^{-4}
③ 1.44×10^{-5}
④ 1.44×10^{-4}

해설

$T = MH\sin\theta$
$= mlH\sin\theta$
$= 8 \times 10^{-6} \times 3 \times 10^{-2} \times 120 \times \sin 30°$
$= 1.44 \times 10^{-5} [\text{N} \cdot \text{m}]$

암기

$T = MH\sin\theta = mlH\sin\theta[\text{N} \cdot \text{m}]$, $(M = ml[\text{Wb} \cdot \text{m}])$

11

자기 모멘트 $9.8 \times 10^{-5}[\text{Wb} \cdot \text{m}]$의 막대자석을 지구 자계의 수평 성분 $10.5[\text{AT/m}]$인 곳에서 지자기 자오면으로부터 $90°$ 회전시키는 데 필요한 일은 약 몇 $[\text{J}]$인가?

① 1.03×10^{-3}
② 1.03×10^{-5}
③ 9.03×10^{-3}
④ 9.03×10^{-5}

해설

자석에 작용하는 회전력
$T = MH\sin\theta[\text{N} \cdot \text{m}]$
자오면으로부터 $90°$ 회전시키는 데 필요한 일
$\int_{0°}^{90°} T d\theta = \int_{0°}^{90°} MH\sin\theta \, d\theta = MH(1 - \cos 90°)$
$= 9.8 \times 10^{-5} \times 10.5 \times (1 - 0) \fallingdotseq 1.03 \times 10^{-3} [\text{J}]$

에듀윌이
너를
지지할게
ENERGY

길이 가깝다고 해도 가지 않으면 도달하지 못하며,
일이 작다고 해도 행하지 않으면 성취되지 않는다.

– 순자

CHAPTER 08

전류에 의해 발생되는 자계

1. 암페어의 법칙
2. 비오-사바르의 법칙
3. 여러 가지 도체 모양에 따른 자계의 세기
4. 솔레노이드에 의한 자계의 세기
5. 플레밍의 왼손 법칙
6. 평행 도선 사이에 작용하는 힘
7. 로렌츠의 힘

학습전략

여러 가지 도체 모양에서 자계의 세기 공식을 정리하는 것이 중요합니다. 외워야 하는 공식이 많은 부분이지만 다양한 공식들이 활용되어 문제가 출제되기 때문에 여러 공식을 적용하여 문제를 푸는 능력이 중요합니다. 이번 챕터에서는 공식 암기에 많은 시간을 투자해야 합니다.

CHAPTER 08 | 흐름 미리보기

1. 암페어의 법칙
2. 비오-사바르의 법칙
3. 여러 가지 도체 모양에 따른 자계의 세기
4. 솔레노이드에 의한 자계의 세기
5. 플레밍의 왼손 법칙
6. 평행 도선 사이에 작용하는 힘
7. 로렌츠의 힘

NEXT **CHAPTER 09**

CHAPTER 08 전류에 의해 발생되는 자계

THEME 01 암페어의 법칙

1 암페어의 오른손(오른나사)의 법칙

(1) 전류에 의한 자계의 방향을 결정하는 법칙이다.
(2) 도체에 전류를 흘리면 전류와 수직인 오른손 방향으로 자계가 발생한다.

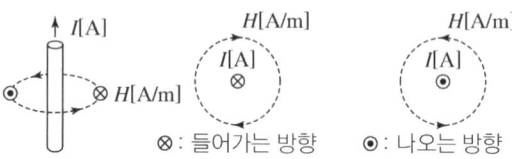

⊗ : 들어가는 방향 ⊙ : 나오는 방향

▲ 암페어의 오른손(오른나사)의 법칙

2 암페어의 주회 적분 법칙

(1) 전류에 의한 자계의 크기를 구하는 법칙이다.
(2) 자계를 자계의 경로에 따라 일주 적분시키면 폐회로 내에 흐르는 전류의 총합과 같다.

$$\oint_l \dot{H} \cdot d\vec{l} = \sum NI$$

(단, H: 자계의 세기[A/m], dl: 자계의 미소 경로[m], N: 도체(코일)의 권수[Turn], I: 도체(코일)에 흐르는 전류[A])

H가 자계의 경로 l에 관계없이 일정한 경우

$$H = \frac{\sum NI}{\oint_l dl} = \frac{\text{폐곡로 내 총 전류}}{\text{폐경로길이}}$$

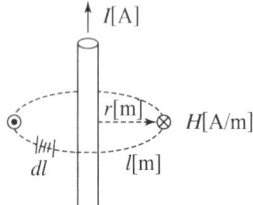

▲ 암페어의 주회 적분 법칙

(3) 암페어의 주회 적분 법칙을 적용하여 직선 도체에 흐르는 전류 I[A]에 의해 도체로부터 r[m] 떨어진 지점의 자계의 세기를 구하면

$$\oint_l \dot{H} \cdot d\vec{l} = Hl = H \times 2\pi r = NI$$

$$\therefore H = \frac{NI}{2\pi r} [\text{AT/m}]$$

권수 N이 1회이면

$$H = \frac{I}{2\pi r} [\text{AT/m}]$$

기출예제

중요도 전류 $4\pi[A]$가 흐르고 있는 무한 직선 도체에 의해 자계가 $4[AT/m]$인 점은 직선 도체로부터 거리가 몇 $[m]$인가?

① $0.5[m]$　　　　② $1[m]$
③ $3[m]$　　　　　④ $4[m]$

| 해설 |

$$H = \frac{I}{2\pi r} \Rightarrow r = \frac{I}{2\pi H} = \frac{4\pi}{2\pi \times 4} = 0.5[m]$$

답 ①

THEME 02 비오 — 사바르의 법칙

전류에 의한 자계의 세기는 암페어의 주회 적분 법칙에 의해 구할 수 있었다. 그러나 주회 적분 법칙에 의해 자계의 세기를 구할 때는 무한장 도선의 대칭성 자계에 한정되는 경우가 많다. 비오(Biot)와 사바르(Savart)는 전류에 의한 자계의 세기를 구하는 모든 경우에 적용할 수 있는 일반적인 식을 실험에 의해 유도하였다. 그림과 같이 도선에 $I[A]$의 전류를 흘릴 때 도선의 미소 부분 dl에서 $r[m]$ 떨어진 점 P에서 dl에 의한 자계의 세기 dH는 다음의 식과 같이 나타낼 수 있다.

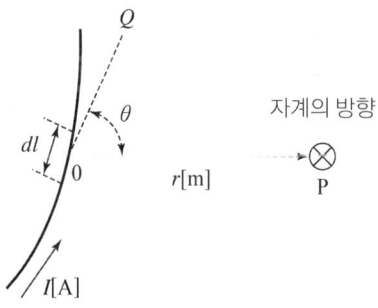

▲ 비오–사바르의 법칙

$$d\dot{H} = \frac{Idl\sin\theta}{4\pi r^2}\,[AT/m]$$

(단, θ: 전류의 방향과 r이 이루는 각)

자계의 방향은 점 P와 dl로 이루어지는 평면에 수직이며 오른나사의 법칙에 따른다.

독학이 쉬워지는 기초개념

- 암페어의 주회 적분 법칙: 대칭 모양의 도체에서 자계를 구하는 법칙
- 비오–사바르의 법칙: 도체의 모양에 상관없이 자계를 구하는 법칙

비오–사바르의 법칙은 다음과 같이 표현하기도 한다.
$$d\dot{H} = \frac{Id\vec{l} \times a_r}{4\pi r^2}$$

독학이 쉬워지는 기초개념

기출예제

진공 중에 미소한 선전류 성분 $Id\dot{l}\,[\mathrm{A\cdot m}]$에 의해서 거리 $r[\mathrm{m}]$ 떨어진 지점에 발생되는 미소 자계 $d\dot{H}\,[\mathrm{A/m}]$를 나타내는 식은 어느 것인가?

① $d\dot{H} = \dfrac{I\times a_r}{4\pi r^2}d\dot{l}\,[\mathrm{A/m}]$ ② $d\dot{H} = \dfrac{I\times a_r}{8\pi\mu_0 r^2}d\dot{l}\,[\mathrm{A/m}]$

③ $d\dot{H} = \dfrac{I\times a_r}{4\pi\mu_0 r^2}d\dot{l}\,[\mathrm{A/m}]$ ④ $d\dot{H} = \dfrac{I\times a_r}{8\pi r^2}d\dot{l}\,[\mathrm{A/m}]$

| 해설 |
비오-사바르의 법칙에 의해
$d\dot{H} = \dfrac{I d\dot{l}}{4\pi r^2}\sin\theta = \dfrac{I\times a_r}{4\pi r^2}d\dot{l}\,[\mathrm{A/m}]$

답 ①

THEME 03 여러 가지 도체 모양에 따른 자계의 세기

1 원형 코일 중심에서 직각으로 $r[\mathrm{m}]$ 떨어진 지점의 자계

$$H = \dfrac{a^2 NI}{2(a^2+r^2)^{\frac{3}{2}}}\,[\mathrm{AT/m}]$$

(단, N: 코일의 권수[Turn])

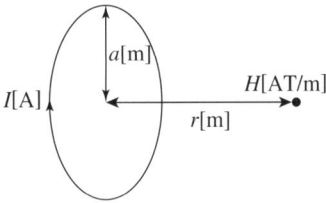

▲ 원형 코일 중심에 수직인 지점의 자계

2 원형 코일 중심에서의 자계

$$H = \dfrac{NI}{2a}\,[\mathrm{AT/m}]$$

(단, N: 코일의 권수[Turn])

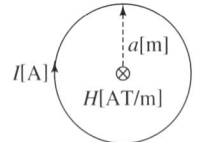

▲ 원형 코일 중심에서의 자계

기출예제

반지름이 $40[\mathrm{cm}]$인 원형 코일에 전류 $100[\mathrm{A}]$가 흐르고 있다. 이때 코일 중심점에 있어서의 자계의 세기$[\mathrm{AT/m}]$는 얼마인가?

① 125 ② 100
③ 75   ④ 50

| 해설 |
$H = \dfrac{NI}{2a} = \dfrac{1\times 100}{2\times 40\times 10^{-2}} = 125[\mathrm{AT/m}]$

답 ①

> **강의 꿀팁**
> 일반적으로 N값의 언급이 없으면 $N=1$로 가정하고 계산해요.

3 원주 도체(원통 도체)에서의 자계

(1) 내부: $H_1 = \dfrac{r_1 I}{2\pi a^2}$ [A/m] $(r_1 < a)$

(2) 표면: $H_2 = \dfrac{I}{2\pi a}$ [A/m] $(r_1 = a)$

(3) 외부: $H_3 = \dfrac{I}{2\pi r_2}$ [A/m] $(r_2 > a)$

(단, 전선에 표피 효과가 발생하여 전류가 도체 표면에만 흐를 경우 내부 자계는 $H = 0$이 된다.)

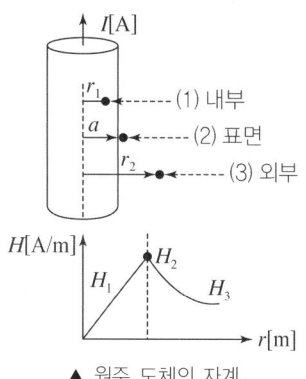

▲ 원주 도체의 자계

독학이 쉬워지는 기초개념

원주 내부 자계
반지름이 r_1인 도선을 통해 흐르는 전류
$I : I_{r_1} = \pi a^2 : \pi r_1^2$

$\therefore I_{r_1} = \dfrac{r_1^2}{a^2} I$

$\therefore H = \dfrac{\text{폐곡로 내 전류}}{\text{폐곡로 길이}} = \dfrac{\dfrac{r_1^2}{a^2} I}{2\pi r_1}$

$= \dfrac{r_1 I}{2\pi a^2}$

4 유한장 직선 전류에 의한 자계

$H = \dfrac{I}{4\pi r}(\sin\theta_1 + \sin\theta_2)$

$= \dfrac{I}{4\pi r}(\cos\alpha_1 + \cos\alpha_2)$ [A/m]

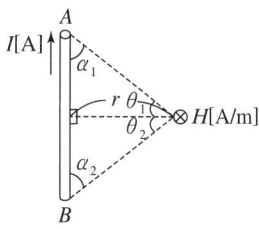

▲ 유한장 직선 도체의 자계

유한장 직선 도체
길이가 정해져 있는 직선 도체

5 한 변의 길이가 l[m]일 때 정 n 각형에 의한 내부 중심에서의 자계

$$H = \dfrac{nI}{\pi l} \sin\dfrac{\pi}{n} \tan\dfrac{\pi}{n}\ [\mathrm{AT/m}]$$

(단, n: 정각형 도체의 변수[개])

구분	정삼각형	정사각형	정육각형
그림	I[A], l[m], H[AT/m] (삼각형)	I[A], l[m], H[AT/m] (사각형)	I[A], l[m], H[AT/m] (육각형)
자계의 세기	$H = \dfrac{9I}{2\pi l}$ [AT/m]	$H = \dfrac{2\sqrt{2}\,I}{\pi l}$ [AT/m]	$H = \dfrac{\sqrt{3}\,I}{\pi l}$ [AT/m]

분모가 πl일 때
- 정삼각형: 분자 상수가 $\dfrac{9}{2}$
- 정사각형: 분자 상수가 $2\sqrt{2}$
- 정육각형: 분자 상수가 $\sqrt{3}$

반지름이 a[m]인 원에 내접하는 정 n각형에 의한 자계

$H = \dfrac{nI\tan\dfrac{\pi}{n}}{2\pi a}$ [AT/m]

독학이 쉬워지는 기초개념

솔레노이드
철심에 코일을 감아 놓은 것

암페어 주회 법칙으로부터
$$H = \frac{\sum NI}{\oint_l dl} = \frac{NI}{l} [\text{AT/m}]$$

기출예제

한 변의 길이가 $2[\text{cm}]$인 정삼각형 회로에 $100[\text{mA}]$의 전류를 흘릴 때 정삼각형 중심에서의 자계의 세기$[\text{AT/m}]$는 얼마인가?

① 5.2
② 6.2
③ 7.2
④ 8.2

| 해설 |
$$H = \frac{9I}{2\pi l} = \frac{9 \times 100 \times 10^{-3}}{2\pi \times 2 \times 10^{-2}} = 7.2[\text{AT/m}]$$

답 ③

THEME 04 솔레노이드에 의한 자계의 세기

1 환상 솔레노이드

(1) 철심 내부의 자계(평등 자장)

$$H = \frac{NI}{l} = \frac{NI}{2\pi a} [\text{AT/m}]$$

(단, l: 철심의 평균 길이$[\text{m}]$
a: 철심의 평균 반지름$[\text{m}]$)

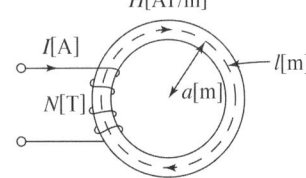

▲ 환상 솔레노이드에서의 자계

(2) 철심 외부의 자계

$$H_i = 0$$

(즉, 솔레노이드는 누설 자속이 없다.)

2 무한장 솔레노이드

(1) 철심 내부의 자계(평등 자장)

$$H = \frac{NI}{l} = nI[\text{AT/m}]$$

(단, N: 코일 전체의 감은 횟수$[\text{T}]$
n: 단위길이$(1[\text{m}])$당 감은 코일 횟수 $[\text{T/m}]$)

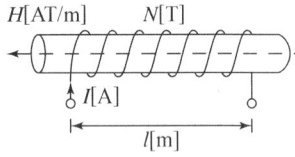

▲ 무한장 솔레노이드에서의 자계

(2) 철심 외부의 자계

$$H_i = 0$$

기출예제

중요도 1[cm]마다 권수가 100인 무한장 솔레노이드에 20[mA]의 전류를 유통시킬 때 솔레노이드 내부의 자계의 세기[AT/m]는?

① 20   ② 200   ③ 2,000   ④ 20,000

| 해설 |

$$H = nI = \left(\frac{100}{1 \times 10^{-2}}\right) \times (20 \times 10^{-3}) = 200[\text{AT/m}]$$

답 ②

THEME 05 플레밍의 왼손 법칙

1 플레밍의 왼손 법칙의 정의

(1) 어느 자계 $H[\text{A/m}]$가 놓인 공간에 길이 $l[\text{m}]$인 도체에 전류 $I[\text{A}]$를 흘려 주면 이 도체에 왼손의 엄지 방향으로 전자력(힘) $F[\text{N}]$이 발생한다는 원리이다.

(2) 전기기기에서 전동기의 원리가 된다.

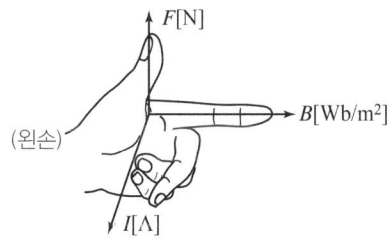

▲ 플레밍의 왼손 법칙

(3) 플레밍의 왼손 법칙에서 각 손가락의 의미
   ① 엄지: 힘($F[\text{N}]$)
   ② 검지: 자속 밀도($B[\text{Wb/m}^2]$)
   ③ 중지: 전류($I[\text{A}]$)

2 플레밍의 힘 구하는 공식

$$F = I|\dot{l} \times \dot{B}| = BIl\sin\theta[\text{N}]$$

(단, θ: 도체와 자계(자속 밀도)가 이루는 각도[°], l: 도체의 길이[m])

독학이 쉬워지는 기초개념

왼전오발
- 플레밍의 왼손 법칙: 전동기 원리
- 플레밍의 오른손 법칙: 발전기 원리

Tip 강의 꿀팁

전류 I는 스칼라 값이고 길이 l은 벡터 값이에요.

벡터적 표현
$\dot{F} = I(\dot{l} \times \dot{B})[\text{N}]$

독학이 쉬워지는 기초개념

기출예제

자속 밀도가 $30[\text{Wb/m}^2]$인 평등한 자계 내에 $5[\text{A}]$의 전류가 흐르고 있는 길이 $1[\text{m}]$인 직선 도체를 자계의 방향에 대하여 $60°$로 놓았을 때 이 도체가 받는 힘은 약 몇 $[\text{N}]$이겠는가?

① 100
② 110
③ 120
④ 130

| 해설 |
$F = BIl\sin\theta = 30 \times 5 \times 1 \times \sin 60° = 130[\text{N}]$

답 ④

THEME 06 평행 도선 사이에 작용하는 힘

간격이 $d[\text{m}]$만큼 떨어진 두 평행 도선에 각각 전류 I_1, I_2를 흘리면 두 도체에서 발생하는 자계에 의해 힘이 작용한다. 또한, 이 두 도선에는 전류의 방향에 따라 힘의 종류가 다르게 된다.

(a)처럼 두 도선에 흐르는 전류가 같은 방향일 경우에는 흡인력이 작용한다.
(b)처럼 전류가 반대 방향일 경우에는 반발력이 작용한다. 이때 단위 길이당 작용하는 힘은 다음 식과 같다.

$$F = \frac{\mu_0 I_1 I_2}{2\pi d}[\text{N/m}] = \frac{2I_1 I_2}{d} \times 10^{-7}[\text{N/m}]$$

(단, μ_0: 공기 중 투자율)

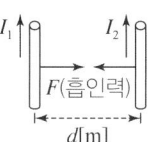

(a) 전류가 같은 방향

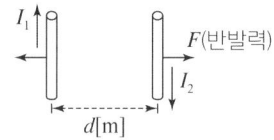

(b) 전류가 다른 방향

▲ 평행 도선에 작용하는 힘

Tip 강의 꿀팁
전력공학에서 복도체의 흡인력이 발생하는 이유가 이 원리와 같아요.

기출예제

평행 도선에 같은 크기의 왕복 전류가 흐를 때 두 도선 사이에 작용하는 힘과 관계되는 것 중 옳은 것은?

① 간격의 제곱에 비례
② 간격의 제곱에 반비례
③ 전류의 제곱에 비례
④ 주위 매질의 투자율에 반비례

| 해설 |
같은 크기의 왕복 전류이므로 $I_1 = I_2 = I$ 가 되고 전류의 방향은 서로 반대이므로 다음과 같은 반발력이 작용한다.
$F = \frac{\mu_0 I_1 I_2}{2\pi d} = \frac{\mu_0 I^2}{2\pi d}[\text{N/m}]$로, 힘 F는 투자율(μ_0)에 비례, 전류(I)의 제곱에 비례, 도체 간의 간격(d)에 반비례한다.

답 ③

THEME 07 로렌츠의 힘

1 로렌츠 힘의 정의

전계 $E[\text{V/m}]$와 자계 $H[\text{A/m}]$가 존재하는 공간에서 전하 $Q[\text{C}]$이 속도 $v[\text{m/s}]$로 이동할 때 전하가 받는 힘을 구하는 것을 말한다. 이때, 전하 Q는 자계에 의한 힘만 받을 수도 있고 자계와 전계에 의한 힘 모두를 받을 수도 있다.

$$\dot{F} = \dot{F}_E + \dot{F}_H = Q\dot{E} + Q(\dot{v} \times \dot{B}) = Q(\dot{E} + \dot{v} \times \dot{B})[\text{N}]$$

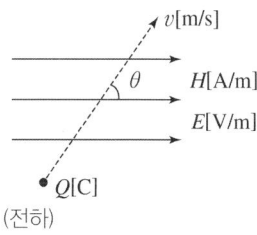

▲ 로렌츠의 힘

2 자계만 존재하는 공간에서의 로렌츠 힘

$\dot{F}_H = Q(\dot{v} \times \dot{B})[\text{N}]$ (벡터)

$F_H = BQv\sin\theta = \mu_0 HQv\sin\theta = Q|\dot{v} \times \dot{B}|[\text{N}]$ (크기)

3 전계만 존재하는 공간에서의 로렌츠 힘

$\dot{F}_E = Q\dot{E}[\text{N}]$ (벡터)

$F_E = QE[\text{N}]$ (크기)

$Q \cdot v = Q \times \dfrac{l}{t} = l \times \dfrac{Q}{t} = lI$

$\dot{F}_H = Q(\dot{v} \times \dot{B}) = I(\dot{l} \times \dot{B})[\text{N}]$

4 전자의 등속 원운동

(1) 원리

평등한 자계 내에 전자가 수직으로 입사하였을 경우 전자는 자계에 의한 로렌츠의 힘을 받아 원운동을 하게 된다. 이때 자계에 의해 발생하는 힘 F_H를 구심력, 원 운동에 따라 발생하는 힘 F를 원심력이라 한다.

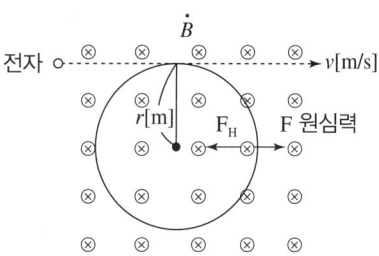

(2) 원운동 조건

구심력 F_H와 원심력 $F[\text{N}]$의 크기가 같아야 전자가 이탈하지 않고 원운동을 한다. ($F_H = F_{\text{원심력}}$)

로렌츠의 힘으로부터 구심력 $F_H = qvB[\text{N}]$, 원 운동으로부터 원심력 $F = \dfrac{mv^2}{r}$ 이므로

독학이 쉬워지는 기초개념

$$qvB = \frac{mv^2}{r}$$

(단, q: 전하량[C], B: 자속 밀도[Wb/m²], r: 반지름[m], m: 전자의 질량[kg], v: 전자의 속도[m/s])

① 전자의 속도 $v = \dfrac{qBr}{m}$ [m/s]

② 원운동 궤적의 반지름 $r = \dfrac{mv}{qB}$ [m]

③ 각속도 $\omega = \dfrac{v}{r} = \dfrac{qBr}{mr} = \dfrac{qB}{m}$ [rad/s]

④ 주파수 $f = \dfrac{\omega}{2\pi} = \dfrac{qB}{2\pi m}$ [Hz]

⑤ 주기 $T = \dfrac{1}{f} = \dfrac{2\pi m}{qB}$ [s]

CHAPTER 08 CBT 적중문제

01
전류에 의한 자계의 발생 방향을 결정하는 법칙은?

① 플레밍의 왼손 법칙
② 쿨롱의 법칙
③ 패러데이의 법칙
④ 암페어의 오른손 법칙

해설
암페어의 오른나사 법칙
오른손 엄지손가락 방향으로 전류를 흘리면 자계는 나머지 네 손가락(오른나사) 방향으로 발생하는 법칙

02
전류와 자계 사이에 직접적인 관련이 없는 법칙은?

① 암페어의 오른나사 법칙
② 비오-사바르의 법칙
③ 플레밍의 왼손 법칙
④ 쿨롱의 법칙

해설
쿨롱의 법칙은 전하에 작용하는 힘과 관련된 법칙으로 전류와 자계사이에 직접적인 관련이 없다.

03
무한장 직선형 도선에 $I[\mathrm{A}]$의 전류가 흐를 경우 도선으로부터 $R[\mathrm{m}]$ 떨어진 점의 자속 밀도 $B[\mathrm{Wb/m^2}]$는?

① $B = \dfrac{\mu I}{2\pi R}$
② $B = \dfrac{I}{2\pi \mu R}$
③ $B = \dfrac{I}{4\pi \mu R}$
④ $B = \dfrac{\mu I}{4\pi R}$

해설
• 무한장 직선 도체로부터 $R[\mathrm{m}]$ 떨어진 지점의 자계의 세기
$H = \dfrac{I}{2\pi R}[\mathrm{A/m}]$
• 자속 밀도
$B = \mu H = \mu \times \dfrac{I}{2\pi R} = \dfrac{\mu I}{2\pi R}[\mathrm{Wb/m^2}]$

04
전류 $I[\mathrm{A}]$가 흐르고 있는 무한 직선 도체로부터 $r[\mathrm{m}]$만큼 떨어진 점의 자계의 크기는 $2r[\mathrm{m}]$만큼 떨어진 점의 자계의 크기의 몇 배인가?

① 0.5
② 1
③ 2
④ 4

해설
무한장 직선 도체로부터 $r[\mathrm{m}]$ 떨어진 지점의 자계 세기 $H = \dfrac{I}{2\pi r}[\mathrm{A/m}]$로서 거리에 반비례하므로 거리 $r[\mathrm{m}]$ 지점의 자계는 거리 $2r[\mathrm{m}]$ 지점의 자계에 비해 2배가 된다.

05
$6.28[\mathrm{A}]$가 흐르는 무한장 직선 도선상에서 $1[\mathrm{m}]$ 떨어진 점의 자계의 세기$[\mathrm{A/m}]$는?

① 0.5
② 1
③ 2
④ 3

해설
무한장 직선 도체로부터 $r[\mathrm{m}]$ 떨어진 지점의 자계 세기
$H = \dfrac{I}{2\pi r} = \dfrac{6.28}{2\pi \times 1} = 1[\mathrm{A/m}]$

| 정답 | 01 ④ 02 ④ 03 ① 04 ③ 05 ②

06

전하 $8\pi[\text{C}]$이 $8[\text{m/s}]$의 속도로 진공 중을 직선 운동하고 있다면 이 운동 방향에 대하여 각도 θ이고 거리 $4[\text{m}]$ 떨어진 점의 자계의 세기는 몇 $[\text{A/m}]$인가?

① $\cos\theta$ ② $\dfrac{1}{2}\sin\theta$ ③ $\sin\theta$ ④ $2\sin\theta$

해설

$qv = q\dfrac{l}{t} = Il$ 이므로

비오-사바르의 법칙 공식을 적용하여

$H = \dfrac{Il\sin\theta}{4\pi r^2} = \dfrac{qv\sin\theta}{4\pi r^2} = \dfrac{8\pi \times 8 \times \sin\theta}{4\pi \times 4^2} = \sin\theta\,[\text{A/m}]$

07

Biot-Savart의 법칙에 의하면 전류소에 의해서 임의의 한 점(P)에 생기는 자계의 세기를 구할 수 있다. 다음 설명 중 틀린 것은?

① 자계의 세기는 전류의 크기에 비례한다.
② MKS 단위계를 사용할 경우 비례상수는 $\dfrac{1}{4\pi}$ 이다.
③ 자계의 세기는 전류소와 점 P와의 거리에 반비례한다.
④ 자계의 방향은 전류소 및 이 전류소와 점 P를 연결하는 직선을 포함하는 면에 법선 방향이다.

해설

비오-사바르의 법칙

$dH = \dfrac{Idl\sin\theta}{4\pi r^2}\,[\text{AT/m}]$

(단, r: P점까지의 거리 $[\text{m}]$)

• 자계의 세기는 전류의 크기에 비례하고, 점 P와의 거리의 제곱에 반비례한다.
• MKS 단위계를 사용할 경우 비례 상수는 $\dfrac{1}{4\pi}$ 이다.
• 자계의 방향은 전류소 및 이 전류소와 점 P를 연결하는 직선을 포함하는 면에 법선 방향이다.

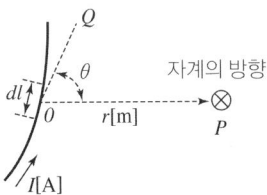

08

반지름 $1[\text{cm}]$인 원형 코일에 전류 $10[\text{A}]$가 흐를 때 코일의 중심에서 코일면에 수직으로 $\sqrt{3}\,[\text{cm}]$ 떨어진 점의 자계의 세기는 몇 $[\text{AT/m}]$인가?

① $\dfrac{1}{16} \times 10^3$ ② $\dfrac{3}{16} \times 10^3$

③ $\dfrac{5}{16} \times 10^3$ ④ $\dfrac{7}{16} \times 10^3$

해설

원형 코일 중심에서 직각으로 $x[\text{m}]$ 떨어진 지점의 자계

$H = \dfrac{a^2 I}{2(a^2 + x^2)^{\frac{3}{2}}}\,[\text{AT/m}]$

반지름 $a = 1[\text{cm}]$이고 수직으로 떨어진 지점 $x = \sqrt{3}\,[\text{cm}]$이므로

$H = \dfrac{a^2 I}{2(a^2 + x^2)^{\frac{3}{2}}} = \dfrac{(1 \times 10^{-2})^2 \times 10}{2 \times [(1 \times 10^{-2})^2 + (\sqrt{3} \times 10^{-2})^2]^{\frac{3}{2}}}$

$= \dfrac{1}{16} \times 10^3\,[\text{AT/m}]$

09

반지름 $1[\text{m}]$인 원형 코일에 $1[\text{A}]$의 전류가 흐를 때 중심점의 자계의 세기는 몇 $[\text{A/m}]$인가?

① $\dfrac{1}{4}$ ② $\dfrac{1}{2}$
③ 1 ④ 2

해설

원형 코일의 중심에서 자계

$H = \dfrac{NI}{2a}\,[\text{AT/m}]$

코일의 권수에 대한 언급이 없으므로 $N = 1$

$\therefore\ H = \dfrac{I}{2a} = \dfrac{1}{2 \times 1} = \dfrac{1}{2}\,[\text{AT/m}]$

| 정답 | 06 ③ 07 ③ 08 ① 09 ②

10

그림과 같이 반지름 10[cm]인 반원과 그 양단으로부터 직선으로 된 도선에 10[A]의 전류가 흐를 때 중심 0에서의 자계의 세기와 방향은?

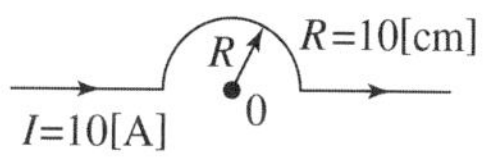

① 2.5[AT/m], 방향 ⊙ ② 25[AT/m], 방향 ⊙
③ 2.5[AT/m], 방향 ⊗ ④ 25[AT/m], 방향 ⊗

해설

- 반원형 도선에 의한 자계의 크기
  $H = \dfrac{I}{2R} \times \dfrac{1}{2} = \dfrac{10}{4 \times 0.1} = 25 [\text{AT/m}]$
  (원형 도선에 의한 자계의 크기의 절반으로 생각하고 푼다.)
- 자계의 방향
  암페어의 오른손 법칙에 의해 중심점에서의 자계 방향은 들어가는 방향(⊗)으로 된다.

11

반지름 $a[\text{m}]$인 원통 도체에 전류 $I[\text{A}]$가 균일하게 분포되어 흐르고 있을 때의 도체 내부의 자계의 세기는 몇 [A/m]인가?(단, 중심으로부터의 거리는 $r[\text{m}]$라 한다.)

① $\dfrac{Ir}{\pi a^2}$ ② $\dfrac{Ir}{2\pi a}$
③ $\dfrac{Ir}{2\pi a^2}$ ④ $\dfrac{Ir}{4\pi a^2}$

해설

원주 도체(원통 도체)에서의 자계

- 내부: $H = \dfrac{Ir}{2\pi a^2} [\text{A/m}]$
- 표면: $H = \dfrac{I}{2\pi a} [\text{A/m}]$
- 외부: $H = \dfrac{I}{2\pi r} [\text{A/m}]$

단, 전선에 표피 효과가 발생하여 전류가 도체 표면에만 흐를 경우 내부 자계는 $H = 0$이 된다.

12

한 변의 길이가 3[m]인 정삼각형의 회로에 2[A]의 전류가 흐를 때 정삼각형 중심에서의 자계의 크기는 몇 [AT/m]인가?

① $\dfrac{1}{\pi}$ ② $\dfrac{2}{\pi}$
③ $\dfrac{3}{\pi}$ ④ $\dfrac{4}{\pi}$

해설

정 n각형 중심 자계의 세기

- 정삼각형
  $H = \dfrac{9I}{2\pi l} [\text{AT/m}]$
- 정사각형(정방형)
  $H = \dfrac{2\sqrt{2}I}{\pi l} [\text{AT/m}]$
- 정육각형
  $H = \dfrac{\sqrt{3}I}{\pi l} [\text{AT/m}]$

(단, l: 정 n각형의 변의 길이[m])
문제의 조건은 정삼각형이므로
$H = \dfrac{9I}{2\pi l} = \dfrac{9 \times 2}{2\pi \times 3} = \dfrac{3}{\pi} [\text{AT/m}]$

13

한 변의 길이가 10[cm]인 정사각형 회로에 직류 전류 10[A]가 흐를 때 정사각형의 중심에서의 자계 세기는 몇 [A/m]인가?

① $\dfrac{100\sqrt{2}}{\pi}$ ② $\dfrac{200\sqrt{2}}{\pi}$
③ $\dfrac{300\sqrt{2}}{\pi}$ ④ $\dfrac{400\sqrt{2}}{\pi}$

해설

정사각형 중심 자계의 세기
$H = \dfrac{2\sqrt{2}I}{\pi l} = \dfrac{2\sqrt{2} \times 10}{\pi \times 10 \times 10^{-2}} = \dfrac{200\sqrt{2}}{\pi} [\text{A/m}]$

| 정답 | 10 ④ 11 ③ 12 ③ 13 ②

14
정사각형 회로의 면적을 3배로, 흐르는 전류를 2배로 증가시키면 정사각형의 중심에서의 자계의 세기는 약 몇 [%]가 되는가?

① 47
② 115
③ 150
④ 225

해설

한 변의 길이가 $l[\mathrm{m}]$인 정사각형 회로의 중심 자계

$$H = \frac{2\sqrt{2}I}{\pi l}[\mathrm{AT/m}]$$

한 변의 길이가 $l[\mathrm{m}]$인 정사각형의 면적을 3배 증가시키면 한 변의 길이는 $\sqrt{3}$배 증가한다.

$$\therefore H' = \frac{2\sqrt{2}I'}{\pi l'} = \frac{2\sqrt{2}\times 2I}{\pi \times \sqrt{3}l} = \frac{2}{\sqrt{3}}H$$
$$= 1.15H[\mathrm{AT/m}] \; (\therefore 115[\%])$$

15
다음 설명 중 옳은 것은?

① 무한 직선 도선에 흐르는 전류에 의한 도선 내부에서 자계의 크기는 도선의 반경에 비례한다.
② 무한 직선 도선에 흐르는 전류에 의한 도선 외부에서 자계의 크기는 도선의 중심과의 거리에 무관하다.
③ 무한장 솔레노이드 내부 자계의 크기는 코일에 흐르는 전류의 크기에 비례한다.
④ 무한장 솔레노이드 내부 자계의 크기는 단위 길이당 권수의 제곱에 비례한다.

해설

① 무한 원통 도체 내부 자계 $H = \frac{Ir}{2\pi a^2}[\mathrm{AT/m}]$, $H \propto \frac{1}{a^2}$
도선 반경 a의 제곱에 반비례

② 무한 원통 도체 외부 자계 $H = \frac{I}{2\pi r}[\mathrm{AT/m}]$, $H \propto \frac{1}{r}$
도선 중심과의 거리 r의 제곱에 반비례

③,④ 무한솔레노이드 내부 자계 $H = nI[\mathrm{AT/m}]$, $H \propto I$, $H \propto n$
전류 I에 비례, 단위 길이당 권수 n에 비례

16
평균 반지름 r이 $20[\mathrm{cm}]$, 단면적 S가 $6[\mathrm{cm}^2]$인 환상 철심에서 권선수 N이 500회인 코일에 흐르는 전류 I가 $4[\mathrm{A}]$일 때 철심 내부에서의 자계의 세기 H는 약 몇 $[\mathrm{AT/m}]$인가?

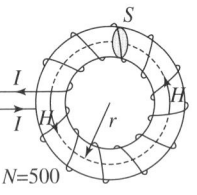

① 1,590
② 1,700
③ 1,870
④ 2,120

해설

환상 코일의 내부 자계

$$H = \frac{NI}{l} = \frac{NI}{2\pi r} = \frac{500\times 4}{2\pi \times 20 \times 10^{-2}} = 1{,}592\,[\mathrm{AT/m}]$$

17
반지름 a[m], 단위 길이당 권수 n, 전류 I[A]인 무한 솔레노이드 내부 자계의 세기[A/m]는?

① nI
② $\dfrac{nI}{2\pi a}$
③ $\dfrac{2\pi nI}{a}$
④ $\dfrac{anI}{2\pi}$

해설
무한장 솔레노이드
- 철심 내부의 자계 세기
  $H = nI$ [AT/m]
  (단, n: 단위 길이당 권수[회/m])
- 철심 외부의 자계 세기
  $H = 0$ [AT/m]
  (즉, 솔레노이드는 누설 자속이 없다.)

18
무한장 솔레노이드에 전류가 흐를 때 발생되는 자장에 관한 설명 중 옳은 것은?

① 내부 자장은 평등 자장이다.
② 외부와 내부 자장의 세기는 같다.
③ 외부 자장은 평등 자장이다.
④ 내부 자장의 세기는 0이다.

해설
무한장 솔레노이드의 자계
- 철심 내부
  $H = \dfrac{NI}{l} = nI$ [AT/m]
  (단, n: 단위 길이당 감은 코일 횟수)
  무한장 솔레노이드의 철심 내부의 계(자장)는 평등 자장이다.
- 철심 외부
  $H = 0$

19
평등 자계 내에 놓여 있는 전류가 흐르는 직선 도선이 받는 힘에 대한 설명으로 틀린 것은?

① 힘은 전류에 비례한다.
② 힘은 자장의 세기에 비례한다.
③ 힘은 도선의 길이에 반비례한다.
④ 힘은 전류의 방향과 자장의 방향의 사이 각의 정현에 관계된다.

해설
- 플레밍의 왼손 법칙
  $F = BIl\sin\theta$ [N]
- 직선 도선이 받는 힘
  - 자속 밀도의 크기에 비례한다.
  - 전류의 크기에 비례한다.
  - 도체의 길이에 비례한다.
  - 도체와 자속 밀도가 이루는 각의 정현에 비례한다.

20
균일한 자장 내에서 자장에 수직으로 놓여 있는 직선 도선이 받는 힘에 대한 설명 중 옳은 것은?

① 힘은 자장의 세기에 비례한다.
② 힘은 전류의 세기에 반비례한다.
③ 힘은 도선 길이의 $\dfrac{1}{2}$승에 비례한다.
④ 자장의 방향에 상관없이 일정한 방향으로 힘을 받는다.

해설
$F = BIl\sin\theta = BIl\sin 90° = BIl$ [N]로,
$F \propto B$, I, l의 관계가 있다.

21

그림과 같이 전류가 흐르는 반원형 도선이 평면 $z=0$ 상에 놓여 있다. 이 도선이 자속 밀도 $B=0.6a_x-0.5a_y+a_z[\text{Wb/m}^2]$인 균일 자계 내에 놓여 있을 때 직선 도선에 작용하는 힘[N]은?

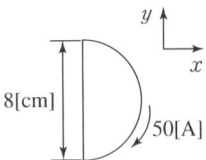

① $4a_x+2.4a_z$ ② $4a_x-2.4a_z$
③ $5a_x-3.5a_z$ ④ $-5a_x+3.5a_z$

해설

플레밍의 왼손 법칙

$\dot{F}=I(\dot{l}\times\dot{B})=50[0.08a_y\times(0.6a_x-0.5a_y+a_z)]$

$=50\begin{bmatrix}a_x & a_y & a_z\\ 0 & 0.08 & 0\\ 0.6 & -0.5 & 1\end{bmatrix}=50(0.08a_x-0.048a_z)$

$=4a_x-2.4a_z[\text{N}]$

22

평행한 두 도선 간의 전자력은?(단, 두 도선 간의 거리는 $r[\text{m}]$라 한다.)

① r에 비례 ② r^2에 비례
③ r에 반비례 ④ r^2에 반비례

해설

평행한 두 도선 간의 전자력

$F=\dfrac{\mu I_1 I_2}{2\pi r}[\text{N/m}]$

따라서 전자력은 r에 반비례한다.

23

$2[\text{cm}]$의 간격을 가진 두 평행 도선에 $1,000[\text{A}]$의 전류가 흐를 때 도선 $1[\text{m}]$마다 작용하는 힘은 몇 $[\text{N/m}]$인가?

① 5 ② 10
③ 15 ④ 20

해설

$F=\dfrac{\mu_0 I_1 I_2}{2\pi d}=\dfrac{4\pi\times10^{-7}\times1,000\times1,000}{2\pi\times2\times10^{-2}}=10[\text{N/m}]$

24

전계의 세기가 $5\times10^2[\text{V/m}]$인 전계 중에 $8\times10^{-8}[\text{C}]$의 전하가 놓일 때 전하가 받는 힘은 몇 $[\text{N}]$인가?

① 4×10^{-2} ② 4×10^{-3}
③ 4×10^{-4} ④ 4×10^{-5}

해설

로렌츠의 힘

$\dot{F}=\dot{F}_E+\dot{F}_H=Q\dot{E}+Q(\dot{v}\times\dot{B})[\text{N}]$

$F_E=QE=8\times10^{-8}\times5\times10^2=4\times10^{-5}[\text{N}]$

| 정답 | 21 ② 22 ③ 23 ② 24 ④

25

평등 자계 내에 전자가 수직으로 입사하였을 때 전자의 운동에 대한 설명으로 옳은 것은?

① 원심력은 전자 속도에 반비례한다.
② 구심력은 자계의 세기에 반비례한다.
③ 원 운동을 하고, 반지름은 자계의 세기에 비례한다.
④ 원 운동을 하고, 반지름은 전자의 회전 속도에 비례한다.

해설

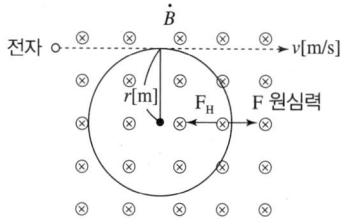

움직이는 전하에 작용하는 자기력
$F_H = q|\dot{v} \times \dot{B}| = qvB[\text{N}]$ (원 운동)

원 운동에 따른 원심력 $F_{원심력} = \dfrac{mv^2}{r}[\text{N}]$

두 힘은 같은 크기이므로 $qvB = \dfrac{mv^2}{r}$

∴ 회전 반경 $r = \dfrac{mv}{qB}[\text{m}]$

(q: 전자 전하량, v: 전자 속도, B: 자속 밀도, m: 전자의 질량)

CHAPTER 09

자성체 및 자기 회로

1. 자성체의 기초
2. 자성체의 종류
3. 히스테리시스 곡선
4. 자화의 세기
5. 자성체의 경계면 조건
6. 자기 회로

학습전략

자성체 및 자기 회로는 출제 비중이 높지 않고 내용을 이해하기에도 쉬운 편이므로 교재 내에 주어진 이론을 중심으로 학습하면 무난하게 시험에 대비할 수 있습니다. 히스테리시스 곡선과 자기 회로 부분은 집중해서 학습해 두도록 합니다.

CHAPTER 09 | 흐름 미리보기

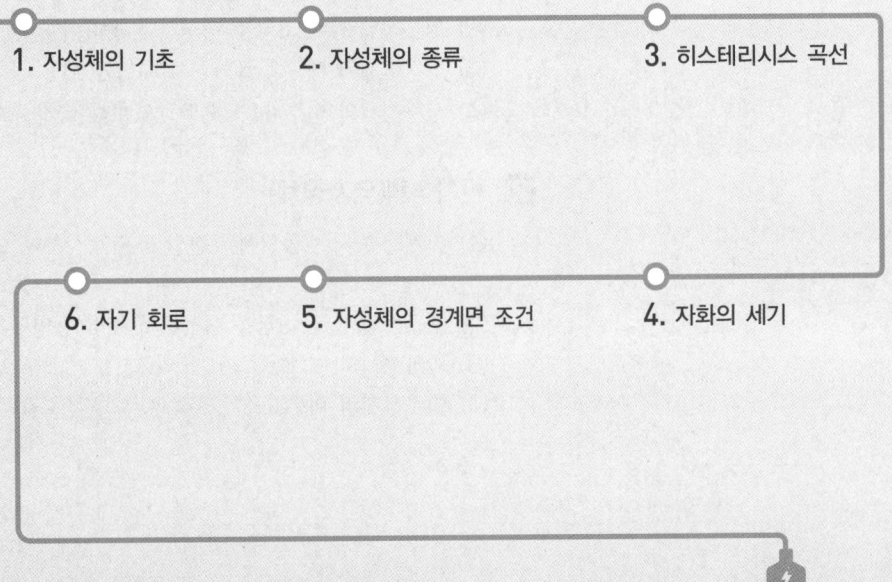

1. 자성체의 기초
2. 자성체의 종류
3. 히스테리시스 곡선
6. 자기 회로
5. 자성체의 경계면 조건
4. 자화의 세기

NEXT **CHAPTER 10**

CHAPTER 09 자성체 및 자기 회로

독학이 쉬워지는 기초개념

THEME 01 자성체의 기초

자석이 될 만한 자성체(철, 니켈, 코발트 등)를 원하는 크기만큼 잘라서 준비한다. 이 자성체 주변에 강한 자계를 일정 시간 동안 가한다. 어느 정도 시간이 지나면 이 자성체는 전자가 스핀 운동을 하여 전자의 방향이 일정한 배열을 이루어 한쪽은 N극, 다른 쪽은 S극이 형성되어 자석이 된다. 이렇게 자성체 내의 전자 배열이 일정해지면 외부에서 가했던 자계를 제거하여도 이 자성체의 전자는 움직이지 않고 고정되어 있으므로 영구 자석이 되는 것이다.

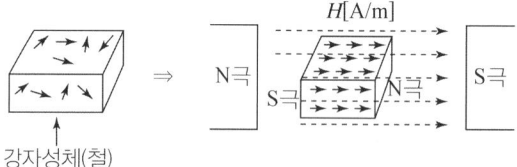

▲ 자성체의 자화 현상

THEME 02 자성체의 종류

1 상자성체
(1) 자계를 가하더라도 전자들이 불규칙하게 배열되는 자성체이다.
(2) 영구적인 N극, S극을 형성하지 못하여 영구 자석의 재료가 되지 못한다.
(3) 상자성체의 예: 백금(Pt), 알루미늄(Al), 산소(O_2) 등
(4) 상자성체의 비투자율: $\mu_s > 1$ (1보다 약간 크다.)

2 반자성체(역자성체)
(1) 자계를 가하는 동안에는 잠깐 극을 형성하나 오래 동안은 유지를 못하는 자성체이다.
(2) 영구적인 N극, S극을 형성하지 못하여 영구 자석의 재료가 되지 못한다.
(3) 반자성체의 예: 은(Ag), 구리(Cu), 비스무트(Bi) 등
(4) 반자성체의 비투자율: $\mu_s < 1$ (1보다 작다.)

3 강자성체

(1) 자계를 가하면 전자의 자전 운동이 활발하고 한쪽 방향으로 정확하게 배열되는 자성체이다.
(2) 자계를 제거하여도 영구적인 N극, S극을 형성하는 특성이 강하여 영구 자석의 재료로 적합한 자성체이다.
(3) 강자성체의 예: 철(Fe), 니켈(Ni), 코발트(Co) 등
(4) 강자성체의 비투자율: $\mu_s \gg 1$(1보다 매우 크다.)

4 자성체 종류별 전자의 배열 상태

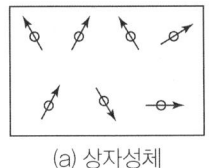
(a) 상자성체

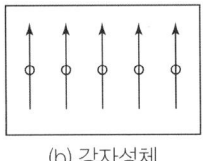
(b) 강자성체

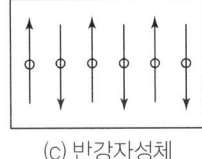
(c) 반강자성체

▲ 자성체의 전자의 배열 상태

5 강자성체를 영구 자석으로 만들기 위한 자계 에너지

(1) 영구 자석을 만드는 데 필요한 단위 체적당 에너지(자계 에너지)
$$w = \frac{1}{2}BH = \frac{1}{2}\mu H^2 = \frac{B^2}{2\mu} \ [\mathrm{J/m^3}]$$

(2) 영구 자석의 N극과 S극에서 발생되는 흡인력
$$f = \frac{1}{2}BH = \frac{1}{2}\mu_0 H^2 = \frac{B^2}{2\mu_0} \ [\mathrm{N/m^2}]$$

(3) 강자성체에 가한 에너지만큼의 흡인력이 생긴다.

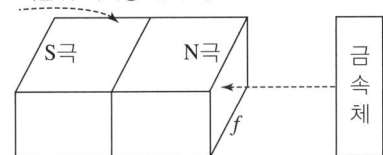

▲ 강자성체에 가하는 에너지 및 흡인력

독학이 쉬워지는 기초개념

기출예제

중요도 다음 물질 중에서 강자성체가 아닌 것은?
① 철
② 니켈
③ 백금
④ 코발트

| 해설 |
- 상자성체: 백금(Pt), 알루미늄(Al), 산소(O_2) 등
- 반자성체: 은(Ag), 구리(Cu), 비스무트(Bi) 등
- 강자성체: 철(Fe), 니켈(Ni), 코발트(Co) 등

답 ③

THEME 03 히스테리시스 곡선

1 히스테리시스 곡선(Hysteresis Loop)의 정의
(1) 강자성체를 자화시킬 경우의 자계와 자속 밀도의 관계를 나타낸 곡선이다.
(2) 자화곡선 또는 자기 이력 곡선이라고도 부른다.

2 자화곡선 및 투자율 μ 곡선
(1) 자화곡선($B-H$곡선)
  ① $B = \mu H$ 식에 의해 강자성체에 가하는 자계(H)를 증가시키면 자속 밀도(B)도 비례하여 증가한다.
  ② 어느 일정 값 이상으로 자계(H)가 증가되면 이때부터는 자성체에 자속 밀도(B)가 포화되어 자속 밀도는 더 이상 증가하지 않는다. 이때를 자기 포화 현상이라고 한다.

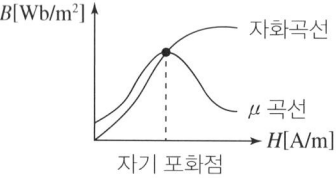

▲ 자화곡선 및 투자율 μ 곡선

(2) 투자율 μ 곡선
  ① $B = \mu H$ 식에 의해 자속 밀도(B)가 포화되어 자속 밀도는 더 이상 증가하지 않는 자기 포화 현상이 생긴다. 자계(H)가 증가되면 이때부터는 투자율(μ) 값은 감소하게 된다.
  ② 투자율(μ) 곡선은 그림처럼 처음에는 증가했다가 자기 포화점 이후부터는 반비례하여 감소하게 된다.

3 히스테리시스 곡선

(1) 횡축에는 자계의 세기 H를, 종축에는 자속 밀도 B를 평면상에 나타낸 강자성체의 자속 밀도 분포를 그린 곡선이다.

(2) 이렇게 하여 얻어진 히스테리시스 곡선의 면적이 바로 영구 자석을 만들기 위해 외부에서 가한 강자성체의 체적당 자속 밀도가 된다.

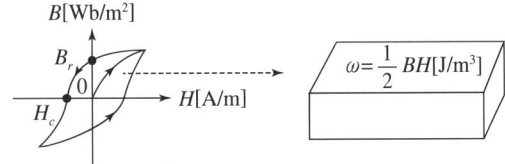

(a) 히스테리시스 곡선　　(b) 강자성체에 가한 에너지 밀도
▲ 히스테리시스 곡선과 에너지 관계

(3) 히스테리시스 곡선
① 종축과 만나는 점(B_r): 잔류 자기라고 하며, 자계를 0으로 해도 강자성체의 내부에 소멸되지 않고 남아있는 자속 밀도 성분으로서 이것 때문에 영구 자석은 외부의 자계를 제거하여도 자석의 성질을 유지하는 것이다.
② 횡축과 만나는 점(H_c): 보자력이라고 하며, 잔류 자기를 없애기 위해 필요한 자계의 세기이다.
③ 외부에서 가한 에너지 중 히스테리시스 곡선의 면적에 해당하는 에너지는 열로 소비된다. 이것을 히스테리시스 손실(P_h)이라고 한다.

$$P_h = k_h f v B_m^{1.6} [\text{W}]$$

(k_h: 히스테리시스 상수, f: 주파수, v: 자성체 체적, B_m: 최대 자속 밀도)

④ 자성체 내의 자속의 변화로 자성체 내부에 기전력이 생성되고 생성된 기전력에 의해 와전류가 흐르게 되는데, 와전류에 의해 발생하는 손실을 와류손(P_e)이라고 한다.

$$P_e = k_e f^2 B_m^2 t^2 [\text{W/m}^3]$$

(k_e: 와류손 상수, f: 주파수, B_m: 최대 자속 밀도, t: 두께)

4 영구 자석 및 전자석의 히스테리시스 곡선의 면적 비교

(1) **영구 자석**: 한 번 외부에서 자계를 가해서 자화가 되면 지속적으로 자석의 성질을 띄는 것을 말한다.(강자성체로 만든다.)
(2) **전자석**: 철심에 코일을 감고 이 코일에 전류를 흘릴 때에만 자석의 성질을 갖고 전류를 흘리지 않으면 즉시 자석의 성질을 잃어버리는 자석을 말한다.(상자성체로 만든다.)
(3) 영구 자석의 히스테리시스 곡선의 면적이 전자석의 면적보다 크다.
(영구 자석의 경우 B_r 값과 H_c 값이 크다.)

독학이 쉬워지는 기초개념

$$P_e = k_e (ft B_m)^2$$
$$= f^2 B_m^2 \frac{t^2}{\rho} [\text{W/m}^3]$$

| 독학이 쉬워지는 기초개념 |

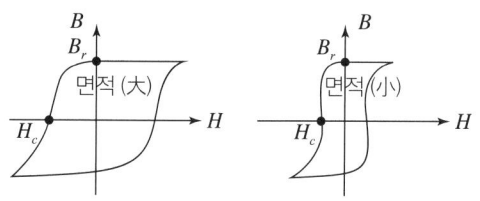

(a) 강자성체(영구 자석)　　(b) 상자성체(전자석)

▲ 영구 자석과 전자석의 히스테리시스 곡선의 면적 비교

기출예제

히스테리시스 곡선에서 횡축과 종축은 각각 무엇을 나타내는가?
① 자속 밀도(횡축), 자계(종축)
② 기자력(횡축), 자속 밀도(종축)
③ 자계(횡축), 자속 밀도(종축)
④ 자속 밀도(횡축), 기자력(종축)

|해설|
히스테리시스 곡선
• 횡축: 자계(H), 보자력(H_c)
• 종축: 자속 밀도(B), 잔류 자기(B_r)

답 ③

THEME 04　자화의 세기

1 자화의 세기 정의

(1) 자성체를 자계가 존재하는 공간에 놓았을 때 자성체가 자석이 되는 정도를 양적으로 표현한 것을 자화의 세기라고 한다.
(2) 자화의 세기를 나타내는 기호는 J로 표시하고, 단위는 $[\text{Wb/m}^2]$으로 자속 밀도와 같은 단위를 사용한다.

$$J = \frac{m}{S}[\text{Wb/m}^2]$$
$$= \frac{M}{V}\,(V: \text{체적},\ M: \text{자기 쌍극자 모멘트})$$

2 자화의 세기 표현식

(1) 자성체가 자화될 때 표현식
$$B = \mu_0 H + J\ [\text{Wb/m}^2]$$

(2) 자화의 세기 J를 구하는 식
$$J = B - \mu_0 H = \mu_0 \mu_s H - \mu_0 H = \mu_0 (\mu_s - 1) H\ [\text{Wb/m}^2]$$

자화의 세기
단위 체적당 자기 쌍극자 모멘트

유전체에서의 분극
$D = \varepsilon_0 E + P$
$P = \varepsilon_0 (\varepsilon_s - 1) E\,[\text{C/m}^2]$

(3) 위 식에서 $J = \mu_0(\mu_s - 1)H = \chi H [\text{Wb/m}^2]$라고 나타낼 수 있는데, 여기에서 $\chi = \mu_0(\mu_s - 1)$을 자화율이라고 한다.

> **기출예제**
>
> 비투자율 350인 강자성체 중의 평균 자계가 $280[\text{AT/m}]$일 경우의 자화의 세기는 약 몇 $[\text{Wb/m}^2]$인가?
> ① 0.12
> ② 0.15
> ③ 0.18
> ④ 0.21
>
> | 해설 |
> $J = \mu_0(\mu_s - 1)H = 4\pi \times 10^{-7} \times (350 - 1) \times 280 = 0.12 [\text{Wb/m}^2]$
>
> 답 ①

3 감자력

그림과 같이 자성체를 H_0에 둘 때, 자성체 내부에는 H_0와 반대 방향으로 자극 $+m$, $-m$이 유기되어 자계 H'을 생기게 하는데, 이때 H'을 감자력이라고 한다.

감자력 $H' = \dfrac{N}{\mu_0}J = \dfrac{\chi N}{\mu_0}H$이므로

$H = H_0 - H' = H_0 - \dfrac{\chi N}{\mu_0}H$

$\therefore H = \dfrac{H_0}{1 + \dfrac{\chi N}{\mu_0}} = \dfrac{H_0}{1 + N(\mu_s - 1)}$

(단, 자화율 $\chi = \mu - \mu_0 = \mu_0(\mu_s - 1)$)

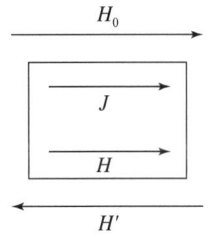
▲ 감자력

위 식을 감자율 N에 대해 정리하면 $N = \dfrac{1}{\mu_s - 1}\left(\dfrac{H_0}{H} - 1\right)$

$\therefore J = \chi H = \dfrac{(\mu - \mu_0)H_0}{1 + N(\mu_s - 1)} = \dfrac{\mu_0(\mu_s - 1)H_0}{1 + N(\mu_s - 1)}$

감자율
범위 $0 \leq N \leq 1$
환상 솔레노이드 $N = 0$
구 자성체 $N = \dfrac{1}{3}$

THEME 05 자성체의 경계면 조건

1 경계면 양측에서 접선 성분의 자계의 세기

(1) 자계의 세기는 경계면에 수평 성분이 같다($H_{1t} = H_{2t}$).
(2) 이를 표현한 식은 다음과 같다.
  $H_{1t} = H_{2t} \Rightarrow H_1 \sin\theta_1 = H_2 \sin\theta_2$
(3) 자속 밀도는 경계면의 접선 방향이 불연속적이다($B_{1t} \neq B_{2t}$).

독학이 쉬워지는 기초개념

유전체 경계면
$\dfrac{\tan\theta_1}{\tan\theta_2} = \dfrac{\varepsilon_1}{\varepsilon_2}$

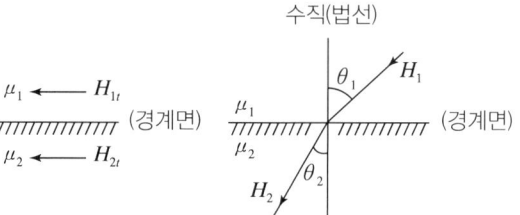

▲ 자성체 경계면에 수평인 자계의 세기

2 경계면 양측에서 법선 성분의 자속 밀도

(1) 자속 밀도는 경계면에 수직 성분이 같다($B_{1n} = B_{2n}$).

(2) 이를 표현한 식은 아래와 같다.
$$B_{1n} = B_{2n} \Rightarrow B_1\cos\theta_1 = B_2\cos\theta_2$$

(3) 자계의 세기는 경계면의 법선 방향이 불연속적이다($H_{1n} \neq H_{2n}$).

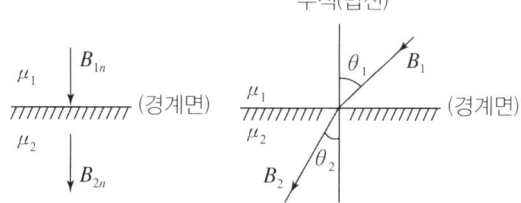

▲ 자성체 경계면에 수직인 자속 밀도

3 투자율과의 관계

(1) $\mu_1 > \mu_2$일 때, $\theta_1 > \theta_2$의 관계가 있다.

(2) $\mu_1 > \mu_2$일 때, $B_1 > B_2$의 관계가 있다.

(3) $\mu_1 > \mu_2$일 때, $H_1 < H_2$의 관계가 있다.

기출예제

투자율이 다른 두 자성체의 경계면에서 굴절각과 입사각의 관계가 옳은 것은?
(단, μ: 투자율, θ_1: 입사각, θ_2: 굴절각)

① $\dfrac{\sin\theta_1}{\sin\theta_2} = \dfrac{\mu_1}{\mu_2}$ ② $\dfrac{\tan\theta_2}{\tan\theta_1} = \dfrac{\mu_1}{\mu_2}$

③ $\dfrac{\cos\theta_1}{\cos\theta_2} = \dfrac{\mu_1}{\mu_2}$ ④ $\dfrac{\tan\theta_1}{\tan\theta_2} = \dfrac{\mu_1}{\mu_2}$

| 해설 |
자성체의 경계면 조건에 관한 자계 세기의 식과 자속 밀도의 식은 각각
$H_1 \sin\theta_1 = H_2 \sin\theta_2$
$B_1 \cos\theta_1 = B_2 \cos\theta_2$
따라서 위 두 식을 나누어 보면
$$\frac{H_1 \sin\theta_1}{B_1 \cos\theta_1} = \frac{H_2 \sin\theta_2}{B_2 \cos\theta_2} \Rightarrow \frac{H_1 \sin\theta_1}{\mu_1 H_1 \cos\theta_1} = \frac{H_2 \sin\theta_2}{\mu_2 H_2 \cos\theta_2}$$
$$\frac{1}{\mu_1} \tan\theta_1 = \frac{1}{\mu_2} \tan\theta_2 \Rightarrow \frac{\tan\theta_1}{\tan\theta_2} = \frac{\mu_1}{\mu_2}$$

답 ④

THEME 06 자기 회로

1 자기 회로의 구성

(1) 대표적인 자기 회로는 환상 철심에 코일이 감겨 있는 회로로 구성할 수 있다.

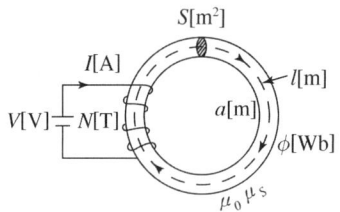

▲ 자기 회로

(2) 자기 회로를 구성하는 요소

① 기자력 $F = \phi R_m = NI\,[\text{AT}]$

② 자속 $\phi = \dfrac{F}{R_m}\,[\text{Wb}]$

③ 자기 저항 $R_m = \dfrac{F}{\phi} = \dfrac{l}{\mu S}\,[\text{AT/Wb}]$

(단, l : 철심 내 자속이 통과하는 평균 자로 길이[m]

μ : 철심의 투자율($\mu_0 \mu_s$[H/m])

S: 철심의 단면적[m²])

2 전기 회로와 자기 회로의 대응 관계

(1) 전기 회로와 자기 회로는 다음과 같이 유사하다.

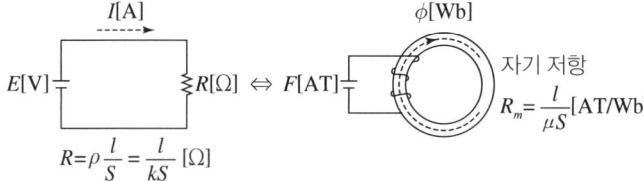

(a) 전기 회로　　　　(b) 자기 회로
▲ 전기 회로와 자기 회로의 유사성

독학이 쉬워지는 기초개념

(2) 이러한 전기 회로와 자기 회로의 대응 관계는 다음과 같다.

전기 회로		자기 회로	
기전력	$E = IR\,[\text{V}]$	기자력	$F = \phi R_m = NI\,[\text{AT}]$
전류	$I = \dfrac{E}{R}\,[\text{A}]$	자속	$\phi = \dfrac{F}{R_m}\,[\text{Wb}]$
전기 저항	$R = \dfrac{V}{I} = \dfrac{l}{kS}\,[\Omega]$	자기 저항	$R_m = \dfrac{F}{\phi} = \dfrac{l}{\mu S}\,[\text{AT/Wb}]$
도전율	$k\,[\mho/\text{m}]$	투자율	$\mu\,[\text{H/m}]$

3 합성 자기 저항

(1) 2개 이상의 자기 저항이 존재하는 경우(직렬 접속)

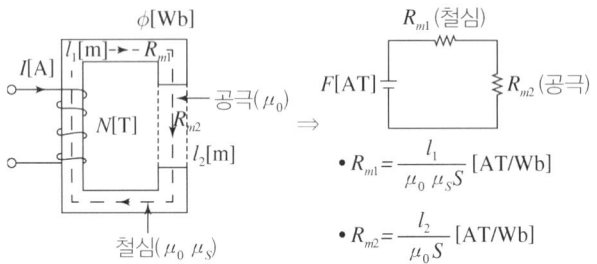

▲ 자기 저항의 직렬 접속

$$R_m = R_{m1} + R_{m2}\,[\text{AT/Wb}]$$

(2) 2개 이상의 자기 저항이 존재하는 경우(병렬 접속)

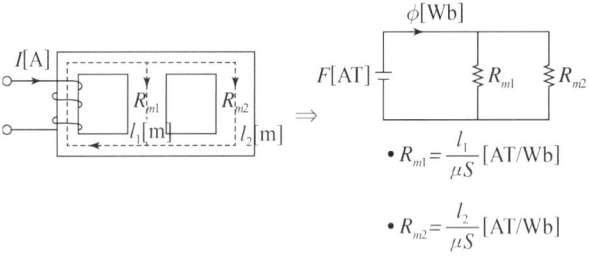

▲ 자기 저항의 병렬 접속

$$R_m = \dfrac{R_{m1} \times R_{m2}}{R_{m1} + R_{m2}}\,[\text{AT/Wb}]$$

(3) 자기 저항의 합성은 전기 저항의 합성 방법과 동일함을 알 수 있다.

기출예제

단면적 $S[\text{m}^2]$, 길이 $l[\text{m}]$, 투자율 $\mu[\text{H/m}]$의 자기 회로에 N회의 코일을 감고 $I[\text{A}]$의 전류를 흘릴 때의 옴의 법칙은?

① $B = \dfrac{\mu SNI}{l}$ ② $\phi = \dfrac{\mu SI}{lN}$

③ $\phi = \dfrac{\mu SNI}{l}$ ④ $\phi = \dfrac{l}{\mu SNI}$

| 해설 |

자속 $\phi = \dfrac{F}{R_m} = \dfrac{NI}{\dfrac{l}{\mu S}} = \dfrac{\mu SNI}{l}$ [Wb]

답 ③

(4) 공극이 있는 자기 회로

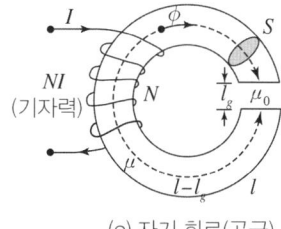
(a) 자기 회로(공극)

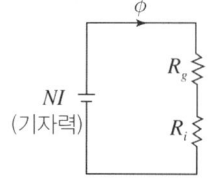
(b) 등가 자기 회로

① 자기 저항(철심 저항 R_i, 공극 저항 R_g)

$R_i = \dfrac{l - l_g}{\mu S} \fallingdotseq \dfrac{l}{\mu S}$ [AT/Wb], $R_g = \dfrac{l_g}{\mu_0 S}$ [AT/Wb]

② 합성 자기 저항(R_m)

$R_m = R_i + R_g = \dfrac{l}{\mu S} + \dfrac{l_g}{\mu_0 S}$

$\therefore R_m = \dfrac{l}{\mu S}\left(1 + \dfrac{\mu l_g}{\mu_0 l}\right) = \dfrac{l}{\mu S}\left(1 + \dfrac{l_g}{l}\mu_s\right)$ [AT/Wb]

③ 공극이 없는 경우와 있는 경우 자기 저항 비

$\dfrac{R_m}{R} = 1 + \dfrac{\mu l_g}{\mu_0 l} = 1 + \dfrac{l_g}{l}\mu_s$

④ 자속(ϕ)

$\phi = \dfrac{NI}{R_m} = \dfrac{\mu SNI}{l\left(1 + \dfrac{l_g}{l}\mu_s\right)}$ [Wb]

CHAPTER 09 CBT 적중문제

01
내부 장치 또는 공간을 물질로 포위시켜 외부 자계의 영향을 차폐시키는 방식을 자기 차폐라고 한다. 다음 중 자기 차폐에 가장 좋은 것은?

① 강자성체 중에서 비투자율이 큰 물질
② 강자성체 중에서 비투자율이 작은 물질
③ 비투자율이 1보다 작은 역자성체
④ 비투자율에 관계없이 물질의 두께에만 관계되므로 되도록 두꺼운 물질

해설
자속은 비투자율이 큰 물체 쪽으로 모이려는 성질이 있으므로 자기 차폐를 하기 위해서는 비투자율이 큰 물질이어야 한다. 따라서 강자성체 중 비투자율이 큰 물질(철, 니켈, 코발트)이 적당하다.

암기
강자성체의 예: 철, 니켈, 코발트
암기법: 니코 강철 같다.

02
상자성체에서 비투자율(μ_s)은 어느 값을 갖는가?

① $\mu_s = 1$ ② $\mu_s < 1$
③ $\mu_s > 1$ ④ $\mu_s = 0$

해설
자성체의 종류 및 비투자율 크기
• 상자성체
 – 상자성체의 예: 백금(Pt), 알루미늄(Al), 산소(O_2) 등
 – 상자성체의 비투자율: $\mu_s > 1$(1보다 약간 크다.)
• 반자성체
 – 반자성체의 예: 은(Ag), 구리(Cu), 비스무트(Bi) 등
 – 반자성체의 비투자율: $\mu_s < 1$(1보다 작다.)
• 강자성체
 – 강자성체의 예: 철(Fe), 니켈(Ni), 코발트(Co) 등
 – 강자성체의 비투자율: $\mu_s \gg 1$(1보다 매우 크다.)

03
비투자율 μ_s는 반자성체에서 다음 중 어느 값을 갖는가?

① $\mu_s = 1$ ② $\mu_s < 1$
③ $\mu_s > 1$ ④ $\mu_s = 0$

해설
자성체의 종류 및 비투자율 크기
• 상자성체
 – 상자성체의 예: 백금(Pt), 알루미늄(Al), 산소(O_2) 등
 – 상자성체의 비투자율: $\mu_s > 1$(1보다 약간 크다.)
• 반자성체
 – 반자성체의 예: 은(Ag), 구리(Cu), 비스무트(Bi) 등
 – 반자성체의 비투자율: $\mu_s < 1$(1보다 작다.)
• 강자성체
 – 강자성체의 예: 철(Fe), 니켈(Ni), 코발트(Co) 등
 – 강자성체의 비투자율: $\mu_s \gg 1$(1보다 매우 크다.)

04
투자율을 μ라 하고 공기 중의 투자율 μ_0와 비투자율 μ_s의 관계에서 $\mu_s = \dfrac{\mu}{\mu_0} = 1 + \dfrac{\chi}{\mu_0}$로 표현된다. 이에 대한 설명으로 알맞은 것은?(단, χ는 자화율이다.)

① $\chi > 0$인 경우 반자성체
② $\chi < 0$인 경우 상자성체
③ $\mu_s > 1$인 경우 비자성체
④ $\mu_s < 1$인 경우 반자성체

해설
• 상자성체
 $\mu_s > 1$, $\chi > 0$
• 반자성체
 $\mu_s < 1$, $\chi < 0$
• 강자성체
 $\mu_s \gg 1$, $\chi \gg 0$

| 정답 | 01 ① 02 ③ 03 ② 04 ④

05

두 개의 자극판이 놓여 있을 때 자계의 세기 $H[\text{AT/m}]$, 자속 밀도 $B[\text{Wb/m}^2]$, 투자율 $\mu[\text{H/m}]$인 곳의 자계의 에너지 밀도$[\text{J/m}^3]$는?

① $\dfrac{H^2}{2\mu}$ ② $\dfrac{1}{2}\mu H^2$

③ $\dfrac{\mu H}{2}$ ④ $\dfrac{1}{2}B^2 H$

해설

단위 체적당 자계 에너지

$w = \dfrac{1}{2}BH = \dfrac{1}{2}\mu H^2 = \dfrac{B^2}{2\mu} \; [\text{J/m}^3] \; (\because B = \mu H)$

06

그림과 같이 진공 중에 자극 면적이 $2[\text{cm}^2]$, 간격이 $0.1[\text{cm}]$인 자성체 내에서 포화 자속 밀도가 $2[\text{Wb/m}^2]$일 때 두 자극면 사이에 작용하는 힘의 크기는 약 몇 $[\text{N}]$인가?

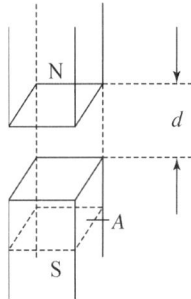

① 53 ② 106
③ 159 ④ 318

해설

단위 면적당 힘

$f = \dfrac{B^2}{2\mu_0}[\text{N/m}^2]$

두 자극면 사이의 힘

$F = \dfrac{B^2}{2\mu_0}S = \dfrac{2^2}{2 \times 4\pi \times 10^{-7}} \times 2 \times 10^{-4} = 318[\text{N}]$

07

히스테리시스 곡선의 기울기는 다음의 어떤 값에 해당하는가?

① 투자율 ② 유전율
③ 자화율 ④ 감자율

해설

히스테리시스 곡선의 가로축은 자계의 세기(H), 세로축은 자속 밀도(B)로 하여 $B = \mu H$의 관계를 그린 곡선으로, 히스테리시스 곡선의 기울기는 $\mu = \dfrac{B}{H}$의 투자율을 의미한다.

08

히스테리시스 곡선에서 히스테리시스 손실에 해당하는 것은?

① 보자력의 크기
② 잔류 자기의 크기
③ 보자력과 잔류 자기의 곱
④ 히스테리시스 곡선의 면적

해설

강자성체에서 발생하는 히스테리시스 현상을 나타내는 곡선은 히스테리시스 곡선이다. 이 곡선의 면적은 히스테리시스 손실의 크기를 나타낸다.

09

그림과 같은 히스테리시스 루프를 가진 철심이 강한 평등 자계에 의해 매초 60[Hz]로 자화할 경우 히스테리시스 손실은 몇 [W]인가?(단, 철심의 체적은 20[cm³], $B_r = 5[\text{Wb/m}^2]$, $H_C = 2[\text{AT/m}]$이다.)

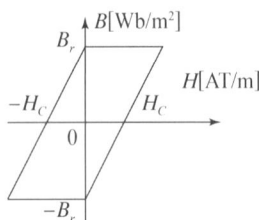

① 1.2×10^{-2}
② 2.4×10^{-2}
③ 3.6×10^{-2}
④ 4.8×10^{-2}

해설

$P_h = 4 \times fVH_cB_r = 4 \times 60 \times 20 \times 10^{-6} \times 2 \times 5$
$= 4.8 \times 10^{-2}[\text{W}]$

10

와전류손(Eddy Current Loss)에 대한 설명으로 옳은 것은?

① 도전율이 클수록 작다.
② 주파수에 비례한다.
③ 최대 자속 밀도의 1.6승에 비례한다.
④ 주파수의 제곱에 비례한다.

해설

와전류손 $P_e = K_e f^2 B_m^2 t^2 [\text{W/m}^3]$이므로 와전류는 주파수의 제곱에 비례하고 최대 자속 밀도의 제곱에 비례한다.

11

자성체 $3 \times 4 \times 20[\text{cm}^3]$가 자속 밀도 $B = 130[\text{mT}]$로 자화되었을 때 자기 모멘트가 $48[\text{A} \cdot \text{m}^2]$이었다면 자화의 세기는 몇 [A/m]인가?

① 10^4
② 10^5
③ 2×10^4
④ 2×10^5

해설

자화의 세기
$J = \dfrac{\text{자기모멘트}}{\text{체적}} = \dfrac{48}{3 \times 4 \times 20 \times 10^{-6}} = 2 \times 10^5 [\text{A/m}]$

12

자기 감자율 $N = 2.5 \times 10^{-3}$, 비투자율 $\mu_s = 100$의 막대형 자성체를 자계의 세기 $H = 500[\text{AT/m}]$의 평등 자계 내에 놓았을 때 자화의 세기는 약 몇 $[\text{Wb/m}^2]$인가?

① 4.98×10^{-2}
② 6.25×10^{-2}
③ 7.82×10^{-2}
④ 8.72×10^{-2}

해설

자기 감자율 공식에 대입하여
$J = \dfrac{H_0 \mu_0 (\mu_s - 1)}{1 + N(\mu_s - 1)} = \dfrac{500 \times 4\pi \times 10^{-7} \times (100 - 1)}{1 + 2.5 \times 10^{-3} \times (100 - 1)}$
$= 4.98 \times 10^{-2}[\text{Wb/m}^2]$

13

진공 중의 평등자계 H_0 중에 반지름이 a[m]이고, 투자율이 μ인 구 자성체가 있다. 이 구 자성체의 감자율은?(단, 구 자성체 내부의 자계는 $H = \dfrac{3\mu_0}{2\mu_0 + \mu} H_0$이다.)

① 1
② $\dfrac{1}{2}$
③ $\dfrac{1}{3}$
④ $\dfrac{1}{4}$

해설
- 감자율의 범위 $0 \le N \le 1$
- 환상 솔레노이드의 감자율 $N = 0$
- 구 자성체의 감자율 $N = 1/3$

14

투자율이 다른 두 자성체의 경계면에서 굴절각과 입사각의 관계가 옳은 것은?(단, μ: 투자율, θ_1: 입사각, θ_2: 굴절각이다.)

① $\dfrac{\sin\theta_1}{\sin\theta_2} = \dfrac{\mu_1}{\mu_2}$
② $\dfrac{\tan\theta_2}{\tan\theta_1} = \dfrac{\mu_1}{\mu_2}$
③ $\dfrac{\cos\theta_1}{\cos\theta_2} = \dfrac{\mu_1}{\mu_2}$
④ $\dfrac{\tan\theta_1}{\tan\theta_2} = \dfrac{\mu_1}{\mu_2}$

해설
자성체의 경계면 조건
- 자속 밀도의 법선 성분은 서로 같다.
  $B_1 \cos\theta_1 = B_2 \cos\theta_2$
- 자계의 접선 성분은 서로 같다.
  $H_1 \sin\theta_1 = H_2 \sin\theta_2$

따라서 위 두 식을 나누어 정리해 보면
$\dfrac{H_1 \sin\theta_1}{B_1 \cos\theta_1} = \dfrac{H_2 \sin\theta_2}{B_2 \cos\theta_2} \Rightarrow \dfrac{H_1 \sin\theta_1}{\mu_1 H_1 \cos\theta_1} = \dfrac{H_2 \sin\theta_2}{\mu_2 H_2 \cos\theta_2}$

$\dfrac{\tan\theta_1}{\tan\theta_2} = \dfrac{\mu_1}{\mu_2}$

15

매질 1의 $\mu_1 = 500$, 매질 2의 $\mu_2 = 1,000$이다. 매질 2에서 경계면에 대하여 $45°$로 자계가 입사한 경우 매질 1에서 경계면과 자계의 각도에 가장 가까운 것은?

① $20°$
② $30°$
③ $60°$
④ $80°$

해설
자성체의 경계면 조건에서
$\dfrac{\mu_1}{\mu_2} = \dfrac{\tan\theta_1}{\tan\theta_2} \Rightarrow \dfrac{500}{1,000} = \dfrac{\tan\theta_1}{\tan 45°}$
(단, θ_1: 투과각, θ_2: 입사각)

따라서 매질 1에서의 자계의 투과 각도를 구하면
$\tan\theta_1 = \dfrac{500}{1,000} \times \tan 45° = 0.5$
$\therefore \theta_1 = \tan^{-1} 0.5 = 26.56°$

매질 1에서 경계면과 자계의 세기가 이루는 각은
$\theta = 90° - 26.56° = 63.43°$

16

비투자율 800의 환상 철심으로 하여 권선 600회 감아서 환상 솔레노이드를 만들었다. 이 솔레노이드의 평균 반경이 20[cm]이고 단면적이 10[cm²]이다. 이 권선에 전류 1[A]를 흘리면 내부에 통하는 자속[Wb]은?

① 2.7×10^{-4}
② 4.8×10^{-4}
③ 6.8×10^{-4}
④ 9.6×10^{-4}

해설
$\phi = \dfrac{NI}{R_m} = \dfrac{NI}{\dfrac{l}{\mu_0 \mu_s S}} = \dfrac{\mu_0 \mu_s S N I}{2\pi r}$

$= \dfrac{4\pi \times 10^{-7} \times 800 \times 600 \times 1 \times 10 \times 10^{-4}}{2\pi \times 20 \times 10^{-2}}$

$= 4.8 \times 10^{-4}$ [Wb]

| 정답 | 13 ③ 14 ④ 15 ③ 16 ②

17
자기 회로에서 자기 저항의 관계로 옳은 것은?

① 자기 회로의 길이에 비례
② 자기 회로의 단면적에 비례
③ 자성체의 비투자율에 비례
④ 자성체의 비투자율의 제곱에 비례

해설
자기 저항
$R_m = \dfrac{l}{\mu S}$ [AT/Wb]

따라서 자기 저항은 다음과 같은 특징이 있다.
- 자로의 길이(l)에 비례
- 철심의 투자율(μ)에 반비례
- 철심의 단면적(S)에 반비례

18
자기 회로와 전기 회로에 대한 설명으로 틀린 것은?

① 자기 저항의 역수를 컨덕턴스라고 한다.
② 자기 회로의 투자율은 전기 회로의 도전율에 대응된다.
③ 전기 회로의 전류는 자기 회로의 자속에 대응된다.
④ 자기 저항의 단위는 [AT/Wb]이다.

해설
전기 저항의 역수를 컨덕턴스, 자기 저항의 역수를 퍼미언스라 한다.

자기 회로	전기 회로
자속 ϕ [Wb]	전류 I [A]
기자력 F [AT]	기전력 E [V]
자속 밀도 B [Wb/m²]	전류 밀도 i [A/m²]
투자율 μ [H/m]	도전율 σ [℧/m]
자계 H [AT/m]	전계 E [V/m]
자기 저항 R_m [AT/Wb]	전기 저항 R [Ω]

19
그림과 같은 자기 회로에서 A 부분에만 코일을 감아서 전류를 인가할 때의 자기 저항과 B 부분에만 코일을 감아서 전류를 인가할 때의 자기 저항[AT/Wb]을 각각 구하면 어떻게 되는가?(단, 자기 저항 $R_1 = 3$ [AT/Wb], $R_2 = 1$ [AT/Wb], $R_3 = 2$ [AT/Wb])

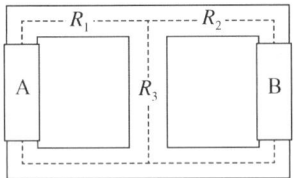

① $R_A = 2.2$, $R_B = 3.67$
② $R_A = 3.67$, $R_B = 2.2$
③ $R_A = 1.43$, $R_B = 2.83$
④ $R_A = 2.2$, $R_B = 1.43$

해설
- A 부분에 코일을 감은 경우 자기 저항
$R_A = R_1 + \dfrac{R_2 \times R_3}{R_2 + R_3} = 3 + \dfrac{1 \times 2}{1 + 2} = 3.67$ [AT/Wb]
- B 부분에 코일을 감은 경우 자기 저항
$R_B = R_2 + \dfrac{R_1 \times R_3}{R_1 + R_3} = 1 + \dfrac{3 \times 2}{3 + 2} = 2.2$ [AT/Wb]

20
자기 회로에서 키르히호프의 법칙으로 알맞은 것은?(단, R: 자기 저항, ϕ: 자속, N: 코일 권수, I: 전류이다.)

① $\sum_{i=1}^{n} \phi_i = \infty$
② $\sum_{i=1}^{n} n i \phi_i = 0$
③ $\sum_{i=1}^{n} R_i \phi_i = \sum_{i=1}^{n} N_i I_i$
④ $\sum_{i=1}^{n} R_i \phi_i = \sum_{i=1}^{n} N_i L_i$

해설
임의의 폐자기 회로에서 각 부의 자기 저항과 자속의 총합은 폐자기 회로의 기자력의 총합과 같다.
$\sum_{i=1}^{n} R_i \phi_i = \sum_{i=1}^{n} N_i I_i$

21

코일로 감겨진 환상 자기 회로에서 철심의 투자율을 $\mu[\text{H/m}]$라 하고 자기 회로의 길이를 $l[\text{m}]$라 할 때 그 자기 회로의 일부에 미소 공극 $l_g[\text{m}]$을 만들면 회로의 자기 저항은 이전의 약 몇 배 정도되는가?

① $\dfrac{1+\dfrac{l_g}{l_i}\mu_s}{1+\dfrac{l_g}{l_i}}$
② $1+\dfrac{\mu l}{\mu_0 l_g}$

③ $\dfrac{\mu l_g}{\mu_0 l}$
④ $\dfrac{\mu l}{\mu_0 l_g}$

해설

공극의 길이가 l_g일 때 철심의 길이를 l_i라 하면
- 공극이 없는 철심의 자기 저항

$$R_m = \dfrac{l}{\mu_0\mu_s S} = \dfrac{l_g+l_i}{\mu_0\mu_s S}$$

- 공극이 있는 철심의 자기 저항

$$R = R_g + R_i = \dfrac{l_g}{\mu_0 S} + \dfrac{l_i}{\mu_0\mu_s S} = \dfrac{l_i}{\mu_0\mu_s S}\left(1+\dfrac{l_g}{l_i}\mu_s\right)$$

$$\therefore \dfrac{R}{R_m} = \dfrac{\dfrac{l_g}{\mu_0 S}+\dfrac{l_i}{\mu_0\mu_s S}}{\dfrac{l_i+l_g}{\mu_0\mu_s S}}$$

$$= \dfrac{\mu_s l_g + l_i}{l_i+l_g} = \dfrac{1+\dfrac{l_g}{l_i}\mu_s}{1+\dfrac{l_g}{l_i}}$$

22

철심부의 평균 길이가 l_2, 공극의 길이가 l_1, 단면적이 S인 자기 회로이다. 자속 밀도를 $B[\text{Wb/m}^2]$로 하기 위한 기자력 $[\text{AT}]$은?

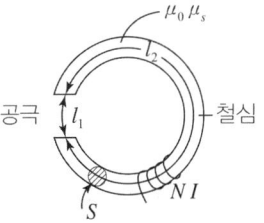

① $\dfrac{\mu_0}{B}\left(l_1+\dfrac{\mu_s}{l_2}\right)$
② $\dfrac{B}{\mu_0}\left(l_2+\dfrac{l_1}{\mu_s}\right)$

③ $\dfrac{\mu_0}{B}\left(l_2+\dfrac{\mu_s}{l_1}\right)$
④ $\dfrac{B}{\mu_0}\left(l_1+\dfrac{l_2}{\mu_s}\right)$

해설

- 철심 부분과 공극 부분의 합성 자기 저항

$$R_m = R_1 + R_2 = \dfrac{l_1}{\mu_0 S}+\dfrac{l_2}{\mu_0\mu_s S} = \dfrac{1}{\mu_0 S}\left(l_1+\dfrac{l_2}{\mu_s}\right)[\text{AT/Wb}]$$

- 기자력

$$F = \phi R_m = BS\, R_m = \dfrac{B}{\mu_0}\left(l_1+\dfrac{l_2}{\mu_s}\right)[\text{AT}]$$

인덕턴스

1. 인덕턴스의 종류
2. 결합 계수
3. 코일의 접속
4. 코일(인덕터)에 축적되는 에너지
5. 도체 모양에 따른 인덕턴스의 값
6. 표피 효과(Skin Effect)

학습전략

인덕턴스의 일부 내용은 회로이론과도 유사한 내용이 포함되어 있으므로 회로이론 내용과 연관하여 공부하면 도움이 많이 될 것입니다. 특히 인덕턴스에 관련된 중요한 공식의 암기는 필수적인 부분이기 때문에 정확한 공식 정리 및 암기에 집중하여 학습해 두도록 합니다.

CHAPTER 10 | 흐름 미리보기

1. 인덕턴스의 종류
2. 결합 계수
3. 코일의 접속
4. 코일(인덕터)에 축적되는 에너지
5. 도체 모양에 따른 인덕턴스의 값
6. 표피 효과 (Skin Effect)

NEXT **CHAPTER 11**

CHAPTER 10 인덕턴스

독학이 쉬워지는 기초개념

THEME 01 인덕턴스의 종류

1 자기 인덕턴스 $L[\text{H}]$

어느 회로에 전류 $I[\text{A}]$를 흘릴 경우 암페어의 오른손 법칙에 의해서 발생하는 자속 $\phi[\text{Wb}]$와 전류 $I[\text{A}]$의 관계를 나타내는 비례 상수이다.

- $\phi = LI\,[\text{Wb}]$
- $L = \dfrac{\phi}{I}\,[\text{H}]$

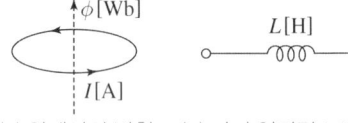

(a) 암페어의 법칙   (b) 자기 인덕턴스의 기호

▲ 자기 인덕턴스

2 상호 인덕턴스 $M[\text{H}]$

두 개 이상의 회로에서 어느 한 회로에 전류 $I[\text{A}]$를 흘릴 경우 다른 회로에서 쇄교하는 $\phi[\text{Wb}]$와의 관계를 나타내는 비례 상수이다.

- $\phi = MI\,[\text{Wb}]$
- $M = \dfrac{\phi}{I}\,[\text{H}]$

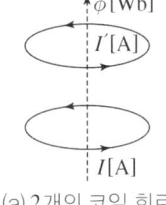 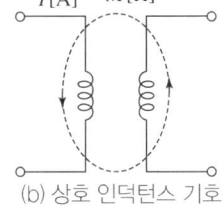

(a) 2개의 코일 회로   (b) 상호 인덕턴스 기호

▲ 상호 인덕턴스

THEME 02 결합 계수

1 결합 계수의 정의

(1) 두 코일 간의 자속에 의한 유도 결합 정도를 나타내는 계수를 의미한다.
(2) 서로 직접 연결되지 않은 두 코일 간을 자속이 어느 정도 간접적으로 연결시키는가를 나타내는 정도를 말한다.

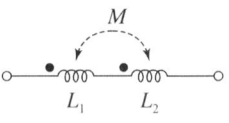

▲ 가동 결합 회로

2 결합 계수 공식 및 결합 계수의 범위

$$k = \dfrac{M}{\sqrt{L_1 L_2}}$$

(1) $k = 0$: 무결합(두 코일 간의 쇄교 자속이 전혀 없는 상태)
(2) $k = 1$: 완전 결합(누설 자속이 전혀 없이 자속이 전부 쇄교되는 상태)

결합 계수의 범위
$0 \leq k \leq 1$

기출예제

인덕턴스 L_1, L_2가 각각 $3[\text{mH}]$, $6[\text{mH}]$인 두 코일 간의 상호 인덕턴스 M이 $4[\text{mH}]$라고 하면 결합 계수 k는?

① 약 0.94　　　　　② 약 0.44
③ 약 0.89　　　　　④ 약 1.12

| 해설 |

$$k = \frac{M}{\sqrt{L_1 L_2}} = \frac{4}{\sqrt{3 \times 6}} = 0.94$$

답 ①

THEME 03 코일의 접속

1 직렬 접속

(1) 가동 결합
  ① 두 개의 코일을 같은 방향으로 직렬 접속한 회로이다.
  ② 코일의 감는 방향을 보통 점(·)으로 표시한다.
  ③ 합성 인덕턴스
    $L = L_1 + L_2 + 2M\,[\text{H}]$

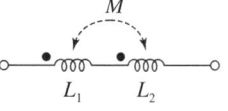
▲ 가동 결합 회로

(2) 차동 결합
  ① 두 개의 코일을 반대 방향으로 직렬 접속한 회로이다.
  ② 합성 인덕턴스
    $L = L_1 + L_2 - 2M\,[\text{H}]$

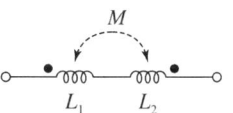
▲ 차동 결합 회로

기출예제

인덕턴스가 각각 $5[\text{H}]$, $3[\text{H}]$인 두 코일을 직렬로 연결하고 인덕턴스를 측정하였더니 $15[\text{H}]$였다. 두 코일 간의 상호 인덕턴스$[\text{H}]$는?

① 1　　　　　② 3
③ 3.5　　　　④ 7

| 해설 |

조건에서 2개의 코일이 가동 접속인지 차동 접속인지 알려 주지는 않았으나, 각각의 인덕턴스 값이 $L_1 = 5[\text{H}]$, $L_2 = 3[\text{H}]$로 주어지고 측정한 합성 인덕턴스 값이 이들보다 큰 $L = 15[\text{H}]$이므로 가동 접속임을 알 수 있다.

$L = L_1 + L_2 + 2M \Rightarrow M = \dfrac{1}{2}(L - L_1 - L_2) = \dfrac{1}{2}(15 - 5 - 3) = 3.5[\text{H}]$

답 ③

독학이 쉬워지는 기초개념

2 병렬 접속

(1) 가동 결합
① 두 개의 코일을 같은 방향으로 병렬 접속한 회로이다.
② 합성 인덕턴스
$$L = \frac{L_1 L_2 - M^2}{L_1 + L_2 - 2M}[\text{H}]$$

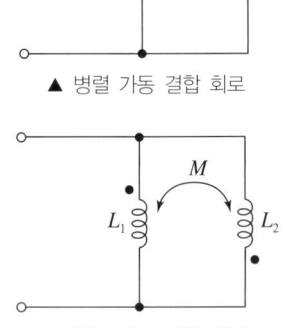

▲ 병렬 가동 결합 회로

(2) 차동 결합
① 두 개의 코일을 반대 방향으로 병렬 접속한 회로이다.
② 합성 인덕턴스
$$L = \frac{L_1 L_2 - M^2}{L_1 + L_2 + 2M}[\text{H}]$$

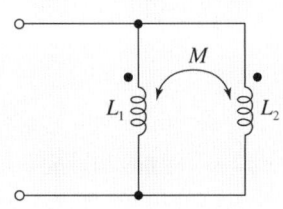

▲ 병렬 차동 결합 회로

기출예제

그림과 같은 회로의 합성 인덕턴스를 구하면?(단, $L_1 = 5[\text{H}]$, $L_2 = 3[\text{H}]$, $M = 2[\text{H}]$ 이다.)

① 2.75 ② 3.75
③ 0.23 ④ 0.5

| 해설 |
$$L = \frac{L_1 L_2 - M^2}{L_1 + L_2 - 2M} = \frac{5 \times 3 - 2^2}{5 + 3 - 2 \times 2} = 2.75 [\text{H}]$$

답 ①

THEME 04 코일(인덕터)에 축적되는 에너지

인덕턴스에 전류가 흐르면 이 전류에 의해 자속이 유기되고 이에 상당하는 인덕턴스 값에 의한 자기 에너지가 코일에 축적된다. 이때 코일에 저장되는 자기 에너지 값은 다음과 같다.

$$W = \frac{1}{2} L I^2 = \frac{1}{2} \phi I [\text{J}]$$

(단, $\phi = LI$, ϕ: 자속[Wb], L: 자기 인덕턴스[H], I: 전류[A])

THEME 05 도체 모양에 따른 인덕턴스의 값

1 원주(원통) 도체

$$L = \frac{\mu}{8\pi}\,[\mathrm{H}]$$

(단, μ: 원주 도체의 투자율[H/m],
l: 원주 도체의 길이[m])

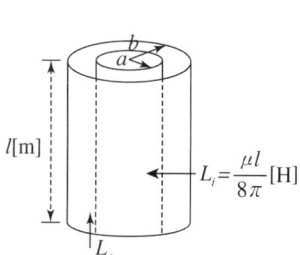
▲ 원주 도체

2 동심 원통 도체(동축 케이블)

(1) 내부 도체의 인덕턴스

$$L_i = \frac{\mu}{8\pi}\,[\mathrm{H}]$$

(2) 내부 도체와 외부 도체 사이의 인덕턴스

$$L_e = \frac{\mu' l}{2\pi}\ln\frac{b}{a}\,[\mathrm{H}]$$

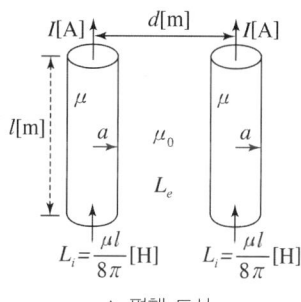
▲ 동심 원통 도체

3 평행 도선

원주 도체와 모양은 동일하고 나란히 2개가 있는 형태이다.

(1) 평행 도선 내부 인덕턴스

$$L_i = \frac{\mu l}{8\pi} \times 2 = \frac{\mu l}{4\pi}\,[\mathrm{H}]$$

(2) 평행 도선 사이의 외부 인덕턴스

$$L_e = \frac{\mu_0 l}{\pi}\ln\frac{d}{a}\,[\mathrm{H}]$$

▲ 평행 도선

4 환상 솔레노이드

철심을 환상식으로 만들고 여기에 권수가 N회인 코일을 감은 후에 이 코일에 전류를 흘려 주면 오른쪽과 같이 자속이 발생하여 인덕턴스가 생기게 된다.

(1) 철심 내부 자계의 세기

$$H = \frac{NI}{l} = \frac{NI}{2\pi a}\,[\mathrm{AT/m}]$$

(2) 철심 내부 자속

$$\phi = BS = \mu HS = \frac{\mu NIS}{l}\,[\mathrm{Wb}]$$

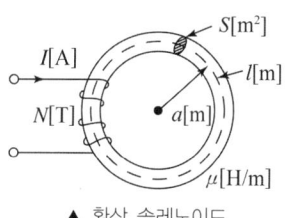
▲ 환상 솔레노이드

독학이 쉬워지는 기초개념

Tip 강의 꿀팁

보통 동심 원통 도체의 내부도체와 외부도체 사이의 투자율을 μ_0로 고려하고 풀어요.

독학이 쉬워지는 기초개념

(3) 환상 솔레노이드의 자기 인덕턴스

$$L = \frac{N\phi}{I} = \frac{\mu S N^2}{l} = \frac{\mu S N^2}{2\pi a} = \frac{N^2}{R_m}[\text{H}]$$

(단, R_m: 자기 저항[AT/Wb]($= \frac{l}{\mu S}$),
N: 솔레노이드 전체의 코일을 감은 횟수[T])

5 무한장 솔레노이드

(1) 무한장 솔레노이드

단면적에 비해 충분히 긴 철심을 막대 모양으로 만들고 여기에 권수가 N회인 코일을 감은 후에 이 코일에 전류를 흘려 주면 다음과 같이 자속이 발생하여 인덕턴스가 생기게 된다.

(2) 철심 내부 자계의 세기

$$H = \frac{NI}{l} = nI[\text{AT/m}]$$

(단, N: 전체의 코일을 감은 횟수[T]
n: 단위 길이당 코일을 감은 횟수[T/m])

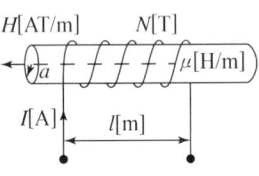

▲ 무한장 솔레노이드

(3) 철심 내부 자속

$$\phi = BS = \mu HS = \mu n IS[\text{Wb}]$$

(4) 무한장 솔레노이드의 자기 인덕턴스

$$L = \frac{n\phi}{I} = \mu S n^2 = \mu \pi a^2 n^2 [\text{H/m}]$$

> **Tip 강의 꿀팁**
>
> 코일의 권수 N과 단위 길이당 권수 n의 차이점을 구분하여 알아두세요.

기출예제

중요도 무한히 긴 원주 도체의 내부 인덕턴스의 크기는 어떻게 결정되는가?

① 도체의 인덕턴스는 0이다.
② 도체의 기하학적 모양에 따라 결정된다.
③ 주위 자계의 세기에 따라 결정된다.
④ 도체의 재질에 따라 결정된다.

| 해설 |

원주 도체 내부의 자기 인덕턴스는 $L = \frac{\mu l}{8\pi}$ [H]에서 도체의 재질(투자율) μ에 비례하여 크기가 결정된다.

답 ④

THEME 06 표피 효과(Skin Effect)

1 표피 효과

전선에 교류 전류가 흐르면 반드시 자속이 유기되는데, 이 자속의 밀도는 도체 중심부가 도체 표면 쪽보다 더 조밀해진다. 그래서 도체 중심부 쪽의 인덕턴스가 크게 되고 전류는 이 인덕턴스 때문에 흐르기 어려워져 도체 표면 쪽으로 집중되어 흐르려는 성질이 발생하는데, 이를 전선의 표피 현상 또는 표피 효과라고 한다.

2 표피 두께(δ[m])

전류가 집중되어 흐르는 전선의 표피 두께는 다음 식으로 구한다.

$$\delta = \frac{1}{\sqrt{\pi f k \mu}}[\text{m}]$$

(단, f: 주파수[Hz]
k: 전선의 도전율[℧/m]
μ: 도체의 투자율[H/m])

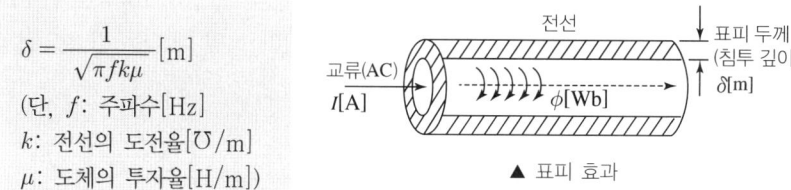

▲ 표피 효과

3 전선에 교류(AC) 전류를 흘렸을 때

(1) 회로에 인가한 주파수 f가 높을수록
(2) 전선의 도전율 k가 클수록
(3) 전선의 투자율 μ가 클수록

표피 두께 δ는 점점 얇아지게 되고 표피 현상은 점점 더 심해지게 된다.

기출예제

도전율 σ, 투자율 μ인 도체에 교류 전류가 흐를 때의 표피 효과에 대한 설명으로 옳은 것은?

① 도전율이 클수록 크다.
② 도전율과 투자율에는 관계가 없다.
③ 교류 전류의 주파수가 높을수록 작다.
④ 투자율이 클수록 작다.

| 해설 |
표피 두께
$$\delta = \frac{1}{\sqrt{\pi f k \mu}}$$
위 표피 두께 식에 의해 전선에 교류(AC) 전류를 흘렸을 때
• 회로에 인가한 주파수 f가 높을수록
• 전선의 도전율 k가 클수록
• 전선의 투자율 μ가 클수록
표피 두께 δ는 점점 얇아지게 되고 이에 따라서 표피 현상은 점점 더 심해지게 된다.

답 ①

독학이 쉬워지는 기초개념

• 표피 효과: 교류 인가
• 핀치 효과: 직류 인가

CHAPTER 10 CBT 적중문제

01
$[\Omega \cdot \sec]$와 같은 단위는?

① [F]
② [F/m]
③ [H]
④ [H/m]

해설

인덕턴스에 유기되는 전압
$$e = L\frac{di(t)}{dt}[V]$$

위 식을 단위로 표현해 보면
$$e = L\frac{di(t)}{dt} \Rightarrow [V] = [H] \times \frac{[A]}{[\sec]}$$

따라서 위 단위 관계를 인덕턴스로 표현해 보면
$$[H] = [V] \times \frac{[\sec]}{[A]} = \frac{[V]}{[A]} \times [\sec] = [\Omega] \times [\sec]$$
$$= [\Omega \cdot \sec]$$

02
자기 인덕턴스가 각각 L_1, L_2인 두 코일을 서로 간섭이 없도록 병렬로 연결했을 때 그 합성 인덕턴스는?

① $L_1 L_2$
② $\dfrac{L_1 + L_2}{L_1 L_2}$
③ $L_1 + L_2$
④ $\dfrac{L_1 L_2}{L_1 + L_2}$

해설

병렬 접속 합성 인덕턴스
- 가동 $\dfrac{L_1 L_2 - M^2}{L_1 + L_2 - 2M}$ [H]
- 차동 $\dfrac{L_1 L_2 - M^2}{L_1 + L_2 + 2M}$ [H]

두 코일에 서로 간섭이 없도록 연결했으므로 상호 인덕턴스 $M = 0$

∴ 합성 인덕턴스 $L = \dfrac{L_1 L_2}{L_1 + L_2}$ [H]

03
서로 결합하고 있는 두 코일 C_1과 C_2의 자기 인덕턴스가 각각 L_{C_1}, L_{C_2}라고 한다. 이 둘을 직렬로 연결하여 합성 인덕턴스 값을 얻은 후 두 코일 간 상호 인덕턴스의 크기(M)를 얻고자 한다. 직렬로 연결할 때 두 코일 간 자속이 서로 가해져서 보강되는 방향의 합성 인덕턴스의 값이 L_1, 서로 상쇄되는 방향의 합성 인덕턴스의 값이 L_2일 때 다음 중 알맞은 식은?

① $L_1 < L_2$, $|M| = \dfrac{L_2 + L_1}{4}$
② $L_1 < L_2$, $|M| = \dfrac{L_1 - L_2}{4}$
③ $L_1 < L_2$, $|M| = \dfrac{L_2 - L_1}{4}$
④ $L_1 > L_2$, $|M| = \dfrac{L_1 - L_2}{4}$

해설

- 가동 접속일 경우의 합성 인덕턴스
  $L_1 = L_{C_1} + L_{C_2} + 2M[H]$
- 차동 접속일 경우의 합성 인덕턴스
  $L_2 = L_{C_1} + L_{C_2} - 2M[H]$

따라서 $L_1 > L_2$로 된다.
위 두 식을 서로 빼주어 상호 인덕턴스를 구하면
$L_1 - L_2 = L_{C_1} + L_{C_2} + 2M - L_{C_1} - L_{C_2} + 2M = 4M[H]$

∴ $M = \dfrac{L_1 - L_2}{4}$ [H]

| 정답 | 01 ③ 02 ④ 03 ④

04

자기 인덕턴스가 L_1, L_2이고 상호 인덕턴스가 M일 때 일반적인 자기 결합 상태에서 결합 계수 k는?

① $k < 0$
② $0 < k < 1$
③ $k > 1$
④ $k = 0$

해설

결합 계수

$$k = \frac{M}{\sqrt{L_1 L_2}}$$

- $0 < k < 1$: 보통의 일반적인 결합 계수 범위
- $k = 1$: 완전 결합 상태(누설 자속이 없다.)
- $k = 0$: 무결합 상태(자기적 결합이 전혀 안 된 상태)

05

두 개의 코일이 있다. 각각의 자기 인덕턴스가 $0.4[\text{H}]$, $0.9[\text{H}]$이고 상호 인덕턴스가 $0.36[\text{H}]$일 때 결합 계수는?

① 0.5
② 0.6
③ 0.7
④ 0.8

해설

결합 계수 $k = \dfrac{M}{\sqrt{L_1 L_2}} = \dfrac{0.36}{\sqrt{0.4 \times 0.9}} = 0.6$

06

자기 인덕턴스 $L[\text{H}]$인 코일에 $I[\text{A}]$의 전류를 흘렸을 때 코일에 축적되는 에너지 $W[\text{J}]$와 전류 $I[\text{A}]$ 사이의 관계를 그래프로 표시하면 어떤 모양이 되는가?

① 포물선
② 직선
③ 원
④ 타원

해설

코일에 축적되는 에너지

$$W = \frac{1}{2}LI^2 [\text{J}]$$

즉, 에너지와 전류의 관계 곡선은 포물선 형태로 된다.

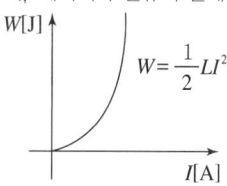

07

$4[\text{A}]$ 전류가 흐르는 코일과 쇄교하는 자속수가 $4[\text{Wb}]$이다. 이 전류 회로에 축적되어 있는 자기 에너지$[\text{J}]$는?

① 4
② 2
③ 8
④ 16

해설

코일에 축적되는 에너지

$LI = N\phi$이고 $N = 1$이므로

$W = \dfrac{1}{2}LI^2 = \dfrac{1}{2}\phi I = \dfrac{1}{2} \times 4 \times 4 = 8[\text{J}]$

| 정답 | 04 ② 05 ② 06 ① 07 ③

08

그림과 같이 각 코일의 자기 인덕턴스가 각각 $L_1=6[H]$, $L_2=2[H]$이고, 코일 사이에 상호 유도에 의한 인덕턴스 $M=3[H]$일 때 코일에 축적되는 자기 에너지[J]는?(단, $I=10[A]$이다.)

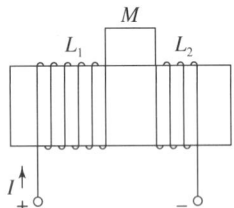

① 60
② 100
③ 600
④ 700

해설

두 코일의 감긴 방향이 다르므로 차동 접속이다.
$L=L_1+L_2-2M=6+2-2\times3=2[H]$
코일에 축적되는 에너지
$W=\dfrac{1}{2}LI^2=\dfrac{1}{2}\times2\times10^2=100[J]$

09

균일하게 원형 단면을 흐르는 전류 $I[A]$에 의한 반지름 $a[m]$, 길이 $l[m]$, 비투자율 μ_s인 원통 도체의 내부 인덕턴스는 몇 [H]인가?

① $10^{-7}\times\mu_s l$
② $3\times10^{-7}\mu_s l$
③ $\dfrac{1}{4}\times10^{-7}a\mu_s l$
④ $\dfrac{1}{2}\times10^{-7}\mu_s l$

해설

원통 도체의 내부 인덕턴스
$L=\dfrac{\mu l}{8\pi}=\dfrac{4\pi\times10^{-7}\mu_s l}{8\pi}=\dfrac{1}{2}\times10^{-7}\mu_s l[H]$

10

내부 도체의 반지름이 $a[m]$이고 외부 도체의 내 반지름이 $b[m]$, 외 반지름이 $c[m]$인 동축 케이블의 단위 길이당 자기 인덕턴스는 몇 [H/m]인가?

① $\dfrac{\mu_0}{2\pi}\ln\dfrac{b}{a}$
② $\dfrac{\mu_0}{\pi}\ln\dfrac{b}{a}$
③ $\dfrac{2\pi}{\mu_0}\ln\dfrac{b}{a}$
④ $\dfrac{\pi}{\mu_0}\ln\dfrac{b}{a}$

해설

• 동심 원통 도체(동축 케이블)
$L_e=\dfrac{\mu_0 l}{2\pi}\ln\dfrac{b}{a}[H]$

• 동심 원통 도체(동축 케이블)의 단위 길이당 인덕턴스
$\dfrac{L_e}{l}=\dfrac{\mu_0}{2\pi}\ln\dfrac{b}{a}[H/m]$

11

내부 도체 반지름이 $10[mm]$, 외부 도체의 내 반지름이 $20[mm]$인 동축 케이블에서 내부 도체 표면에 전류 I가 흐르고 얇은 외부 도체에 반대 방향인 전류가 흐를 때 단위 길이당 외부 인덕턴스는 약 몇 [H/m]인가?

① 0.27×10^{-7}
② 1.39×10^{-7}
③ 2.03×10^{-7}
④ 2.78×10^{-7}

해설

동심 원통 도체(동축 케이블)의 단위 길이당 인덕턴스
$\dfrac{L_e}{l}=\dfrac{\mu_0}{2\pi}\ln\dfrac{b}{a}=\dfrac{4\pi\times10^{-7}}{2\pi}\ln\dfrac{20\times10^{-3}}{10\times10^{-3}}$
$=1.39\times10^{-7}[H/m]$

12

단면적 S, 평균 반지름 r, 권선수 N인 환상 솔레노이드에 누설 자속이 없는 경우 자기 인덕턴스의 크기는?

① 권선수의 제곱에 비례하고 단면적에 반비례한다.
② 권선수 및 단면적에 비례한다.
③ 권선수의 제곱 및 단면적에 비례한다.
④ 권선수의 제곱 및 평균 반지름에 비례한다.

해설

환상 솔레노이드의 자기 인덕턴스

$$L = \frac{N\phi}{I} = \frac{\mu S N^2}{l} = \frac{\mu S N^2}{2\pi a} = \frac{N^2}{R_m} [\text{H}]$$

(단, R_m: 자기 저항[AT/Wb]$\left(= \frac{l}{\mu S}\right)$,

N: 솔레노이드 전체의 코일을 감은 횟수[T])
- 인덕턴스는 투자율에 비례한다.
- 인덕턴스는 면적에 비례한다.
- 인덕턴스는 권수의 제곱에 비례한다.
- 인덕턴스는 길이(또는, 반지름)에 반비례한다.

13

그림과 같이 균일하게 도선을 감은 권수 N, 단면적 $S[\text{m}^2]$, 평균 길이 $l[\text{m}]$인 공심의 환상 솔레노이드에 $I[\text{A}]$의 전류를 흘렸을 때 자기 인덕턴스 $L[\text{H}]$의 값은?

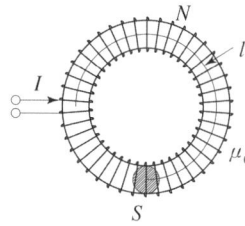

① $L = \frac{4\pi N^2 S}{l} \times 10^{-5}$

② $L = \frac{4\pi N^2 S}{l} \times 10^{-6}$

③ $L = \frac{4\pi N^2 S}{l} \times 10^{-7}$

④ $L = \frac{4\pi N^2 S}{l} \times 10^{-8}$

해설

환상 솔레노이드의 자기 인덕턴스

$$L = \frac{\mu_0 S N^2}{l} = \frac{4\pi N^2 S}{l} \times 10^{-7} [\text{H}]$$

여기서, 투자율 μ는 공기 중에서 투자율(μ_0)로 가정하였다.

암기

$\mu_0 = 4\pi \times 10^{-7}$

14

어떤 환상 솔레노이드의 단면적이 S이고, 자로의 길이가 l, 투자율이 μ라고 한다. 이 철심에 균등하게 코일을 N회 감고 전류를 흘렸을 때 자기 인덕턴스에 대한 설명으로 옳은 것은?

① 투자율 μ에 반비례한다.
② 권선수 N^2에 비례한다.
③ 자로의 길이 l에 비례한다.
④ 단면적 S에 반비례한다.

해설

환상 솔레노이드의 인덕턴스

$$L = \frac{N\phi}{I} = \frac{\mu S N^2}{l} [\text{H}]$$

- 투자율 μ에 비례한다.
- 단면적 S에 비례한다.
- 권선수 N의 제곱에 비례한다.
- 자로의 길이 l에 반비례한다.

15

철심이 들어 있는 환상 코일이 있다. 1차 코일의 권수 $N_1 = 100$회일 때 자기 인덕턴스는 $0.01[\text{H}]$였다. 이 철심에 2차 코일 $N_2 = 200$회를 감았을 때 1·2차 코일의 상호 인덕턴스는 몇 [H]인가?(단, 이 경우 결합 계수 $k = 1$로 한다.)

① 0.01
② 0.02
③ 0.03
④ 0.04

해설

환상 코일의 인덕턴스

$L = \frac{\mu N^2 S}{l}$ 이므로 N^2에 비례한다.

따라서 N이 2배이면 $L[\text{H}]$는 4배가 된다.

$\therefore L_2 = L_1 \times 4 = 0.04[\text{H}]$

$M = k\sqrt{L_1 \times L_2}$

$= 1 \times \sqrt{0.01 \times 0.04}$

$= 0.02[\text{H}]$

16

N회 감긴 환상 코일의 단면적이 $S[\text{m}^2]$이고 평균 길이가 $l[\text{m}]$이다. 이 코일의 권수를 2배로 늘리고 인덕턴스를 일정하게 하려고 할 때, 다음 중 옳은 것은?

① 길이를 2배로 한다.

② 단면적을 $\frac{1}{4}$ 배로 한다.

③ 비투자율을 $\frac{1}{2}$ 배로 한다.

④ 전류의 세기를 4배로 한다.

해설

환상 솔레노이드의 자기 인덕턴스

$$L = \frac{\mu S N^2}{l} = \frac{\mu S N^2}{2\pi a}[\text{H}]$$

위 식에서 권수(N)를 2배로 늘리더라도 인덕턴스를 일정하게 하는 방법은

- 비투자율(μ_s)을 $\frac{1}{4}$ 배로 한다.
- 철심의 단면적(S)을 $\frac{1}{4}$ 배로 한다.
- 철심의 길이(l)을 4배로 한다.

17

그림과 같이 단면적 $S = 10[\text{cm}^2]$, 자로의 길이 $l = 20\pi[\text{cm}]$, 비투자율 $\mu_s = 1{,}000$인 철심에 $N_1 = N_2 = 100$인 두 코일을 감았다. 두 코일 사이의 상호 인덕턴스는 몇 $[\text{mH}]$인가?

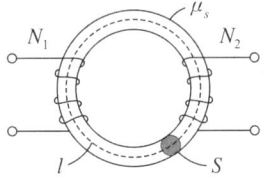

① 0.1
② 1
③ 2
④ 20

해설

결합 계수 $k = 1$이라 가정하면

$$M = k\sqrt{L_1 L_2} = \sqrt{\frac{\mu N_1^2 S}{l} \cdot \frac{\mu N_2^2 S}{l}} = \frac{\mu S N_1 N_2}{l}$$

$$= \frac{4\pi \times 10^{-7} \times 1{,}000 \times 10 \times 10^{-4} \times 100 \times 100}{20\pi \times 10^{-2}}$$

$$= 0.02[\text{H}] = 20[\text{mH}]$$

별해

$$M = \frac{L_1 N_1}{N_2} = L_1 = \frac{\mu N_1^2 S}{l}$$

$$= \frac{4\pi \times 10^{-7} \times 1{,}000 \times 10 \times 10^{-4} \times 100 \times 100}{20\pi \times 10^{-2}}$$

$$= 0.02[\text{H}] = 20[\text{mH}]$$

18

반지름이 $a[\text{m}]$이고 단위 길이에 대한 권수가 n인 무한장 솔레노이드의 단위 길이당 자기 인덕턴스는 몇 $[\text{H/m}]$인가?

① $\mu\pi a^2 n^2$
② $\mu\pi an$
③ $\frac{an}{2\mu\pi}$
④ $4\mu\pi a^2 n^2$

해설

무한장 솔레노이드의 단위 길이당 자기 인덕턴스

$$\frac{L}{l} = \frac{N\phi}{lI} = \frac{n\phi}{I} = \mu S n^2 = \mu\pi a^2 n^2 [\text{H/m}]$$

19

무한장 솔레노이드에 전류가 흐를 때 발생되는 자장에 관한 설명으로 옳은 것은?

① 내부 자장은 평등 자장이다.
② 외부 자장은 평등 자장이다.
③ 내부 자장의 세기는 0이다.
④ 외부와 내부의 자장의 세기는 같다.

해설

- 무한장 솔레노이드의 철심 내부의 자장은 평등 자장이다.
- 무한장 솔레노이드의 철심 외부는 누설 자속이 없으므로 자장은 존재하지 않는다.

20

그 양이 증가함에 따라 무한장 솔레노이드의 자기 인덕턴스 값이 증가하지 않는 것은 무엇인가?

① 철심의 반경
② 철심의 길이
③ 코일의 권수
④ 철심의 투자율

해설

- 길이 $l[m]$, 권선수 N인 무한장 솔레노이드 인덕턴스

$$L = \frac{\mu N^2 S}{l} = \frac{\mu_0 \mu_s N^2 \pi r^2}{l}[H]$$

- 단위 길이당 인덕턴스(n: 단위 길이당 권수)

$$\frac{L}{l} = \frac{\mu N^2 S}{l^2} = \mu n^2 S[H/m]$$

∴ μ, N, S, r 증가 시 L이 증가하고 l 증가 시 L이 감소한다.

21

주파수가 $100[MHz]$일 때 구리의 표피 두께(Skin depth)는 약 몇 $[mm]$인가?(단, 구리의 도전율은 $5.9 \times 10^7[℧/m]$이고, 비투자율은 0.99이다.)

① 3.3×10^{-2}
② 6.6×10^{-2}
③ 3.3×10^{-3}
④ 6.6×10^{-3}

해설

교류 전류에 의해 도체 표면에 발생되는 표피 두께

$$\delta = \frac{1}{\sqrt{\pi f \mu k}}$$

$$= \frac{1}{\sqrt{\pi \times 100 \times 10^6 \times 4\pi \times 10^{-7} \times 0.99 \times 5.9 \times 10^7}}$$

$$= 6.6 \times 10^{-6}[m]$$

$$= 6.6 \times 10^{-3}[mm]$$

22

도전도 $k = 6 \times 10^{17}[℧/m]$, 투자율 $\mu = \frac{6}{\pi} \times 10^{-7}[H/m]$인 평면 도체 표면에 $10[kHz]$의 전류가 흐를 때, 침투 깊이 $\delta[m]$는?

① $\frac{1}{6} \times 10^{-7}$
② $\frac{1}{8.5} \times 10^{-7}$
③ $\frac{36}{\pi} \times 10^{-6}$
④ $\frac{36}{\pi} \times 10^{-10}$

해설

침투 깊이(표피 두께)

$$\delta = \frac{1}{\sqrt{\pi f k \mu}}$$

$$= \frac{1}{\sqrt{\pi \times 10 \times 10^3 \times 6 \times 10^{17} \times \frac{6}{\pi} \times 10^{-7}}} = \frac{1}{6} \times 10^{-7}[m]$$

암기

침투 깊이(표피 두께) $\delta = \sqrt{\frac{2}{\omega k \mu}} = \sqrt{\frac{2}{2\pi f k \mu}} = \sqrt{\frac{1}{\pi f k \mu}}$

| 정답 | 19 ① 20 ② 21 ④ 22 ①

CHAPTER 11

전자 유도 현상

1. 유도 기전력
2. 정현파에 의해 코일에 유도되는 기전력
3. 플레밍의 오른손 법칙
4. 금속 원판을 회전시킬 때 유도되는 기전력

학습전략

전자 유도 현상은 교재 내의 기본적인 이론 위주로 학습하고, 교재 내의 연습문제와 기출문제를 풀면서 학습하면 충분히 대비할 수 있는 부분입니다. 다만, 유도 전압을 계산하는 과정에서 미분에 대한 이해가 필요하므로 이와 관련된 미분 수학 정도는 착실히 학습하여 둘 필요가 있습니다.

CHAPTER 11 | 흐름 미리보기

1. 유도 기전력
2. 정현파에 의해 코일에 유도되는 기전력
3. 플레밍의 오른손 법칙
4. 금속 원판을 회전시킬 때 유도되는 기전력

CHAPTER 12

CHAPTER 11 전자 유도 현상

THEME 01 유도 기전력

독학이 쉬워지는 기초개념

· 패러데이의 법칙: 유도 기전력의 크기
· 렌츠의 법칙: 유도 기전력의 방향

1 패러데이의 전자 유도 법칙

(1) 어느 코일에 전류가 흐르면 반드시 암페어의 법칙에 의해 자속이 발생하고 이 자속에 의해 인덕턴스 회로에는 유도 기전력이 유도된다.
(2) 이 유도되는 기전력은 자기 인덕턴스 및 상호 인덕턴스 회로 모두에 발생한다.
(3) 패러데이 법칙은 전자 유도에 의한 유도 기전력의 크기를 구하는 법칙이다.

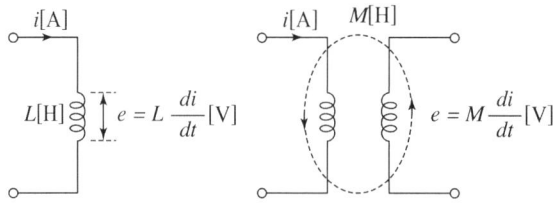

▲ 패러데이의 전자 유도 법칙

유도 기전력(emf)은 일반적으로 $e\,[V]$로 표현한다.

2 렌츠의 법칙

전자 유도에 의해서 유도되는 기전력의 방향(극성)은 쇄교 자속의 변화를 방해하는 방향으로 생긴다는 법칙이다. 유도 기전력은 패러데이의 법칙과 렌츠의 법칙을 적용하여 크기와 방향(극성)을 동시에 표현하면 다음과 같다.

$$e = -N\frac{d\phi}{dt} = -L\frac{di}{dt} = -M\frac{di}{dt}\,[V]$$

(단, L: 자기 인덕턴스[H], M: 상호 인덕턴스[H], $\frac{d\phi}{dt}$: 시간당 자속 변화율, $\frac{di}{dt}$: 시간당 전류 변화율)

또한 위 식에 따르면 인덕턴스 회로에서 반드시 시간당 자속 변화(전류 변화)가 발생하여야만 기전력이 유도되기 때문에 유도 작용은 주로 교류 회로에서 일어나는 현상이다. 따라서 전류의 크기가 시간에 관계없이 일정한 직류(DC)에서는 유도 현상이 일어나지 않는다.

기출예제

전자 유도에 의하여 회로에 발생하는 기전력은 자속 쇄교수의 시간에 대한 감소 비율에 비례한다는 (Ⓐ)의 법칙에 따르고 특히 유도된 기전력의 방향은 (Ⓑ)의 법칙에 따른다. Ⓐ, Ⓑ에 알맞은 것은?

① Ⓐ: 패러데이　　Ⓑ: 플레밍의 왼손
② Ⓐ: 패러데이　　Ⓑ: 렌츠
③ Ⓐ: 렌츠　　　　Ⓑ: 패러데이
④ Ⓐ: 플레밍의 왼손　Ⓑ: 패러데이

| 해설 |
- 패러데이의 법칙: 전자 유도에 의해서 발생되는 유도 기전력의 크기를 표현한 법칙
- 렌츠의 법칙: 전자 유도에 의해서 발생되는 유도 기전력의 방향(극성)을 표현한 법칙

답 ②

THEME 02　정현파에 의해 코일에 유도되는 기전력

1 자속 밀도 $B[\text{Wb}/\text{m}^2]$ 공간 내에서의 코일에 유도되는 기전력

(1) 다음 그림과 같이 자속 밀도 $B[\text{Wb}/\text{m}^2]$ 공간 내에 권수가 $N[\text{T}]$인 직사각형 모양의 코일을 각속도 $\omega[\text{rad}/\text{sec}]$로 회전시킬 때 이 코일에는 다음과 같은 정현파 자속이 유도된다.

$\phi = \phi_m \sin\omega t \, [\text{Wb}]$

(단, ϕ_m: 최대 자속[Wb])

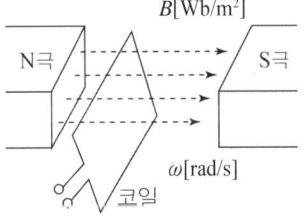
▲ 자장 내의 코일

(2) 정현파 자속에 의해 코일에 유도되는 기전력

$$e = -N\frac{d\phi}{dt} = -N\frac{d}{dt}(\phi_m \sin\omega t) = -N\phi_m \omega \cos\omega t \, [\text{V}]$$

(3) 위 유도 기전력의 cos 함수를 정현파 자속의 sin 함수 형태로 식을 변환하면 다음과 같다.

$e = -N\phi_m \omega \cos\omega t$
$ = -N\phi_m \omega \sin\left(\omega t + \dfrac{\pi}{2}\right)$
$ = N\phi_m \omega \sin\left(\omega t - \dfrac{\pi}{2}\right)[\text{V}]$

독학이 쉬워지는 기초개념

삼각함수의 미분법
- $(\sin ax)' = a\cos ax$
- $(\cos ax)' = -a\sin ax$

독학이 쉬워지는 기초개념

Tip 강의 꿀팁

유도 기전력은 자속에 비해 위상이 $\frac{\pi}{2}$만큼 늦어요.

각속도 $\omega = 2\pi f [\text{rad/s}]$

일반적으로 유도 기전력은 순시값으로 주어지지 않은 경우 최댓값으로 푼다.

2 코일에 유도되는 기전력의 최댓값

유도 기전력 $e = -N\phi_m \omega \cos\omega t [\text{V}]$에서 최댓값을 $e_m[\text{V}]$이라 하면 아래식과 같이 나온다.

$$e_m = \omega N\phi_m = 2\pi f N\phi_m [\text{V}] = 2\pi f \times NB_m S [\text{V}]$$

($\therefore e_m \propto f, N, B_m$의 관계)

기출예제

정현파 자속의 주파수를 2배로 높이면 유도 기전력은 어떻게 되는가?
① 2배가 된다.
② 4배가 된다.
③ $\frac{1}{2}$배가 된다.
④ $\frac{1}{4}$배가 된다.

| 해설 |
$e_m = \omega N\phi_m = \omega NB_m S = 2\pi f \times NB_m S [\text{V}]$
즉, $e_m \propto f \propto N \propto B_m$의 관계에 의해 주파수가 2배가 되면 이에 비례하여 유도 기전력도 2배가 된다.

답 ①

THEME 03 플레밍의 오른손 법칙

1 플레밍의 오른손 법칙의 정의

(1) 어느 자속 밀도 $B[\text{Wb/m}^2]$가 놓인 공간에 길이 $l[\text{m}]$인 도체에 힘 $F[\text{N}]$을 가하여 $v[\text{m/s}]$의 속도로 이동시키면 도체 내의 전하에 로렌츠 힘이 발생하여 도체에 기전력이 유도된다. 이는 전기기기에서 발전기의 원리가 된다.

(2) 플레밍의 오른손 법칙의 의미
① 엄지: 도체의 속도($v[\text{m/s}]$)
② 검지: 자속 밀도($B[\text{Wb/m}^2]$)
③ 중지: 유도 기전력($e[\text{V}]$)

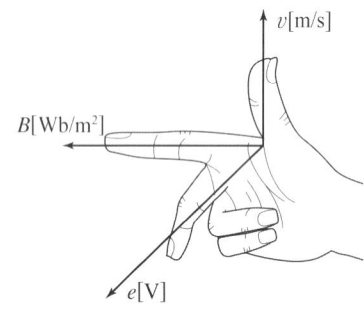
▲ 플레밍의 오른손 법칙

플레밍의 왼손법칙의 의미
• 엄지 : 힘($F[\text{N}]$)
• 검지 : 자속 밀도($B[\text{Wb/m}^2]$)
• 중지 : 전류($I[\text{A}]$)

플레밍의 힘 구하는 공식
$\dot{F} = I(\dot{l} \times \dot{B})[\text{N}]$ (벡터)
$|\dot{F}| = BIl\sin\theta[\text{N}]$ (크기)

2 플레밍의 유도 기전력 공식

$$e = |\dot{v} \times \dot{B}|l = Bvl\sin\theta[\text{V}]$$

(단, θ: 도체와 자계(자속 밀도)가 이루는 각도[°], l: 도체의 길이[m])

기출예제

자속 밀도가 $0.2[\text{Wb/m}^2]$인 평등한 자계 내에 자계와 직각 방향으로 놓인 길이 $90[\text{cm}]$인 도선을 자계와 $30°$의 방향으로 $50[\text{m/sec}]$의 속도로 이동할 때 도체 양단에 유도되는 기전력은 몇 $[\text{V}]$인가?

① $4.5[\text{V}]$ ② $9.0[\text{V}]$ ③ $45[\text{V}]$ ④ $90[\text{V}]$

| 해설 |
$e = Bvl\sin\theta = 0.2 \times 50 \times 90 \times 10^{-2} \times \sin 30° = 4.5[\text{V}]$

답 ①

THEME 04 금속 원판을 회전시킬 때 유도되는 기전력

어느 위치에서 고정되어 있는 자극 N극에서 나오는 자속 밀도가 $B[\text{Wb/m}^2]$일 때 이에 수직 방향으로 반지름이 $a[\text{m}]$인 금속 원판을 각속도 $\omega[\text{rad/s}]$로 회전시키면 이 원판에는 기전력이 유도된다. 이때 금속 원판에 유도되는 기전력의 크기 및 부하 저항 R에 흐르는 전류는 다음과 같다.

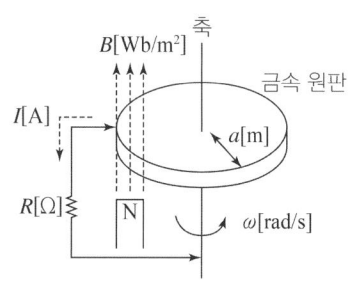

▲ 금속 원판에 의한 기전력

1 원판 회전 시 유도 기전력

$e = \dfrac{\omega B a^2}{2}[\text{V}]$ (ω: 각속도$[\text{rad/s}]$)

2 원판 회전 시 저항에 흐르는 전류

$I = \dfrac{e}{R} = \dfrac{\omega B a^2}{2R}[\text{A}]$

기출예제

아래 주어진 그림과 같이 자속 밀도 $60[\text{Wb/m}^2]$인 평등한 자계와 평행한 축 주위를 $1,000[\text{rpm}]$의 등각속도로 회전하는 반지름 $10[\text{m}]$의 금속 원판에 브러시를 접촉시켜 그 폐회로에 $2[\Omega]$의 외부 저항(부하 저항)을 연결시켰을 때 $2[\Omega]$의 외부 저항에 흐르는 전류는 몇 $[\text{A}]$인가?

① $\pi \times 10^5 [\text{A}]$ ② $\dfrac{\pi}{2} \times 10^5 [\text{A}]$

③ $10^5 [\text{A}]$ ④ $2\pi \times 10^5 [\text{A}]$

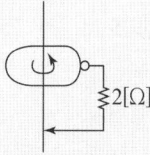

| 해설 |
$I = \dfrac{\omega B a^2}{2R} = \dfrac{2\pi \dfrac{N}{60} B a^2}{2R} = \dfrac{2\pi \times \dfrac{1,000}{60} \times 60 \times 10^2}{2 \times 2} = \dfrac{\pi}{2} \times 10^5 [\text{A}]$

답 ②

CHAPTER 11 CBT 적중문제

01
다음 (가), (나)에 대한 법칙이 알맞은 것은?

> 전자 유도에 의해 회로에 발생되는 기전력은 쇄교 자속수의 시간에 대한 감소 비율에 비례한다는 (가)에 따르고, 특히 유도된 기전력의 방향은 (나)에 따른다.

① (가) 패러데이의 법칙   (나) 렌츠의 법칙
② (가) 렌츠의 법칙   (나) 패러데이의 법칙
③ (가) 플레밍의 왼손 법칙   (나) 패러데이의 법칙
④ (가) 패러데이의 법칙   (나) 플레밍의 왼손 법칙

해설
- 패러데이의 법칙

$$e = N\frac{d\phi}{dt}\,[\text{V}]$$

 - 유도 기전력의 크기를 결정하는 법칙이다.
 - 유도 기전력은 권선수 N에 비례한다.
 - 자계가 일정한 공간 내에서 폐회로가 운동하여도 유도 기전력이 유도된다.
 - 유도 기전력은 폐회로에 쇄교하는 자속의 시간적 변화율에 비례한다.

- 렌츠의 법칙

$$e = -N\frac{d\phi}{dt}\,[\text{V}]$$

 - 유도 기전력의 방향(극성)을 결정하는 법칙이다.
 - (-)의 의미: 유도 기전력의 극성은 자속의 변화를 방해하는 방향으로 생긴다.

02
폐회로에 유도되는 유도 기전력에 관한 설명으로 옳은 것은?

① 유도 기전력은 권선수의 제곱에 비례한다.
② 렌츠의 법칙은 유도 기전력의 크기를 결정하는 법칙이다.
③ 자계가 일정한 공간 내에서 폐회로가 운동하여도 유도 기전력이 유도된다.
④ 전계가 일정한 공간 내에서 폐회로가 운동하여도 유도 기전력이 유도된다.

해설
- 패러데이의 법칙

$$e = N\frac{d\phi}{dt}\,[\text{V}]$$

 - 유도 기전력의 크기를 결정하는 법칙이다.
 - 유도 기전력은 권선수 N에 비례한다.
 - 자계가 일정한 공간 내에서 폐회로가 운동하여도 유도 기전력이 유도된다.
 - 유도 기전력은 폐회로에 쇄교하는 자속의 시간적 변화율에 비례한다.

- 렌츠의 법칙

$$e = -N\frac{d\phi}{dt}\,[\text{V}]$$

 - 유도 기전력의 방향(극성)을 결정하는 법칙이다.
 - (-)의 의미: 유도 기전력의 극성은 자속의 변화를 방해하는 방향으로 생긴다.

03
$10[\text{V}]$의 기전력을 유도시키려면 5초간에 몇 $[\text{Wb}]$의 자속을 끊어야 하는가?

① 2   ② 10
③ 25   ④ 50

해설
유도 기전력 $e = \left|-N\dfrac{d\phi}{dt}\right|$ 에서

$10[\text{V}] = \dfrac{\phi}{5[\text{sec}]}$ 이므로

자속 $\phi = 10 \times 5 = 50[\text{Wb}]$

| 정답 | 01 ① 02 ③ 03 ④

04

$60[\text{Hz}]$의 교류 발전기의 회전자가 자속 밀도 $0.15[\text{Wb/m}^2]$의 자기장 내에서 회전하고 있다. 만일 코일의 면적이 $2\times 10^{-2}[\text{m}^2]$일 때 유도 기전력의 최댓값 $e_m = 220[\text{V}]$가 되려면 코일을 몇 번 감아야 하는가?(단, $\omega = 2\pi f = 377$ [rad/sec]이다.)

① 195회
② 220회
③ 395회
④ 440회

해설

유도 기전력
$$e = -N\frac{d\phi}{dt} = -N\frac{d}{dt}(\phi_m \sin\omega t) = -N\phi_m \omega\cos\omega t \,[\text{V}]$$

최댓값 $e_m = \omega N\phi_m = \omega N B_m S$이므로

코일의 권수 $N = \dfrac{e_m}{\omega B_m S} = \dfrac{220}{377\times 0.15\times 2\times 10^{-2}} = 195[\text{T}]$

05

$\phi = \phi_m \sin 2\pi ft\,[\text{Wb}]$일 때 이 자속과 쇄교하는 권수 N회인 코일에 발생하는 기전력[V]은?

① $2\pi f N\phi_m \sin 2\pi ft$
② $-2\pi f N\phi_m \sin 2\pi ft$
③ $2\pi f N\phi_m \cos 2\pi ft$
④ $-2\pi f N\phi_m \cos 2\pi ft$

해설

유도 기전력
$$\begin{aligned}e &= -N\frac{d\phi}{dt} = -N\frac{d}{dt}(\phi_m \sin 2\pi ft)\\ &= -N\phi_m \times 2\pi f\cos 2\pi ft\,[\text{V}]\\ &= -2\pi f N\phi_m \cos 2\pi ft\,[\text{V}]\end{aligned}$$

06

코일의 면적을 2배로 하고 자속 밀도의 주파수를 2배로 높이면 유도 기전력의 최댓값은 어떻게 되는가?

① $\dfrac{1}{4}$배로 된다.
② $\dfrac{1}{2}$배로 된다.
③ 2배로 된다.
④ 4배로 된다.

해설

유도 기전력의 최댓값
$e_m = \omega N\phi_m = \omega N B_m S = 2\pi f\times N B_m S\,[\text{V}]$

$e \propto f$이므로 면적을 2배, 주파수를 2배로 높이면 유도 기전력은 4배 증가한다.

07

$l_1 = \infty$, $l_2 = 1[\text{m}]$의 두 직선 도선을 $50[\text{cm}]$의 간격으로 평행하게 놓고 l_1을 중심축으로 하여 l_2를 속도 $100[\text{m/s}]$로 회전시키면 l_2에 유도되는 전압은 몇 [V]인가?(단, l_1에 흐르는 전류는 $50[\text{mA}]$이다.)

① 0
② 5
③ 2×10^{-6}
④ 3×10^{-6}

해설

$e = vBl\sin\theta$에서 두 직선 도선이 평행하게 놓았다고 하였으므로 $\theta = 0°$이다. 따라서 $e = Bvl\sin\theta = Bvl\sin 0° = 0[\text{V}]$

08

자속 밀도가 $10[\text{Wb/m}^2]$인 자계 중에 $10[\text{cm}]$ 도체를 자계와 $30°$의 각도로 $30[\text{m/s}]$로 움직일 때 도체에 유도되는 기전력은 몇 $[\text{V}]$인가?

① 15
② $15\sqrt{3}$
③ 1,500
④ $1,500\sqrt{3}$

해설

$e = Bvl\sin\theta = 10 \times 30 \times 10 \times 10^{-2} \times \sin 30° = 15[\text{V}]$

09

자속 밀도가 $10[\text{Wb/m}^2]$인 자계 내에 길이 $4[\text{cm}]$의 도체를 자계와 직각으로 놓고 이 도체를 0.4초 동안 $1[\text{m}]$씩 균일하게 이동하였을 때 발생하는 기전력은 몇 $[\text{V}]$인가?

① 1
② 2
③ 3
④ 4

해설

- 도체의 속도

$v = \dfrac{dx}{dt} = \dfrac{1}{0.4} = 2.5[\text{m/s}]$

- 기전력

$e = Bvl\sin\theta = 10 \times 0.04 \times 2.5 \times \sin 90° = 1[\text{V}]$

10

막대자석 위쪽에 동축 도체 원판을 놓고 회로의 한 끝은 원판의 주변에 접촉시켜 회전하도록 해 놓은 그림과 같은 패러데이 원판 실험을 할 때 검류계에 전류가 흐르지 않는 경우는?

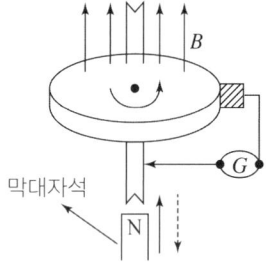

① 자석만을 일정한 방향으로 회전시킬 때
② 원판만을 일정한 방향으로 회전시킬 때
③ 자석을 축 방향으로 전진시킨 후 후퇴시킬 때
④ 원판과 자석을 동시에 같은 방향, 같은 속도로 회전시킬 때

해설

패러데이 법칙에 의해 기전력이 유도되기 위해서는 $e = \dfrac{d\phi}{dt}[\text{V}]$에 의해서 반드시 시간 변화율에 대해 자속의 변화가 있어야만 한다.
원판과 자석을 동시에 같은 방향, 같은 속도로 회전시킬 때에는 자속의 변화가 생기지 않으므로 기전력이 발생하지 않아 검류계에는 전류가 흐르지 않는다.

11

자속 밀도 $B[\text{Wb/m}^2]$의 평등 자계와 평행한 축 둘레에 각속도 $\omega[\text{rad/s}]$로 회전하는 반지름 $a[\text{m}]$의 도체 원판에 그림과 같이 브러시를 접촉 시킬 때 저항 $R[\Omega]$에 흐르는 전류 $I[\text{A}]$는?

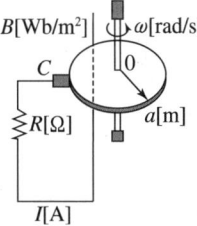

① $\dfrac{\omega B a^2}{2R}$ ② $\dfrac{\omega B a^2}{R}$

③ $\dfrac{\omega B a}{2R}$ ④ $\dfrac{\omega B a}{R}$

해설

- 원판 회전 시 유도 기전력 $e = \dfrac{\omega B a^2}{2}[\text{V}]$
- 저항에 흐르는 전류 $I = \dfrac{e}{R} = \dfrac{\omega B a^2}{2R}[\text{A}]$

| 정답 | 11 ①

전자계

1. 전도 전류와 변위 전류
2. 맥스웰 방정식
3. 전자파

학습전략

전자계는 전자파 개념을 확실하게 학습해 두어야 합니다. 전자파에 관련된 문제는 자주 출제가 되는 만큼 점수와도 직결되므로 필수적으로 학습해야 하는 내용입니다. 그 다음으로 출제가 잘 되는 부분은 맥스웰의 4가지 방정식이므로 이 또한 확실하게 학습이 이루어져야 합니다.

CHAPTER 12 | 흐름 미리보기

1. 전도 전류와 변위 전류

2. 맥스웰 방정식

3. 전자파

합격!

CHAPTER 12 전자계

THEME 01 전도 전류와 변위 전류

1 전도 전류(Conductive Current)

(1) 전도 전류의 정의: 도체에서 전자의 이동으로 인해 발생하는 전류를 말한다.

(2) 전도 전류 관계식

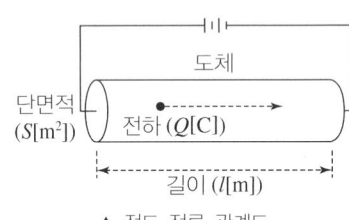

▲ 전도 전류 관계도

① 전류의 방향: 통상 정전하 $Q[\text{C}]$의 이동 방향을 정방향으로 정한다.
$$i = \frac{dQ}{dt}\,[\text{A}]$$

② 옴의 법칙에 의한 전도 전류 계산식
$$I_c = \frac{V}{R} = \frac{El}{\rho \frac{l}{S}} = \frac{ES}{\rho} = kES\,[\text{A}]$$

③ 전도 전류 밀도
$$i_c = \frac{kES}{S} = kE\,[\text{A/m}^2]$$

(단, k: 도전율$[\mho/\text{m}]$, V: 전위$[\text{V}]$, E: 전계$[\text{V/m}]$)

(3) 전도 전류에 영향을 미치는 요소
① 도체 중에 전계가 가해져 전위차가 생기면 전하의 이동이 일어나 전류가 발생한다.
② 전도 전류는 도체의 재질(k), 단면적(S), 도체의 길이(l)에 따라 달라진다.

2 변위 전류(Displacement Current)

(1) 변위 전류의 정의: 콘덴서와 같은 유전체 내에서 전기적인 변위에 의해 발생되는 전류를 말한다.

(2) 변위 전류 관계식

① 변위 전류 $I_d = C\dfrac{dV}{dt}\,[\text{A}]$

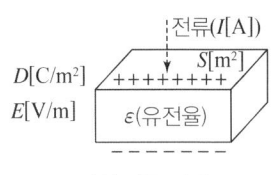

▲ 변위 전류 관계도

독학이 쉬워지는 기초개념

도전율
고유 저항의 역수
$k = \dfrac{1}{\rho}\,[\mho/\text{m}]$

변위
어떤 에너지의 위치 이동

② 변위 전류 밀도

$$i_d = \frac{I_d}{S} = \frac{1}{S} \cdot C\frac{dV}{dt} = \frac{1}{S} \cdot \frac{\varepsilon S}{d}\frac{\partial}{\partial t}Ed = \varepsilon\frac{\partial E}{\partial t} = \frac{\partial D}{\partial t} \, [\text{A/m}^2]$$

(단, E: 전계[V/m], D: 전속 밀도[C/m^2], ε: 유전체 내의 유전율[F/m])

(3) 변위 전류에 영향을 미치는 요소
  ① 전속 밀도(D), 전계(E), 전압(V)의 시간적 변화에 의해 발생한다.
  ② 변위 전류는 정전 용량의 크기(C), 전압(V)의 변화율에 따라 달라진다.

기출예제

유전체에서 변위 전류를 발생시키는 것은?
① 분극 전하 밀도의 시간적 변화
② 전속 밀도의 시간적 변화
③ 자속 밀도의 시간적 변화
④ 분극 전하 밀도의 공간적 변화

| 해설 |
변위 전류 밀도는 $i_d = \dfrac{\partial D}{\partial t} = \varepsilon\dfrac{\partial E}{\partial t}$ [A/m^2]으로, 전속 밀도의 시간적 변화 또는 유전체 내에서 전계의 시간적 변화에 의해 발생하게 되는 전류이다.

답 ②

THEME 02 맥스웰 방정식

1 맥스웰의 제1 기본 방정식

(1) 암페어의 주회 적분 법칙에서 유도된 방정식이다.
(2) 전도 전류 및 변위 전류는 회전하는 자계를 형성시킨다.
(3) 전류와 자계의 연속성 관계를 나타내는 방정식이다.

$$rot\,\dot{H} = i_c + i_d = k\dot{E} + \frac{\partial \dot{D}}{\partial t}$$

(단, $i_c = k\dot{E}$: 전도 전류 밀도, $i_d = \dfrac{\partial \dot{D}}{\partial t} = \varepsilon\dfrac{\partial \dot{E}}{\partial t}$: 변위 전류 밀도)

2 맥스웰의 제2 기본 방정식

(1) 패러데이의 전자 유도 법칙에서 유도된 방정식이다.
(2) 자속 밀도의 시간적 변화는 전계를 회전시키고 유기 기전력을 발생시킨다.

$$rot\,\dot{E} = -\frac{\partial \dot{B}}{\partial t} = -\mu\frac{\partial \dot{H}}{\partial t}$$

> **독학이 쉬워지는 기초개념**
>
> **맥스웰의 방정식**
> 전계와 자계에 관한 식을 정립

> 독학이 쉬워지는 기초개념

3 맥스웰의 제3 방정식(정전계의 가우스 미분형)

(1) 정전계의 가우스의 정리(법칙)에서 유도된 방정식이다.
(2) 임의의 폐곡면 내의 전하에서 전속선이 발산한다.

$$div \dot{D} = \rho$$

(단, ρ: 체적 전하 밀도[C/m³])

4 맥스웰의 제4 방정식(정자계의 가우스 미분형)

(1) 정자계의 가우스의 정리(법칙)에서 유도된 방정식이다.
(2) 외부로 발산하는 자속은 없다(자속은 연속적이다).
(3) 따라서 고립된 N극 또는 S극만으로 이루어진 자석은 만들 수 없다.

$$div \dot{B} = 0$$

기출예제

패러데이 – 노이만 전자 유도 법칙에 의해 일반화된 맥스웰 전자 방정식의 형태는?

① $\nabla \times \dot{E} = i_c + \dfrac{\partial \dot{D}}{\partial t}$ ② $\nabla \cdot \dot{B} = 0$

③ $\nabla \times \dot{E} = -\dfrac{\partial \dot{B}}{\partial t}$ ④ $\nabla \cdot \dot{D} = \rho$

| 해설 |
맥스웰의 제2 기본 방정식
- 패러데이의 전자 유도 법칙에서 유도된 방정식이다.
- 자속 밀도의 시간적 변화는 전계를 회전시키고 유기 기전력을 발생시킨다.

$$rot \dot{E} = \nabla \times \dot{E} = -\dfrac{\partial \dot{B}}{\partial t}$$

답 ③

THEME 03 전자파

1 전자파의 정의

(1) 전계파: 어느 공간에 전계가 전파되어 가는 파동 현상이다.
(2) 자계파: 어느 공간에 자계가 전파되어 가는 파동 현상이다.
(3) 전자파란 전계파와 자계파를 합쳐서 부르는 합성어이다.

> 전자파 = 전계파 + 자계파

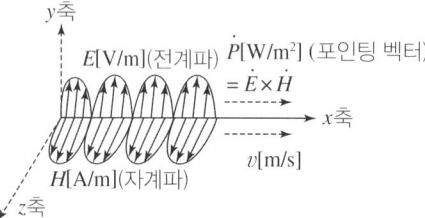

▲ 전자파

2 전자파의 성질

(1) 전자파는 앞의 그림에서 x축 방향으로 진행하여 전파된다.
(2) 전계의 성분은 y축 방향으로 존재한다.
(3) 자계의 성분은 z축 방향으로 존재한다.
(4) 전자파 진행 방향의 전계 및 자계의 성분은 없다.
(5) 전계파와 자계파가 이루는 각도는 직각(90°)이다.
(6) 전계파와 자계파의 위상은 0°이다(동위상).
(7) 전계파에 의한 전계 에너지(W_E)와 자계파에 의한 자계 에너지(W_H)는 똑같은 매질 내에서 똑같은 거리를 진행하므로 서로 같다.

3 전자파 관계식 정리

(1) 전자파의 고유(파동) 임피던스

$$\eta = \frac{E}{H} = \sqrt{\frac{\mu}{\varepsilon}} = \sqrt{\frac{\mu_0 \mu_s}{\varepsilon_0 \varepsilon_s}} = 377\sqrt{\frac{\mu_s}{\varepsilon_s}} \ [\Omega]$$

($\therefore$ 공기에서의 고유 임피던스는 $\eta = \sqrt{\frac{\mu_0}{\varepsilon_0}} = 377[\Omega]$)

(2) 전자파의 전파 속도

$$v = \frac{\omega}{\beta} = \frac{1}{\sqrt{\varepsilon \mu}} = \frac{1}{\sqrt{\varepsilon_0 \mu_0 \times \varepsilon_s \mu_s}} = 3 \times 10^8 \times \frac{1}{\sqrt{\varepsilon_s \mu_s}} \ [\text{m/s}]$$

(3) 파장(전자파의 길이)

$$\lambda = \frac{v}{f} = \frac{1}{f} \times \frac{1}{\sqrt{\varepsilon \mu}} = \frac{1}{f\sqrt{\varepsilon_0 \mu_0 \times \varepsilon_s \mu_s}} = 3 \times 10^8 \times \frac{1}{f\sqrt{\varepsilon_s \mu_s}} \ [\text{m}]$$

(4) 포인팅 벡터(전자파의 단위 면적당 에너지)

$$P = |\dot{E} \times \dot{H}| = EH\sin\theta = EH \ [\text{W/m}^2]$$

($\therefore$ 전계와 자계가 이루는 각도는 직각이므로 $\sin\theta = \sin 90° = 1$)

> **강의 꿀팁**
> 진공(공기) 중의 전자파의 속도는 빛의 속도와 같아요.

기출예제

콘크리트($\varepsilon_s = 4$, $\mu_s = 1$) 중에서 전자파의 고유(파동) 임피던스는 얼마인가?

① 123.5[Ω] ② 133.5[Ω]
③ 155.5[Ω] ④ 188.5[Ω]

| 해설 |
$\eta = 377\sqrt{\frac{\mu_s}{\varepsilon_s}} = 377 \times \sqrt{\frac{1}{4}} ≒ 188.5[\Omega]$

답 ④

4 전파 정수

(1) 의미

전송로를 통과하는 전파가 주파수에 의존하는 매질에서의 손실(감쇠) 및 위상 변동을 설명하기 위한 개념이다.

(2) 공식

투자율, 도전율, 유전율과 관계된 전파 정수의 기본 관계식은 다음과 같다.

$\gamma^2 = j\omega\mu(\sigma + j\omega\varepsilon)$

위 식에서, γ를 전파 정수라고 한다.

$$\gamma = \sqrt{j\omega\mu(\sigma + j\omega\varepsilon)} = \alpha + j\beta \quad (단, \alpha: 감쇠\ 정수, \beta: 위상\ 정수)$$

(3) 매질에 따른 전파 정수

① 자유 공간($\sigma = 0, \alpha = 0$)
- 전파 정수 $\gamma = \alpha + j\beta = j\beta$
- 위상 정수 $\beta = \omega\sqrt{\mu_0 \varepsilon_0}$

② 무손실 매질($\sigma = 0, \alpha = 0$)
- 전파 정수 $\gamma = \alpha + j\beta = j\beta$
- 위상 정수 $\beta = \omega\sqrt{\mu\varepsilon}$

③ 손실 매질
- 전파 정수 $\gamma = \alpha + j\beta = \sqrt{j\omega\mu(\sigma + j\omega\varepsilon)} = j\omega\sqrt{\mu\varepsilon}\sqrt{1 - j\dfrac{\sigma}{\omega\varepsilon}}$
- 감쇠 정수 $\alpha = \omega\sqrt{\dfrac{\mu\varepsilon}{2}\left(\sqrt{1 + \left(\dfrac{\sigma}{\omega\varepsilon}\right)^2} - 1\right)}$
- 위상 정수 $\beta = \omega\sqrt{\dfrac{\mu\varepsilon}{2}\left(\sqrt{1 + \left(\dfrac{\sigma}{\omega\varepsilon}\right)^2} + 1\right)}$

④ 양도체($\sigma = \infty, \alpha \neq 0$)
- 전파 정수 $\gamma = \alpha + j\beta \fallingdotseq \sqrt{\dfrac{\omega\mu\sigma}{2}} + j\sqrt{\dfrac{\omega\mu\sigma}{2}} = \sqrt{\pi f \mu \sigma} + j\sqrt{\pi f \mu \sigma}$
- 감쇠 정수, 위상 정수 $\alpha = \beta \fallingdotseq \sqrt{\dfrac{\omega\mu\sigma}{2}}$

CHAPTER 12 CBT 적중문제

01
변위 전류와 가장 관계가 깊은 것은?

① 반도체　　② 유전체
③ 자성체　　④ 도체

해설
변위 전류는 절연체인 유전체 내에서의 에너지 흐름을 나타내는 전류 밀도이다. 따라서 변위 전류는 유전체와 가장 관계가 깊다.
$$i_d = \frac{\partial D}{\partial t} = \varepsilon \frac{\partial E}{\partial t}$$

02
대지 중의 두 전극 사이에 있는 어떤 점의 전계의 세기가 $6[\text{V/cm}]$, 지면의 도전율이 $10^{-4}[\mho/\text{cm}]$일 때 이 점의 전류 밀도는 몇 $[\text{A/cm}^2]$인가?

① 6×10^{-4}　　② 6×10^{-3}
③ 6×10^{-2}　　④ 6×10^{-1}

해설
$i = kE = 10^{-4} \times 6 = 6 \times 10^{-4} [\text{A/cm}^2]$

03
전류 밀도 J, 전계 E, 입자의 이동도 μ, 도전율을 σ라 할 때 전류 밀도 $[\text{A/m}^2]$를 옳게 표현한 것은?

① $J = 0$　　② $J = E$
③ $J = \sigma E$　　④ $J = \mu E$

해설
전도 전류 계산식은 옴의 법칙에 의하여
$$I_c = \frac{V}{R} = \frac{El}{\rho \frac{l}{S}} = \frac{ES}{\rho} = kES \, [\text{A}]$$

따라서 전도 전류 밀도 $i_c = \dfrac{kES}{S} = kE \, [\text{A/m}^2]$

문제에서는 전류 밀도를 J, 도전율을 σ라 하였으므로
$i_c = kE \Rightarrow J = \sigma E \, [\text{A/m}^2]$

| 정답 | 01 ②　02 ①　03 ③

04
전자계에 대한 맥스웰의 기본 이론이 아닌 것은?

① 전하에서 전속선이 발산된다.
② 고립된 자극은 존재하지 않는다.
③ 변위 전류는 자계를 발생하지 않는다.
④ 자계의 시간적인 변화에 따라 전계의 회전이 생긴다.

해설

맥스웰 방정식
- 맥스웰의 제1 기본 방정식
  $$rot\, \dot{H} = i_c + \frac{\partial \dot{D}}{\partial t}$$
  - 암페어의 주회 적분 법칙에서 유도된 방정식이다.
  - <u>전도 전류 및 변위 전류는 회전하는 자계를 형성시킨다.</u>
  - 전류와 자계의 연속성 관계를 나타내는 방정식이다.
- 맥스웰의 제2 기본 방정식
  $$rot\, \dot{E} = -\frac{\partial \dot{B}}{\partial t} = -\mu \frac{\partial \dot{H}}{\partial t}$$
  - 패러데이의 전자 유도 법칙에서 유도된 방정식이다.
  - 자속 밀도의 시간적 변화는 전계를 회전시키고 유기 기전력을 발생시킨다.
- 맥스웰의 제3 방정식
  $$div\, \dot{D} = \rho$$
  - 정전계의 가우스의 법칙에서 유도된 방정식이다.
  - 임의의 폐곡면 내의 전하에서 전속선이 발산한다.
- 맥스웰의 제4 방정식
  $$div\, \dot{B} = 0$$
  - 정자계의 가우스의 법칙에서 유도된 방정식이다.
  - 외부로 발산하는 자속은 없다(자속은 연속적이다).
  - 고립된 N극 또는 S극만으로 이루어진 자석은 만들 수 없다.

05
맥스웰의 방정식과 연관이 없는 것은?

① 패러데이의 법칙 ② 쿨롱의 법칙
③ 스토크스의 정리 ④ 가우스의 법칙

해설

- 맥스웰의 제1 기본 방정식(암페어의 주회 적분 법칙과 연관성)
  $$rot\, \dot{H} = i_c + \frac{\partial \dot{D}}{\partial t}$$
- 맥스웰의 제2 기본 방정식(<u>패러데이의 법칙</u>과 연관성)
  $$rot\, \dot{E} = -\frac{\partial \dot{B}}{\partial t} = -\mu \frac{\partial \dot{H}}{\partial t}$$
- 맥스웰의 제3 방정식(<u>가우스의 정리(법칙)</u>와 연관성)
  $$div\, \dot{D} = \rho$$
- 적분형 암페어 법칙(<u>스토크스의 정리</u>)
  $$\oint \dot{H} \cdot dl = I = \int (\nabla \times \dot{H}) \cdot d\vec{s}$$

쿨롱의 법칙은 맥스웰 방정식과 연관이 없다.

06
다음 식과 관계가 없는 것은?

$$\oint_c \dot{H} \cdot d\vec{l} = \int_s \vec{j}\, d\vec{s} = \int_s (\nabla \times \dot{H})\, d\vec{s} = I$$

① 맥스웰의 방정식
② 암페어의 주회 법칙
③ 스토크스의 정리
④ 패러데이의 법칙

해설

- 맥스웰의 방정식
  $$\int_s (\nabla \times \dot{H}) \cdot d\vec{s} = I$$
- 암페어의 주회 적분 법칙
  $$\oint_c \dot{H} \cdot d\vec{l} = I$$
- 스토크스의 정리
  $$\int_c \dot{H} \cdot d\vec{l} = \int_s (\nabla \times \dot{H}) \cdot d\vec{s}$$

| 정답 | 04 ③ 05 ② 06 ④

07

맥스웰의 전자 방정식 중 패러데이의 법칙에서 유도된 식은?(단, $\dot{D}$: 전속 밀도, ρ_v : 공간 전하 밀도, $\dot{B}$: 자속 밀도, $\dot{E}$: 전계의 세기, $\dot{J}$: 전류 밀도, $\dot{H}$: 자계의 세기)

① $div \dot{D} = \rho_v$ ② $div \dot{B} = 0$

③ $\nabla \times \dot{H} = \dot{J} + \dfrac{\partial \dot{D}}{\partial t}$ ④ $\nabla \times \dot{E} = -\dfrac{\partial \dot{B}}{\partial t}$

해설

- 맥스웰의 제1 방정식

  $rot \dot{H} = i_c + \dfrac{\partial \dot{D}}{\partial t}$

  – 전도 전류 및 변위 전류는 회전하는 자계를 형성
  – 전류와 자계의 연속성 관계를 나타내는 방정식

- 맥스웰의 제2 방정식

  $rot \dot{E} = -\dfrac{\partial \dot{B}}{\partial t} = -\mu \dfrac{\partial \dot{H}}{\partial t}$

  – 패러데이의 전자 유도 법칙에서 유도된 방정식
  – 자속 밀도의 시간적 변화는 전계를 회전시키고 유기 기전력을 발생

- 맥스웰의 제3 방정식

  $div \dot{D} = \rho$

  – 정전계의 가우스 정리(법칙)에서 유도된 방정식
  – 임의의 폐곡면 내의 전하에서 전속선이 발산

- 맥스웰의 제4 방정식

  $div \dot{B} = 0$

  – 정자계의 가우스 정리(법칙)에서 유도된 방정식
  – 외부로 발산하는 자속은 없다(자속은 연속적이다).
  – 고립된 N극 또는 S극만으로 이루어진 자석은 만들 수 없다.

08

전계와 자계의 기본 법칙에 대한 내용으로 틀린 것은?

① 암페어의 주회 적분 법칙: $\oint_c \dot{H} \cdot d\dot{l} = I + \int_s \dfrac{\partial \dot{D}}{\partial t} \cdot d\dot{s}$

② 가우스의 법칙: $\oint_s \dot{B} \cdot d\dot{s} = 0$

③ 가우스의 법칙: $\oint_s \dot{D} \cdot d\dot{s} = \int_v \rho dv = Q$

④ 패러데이의 법칙: $\oint_c \dot{D} \cdot d\dot{l} = -I \int_s \dfrac{d\dot{H}}{dt} \cdot d\dot{s}$

해설

- 패러데이 법칙의 미분형

  $rot \dot{E} = \nabla \times \dot{E} = -\dfrac{\partial \dot{B}}{\partial t}$

- 패러데이 법칙의 적분형

  $\int_c \dot{E} \cdot d\dot{l} = -\int_s \dfrac{\partial \dot{B}}{\partial t} \cdot d\dot{s}$

09

정전계와 정자계의 대응 관계가 성립되는 것은?

① $div \dot{D} = \rho_v \rightarrow div \dot{B} = \rho_m$

② $\nabla^2 V = -\dfrac{\rho_v}{\varepsilon_0} \rightarrow \nabla^2 A = -\dfrac{i}{\mu_0}$

③ $W = \dfrac{1}{2} CV^2 \rightarrow W = \dfrac{1}{2} LI^2$

④ $\dot{F} = 9 \times 10^9 \times \dfrac{Q_1 Q_2}{r^2} a_r \rightarrow \dot{F} = 6.33 \times 10^{-4} \times \dfrac{m_1 m_2}{r^2} a_r$

해설

정전계와 정자계의 대응 관계

① $div \dot{D} = \rho \Leftrightarrow div \dot{B} = 0$

② $\nabla^2 V = -\dfrac{\rho}{\varepsilon} \Leftrightarrow \nabla^2 A = -\mu i$

③ $W = \dfrac{1}{2} CV^2 \Leftrightarrow W = \dfrac{1}{2} LI^2$

④ $F = 9 \times 10^9 \times \dfrac{Q_1 Q_2}{r^2} \Leftrightarrow F = 6.33 \times 10^4 \times \dfrac{m_1 m_2}{r^2}$

10

진공(공기) 중의 전계와 자계의 위상 관계는?

① 위상이 서로 같다.
② 전계가 자계보다 90° 늦다.
③ 전계가 자계보다 90° 빠르다.
④ 전계가 자계보다 45° 빠르다.

해설

자유 공간 전자파의 성질

- 전자파는 x축 방향으로 진행하여 전파되어 간다.
- 전계의 성분은 y축 방향으로 존재한다.
- 자계의 성분은 z축 방향으로 존재한다.
- 전자파 진행 방향의 전계 및 자계의 성분은 없다.
- 전계파와 자계파가 이루는 각도는 직각(90°)이다.
- 전계파와 자계파의 위상차는 0°이다(동위상).
- 전계파에 의한 전계 에너지(W_E)와 자계파에 의한 자계 에너지(W_H)는 똑같은 매질 내에서 똑같은 거리를 진행하므로 서로 같다.

11

자유 공간 전자파의 특성에 대한 설명으로 틀린 것은?

① 전자파의 속도는 주파수와 무관하다.
② 전파 E_x를 고유 임피던스로 나누면 자파 H_y가 된다.
③ 전파 E_x와 자파 H_y의 진동 방향은 진행 방향에 수평인 종파이다.
④ 매질이 도전성을 갖지 않으면 전파 E_x와 자파 H_y는 동위상이 된다.

해설

자유 공간 전자파의 특성

- 전파 속도 $v = \dfrac{1}{\sqrt{\varepsilon\mu}}$ 이므로 주파수와 무관하며 ε, μ에 의해 결정된다.
- 고유 임피던스 $\eta = \dfrac{E}{H} = \sqrt{\dfrac{\mu}{\varepsilon}}$ 이므로 $H = \dfrac{E}{\eta}$
- 자유 공간에서 전계 E와 자계 H는 동위상으로 진행하며 전파와 자파는 항상 공존하기 때문에 전자파이다.
- 전파와 자파의 진동 방향은 진행 방향에 수직인 방향만 가진다.
- 전파와 자파는 서로 수직인 관계이다.

12

횡전자파(TEM)의 특성은?

① 진행 방향의 E, H 성분이 모두 존재한다.
② 진행 방향의 E, H 성분이 모두 존재하지 않는다.
③ 진행 방향의 E 성분만 존재하고 H 성분은 존재하지 않는다.
④ 진행 방향의 H 성분만 존재하고 E 성분은 존재하지 않는다.

해설

횡전자파(TEM)의 특성

- 전계 E와 자계 H가 모두 전자파의 진행 방향과 수직으로 존재한다.
- 전자파 진행 방향의 전계와 자계의 성분은 모두 존재하지 않는다.

13

평면 전자파에서 전계의 세기가 $E = 5\sin\omega\left(t - \dfrac{x}{v}\right)[\mu\text{V/m}]$ 인 공기 중에서의 자계의 세기는 몇 $[\mu\text{A/m}]$인가?

① $-\dfrac{5\omega}{v}\cos\omega\left(t - \dfrac{x}{v}\right)$

② $5\omega\cos\omega\left(t - \dfrac{x}{v}\right)$

③ $4.8 \times 10^2 \sin\omega\left(t - \dfrac{x}{v}\right)$

④ $1.3 \times 10^{-2} \sin\omega\left(t - \dfrac{x}{v}\right)$

해설

- 고유 임피던스

$$\eta = \dfrac{E}{H} = \sqrt{\dfrac{\mu_0}{\varepsilon_0}} = \sqrt{\dfrac{4\pi \times 10^{-7}}{8.854 \times 10^{-12}}} = 377[\Omega]$$

- 자계의 세기

$$H = \dfrac{E}{377} = \dfrac{5\sin\omega\left(t - \dfrac{x}{v}\right)}{377}$$

$$= 1.3 \times 10^{-2} \sin\omega\left(t - \dfrac{x}{v}\right)[\mu\text{A/m}]$$

14

전계 $E = \sqrt{2} E_e \sin\omega(t - \frac{z}{b})$ [V/m]의 평면 전자파가 있다. 진공 중에서의 자계의 실횻값은 약 몇 [AT/m]인가?

① $2.65 \times 10^{-4} E_e$
② $2.65 \times 10^{-3} E_e$
③ $3.77 \times 10^{-2} E_e$
④ $3.77 \times 10^{-1} E_e$

해설

- 전계의 실횻값

$$E_{rms} = \frac{E_0}{\sqrt{2}} = E_e \, [V]$$

- 전자파의 파동 임피던스

$$\eta = \frac{E}{H} = \sqrt{\frac{\mu}{\varepsilon}} = \sqrt{\frac{\mu_0 \mu_s}{\varepsilon_0 \varepsilon_s}} = 377\sqrt{\frac{\mu_s}{\varepsilon_s}} \, [\Omega]$$

∴ 공기에서의 고유 임피던스는 $\eta = \sqrt{\frac{\mu_0}{\varepsilon_0}} = 377[\Omega]$

- 자계의 실횻값

$$H_{rms} = \frac{E_{rms}}{\eta} = \frac{E_e}{377} = 2.65 \times 10^{-3} E_e \, [A/m]$$

15

유전율 ε, 투자율 μ인 매질 내에서 전자파의 속도[m/s]는?

① $\sqrt{\frac{\mu}{\varepsilon}}$
② $\sqrt{\mu\varepsilon}$
③ $\sqrt{\frac{\varepsilon}{\mu}}$
④ $\frac{3 \times 10^8}{\sqrt{\varepsilon_s \mu_s}}$

해설

전자파의 전파 속도

$$v = \frac{\omega}{\beta} = \frac{1}{\sqrt{\varepsilon\mu}} = \frac{1}{\sqrt{\varepsilon_0\mu_0 \times \varepsilon_s\mu_s}} = \frac{3 \times 10^8}{\sqrt{\varepsilon_s\mu_s}} \, [m/s]$$

∴ 공기에서의 전자파의 전파 속도는 빛의 속도 $v = 3 \times 10^8$ [m/s]와 같다.

16

매초마다 S면을 통과하는 전자 에너지를 $W = \int_s \dot{P} \cdot n \, d\dot{s}$ [W]로 표시하는데 이 중 틀린 설명은?

① 벡터 P를 포인팅 벡터라고 한다.
② n이 내향일 때에는 S면 내에 공급되는 총 전력이다.
③ n이 외향일 때에는 S면에서 나오는 총 전력이 된다.
④ P의 방향은 전자계의 에너지 흐름의 진행 방향과 다르다.

해설

$W = \int_s \dot{P} \cdot n \, d\dot{s}$ [W]의 의미

- 벡터 P를 포인팅 벡터라고 한다.
- n이 내향일 때에는 S면 내에 공급되는 총 전력이다.
- n이 외향일 때에는 S면에서 나오는 총 전력이 된다.
- 포인팅 벡터는 $\dot{P} = \dot{E} \times \dot{H}$이므로 전자계의 에너지 흐름의 진행 방향과 같다.

17

전계 E[V/m] 및 자계 H[AT/m]의 에너지가 자유 공간 사이를 C[m/s]의 속도로 전파될 때 단위 시간에 단위 면적을 지나는 에너지[W/m²]는?

① $\frac{1}{2}EH$
② EH
③ EH^2
④ E^2H

해설

포인팅 벡터(전자파의 단위 면적당 에너지)

$$P = EH\sin\theta = EH \, [W/m^2]$$

∴ 전계와 자계가 이루는 각도는 직각이므로 $\sin\theta = \sin 90° = 1$

18

공기 중에서 z 방향으로 진행하는 전자파 E_y와 E_x가 있다.
$E_y = 3 \times 10^{-2} \sin \omega(x - vt) [\text{V/m}]$,
$E_x = 4 \times 10^{-2} \sin \omega(x - vt) [\text{V/m}]$일 때
포인팅 벡터의 크기 $[\text{W/m}^2]$는?

① $6.63 \times 10^{-6} \sin^2 \omega(x - vt)$
② $6.63 \times 10^{-6} \cos^2 \omega(x - vt)$
③ $6.63 \times 10^{-4} \sin \omega(x - vt)$
④ $6.63 \times 10^{-4} \cos \omega(x - vt)$

해설

전계의 크기 $E = \sqrt{E_x^2 + E_y^2}$
포인팅 벡터의 크기
$P = EH = \dfrac{E^2}{377} = \dfrac{\left(\sqrt{E_x^2 + E_y^2}\right)^2}{377}$
$= \dfrac{\left(\sqrt{(3 \times 10^{-2})^2 + (4 \times 10^{-2})^2} \times \sin \omega(x - vt)\right)^2}{377}$
$= 6.63 \times 10^{-6} \sin^2 \omega(x - vt) [\text{W/m}^2]$

19

자유 공간에 있어서의 포인팅 벡터를 $P[\text{W/m}^2]$이라 할 때 전계의 세기 $E[\text{V/m}]$를 구하면?

① $377P$
② $\dfrac{P}{377}$
③ $\sqrt{377P}$
④ $\sqrt{\dfrac{P}{377}}$

해설

포인팅 벡터의 크기
$P = EH = E \times \dfrac{E}{377} = \dfrac{E^2}{377}$
$E^2 = 377P$이므로 전계 $E = \sqrt{377P}$ $[\text{V/m}]$

20

도전성을 가진 매질 내의 평면파에서 전송 계수 γ를 표현한 것으로 알맞은 것은?(단, α는 감쇠 정수, β는 위상 정수이다.)

① $\gamma = \alpha + j\beta$
② $\gamma = \alpha - j\beta$
③ $\gamma = j\alpha + \beta$
④ $\gamma = j\alpha - \beta$

해설

전파 정수
$\gamma = \alpha + j\beta$

| 정답 | 18 ① | 19 ③ | 20 ① |

에듀윌이
너를
지지할게

ENERGY

끝이 좋아야 시작이 빛난다.

– 마리아노 리베라(Mariano Rivera)

여러분의 작은 소리
에듀윌은 크게 듣겠습니다.

본 교재에 대한 여러분의 목소리를 들려주세요.
공부하시면서 어려웠던 점, 궁금한 점,
칭찬하고 싶은 점, 개선할 점, 어떤 것이라도 좋습니다.

에듀윌은 여러분께서 나누어 주신 의견을
통해 끊임없이 발전하고 있습니다.

에듀윌 도서몰 book.eduwill.net
- 부가학습자료 및 정오표: 에듀윌 도서몰 → 도서자료실
- 교재 문의: 에듀윌 도서몰 → 문의하기 → 교재(내용, 출간) / 주문 및 배송

2026 에듀윌 전기자기학 필기 기본서 + 유형별 N제

발 행 일	2025년 8월 12일 초판
편 저 자	에듀윌 전기수험연구소
펴 낸 이	양형남
개발책임	목진재
개 발	박원서, 최윤석, 서보경
펴 낸 곳	(주)에듀윌
I S B N	979-11-360-3814-2
등록번호	제25100-2002-000052호
주 소	08378 서울특별시 구로구 디지털로34길 55 코오롱싸이언스밸리 2차 3층

* 이 책의 무단 인용 · 전재 · 복제를 금합니다.

www.eduwill.net
대표전화 1600-6700

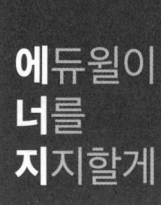

에듀윌이
너를
지지할게
ENERGY

시작하는 방법은
말을 멈추고
즉시 행동하는 것이다.

– 월트 디즈니(Walt Disney)

에듀윌 전기 전기자기학

필기 유형별 N제

CONTENTS

유형별 N제 차례

CHAPTER 01 벡터 해석
1. 벡터의 정의 — 8
2. 벡터의 연산 — 8
3. 벡터의 미분 — 9
4. 벡터의 적분 — 11

CHAPTER 02 진공 중의 정전계
1. 정전계의 기초 개념 — 14
2. 쿨롱의 법칙 — 15
3. 전계(전장)의 세기 — 16
4. 전기력선 — 19
5. 전속 및 전속 밀도 — 22
6. 가우스(Gauss)의 정리 — 23
7. 여러 가지 도체 모양에서의 전계(전장)의 세기 — 25
8. 전위 및 전위차 — 29
9. 포아송과 라플라스 방정식 — 33
10. 전기 쌍극자 및 전기 이중층 — 34

CHAPTER 03 진공 중의 도체계
1. 전위 계수, 용량 계수, 유도 계수 — 38
2. 정전 용량(Capacitance) — 41
3. 정전 용량의 종류 — 42
4. 정전 용량 회로의 계산 방법 — 47
5. 저장 에너지 — 49

CHAPTER 04 유전체
1. 유전율 — 54
2. 전기 분극 — 55
3. 분극의 세기 — 55
4. 유전체에서의 콘덴서 — 57
5. 유전율이 다른 콘덴서의 접속 — 60
6. 유전체의 경계면 조건 — 62
7. 유전체의 경계면에 작용하는 힘(맥스웰 응력) — 65

CHAPTER 05 전기 영상법
1. 전기 영상법의 원리 — 70
2. 전기 영상법의 종류 — 71

CHAPTER 06 전류
1. 전류 — 78
2. 전기 저항 — 80
3. 옴의 법칙 — 81
4. 온도 변화에 따른 저항 — 82
5. 전력과 전력량 — 84
6. 접지 저항(R)과 정전 용량(C)의 관계 — 84
7. 열전 효과 — 87
8. 전기의 특수한 현상 — 88

CHAPTER 07 진공 중의 정자계

1. 정자계의 쿨롱의 법칙 92
2. 자계(자장)의 세기 92
3. 자기력선 93
4. 자속 및 자속 밀도 94
5. 자위 95
6. 자기 쌍극자 및 자기 이중층 96
7. 막대 자석 97

CHAPTER 08 전류에 의해 발생되는 자계

1. 암페어의 법칙 102
2. 비오-사바르의 법칙 104
3. 여러 가지 도체 모양에 따른 자계의 세기 105
4. 솔레노이드에 의한 자계의 세기 110
5. 플레밍의 왼손 법칙 112
6. 평행 도선 사이에 작용하는 힘 114
7. 로렌츠의 힘 116

CHAPTER 09 자성체 및 자기 회로

1. 자성체의 기초 120
2. 자성체의 종류 120
3. 히스테리시스 곡선 123
4. 자화의 세기 125
5. 자성체의 경계면 조건 129
6. 자기 회로 130

CHAPTER 10 인덕턴스

1. 인덕턴스의 종류 138
2. 결합 계수 139
3. 코일의 접속 140
4. 코일(인덕터)에 축적되는 에너지 142
5. 도체 모양에 따른 인덕턴스의 값 143
6. 표피 효과(Skin Effect) 148

CHAPTER 11 전자 유도 현상

1. 유도 기전력 152
2. 정현파에 의해 코일에 유도되는 기전력 154
3. 플레밍의 오른손 법칙 155
4. 금속 원판을 회전시킬 때 유도되는 기전력 157

CHAPTER 12 전자계

1. 전도 전류와 변위 전류 160
2. 맥스웰 방정식 162
3. 전자파 167

벡터 해석

1. 벡터의 정의
2. 벡터의 연산
3. 벡터의 미분
4. 벡터의 적분

CBT 완벽대비 가능한 유형마스터 학습!

THEME	유형분석	관련 번호
THEME 01 벡터의 정의	이 개념을 직접적으로 묻는 문제는 거의 출제가 되지 않지만, 전기자기학의 전체적인 내용을 풀기 위해서는 반드시 학습하셔야 합니다.	001
THEME 02 벡터의 연산	벡터의 덧셈, 내적, 외적 등 기본적인 계산 방법과 관련된 문제가 출제됩니다.	002~005
THEME 03 벡터의 미분	스칼라의 구배, 벡터의 발산과 회전에 관한 문제가 출제됩니다. 전기자기학의 모든 내용에 자주 등장하는 이론이므로 확실히 이해해야 합니다.	006~011
THEME 04 벡터의 적분	가우스의 발산 정리와 스토크스의 정리에 관한 문제가 출제됩니다.	012~013

학습 효과를 높이는 N제 3회독 시스템

챕터별 전체 1회독이 끝났다면 회독 체크표에 날짜를 기입하고 체크표시를 해주세요.

회독 체크표	☐ 1회독	월 일	☐ 2회독	월 일	☐ 3회독	월 일

CHAPTER 01 벡터 해석

THEME 01 벡터의 정의

001 ★★☆

원점에 $1[\mu C]$의 점전하가 있을 때 점 $P(2, -2, 4)[m]$에서의 전계의 세기에 대한 단위벡터는 약 얼마인가?

① $0.41a_x - 0.41a_y + 0.82a_z$
② $-0.33a_x + 0.33a_y - 0.66a_z$
③ $-0.341a_x + 0.41a_y - 0.82a_z$
④ $0.33a_x - 0.33a_y + 0.66a_z$

해설

거리 벡터
$\dot{r} = 2a_x - 2a_y + 4a_z$
벡터의 크기
$|\dot{r}| = \sqrt{2^2 + (-2)^2 + 4^2} = \sqrt{24}$
단위 벡터
$a_r = \dfrac{\dot{r}}{|\dot{r}|} = \dfrac{1}{\sqrt{24}}(2a_x - 2a_y + 4a_z)$
$\fallingdotseq 0.41a_x - 0.41a_y + 0.82a_z$

THEME 02 벡터의 연산

002 ★★☆

어떤 물체에 $\dot{F_1} = -3i + 4j - 5k$와 $\dot{F_2} = 6i + 3j - 2k$의 힘이 작용하고 있다. 이 물체에 $\dot{F_3}$을 가하였을 때 세 힘이 평형이 되기 위한 $\dot{F_3}$은?

① $\dot{F_3} = -3i - 7j + 7k$
② $\dot{F_3} = 3i + 7j - 7k$
③ $\dot{F_3} = 3i - j - 7k$
④ $\dot{F_3} = 3i - j + 3k$

해설

벡터의 합
$\dot{F_1} + \dot{F_2} + \dot{F_3} = (-3i + 4j - 5k) + (6i + 3j - 2k) + \dot{F_3} = 0$
$\therefore \dot{F_3} = -3i - 7j + 7k$

003 ★★☆

$\dot{A} = i + 4j + 3k$, $\dot{B} = 4i + 2j - 4k$의 두 벡터는 서로 어떤 관계에 있는가?

① 평행
② 면적
③ 접근
④ 수직

해설

벡터의 내적
$\dot{A} \cdot \dot{B} = (i + 4j + 3k) \cdot (4i + 2j - 4k) = 4 + 8 - 12 = 0$
$\therefore$ 벡터 $\dot{A}$와 $\dot{B}$의 내적이 0이므로 수직 관계에 있다.

004 ★★☆

두 벡터 $\dot{A} = -7i - j$, $\dot{B} = -3i - 4j$가 이루는 각은?

① $30°$
② $45°$
③ $60°$
④ $90°$

해설

두 벡터가 이루는 각
$\cos\theta = \dfrac{\dot{A} \cdot \dot{B}}{|\dot{A}||\dot{B}|} = \dfrac{(-7i - j) \cdot (-3i - 4j)}{\sqrt{(-7)^2 + (-1)^2} \times \sqrt{(-3)^2 + (-4)^2}}$
$= \dfrac{1}{\sqrt{2}}$
$\therefore \theta = \cos^{-1}\dfrac{1}{\sqrt{2}} = 45°$

| 정답 | 001 ① 002 ① 003 ④ 004 ②

005 ★☆☆

두 벡터가 $\dot{A} = 2a_x + 4a_y - 3a_z$, $\dot{B} = a_x - a_y$일 때 $\dot{A} \times \dot{B}$는?

① $6a_x - 3a_y + 3a_z$
② $-3a_x - 3a_y - 6a_z$
③ $6a_x + 3a_y - 3a_z$
④ $-3a_x + 3a_y + 6a_z$

해설

벡터의 외적

$$\dot{A} \times \dot{B} = \begin{bmatrix} a_x & a_y & a_z \\ 2 & 4 & -3 \\ 1 & -1 & 0 \end{bmatrix}$$

$$= a_x \begin{bmatrix} 4 & -3 \\ -1 & 0 \end{bmatrix} - a_y \begin{bmatrix} 2 & -3 \\ 1 & 0 \end{bmatrix} + a_z \begin{bmatrix} 2 & 4 \\ 1 & -1 \end{bmatrix}$$

$$= a_x [4 \times 0 - \{(-1) \times (-3)\}]$$
$$\quad - a_y [2 \times 0 - \{1 \times (-3)\}] + a_z \{2 \times (-1) - 4 \times 1\}$$

$$= -3a_x - 3a_y - 6a_z$$

THEME 03 벡터의 미분

006 ★★★

전계 $\dot{E}$ 의 x, y, z 성분을 E_x, E_y, E_z라 할 때 $div\dot{E}$는?

① $\dfrac{\partial E_x}{\partial x} + \dfrac{\partial E_y}{\partial y} + \dfrac{\partial E_z}{\partial z}$

② $i\dfrac{\partial E_x}{\partial x} + j\dfrac{\partial E_y}{\partial y} + k\dfrac{\partial E_z}{\partial z}$

③ $\dfrac{\partial^2 E_x}{\partial x^2} + \dfrac{\partial^2 E_y}{\partial y^2} + \dfrac{\partial^2 E_z}{\partial z^2}$

④ $i\dfrac{\partial^2 E_x}{\partial x^2} + j\dfrac{\partial^2 E_y}{\partial y^2} + k\dfrac{\partial^2 E_z}{\partial z^2}$

해설

벡터의 발산

$$div\dot{E} = \nabla \cdot \dot{E} = \left(i\dfrac{\partial}{\partial x} + j\dfrac{\partial}{\partial y} + k\dfrac{\partial}{\partial z}\right) \cdot (iE_x + jE_y + kE_z)$$

$$= \dfrac{\partial E_x}{\partial x} + \dfrac{\partial E_y}{\partial y} + \dfrac{\partial E_z}{\partial z}$$

007 ★☆☆

모든 장소에서 $\nabla \cdot \vec{D} = 0$, $\nabla \times \dfrac{\vec{D}}{\varepsilon} = 0$과 같은 관계가 성립하면 $\vec{D}$는 어떤 성질을 가져야 하는가?

① x의 함수
② y의 함수
③ z의 함수
④ 상수

해설

• 벡터의 발산

$\nabla \cdot \vec{D} = \dfrac{\partial D_x}{\partial x} + \dfrac{\partial D_y}{\partial y} + \dfrac{\partial D_z}{\partial z} = 0$을 항상 만족하기 위한 조건은 D_x, D_y, D_z이 각각 x, y, z의 함수가 아니어야 한다.

• 벡터의 회전

$$\nabla \times \dfrac{\vec{D}}{\varepsilon} = \dfrac{1}{\varepsilon}(\nabla \times \vec{D})$$

$$= \dfrac{1}{\varepsilon}\left[\left(\dfrac{\partial D_z}{\partial y} - \dfrac{\partial D_y}{\partial z}\right)i + \left(\dfrac{\partial D_x}{\partial z} - \dfrac{\partial D_z}{\partial x}\right)j + \left(\dfrac{\partial D_y}{\partial x} - \dfrac{\partial D_x}{\partial y}\right)k\right] = 0$$

위 식을 항상 만족하기 위해서는 D_x, D_y, D_z은 각각 y와 z, z와 x, x와 y의 함수가 아니어야 한다.
따라서 D_x, D_y, D_z은 모두 x, y, z의 함수가 아니므로 상수이다.

008 ★★★

전계 $\dot{E} = i\,3x^2 + j\,2xy^2 + k\,x^2yz$의 $div\dot{E}$는 얼마인가?

① $-i\,6x + j\,xy + k\,x^2y$
② $i\,6x + j\,4xy + k\,x^2y$
③ $-(6x + 4xy + x^2y)$
④ $6x + 4xy + x^2y$

해설

벡터의 발산

$$div\dot{E} = \nabla \cdot \dot{E} = \left(i\dfrac{\partial}{\partial x} + j\dfrac{\partial}{\partial y} + k\dfrac{\partial}{\partial z}\right) \cdot (iE_x + jE_y + kE_z)$$

$$= \dfrac{\partial E_x}{\partial x} + \dfrac{\partial E_y}{\partial y} + \dfrac{\partial E_z}{\partial z} = 6x + 4xy + x^2y$$

009 ★★☆

다음 식 중에서 틀린 것은?

① $\dot{E} = -\text{grad } V$

② $\int_s \dot{E} \cdot nd\dot{s} = \dfrac{Q}{\varepsilon_0}$

③ $\text{grad } V = i\dfrac{\partial^2 V}{\partial x^2} + j\dfrac{\partial^2 V}{\partial y^2} + k\dfrac{\partial^2 V}{\partial z^2}$

④ $V = \int_p^\infty E \cdot dl$

해설

① 전위경도의 음의 값은 전계이다. $\dot{E} = -\text{grad } V$

② $\int_s \dot{D} \cdot nd\dot{s} = Q$, $\int_s \varepsilon_0 \dot{E} \cdot nd\dot{s} = Q$

$\int_s \dot{E} \cdot nd\dot{s} = \dfrac{Q}{\varepsilon_0}$ (진공)

③ 전위경도 $\text{grad } V = \dfrac{\partial V}{\partial x}i + \dfrac{\partial V}{\partial y}j + \dfrac{\partial V}{\partial z}k$

④ 전위 $V = -\int_\infty^p E \cdot dl = \int_p^\infty E \cdot dl$

암기

방향 n은 법선 벡터를 의미한다.

010 ★☆☆

원통 좌표계에서 일반적으로 벡터가 $\dot{A} = 5r\sin\phi a_z$로 표현될 때 점 $(2, \dfrac{\pi}{2}, 0)$에서 $\text{curl } \dot{A}$를 구하면?

① $5a_r$ ② $5\pi a_\phi$

③ $-5a_\phi$ ④ $-5\pi a_\phi$

해설

원통 좌표계의 회전

$\text{curl } \dot{A} = \nabla \times \dot{A}$

$= \dfrac{1}{r}\begin{vmatrix} a_r & ra_\phi & a_z \\ \dfrac{\partial}{\partial r} & \dfrac{\partial}{\partial \phi} & \dfrac{\partial}{\partial z} \\ A_r & rA_\phi & A_z \end{vmatrix}$

$= \left(\dfrac{1}{r}\dfrac{\partial A_z}{\partial \phi} - \dfrac{\partial A_\phi}{\partial z}\right)a_r + \left(\dfrac{\partial A_r}{\partial z} - \dfrac{\partial A_z}{\partial r}\right)a_\phi$

$\quad + \dfrac{1}{r}\left(\dfrac{\partial (rA_\phi)}{\partial r} - \dfrac{\partial A_r}{\partial \phi}\right)a_z$

$= \dfrac{1}{r}\dfrac{\partial}{\partial \phi}(5r\sin\phi)a_r - \dfrac{\partial}{\partial r}(5r\sin\phi)a_\phi$

$= 5\cos\phi a_r - 5\sin\phi a_\phi$

$= 5\cos 90° a_r - 5\sin 90° a_\phi$

$= -5a_\phi$

011 ★★☆

시간적으로 변화하지 않는 보존적(Conservative)인 전하가 비회전성이라는 의미를 나타낸 식은?

① $\nabla E = 0$ ② $\nabla \cdot \dot{E} = 0$

③ $\nabla \times \dot{E} = 0$ ④ $\nabla^2 E = 0$

해설

curl은 회전성을 의미하며 전하가 비회전성인 경우 $\nabla \times \dot{E} = 0$이다.

| 정답 | 009 ③ 010 ③ 011 ③

THEME 04 벡터의 적분

012 ★★☆

$\int_s \dot{E} \cdot ds = \int_v \nabla \cdot \dot{E}\, dv$ 은 다음 중 어느 것에 해당하는가?

① 가우스의 발산 정리 ② 쿨롱의 법칙
③ 스토크스의 정리   ④ 암페어의 법칙

해설

가우스의 발산 정리는 면적 적분을 체적 적분으로 변환할 때 사용하는 적분법이다.

$\int_s \dot{E} \cdot ds = \int_v \nabla \cdot \dot{E}\, dv$

013 ★★☆

스토크스(Stokes)의 정리는?

① $\oint_s \dot{H} \cdot d\dot{s} = \iint_s (\nabla \cdot \dot{H}) \cdot d\dot{s}$

② $\int_s \dot{B} \cdot d\dot{s} = \int_s (\nabla \cdot \dot{H}) \cdot d\dot{s}$

③ $\oint_s \dot{H} \cdot d\dot{s} = \int_l (\nabla \cdot \dot{H}) \cdot d\dot{l}$

④ $\oint_l \dot{H} \cdot d\dot{l} = \int_s (\nabla \times \dot{H}) \cdot d\dot{s}$

해설

스토크스 정리는 선적분을 면적분으로 변환하는 정리이다.

$\oint_l \dot{H} \cdot d\dot{l} = \int_s (\nabla \times \dot{H}) \cdot d\dot{s}$

| 정답 | 012 ① 013 ④

진공 중의 정전계

1. 정전계의 기초 개념
2. 쿨롱의 법칙
3. 전계(전장)의 세기
4. 전기력선
5. 전속 및 전속 밀도
6. 가우스(Gauss)의 정리
7. 여러 가지 도체 모양에서의 전계(전장)의 세기
8. 전위 및 전위차
9. 포아송과 라플라스 방정식
10. 전기 쌍극자 및 전기 이중층

CBT 완벽대비 가능한 유형마스터 학습!

THEME	유형분석	관련 번호
THEME 01 정전계의 기초 개념	정전계에서의 현상과 관련된 내용이 출제됩니다. 정전계의 의미를 확실히 이해해야 문제를 쉽게 풀 수 있습니다.	014~017
THEME 02 쿨롱의 법칙	정전계에서 점 전하가 있을 경우에 발생하는 힘에 대한 문제가 출제됩니다.	018~023
THEME 03 전계(전장)의 세기	전계와 관련된 문제가 등장합니다. 전기자기학 전반에 걸쳐 가장 많이 등장하는 이론으로 그 내용을 반드시 알아야 합니다.	024~031
THEME 04 전기력선	전기력선의 특성과 전기력선 방정식에 관련된 문제가 출제됩니다.	032~043
THEME 05 전속 및 전속 밀도	전계와 전속의 관계를 묻는 문제와 전속선과 전기력선의 차이를 묻는 문제가 자주 출제됩니다.	044~048
THEME 06 가우스(Gauss)의 정리	'가우스의 정리'와 전기력선 수를 구하는 문제가 출제됩니다. 이 개념을 완벽하게 이해하면 정전계 해석이 한층 더 쉬워집니다.	049~056
THEME 07 여러 가지 도체 모양에서의 전계(전장)의 세기	구 도체, 선 도체, 무한 평면 도체 등 여러 가지 모양에서 전계의 세기를 묻는 문제가 출제됩니다. 시험에 가장 많이 출제되는 부분입니다.	057~070
THEME 08 전위 및 전위차	전위와 전위차를 구하는 문제가 출제됩니다. 개념 자체만을 묻는 문제가 출제되기도 하지만, 응용하는 문제도 자주 출제됩니다.	071~087
THEME 09 포아송과 라플라스 방정식	전하밀도와 전계함수가 주어졌을 경우의 특수한 해법에 관한 문제가 출제됩니다. 공식만 외우면 쉽게 대입하여 풀 수 있는 수준의 문제가 출제됩니다.	088~091
THEME 10 전기 쌍극자 및 전기 이중층	이 개념을 응용한 문제보다는 기본적인 내용만 묻는 문제가 출제됩니다.	092~096

학습 효과를 높이는 N제 3회독 시스템

챕터별 전체 1회독이 끝났다면 회독 체크표에 날짜를 기입하고 체크표시를 해주세요.

회독 체크표	☐ 1회독	월 일	☐ 2회독	월 일	☐ 3회독	월 일

CHAPTER 02 진공 중의 정전계

THEME 01 정전계의 기초 개념

014 ★★★
다음 중 정전계의 설명으로 옳은 것은?

① 전계 에너지가 최소로 되는 전하 분포의 계이다.
② 전계 에너지가 최대로 되는 전하 분포의 계이다.
③ 전계 에너지가 항상 0인 전기장을 말한다.
④ 전계 에너지가 항상 ∞ 인 전기장을 말한다.

해설
정전계는 전계 에너지가 최소로 되는 전하 분포의 계이다.

015 ★★★
MKS 단위계에서 진공 유전율 값은?

① $4\pi \times 10^{-7}$[H/m]
② $\dfrac{1}{9 \times 10^9}$[F/m]
③ $\dfrac{1}{4\pi \times 9 \times 10^9}$[F/m]
④ 6.33×10^{-4}[H/m]

해설
진공 유전율
$\varepsilon_0 = 8.854 \times 10^{-12} = \dfrac{1}{36\pi} \times 10^{-9}$[F/m]

016 ★★★
MKS 단위로 나타낸 진공에 대한 유전율은?

① 8.854×10^{-12}[N/m]
② 8.854×10^{-10}[N/m]
③ 8.854×10^{-12}[F/m]
④ 8.854×10^{-10}[F/m]

해설
진공 유전율
$\varepsilon_0 = 8.854 \times 10^{-12} = \dfrac{1}{36\pi} \times 10^{-9}$[F/m]

017 ★★★
임의의 절연체에 대한 유전율의 단위로 옳은 것은?

① [F/m]
② [V/m]
③ [N/m]
④ [C/m²]

해설
진공 유전율
$\varepsilon_0 = 8.854 \times 10^{-12} = \dfrac{1}{36\pi} \times 10^{-9}$[F/m]

| 정답 | 014 ① | 015 ③ | 016 ③ | 017 ① |

THEME 02　쿨롱의 법칙

018　★★☆

점 전하 Q_1, Q_2 사이에 작용하는 쿨롱의 힘이 F일 때 이 부근에 점전하 Q_3를 놓을 경우 Q_1과 Q_2 사이의 쿨롱의 힘을 F'라고 하면 F와 F'의 관계는?

① $F > F'$　　　　② $F < F'$
③ $F = F'$　　　　④ Q_3의 크기에 따라 다르다.

해설

두 전하량 Q_1, Q_2 사이의 쿨롱의 힘은 $F = \dfrac{Q_1 Q_2}{4\pi\varepsilon r^2}[\text{N}]$이므로 주변에 다른 전하량이 있더라도 두 전하량 사이의 쿨롱의 힘은 변하지 않는다.
∴ $F = F'$

019　★★★

서로 같은 2개의 구 도체를 동일양의 전하로 대전시킨 후 $20[\text{cm}]$ 떨어뜨린 결과 구 도체에 서로 $8.6 \times 10^{-4}[\text{N}]$의 반발력이 작용하였다. 구 도체에 주어진 전하는 약 몇 [C]인가?

① 5.2×10^{-8}　　　② 6.2×10^{-8}
③ 7.2×10^{-8}　　　④ 8.2×10^{-8}

해설

- 쿨롱의 힘
$$F = \dfrac{Q_1 Q_2}{4\pi\varepsilon_0 r^2} = 9 \times 10^9 \times \dfrac{Q_1 Q_2}{r^2}[\text{N}]$$
- $Q_1 = Q_2 = Q[\text{C}]$이므로
$$F = 9 \times 10^9 \times \dfrac{Q^2}{(20 \times 10^{-2})^2} = 8.6 \times 10^{-4}[\text{N}]$$
∴ $Q = 6.18 \times 10^{-8}[\text{C}]$

암기
$$\dfrac{1}{4\pi\varepsilon_0} = \dfrac{1}{4\pi \times \dfrac{1}{36\pi} \times 10^{-9}} = 9 \times 10^9$$

020　★★★

크기가 $1[\text{C}]$인 두 개의 같은 점 전하가 진공 중에서 서로 떨어진 상태에서 $9 \times 10^9[\text{N}]$의 힘이 작용할 때 이들 사이의 거리는 몇 [m]인가?

① 1　　　　② 2
③ 4　　　　④ 10

해설

쿨롱의 힘 $F = \dfrac{Q_1 Q_2}{4\pi\varepsilon_0 r^2}[\text{N}]$에서

$$r^2 = \dfrac{Q_1 Q_2}{4\pi\varepsilon_0 F}$$

∴ $r = \sqrt{\dfrac{Q_1 Q_2}{4\pi\varepsilon_0 F}} = \sqrt{9 \times 10^9 \times \dfrac{1 \times 1}{9 \times 10^9}} = 1[\text{m}]$

021　★★☆

진공 중에서 점 $(0, 1)[\text{m}]$의 위치에 $-2 \times 10^{-9}[\text{C}]$의 점 전하가 있을 때 점 $(2, 0)[\text{m}]$에 있는 $1[\text{C}]$의 점 전하에 작용하는 힘은 몇 [N]인가? (단 $\hat{x}$, $\hat{y}$는 단위벡터이다.)

① $-\dfrac{18}{3\sqrt{5}}\hat{x} + \dfrac{36}{3\sqrt{5}}\hat{y}$　　② $-\dfrac{36}{5\sqrt{5}}\hat{x} + \dfrac{18}{5\sqrt{5}}\hat{y}$
③ $-\dfrac{36}{3\sqrt{5}}\hat{x} + \dfrac{18}{3\sqrt{5}}\hat{y}$　　④ $\dfrac{36}{5\sqrt{5}}\hat{x} + \dfrac{18}{5\sqrt{5}}\hat{y}$

해설

- 두 점전하 사이의 거리 벡터
$$\dot{r} = (2-0)\hat{x} + (0-1)\hat{y} = 2\hat{x} - \hat{y}[\text{m}]$$
- 벡터의 크기
$$|\dot{r}| = \sqrt{2^2 + (-1)^2} = \sqrt{5}$$
- $1[\text{C}]$의 점 전하에 작용하는 힘
$$\dot{F} = 9 \times 10^9 \times \dfrac{Q_1 Q_2}{r^2} \times \dfrac{\dot{r}}{|\dot{r}|}$$
$$= 9 \times 10^9 \times \dfrac{-2 \times 10^{-9}}{(\sqrt{5})^2} \times \dfrac{(2\hat{x} - \hat{y})}{\sqrt{5}} = \dfrac{-36\hat{x} + 18\hat{y}}{5\sqrt{5}}[\text{N}]$$

| 정답 | 018 ③　019 ②　020 ①　021 ②

022 ★★☆

진공 중에서 점 $P(1, 2, 3)[m]$ 및 점 $Q(2, 0, 5)[m]$에 각각 $300[\mu C]$, $-100[\mu C]$인 점 전하가 놓여 있을 때 점 전하 $-100[\mu C]$에 작용하는 힘은 몇 $[N]$인가?

① $10i - 20j + 20k$
② $10i + 20j - 20k$
③ $-10i + 20j + 20k$
④ $-10i + 20j - 20k$

해설

- 두 점 사이의 거리 벡터
  $\dot{r} = (2-1)i + (0-2)j + (5-3)k = i - 2j + 2k$
- 벡터의 크기
  $|\dot{r}| = \sqrt{1^2 + (-2)^2 + 2^2} = 3$
- 점 전하에 작용하는 힘

$$\dot{F} = 9 \times 10^9 \times \frac{Q_1 Q_2}{r^2} \times \frac{\dot{r}}{|\dot{r}|}$$

$$= 9 \times 10^9 \times \frac{300 \times 10^{-6} \times (-100) \times 10^{-6}}{3^2} \times \frac{i - 2j + 2k}{3}$$

$$= -10i + 20j - 20k [N]$$

023 ★★☆

한 변의 길이가 $2[m]$가 되는 정삼각형 꼭짓점 A, B, C에 각각 $10^{-4}[C]$의 점 전하가 있다. 점 B에 작용하는 힘 $[N]$은 다음 중 어느 것인가?

① 29
② 39
③ 45
④ 49

해설

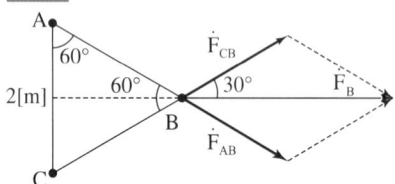

정삼각형 꼭짓점 B에 발생되는 힘은 꼭짓점 A 및 C의 전하량에 의한 힘의 벡터 합이다.

$\dot{F}_B = \dot{F}_{AB} + \dot{F}_{CB}$

그림과 같이 두 전하로부터의 힘은 크기는 같고 수직 성분은 상쇄되므로

$|\dot{F}_B| = F_{CB} \cos 30° \times 2$

$= 9 \times 10^9 \times \frac{10^{-4} \times 10^{-4}}{2^2} \times \frac{\sqrt{3}}{2} \times 2$

$\approx 39[N]$

THEME 03 전계(전장)의 세기

024 ★★★

점 전하에 의한 전계의 세기$[V/m]$를 나타내는 식은?(단, r은 거리, Q는 전하량, λ는 선 전하 밀도, σ는 표면 전하 밀도이다.)

① $\frac{1}{4\pi\varepsilon_0} \frac{Q}{r^2}$
② $\frac{1}{4\pi\varepsilon_0} \frac{\sigma}{r^2}$
③ $\frac{1}{2\pi\varepsilon_0} \frac{Q}{r^2}$
④ $\frac{1}{2\pi\varepsilon_0} \frac{\sigma}{r^2}$

해설

점 전하에 의한 전계의 세기
$E = \frac{Q}{4\pi\varepsilon_0 r^2} = \frac{1}{4\pi\varepsilon_0} \frac{Q}{r^2} [V/m]$

025 NEW

3개의 점 전하 $Q_1 = 3[C]$, $Q_2 = 1[C]$, $Q_3 = -3[C]$을 점 $P_1(1, 0, 0)$, $P_2(2, 0, 0)$, $P_3(3, 0, 0)$에 어떻게 놓으면 원점에서의 전계의 크기가 최대가 되는가?

① P_1에 Q_1, P_2에 Q_2, P_3에 Q_3
② P_1에 Q_2, P_2에 Q_3, P_3에 Q_1
③ P_1에 Q_3, P_2에 Q_1, P_3에 Q_2
④ P_1에 Q_3, P_2에 Q_2, P_3에 Q_1

| 정답 | 022 ④ 023 ② 024 ① 025 ①

해설

- 원점에서 정(+)전하에 의한 전계의 세기와 부(-)전하에 의한 전계의 세기 벡터 합은 방향이 반대이므로 일정 부분 상쇄된다.
- 원점에서 정(+)전하에 의한 전계의 세기가 최대가 되려면 가장 큰 정(+)전하를 원점 가까이에 배치한다.(P_1에 Q_1)
- 원점에서 부(-)전하에 의한 전계의 세기가 최소가 되려면 가장 큰 부(-)전하를 원점에서 멀리 배치한다.(P_3에 Q_3)

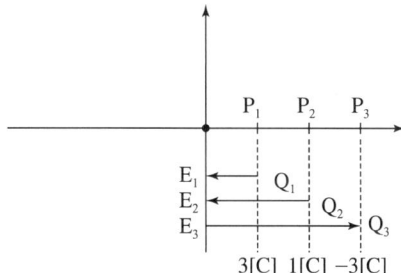

026 ★★☆

진공 내의 점 $(3, 0, 0)[\text{m}]$에 $4 \times 10^{-9}[\text{C}]$의 전하가 있다. 이때 점 $(6, 4, 0)[\text{m}]$의 전계의 크기는 약 몇 $[\text{V/m}]$이며, 전계의 방향을 표시하는 단위벡터는 어떻게 표시되는가?

① 전계의 크기: $\dfrac{36}{25}$, 단위벡터: $\dfrac{1}{5}(3a_x + 4a_y)$

② 전계의 크기: $\dfrac{36}{125}$, 단위벡터: $3a_x + 4a_y$

③ 전계의 크기: $\dfrac{36}{25}$, 단위벡터: $a_x + a_y$

④ 전계의 크기: $\dfrac{36}{125}$, 단위벡터: $\dfrac{1}{5}(a_x + a_y)$

해설

거리 벡터 $\dot{r} = (6-3)a_x + (4-0)a_y + (0-0)a_z = 3a_x + 4a_y$

벡터의 크기 $|\dot{r}| = \sqrt{3^2 + 4^2} = 5$

단위 벡터 $\dot{a_r} = \dfrac{\dot{r}}{|\dot{r}|} = \dfrac{1}{5}(3a_x + 4a_y)$

전계의 크기 $E = \dfrac{Q}{4\pi\varepsilon_0 r^2} = 9 \times 10^9 \times \dfrac{4 \times 10^{-9}}{5^2} = \dfrac{36}{25}[\text{V/m}]$

027 ★★☆

진공 내의 점 $(2, 2, 2)$에 $10^{-9}[\text{C}]$의 전하가 놓여 있다. 점 $(2, 5, 6)$에서의 전계 E는 약 몇 $[\text{V/m}]$인가?(단, a_y, a_z는 단위벡터이다.)

① $0.278a_y + 2.999a_z$
② $0.216a_y + 0.288a_z$
③ $0.288a_y + 0.216a_z$
④ $0.291a_y + 0.288a_z$

해설

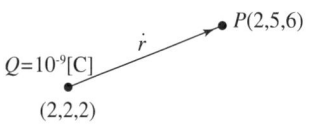

거리벡터
$\dot{r} = (2-2)a_x + (5-2)a_y + (6-2)a_z = 3a_y + 4a_z$

벡터의 크기
$|\dot{r}| = \sqrt{3^2 + 4^2} = 5$

전계(벡터)
$\dot{E} = \dfrac{Q}{4\pi\varepsilon_0 r^2} \times \dfrac{\dot{r}}{|\dot{r}|}$

$= 9 \times 10^9 \times \dfrac{10^{-9}}{5^2} \times \dfrac{1}{5}(3a_y + 4a_z)$

$= 0.216a_y + 0.288a_z \,[\text{V/m}]$

| 정답 | 026 ① 027 ②

028 ★★☆

두 점전하 q, $\frac{1}{2}q$가 a[m]만큼 떨어져 놓여 있다. 이 두 점전하를 연결하는 선상에서 전계의 세기가 영(0)이 되는 점은 q가 놓여 있는 점으로부터 얼마나 떨어진 곳인가?

① $\sqrt{2}a$
② $(2-\sqrt{2})a$
③ $\frac{\sqrt{3}}{2}a$
④ $\frac{(1+\sqrt{2})a}{2}$

해설

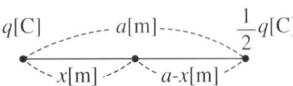

전하량이 같은 부호이므로 두 전하 사이에 전계가 0인 점이 존재한다.

$$\frac{q}{4\pi\varepsilon_0 x^2} = \frac{\frac{q}{2}}{4\pi\varepsilon_0 (a-x)^2}$$

$x^2 - 4ax + 2a^2 = 0$

$\therefore x = \frac{4a \pm \sqrt{(4a)^2 - 4 \times 2a^2}}{2} = (2\pm\sqrt{2})a$

전계의 세기가 0이 되는 지점은 두 전하 사이에 있으므로
$x = (2-\sqrt{2})a$[m]

029 ★★★

전계의 세기가 $1,500$[V/m]인 전장에 $5[\mu C]$의 전하를 놓았을 때 이 전하에 작용하는 힘은 몇 [N]인가?

① 4.5×10^{-3}
② 5.5×10^{-3}
③ 6.5×10^{-3}
④ 7.5×10^{-3}

해설

전하에 작용하는 힘
$F = QE = 5 \times 10^{-6} \times 1,500 = 7.5 \times 10^{-3}$[N]

030 ★☆☆

전하 e[C], 질량 m[kg]인 전자가 전계 E[V/m] 내에 놓여 있을 때 최초에 정지하고 있었다면 t초 후에 전자의 속도 [m/s]는?

① $\frac{meE}{t}$
② $\frac{me}{E}t$
③ $\frac{mE}{e}t$
④ $\frac{Ee}{m}t$

해설

전계 내의 전자는 등가속도 운동을 한다.
$v(t) = v_0 + at$ [m/s](단, v_0: 초기 속도, a: 가속도)
전자는 최초에 정지한 상태이므로 $v_0 = 0$이다.
따라서 전계에 의해 전하에 작용하는 힘은
$F = QE = eE = ma = m\frac{v}{t}$[N]

$\therefore v = \frac{eE}{m}t$[m/s]

031 ★★★

$\dot{E} = i + 2j + 3k$[V/cm]로 표시되는 전계가 있다. $0.02[\mu C]$의 전하를 원점으로부터 $\dot{r} = 3i$[m]로 움직이는 데 필요로 하는 일[J]은?

① 3×10^{-6}
② 6×10^{-6}
③ 3×10^{-8}
④ 6×10^{-8}

해설

전하를 옮기는 데 필요한 일
$W = \dot{F} \cdot \dot{r} = Q\dot{E} \cdot \dot{r}$
$= 0.02 \times 10^{-6} \times (i + 2j + 3k) \cdot (3 \times 10^2 i)$
$= 0.02 \times 10^{-6} \times 300 = 6 \times 10^{-6}$[J]

THEME 04 전기력선

032 ★★★
정전계에 대한 설명 중 틀린 것은?

① 도체에 주어진 전하는 도체 표면에만 분포한다.
② 중공 도체에 준 전하는 외부 표면에만 분포하고 내면에는 존재하지 않는다.
③ 단위 전하에서 나오는 전기력선의 수는 $\dfrac{1}{\varepsilon_0}$ 개다.
④ 전기력선은 전하가 없는 곳에서는 서로 교차한다.

해설 전기력선의 성질
- 전기력선은 반드시 정(+)전하에서 나와서 부(-)전하로 들어간다.
- 전기력선은 반드시 도체 표면에 수직으로 출입한다.
- 전기력선끼리는 서로 반발력이 작용하여 교차할 수 없다.
- 도체에 주어진 전하는 도체 표면에만 분포한다.(도체 내부에는 전하가 없어 전기력선이 존재하지 않는다.)
- 전기력선은 그 자신만으로는 폐곡선을 이룰 수 없다.
- 전기력선의 방향은 그 점의 전계의 방향과 일치한다.
- 전기력선의 밀도는 전계의 세기와 같다.
- 전기력선은 등전위면과 수직이다.
- 전기력선은 전위가 높은 곳에서 낮은 곳으로 향한다.
- $Q[C]$의 전하에서 나오는 전기력선의 개수는 $\dfrac{Q}{\varepsilon_0}$ 개이다.

033 NEW
정전계에서 도체에 정(+)의 전하를 주었을 때의 설명으로 틀린 것은?

① 도체 표면의 곡률 반지름이 작은 곳에 전하가 많이 분포한다.
② 도체 외측의 표면에만 전하가 분포한다.
③ 도체 표면에서 수직으로 전기력선이 출입한다.
④ 도체 내에 있는 공동면에도 전하가 골고루 분포한다.

해설
- 대전된 도체의 전하는 도체 표면에만 존재한다.
- 도체 내부에 전하는 존재하지 않는다.
- 도체의 표면과 내부의 전위는 동일하다.
- 도체면에서 전계의 세기는 도체 표면에 항상 수직이다.
- 도체 표면에서의 전하 밀도는 곡률이 클수록, 즉 곡률 반경이 작을수록 높다.

034 ★★★
도체의 성질에 대한 설명으로 틀린 것은?

① 도체 내부의 전계는 0이다.
② 전하는 도체 표면에만 존재한다.
③ 도체의 표면 및 내부의 전위는 등전위이다.
④ 도체 표면의 전하 밀도는 표면의 곡률이 큰 부분일수록 작다.

해설
- 대전된 도체의 전하는 도체 표면에만 존재한다.
- 도체 내부에 전하는 존재하지 않는다.
- 도체의 표면과 내부의 전위는 동일하다.
- 도체면에서 전계의 세기는 도체 표면에 항상 수직이다.
- 도체 표면에서의 전하 밀도는 곡률이 클수록, 즉 곡률 반경이 작을수록 높다.

035 ★★★
대전 도체 표면 전하 밀도는 도체 표면의 모양에 따라 어떻게 분포하는가?

① 표면 전하 밀도는 뾰족할수록 커진다.
② 표면 전하 밀도는 평면일 때 가장 크다.
③ 표면 전하 밀도는 곡률이 크면 작아진다.
④ 표면 전하 밀도는 표면의 모양과 무관하다.

해설
- 대전된 도체의 전하는 도체 표면에만 존재한다.
- 도체 내부에 전하는 존재하지 않는다.
- 도체의 표면과 내부의 전위는 동일하다.
- 도체면에서 전계의 세기는 도체 표면에 항상 수직이다.
- 도체 표면에서의 전하 밀도는 곡률이 클수록, 즉 곡률 반경이 작을수록 높다.

| 정답 | 032 ④　033 ④　034 ④　035 ①

036 ★★★
전기력선의 성질에 대한 설명으로 옳은 것은?

① 전기력선은 등전위면과 평행하다.
② 전기력선은 도체 표면과 직교한다.
③ 전기력선은 도체 내부에 존재할 수 있다.
④ 전기력선은 전위가 낮은 점에서 높은 점으로 향한다.

해설 전기력선의 성질
- 전기력선은 반드시 정(+)전하에서 나와서 부(-)전하로 들어간다.
- 전기력선은 반드시 도체 표면에 수직으로 출입한다.
- 전기력선끼리는 서로 반발력이 작용하여 교차할 수 없다.
- 도체에 주어진 전하는 도체 표면에만 분포한다.(도체 내부에는 전하가 없어 전기력선이 존재하지 않는다.)
- 전기력선은 그 자신만으로는 폐곡선을 이룰 수 없다.
- 전기력선의 방향은 그 점의 전계의 방향과 일치한다.
- 전기력선의 밀도는 전계의 세기와 같다.
- 전기력선은 등전위면과 수직이다.
- 전기력선은 전위가 높은 곳에서 낮은 곳으로 향한다.
- Q[C]의 전하에서 나오는 전기력선의 개수는 $\dfrac{Q}{\varepsilon_0}$개이다.

037 ★★★
전기력선의 기본 성질에 관한 설명으로 틀린 것은?

① 전기력선의 방향은 그 점의 전계의 방향과 일치한다.
② 전기력선은 전위가 높은 점에서 낮은 점으로 향한다.
③ 전기력선은 그 자신만으로도 폐곡선을 만든다.
④ 전계가 0이 아닌 곳에서는 전기력선은 도체 표면에 수직으로 만난다.

해설 전기력선의 성질
- 전기력선은 반드시 정(+)전하에서 나와서 부(-)전하로 들어간다.
- 전기력선은 반드시 도체 표면에 수직으로 출입한다.
- 전기력선끼리는 서로 반발력이 작용하여 교차할 수 없다.
- 도체에 주어진 전하는 도체 표면에만 분포한다.(도체 내부에는 전하가 없어 전기력선이 존재하지 않는다.)
- 전기력선은 그 자신만으로는 폐곡선을 이룰 수 없다.
- 전기력선의 방향은 그 점의 전계의 방향과 일치한다.
- 전기력선의 밀도는 전계의 세기와 같다.
- 전기력선은 등전위면과 수직이다.
- 전기력선은 전위가 높은 곳에서 낮은 곳으로 향한다.
- Q[C]의 전하에서 나오는 전기력선의 개수는 $\dfrac{Q}{\varepsilon_0}$개이다.

038 🆕
$\sum_{i=1}^{n} Q_i \cos\theta_i = C$(일정)이란 전기력선 방정식이 성립할 수 있는 조건 중 틀린 것은?

① 점전하 Q_i가 일직선상에 있어야 한다.
② 점전하 Q_i가 시간적으로 불변이어야 한다.
③ 상수 C는 주위 매질에 관계없이 일정하다.
④ 점전하의 주위 공간은 유전율이 같아야 한다.

해설
상수 C는 주위 매질에 따라 그 값이 변한다.

039 ★★☆
전계 $\dot{E} = \dfrac{2}{x}\hat{x} + \dfrac{2}{y}\hat{y}$[V/m]에서 점 (3, 5)[m]를 통과하는 전기력선의 방정식은?(단, $\hat{x}, \hat{y}$는 단위벡터이다.)

① $x^2 + y^2 = 12$
② $y^2 - x^2 = 12$
③ $x^2 + y^2 = 16$
④ $y^2 - x^2 = 16$

해설
전기력선 방정식
$$\dfrac{dx}{E_x} = \dfrac{dy}{E_y} \rightarrow \dfrac{dx}{\frac{2}{x}} = \dfrac{dy}{\frac{2}{y}}$$
위 식을 정리하면
$y\,dy = x\,dx$
위 식의 양변에 적분을 취하면
$$\int y\,dy = \int x\,dx$$
$\therefore \dfrac{y^2}{2} = \dfrac{x^2}{2} + C$ (C: 적분상수)
점 (3, 5)[m]를 통과하므로
$C = \dfrac{y^2 - x^2}{2} = \dfrac{25-9}{2} = \dfrac{16}{2} = 8$
따라서 전기력선 방정식은
$y^2 - x^2 = 16$

| 정답 | 036 ② 037 ③ 038 ③ 039 ④

040 ⓃⒺⓌ

도체 표면에서 전계 $\dot{E}=E_x a_x + E_y a_y + E_z a_z [\text{V/m}]$이고 도체면과 법선 방향인 미소길이 $dl = dx a_x + dy a_y + dz a_z [\text{m}]$일 때 다음 중 성립되는 식은?

① $E_x dx = E_y dy$ ② $E_y dz = E_z dy$
③ $E_x dy = -E_y dz$ ④ $E_y dy = E_z dz$

해설

전기력선의 방정식 $\dfrac{dx}{E_x} = \dfrac{dy}{E_y} = \dfrac{dz}{E_z}$ 이므로

$E_y dz = E_z dy$

041 ★★☆

전위 함수 $V = x^2 + y^2 [\text{V}]$일 때 점 $(3, 4)[\text{m}]$에서의 등전위선의 반지름은 몇 $[\text{m}]$이며, 전기력선 방정식은 어떻게 되는가?

① 등전위선의 반지름: 3, 전기력선 방정식: $y = \dfrac{4}{3}x$

② 등전위선의 반지름: 4, 전기력선 방정식: $y = \dfrac{4}{3}x$

③ 등전위선의 반지름: 5, 전기력선 방정식: $x = \dfrac{4}{3}y$

④ 등전위선의 반지름: 5, 전기력선 방정식: $x = \dfrac{3}{4}y$

해설

• 등전위선 반지름
  전위가 원의 방정식이므로 등전위선 방정식은 다음과 같다.
  $x^2 + y^2 = r^2$ (r: 등전위선 반지름)
  점 $(3, 4)$를 지나므로 $3^2 + 4^2 = 25 = r^2$ ∴ $r = 5$
• 벡터함수
  $\dot{E} = -\nabla V = -(2xi + 2yj)$
• 전기력선 방정식
  $\dfrac{dx}{E_x} = \dfrac{dy}{E_y}$ 이므로 $-\dfrac{dx}{2x} = -\dfrac{dy}{2y}$
  양변에 적분을 취하면
  $\ln y = \ln x + C' = \ln Cx$ ($C' = \ln C$: 적분상수)
  ∴ $y = Cx$
  점 $(3, 4)$를 지나므로 $C = \dfrac{4}{3}$
  ∴ $y = \dfrac{4}{3}x$

042 ★★☆

$E = xi - yj [\text{V/m}]$일 때 점 $(3, 4)[\text{m}]$를 통과하는 전기력선의 방정식은?

① $y = 12x$ ② $y = \dfrac{x}{12}$
③ $y = \dfrac{12}{x}$ ④ $y = \dfrac{3}{4}x$

해설

전기력선의 방정식

$\dfrac{dx}{E_x} = \dfrac{dy}{E_y}$

위 식에 문제에 주어진 조건을 대입하면

$\dfrac{dx}{x} = \dfrac{dy}{-y}$

위 식 양변을 적분하여 정리해 보면

$\int \dfrac{dx}{x} = -\int \dfrac{dy}{y}$

$\ln x = -\ln y + k$ (k: 적분 상수)

$\ln xy = k$

∴ $xy = e^k = k'$ (k': 상수)

따라서 문제에 주어진 ($x = 3, y = 4$)를 대입하면
$3 \times 4 = 12 = k'$

∴ $y = \dfrac{k'}{x} = \dfrac{12}{x}$

| 정답 | 040 ② 041 ④ 042 ③

043 ★☆☆

자유 공간 중에서 z축상에 $\rho_l = 2\pi\varepsilon_0 [\text{C/m}]$인 균일 선전하가 있을 때 전기력선의 방정식을 구하면?(단, c는 상수이다.)

① $y = cx$
② $y = cx^2$
③ $y^2 = cx$
④ $y = cx^3$

해설

선전하에 의한 전계

$$\dot{E} = \frac{\rho_l}{2\pi\varepsilon_0 r} a_r = \frac{\rho_l}{2\pi\varepsilon_0 \sqrt{x^2+y^2}} \times \frac{xi+yj}{\sqrt{x^2+y^2}}$$

$$= \frac{2\pi\varepsilon_0(xi+yj)}{2\pi\varepsilon_0(x^2+y^2)} = \frac{x}{x^2+y^2}i + \frac{y}{x^2+y^2}j [\text{V/m}]$$

전기력선의 방정식 $\frac{dx}{E_x} = \frac{dy}{E_y}$ 에 대입하면

$$\frac{dx}{\frac{x}{x^2+y^2}} = \frac{dy}{\frac{y}{x^2+y^2}}$$

양변에 $\frac{1}{x^2+y^2}$을 곱해 주면

$$\frac{dx}{x} = \frac{dy}{y}$$

위 식의 양변을 적분하여 정리해 보면

$$\int \frac{dx}{x} = \int \frac{dy}{y}$$

$\ln y = \ln x + c$

$\ln y - \ln x = c$

$\frac{y}{x} = c$

$\therefore y = cx$ (c: 상수)

THEME 05 전속 및 전속 밀도

044 ★★★

어떤 대전체가 진공 중에서 전속이 $Q[\text{C}]$이었다. 이 대전체를 비유전율 10인 유전체 속으로 가져갈 경우에 전속[C]은?

① Q
② $10Q$
③ $\frac{Q}{10}$
④ $10\varepsilon_0 Q$

해설

전속은 매질에 관계없이 일정하다. 그러므로 $\psi = Q$이다.

045 ★★☆

유전율이 ε인 유전체 중 전계의 세기가 E라고 한다면 전속 ψ를 나타낸 식으로 옳은 것은?

① $\varepsilon \int_s E \cdot dS$
② $\frac{1}{\varepsilon} \int_s E \cdot dS$
③ $\varepsilon \int_s div E \cdot dS$
④ $\frac{1}{\varepsilon} \int_s div E \cdot dS$

해설

- 유전체 내에서의 전속밀도
  $D = \varepsilon_0 \varepsilon_s E = \varepsilon E$

- 유전체 내에서의 전속
  ψ = 전속 밀도 × 전속 밀도과 통과하는 면적 $DS = \varepsilon \int_s E \cdot dS$

046 ★★★

유전체 중의 전계의 세기를 E, 유전율을 ε이라 하면 전기변위 $[\text{C/m}^2]$는?

① εE
② εE^2
③ $\frac{\varepsilon}{E}$
④ $\frac{E}{\varepsilon}$

해설

전속 밀도

$D = \varepsilon E [\text{C/m}^2]$

암기

전속 밀도를 전기 변위라고도 한다.

047 ★★☆

반지름이 $a[\text{m}]$인 도체구에 전하 $Q[\text{C}]$을 주었을 때, 구 중심에서 $r[\text{m}]$ 떨어진 구 외부$(r>a)$의 한 점에서의 전속밀도 $D[\text{C}/\text{m}^2]$는?

① $\dfrac{Q}{4\pi a^2}$ ② $\dfrac{Q}{4\pi r^2}$

③ $\dfrac{Q}{4\pi\varepsilon a^2}$ ④ $\dfrac{Q}{4\pi\varepsilon r^2}$

해설

전속은 반지름이 $r[\text{m}]$인 구면을 통하여 방사되므로 전속 밀도는
$D = \dfrac{\psi}{S} = \dfrac{Q}{S} = \dfrac{Q}{4\pi r^2}[\text{C}/\text{m}^2]$

048 ★★☆

정전계 내 도체 표면에서 전계의 세기가 $E = \dfrac{a_x - 2a_y + 2a_z}{\varepsilon_0}[\text{V}/\text{m}]$일 때 도체 표면상의 전하 밀도 $\rho_s[\text{C}/\text{m}^2]$를 구하면?(단, 자유공간이다.)

① 1 ② 2
③ 3 ④ 5

해설

- 도체 표면에서의 전계
  $E = \dfrac{\rho_s}{\varepsilon_0}[\text{V}/\text{m}]$
- 전하 밀도
  $\therefore \rho_s = \varepsilon_0 E_n = \varepsilon_0 \times \dfrac{\sqrt{1^2 + (-2)^2 + 2^2}}{\varepsilon_0} = 3[\text{C}/\text{m}^2]$

암기

전속 밀도 $D[\text{C}/\text{m}^2]$ = 전하 밀도 $\rho_s[\text{C}/\text{m}^2]$

THEME 06 가우스(Gauss)의 정리

049 ★★☆

가우스(Gauss)의 정리를 이용하여 구하는 것은?

① 자계의 세기 ② 전하 간의 힘
③ 전계의 세기 ④ 전위

해설

가우스 정리는 대칭적인 전하 분포일 경우에 전계의 세기를 구하는데 이용된다.

050 ★★★

폐곡면을 통하는 전속과 폐곡면 내부의 전하와의 상관 관계를 나타내는 법칙은?

① 가우스 법칙 ② 쿨롱 법칙
③ 포아송 법칙 ④ 라플라스 법칙

해설

가우스의 정리(법칙)

- 임의의 폐곡면 S를 관통하는 전기력선의 총수는 그 폐곡면 내에 존재하는 전하량 Q의 $\dfrac{1}{\varepsilon_0}$ 배와 같다.
- 가우스의 정리는 대칭적인 전하 분포(전하의 밀도 분포 균일)일 경우에 전계의 세기를 구하는 데 유용한 정리이다.

051 ★★★

점 전하에 의한 전계는 쿨롱의 법칙을 사용하면 되지만 분포되어 있는 전하에 의한 전계를 구할 때는 무엇을 이용하는가?

① 렌츠의 법칙
② 가우스의 정리
③ 라플라스의 방정식
④ 스토크스의 정리

해설

가우스의 정리
- 임의의 폐곡면 S를 관통하는 전기력선의 총수는 그 폐곡면 내에 존재하는 전하량 Q의 $\dfrac{1}{\varepsilon_0}$ 배와 같다.
- 가우스의 정리는 대칭적인 전하 분포(전하의 밀도 분포 균일)일 경우에 전계의 세기를 구하는 데 유용한 정리이다.

052 ★★★

진공 중에 놓인 $Q[\mathrm{C}]$의 전하에서 발생되는 전기력선의 수는?

① Q
② ε_0
③ $\dfrac{Q}{\varepsilon_0}$
④ $\dfrac{\varepsilon_0}{Q}$

해설

점전하로부터 반지름 $r[\mathrm{m}]$인 구의 표면을 통과하는 전기력선 수
$$N = \oint_s \dot{E} \cdot d\dot{s} = E \times S = \dfrac{Q}{4\pi\varepsilon_0 r^2} \times 4\pi r^2 = \dfrac{Q}{\varepsilon_0}$$

053 ★★☆

그림과 같이 도체구 내부 공동의 중심에 점전하 $Q[\mathrm{C}]$가 있을 때 이 도체구의 외부로 발산되어 나오는 전기력선의 수는?(단, 도체 내부의 공간은 진공이라 한다.)

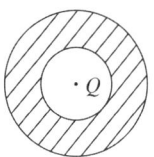

① 4π
② $\dfrac{Q}{\varepsilon_0}$
③ Q
④ $\varepsilon_0 Q$

해설

가우스의 정리
- 전기력선의 수 $N = \int_s \dot{E} \cdot d\dot{s} = \dfrac{Q}{\varepsilon_0}$
- 전속선의 수 $\psi = \oint_s \dot{D} \cdot d\dot{s} = Q$
- 전기력선의 수는 유전율과 반비례, 전속선의 수는 유전율과 무관한 성질을 가지고 있다.

054 ★★☆

다음 중 옳지 않은 것은?

① $V_p = \int_p^\infty E \cdot dl$
② $\dot{E} = -\mathrm{grad}\, V$
③ $\mathrm{grad}\, V = i\dfrac{\partial V}{\partial x} + j\dfrac{\partial V}{\partial y} + k\dfrac{\partial V}{\partial z}$
④ $\int_s \dot{E} \cdot d\dot{s} = Q$

해설

가우스의 정리
- 전기력선의 수 $N = \int_s \dot{E} \cdot d\dot{s} = \dfrac{Q}{\varepsilon_0}$
- 전속선의 수 $\psi = \oint_s \dot{D} \cdot d\dot{s} = Q$

055 ★☆☆

진공 중에서 선전하 밀도 $\rho_l = 6 \times 10^{-8} [\text{C/m}]$인 무한히 긴 직선상 선전하가 x축과 나란하고 $z = 2[\text{m}]$ 점을 지나고 있다. 이 선전하에 의하여 반지름 $5[\text{m}]$인 원점에 중심을 둔 구 표면 S_0를 통과하는 전기력선 수는 몇 개인가?

① 3.1×10^4
② 4.8×10^4
③ 5.5×10^4
④ 6.2×10^4

해설

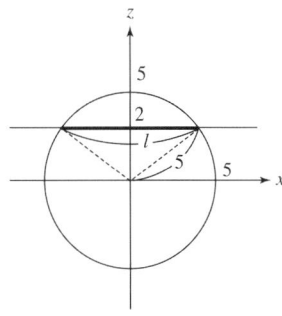

- 전기력선의 수는 전하를 진공의 유전율 ε_0로 나눈 것과 같다.
- 원점에서 z축으로 $2[\text{m}]$인 곳의 선전하의 길이
  $l = \sqrt{5^2 - 2^2} \times 2 = 2\sqrt{21}\,[\text{m}]$
- 반지름 $5[\text{m}]$인 구 표면 S_0를 통과하는 전기력선의 개수
  $N = \dfrac{Q}{\varepsilon_0} = \dfrac{\rho_l l}{\varepsilon_0} = \dfrac{6 \times 10^{-8} \times 2\sqrt{21}}{8.854 \times 10^{-12}} \fallingdotseq 6.2 \times 10^4$ 개

056 (NEW)

자유공간 내에서 전장이 $E = (\sin x\, a_x + \cos x\, a_y) e^{-y} [\text{V/m}]$로 주어졌을 때 전하 밀도 ρ는?

① 0
② e^{-y}
③ $\cos x \cdot e^{-y}$
④ $\sin x \cdot e^{-y}$

해설

$\text{div}\dot{E} = \dfrac{\rho}{\varepsilon_0}$ 이므로

$\rho = \varepsilon_0 \cdot \text{div}\dot{E} = \varepsilon_0 \left(\dfrac{\partial E_x}{\partial x} + \dfrac{\partial E_y}{\partial y} + \dfrac{\partial E_z}{\partial z} \right)$

$= \varepsilon_0 \left\{ \dfrac{\partial}{\partial x}(\sin x \cdot e^{-y}) + \dfrac{\partial}{\partial y}(\cos x \cdot e^{-y}) \right\}$

$= \varepsilon_0 (\cos x \cdot e^{-y} - \cos x \cdot e^{-y}) = 0$

THEME 07 여러 가지 도체 모양에서의 전계(전장)의 세기

057 ★★★

거리 r에 반비례하는 전계의 세기를 주는 대전체는?

① 점전하
② 구전하
③ 전기쌍극자
④ 선전하

해설

- 점전하에 의한 전계의 세기 $E = \dfrac{Q}{4\pi\varepsilon_0 r^2} [\text{V/m}]$
- 구전하에 의한 전계의 세기 $E = \dfrac{Q}{4\pi\varepsilon_0 r^2} [\text{V/m}]$
- 전기 쌍극자에 의한 전계의 세기 $E = \dfrac{M}{4\pi\varepsilon_0 r^3}\sqrt{1 + 3\cos^2\theta}\,[\text{V/m}]$
- 선전하에 의한 전계의 세기 $E = \dfrac{\rho_l}{2\pi\varepsilon_0 r}[\text{V/m}]$

058 ★★☆

공기 중에서 반지름 $0.03[\text{m}]$의 구도체에 줄 수 있는 최대 전하는 약 몇 $[\text{C}]$인가?(단, 이 구도체의 주위 공기에 대한 절연내력은 $5 \times 10^6[\text{V/m}]$이다.)

① 5×10^{-7}
② 2×10^{-6}
③ 5×10^{-5}
④ 2×10^{-4}

해설

- 도체구의 전계
  $E = \dfrac{Q}{4\pi\varepsilon_0 r^2}\,[\text{V/m}]$
- 절연내력을 견딜 수 있는 최대 전하량
  $Q = 4\pi\varepsilon_0 r^2 \times E$
  $= 4\pi \times \dfrac{1}{36\pi} \times 10^{-9} \times (0.03)^2 \times 5 \times 10^6$
  $= 5 \times 10^{-7}\,[\text{C}]$

| 정답 | 055 ④ 056 ① 057 ④ 058 ①

059 ★★☆

중공 도체의 중공부 내에 전하를 놓지 않으면 외부에서 준 전하는 외부 표면에만 분포한다. 이때 도체 내의 전계[V/m]는 얼마인가?

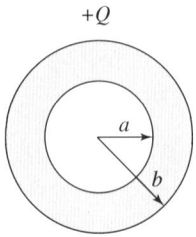

① 0
② $\dfrac{Q}{4\pi\varepsilon_0 a}$
③ $\dfrac{Q}{4\pi\varepsilon_0 b}$
④ $\dfrac{Q}{\varepsilon_0}$

해설
도체 내부에는 전하가 없으므로 전계의 세기는 0이다.

060 ★★★

무한장 직선 도체에 선전하 밀도 $\lambda[\text{C/m}]$의 전하가 분포되어 있는 경우, 이 직선 도체를 축으로 하는 반지름 $r[\text{m}]$의 원통 면상의 전계[V/m]는?

① $\dfrac{\lambda}{2\pi\varepsilon_0 r^2}$
② $\dfrac{\lambda}{2\pi\varepsilon_0 r}$
③ $\dfrac{\lambda}{4\pi\varepsilon_0 r^2}$
④ $\dfrac{\lambda}{4\pi\varepsilon_0 r}$

해설
- 무한 직선 도체 선전하 밀도가 $\lambda[\text{C/m}]$일 때 가우스 정리를 적용하면
$$\oint_s \dot{E}\cdot d\dot{s} = \dfrac{Q}{\varepsilon_0},\quad ES = \dfrac{\lambda l}{\varepsilon_0}$$
- $S = 2\pi r l[\text{m}^2]$이므로
 원통면상의 전계 $E = \dfrac{\lambda}{2\pi\varepsilon_0 r}[\text{V/m}]$

061 ★★★

z축상에 있는 무한히 긴 균일 선전하로부터 $2[\text{m}]$ 거리에 있는 점의 전계의 세기가 $1.8\times 10^4[\text{V/m}]$일 때의 선전하 밀도는 몇 $[\mu\text{C/m}]$인가?

① 2
② 2×10^{-6}
③ 20
④ 2×10^6

해설
무한장 직선 도체에 의한 전계의 세기 $E = \dfrac{\rho_l}{2\pi\varepsilon_0 r}[\text{V/m}]$에서
$$\rho_l = E\times 2\pi\varepsilon_0 r = 1.8\times 10^4 \times \dfrac{1}{18\times 10^9}\times 2$$
$$= 2\times 10^{-6}[\text{C/m}] = 2[\mu\text{C/m}]$$

암기
$$2\pi\varepsilon_0 = 2\pi\times \dfrac{1}{4\pi\times 9\times 10^9} = \dfrac{1}{18\times 10^9}$$

062 ★☆☆

진공 중에 선전하 밀도가 $\rho_l[\text{C/m}]$, 반경이 $a[\text{m}]$인 아주 긴 직선원통전하가 있다. 원통 중심축으로부터 $\dfrac{a}{2}[\text{m}]$인 거리에 있는 점의 전계의 세기는?(단, 도체 내부에 전하가 고르게 분포된 경우이다.)

① $\dfrac{\rho_l}{4\pi\varepsilon_0 a}[\text{V/m}]$
② $\dfrac{\rho_l}{2\pi\varepsilon_0 a}[\text{V/m}]$
③ $\dfrac{\rho_l}{\pi\varepsilon_0 a^2}[\text{V/m}]$
④ $\dfrac{\rho_l}{8\pi\varepsilon_0 a}[\text{V/m}]$

해설
원통 도체에 의한 전계 세기
- 도체 내부에서의 전계($r<a$)
$$E = \dfrac{\rho_l r}{2\pi\varepsilon_0 a^2}[\text{V/m}]$$
(가정: 도체 내부에 전하가 고르게 분포된 경우)
- 도체 외부에서의 전계($r>a$)
$$E = \dfrac{\rho_l}{2\pi\varepsilon_0 r}[\text{V/m}]$$

중심축으로부터 $\dfrac{a}{2}[\text{m}]$인 점은 도체 내부이므로
$$E = \dfrac{\rho_l r}{2\pi\varepsilon_0 a^2} = \dfrac{\rho_l \times \dfrac{a}{2}}{2\pi\varepsilon_0 a^2} = \dfrac{\rho_l}{4\pi\varepsilon_0 a}[\text{V/m}]$$

063 ★★☆

진공 중에 선전하 밀도 $+\lambda[\text{C/m}]$의 무한장 직선전하 A와 $-\lambda[\text{C/m}]$의 무한장 직선전하 B가 $d[\text{m}]$의 거리에 평행으로 놓여 있을 때, A에서 거리 $\frac{d}{3}[\text{m}]$ 되는 점의 전계의 크기는 몇 $[\text{V/m}]$인가?

① $\dfrac{3\lambda}{4\pi\varepsilon_0 d}$ ② $\dfrac{9\lambda}{4\pi\varepsilon_0 d}$

③ $\dfrac{3\lambda}{8\pi\varepsilon_0 d}$ ④ $\dfrac{9\lambda}{8\pi\varepsilon_0 d}$

해설

- 직선전하에 의한 전계의 세기
$$E = \frac{\lambda}{2\pi\varepsilon_0 d}[\text{V/m}]$$

- A에서 $\frac{d}{3}[\text{m}]$ 지점의 전계의 세기
$$E_1 = \frac{\lambda}{2\pi\varepsilon_0 \frac{d}{3}} = \frac{3\lambda}{2\pi\varepsilon_0 d}[\text{V/m}]$$

- B에서 $\frac{2d}{3}[\text{m}]$ 지점의 전계의 세기
$$E_2 = \frac{\lambda}{2\pi\varepsilon_0 \frac{2d}{3}} = \frac{3\lambda}{4\pi\varepsilon_0 d}[\text{V/m}]$$

- 전체 합성 전계
$$E = E_1 + E_2 = \frac{3\lambda}{2\pi\varepsilon_0 d} + \frac{3\lambda}{4\pi\varepsilon_0 d} = \frac{9\lambda}{4\pi\varepsilon_0 d}[\text{V/m}]$$

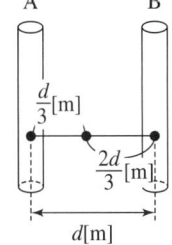

별해

$$E = \frac{\lambda}{2\pi\varepsilon_0}\left(\frac{1}{r_1} + \frac{1}{r_2}\right)[\text{V/m}]$$

$r_1 = \frac{d}{3}[\text{m}]$, $r_2 = \frac{2d}{3}[\text{m}]$이므로

$$E = \frac{\lambda}{2\pi\varepsilon_0}\left(\frac{1}{\frac{d}{3}} + \frac{1}{\frac{2d}{3}}\right)$$

$$= \frac{9\lambda}{4\pi\varepsilon_0 d}[\text{V/m}]$$

064 ★★☆

자유 공간 내에 밀도가 $10^{-9}[\text{C/m}]$인 균일한 선전하가 $x=4[\text{m}]$, $y=3[\text{m}]$인 무한장 선상에 있을 때 $(8, 6, 3)[\text{m}]$에서 전계 $\dot{E}[\text{V/m}]$는?

① $2.88a_x + 2.16a_y[\text{V/m}]$
② $2.16a_x + 2.88a_y[\text{V/m}]$
③ $2.88a_x - 2.16a_y[\text{V/m}]$
④ $2.16a_x - 2.88a_y[\text{V/m}]$

해설

무한 직선 도체는 z축과 평행하게 있으므로 a_z 성분은 무시한다.

$\dot{r} = (8-4)a_x + (6-3)a_y = 4a_x + 3a_y$

단위 벡터 $a_r = \dfrac{\dot{r}}{|\dot{r}|} = \dfrac{4a_x + 3a_y}{\sqrt{4^2 + 3^2}}$

전계
$$\dot{E} = \frac{\rho_l}{2\pi\varepsilon_0 r}a_r = 18 \times 10^9 \times \frac{\rho_l}{r} \times \frac{\dot{r}}{|\dot{r}|}$$

$$= 18 \times 10^9 \times \frac{10^{-9}}{\sqrt{4^2+3^2}} \times \frac{4a_x+3a_y}{\sqrt{4^2+3^2}}$$

$$= \frac{18}{5} \times \frac{4a_x+3a_y}{5} = 2.88a_x + 2.16a_y[\text{V/m}]$$

065 ★★★

진공 중에 균일하게 대전된 반지름 a[m]인 선 전하 밀도 λ_l[C/m]의 원환이 있을 때 그 중심으로부터 중심축상 x[m]의 거리에 있는 점의 전계의 세기는 몇 [V/m]인가?

① $\dfrac{a\lambda_l x}{2\varepsilon_0(a^2+x^2)^{\frac{3}{2}}}$
② $\dfrac{a\lambda_l x}{\varepsilon_0(a^2+x^2)^{\frac{3}{2}}}$
③ $\dfrac{\lambda_l x}{2\varepsilon_0(a^2+x^2)^{\frac{3}{2}}}$
④ $\dfrac{\lambda_l x}{\varepsilon_0(a^2+x^2)^{\frac{3}{2}}}$

해설

- 원환 미소 부분의 선 전하에 의한 중심축상 x[m] 인 곳의 전계의 세기

$$dE = \dfrac{\lambda_l dl}{4\pi\varepsilon_0 r^2}\,[\text{V/m}]$$

- x 방향의 전계의 세기는 다음과 같이 구한다.

$$dE_x = dE\cos\theta = dE \times \dfrac{x}{r} = \dfrac{\lambda_l dl\, x}{4\pi\varepsilon_0 r^3}\,[\text{V/m}]$$

따라서 x 방향의 전계의 세기는

$$E_x = \int_0^{2\pi a} \dfrac{\lambda_l x}{4\pi\varepsilon_0 r^3}\,dl = \dfrac{\lambda_l x}{4\pi\varepsilon_0 r^3}[l]_0^{2\pi a}$$

$$= \dfrac{\lambda_l a x}{2\varepsilon_0 r^3} = \dfrac{a\lambda_l x}{2\varepsilon_0(a^2+x^2)^{\frac{3}{2}}}\,[\text{V/m}]$$

066 ★★★

중심은 원점에 있고 반지름 a[m]인 원형 선도체가 $z=0$인 평면에 있다. 도체에 선 전하 밀도 ρ_l[C/m]가 분포되어 있을 때 $z=b$[m]인 점에서 전계 $\dot{E}$[V/m]는?(단, a_r, a_z는 원통 좌표계에서 r 및 z 방향의 단위 벡터이다.)

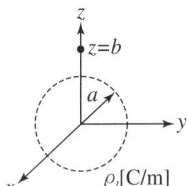

① $\dfrac{ab\rho_l}{2\pi\varepsilon_0(a^2+b^2)}a_z$
② $\dfrac{ab\rho_l}{4\pi\varepsilon_0(a^2+b^2)}a_z$
③ $\dfrac{ab\rho_l}{2\varepsilon_0(a^2+b^2)^{\frac{3}{2}}}a_z$
④ $\dfrac{ab\rho_l}{4\varepsilon_0(a^2+b^2)^{\frac{3}{2}}}a_z$

해설

- 원형 도체 중심에서 직각으로 r[m] 떨어진 지점의 전계 세기

$$E = \dfrac{ar\rho_l}{2\varepsilon_0(a^2+r^2)^{\frac{3}{2}}} = \dfrac{ab\rho_l}{2\varepsilon_0(a^2+b^2)^{\frac{3}{2}}}\,[\text{V/m}]$$

(단, ρ_l 또는 λ: 선 전하 밀도[C/m])

여기서, 전계의 방향은 z축(a_z) 방향이다.

067 ★★★

면 전하 밀도가 ρ_s[C/m²]인 무한히 넓은 도체판에서 R[m]만큼 떨어져 있는 점의 전계의 세기[V/m]는?

① $\dfrac{\rho_s}{\varepsilon_0}$
② $\dfrac{\rho_s}{2\varepsilon_0}$
③ $\dfrac{\rho_s}{2R}$
④ $\dfrac{\rho_s}{4\pi R^2}$

해설

- 무한 평면 도체에 의한 전계 세기

$$E = \dfrac{\rho_s}{2\varepsilon_0}\,[\text{V/m}]$$

- 2개의 무한 평면 도체에 의한 내부 전계 세기

$$E = \dfrac{\rho_s}{\varepsilon_0}\,[\text{V/m}]$$

암기

무한 평면 도체에 의한 전계의 세기는 거리와 관계없이 일정하다.

068 ★★★

전하 밀도 $\rho_s[\text{C/m}^2]$인 무한 판상 전하 분포에 의한 임의 점의 전장에 대하여 틀린 것은?

① 전장의 세기는 매질에 따라 변한다.
② 전장의 세기는 거리 r에 반비례한다.
③ 전장은 판에 수직 방향으로만 존재한다.
④ 전장의 세기는 전하 밀도 ρ_s에 비례한다.

해설

무한 평면 도체에 의한 전계 세기

$E = \dfrac{\rho_s}{2\varepsilon_0}[\text{V/m}]$

- 전장의 세기는 매질에 따라 변한다.
- 전장의 세기는 거리와 무관하다.
- 전장은 판에 수직 방향으로만 존재한다.
- 전장의 세기는 전하 밀도 ρ_s에 비례한다.

069 NEW

그림과 같이 진공 중에서 전하 밀도 $\pm\sigma[\text{C/m}^2]$의 무한 평면이 간격 $d[\text{m}]$로 떨어져 있다. $+\sigma$의 평면으로부터 $r[\text{m}]$ 떨어진 점 P에서의 전계의 세기$[\text{N/C}]$는?

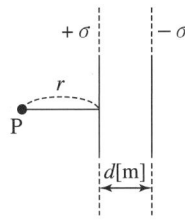

① 0
② $\dfrac{\sigma}{\varepsilon_0}$
③ $\dfrac{\sigma}{2\varepsilon_0}$
④ $\dfrac{\sigma}{2\varepsilon_0}\left(\dfrac{1}{r} - \dfrac{1}{r+d}\right)$

해설

2개의 무한 평면 도체에 의한 전계 세기

- 내부 전계 $E = \dfrac{\rho_s}{\varepsilon_0}[\text{V/m}]$
- 외부 전계 $E = 0[\text{V/m}]$

암기

$E[\text{V/m}] = \dfrac{F}{q}[\text{N/C}]$

070 ★★☆

자유 공간 중에서 점 $P(5, -2, 4)$가 도체면상에 있으며 이 점에서 전계 $\dot{E} = 6a_x - 2a_y + 3a_z[\text{V/m}]$이다. 점 P에서의 면전하 밀도 $\rho_s[\text{C/m}^2]$는?

① $-2\varepsilon_0[\text{C/m}^2]$
② $3\varepsilon_0[\text{C/m}^2]$
③ $6\varepsilon_0[\text{C/m}^2]$
④ $7\varepsilon_0[\text{C/m}^2]$

해설

- 임의 모양의 도체의 표면 전계 세기 $\dot{E} = \dfrac{\rho_s}{\varepsilon_0}[\text{V/m}]$

  점 $P(5, -2, 4)$는 도체표면상에 있으므로
- 점 P에서의 면전하 밀도
  $\rho_s = \varepsilon_0 |\dot{E}| = \varepsilon_0\sqrt{6^2+2^2+3^2} = \varepsilon_0\sqrt{49} = 7\varepsilon_0[\text{C/m}^2]$

THEME 08 전위 및 전위차

071 NEW

대전 도체 내부의 전위는?

① 0 전위이다.
② 표면전위와 같다.
③ 대지전위와 같다.
④ 무한대이다.

해설

대전 도체 내부는 전계가 없으므로 전위차가 발생하지 않는다. 따라서 내부의 전위는 표면전위와 같다.

072 NEW

그림과 같이 등전위면이 존재하는 경우 전계의 방향은?

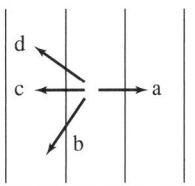

20[V] 30[V] 40[V] 50[V]

① a 방향
② b 방향
③ c 방향
④ d 방향

해설

- 전계는 전위가 높은 곳에서 낮은 곳으로 향한다.
- $\dot{E} = -\text{grad}\,V$ 이므로 가장 급격하게 전위가 변하는 등전위면에 수직 방향으로 전계가 형성된다.

073 ★★★

$30[\text{V/m}]$의 전계 내의 $80[\text{V}]$되는 점에서 $1[\text{C}]$의 전하를 전계 방향으로 $80[\text{cm}]$ 이동한 경우, 그 점의 전위$[\text{V}]$는?

① 9 ② 24 ③ 30 ④ 56

해설

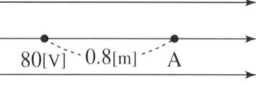

$80[\text{V}]$점을 기준으로 $0.8[\text{m}]$ 이동한 점까지 전위차
$V = Ed = 30 \times 0.8 = 24[\text{V}]$
∴ A점 전위 $V_A = 80 - 24 = 56[\text{V}]$

074 ★★☆

여러 가지 도체의 전하 분포에 있어서 각 도체의 전하를 n배 할 경우, 중첩의 원리가 성립하기 위해서 그 전위는 어떻게 되는가?

① $\frac{1}{2}n$이 된다. ② n배가 된다.

③ $2n$배가 된다. ④ n^2배가 된다.

해설

전위는 전하량에 비례하므로 도체의 전하를 n배 하면 전위도 n배가 된다.

075 ★★☆

반지름이 $1[\text{m}]$인 도체구에 최고로 줄 수 있는 전위는 몇 $[\text{kV}]$인가?(단, 주위 공기의 절연 내력은 $3 \times 10^6 [\text{V/m}]$이다.)

① 30 ② 300
③ 3,000 ④ 30,000

해설

절연 내력은 단위 두께당 절연 파괴 전압의 크기를 나타내며 전계와 같은 차원이다.
절연 내력 $G = E = \frac{V}{r}[\text{V/m}]$이므로
$V = Er = 3 \times 10^6 \times 1 = 3,000 \times 10^3 [\text{V}] = 3,000[\text{kV}]$

076 ★★★

어느 점전하에 의하여 생기는 전위를 처음 전위의 $\frac{1}{2}$이 되게 하려면 전하로부터의 거리를 어떻게 해야 하는가?

① $\frac{1}{2}$로 감소시킨다.

② 2배 증가시킨다.

③ $\frac{1}{\sqrt{2}}$로 감소시킨다.

④ $\sqrt{2}$배 증가시킨다.

해설

점 전하에 의한 전위 $V = \frac{Q}{4\pi\varepsilon r}[\text{V}]$

$V \propto \frac{1}{r}$이므로 처음 전위의 $\frac{1}{2}$이 되게 하려면 거리를 2배 증가시켜야 한다.

077 ★★☆

반지름 $r = 1[\text{m}]$인 도체구의 표면 전하 밀도가 $\frac{10^{-8}}{9\pi}[\text{C/m}^2]$이 되도록 하는 도체구의 전위는 몇 $[\text{V}]$인가?

① 10 ② 20
③ 40 ④ 80

해설

- 도체구 표면의 총 전하량
$Q = \rho[\text{C/m}^2] \times S[\text{m}^2] = \rho \times 4\pi r^2$
$= \frac{10^{-8}}{9\pi} \times 4\pi \times 1^2 = \frac{4}{9} \times 10^{-8}[\text{C}]$

- 도체구의 전위
$V = 9 \times 10^9 \times \frac{Q}{r}$
$= 9 \times 10^9 \times \frac{\frac{4}{9} \times 10^{-8}}{1} = 40[\text{V}]$

암기

$V = \frac{1}{4\pi\varepsilon_0} \times \frac{Q}{r} = 9 \times 10^9 \times \frac{Q}{r}[\text{V}]$

078 ★★☆

원점에 전하 $0.4[\mu C]$이 있을 때 두 점 $(4, 0, 0)[m]$와 $(0, 3, 0)[m]$간의 전위차 $[V]$는?

① 300　　② 150
③ 100　　④ 30

해설

원점에서 $(4, 0, 0)[m]$까지의 거리는 $4[m]$이므로 전위는
$$V_1 = \frac{Q_1}{4\pi\varepsilon_0 r_1} = 9\times 10^9 \times \frac{0.4\times 10^{-6}}{4} = 0.9\times 10^3 [V]$$
원점에서 $(0, 3, 0)[m]$까지의 거리는 $3[m]$이므로 전위는
$$V_2 = \frac{Q_2}{4\pi\varepsilon_0 r_2} = 9\times 10^9 \times \frac{0.4\times 10^{-6}}{3} = 1.2\times 10^3 [V]$$
두 점에서의 전위차
$$|V_1 - V_2| = |0.9\times 10^3 - 1.2\times 10^3| = 300[V]$$

별해

$$V = |V_1 - V_2| = \frac{Q}{4\pi\varepsilon_0}\left(\frac{1}{r_1} - \frac{1}{r_2}\right)$$
$$= \left|9\times 10^9 \times 0.4\times 10^{-6} \times \left(\frac{1}{4} - \frac{1}{3}\right)\right| = 300[V]$$

079 ★★★

한 변의 길이가 $\sqrt{2}[m]$인 정사각형의 4개 꼭짓점에 $+10^{-9}[C]$의 점 전하가 각각 있을 때 이 사각형의 중심에서의 전위$[V]$는?

① 0　　② 18
③ 36　　④ 72

해설

- 정사각형 꼭짓점에서 중심까지의 거리
  $r = 1[m]$
- 점 전하 1개에 의한 중심의 전위
  $$V_1 = 9\times 10^9 \times \frac{Q}{r} = 9\times 10^9 \times \frac{10^{-9}}{1} = 9[V]$$

따라서 정사각형 네 군데에 의한 중심의 총 전위는
$V = 4V_1 = 4\times 9 = 36[V]$

080 ★★★

그림과 같이 동심구에서 도체 A에 $Q[C]$을 줄 때 도체 A의 전위$[V]$는?(단, 도체 B의 전하는 0이다.)

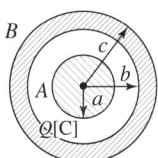

① $\dfrac{Q}{4\pi\varepsilon_0 C}$　　② $\dfrac{Q}{4\pi\varepsilon_0}\left(\dfrac{1}{a} - \dfrac{1}{b}\right)$

③ $\dfrac{Q}{4\pi\varepsilon_0}\left(\dfrac{1}{a} + \dfrac{1}{b}\right)$　　④ $\dfrac{Q}{4\pi\varepsilon_0}\left(\dfrac{1}{a} - \dfrac{1}{b} + \dfrac{1}{c}\right)$

해설

도체 A에 $Q[C]$을 주면 도체 B의 안쪽 표면에는 $-Q[C]$이, 바깥쪽 표면에는 $Q[C]$이 유도된다.
도체 내부에는 전계가 존재하지 않으므로, 전계가 존재하는 영역($\infty \sim c$, $b \sim a$)의 전위를 계산한다.
$$V_A = -\int_\infty^c E\cdot dr - \int_b^a E\cdot dr$$
$$= -\int_\infty^c \frac{Q}{4\pi\varepsilon_0 r^2} dr - \int_b^a \frac{Q}{4\pi\varepsilon_0 r^2} dr$$
$$= \frac{Q}{4\pi\varepsilon_0}\left(\frac{1}{c} - \frac{1}{b} + \frac{1}{a}\right) = \frac{Q}{4\pi\varepsilon_0}\left(\frac{1}{a} - \frac{1}{b} + \frac{1}{c}\right)[V]$$

081 ★☆☆

그림과 같이 공기 중 2개의 동심 구도체에서 내구 A에만 전하 Q를 주고 외구 B를 접지하였을 때 내구 A의 전위는?

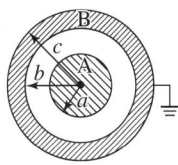

① $\dfrac{Q}{4\pi\varepsilon_0}\left(\dfrac{1}{a} - \dfrac{1}{b} + \dfrac{1}{c}\right)$　　② $\dfrac{Q}{4\pi\varepsilon_0}\left(\dfrac{1}{a} - \dfrac{1}{b}\right)$

③ $\dfrac{Q}{4\pi\varepsilon_0}\cdot\dfrac{1}{c}$　　④ 0

해설

외구 B를 접지하면 외구 B의 내부 및 외부에는 전계가 존재할 수 없으므로 내구 A에 형성되는 전위는 다음과 같다.
$$V = -\int_b^a \frac{Q}{4\pi\varepsilon_0 r^2} dr = \frac{Q}{4\pi\varepsilon_0}\left(\frac{1}{a} - \frac{1}{b}\right)[V]$$

| 정답 | 078 ① 　079 ③ 　080 ④ 　081 ②

082 ★★★

전위경도 V와 전계 $\dot{E}$ 의 관계식은?

① $\dot{E} = grad\ V$ ② $\dot{E} = div\ V$
③ $\dot{E} = -grad\ V$ ④ $\dot{E} = -div\ V$

해설

전계와 전위의 관계
$\dot{E} = -\nabla V = -grad\ V\,[\text{V/m}]$

084 ★★☆

점 전하에 의한 전위 함수가 $V = \dfrac{1}{x^2+y^2}[\text{V}]$일 때 $grad\ V$는?

① $-\dfrac{xi+jy}{(x^2+y^2)^2}$ ② $-\dfrac{2xi+2yj}{(x^2+y^2)^2}$
③ $-\dfrac{2xi}{(x^2+y^2)^2}$ ④ $-\dfrac{2yi}{(x^2+y^2)^2}$

해설

전위 경도
$grad\ V = \left(\dfrac{\partial}{\partial x}i + \dfrac{\partial}{\partial y}j + \dfrac{\partial}{\partial z}k\right)\left(\dfrac{1}{x^2+y^2}\right)$
$= \dfrac{\partial}{\partial x}\left(\dfrac{1}{x^2+y^2}\right)i + \dfrac{\partial}{\partial y}\left(\dfrac{1}{x^2+y^2}\right)j + \dfrac{\partial}{\partial z}\left(\dfrac{1}{x^2+y^2}\right)k$
$= -\dfrac{2xi}{(x^2+y^2)^2} - \dfrac{2yj}{(x^2+y^2)^2} = -\dfrac{2xi+2yj}{(x^2+y^2)^2}$

083 ★★☆

$V = x^2[\text{V}]$로 주어지는 전위 분포일 때 $x = 20[\text{cm}]$인 점의 전계는?

① $+x$ 방향으로 $40[\text{V/m}]$
② $-x$ 방향으로 $40[\text{V/m}]$
③ $+x$ 방향으로 $0.4[\text{V/m}]$
④ $-x$ 방향으로 $0.4[\text{V/m}]$

해설

$\dot{E} = -grad\ V = -\left(\dfrac{\partial}{\partial x}i + \dfrac{\partial}{\partial y}j + \dfrac{\partial}{\partial z}k\right)\cdot(x^2)$
$= -2xi = -2\times 0.2 a_x = -0.4 a_x[\text{V/m}]$

따라서 전계의 세기는 $0.4[\text{V/m}]$이고 방향은 $-x$ 방향이다.

085 NEW

그림에서 O점의 전위를 라플라스의 근사법에 의하여 구하면?

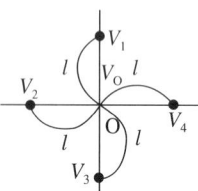

① $V_1 + V_2 + V_3 + V_4$
② $\dfrac{1}{2}(V_1 + V_2 + V_3 + V_4)$
③ $4(V_1 + V_2 + V_3 + V_4)$
④ $\dfrac{1}{4}(V_1 + V_2 + V_3 + V_4)$

해설

라플라스 근사법(반복법)
중심으로부터 같은 거리에 전위가 주어져 있는 경우 중심점의 전위 V_O
$V_O = \dfrac{V_1 + V_2 + V_3 + V_4}{4} = \dfrac{1}{4}(V_1 + V_2 + V_3 + V_4)[\text{V}]$

086

그림과 같이 P점에서 같은 거리에 있는 4개의 점의 전위를 측정하였더니 그림과 같이 나타났다고 하면 P점의 전위는 약 몇 [V]정도 되는가?

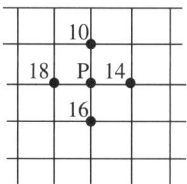

① 12.3
② 14.5
③ 16.9
④ 18.2

해설

라플라스 근사법(반복법)

$$V_P = \frac{1}{4}(V_1 + V_2 + V_3 + V_4)$$
$$= \frac{1}{4}(10+18+14+16) = 14.5[\text{V}]$$

087

그림과 같은 정방형판 단면의 격자점 ⑥의 전위를 반복법으로 구하면 약 몇 [V]인가?

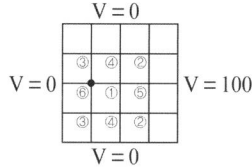

① 6.3
② 9.4
③ 18.8
④ 53.2

해설

라플라스 근사법
- ① 지점의 전위
$$V_1 = \frac{100+0+0+0}{4} = 25[\text{V}]$$
- ③ 지점의 전위
$$V_3 = \frac{25+0+0+0}{4} = 6.25[\text{V}]$$
- ⑥ 지점의 전위
$$V_6 = \frac{25+6.25+6.25+0}{4} \fallingdotseq 9.4[\text{V}]$$

THEME 09 포아송과 라플라스 방정식

088 ★★★

공간적 전하 분포를 갖는 유전체 중의 전계 E에 있어서, 전하밀도 ρ와 전하 분포 중의 한 점에 대한 전위 V와의 관계 중 전위를 생각하는 고찰점에 ρ의 전하 분포가 없다면 $\nabla^2 V = 0$이 된다는 것은?

① Laplace의 방정식
② Poisson의 방정식
③ Stokes의 정리
④ Thomson의 정리

해설

- 포아송(Poisson)의 방정식
$$\nabla^2 V = -\frac{\rho}{\varepsilon_0}$$
- 라플라스(Laplace)의 방정식
$$\nabla^2 V = 0 \text{(전하가 없는 경우)}$$

089 ★★★

다음 중 Poisson의 방정식은?

① $div \dot{E} = -\frac{\rho}{\varepsilon_0}$
② $\nabla^2 V = -\frac{\rho}{\varepsilon_0}$
③ $\dot{E} = -grad V$
④ $div \dot{E} = \varepsilon_0$

해설

- 포아송(Poisson)의 방정식
$$\nabla^2 V = -\frac{\rho}{\varepsilon_0}$$
- 라플라스(Laplace)의 방정식
$$\nabla^2 V = 0 \text{(전하가 없는 경우)}$$

090 ★★☆

진공(유전율 ε_0)의 전하 분포 공간 내에서 전위가 $V = x^2 + y^2$ [V]로 표시될 때, 전하 밀도는 몇 [C/m³]인가?

① $-4\varepsilon_0$
② $-\dfrac{4}{\varepsilon_0}$
③ $-2\varepsilon_0$
④ $-\dfrac{2}{\varepsilon_0}$

해설

포아송 방정식

$$\nabla^2 V = \frac{\partial^2 V}{\partial x^2} + \frac{\partial^2 V}{\partial y^2} + \frac{\partial^2 V}{\partial z^2}$$

$$= \frac{\partial^2(x^2+y^2)}{\partial x^2} + \frac{\partial^2(x^2+y^2)}{\partial y^2} + \frac{\partial^2(x^2+y^2)}{\partial z^2}$$

$$= 2 + 2 + 0 = 4 = -\frac{\rho}{\varepsilon_0}$$

$\therefore \rho = -4\varepsilon_0$ [C/m³]

091 NEW

두 장의 평행평면 도체판으로 만든 2극판 내에서 도체 간의 전위분포는 $V = V_0 \left(\dfrac{x}{d}\right)^{\frac{4}{3}}$ [V]으로 나타낼 수 있다. 판간 공간의 전하 밀도의 분포는 몇 [C/m³]인가?

① $-\dfrac{4}{9} \dfrac{\varepsilon_0 V_0}{d^2} \left(\dfrac{d}{x}\right)^{-\frac{2}{3}}$
② $-\dfrac{4}{9} \dfrac{\varepsilon_0 V_0}{d^2} \left(\dfrac{x}{d}\right)^{-\frac{2}{3}}$
③ $-\dfrac{4}{9} \dfrac{\varepsilon_0 V_0}{d^2} \left(\dfrac{d}{x}\right)^{\frac{1}{3}}$
④ $-\dfrac{4}{9} \dfrac{\varepsilon_0 V_0}{d^2} \left(\dfrac{x}{d}\right)^{\frac{1}{3}}$

해설

- 포아송 방정식

$$\nabla^2 V = \frac{\partial^2 V}{\partial x^2} + \frac{\partial^2 V}{\partial y^2} + \frac{\partial^2 V}{\partial z^2}$$

- 주어진 전위는 y와 z에 관한 요소가 없으므로

$$\nabla^2 V = \frac{\partial^2}{\partial x^2}\left[V_0\left(\frac{x}{d}\right)^{\frac{4}{3}}\right] = \frac{\partial}{\partial x}\left[\frac{4}{3d}V_0\left(\frac{x}{d}\right)^{\frac{1}{3}}\right]$$

$$= \frac{4}{9d^2}V_0\left(\frac{x}{d}\right)^{-\frac{2}{3}} = -\frac{\rho}{\varepsilon_0}$$

$\therefore \rho = -\dfrac{4}{9}\dfrac{\varepsilon_0 V_0}{d^2}\left(\dfrac{x}{d}\right)^{-\frac{2}{3}}$ [C/m³]

THEME 10 전기 쌍극자 및 전기 이중층

092 ★★☆

전기 쌍극자로부터 임의의 점의 거리가 r[m]이라 할 때, 전계의 세기는 r과 어떤 관계에 있는가?

① $\dfrac{1}{r}$에 비례
② $\dfrac{1}{r^2}$에 비례
③ $\dfrac{1}{r^3}$에 비례
④ $\dfrac{1}{r^4}$에 비례

해설

전기 쌍극자의 전계의 세기

$$E = \frac{M}{4\pi\varepsilon_0 r^3}\sqrt{1+3\cos^2\theta}\,[\text{V/m}]$$

따라서 전계의 세기는 $\dfrac{1}{r^3}$에 비례한다.

093 ★★☆

전기 쌍극자로부터 r[m]만큼 떨어진 점의 전위 크기 V[V]는 r[m]과 어떤 관계에 있는가?

① $V \propto r$
② $V \propto \dfrac{1}{r^3}$
③ $V \propto \dfrac{1}{r^2}$
④ $V \propto \dfrac{1}{r}$

해설

전기 쌍극자의 전위

$$V = \frac{M\cos\theta}{4\pi\varepsilon_0 r^2}\,[\text{V}]$$

따라서 전위는 $\dfrac{1}{r^2}$에 비례한다.

| 정답 | 090 ① 091 ② 092 ③ 093 ③

094 ★★☆

쌍극자 모멘트가 $M[\text{C}\cdot\text{m}]$인 전기쌍극자에 의한 임의의 점 P에서의 전계의 크기는 전기 쌍극자의 중심에서 축방향과 점 P를 잇는 선분 사이의 각이 얼마일 때 최대가 되는가?

① 0
② $\dfrac{\pi}{2}$
③ $\dfrac{\pi}{3}$
④ $\dfrac{\pi}{4}$

해설

전기 쌍극자의 전계의 세기 및 전위

$$E = \dfrac{M}{4\pi\varepsilon_0 r^3}\sqrt{1+3\cos^2\theta}\ [\text{V/m}]$$

$$V = \dfrac{M}{4\pi\varepsilon_0 r^2}\cos\theta\ [\text{V}]$$

- $\theta = 0°$일 때 E와 V는 최댓값을 가진다.
- $\theta = 90°$일 때 E와 V는 최솟값을 가진다.

095 ★★☆

반지름이 $a[\text{m}]$인 원판형 전기 이중층(세기 M)의 축상 $x[\text{m}]$ 거리에 있는 점 P(정전하 측)의 전위[V]는?

① $\dfrac{M}{2\varepsilon_0}\left(1-\dfrac{a}{\sqrt{x^2+a^2}}\right)$
② $\dfrac{M}{\varepsilon_0}\left(1-\dfrac{a}{\sqrt{x^2+a^2}}\right)$
③ $\dfrac{M}{2\varepsilon_0}\left(1-\dfrac{x}{\sqrt{x^2+a^2}}\right)$
④ $\dfrac{M}{\varepsilon_0}\left(1-\dfrac{x}{\sqrt{x^2+a^2}}\right)$

해설

전기 이중층의 전위

$$V = \dfrac{M}{4\pi\varepsilon_0}\omega$$
$$= \dfrac{M}{4\pi\varepsilon_0}\times 2\pi(1-\cos\theta)$$
$$= \dfrac{M}{2\varepsilon_0}\left(1-\dfrac{x}{\sqrt{x^2+a^2}}\right)[\text{V}]$$

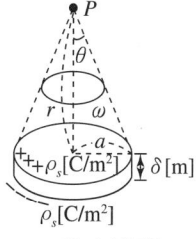

▲ 전기 이중층

암기

원뿔의 입체각
$$\omega = 2\pi(1-\cos\theta)$$
$$= 2\pi\left(1-\dfrac{x}{\sqrt{x^2+a^2}}\right)[\text{sr}]$$

096 NEW

진공 중에서 $+q[\text{C}]$과 $-q[\text{C}]$의 점 전하가 미소 거리 $a[\text{m}]$만큼 떨어져 있을 때 이 쌍극자가 P점에 만드는 전계[V/m]와 전위[V]의 크기는?

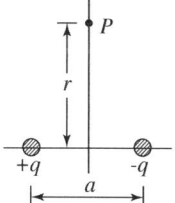

① $E = \dfrac{qa}{4\pi\varepsilon_0 r^2},\quad V = 0$
② $E = \dfrac{qa}{4\pi\varepsilon_0 r^3},\quad V = 0$
③ $E = \dfrac{qa}{4\pi\varepsilon_0 r^2},\quad V = \dfrac{qa}{4\pi\varepsilon_0 r}$
④ $E = \dfrac{qa}{4\pi\varepsilon_0 r^3},\quad V = \dfrac{qa}{4\pi\varepsilon_0 r^2}$

해설

전기 쌍극자의 전계 세기

$$E = \dfrac{M}{4\pi\varepsilon_0 r^3}\sqrt{1+3\cos^2\theta} = \dfrac{qa}{4\pi\varepsilon_0 r^3}\sqrt{1+3\cos^2 90°}$$
$$= \dfrac{qa}{4\pi\varepsilon_0 r^3}[\text{V/m}]$$

전기 쌍극자의 전위

$$V = \dfrac{M}{4\pi\varepsilon_0 r^2}\cos\theta = \dfrac{M}{4\pi\varepsilon_0 r^2}\cos 90° = 0[\text{V}]$$

진공 중의 도체계

1. 전위 계수, 용량 계수, 유도 계수
2. 정전 용량(Capacitance)
3. 정전 용량의 종류
4. 정전 용량 회로의 계산 방법
5. 저장 에너지

CBT 완벽대비 가능한 유형마스터 학습!

THEME	유형분석	관련 번호
THEME 01 전위 계수, 용량 계수, 유도 계수	전위, 용량, 유도 계수와 특성을 묻는 문제가 출제됩니다. 조건에 따른 계수의 특성을 확실하게 이해해야 합니다.	097~105
THEME 02 정전 용량 (Capacitance)	콘덴서의 성질과 정전 용량을 구하기 위한 간단한 개념을 묻는 문제가 등장합니다.	106~109
THEME 03 정전 용량의 종류	구 도체, 평행판, 무한 직선 등 여러 가지 도체의 정전 용량을 묻는 문제가 출제됩니다.	110~129
THEME 04 정전 용량 회로의 계산 방법	콘덴서의 병렬, 직렬 접속 시 정전 용량을 묻는 문제가 출제됩니다. 어렵지 않은 수준에서 문제가 나오는 편입니다.	130~138
THEME 05 저장 에너지	콘덴서 내 축적된 에너지 공식을 활용하는 문제가 나옵니다. 대부분은 정전 용량을 구한 뒤 그 값을 이용해야 풀 수 있습니다.	139~146

학습 효과를 높이는 N제 3회독 시스템

챕터별 전체 1회독이 끝났다면 회독 체크표에 날짜를 기입하고 체크표시를 해주세요.

회독 체크표	☐ 1회독	월 일	☐ 2회독	월 일	☐ 3회독	월 일

CHAPTER 03 진공 중의 도체계

THEME 01 전위 계수, 용량 계수, 유도 계수

097
전위계수의 단위는?

① [1/F]
② [C]
③ [C/V]
④ 없다.

해설

전위계수
$$P = \frac{V}{Q}[\text{V/C}] = \frac{V}{CV} = \frac{1}{C}[\text{1/F}]$$

098 ★★★
도체계의 전위 계수의 설명 중 옳지 않은 것은?

① $P_{rr} \geq P_{rs}$
② $P_{rr} < 0$
③ $P_{rs} \geq 0$
④ $P_{rs} = P_{sr}$

해설

전위계수의 성질
- $P_{rr} > 0$
- $P_{rr} \geq P_{rs}$
- $P_{rs} \geq 0$
- $P_{rs} = P_{sr}$

099 ★★☆
각각 $\pm Q[\text{C}]$로 대전된 두 개의 도체 간의 전위 차를 전위계수로 표시하면?(단, $P_{12} = P_{21}$이다.)

① $(P_{11} + P_{12} + P_{22})Q$
② $(P_{11} + P_{12} - P_{22})Q$
③ $(P_{11} - P_{12} + P_{22})Q$
④ $(P_{11} - 2P_{12} + P_{22})Q$

해설

- 도체 1, 2의 전위를 각각 V_1, V_2라 하면
  $Q_1 = Q[\text{C}]$, $Q_2 = -Q[\text{C}]$일 때
  $V_1 = P_{11}Q_1 + P_{12}Q_2 = P_{11}Q - P_{12}Q = (P_{11} - P_{12})Q[\text{V}]$
  $V_2 = P_{21}Q_1 + P_{22}Q_2 = P_{21}Q - P_{22}Q = (P_{21} - P_{22})Q[\text{V}]$
- 두 도체 간의 전위 차는
  $V = V_1 - V_2 = (P_{11} - P_{12})Q - (P_{21} - P_{22})Q$
  $= P_{11}Q - P_{12}Q - P_{21}Q + P_{22}Q$
  $= (P_{11} - 2P_{12} + P_{22})Q[\text{V}]$ ($\because P_{12} = P_{21}$)

| 정답 | 097 ① 098 ② 099 ④

100 ★★☆

도체 1을 Q가 되도록 대전시키고 여기에 도체 2를 접촉했을 때 도체 2가 얻는 전하를 전위 계수로 표시하면?(단, P_{11}, P_{12}, P_{21}, P_{22}는 전위 계수이다.)

① $\dfrac{Q}{P_{11}-2P_{12}+P_{22}}$ ② $\dfrac{(P_{11}-P_{12})Q}{P_{11}-2P_{12}+P_{22}}$

③ $\dfrac{(P_{11}P_{12}+P_{12})Q}{P_{11}+2P_{12}+P_{22}}$ ④ $\dfrac{(P_{11}-P_{12})Q}{P_{11}+2P_{12}+P_{22}}$

해설

- 전위 계수 방정식
  $V_1 = P_{11}Q_1 + P_{12}Q_2[\mathrm{V}]$
  $V_2 = P_{21}Q_1 + P_{22}Q_2[\mathrm{V}]$
- 두 도체를 접촉시켰으므로
  $V_1 = V_2[\mathrm{V}],\ Q_1 = Q - Q_2[\mathrm{C}]$
- 도체 2가 얻는 전하
  $P_{11}(Q-Q_2) + P_{12}Q_2 = P_{21}(Q-Q_2) + P_{22}Q_2$
  $(P_{11}-P_{12})Q = (P_{11}+P_{22}-2P_{12})Q_2\ (\because P_{12}=P_{21})$
  $\therefore Q_2 = \dfrac{(P_{11}-P_{12})Q}{P_{11}-2P_{12}+P_{22}}[\mathrm{C}]$

101 ★★☆

진공 중에 서로 떨어져 있는 두 도체 A, B가 있다. 도체 A에만 $1[\mathrm{C}]$의 전하를 줄 때, 도체 A, B의 전위가 각각 $3[\mathrm{V}]$, $2[\mathrm{V}]$이었다. 지금 도체 A, B에 각각 $1[\mathrm{C}]$과 $2[\mathrm{C}]$의 전하를 주면 도체 A의 전위는 몇 $[\mathrm{V}]$인가?

① 6 ② 7
③ 8 ④ 9

해설

도체 A, B 도체계에 대한 전위 계수 방정식은 다음과 같다.
$V_1 = P_{11}Q_1 + P_{12}Q_2[\mathrm{V}]$
$V_2 = P_{21}Q_1 + P_{22}Q_2[\mathrm{V}]$
도체 A에만 $1[\mathrm{C}]$ 전하를 주면 $Q_1 = 1[\mathrm{C}], Q_2 = 0$이므로
$V_1 = P_{11} \times 1 + P_{12} \times 0 = 3\ [\mathrm{V}]$
$V_2 = P_{21} \times 1 + P_{22} \times 0 = 2\ [\mathrm{V}]$
$\therefore P_{11} = 3,\ P_{21} = P_{12} = 2$
따라서 도체 A, B에 $Q_1 = 1[\mathrm{C}], Q_2 = 2[\mathrm{C}]$ 전하를 주면 도체 A의 전위는 다음과 같다.
$V_1 = P_{11}Q_1 + P_{12}Q_2 = 3 \times 1 + 2 \times 2 = 7[\mathrm{V}]$

102 ★★☆

도체계에서 각 도체의 전위를 V_1, V_2, …으로 하기 위한 각 도체의 유도 계수와 용량 계수에 대한 설명으로 옳은 것은?

① q_{11}, q_{22}, q_{33} 등을 유도 계수라 한다.
② q_{21}, q_{31}, q_{41} 등을 용량 계수라 한다.
③ 일반적으로 유도 계수는 0보다 작거나 같다.
④ 용량 계수와 유도 계수의 단위는 모두 $[\mathrm{V/C}]$이다.

해설

- 용량 계수 $q_{ii}(q_{11}, q_{22}, q_{33} \cdots) > 0$
  (자신의 전위를 $+1[\mathrm{V}]$로 하여야 하므로 항상 양의 값을 가진다.)
- 유도 계수 $q_{ij}(q_{12}, q_{21}, q_{13} \cdots) \leq 0$
  (유도전하는 항상 음의 전하만 나타나고 무한 거리에 떨어져 있을 경우 유도 계수는 0이다.)
  일반적으로 유도 계수는 0보다 작거나 같다.

103 ★★☆

용량 계수와 유도 계수의 설명 중 옳지 않은 것은?

① 유도 계수는 항상 0이거나 0보다 작다.
② 용량 계수는 항상 0보다 크다.
③ $q_{11} \geq -(q_{21}+q_{31}+\cdots q_{n1})$
④ 용량 계수와 유도 계수는 항상 0보다 크다.

해설

- 용량 계수 $q_{ii}(q_{11}, q_{22}, q_{33} \cdots) > 0$
  (자신의 전위를 $+1[\mathrm{V}]$로 하여야 하므로 항상 양의 값을 가진다.)
- 유도 계수 $q_{ij}(q_{12}, q_{21}, q_{13} \cdots) \leq 0$
  (유도전하는 항상 음의 전하만 나타나고 무한 거리에 떨어져 있을 경우 유도 계수는 0이다.)

104 ★★★

그림과 같이 도체 1을 도체 2로 포위하여 도체 2를 일정 전위로 유지하고 도체 1과 도체 2의 외측에 도체 3이 있을 때 용량 계수 및 유도 계수의 성질로 옳은 것은?

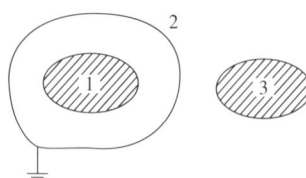

① $q_{23} = q_{11}$
② $q_{13} = -q_{11}$
③ $q_{31} = q_{11}$
④ $q_{21} = -q_{11}$

해설

- 용량 계수 $q_{ii}(q_{11}, q_{22}, q_{33} \cdots) > 0$
  (자신의 전위를 $+1[\mathrm{V}]$로 하여야 하므로 항상 양의 값을 가진다.)
- 유도 계수 $q_{ij}(q_{12}, q_{21}, q_{13} \cdots) \leq 0$
  (유도전하는 항상 음의 전하만 나타나고 무한 거리에 떨어져 있을 경우 유도 계수는 0이다.)

문제에서는 도체 2가 도체 1을 포위하고 있기 때문에 $q_{11} = -q_{12} = -q_{21}$을 만족한다.

105 NEW

$1[\mathrm{C}]$의 정전하를 각각 대전시켰을 때 도체 1의 전위는 $5[\mathrm{V}]$, 도체 2의 전위는 $12[\mathrm{V}]$로 되는 두 도체가 있다. 도체 1에만 $1[\mathrm{C}]$을 대전하였을 때 도체 2의 전위는 $0.5[\mathrm{V}]$로 되었다면 이 두 도체 간의 정전 용량$[\mathrm{F}]$은?

① 0.02
② 0.05
③ 0.07
④ 0.1

해설

$V_1 = P_{11}Q_1 + P_{12}Q_2 [\mathrm{V}]$ ······ ㉠
$V_2 = P_{21}Q_1 + P_{22}Q_2 [\mathrm{V}]$ ······ ㉡

- $Q_1 = Q_2 = 1[\mathrm{C}]$인 경우
  ㉠ 식: $V_1 = P_{11} + P_{12} = 5$ ······ ①
  ㉡ 식: $V_2 = P_{21} + P_{22} = 12$ ······ ②
- $Q_1 = 1[\mathrm{C}], Q_2 = 0[\mathrm{C}]$인 경우
  ㉡ 식: $V_2 = P_{21} = 0.5$ ······ ③

식 ①, ②, ③을 이용하여 전위 계수를 구하면
$P_{22} = 12 - P_{21} = 12 - 0.5 = 11.5$
$P_{12} = P_{21} = 5 - P_{11}$
$P_{11} = 5 - P_{12} = 5 - 0.5 = 4.5$

여기서, $V_1 - V_2 = (P_{11} - 2P_{12} + P_{22})Q$

- 두 도체 간의 정전 용량
$$C = \frac{Q}{V_1 - V_2} = \frac{Q}{P_{11} - 2P_{12} + P_{22}}$$
$$= \frac{1}{4.5 - 2 \times 0.5 + 11.5} = 0.07[\mathrm{F}]$$

THEME 02 정전 용량(Capacitance)

106 ★★☆
모든 전기 장치에 접지시키는 근본적인 이유는?

① 지구의 용량이 커서 전위가 거의 일정하기 때문이다.
② 편의상 지면을 무한대로 보기 때문이다.
③ 영상 전하를 이용하기 때문이다.
④ 지구는 전류를 잘 통하기 때문이다.

해설
모든 전기 장치를 접지시키는 근본적인 이유는 지구의 용량이 커서 전위가 거의 일정하기 때문에 지구에 접지시킨다.(편의상 지면의 전위를 0[V]로 취급한다.)

107 ★★★
콘덴서의 성질에 관한 설명으로 틀린 것은?

① 정전 용량이란 도체의 전위를 1[V]로 하는 데 필요한 전하량을 말한다.
② 용량이 같은 콘덴서를 n개 직렬 연결하면 내압은 n배, 용량은 $\frac{1}{n}$로 된다.
③ 용량이 같은 콘덴서를 n개 병렬 연결하면 내압은 같고 용량은 n배로 된다.
④ 콘덴서를 직렬 연결할 때 각 콘덴서에 분포되는 전하량은 콘덴서 크기에 비례한다.

해설
- 콘덴서를 직렬 연결 시 각 콘덴서에 충전되는 전하량은 같다.
- 용량이 같은 콘덴서를 n개 직렬 연결하면 내압은 n배, 용량은 $\frac{1}{n}$로 된다.
- 콘덴서를 병렬 연결 시 각 콘덴서에 걸리는 전압은 같다.
- 용량이 같은 콘덴서를 n개 병렬 연결하면 내압은 같고 용량은 n배로 된다.

108 ★★★
두 도체 사이에 $100[\text{V}]$의 전위를 가하는 순간 $700[\mu\text{C}]$의 전하가 축적되었을 때 이 두 도체 사이의 정전 용량은 몇 $[\mu\text{F}]$인가?

① 4　　② 5
③ 6　　④ 7

해설
정전 용량
$$C = \frac{Q}{V} = \frac{700 \times 10^{-6}}{100} = 7 \times 10^{-6}[\text{F}] = 7[\mu\text{F}]$$

109 ★☆☆
엘라스턴스(Elastance)란?

① $\frac{1}{\text{전위차} \times \text{전기량}}$　　② 전위차 × 전기량
③ $\frac{\text{전위차}}{\text{전기량}}$　　④ $\frac{\text{전기량}}{\text{전위차}}$

해설
엘라스턴스는 정전 용량의 역수를 의미한다.
$$l = \frac{1}{C} = \frac{1}{\frac{Q}{V}} = \frac{V}{Q} = \frac{\text{전위차}}{\text{전기량}}$$

| 정답 | 106 ① 107 ④ 108 ④ 109 ③

THEME 03 정전 용량의 종류

110 ★★★
공기 중에 있는 반지름 $a[\text{m}]$의 독립 금속구의 정전 용량은 몇 $[\text{F}]$인가?

① $2\pi\varepsilon_0 a$
② $4\pi\varepsilon_0 a$
③ $\dfrac{1}{2\pi\varepsilon_0 a}$
④ $\dfrac{1}{4\pi\varepsilon_0 a}$

해설
도체구의 정전 용량
$C = 4\pi\varepsilon_0 a[\text{F}]$

111 ★★★
공기 중에 있는 지름 $6[\text{cm}]$인 단일 도체구의 정전 용량은 몇 $[\text{pF}]$인가?

① 0.34
② 0.67
③ 3.34
④ 6.71

해설
도체구의 정전 용량
$C = 4\pi\varepsilon_0 a = 4\pi \times \dfrac{1}{4\pi \times 9 \times 10^9} \times 3 \times 10^{-2} = \dfrac{1}{3} \times 10^{-11}$
$= 3.33 \times 10^{-12}[\text{F}] \fallingdotseq 3.34[\text{pF}]$

112 ★★★
고립 도체구의 정전 용량이 $50[\text{pF}]$일 때 이 도체구의 반지름은 약 몇 $[\text{cm}]$인가?

① 5
② 25
③ 45
④ 85

해설
도체구의 정전 용량
$C = 4\pi\varepsilon_0 a[\text{F}]$
도체구의 반지름
$a = \dfrac{C}{4\pi\varepsilon_0} = 9 \times 10^9 \times 50 \times 10^{-12} = 450 \times 10^{-3}$
$= 0.45[\text{m}] = 45[\text{cm}]$

113 ★★☆
진공 중에서 멀리 떨어져 있는 반지름이 각각 $a_1[\text{m}]$, $a_2[\text{m}]$인 두 도체구를 $V_1[\text{V}]$, $V_2[\text{V}]$인 전위를 갖도록 대전시킨 후 가는 도선으로 연결할 때 연결 후의 공통 전위 $V[\text{V}]$는?

① $\dfrac{V_1}{a_1} + \dfrac{V_2}{a_2}$
② $\dfrac{V_1 + V_2}{a_1 a_2}$
③ $a_1 V_1 + a_2 V_2$
④ $\dfrac{a_1 V_1 + a_2 V_2}{a_1 + a_2}$

해설
반지름이 $a[\text{m}]$인 도체구의 정전 용량 $C = 4\pi\varepsilon a[\text{F}]$이므로
$C_1 = 4\pi\varepsilon a_1[\text{F}]$, $C_2 = 4\pi\varepsilon a_2[\text{F}]$
두 도체구를 병렬 연결할 경우
• 전체 전하량
$Q = C_1 V_1 + C_2 V_2 = 4\pi\varepsilon(a_1 V_1 + a_2 V_2)[\text{C}]$
• 전체 정전 용량
$C = C_1 + C_2 = 4\pi\varepsilon(a_1 + a_2)[\text{F}]$
$\therefore V = \dfrac{Q}{C} = \dfrac{4\pi\varepsilon(a_1 V_1 + a_2 V_2)}{4\pi\varepsilon(a_1 + a_2)} = \dfrac{a_1 V_1 + a_2 V_2}{a_1 + a_2}[\text{V}]$

암기
콘덴서 병렬 접속 시 합성 정전 용량
$C = C_1 + C_2[\text{F}]$

114 ★★☆
공기 중에서 $5[\text{V}]$, $10[\text{V}]$로 대전된 반지름 $2[\text{cm}]$, $4[\text{cm}]$의 2개의 구를 가는 철사로 접속 시 공통 전위는 몇 $[\text{V}]$인가?

① 6.25
② 7.5
③ 8.33
④ 10

해설
구 도체의 정전 용량 $C = 4\pi\varepsilon_0 r[\text{F}]$
가는 철사로 두 구 도체를 접속시키면 병렬 연결로 볼 수 있다.
$V = \dfrac{Q}{C} = \dfrac{Q_a + Q_b}{C_a + C_b} = \dfrac{C_a V_a + C_b V_b}{C_a + C_b}$
$= \dfrac{4\pi\varepsilon_0 a V_a + 4\pi\varepsilon_0 b V_b}{4\pi\varepsilon_0 a + 4\pi\varepsilon_0 b} = \dfrac{a V_a + b V_b}{a + b}$
$= \dfrac{2 \times 10^{-2} \times 5 + 4 \times 10^{-2} \times 10}{2 \times 10^{-2} + 4 \times 10^{-2}} = 8.33[\text{V}]$

115 ★★★

그림과 같이 내부 도체구 A에 $+Q[C]$, 외부 도체구 B에 $-Q[C]$를 부여한 동심 도체구 사이의 정전 용량 $C[F]$는?

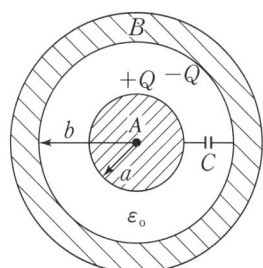

① $4\pi\varepsilon_o(b-a)$
② $\dfrac{4\pi\varepsilon_o ab}{b-a}$
③ $\dfrac{ab}{4\pi\varepsilon_o(b-a)}$
④ $4\pi\varepsilon_o\left(\dfrac{1}{a}-\dfrac{1}{b}\right)$

해설

- 도체구 사이($a<r<b$)의 전계

$$E=\dfrac{Q}{4\pi\varepsilon_0 r^2}[V/m]$$

- 도체구 사이의 전위

$$V_{ab}=-\int_b^a E\cdot dl=\dfrac{Q}{4\pi\varepsilon_0}\left(\dfrac{1}{a}-\dfrac{1}{b}\right)=\dfrac{Q}{4\pi\varepsilon_0}\times\dfrac{b-a}{ab}[V]$$

- 도체구 사이의 정전 용량

$$C=\dfrac{Q}{V_{ab}}=\dfrac{4\pi\varepsilon_0 ab}{b-a}[F]$$

116 ★★★

내구의 반지름이 $a[m]$, 외구의 반지름이 $b[m]$인 동심 구형 콘덴서에서 내구의 반지름과 외구의 반지름을 각각 $2a$, $2b$로 증가시키면 이 동심 구형 콘덴서의 정전 용량은 몇 배로 되는가?

① 1
② 2
③ 3
④ 4

해설

- 동심 구형 콘덴서의 정전 용량

$$C_0=\dfrac{4\pi\varepsilon_0 ab}{b-a}[F]$$

- 내구와 외구의 반지름을 2배로 증가시킨 콘덴서의 정전 용량

$$C=\dfrac{4\pi\varepsilon_0\times 2a\times 2b}{2b-2a}=\dfrac{4\pi\varepsilon_0\times 4ab}{2(b-a)}=2\times\dfrac{4\pi\varepsilon_0 ab}{b-a}=2C_0[F]$$

117 ★★★

내구의 반지름이 $6[cm]$, 외구의 반지름이 $8[cm]$인 동심구 콘덴서의 외구를 접지하고 내구에 전위 $1,800[V]$를 가했을 경우 내구에 충전된 전기량은 몇 $[C]$인가?

① 2.8×10^{-8}
② 3.8×10^{-8}
③ 4.8×10^{-8}
④ 5.8×10^{-8}

해설

- 외구를 접지하였을 때 동심 구 도체 정전 용량

$$C=\dfrac{4\pi\varepsilon_0 ab}{b-a}[F]$$

- 전위 $1,800[V]$를 가하였을 때 충전되는 전하량

$$Q=CV=\dfrac{4\pi\varepsilon_0 ab}{b-a}V$$

$$=\dfrac{\dfrac{1}{9\times 10^9}\times 0.06\times 0.08}{0.08-0.06}\times 1,800$$

$$=4.8\times 10^{-8}[C]$$

암기

- 내구를 접지하였을 때 동심 구 도체 정전 용량

$$C=\dfrac{4\pi\varepsilon_0 b^2}{b-a}[F]$$

- 외구를 접지하였을 때 동심 구 도체 정전 용량

$$C=\dfrac{4\pi\varepsilon_0 ab}{b-a}[F]$$

118 ★★☆

내구의 반지름이 $a=5[cm]$, 외구의 반지름이 $b=10[cm]$이고, 공기로 채워진 동심구형 커패시터의 정전용량은 약 몇 $[pF]$인가?

① 11.1
② 22.2
③ 33.3
④ 44.4

해설

동심 구 도체 정전용량

$$C=\dfrac{4\pi\varepsilon_0 ab}{b-a}=\dfrac{\dfrac{1}{9\times 10^9}\times(5\times 10^{-2}\times 10\times 10^{-2})}{10\times 10^{-2}-5\times 10^{-2}}$$

$$=\dfrac{1}{9\times 10^9}\times\dfrac{50\times 10^{-4}}{5\times 10^{-2}}≒11.1\times 10^{-12}[F]=11.1[pF]$$

119 ★★★

면적이 $S[\text{m}^2]$인 금속판 2매를 간격이 $d[\text{m}]$ 되게 공기 중에 나란하게 놓았을 때 두 도체 사이의 정전 용량[F]은?

① $\dfrac{\varepsilon_0 S}{d}$ ② $\dfrac{\varepsilon_0 d}{S}$

③ $\dfrac{\varepsilon_0 d}{S^2}$ ④ $\dfrac{\varepsilon_0 S^2}{d}$

해설

- 2개의 무한 평면 도체에 의한 전계의 세기
$$E = \dfrac{\rho_s}{\varepsilon_0}[\text{V/m}]$$
- 극판 사이의 전위차
$$V = Ed = \dfrac{\rho_s}{\varepsilon_0}d[\text{V}]$$
- 전하량 $Q =$ 전하 밀도 $\times$ 면적 $= \rho_s S[\text{C}]$이므로
정전 용량 $C = \dfrac{Q}{V} = \dfrac{\rho_s \times S}{\dfrac{\rho_s d}{\varepsilon_0}} = \dfrac{\varepsilon_0 S}{d}[\text{F}]$

120 ★★★

한 변이 $50[\text{cm}]$인 정사각형 전극을 가진 평행판 콘덴서가 있다. 이 극판 간격을 $5[\text{mm}]$로 할 때 정전 용량은 얼마인가? (단, 공기중인 경우를 가정하고 단말 효과는 무시한다.)

① $443[\text{pF}]$ ② $380[\mu\text{F}]$
③ $410[\mu\text{F}]$ ④ $0.5[\text{pF}]$

해설

평행판 콘덴서의 정전 용량
$$C = \dfrac{\varepsilon_0 S}{d} = \dfrac{8.854 \times 10^{-12} \times 0.5^2}{5 \times 10^{-3}} = 0.4427 \times 10^{-9}$$
$$\fallingdotseq 443 \times 10^{-12}[\text{F}] = 443[\text{pF}]$$

121 ★★★

정전 용량 $10[\mu\text{F}]$인 콘덴서의 양단에 $100[\text{V}]$의 일정 전압을 인가하고 있다. 이 콘덴서의 극판 간의 거리를 $\dfrac{1}{10}$로 변화시키면 콘덴서에 충전되는 전하량은 거리를 변화시키기 이전의 전하량에 비해 어떻게 되는가?

① 10배로 감소   ② 100배로 감소
③ 10배로 증가   ④ 100배로 증가

해설

- 원래의 전하량
$$Q_0 = C_0 V = \dfrac{\varepsilon_0 S}{d} V[\text{C}]$$
- 거리를 변화시켰을 때의 전하량
$$Q = CV = \dfrac{\varepsilon_0 S}{\dfrac{d}{10}} V = 10 C_0 V[\text{C}] 로서 10배가 된다.$$

122 ★★★

평행판 콘덴서 C_1의 양극판 면적을 $\dfrac{1}{3}$배로 하고 간격을 $\dfrac{1}{2}$배로 한 콘덴서의 정전 용량은?

① $\dfrac{3}{2}C_1$ ② $\dfrac{2}{3}C_1$
③ $\dfrac{1}{6}C_1$ ④ $6C_1$

해설

- 평행판 콘덴서의 정전 용량
$$C_1 = \dfrac{\varepsilon S}{d}[\text{F}]$$
- 정전 용량은 면적에 비례하고 길이(간격)에 반비례하므로
$$C' = \dfrac{\varepsilon S'}{d'} = \dfrac{\varepsilon \left(\dfrac{1}{3}S\right)}{\dfrac{1}{2}d} = \dfrac{2\varepsilon S}{3d} = \dfrac{2}{3}C_1[\text{F}]$$

| 정답 | 119 ① 120 ① 121 ③ 122 ②

123 ★★★

진공 중 반지름이 $a[\mathrm{m}]$인 원형 도체판 2매를 사용하여 극판 거리 $d[\mathrm{m}]$인 콘덴서를 만들었다. 만약 이 콘덴서의 극판 거리를 2배로 하고 정전 용량은 일정하게 하려면 이 도체판의 반지름 a는 얼마로 하면 되는가?

① $2a$　　　　② $\dfrac{1}{2}a$

③ $\sqrt{2}\,a$　　　　④ $\dfrac{1}{\sqrt{2}}a$

해설

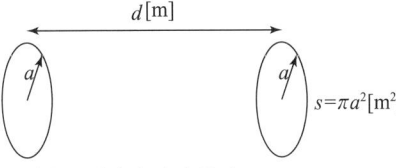

평행판 콘덴서의 정전 용량

$C = \dfrac{\varepsilon_0 S}{d} = \dfrac{\varepsilon_0 \pi a^2}{d}[\mathrm{F}]$

$C \propto \dfrac{a^2}{d}$ 이므로 극판 거리가 2배일 때 정전 용량을 일정하게 하는 반지름은 $\sqrt{2}\,a[\mathrm{m}]$이다.

124 ★☆☆

평행판 콘덴서에서 전극 간에 $V[\mathrm{V}]$의 전위 차를 가할 때 전계의 세기가 공기의 절연 내력 $E[\mathrm{V/m}]$를 넘지 않도록 하기 위한 콘덴서의 단위 면적당의 최대 용량은 몇 $[\mathrm{F/m^2}]$인가?

① $\dfrac{\varepsilon_0 V}{E}$　　　　② $\dfrac{\varepsilon_0 E}{V}$

③ $\dfrac{\varepsilon_0 V^2}{E}$　　　　④ $\dfrac{\varepsilon_0 E^2}{V}$

해설

- 평행판 콘덴서의 단위 면적당 정전 용량

  $C = \dfrac{\varepsilon_0 S}{d} \times \dfrac{1}{S} = \dfrac{\varepsilon_0}{d}\,[\mathrm{F/m^2}]$

- 전위

  $V = Ed = E \times \dfrac{\varepsilon_0}{C}\,[\mathrm{V}]$

따라서 평행판 콘덴서의 단위 면적당 정전 용량은 다음과 같이 표현할 수 있다.

$C = \dfrac{\varepsilon_0 E}{V}\,[\mathrm{F/m^2}]$

125 ★★★

그림과 같은 동축 케이블에 유전체가 채워졌을 때의 정전 용량$[\mathrm{F}]$은?(단, 유전체의 비유전율은 ε_s이고 내반지름과 외반지름은 각각 $a[\mathrm{m}]$, $b[\mathrm{m}]$이며 케이블의 길이는 $l[\mathrm{m}]$이다.)

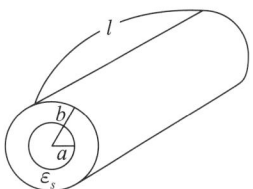

① $\dfrac{2\pi\varepsilon_s l}{\ln\dfrac{b}{a}}$　　　　② $\dfrac{2\pi\varepsilon_0\varepsilon_s l}{\ln\dfrac{b}{a}}$

③ $\dfrac{\pi\varepsilon_s l}{\ln\dfrac{b}{a}}$　　　　④ $\dfrac{\pi\varepsilon_0\varepsilon_s l}{\ln\dfrac{b}{a}}$

해설

- 동축 케이블 단위 길이당 정전 용량

  $C = \dfrac{2\pi\varepsilon}{\ln\dfrac{b}{a}}\,[\mathrm{F/m}]$

- 전체 정전 용량

  $C = \dfrac{2\pi\varepsilon l}{\ln\dfrac{b}{a}} = \dfrac{2\pi\varepsilon_0\varepsilon_s l}{\ln\dfrac{b}{a}}\,[\mathrm{F}]$

| 정답 | 123 ③　124 ②　125 ②

126 ★★★

내부 원통의 반지름이 a, 외부 원통의 반지름이 b인 동축 원통 콘덴서의 내외 원통 사이에 공기를 넣었을 때 정전 용량이 C_1이었다. 내외 반지름을 모두 3배로 증가시키고 공기 대신 비유전율이 3인 유전체를 넣었을 경우의 정전 용량 C_2는?

① $C_2 = \dfrac{C_1}{9}$ ② $C_2 = \dfrac{C_1}{3}$

③ $C_2 = 3C_1$ ④ $C_2 = 9C_1$

해설

- 길이 $l[\mathrm{m}]$인 공기 중 동축 원통의 정전 용량

$$C_1 = \frac{2\pi\varepsilon_0 l}{\ln\dfrac{b}{a}}[\mathrm{F}]$$

- 내외 반지름을 3배로 증가시키고 비유전율이 3인 유전체를 넣었을 경우 정전 용량

$$C_2 = \frac{2\pi\varepsilon_0 \times 3 \times l}{\ln\dfrac{3b}{3a}} = 3 \times \frac{2\pi\varepsilon_0 l}{\ln\dfrac{b}{a}} = 3C_1[\mathrm{F}]$$

127 ★★★

반지름 $a[\mathrm{m}]$인 두 개의 무한장 도선이 $d[\mathrm{m}]$의 간격으로 평행하게 놓여 있을 때 $a \ll d$인 경우 단위 길이당 정전 용량 $[\mathrm{F/m}]$은?

① $\dfrac{2\pi\varepsilon_0}{\ln\dfrac{d}{a}}$ ② $\dfrac{\pi\varepsilon_0}{\ln\dfrac{d}{a}}$

③ $\dfrac{4\pi\varepsilon_0}{\dfrac{1}{a} - \dfrac{1}{d}}$ ④ $\dfrac{2\pi\varepsilon_0}{\dfrac{1}{a} - \dfrac{1}{d}}$

해설

- 평행 도선의 단위 길이당 정전 용량

$$C = \frac{\pi\varepsilon_0}{\ln\dfrac{d-a}{a}}[\mathrm{F/m}]$$

- $d \gg a$일 때

$$C = \frac{\pi\varepsilon_0}{\ln\dfrac{d}{a}}[\mathrm{F/m}]$$

128 ★★☆

도선의 반지름이 $a[\mathrm{m}]$이고, 두 도선 중심간의 간격이 $d[\mathrm{m}]$인 평행 2선 선로의 정전 용량에 대한 설명으로 옳은 것은? (단, $d \gg a$이다.)

① 정전 용량 C는 $\ln\dfrac{d}{a}$에 직접 비례한다.

② 정전 용량 C는 $\ln\dfrac{d}{a}$에 반비례한다.

③ 정전 용량 C는 $\ln\dfrac{a}{d}$에 직접 비례한다.

④ 정전 용량 C는 $\ln\dfrac{a}{d}$에 반비례한다.

해설

평행 도선의 단위 길이당 정전 용량

$$C = \frac{\pi\varepsilon_0}{\ln\dfrac{d-a}{a}} \fallingdotseq \frac{\pi\varepsilon_0}{\ln\dfrac{d}{a}}[\mathrm{F/m}] \text{ (단, } d \gg a\text{)}$$

$$\therefore C \propto \frac{1}{\ln\dfrac{d}{a}}$$

129 ★★★

그림과 같이 반지름 $a[\mathrm{m}]$, 중심 간격 $d[\mathrm{m}]$, A에 $+\lambda[\mathrm{C/m}]$, B에 $-\lambda[\mathrm{C/m}]$의 평행 원통 도체가 있다. $d \gg a$라 할 때의 단위 길이당 정전 용량은 약 몇 $[\mathrm{F/m}]$인가?

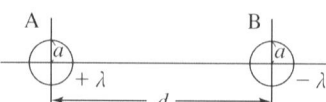

① $\dfrac{2\pi\varepsilon_o}{\ln\dfrac{a}{d}}$ ② $\dfrac{\pi\varepsilon_o}{\ln\dfrac{a}{d}}$

③ $\dfrac{2\pi\varepsilon_o}{\ln\dfrac{d}{a}}$ ④ $\dfrac{\pi\varepsilon_o}{\ln\dfrac{d}{a}}$

해설

평행도선의 단위 길이당 정전 용량

$$C = \frac{\pi\varepsilon_0}{\ln\dfrac{d-a}{a}}[\mathrm{F/m}]$$

$d \gg a$일 때

$$C = \frac{\pi\varepsilon_0}{\ln\dfrac{d}{a}}[\mathrm{F/m}]$$

THEME 04 정전 용량 회로의 계산 방법

130 ★★★
동일 용량 $C[\mu F]$의 커패시터 n개를 병렬로 연결하였다면 합성 정전 용량$[\mu F]$은 얼마인가?

① $n^2 C$
② nC
③ $\dfrac{C}{n}$
④ C

해설
동일 용량 콘덴서 n개의 연결 방식별 정전 용량
- 직렬 연결 시
$$\dfrac{1}{C_{직렬}} = \dfrac{1}{C} + \dfrac{1}{C} + \dfrac{1}{C} \cdots = \dfrac{n}{C}$$
$$C_{직렬} = \dfrac{C}{n}[F]$$
- 병렬 연결 시
$$C_{병렬} = C + C + C + \cdots = nC[F]$$

131 NEW
전압 $V[V]$로 충전된 용량 $C[F]$의 콘덴서에 동일 용량 $2C[F]$의 콘덴서를 병렬 연결한 후의 단자 전압$[V]$은?

① $3V$
② $2V$
③ $\dfrac{V}{2}$
④ $\dfrac{V}{3}$

해설
병렬 합성 정전 용량
$C' = C + 2C = 3C[F]$
콘덴서에 충전된 전하량은 $Q = CV[C]$로 콘덴서를 병렬 합성하여도 총 전하량은 변함이 없다.
따라서 콘덴서 병렬 접속 후 단자 전압
$$V' = \dfrac{Q}{C'} = \dfrac{Q}{3C} = \dfrac{V}{3}[V]$$

132 ★★☆
정전 용량이 각각 $C_1 = 1[\mu F]$, $C_2 = 2[\mu F]$인 도체에 전하 $Q_1 = -5[\mu C]$, $Q_2 = 2[\mu C]$을 각각 주고 각 도체를 가는 철사로 연결하였을 때 C_1에서 C_2로 이동하는 전하 $Q[\mu C]$는?

① -4
② -3.5
③ -3
④ -1.5

해설
콘덴서를 병렬로 연결할 경우, 정전 용량에 비례하며 전하량이 분배된다.
- 병렬 연결 시 콘덴서 내 총 전하량
$Q = -5 + 2 = -3[\mu C]$
- 각 콘덴서에 분배되어 저장되는 전하량
$$Q_1 = \dfrac{C_1}{C_1 + C_2} Q = \dfrac{1}{1+2} \times (-3) = -1[\mu C]$$
$$Q_2 = \dfrac{C_2}{C_1 + C_2} Q = \dfrac{2}{1+2} \times (-3) = -2[\mu C]$$
C_2 콘덴서에 처음 저장된 전하량이 $2[\mu C]$이었으므로 $-2[\mu C]$가 되기 위해서는 $-4[\mu C]$ 크기의 전하량이 이동하여야 한다.

133 ★★★
콘덴서를 그림과 같이 접속했을 때 C_x의 정전 용량은 몇 $[\mu F]$인가?(단, $C_1 = C_2 = C_3 = 3[\mu F]$이고, $a-b$ 사이의 합성 정전 용량은 $5[\mu F]$이다.)

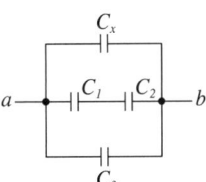

① 0.5
② 1
③ 2
④ 4

해설
- C_1, C_2 직렬 합성 정전 용량
$$C_{12} = \dfrac{C_1 \times C_2}{C_1 + C_2} = \dfrac{3 \times 3}{3 + 3} = 1.5[\mu F]$$
- C_{12}, C_3 병렬 합성 정전 용량
$C_{123} = 1.5 + 3 = 4.5[\mu F]$
- 콘덴서 C_x의 정전 용량 값
$C_x = C - C_{123} = 5 - 4.5 = 0.5[\mu F]$

134

그림에서 a, b간의 콘덴서의 합성 용량은?

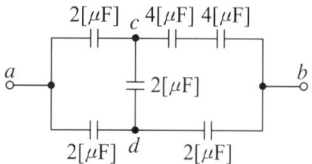

① $2[\mu F]$
② $4[\mu F]$
③ $6[\mu F]$
④ $8[\mu F]$

해설

$4[\mu F]$ 콘덴서 2개가 직렬로 연결된 부분을 등가 용량으로 교체하면 다음과 같다.

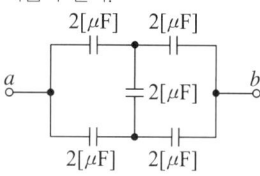

위의 등가 회로는 브리지 평형을 만족하므로 가운데 $2[\mu F]$는 생략이 가능하다.
따라서 a, b 간 합성 정전 용량은
$C = \dfrac{2 \times 2}{2+2} + \dfrac{2 \times 2}{2+2} = 1+1 = 2[\mu F]$

135 ★★☆

두 개의 콘덴서를 직렬 접속하고 직류 전압을 인가 시 설명으로 옳지 않은 것은?

① 정전 용량이 작은 콘덴서에 전압이 많이 걸린다.
② 합성 정전 용량은 각 콘덴서의 정전 용량의 합과 같다.
③ 합성 정전 용량은 각 콘덴서의 정전 용량보다 작아진다.
④ 각 콘덴서의 두 전극에 정전 유도에 의하여 정·부의 동일한 전하가 나타나고 전하량은 일정하다.

해설

① 콘덴서를 직렬 접속한 경우 콘덴서의 전하량 $Q[C]$는 일정하고 $Q = CV[C]$에 의해 정전 용량이 작은 콘덴서가 전압이 많이 걸린다.
② 직렬 접속 시 합성 정전 용량은 $C_{eq} = \dfrac{C_1 \times C_2}{C_1 + C_2}[F]$이므로 각 콘덴서의 정전 용량의 합과 같지 않다.
③ 직렬 접속 시 합성 정전 용량은 각 콘덴서의 정전 용량보다 작아진다.
④ 각 콘덴서의 두 전극에 정전 유도에 의해 정·부의 동일한 전하가 나타나고 전하량은 일정하다.

136 ★★☆

내압이 $2.0[kV]$이고 정전 용량이 각각 $0.01[\mu F]$, $0.02[\mu F]$, $0.04[\mu F]$인 3개의 커패시터를 직렬로 연결했을 때 전체 내압은 몇 $[V]$인가?

① 1,750
② 2,000
③ 3,500
④ 4,000

해설

콘덴서를 직렬 연결할 경우 충전되는 전하량 $Q[C]$는 동일하고 각 콘덴서에 걸리는 전압은 $V = \dfrac{Q}{C}[V]$이므로 정전 용량 $C[F]$에 반비례한다.
콘덴서에 걸리는 전압을 $V_1[V]$, $V_2[V]$, $V_3[V]$라 하면
$V_1 : V_2 : V_3 = \dfrac{1}{0.01} : \dfrac{1}{0.02} : \dfrac{1}{0.04} = 4 : 2 : 1$
V_1의 최대 내압이 $2.0[kV]$이므로
전체 내압 $V_1 + V_2 + V_3 = V_1 + \dfrac{1}{2}V_1 + \dfrac{1}{4}V_1 = \dfrac{7}{4}V_1 = 3,500[V]$

137 ★★★

$2[\mu F]$, $3[\mu F]$, $4[\mu F]$의 커패시터를 직렬로 연결하고 양단에 가한 전압을 서서히 상승시킬 때의 현상으로 옳은 것은? (단, 유전체의 재질 및 두께는 같다고 한다.)

① $2[\mu F]$의 커패시터가 제일 먼저 파괴된다.
② $3[\mu F]$의 커패시터가 제일 먼저 파괴된다.
③ $4[\mu F]$의 커패시터가 제일 먼저 파괴된다.
④ 3개의 커패시터가 동시에 파괴된다.

해설

콘덴서를 직렬 연결할 경우 충전되는 전하량 $Q[C]$는 동일하고 각 콘덴서에 걸리는 전압은 $V = \dfrac{Q}{C}[V]$이므로 정전 용량 $C[F]$에 반비례한다. 따라서 동일 재질로 만들어진 콘덴서는 내압이 같으므로 용량이 작은 $2[\mu F]$ 콘덴서부터 파괴된다.

138 ★★★

내압 $1,000[\text{V}]$ 정전 용량 $1[\mu\text{F}]$, 내압 $750[\text{V}]$ 정전 용량 $2[\mu\text{F}]$, 내압 $500[\text{V}]$ 정전 용량 $5[\mu\text{F}]$인 콘덴서 3개를 직렬로 접속하고 인가 전압을 서서히 높이면 최초로 파괴되는 콘덴서는?

① $1[\mu\text{F}]$
② $2[\mu\text{F}]$
③ $5[\mu\text{F}]$
④ 동시에 파괴된다.

해설

각 콘덴서에 저장되는 최대 전하량을 구하면
$Q_1 = C_1 V_1 = 1 \times 1,000 = 1,000[\mu\text{C}]$
$Q_2 = C_2 V_2 = 2 \times 750 = 1,500[\mu\text{C}]$
$Q_3 = C_3 V_3 = 5 \times 500 = 2,500[\mu\text{C}]$
콘덴서를 직렬 연결할 경우 충전되는 전하량 $Q[\text{C}]$은 동일하므로 최대 충전 전하량이 가장 작은 $C_1 = 1[\mu\text{F}]$ 콘덴서가 가장 먼저 파괴된다.

암기

콘덴서 직렬 접속 후 인가 전압을 높이면 최대 충전 전하량이 낮은 것이 먼저 파괴된다.

THEME 05 저장 에너지

139 ★★★

도체의 전계 에너지는 도체 전위에 대하여 어떤 상태로 증가하는가?

① 직선
② 쌍곡선
③ 포물선
④ 원형곡선

해설

전계 에너지
$W = \frac{1}{2}CV^2[\text{J}]$
위 식에서 전계 에너지는 도체 전위의 제곱에 비례하므로 포물선 형태로 증가한다.

140 ★★★

$1[\mu\text{F}]$의 콘덴서를 $30[\text{kV}]$로 충전하여 $200[\Omega]$의 저항에 연결하면 저항에서 소모되는 에너지는 몇 $[\text{J}]$인가?

① 450
② 900
③ 1,350
④ 1,800

해설

저항에서 소모되는 에너지는 콘덴서에 충전되어 있던 에너지와 동일하다.
콘덴서에 충전되어 있던 에너지
$W = \frac{1}{2}CV^2 = \frac{1}{2} \times 1 \times 10^{-6} \times (30 \times 10^3)^2 = 450[\text{J}]$

141 ★★☆

면적 $S[\text{m}^2]$, 간격 $d[\text{m}]$인 평행판 콘덴서에 전하 $Q[\text{C}]$을 충전하였을 때 정전 용량 $C[\text{F}]$와 정전 에너지 $W[\text{J}]$는?

① $C = \frac{\varepsilon_0}{d^2}$, $W = \frac{dQ^2}{2\varepsilon_0 S}$

② $C = \frac{2\varepsilon_0 S}{d}$, $W = \frac{Q^2}{4\varepsilon_0 S}$

③ $C = \frac{\varepsilon_0 S}{d}$, $W = \frac{dQ^2}{2\varepsilon_0 S}$

④ $C = \frac{2\varepsilon_0}{d^2}$, $W = \frac{Q^2}{\varepsilon_0 S}$

해설

평행판 콘덴서의 정전 용량
$C = \frac{\varepsilon_0 S}{d}[\text{F}]$
정전 에너지
$W = \frac{1}{2}CV^2 = \frac{Q^2}{2C} = \frac{dQ^2}{2\varepsilon_0 S}[\text{J}]$

| 정답 | 138 ① 139 ③ 140 ① 141 ③

142 🆕

공기 중에 고립된 지름 $1[\mathrm{m}]$의 반구 도체를 $10^6[\mathrm{V}]$로 충전한 다음 이 에너지를 10^{-5}초 사이에 방전한 경우의 평균 전력 $[\mathrm{kW}]$은?

① 700
② 1,389
③ 2,780
④ 5,560

해설

- 반구 도체의 정전 용량은 구 도체의 정전 용량의 절반이다.

$$C = \frac{4\pi\varepsilon_0 a}{2} = 2\pi\varepsilon_0 \times \left(\frac{d}{2}\right) = \pi\varepsilon_0[\mathrm{F}] \, \left(a: \text{반지름}\left(=\frac{d}{2}\right)\right)$$

- 저장된 에너지

$$W = \frac{1}{2}CV^2 = \frac{1}{2} \times \pi\varepsilon_0 \times V^2$$
$$= \frac{\pi}{2} \times \frac{1}{36\pi} \times 10^{-9} \times (10^6)^2 ≒ 13.89[\mathrm{J}]$$

- 평균 전력

$$P = \frac{W}{t} = \frac{13.89}{10^{-5}} = 1,389 \times 10^3[\mathrm{W}] = 1,389[\mathrm{kW}]$$

암기

반구 도체의 정전 용량
$C = 2\pi\varepsilon_0 a[\mathrm{F}]$

143 ★★★

정전 용량이 $0.5[\mu\mathrm{F}]$, $1[\mu\mathrm{F}]$인 콘덴서에 각각 $2 \times 10^{-4}[\mathrm{C}]$ 및 $3 \times 10^{-4}[\mathrm{C}]$의 전하를 주고 극성을 같게 하여 병렬로 접속할 때 콘덴서에 축적된 에너지는 약 몇 $[\mathrm{J}]$인가?

① 0.042
② 0.063
③ 0.083
④ 0.126

해설

- 콘덴서 내 총 전하량

$$Q = Q_1 + Q_2 = 2 \times 10^{-4} + 3 \times 10^{-4} = 5 \times 10^{-4}[\mathrm{C}]$$

- 병렬 합성 정전 용량

$$C = C_1 + C_2 = 0.5 \times 10^{-6} + 1 \times 10^{-6} = 1.5 \times 10^{-6}[\mathrm{F}]$$

- 콘덴서 내 축적된 에너지

$$W = \frac{Q^2}{2C} = \frac{(5 \times 10^{-4})^2}{2 \times 1.5 \times 10^{-6}} = 0.083[\mathrm{J}]$$

144 ★★★

공기 중에 $10^{-3}[\mu\mathrm{C}]$과 $2 \times 10^{-3}[\mu\mathrm{C}]$의 두 점전하가 $1[\mathrm{m}]$ 거리에 놓여졌을 때 이들이 갖는 전계 에너지는 몇 $[\mathrm{J}]$인가?

① 36×10^{-3}
② 36×10^{-9}
③ 18×10^{-3}
④ 18×10^{-9}

해설

- 점 전하의 전위

$$V_1 = \frac{Q_2}{4\pi\varepsilon_0 r} = 9 \times 10^9 \times (2 \times 10^{-3} \times 10^{-6}) = 18[\mathrm{V}]$$

$$V_2 = \frac{Q_1}{4\pi\varepsilon_0 r} = 9 \times 10^9 \times (10^{-3} \times 10^{-6}) = 9[\mathrm{V}]$$

- 전계 에너지

$$W = \frac{1}{2}Q_1 V_1 + \frac{1}{2}Q_2 V_2$$
$$= \frac{1}{2} \times (10^{-3} \times 10^{-6}) \times 18 + \frac{1}{2} \times (2 \times 10^{-3} \times 10^{-6}) \times 9$$
$$= 18 \times 10^{-9}[\mathrm{J}]$$

145

최대 정전 용량 $C_0[\text{F}]$인 그림과 같은 콘덴서의 정전 용량이 각도에 비례하여 변화한다고 한다. 이 콘덴서를 전압 $V[\text{V}]$로 충전하였을 때 회전자에 작용하는 토크는?

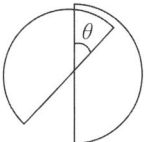

① $\dfrac{C_0 V^2}{2}[\text{N} \cdot \text{m}]$ ② $\dfrac{C_0^2 V}{2\pi}[\text{N} \cdot \text{m}]$

③ $\dfrac{C_0 V^2}{2\pi}[\text{N} \cdot \text{m}]$ ④ $\dfrac{C_0 V^2}{\pi}[\text{N} \cdot \text{m}]$

해설

콘덴서가 회전할 때 정전 용량은 겹치는 면적에 비례하여 늘어나므로 이는 정전 용량이 회전각 θ에 비례함을 의미한다.

$C_\theta = C_0 \times \dfrac{\theta}{\pi}[\text{F}]$

콘덴서의 저장되는 에너지는

$W_\theta = \dfrac{1}{2} C_\theta V^2 = \dfrac{C_0 V^2}{2\pi} \theta[\text{J}]$

$W_\theta = \int T d\theta [\text{J}]$이므로 토크는 $T = \dfrac{\partial W_\theta}{\partial \theta}[\text{N} \cdot \text{m}]$이다.

$\therefore T = \dfrac{\partial W_\theta}{\partial \theta} = \dfrac{\partial}{\partial \theta}\left(\dfrac{C_0 V^2}{2\pi}\theta\right) = \dfrac{C_0 V^2}{2\pi}[\text{N} \cdot \text{m}]$

146

대전된 구 도체를 반지름이 2배가 되는 대전이 되지 않은 구 도체에 가는 도선으로 연결했을 때, 기존 에너지 대비 손실된 에너지의 비율은 얼마인가?(단, 구 도체는 충분히 떨어져 있다.)

① $\dfrac{1}{2}$ ② $\dfrac{1}{3}$

③ $\dfrac{2}{3}$ ④ $\dfrac{2}{5}$

해설

대전된 정전 용량 $C = 4\pi\varepsilon_0 a[\text{F}]$

충전된 에너지 $W = \dfrac{Q^2}{2C}[\text{J}]$

반지름 2배 구 도체의 정전 용량 $C' = 2C[\text{F}]$

가는 도선으로 연결하면 병렬 연결이므로

합성 정전 용량 $C_0 = C + C' = C + 2C = 3C$

합성 전하량 $Q_0 = Q + 0 = Q$

연결 후 충전된 에너지 $W' = \dfrac{Q_0^2}{2C_0} = \dfrac{Q^2}{6C}[\text{J}]$

$\therefore$ 손실된 에너지 $W_1 = W - W' = \dfrac{Q^2}{2C} - \dfrac{Q^2}{6C} = \dfrac{Q^2}{3C}[\text{J}]$

기존 에너지 대비 손실된 에너지의 비율은 다음과 같다.

$\dfrac{W_1}{W} = \dfrac{\dfrac{Q^2}{3C}}{\dfrac{Q^2}{2C}} = \dfrac{2}{3}$

유전체

1. 유전율
2. 전기 분극
3. 분극의 세기
4. 유전체에서의 콘덴서
5. 유전율이 다른 콘덴서의 접속
6. 유전체의 경계면 조건
7. 유전체의 경계면에 작용하는 힘(맥스웰 응력)

CBT 완벽대비 가능한 유형마스터 학습!

THEME	유형분석	관련 번호
THEME 01 유전율	비유전율의 정의와 관련된 문제가 출제됩니다. 유전체에서 가장 기본적인 내용이므로 확실하게 이해해야 합니다.	147~149
THEME 02 전기 분극	전기 분극의 개념 위주로 물어보는 문제가 출제됩니다. 분극의 종류도 함께 학습하시는 것이 좋습니다.	150~152
THEME 03 분극의 세기	분극의 세기와 전속 밀도, 전계의 세기와 관련된 개념을 묻는 문제가 나옵니다. 어렵지 않은 수준에서 출제됩니다.	153~159
THEME 04 유전체에서의 콘덴서	매질 내에서 정전 용량을 구하는 문제가 출제됩니다. 공식을 이용하여 계산하는 문제들이 주로 출제됩니다.	160~169
THEME 05 유전율이 다른 콘덴서의 접속	매질이 다른 콘덴서의 연결 방식에 따른 정전 용량을 구하는 문제가 출제됩니다. 직렬 및 병렬 구조에 대해 확실히 이해해야 합니다.	170~174
THEME 06 유전체의 경계면 조건	경계면에서 전속 밀도 및 전계의 현상에 대해 묻는 문제가 출제됩니다. 개념을 묻는 문제와, 계산 문제가 골고루 출제되는 편입니다.	175~184
THEME 07 유전체의 경계면에 작용하는 힘 (맥스웰 응력)	공식을 변형하여 풀 수 있는 수준의 문제가 출제됩니다. 경계면에 전계가 수평 또는 수직 입사하는 경우를 반드시 알고 있어야 합니다.	185~191

학습 효과를 높이는 N제 3회독 시스템

챕터별 전체 1회독이 끝났다면 회독 체크표에 날짜를 기입하고 체크표시를 해주세요.

회독 체크표	■ 1회독	월 일	■ 2회독	월 일	■ 3회독	월 일

CHAPTER 04 유전체

THEME 01 유전율

147 🆕

비유전율 ε_s에 대한 설명으로 옳은 것은?

① 진공의 비유전율은 0이고, 공기의 비유전율은 1이다.
② ε_s는 항상 1보다 작은 값이다.
③ ε_s는 절연물의 종류에 따라 다르다.
④ ε_s의 단위는 [C/m]이다.

해설

비유전율
- 비유전율의 단위는 무차원이다.
  (유전율과 공기 유전율과의 비율)
- 비유전율은 공기(진공)를 기준(1.0)으로 하였을 때 보통 1보다 큰 값을 가진다.
- 비유전율은 물질마다 모두 다른 값을 가진다.
- 진공(공기)의 비유전율은 1이다.

148 ★★☆

일정 전압을 가하고 있는 공기 콘덴서에 비유전율 ε_s인 유전체를 채웠을 때 일어나는 현상은?

① 극판 간의 전계가 ε_s배 된다.
② 극판 간의 전계가 $\frac{1}{\varepsilon_s}$배 된다.
③ 극판 간의 전하량이 ε_s배 된다.
④ 극판 간의 전하량이 $\frac{1}{\varepsilon_s}$배 된다.

해설

$Q = CV$[C]에서 V[V]가 일정하므로 전하량 Q는 정전 용량 C[F]에 비례한다. 정전 용량 C[F]는 비유전율 ε_s에 비례하므로 극판간의 전하량이 ε_s배 된다.

149 ★★★

어떤 콘덴서에 비유전율 ε_s인 유전체로 채워져 있을 때의 정전 용량 C와 공기로 채워져 있을 때의 정전 용량 C_0의 비 $\left(\dfrac{C}{C_0}\right)$는?

① ε_s
② $\dfrac{1}{\varepsilon_s}$
③ $\sqrt{\varepsilon_s}$
④ $\dfrac{1}{\sqrt{\varepsilon_s}}$

해설

- 유전체로 채워진 평행판 콘덴서의 정전 용량
$$C = \frac{\varepsilon S}{d} = \frac{\varepsilon_0 \varepsilon_s S}{d} [\text{F}]$$

- 공기($\varepsilon_s = 1$)로 채워진 평행판 콘덴서 정전 용량
$$C_0 = \frac{\varepsilon_0 S}{d} [\text{F}]$$

$$\therefore \frac{C}{C_0} = \frac{\dfrac{\varepsilon_0 \varepsilon_s S}{d}}{\dfrac{\varepsilon_0 S}{d}} = \varepsilon_s$$

| 정답 | 147 ③ 148 ③ 149 ①

THEME 02 전기 분극

150
전기 분극이란? **NEW**

① 도체 내의 원자핵의 변위이다.
② 유전체 내의 원자의 흐름이다.
③ 유전체 내의 속박 전하의 변위이다.
④ 도체 내의 자유 전하의 흐름이다.

해설
- 전기 분극
  유전체에 전계가 인가되면 유전체 안에 있는 중성 상태의 전자와 핵이 외부 전계의 영향을 받아 전자운이 전계의 (+)쪽으로 치우쳐서 원자 내에서 약간의 위치 이동을 하게 되어 전자운의 중심과 원자핵의 중심이 분리되는 현상
- 속박 전하
  유전체에 전계가 인가될 때 유전체 표면에 나타나는 전하

151 ★★☆
다이아몬드와 같은 단결정 물체에 전장을 가할 때 유도되는 분극은?

① 전자 분극
② 이온 분극과 배향 분극
③ 전자 분극과 이온 분극
④ 전자 분극, 이온 분극, 배향 분극

해설
- 전자 분극: 다이아몬드와 같은 단결정체에서 외부 전계에 의해 양전하 중심인 핵의 위치와 음전하의 위치가 변화하는 분극 현상
- 이온 분극: 세라믹 화합물과 같은 이온 결합의 특성을 가진 물질에 전계를 가하면 (+), (−) 이온에 상대적 변위가 일어나 쌍극자를 유발하는 분극 현상
- 배향 분극: 물, 암모니아, 알콜 등 영구 자기 쌍극자를 가진 유극 분자들은 외부 전계와 같은 방향으로 움직이는 분극 현상

152 ★☆☆
분극 중 온도의 영향을 받는 분극은?

① 분자 분극(electronic polarization)
② 이온 분극(ionic polarization)
③ 배향 분극(orientational polarization)
④ 전자 분극과 이온 분극

해설
배향분극은 전계와 열에너지의 상호작용에 의해 발생한다.

THEME 03 분극의 세기

153 ★★★
유전체에서 분극의 세기의 단위는?

① $[C]$
② $[C/m]$
③ $[C/m^2]$
④ $[C/m^3]$

해설
분극의 세기
$P = D - \varepsilon_0 E\, [C/m^2]$

| 정답 | 150 ③ 151 ① 152 ③ 153 ③

154 ★★★

전계 $E[\text{V/m}]$, 전속 밀도 $D[\text{C/m}^2]$, 유전율 $\varepsilon = \varepsilon_0 \varepsilon_r [\text{F/m}]$, 분극의 세기 $P[\text{C/m}^2]$ 사이의 관계를 나타낸 것으로 옳은 것은?

① $P = D + \varepsilon_0 E$
② $P = D - \varepsilon_0 E$
③ $P = \dfrac{D+E}{\varepsilon_0}$
④ $P = \dfrac{D-E}{\varepsilon_0}$

해설

분극의 세기
$P = D - \varepsilon_0 E$
$\quad = \varepsilon_0 \varepsilon_r E - \varepsilon_0 E$
$\quad = \varepsilon_0 (\varepsilon_r - 1) E \,[\text{C/m}^2]$

(단, $\chi = \varepsilon_0(\varepsilon_r - 1)$: 분극률, $\dfrac{\chi}{\varepsilon_0} = \chi_e = \varepsilon_r - 1$: 비분극률)

155 ★★★

유전체 내의 전계 E와 분극의 세기 P의 관계식은?

① $P = \varepsilon_0(\varepsilon_s - 1)E$
② $P = \varepsilon_s(\varepsilon_0 - 1)E$
③ $P = \varepsilon_0(\varepsilon_s + 1)E$
④ $P = \varepsilon_s(\varepsilon_0 + 1)E$

해설

분극의 세기
$P = D - \varepsilon_0 E$
$\quad = \varepsilon_0 \varepsilon_s E - \varepsilon_0 E$
$\quad = \varepsilon_0 (\varepsilon_s - 1) E \,[\text{C/m}^2]$

(단, $\chi = \varepsilon_0(\varepsilon_s - 1)$: 분극률, $\dfrac{\chi}{\varepsilon_0} = \chi_e = \varepsilon_s - 1$: 비분극률)

156 ★★☆

공기 중에서 평등 전계 $E_0[\text{V/m}]$에 수직으로 비유전율이 ε_s인 유전체를 놓았더니 $\sigma[\text{C/m}^2]$의 분극 전하가 표면에 생겼다면 유전체 중의 전계 강도 $E[\text{V/m}]$는?

① $\dfrac{\sigma}{\varepsilon_0 \varepsilon_s}$
② $\dfrac{\sigma}{\varepsilon_0(\varepsilon_s - 1)}$
③ $\varepsilon_0 \varepsilon_s \sigma$
④ $\varepsilon_0(\varepsilon_s - 1)\sigma$

해설

분극의 세기
$P = \sigma = \varepsilon_0(\varepsilon_s - 1)E$
$\therefore E = \dfrac{\sigma}{\varepsilon_0(\varepsilon_s - 1)} [\text{V/m}]$

(단, σ: 분극 전하$[\text{C/m}^2]$)

157 ★★★

비유전율이 2.8인 유전체에서의 전속 밀도가 $D = 3.0 \times 10^{-7} [\text{C/m}^2]$일 때 분극의 세기 P는 약 몇 $[\text{C/m}^2]$인가?

① 1.93×10^{-7}
② 2.93×10^{-7}
③ 3.50×10^{-7}
④ 4.07×10^{-7}

해설

분극의 세기
$P = D - \varepsilon_0 E = \varepsilon_0(\varepsilon_s - 1)E = \varepsilon_0 \varepsilon_s \left(1 - \dfrac{1}{\varepsilon_s}\right) E = D\left(1 - \dfrac{1}{\varepsilon_s}\right)$
$\quad = 3 \times 10^{-7} \times \left(1 - \dfrac{1}{2.8}\right) = 1.93 \times 10^{-7} [\text{C/m}^2]$

| 정답 | 154 ② 155 ① 156 ② 157 ①

158 ★★★

비유전율 $\varepsilon_r = 5$인 유전체 내의 한 점에서 전계의 세기가 $10^4 [\text{V/m}]$라면, 이 점의 분극의 세기는 약 몇 $[\text{C/m}^2]$인가?

① 3.5×10^{-7} ② 4.3×10^{-7}
③ 3.5×10^{-11} ④ 4.3×10^{-11}

해설

분극의 세기
$$P = D - \varepsilon_0 E = \varepsilon_0 \varepsilon_r E - \varepsilon_0 E = \varepsilon_0 (\varepsilon_r - 1) E$$
$$= 8.854 \times 10^{-12} \times (5-1) \times 10^4 = 3.54 \times 10^{-7} [\text{C/m}^2]$$

159 ★★☆

평행 평판 공기 콘덴서의 양 극판에 $+\sigma [\text{C/m}^2]$, $-\sigma [\text{C/m}^2]$의 전하가 분포되어 있다. 이 두 전극 사이에 유전율 $\varepsilon [\text{F/m}]$인 유전체를 삽입한 경우의 전계 $[\text{V/m}]$는? (단, 유전체의 분극 전하 밀도를 $+\sigma' [\text{C/m}^2]$, $-\sigma' [\text{C/m}^2]$이라 한다.)

① $\dfrac{\sigma}{\varepsilon_0}$ ② $\dfrac{\sigma + \sigma'}{\varepsilon_0}$
③ $\dfrac{\sigma}{\varepsilon_0} - \dfrac{\sigma'}{\varepsilon}$ ④ $\dfrac{\sigma - \sigma'}{\varepsilon_0}$

해설

- 분극의 세기
  $P = D - \varepsilon_0 E$
  여기서, $D = \sigma [\text{C/m}^2]$, $P = \sigma' [\text{C/m}^2]$이므로
- 전계 $E = \dfrac{D - P}{\varepsilon_0} = \dfrac{\sigma - \sigma'}{\varepsilon_0} [\text{V/m}]$

THEME 04 유전체에서의 콘덴서

160 ★★★

면적이 $S[\text{m}^2]$이고 극 간의 거리가 $d[\text{m}]$인 평행판 콘덴서에 비유전율이 ε_r인 유전체를 채울 때 정전 용량$[\text{F}]$은? (단, ε_0는 진공의 유전율이다.)

① $\dfrac{2\varepsilon_0 \varepsilon_r S}{d}$ ② $\dfrac{\varepsilon_0 \varepsilon_r S}{\pi d}$
③ $\dfrac{\varepsilon_0 \varepsilon_r S}{d}$ ④ $\dfrac{2\pi \varepsilon_0 \varepsilon_r S}{d}$

해설

평행판 콘덴서의 정전 용량
$$C = \frac{\varepsilon S}{d} = \frac{\varepsilon_0 \varepsilon_r S}{d} [\text{F}]$$

161 ★★★

반지름이 $30[\text{cm}]$인 원판 전극의 평행판 콘덴서가 있다. 전극의 간격이 $0.1[\text{cm}]$이며 전극 사이 유전체의 비유전율이 4.0이라 한다. 이 콘덴서의 정전 용량은 약 몇 $[\mu\text{F}]$인가?

① 0.01 ② 0.02
③ 0.03 ④ 0.04

해설

평행판 콘덴서의 정전 용량
$$C = \frac{\varepsilon S}{d} = \frac{\varepsilon_0 \varepsilon_s S}{d} [\text{F}]$$
$$= \frac{\frac{1}{36\pi} \times 10^{-9} \times 4.0 \times \pi \times (30 \times 10^{-2})^2}{0.1 \times 10^{-2}}$$
$$= 10^{-8} [\text{F}]$$
$$= 0.01 [\mu\text{F}]$$

162 ★★☆

면적 $S[\text{m}^2]$, 간격 $d[\text{m}]$인 평행판 콘덴서에 전하 $Q[\text{C}]$를 충전하였을 때 정전 에너지 $W[\text{J}]$는?

① $W = \dfrac{dQ^2}{\varepsilon S}$ ② $W = \dfrac{dQ^2}{2\varepsilon S}$

③ $W = \dfrac{dQ^2}{4\varepsilon S}$ ④ $W = \dfrac{dQ^2}{8\varepsilon S}$

해설

- 평행판 콘덴서의 정전 용량

  $C = \dfrac{\varepsilon S}{d}[\text{F}]$

- 콘덴서에 축적되는 에너지

  $W = \dfrac{Q^2}{2C} = \dfrac{Q^2}{2 \times \dfrac{\varepsilon S}{d}} = \dfrac{dQ^2}{2\varepsilon S}[\text{J}]$

163 ★★★

극판의 면적 $S = 10[\text{cm}^2]$, 간격 $d = 1[\text{mm}]$의 평행판 콘덴서에 비유전율 $\varepsilon_s = 3$인 유전체를 채웠을 때 전압 $100[\text{V}]$를 인가하면 축적되는 에너지는 약 몇 $[\text{J}]$인가?

① 0.3×10^{-7} ② 0.6×10^{-7}
③ 1.3×10^{-7} ④ 2.1×10^{-7}

해설

- 평행판 콘덴서의 정전 용량

  $C = \dfrac{\varepsilon S}{d}[\text{F}]$

- 콘덴서에 축적되는 에너지

  $W = \dfrac{1}{2}CV^2 = \dfrac{1}{2} \dfrac{\varepsilon S}{d} \times V^2$

  $= \dfrac{1}{2} \times \dfrac{8.854 \times 10^{-12} \times 3 \times 10 \times 10^{-4}}{10^{-3}} \times 100^2$

  $= 1.3 \times 10^{-7}[\text{J}]$

164 ★★☆

유전율 ε, 전계의 세기 E인 유전체의 단위 체적당 축적되는 정전 에너지는?

① $\dfrac{E}{2\varepsilon}$ ② $\dfrac{\varepsilon E}{2}$

③ $\dfrac{\varepsilon E^2}{2}$ ④ $\dfrac{\varepsilon^2 E^2}{2}$

해설

단위 체적당 정전 에너지

$w = \dfrac{1}{2}\varepsilon E^2 = \dfrac{1}{2}\varepsilon_0 \varepsilon_s E^2 [\text{J/m}^3]$

165 ★☆☆

유전체 내의 전속 밀도가 $D[\text{C/m}^2]$인 전계에 저축되는 단위 체적당 정전 에너지 $w\,[\text{J/m}^3]$일 때 유전체의 비유전율 ε_s은?

① $\dfrac{D^2}{2\varepsilon_0 w}$ ② $\dfrac{D^2}{\varepsilon_0 w}$

③ $\dfrac{2D^2}{\varepsilon_0 w}$ ④ $\dfrac{\varepsilon_0 D^2}{w}$

해설

- 단위 체적당 정전 에너지

  $w = \dfrac{1}{2}\varepsilon E^2 = \dfrac{D^2}{2\varepsilon}[\text{J/m}^3]$

  $\varepsilon = \varepsilon_0 \varepsilon_s = \dfrac{D^2}{2w}$

- 비유전율

  $\varepsilon_s = \dfrac{D^2}{2\varepsilon_0 w}$

166 ★★★

비유전율이 2.4인 유전체 내의 전계의 세기가 $100\,[\text{mV/m}]$ 이다. 유전체에 축적되는 단위 체적당 정전 에너지는 몇 $[\text{J/m}^3]$인가?

① 1.06×10^{-13} ② 1.77×10^{-13}
③ 2.32×10^{-13} ④ 2.32×10^{-11}

해설

단위 체적당 정전 에너지
$$w = \frac{1}{2}\varepsilon_0 \varepsilon_s E^2$$
$$= \frac{1}{2} \times 8.854 \times 10^{-12} \times 2.4 \times (100 \times 10^{-3})^2$$
$$= 1.06 \times 10^{-13}\,[\text{J/m}^3]$$

167 ★★☆

평행판 커패시터에 어떤 유전체를 넣었을 때 전속 밀도가 $4.8 \times 10^{-7}\,[\text{C/m}^2]$이고 단위 체적당 정전 에너지가 $5.3 \times 10^{-3}\,[\text{J/m}^3]$이었다. 이 유전체의 유전율은 약 몇 $[\text{F/m}]$ 인가?

① 1.15×10^{-11} ② 2.17×10^{-11}
③ 3.19×10^{-11} ④ 4.21×10^{-11}

해설

- 단위 체적당 정전 에너지
$$w = \frac{1}{2}\varepsilon E^2 = \frac{D^2}{2\varepsilon}\,[\text{J/m}^3]$$
- 유전율
$$\varepsilon = \frac{D^2}{2w} = \frac{(4.8 \times 10^{-7})^2}{2 \times 5.3 \times 10^{-3}} = 2.17 \times 10^{-11}\,[\text{F/m}]$$

168 ★★☆

커패시터를 제조하는데 4가지(A, B, C, D)의 유전 재료가 있다. 커패시터 내의 전계를 일정하게 하였을 때, 단위 체적 당 가장 큰 에너지 밀도를 나타내는 재료부터 순서대로 나열한 것은?(단, 유전 재료(A, B, C, D)의 비유전율은 각각 $\varepsilon_{rA}=8$, $\varepsilon_{rB}=10$, $\varepsilon_{rC}=2$, $\varepsilon_{rD}=4$ 이다.)

① $C > D > A > B$ ② $B > A > D > C$
③ $D > A > C > B$ ④ $A > B > D > C$

해설

유전체 내에 저장되는 에너지 밀도
$$w = \frac{1}{2}\varepsilon E^2\,[\text{J/m}^3]$$

에너지 밀도와 유전율은 비례한다. 따라서 문제에 주어진 유전율의 크기와 에너지 밀도의 크기 관계를 정리해 보면 다음과 같다.
- $\varepsilon_{rB} > \varepsilon_{rA} > \varepsilon_{rD} > \varepsilon_{rC}$
- $B > A > D > C$

169 NEW

다음 회로도의 $2\,[\mu\text{F}]$ 콘덴서에 $100\,[\mu\text{C}]$의 전하가 축적되었을 때, $3\,[\mu\text{F}]$ 콘덴서 양단에 걸리는 전위차$[\text{V}]$는?

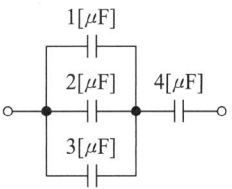

① 50   ② 70
③ 100 ④ 150

해설

$2\,[\mu\text{F}]$ 콘덴서에 걸리는 전압 $V_2 = \dfrac{Q}{C} = \dfrac{100 \times 10^{-6}}{2 \times 10^{-6}} = 50\,[\text{V}]$

그런데 $2\,[\mu\text{F}]$ 콘덴서와 $3\,[\mu\text{F}]$ 콘덴서는 병렬로 연결되어 있으므로 같은 전압이 걸린다. 즉, $3\,[\mu\text{F}]$ 콘덴서 양단에 걸리는 전위차는 $50\,[\text{V}]$ 이다.

THEME 05 유전율이 다른 콘덴서의 접속

170 ★★★

정전 용량이 $C_0[\text{F}]$인 평행판 공기 콘덴서가 있다. 이것의 극판에 평행으로 판 간격 $d[\text{m}]$의 $\frac{1}{2}$ 두께인 유리판을 삽입하였을 때의 정전 용량[F]은?(단, 유리판의 유전율은 $\varepsilon[\text{F/m}]$이라 한다.)

① $\dfrac{2C_0}{1+\dfrac{1}{\varepsilon}}$ ② $\dfrac{C_0}{1+\dfrac{1}{\varepsilon}}$

③ $\dfrac{2C_0}{1+\dfrac{\varepsilon_0}{\varepsilon}}$ ④ $\dfrac{C_0}{1+\dfrac{\varepsilon}{\varepsilon_0}}$

해설

- 공기 콘덴서의 정전 용량
$$C_0 = \frac{\varepsilon_0 S}{d}[\text{F}]$$

- 절반을 유전체로 채운 콘덴서 중 공기 부분의 정전 용량을 $C_1[\text{F}]$ 유전체 부분의 정전 용량을 $C_2[\text{F}]$라 하면
$$C_1 = \frac{\varepsilon_0 S}{\dfrac{d}{2}} = 2C_0[\text{F}]$$
$$C_2 = \frac{\varepsilon_0 \varepsilon_s S}{\dfrac{d}{2}} = 2\varepsilon_s C_0[\text{F}]$$

- 두 콘덴서는 직렬 연결되어 있으므로 합성 정전 용량 $C[\text{F}]$은
$$C = \frac{C_1 \times C_2}{C_1 + C_2} = \frac{2C_0 \times 2\varepsilon_s C_0}{2C_0 + 2\varepsilon_s C_0}$$
$$= \frac{2\varepsilon_s C_0}{1+\varepsilon_s} = \frac{2C_0}{1+\dfrac{1}{\varepsilon_s}} = \frac{2C_0}{1+\dfrac{\varepsilon_0}{\varepsilon}}[\text{F}]$$

암기

공기 콘덴서와 유전율이 다른 콘덴서를 절반 두께만큼 직렬 삽입할 경우
$$C = \frac{2C_0}{1+\dfrac{1}{\varepsilon_s}}[\text{F}]$$

171 ★★★

면적 $S[\text{m}^2]$의 평행한 평판 전극 사이에 유전율이 $\varepsilon_1, \varepsilon_2[\text{F/m}]$ 되는 두 종류의 유전체를 $\dfrac{d}{2}$ 두께가 되도록 각각 넣으면 정전 용량은 몇 [F]이 되는가?

① $\dfrac{2S}{d(\varepsilon_1+\varepsilon_2)}$ ② $\dfrac{2\varepsilon_1\varepsilon_2}{dS(\varepsilon_1+\varepsilon_2)}$

③ $\dfrac{2\varepsilon_1\varepsilon_2 S}{d(\varepsilon_1+\varepsilon_2)}$ ④ $\dfrac{\varepsilon_1\varepsilon_2 S}{2d(\varepsilon_1+\varepsilon_2)}$

해설

- 평행판 콘덴서의 정전 용량
$$C = \frac{\varepsilon S}{d}[\text{F}]$$

- 콘덴서를 직렬 연결할 경우 합성 정전 용량
$$C' = \frac{C_1 C_2}{C_1 + C_2}[\text{F}]$$

- 유전율이 $\varepsilon_1, \varepsilon_2[\text{F/m}]$ 되는 두 종류의 유전체를 $\dfrac{d}{2}$ 두께가 되도록 넣으면 직렬 연결이 되므로 합성 정전 용량은
$$C' = \frac{C_1 C_2}{C_1 + C_2} = \frac{\dfrac{\varepsilon_1 S}{\dfrac{d}{2}} \times \dfrac{\varepsilon_2 S}{\dfrac{d}{2}}}{\dfrac{\varepsilon_1 S}{\dfrac{d}{2}} + \dfrac{\varepsilon_2 S}{\dfrac{d}{2}}} = \frac{2\varepsilon_1\varepsilon_2 S}{d(\varepsilon_1+\varepsilon_2)}[\text{F}]$$

172 ★★★

정전 용량이 $0.03[\mu F]$인 평행판 공기 콘덴서의 두 극판 사이에 절반 두께의 비유전율 10인 유리판을 극판과 평행하게 넣었다면 이 콘덴서의 정전 용량은 약 몇 $[\mu F]$이 되는가?

① 1.83
② 18.3
③ 0.055
④ 0.55

해설

- 공기 콘덴서의 정전 용량
  $C_0 = \dfrac{\varepsilon_0 S}{d} = 0.03[\mu F]$

- 절반 두께에 유전체를 채울 경우 공기 부분의 정전 용량을 C_1 유전체 부분의 정전 용량을 C_2라 하면
  $C_1 = \dfrac{\varepsilon_0 S}{\dfrac{d}{2}} = 2C_0 = 0.06[\mu F]$
  $C_2 = \dfrac{\varepsilon_0 \varepsilon_s S}{\dfrac{d}{2}} = 20C_0 = 0.6[\mu F]$

- 두 콘덴서는 직렬 연결되어 있으므로 합성 정전 용량 C는
  $C = \dfrac{C_1 C_2}{C_1 + C_2} = \dfrac{0.06 \times 0.6}{0.06 + 0.6} = 0.0545[\mu F]$

별해

$C = \dfrac{2C_0}{1 + \dfrac{1}{\varepsilon_s}} = \dfrac{2 \times 0.03}{1 + \dfrac{1}{10}} = \dfrac{0.6}{11} ≒ 0.055[F]$

173 NEW

판 간격이 d인 평행판 공기 콘덴서 중에 두께가 t이고, 비유전율이 ε_s인 유전체를 삽입하였을 경우에 공기의 절연 파괴를 발생하지 않고 가할 수 있는 판 간의 전위차[V]는?(단, 유전체가 없을 때 가할 수 있는 전압을 V라 하고, 공기의 절연 내력은 ε_0라 한다.)

① $V\left(1 - \dfrac{t}{\varepsilon_s d}\right)$
② $\dfrac{Vt}{d}\left(1 - \dfrac{1}{\varepsilon_s}\right)$
③ $V\left(1 + \dfrac{t}{\varepsilon_s d}\right)$
④ $V\left\{1 - \dfrac{t}{d}\left(1 - \dfrac{1}{\varepsilon_s}\right)\right\}$

해설

- 유전체를 삽입하기 전의 공기 콘덴서의 정전 용량
  $C_0 = \dfrac{\varepsilon_0 S}{d}[F]$

- 유전체를 삽입한 후의 유전체 콘덴서의 정전 용량
  - 공기 부분 $C_1 = \dfrac{\varepsilon_0 S}{d-t}[F]$
  - 유전체 부분 $C_2 = \dfrac{\varepsilon_0 \varepsilon_s S}{t}[F]$
  - 합성 정전 용량 $\dfrac{1}{C} = \dfrac{1}{C_1} + \dfrac{1}{C_2} = \dfrac{d-t}{\varepsilon_0 S} + \dfrac{t}{\varepsilon_0 \varepsilon_s S} = \dfrac{\varepsilon_s(d-t) + t}{\varepsilon_0 \varepsilon_s S}$

$\therefore C = \dfrac{\varepsilon_0 \varepsilon_s S}{\varepsilon_s(d-t) + t}[F]$

유전체를 삽입한 콘덴서에 가할 수 있는 전위차를 V'이라 할 때 전하량은 일정하므로 $C_0 V = CV'$를 만족한다.

$V' = \dfrac{C_0}{C}V = \dfrac{\varepsilon_s(d-t) + t}{\varepsilon_s d}V = \left(1 - \dfrac{t}{d} + \dfrac{t}{\varepsilon_s d}\right)V$
$= V\left\{1 - \dfrac{t}{d}\left(1 - \dfrac{1}{\varepsilon_s}\right)\right\}$

174 ★★☆

그림과 같은 정전 용량이 $C_0[\text{F}]$가 되는 평행판 공기 콘덴서가 있다. 이 콘덴서의 판 면적의 $\dfrac{2}{3}$가 되는 공간에 비유전율 ε_s인 유전체를 채우면 공기 콘덴서의 정전 용량[F]은?

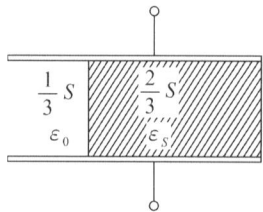

① $\dfrac{2\varepsilon_s}{3}C_0$
② $\dfrac{3}{1+2\varepsilon_s}C_0$
③ $\dfrac{1+\varepsilon_s}{3}C_0$
④ $\dfrac{1+2\varepsilon_s}{3}C_0$

해설

- 공기 콘덴서의 정전 용량
$C_0 = \dfrac{\varepsilon_0 S}{d}[\text{F}]$
- 유전체를 채웠을 때 정전 용량
$C_1 = \dfrac{\varepsilon_0 \times \dfrac{S}{3}}{d} = \dfrac{C_0}{3}[\text{F}]$
$C_2 = \dfrac{\varepsilon_0\varepsilon_s \times \dfrac{2S}{3}}{d} = \dfrac{2\varepsilon_s C_0}{3}[\text{F}]$
- 두 콘덴서는 병렬 연결되어 있으므로 합성 정전 용량은
$C = C_1 + C_2 = \dfrac{C_0}{3} + \dfrac{2\varepsilon_s C_0}{3} = \dfrac{C_0}{3}(1+2\varepsilon_s)$
$= \dfrac{1+2\varepsilon_s}{3}C_0[\text{F}]$

THEME 06 유전체의 경계면 조건

175 ★☆☆

유전율이 각각 다른 두 종류의 유전체 경계면에 전속이 입사될 때 이 전속은 어떻게 되는가?(단, 경계면에 수직으로 입사하지 않는 경우이다.)

① 굴절
② 반사
③ 회절
④ 직진

해설

유전체 경계면에 전속이 입사각 $\theta_i(0° \leq \theta_i \leq 90°)$로 입사될 경우
- $\theta_i = 90°$: 투과(Transmission)
- $\theta_c < \theta_i < 90°$: 굴절(Refraction)

$\left(\text{단, 임계각 } \theta_c = \sin^{-1}\sqrt{\dfrac{\varepsilon_2}{\varepsilon_1}}\right)$

- $0° \leq \theta_i \leq \theta_c$: 반사(Reflection)

즉, 전속이 유전체 경계면에 입사하는 경우(수직 입사는 제외) 전속은 굴절한다.

176 ★★★

서로 다른 두 유전체 사이의 경계면에 전하 분포가 없다면 경계면 양쪽에서의 전계 및 전속 밀도는?

① 전계 및 전속 밀도의 접선 성분은 서로 같다.
② 전계 및 전속 밀도의 법선 성분은 서로 같다.
③ 전계의 법선 성분이 서로 같고, 전속 밀도의 접선 성분이 서로 같다.
④ 전계의 접선 성분이 서로 같고, 전속 밀도의 법선 성분이 서로 같다.

해설

- 경계면에서 전계의 수평(접선) 성분은 같다.
$E_1 \sin\theta_1 = E_2 \sin\theta_2$
- 경계면에서 전속 밀도의 수직(법선) 성분은 같다.
$D_1 \cos\theta_1 = D_2 \cos\theta_2$
- 경계면에서 굴절의 법칙
$\dfrac{\tan\theta_1}{\tan\theta_2} = \dfrac{\varepsilon_1}{\varepsilon_2}$

177 ★★★
두 유전체의 경계면에서 정전계가 만족하는 것은?

① 전계의 법선 성분이 같다.
② 전계의 접선 성분이 같다.
③ 전속 밀도의 접선 성분이 같다.
④ 분극 세기의 접선 성분이 같다.

해설
- 경계면에서 전계의 수평(접선) 성분은 같다.
  $E_1 \sin\theta_1 = E_2 \sin\theta_2$
- 경계면에서 전속 밀도의 수직(법선) 성분은 같다.
  $D_1 \cos\theta_1 = D_2 \cos\theta_2$
- 경계면에서 굴절의 법칙
  $\dfrac{\tan\theta_1}{\tan\theta_2} = \dfrac{\varepsilon_1}{\varepsilon_2}$

178 NEW
두 유전체가 접했을 때 $\dfrac{\tan\theta_1}{\tan\theta_2} = \dfrac{\varepsilon_1}{\varepsilon_2}$ 의 관계식에서 $\theta_1 = 0°$ 일 때의 표현으로 틀린 것은?

① 전속 밀도는 불변이다.
② 전기력선은 굴절하지 않는다.
③ 전계는 불연속적으로 변한다.
④ 전기력선은 유전율이 큰 쪽에 모여진다.

해설
- 입사각 $\theta_1 = 0°$은 경계면에 수직 입사이다.
- 수직 입사하는 전속 밀도의 크기는 변함없고 굴절하지 않는다.
- 전계의 수평 성분은 같으므로 연속이나 수직 성분은 불연속이다.
- 전기력선은 유전율이 작은 쪽으로 모인다.
- 전속은 유전율이 큰 쪽으로 모인다.

179 ★★★
유전율이 각각 ε_1, ε_2인 두 유전체가 접해 있는 경우 전기력선의 방향을 그림과 같이 표시할 때 $\varepsilon_1 > \varepsilon_2$이면, θ_1과 θ_2의 관계는?

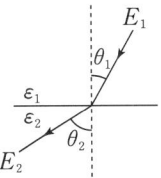

① $\theta_1 = \theta_2$
② $\theta_1 < \theta_2$
③ $\theta_1 > \theta_2$
④ 전기력선의 방향에 따라 $\theta_1 < \theta_2$ 혹은 $\theta_1 > \theta_2$

해설
유전체 경계면에서의 관계
경계면에서 $\varepsilon_1 > \varepsilon_2$일 경우 다음의 관계를 만족한다.
- $\theta_1 > \theta_2$
- $D_1 > D_2$
- $E_1 < E_2$
- $\dfrac{\tan\theta_1}{\tan\theta_2} = \dfrac{\varepsilon_1}{\varepsilon_2}$

180 ★★★
그림과 같은 유전속 분포가 이루어질 때 ε_1과 ε_2의 크기 관계는?

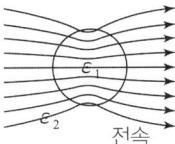

① $\varepsilon_1 > \varepsilon_2$
② $\varepsilon_1 < \varepsilon_2$
③ $\varepsilon_1 = \varepsilon_2$
④ $\varepsilon_1 > 0$, $\varepsilon_2 > 0$

해설
유전속(전속선)은 유전율이 큰 쪽으로 모이려는 성질이 있다. 유전속 분포 그림에서 구의 내부 쪽이 유전속 밀도가 높으므로 $\varepsilon_1 > \varepsilon_2$이다.

암기
전속선은 유전율이 큰 쪽으로 모인다.
전기력선은 유전율이 작은 쪽으로 모인다.

| 정답 | 177 ② 178 ④ 179 ③ 180 ①

181 ★★☆

매질1(ε_1)은 나일론(비유전율 $\varepsilon_s = 4$)이고 매질2(ε_2)는 진공일 때 전속 밀도 D가 경계면에서 각각 θ_1, θ_2의 각을 이룰 때, $\theta_2 = 30°$라면 θ_1의 값은?

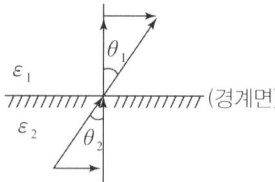

① $\tan^{-1} \dfrac{4}{\sqrt{3}}$
② $\tan^{-1} \dfrac{\sqrt{3}}{4}$
③ $\tan^{-1} \dfrac{\sqrt{3}}{2}$
④ $\tan^{-1} \dfrac{2}{\sqrt{3}}$

해설

경계면 조건 $\dfrac{\tan\theta_1}{\tan\theta_2} = \dfrac{\varepsilon_1}{\varepsilon_2}$에서

$\dfrac{\tan\theta_1}{\tan 30°} = \dfrac{4}{1}$

$\tan\theta_1 = 4\tan 30° = \dfrac{4}{\sqrt{3}}$ 이므로

$\theta_1 = \tan^{-1} \dfrac{4}{\sqrt{3}}$

182 ★★☆

그림과 같이 유전체 경계면에서 $\varepsilon_1 < \varepsilon_2$이었을 때 E_1과 E_2의 관계식 중 옳은 것은?

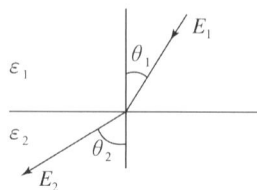

① $E_1 > E_2$
② $E_1 < E_2$
③ $E_1 = E_2$
④ $E_1\cos\theta_1 = E_2\cos\theta_2$

해설

경계면에서 유전율과의 관계
- $\varepsilon_1 > \varepsilon_2$일 때, $\theta_1 > \theta_2$의 관계가 있다.
- $\varepsilon_1 > \varepsilon_2$일 때, $D_1 > D_2$의 관계가 있다.
- $\varepsilon_1 > \varepsilon_2$일 때, $E_1 < E_2$의 관계가 있다.

183 ★★☆

$x > 0$인 영역에 비유전율 $\varepsilon_{r1} = 3$인 유전체, $x < 0$인 영역에 비유전율 $\varepsilon_{r2} = 5$인 유전체가 있다. $x < 0$인 영역에서 전계 $\dot{E}_2 = 20a_x + 30a_y - 40a_z [\text{V/m}]$일 때 $x > 0$인 영역에서의 전속 밀도는 몇 $[\text{C/m}^2]$인가?

① $10(10a_x + 9a_y - 12a_z)\varepsilon_0$
② $20(5a_x - 10a_y + 6a_z)\varepsilon_0$
③ $50(2a_x + 3a_y - 4a_z)\varepsilon_0$
④ $50(2a_x - 3a_y + 4a_z)\varepsilon_0$

해설

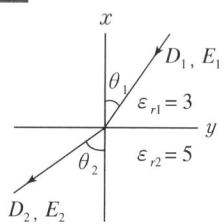

(경계면에서 전계와 전속 굴절)
x 방향으로 전계가 진행하므로
경계면에 수직한 성분: a_x
경계면에 수평한 성분: a_y, a_z

- 수직 성분
  $D_{1x} = D_{2x}$ (∵ 전속 밀도는 수직 성분이 같으므로)
  $\varepsilon_{r1} \times E_{1x} = \varepsilon_{r2} \times E_{2x}$
  $E_{1x} = \dfrac{\varepsilon_{r2}}{\varepsilon_{r1}} \times E_{2x} = \dfrac{5}{3}(20) = \dfrac{100}{3}$ (a_x 성분)

- 수평 성분
  $E_{1y} = E_{2y} = 30$ (a_y 성분)
  $E_{1z}a_z = E_{2z}a_z = -40a_z$ (a_z 성분)

- 경계면에서 전속 밀도
  $\dot{E}_1 = E_{1x}a_x + E_{1y}a_y + E_{1z}a_z = \dfrac{100}{3}a_x + 30a_y - 40a_z$
  $\dot{D}_1 = \varepsilon_{r1}\dot{E}_1 = 3\varepsilon_0 E_1$
  $= 10(10a_x + 9a_y - 12a_z)\varepsilon_0 [\text{C/m}^2]$

184 ★★☆

$x=0$인 무한평면을 경계면으로 하여 $x<0$인 영역에는 비유전율 $\varepsilon_{r1}=2$, $x>0$인 영역에는 $\varepsilon_{r2}=4$인 유전체가 있다. ε_{r1}인 유전체 내에서 전계 $\dot{E}_1 = 20a_x - 10a_y + 5a_z$[V/m]일 때 $x>0$인 영역에 있는 ε_{r2}인 유전체 내에서 전속 밀도 $\dot{D}_2$[C/m²]는?(단, 경계면상에는 자유 전하가 없다고 한다.)

① $\dot{D}_2 = \varepsilon_0(20a_x - 40a_y + 5a_z)$
② $\dot{D}_2 = \varepsilon_0(40a_x - 40a_y + 20a_z)$
③ $\dot{D}_2 = \varepsilon_0(80a_x - 20a_y + 10a_z)$
④ $\dot{D}_2 = \varepsilon_0(40a_x - 20a_y + 20a_z)$

해설

x방향으로 전계가 진행하므로
경계면에 수직한 성분: a_x
경계면에 수평한 성분: a_y, a_z

- 수직 성분
  $D_{1x} = D_{2x}$ (∵ 전속 밀도는 수직 성분이 같으므로)
  $\varepsilon_{r1} \times E_{1x} = \varepsilon_{r2} \times E_{2x}$ 이므로
  $E_{2x} = \dfrac{\varepsilon_{r1}}{\varepsilon_{r2}} \times E_{1x} = \dfrac{2}{4} \times 20 = 10 (a_x \text{ 성분})$

- 수평 성분
  $E_{1y} = E_{2y} = -10 (a_y \text{ 성분})$
  $E_{1z} = E_{2z} = 5 (a_z \text{ 성분})$

- 경계면에서 전속 밀도
  $\dot{E}_2 = E_{2x}a_x + E_{2y}a_y + E_{2z}a_z$
  $= 10a_x - 10a_y + 5a_z$ [V/m]
  $\therefore \dot{D}_2 = \varepsilon_{r2} \dot{E}_2 = 4 \times (10a_x - 10a_y + 5a_z)$
  $= 40a_x - 40a_y + 20a_z$ [C/m²]

THEME 07 유전체의 경계면에 작용하는 힘 (맥스웰 응력)

185 ★★★

공기 중에서 코로나 방전이 3.5[kV/mm] 전계에서 발생한다고 하면 이때 도체의 표면에 작용하는 힘은 약 몇 [N/m²]인가?

① 27 ② 54 ③ 81 ④ 108

해설

단위 면적당 정전 응력
$$f = \frac{1}{2}\varepsilon_0 E^2 = \frac{1}{2} \times 8.854 \times 10^{-12} \times \left(3.5 \times \frac{10^3}{10^{-3}}\right)^2$$
$$\fallingdotseq 54 [\text{N/m}^2]$$

186 ★★★

대전도체 표면의 전하 밀도를 σ[C/m²]이라 할 때, 대전도체 표면의 단위 면적이 받는 정전 응력은 전하 밀도 σ와 어떤 관계에 있는가?

① σ에 비례
② σ^2에 비례
③ $\sigma^{\frac{1}{2}}$에 비례
④ $\sigma^{\frac{3}{2}}$에 비례

해설

- 단위 면적당 정전 응력
  $$f = \frac{1}{2}\varepsilon_0 E^2 = \frac{D^2}{2\varepsilon_0} [\text{N/m}^2]$$

- $D = \sigma$ [C/m²] 이므로
  $$f = \frac{\sigma^2}{2\varepsilon_0} [\text{N/m}^2]$$

따라서 정전 응력은 전하 밀도의 제곱에 비례한다.

187 ★★☆

간격이 $d[\mathrm{m}]$이고 면적이 $S[\mathrm{m}^2]$인 평행판 커패시터의 전극 사이에 유전율이 ε인 유전체를 넣고 전극 간에 $V[\mathrm{V}]$의 전압을 가했을 때, 이 커패시터의 전극판을 떼어내는 데 필요한 힘의 크기$[\mathrm{N}]$는?

① $\dfrac{1}{2\varepsilon}\dfrac{V^2}{d^2 S}$ ② $\dfrac{1}{2\varepsilon}\dfrac{dV^2}{S}$

③ $\dfrac{1}{2}\varepsilon\dfrac{V}{d}S$ ④ $\dfrac{1}{2}\varepsilon\dfrac{V^2}{d^2}S$

해설

- 단위 면적당 정전 응력

$$f = \dfrac{1}{2}\varepsilon E^2 \,[\mathrm{N/m^2}]$$

- 전극판을 떼어내는 데 필요한 힘

$$F = \dfrac{1}{2}\varepsilon E^2 \times S$$
$$= \dfrac{1}{2}\varepsilon\left(\dfrac{V}{d}\right)^2 S\,[\mathrm{N}] \left(\because E = \dfrac{V}{d}[\mathrm{V/m}]\right)$$

188 NEW

반지름 $a[\mathrm{m}]$의 구 도체에 전하 $Q[\mathrm{C}]$가 주어질 때 구 도체 표면에 작용하는 정전응력은 몇 $[\mathrm{N/m^2}]$인가?

① $\dfrac{9Q^2}{16\pi^2\varepsilon_0 a^6}$ ② $\dfrac{9Q^2}{32\pi^2\varepsilon_0 a^6}$

③ $\dfrac{Q^2}{16\pi^2\varepsilon_0 a^4}$ ④ $\dfrac{Q^2}{32\pi^2\varepsilon_0 a^4}$

해설

단위 면적당 정전응력

$$f = \dfrac{1}{2}\varepsilon_0 E^2 = \dfrac{1}{2}\varepsilon_0\left(\dfrac{Q}{4\pi\varepsilon_0 a^2}\right)^2 = \dfrac{Q^2}{32\pi^2\varepsilon_0 a^4}[\mathrm{N/m^2}]$$

암기

구 도체의 전계

$$E = \dfrac{Q}{4\pi\varepsilon_0 a^2}[\mathrm{V/m}]$$

189 ★★☆

평행판 공기 콘덴서 극판 간에 비유전율 6인 유리판을 일부만 삽입한 경우, 유리판과 공기 간의 경계면에서 발생하는 힘은 약 몇 $[\mathrm{N/m^2}]$인가?(단, 극판 간의 전위 경도는 $30[\mathrm{kV/cm}]$이고 유리판의 두께는 평행판 간 거리와 같다.)

① 199 ② 223
③ 247 ④ 269

해설

경계면에 작용하는 힘

$$f = \dfrac{1}{2}(\varepsilon_2 - \varepsilon_1)E^2 = \dfrac{1}{2}(6\varepsilon_0 - \varepsilon_0)E^2 = \dfrac{5}{2}\varepsilon_0 E^2$$
$$= \dfrac{5}{2} \times 8.854 \times 10^{-12} \times (3 \times 10^6)^2 = 199[\mathrm{N/m^2}]$$

190 ★★☆

전계 $E[\mathrm{V/m}]$가 두 유전체의 경계면에 평행으로 작용하는 경우 경계면에 단위 면적당 작용하는 힘의 크기는 몇 $[\mathrm{N/m^2}]$인가?(단, $\varepsilon_1, \varepsilon_2$는 각 유전체의 유전율이다.)

① $f = E^2(\varepsilon_1 - \varepsilon_2)$ ② $f = \dfrac{1}{E^2}(\varepsilon_1 - \varepsilon_2)$

③ $f = \dfrac{1}{2}E^2(\varepsilon_1 - \varepsilon_2)$ ④ $f = \dfrac{1}{2E^2}(\varepsilon_1 - \varepsilon_2)$

해설

경계면에 작용하는 힘

- 경계면에 작용하는 힘
  - 힘의 크기

$$f = \dfrac{D^2}{2\varepsilon_0} = \dfrac{1}{2}\varepsilon_0 E^2 = \dfrac{1}{2}ED\,[\mathrm{N/m^2}]$$

  - 경계면에 작용하는 힘은 유전율이 큰 쪽에서 작은 쪽으로 작용한다.

- 전계가 경계면에 수평으로 입사되는 경우($\varepsilon_1 > \varepsilon_2$)
  - 경계면에 생기는 각각의 힘 f_1과 f_2가 압축력으로 작용한다.
  - 압축력의 크기는 다음과 같이 구한다.

$$f = f_1 - f_2 = \dfrac{1}{2}(\varepsilon_1 - \varepsilon_2)E^2\,[\mathrm{N/m^2}]$$

- 전계가 경계면에 수직으로 입사되는 경우($\varepsilon_1 > \varepsilon_2$)
  - 경계면에 생기는 각각의 힘 f_1과 f_2가 인장력으로 작용한다.
  - 인장력의 크기는 다음과 같이 구한다.

$$f = f_2 - f_1 = \dfrac{1}{2}\left(\dfrac{1}{\varepsilon_2} - \dfrac{1}{\varepsilon_1}\right)D^2\,[\mathrm{N/m^2}]$$

| 정답 | 187 ④ 188 ④ 189 ① 190 ③

191 ★☆☆

유전율이 ε_1, $\varepsilon_2[\text{F/m}]$인 유전체 경계면에 단위 면적당 작용하는 힘의 크기는 몇 $[\text{N/m}^2]$인가?(단, 전계가 경계면에 수직인 경우이며, 두 유전체에서의 전속밀도는 $D_1 = D_2 = D[\text{C/m}^2]$이다.)

① $2\left(\dfrac{1}{\varepsilon_1} - \dfrac{1}{\varepsilon_2}\right)D^2$ ② $2\left(\dfrac{1}{\varepsilon_1} + \dfrac{1}{\varepsilon_2}\right)D^2$

③ $\dfrac{1}{2}\left(\dfrac{1}{\varepsilon_1} + \dfrac{1}{\varepsilon_2}\right)D^2$ ④ $\dfrac{1}{2}\left(\dfrac{1}{\varepsilon_2} - \dfrac{1}{\varepsilon_1}\right)D^2$

해설

- 유전체의 경계면에 작용하는 힘(맥스웰 응력)

  $f = \dfrac{D^2}{2\varepsilon} = \dfrac{1}{2}\varepsilon E^2 [\text{N/m}^2]$ (유전율이 큰 쪽에서 작은 쪽으로 작용)

- 전계가 경계면에 수평 입사할 경우($\varepsilon_1 > \varepsilon_2$): 압축력 발생

  $f = f_1 - f_2 = \dfrac{1}{2}(\varepsilon_1 - \varepsilon_2)E^2 [\text{N/m}^2]$ (전계 E는 같다.)

- 전계가 경계면에 수직 입사할 경우($\varepsilon_1 > \varepsilon_2$): 인장력 발생

  $f = f_2 - f_1 = \dfrac{1}{2}\left(\dfrac{1}{\varepsilon_2} - \dfrac{1}{\varepsilon_1}\right)D^2 [\text{N/m}^2]$ (전속밀도 D는 같다.)

| 정답 | 191 ④

전기 영상법

1. 전기 영상법의 원리
2. 전기 영상법의 종류

CBT 완벽대비 가능한 유형마스터 학습!

THEME	유형분석	관련 번호
THEME 01 전기 영상법의 원리	전기 영상법의 기본 개념을 묻는 문제가 출제됩니다.	192~194
THEME 02 전기 영상법의 종류	점 전하, 선 전하, 접지 구도체에서의 영상전하와 관련된 문제가 나옵니다. 기본 개념부터 응용까지 다양한 문제가 출제됩니다.	195~208

학습 효과를 높이는 N제 3회독 시스템

챕터별 전체 1회독이 끝났다면 회독 체크표에 날짜를 기입하고 체크표시를 해주세요.

| 회독 체크표 | ☐ 1회독 | 월 일 | ☐ 2회독 | 월 일 | ☐ 3회독 | 월 일 |

CHAPTER 05 전기 영상법

THEME 01 전기 영상법의 원리

192 NEW

전류 $+I[A]$와 전하 $+Q[C]$이 무한히 긴 직선상의 도체에 각각 주어졌고 이들 도체는 진공 속에서 각각 투자율과 유전율이 무한대인 물질로 된 무한대 평면과 평행하게 놓여 있다. 이 경우 영상법에 의한 영상 전류와 영상 전하는?(단, 전류는 직류이다.)

① $-I[A],\ -Q[C]$ ② $-I[A],\ +Q[C]$
③ $+I[A],\ -Q[C]$ ④ $+I[A],\ +Q[C]$

해설
전기 영상법에 의한 영상 전류와 영상 전하는 본래의 전류 및 전하와 크기가 같고, 부호는 반대이다.

193 ★★★
점전하 $Q[C]$와 무한 평면도체에 대한 영상 전하는?

① $Q[C]$와 같다. ② $-Q[C]$와 같다.
③ $Q[C]$보다 크다. ④ $Q[C]$보다 작다.

해설
점전하와 무한 평면 도체 간에 생기는 영상 전하는 실제 전하와 크기는 같고 부호가 항상 반대인 전하로 존재한다.
$Q' = -Q[C]$

194 ★★☆
직교하는 무한 평판 도체와 점전하에 의한 영상 전하는 몇 개 존재하는가?

① 2 ② 3
③ 4 ④ 5

해설
점전하에 의해 무한 평판 도체에 발생하는 영상 전하 수
$n = \dfrac{360°}{평판\ 각도} - 1$
무한 평판도체가 직교하므로 각도는 90°이므로
$n = \dfrac{360°}{평판\ 각도} - 1 = \dfrac{360°}{90°} - 1 = 3$
∴ 영상 전하는 3개이다.

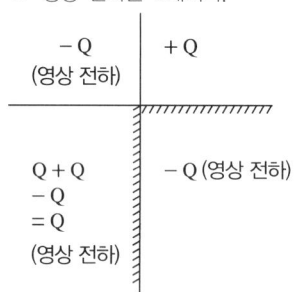

| 정답 | 192 ① 193 ② 194 ②

THEME 02 전기 영상법의 종류

195 ★★★
무한 평면 도체로부터 거리 $d[\text{m}]$인 곳에 점전하 $Q[\text{C}]$이 있을 때 Q와 평면 도체 간에 작용하는 힘[N]은?

① $\dfrac{Q}{4\pi\varepsilon_0 d^2}$ ② $\dfrac{Q^2}{4\pi\varepsilon_0 d^2}$

③ $\dfrac{Q^2}{8\pi\varepsilon_0 d^2}$ ④ $\dfrac{Q^2}{16\pi\varepsilon_0 d^2}$

해설
전기 영상법에 의해 무한 평면 도체에 거리의 반대편 $d[\text{m}]$ 거리에 영상 전하 $-Q[\text{C}]$가 있다고 볼 수 있다.
$$F=\dfrac{Q\times(-Q)}{4\pi\varepsilon_0 r^2}=\dfrac{-Q^2}{4\pi\varepsilon_0(d-(-d))^2}=\dfrac{-Q^2}{16\pi\varepsilon_0 d^2}[\text{N}]$$
단, $(-)$ 부호는 힘이 작용하는 방향(흡인력)을 의미한다.

암기
점전하에 의한 쿨롱의 힘
$$F=\dfrac{Q_1 Q_2}{4\pi\varepsilon_0 r^2}[\text{N}]$$

196 ★★☆
공기 중에서 무한 평면 도체 표면 아래의 $1[\text{m}]$ 떨어진 곳에 $1[\text{C}]$의 점전하가 있다. 전하가 받는 힘의 크기는 몇 $[\text{N}]$인가?

① 9×10^9 ② $\dfrac{9}{2}\times 10^9$

③ $\dfrac{9}{4}\times 10^9$ ④ $\dfrac{9}{16}\times 10^9$

해설
전기 영상법에 의해 무한 평면 도체의 위쪽 $1[\text{m}]$에 $-1[\text{C}]$의 영상 전하가 있다고 볼 수 있다.
$$\therefore F=\dfrac{Q\times Q'}{4\pi\varepsilon_0 r^2}=9\times 10^9\times\dfrac{1\times(-1)}{(1+1)^2}=-\dfrac{9}{4}\times 10^9[\text{N}]$$
단, $(-)$ 부호는 힘이 작용하는 방향(흡인력)을 의미한다.

197 ★☆☆
공기 중에서 무한 평면 도체로부터 수직으로 $10^{-10}[\text{m}]$ 떨어진 점에 한 개의 전자가 있다. 이 전자에 작용하는 힘은 약 몇 $[\text{N}]$인가?(단, 전자의 전하량: $-1.602\times 10^{-19}[\text{C}]$이다.)

① 5.77×10^{-9} ② 1.602×10^{-9}
③ 5.77×10^{-19} ④ 1.602×10^{-19}

해설
전기 영상법에 의해 무한 평면 도체의 반대편 $10^{-10}[\text{m}]$ 거리에 영상 전하가 있다고 볼 수 있다.
$$F=\dfrac{Q_1 Q_2}{4\pi\varepsilon_0 r^2}=\dfrac{Q(-Q)}{4\pi\varepsilon_0\times(2a)^2}$$
$$=9\times 10^9\times\dfrac{-(1.602\times 10^{-19})^2}{4\times(10^{-10})^2}$$
$$=-5.77\times 10^{-9}[\text{N}]$$
단, $(-)$ 부호는 힘이 작용하는 방향(흡인력)을 의미한다.

198 ★★☆
질량이 $m[\text{kg}]$인 작은 물체가 전하 $Q[\text{C}]$를 가지고 중력 방향과 직각인 무한 도체 평면 아래쪽 $d[\text{m}]$의 거리에 놓여 있다. 정전력이 중력과 같게 되는 데 필요한 $Q[\text{C}]$의 크기는?

① $d\sqrt{\pi\varepsilon_0 mg}$ ② $\dfrac{d}{2}\sqrt{\pi\varepsilon_0 mg}$

③ $2d\sqrt{\pi\varepsilon_0 mg}$ ④ $4d\sqrt{\pi\varepsilon_0 mg}$

해설

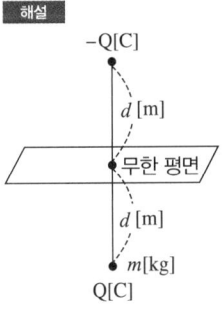

영상 전하에 의한 정전력의 크기 $F=\dfrac{Q^2}{4\pi\varepsilon_0(2d)^2}=\dfrac{Q^2}{16\pi\varepsilon_0 d^2}[\text{N}]$

중력의 크기는 정전력의 크기와 같으므로
$$F=mg=\dfrac{Q^2}{16\pi\varepsilon_0 d^2}[\text{N}]\text{를 만족한다.}$$
$$Q^2=16\pi\varepsilon_0 d^2 mg$$
$$\therefore Q=4d\sqrt{\pi\varepsilon_0 mg}[\text{C}]$$

| 정답 | 195 ④ 196 ③ 197 ① 198 ④

199 ★★★

무한 평면 도체로부터 $d[\text{m}]$인 곳에 점전하 $Q[\text{C}]$가 있을 때 도체 표면상에 최대로 유도되는 전하 밀도는 몇 $[\text{C}/\text{m}^2]$인가?

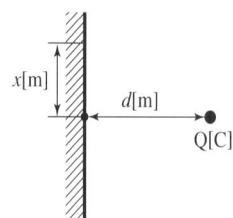

① $-\dfrac{Q}{2\pi d^2}$ ② $-\dfrac{Q}{2\pi\varepsilon_0 d^2}$

③ $-\dfrac{Q}{4\pi d^2}$ ④ $-\dfrac{Q}{4\pi\varepsilon_0 d^2}$

해설

무한 평면 도체에서 최대 전하 밀도

$\sigma_{\max} = -\dfrac{Q}{2\pi d^2}[\text{C}/\text{m}^2]$

200 ★★★

무한 평면 도체로부터 거리 $a[\text{m}]$의 곳에 점전하 $2\pi[\text{C}]$가 있을 때 도체 표면에 유도되는 최대 전하 밀도는 몇 $[\text{C}/\text{m}^2]$인가?

① $-\dfrac{1}{a^2}$ ② $-\dfrac{1}{2a^2}$

③ $-\dfrac{1}{2\pi a}$ ④ $-\dfrac{1}{4\pi a}$

해설

무한 평면 도체에서 최대 전하 밀도

$\sigma_{\max} = -\dfrac{Q}{2\pi a^2} = -\dfrac{2\pi}{2\pi a^2} = -\dfrac{1}{a^2}[\text{C}/\text{m}^2]$

201 ★☆☆

그림과 같이 무한 평면 도체 앞 $a[\text{m}]$ 거리에 점전하 $Q[\text{C}]$가 있다. 점 0에서 $x[\text{m}]$인 P점의 전하 밀도 $\sigma[\text{C}/\text{m}^2]$는?

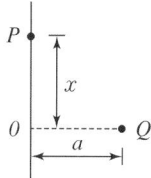

① $\dfrac{Q}{4\pi} \cdot \dfrac{a}{(a^2+x^2)^{\frac{3}{2}}}$ ② $\dfrac{Q}{2\pi} \cdot \dfrac{a}{(a^2+x^2)^{\frac{3}{2}}}$

③ $\dfrac{Q}{4\pi} \cdot \dfrac{a}{(a^2+x^2)^{\frac{2}{3}}}$ ④ $\dfrac{Q}{2\pi} \cdot \dfrac{a}{(a^2+x^2)^{\frac{2}{3}}}$

해설

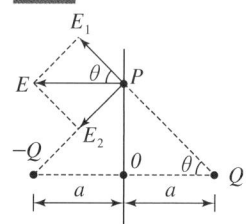

전기 영상법을 적용하여 전계의 세기를 구하면

$E_1 = E_2 = \dfrac{Q}{4\pi\varepsilon_0(\sqrt{a^2+x^2})^2} = \dfrac{Q}{4\pi\varepsilon_0(a^2+x^2)}[\text{V}/\text{m}]$

총 전계의 세기는

$E = E_1\cos\theta + E_2\cos\theta = 2E_1\cos\theta$

$= 2 \times \dfrac{Q}{4\pi\varepsilon_0(a^2+x^2)} \times \dfrac{a}{\sqrt{a^2+x^2}}$

$= \dfrac{Qa}{2\pi\varepsilon_0(a^2+x^2)^{\frac{3}{2}}}[\text{V}/\text{m}]$

따라서 면 전하 밀도와 전계의 세기와의 관계는

$\sigma = D = \varepsilon_0 E = \dfrac{Q}{2\pi} \cdot \dfrac{a}{(a^2+x^2)^{\frac{3}{2}}}[\text{C}/\text{m}^2]$

202 ★★☆

대지면에 높이 $h[\mathrm{m}]$로 평행하게 가설된 매우 긴 선전하가 지면으로부터 받는 힘은?

① h에 비례
② h에 반비례
③ h^2에 비례
④ h^2에 반비례

해설

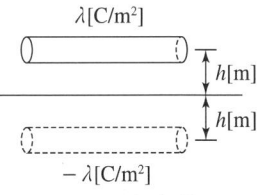

선전하 밀도가 $\lambda[\mathrm{C/m^2}]$인 경우 대지면에 의한 영상 전하에 의해 전계가 발생한다.

전계 $E = -\dfrac{\lambda}{2\pi\varepsilon_0(2h)}[\mathrm{V/m}]$이므로

도선에 작용하는 힘

$F = QE = \lambda l\left(-\dfrac{\lambda}{2\pi\varepsilon_0(2h)}\right) = \dfrac{-\lambda^2 l}{4\pi\varepsilon_0 h}[\mathrm{N}]$

따라서 대지면으로부터 받는 힘은 높이 h에 반비례한다.

203 ★★☆

무한 평면 도체와 $d[\mathrm{m}]$ 떨어져 평행한 무한장 직선 도체에 $\rho[\mathrm{C/m}]$의 전하 분포가 주어졌을 때 직선 도체가 단위 길이당 받는 힘$[\mathrm{N/m}]$은?(단, 공간의 유전율은 ε이다.)

① 0
② $\dfrac{\rho^2}{\pi\varepsilon d}$
③ $\dfrac{\rho^2}{2\pi\varepsilon d}$
④ $\dfrac{\rho^2}{4\pi\varepsilon d}$

해설

전기 영상법에 의해 무한 평면 도체 반대편에 선전하 밀도 $-\rho[\mathrm{C/m}]$이 있다고 볼 수 있다.

직선 도체에 의한 전계 $E = \dfrac{\rho}{2\pi\varepsilon_0(2d)} = \dfrac{\rho}{4\pi\varepsilon_0 d}[\mathrm{V/m}]$이므로

직선 도체가 단위 길이당 받는 힘

$F = QE = -\rho \times \dfrac{\rho}{4\pi\varepsilon_0 d} = -\dfrac{\rho^2}{4\pi\varepsilon_0 d}[\mathrm{N/m}]$

단, (−) 부호는 흡인력을 의미한다.

204 ★☆☆

비유전율 ε_{r1}, ε_{r2}인 두 유전체가 나란히 무한 평면으로 접하고 있고 이 경계면에 평행으로 유전체의 비유전율 ε_{r1} 내에 경계면으로부터 $d[\mathrm{m}]$인 위치에 선전하 밀도 $\rho[\mathrm{C/m}]$인 선상 전하가 있을 때 이 선전하와 유전체 ε_{r2} 간의 단위 길이당의 작용력은 몇 $[\mathrm{N/m}]$인가?

① $9 \times 10^9 \times \dfrac{\rho^2}{\varepsilon_{r2}d} \times \dfrac{\varepsilon_{r1}+\varepsilon_{r2}}{\varepsilon_{r1}-\varepsilon_{r2}}$

② $2.25 \times 10^9 \times \dfrac{\rho^2}{\varepsilon_{r2}d} \times \dfrac{\varepsilon_{r1}-\varepsilon_{r2}}{\varepsilon_{r1}+\varepsilon_{r2}}$

③ $9 \times 10^9 \times \dfrac{\rho^2}{\varepsilon_{r1}d} \times \dfrac{\varepsilon_{r1}-\varepsilon_{r2}}{\varepsilon_{r1}+\varepsilon_{r2}}$

④ $2.25 \times 10^9 \times \dfrac{\rho^2}{\varepsilon_{r1}d} \times \dfrac{\varepsilon_{r1}-\varepsilon_{r2}}{\varepsilon_{r1}+\varepsilon_{r2}}$

해설

- 두 유전체가 무한 평면으로 경계를 이루고 있으므로 전기 영상법을 이용하여 푼다.
- 비유전율 ε_{r2} 영역의 영상 선전하 밀도는

$\rho' = \dfrac{\varepsilon_1 - \varepsilon_2}{\varepsilon_1 + \varepsilon_2}\rho = \dfrac{\varepsilon_{r1} - \varepsilon_{r2}}{\varepsilon_{r1} + \varepsilon_{r2}}\rho \, [\mathrm{C/m}]$

$F = QE = \rho' E = \dfrac{1}{2\pi\varepsilon_1} \times \dfrac{\rho'\rho}{2d} = \dfrac{\rho'\rho}{4\pi\varepsilon_0\varepsilon_{r1}d}$

$= 9 \times 10^9 \times \dfrac{\rho^2}{\varepsilon_{r1}d} \times \dfrac{\varepsilon_{r1} - \varepsilon_{r2}}{\varepsilon_{r1} + \varepsilon_{r2}}\,[\mathrm{N/m}]$

205 ★★☆

평면도체 표면에서 $r[\text{m}]$의 거리에 점전하 $Q[\text{C}]$이 있을 때 이 전하를 무한원까지 운반하는 데 필요한 일은 몇 [J]인가?

① $\dfrac{Q^2}{4\pi\varepsilon_0 r}$ ② $\dfrac{Q^2}{8\pi\varepsilon_0 r}$

③ $\dfrac{Q^2}{16\pi\varepsilon_0 r}$ ④ $\dfrac{Q^2}{32\pi\varepsilon_0 r}$

해설

전기 영상법에 의하여 점전하와 영상 전하 간의 거리는 $d=2r[\text{m}]$이므로 서로 작용하는 힘은 다음과 같다.

$$F = \dfrac{-Q^2}{4\pi\varepsilon_0 (2r)^2} = \dfrac{-Q^2}{16\pi\varepsilon_0 r^2}[\text{N}]$$

따라서 무한 원점으로 운반하는 데 필요한 일은

$$W = \int_r^\infty F\,dr = \int_r^\infty \dfrac{-Q^2}{16\pi\varepsilon_0 r^2}\,dr = -\dfrac{Q^2}{16\pi\varepsilon_0 r}[\text{J}]$$

암기

거리에 따라 힘이 다를 경우의 일

$$W = \int_a^b F\,dr\,[\text{J}]$$

(단, a: 적분 구간의 시작, b: 적분 구간의 끝)

206 ★★★

접지구 도체와 점전하 간의 작용력은?

① 항상 반발력이다. ② 항상 흡인력이다.
③ 조건적 반발력이다. ④ 조건적 흡인력이다.

해설

접지 도체구와 점전하 간의 전기 영상법
- 영상 전하의 크기

  $Q' = -\dfrac{a}{r}Q[\text{C}]$

- 전기 영상법에서 영상 전하는 항상 실제 전하와는 극성이 반대인 전하가 생기므로 이에 의해 발생하는 작용력은 항상 흡인력이 작용한다.

207 ★★☆

반지름 $a[\text{m}]$인 접지 도체구의 중심에서 $d[\text{m}]$ 거리에 점전하 $Q[\text{C}]$가 있다. 도체구에 유기되는 영상 전하 및 그 위치(중심에서의 거리)는 각각 얼마인가?(단, $d > a$이다.)

① $+\dfrac{a}{d}Q[\text{C}]$, $\dfrac{a^2}{d}[\text{m}]$ ② $-\dfrac{a}{d}Q[\text{C}]$, $\dfrac{a^2}{d}[\text{m}]$

③ $+\dfrac{d}{a}Q[\text{C}]$, $\dfrac{d^2}{a}[\text{m}]$ ④ $-\dfrac{d}{a}Q[\text{C}]$, $\dfrac{d^2}{a}[\text{m}]$

해설

접지 도체구와 점전하 간의 전기 영상법

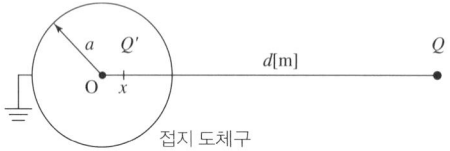

- 영상 전하의 크기

  $Q' = -\dfrac{a}{d}Q[\text{C}]$

- 영상 전하의 위치

  $x = \dfrac{a^2}{d}[\text{m}]$

208 ★★☆

반지름 $a[\mathrm{m}]$인 접지 도체구의 중심에서 $d[\mathrm{m}]$ 되는 거리에 점전하 $Q[\mathrm{C}]$을 놓았을 때 도체구에 유도된 총전하는 몇$[\mathrm{C}]$인가?

① 0
② $-Q$
③ $-\dfrac{a}{d}Q$
④ $-\dfrac{d}{a}Q$

해설

접지 도체구와 점전하 간의 전기 영상법

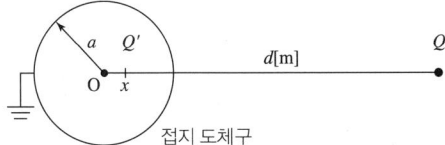

- 영상 전하의 크기
$Q' = -\dfrac{a}{d}Q[\mathrm{C}]$
- 영상 전하의 위치
$x = \dfrac{a^2}{d}[\mathrm{m}]$

전류

1. 전류
2. 전기 저항
3. 옴의 법칙
4. 온도 변화에 따른 저항
5. 전력과 전력량
6. 접지 저항(R)과 정전 용량(C)의 관계
7. 열전 효과
8. 전기의 특수한 현상

CBT 완벽대비 가능한 유형마스터 학습!

THEME	유형분석	관련 번호
THEME 01 전류	전류의 개념과 관련된 문제가 출제됩니다. 기본적인 계산 문제도 함께 나옵니다.	209~218
THEME 02 전기 저항	저항과 고유 저항에 관한 문제가 출제됩니다. 길이, 단면적과 저항의 관계를 확실하게 이해하고 있어야 합니다.	219~223
THEME 03 옴의 법칙	전류와 저항, 전위와의 관계를 묻는 문제가 등장합니다. 옴의 법칙 미분형과 관련된 문제도 출제됩니다.	224~228
THEME 04 온도 변화에 따른 저항	온도 변화에 따른 저항 및 합성 온도 계수와 관련된 문제가 출제됩니다. 개념을 응용하는 수준의 문제는 출제되지 않는 편입니다.	229~233
THEME 05 전력과 전력량	기본적인 전력 및 전력량과 관련된 문제가 등장합니다. 간혹 개념을 응용한 문제가 출제되므로 완벽하게 학습을 해야 합니다.	234~236
THEME 06 접지 저항(R)과 정전 용량(C)의 관계	저항과 정전 용량 관계에 대한 공식을 응용하는 문제가 등장합니다. 정전 용량을 구하는 방법을 완벽히 이해해야 풀 수 있습니다.	237~246
THEME 07 열전 효과	펠티에 효과, 볼타 효과 등 열전 효과의 종류와 내용에 관한 문제가 출제됩니다.	247~249
THEME 08 전기의 특수한 현상	초전 효과, 홀 효과 등 전기의 특수한 현상과 관련된 문제가 출제됩니다. 개념을 암기하면 쉽게 맞힐 수 있습니다.	250~256

학습 효과를 높이는 N제 3회독 시스템

챕터별 전체 1회독이 끝났다면 회독 체크표에 날짜를 기입하고 체크표시를 해주세요.

회독 체크표	1회독	월 일	2회독	월 일	3회독	월 일

CHAPTER 06 전류

THEME 01 전류

209 ★★☆
$10[\mathrm{mm}]$의 지름을 가진 동선에 $50[\mathrm{A}]$의 전류가 흐르고 있을 때 단위 시간 동안 동선의 단면을 통과하는 전자의 수는 약 몇 개인가?

① 7.85×10^{16}
② 20.45×10^{15}
③ 31.21×10^{19}
④ 50×10^{19}

해설

- 단위 시간당 통과하는 전하량
  $Q = It = 50 \times 1 = 50[\mathrm{C}]$
- 단위 시간당 동선의 단면을 통과하는 총 전자수
  $n = \dfrac{Q}{e} = \dfrac{50}{1.602 \times 10^{-19}} \fallingdotseq 31.21 \times 10^{19}$
  ($\because e = 1.602 \times 10^{-19}[\mathrm{C}]$)

210 ★★☆
$1[\mu\mathrm{A}]$의 전류가 흐르고 있을 때, 1초 동안 통과하는 전자 수는 약 몇 개인가?(단, 전자 1개의 전하는 $1.602 \times 10^{-19}[\mathrm{C}]$이다.)

① 6.24×10^{10}
② 6.24×10^{11}
③ 6.24×10^{12}
④ 6.24×10^{13}

해설

- 총 전하량
  $Q = It = 1 \times 10^{-6} \times 1 = 10^{-6}[\mathrm{C}]$
- 1초 동안에 통과한 전자의 개수
  $n = \dfrac{Q}{e} = \dfrac{10^{-6}}{1.602 \times 10^{-19}} \fallingdotseq 6.24 \times 10^{12}$

211 ★★★
$1[\mathrm{Ah}]$의 전기량은 몇 $[\mathrm{C}]$인가?

① $\dfrac{1}{3,600}$
② 1
③ 60
④ $3,600$

해설

$1[\mathrm{Ah}] = \dfrac{1[\mathrm{C}]}{1[\sec]} \times 3,600[\sec] = 3,600[\mathrm{C}]$

212 ★★★
도체의 단면적이 $5[\mathrm{m}^2]$인 곳을 3초 동안에 $30[\mathrm{C}]$의 전하가 통과했다면 이때의 전류$[\mathrm{A}]$는?

① $5[\mathrm{A}]$
② $10[\mathrm{A}]$
③ $30[\mathrm{A}]$
④ $90[\mathrm{A}]$

해설

전류는 단위 시간당 임의의 단면적을 통하여 흐르는 전하량의 비로서 단면적 크기와는 무관하게 통과하는 전하량에만 의존한다.

$\therefore I = \dfrac{Q}{t} = \dfrac{30[\mathrm{C}]}{3[\sec]} = 10[\mathrm{A}]$

| 정답 | 209 ③ 210 ③ 211 ④ 212 ②

213 ★☆☆

길이가 1[cm], 지름이 5[mm]인 동선에 1[A]의 전류를 흘렸을 때 전자가 동선을 흐르는 데 걸리는 평균 시간은 약 몇 초인가?(단, 동선의 전자 밀도는 1×10^{28}[개/m³]이다.)

① 3 ② 31
③ 314 ④ 3,147

해설

동선의 전하량은 그 체적 내에 존재하는 전자의 총 전하량으로 나타낼 수 있다.
- 총 전하량
$$Q = 전자 밀도 \times 전자의 전하량 \times 체적$$
$$= (1\times 10^{28}) \times (1.602\times 10^{-19}) \times \left(\frac{5}{2}\times 10^{-3}\right)^2 \pi \times 1\times 10^{-2}$$
$$= 314[C]$$
- 동선을 흐르는 데 걸리는 평균 시간
$$t = \frac{Q}{I} = \frac{314}{1} = 314[\sec]$$

214 ★★★

지름 2[mm]의 동선에 π[A]의 전류가 균일하게 흐를 때 전류 밀도는 몇 [A/m²]인가?

① 10^3 ② 10^4
③ 10^5 ④ 10^6

해설

전류 밀도
$$J = \frac{전류}{단면적} = \frac{\pi}{\pi(1\times 10^{-3})^2} = 10^6 [A/m^2]$$

215 ★★☆

전류 밀도 $J = 10^7$[A/m²]이고, 단위 체적의 이동 전하가 $Q = 8\times 10^9$[C/m³]이라면 도체 내의 전자의 이동 속도 v[m/s]는?

① 1.25×10^{-2} ② 1.25×10^{-3}
③ 1.25×10^{-4} ④ 1.25×10^{-5}

해설

전류 밀도
$$J = \frac{I}{S} = Q\times v [A/m^2]$$
전자의 이동 속도
$$v = \frac{J}{Q} = \frac{10^7}{8\times 10^9} = 1.25\times 10^{-3} [m/s]$$

216 NEW

원점 주위의 전류 밀도가 $\dot{J} = \frac{2}{r}a_r$[A/m²]의 분포를 가질 때 반지름 5[cm]의 구면을 지나는 전 전류는 몇 [A]인가?

① 0.1π ② 0.2π
③ 0.3π ④ 0.4π

해설

반지름 5[cm]인 구면의 전류 밀도의 크기
$$J = \frac{2}{5\times 10^{-2}} = 40[A/m^2]$$
구 면적 $S = 4\pi r^2 = 4\pi\times (5\times 10^{-2})^2 = \pi\times 10^{-2}[m^2]$ 이므로
$$I = J\cdot S = 40\times \pi\times 10^{-2} = 0.4\pi[A]$$

암기

구의 겉넓이
$$S = 4\pi r^2 [m^2]$$

217
공간 도체 중의 정상 전류 밀도가 i, 전하 밀도가 ρ일 때, 키르히호프의 전류 법칙을 나타내는 것은?

① $i = \dfrac{\partial \rho}{\partial t}$ ② $div\, i = 0$

③ $i = 0$ ④ $div\, i = -\dfrac{\partial \rho}{\partial t}$

해설
키르히호프의 전류 법칙은 임의의 지점에서 들어온 전류의 합은 나가는 전류의 합과 같다는 것으로 정상 전류계에서 도체 내에 흐르는 전류는 연속임을 의미한다.(발산의 정리 적용)
$$\sum I = \int_s i \cdot ds = \int_v div\, i \cdot dv = 0$$
$$\therefore div\, i = 0$$

218
정상 전류계에서 $\nabla \cdot i = 0$에 대한 설명으로 틀린 것은?

① 도체 내에 흐르는 전류는 연속이다.
② 도체 내에 흐르는 전류는 일정하다.
③ 단위 시간당 전하의 변화가 없다.
④ 도체 내에 전류가 흐르지 않는다.

해설
정상 전류에 관한 전류의 연속 방정식은 $\nabla \cdot i = 0$으로 정상 전류계일 경우 도체 내에 흐르는 전류 및 시간당 전하의 변화가 없으며, 도체 내를 흐르는 전류는 연속임을 나타낸다.

THEME 02 전기 저항

219
MKS 단위계로 고유 저항의 단위는?

① $[\Omega \cdot m]$ ② $[\Omega \cdot mm^2/m]$
③ $[\mu\Omega \cdot cm]$ ④ $[\Omega \cdot cm]$

해설
저항 $R = \rho \dfrac{l}{S} [\Omega]$

고유 저항 $\rho = \dfrac{RS}{l} [\Omega \cdot m]$

220
다음 금속 중 저항률이 가장 작은 것은?

① 은 ② 철
③ 백금 ④ 알루미늄

해설
주요 금속 저항률

금속	저항률(ρ)
은	1.62
구리	1.69
백금	10.5
철	10
알루미늄	2.62
금	2.40

| 정답 | 217 ② 218 ④ 219 ① 220 ①

221 ★★★
저항의 크기가 $1[\Omega]$인 전선이 있다. 전선의 체적을 동일하게 유지하면서 길이를 2배로 늘였을 때 전선의 저항$[\Omega]$은?

① 0.5
② 1
③ 2
④ 4

해설

저항 $R=\rho\dfrac{l}{S}[\Omega]$에서 $R\propto l\propto\dfrac{1}{S}$이다.

길이를 2배로 할 경우 동일한 체적이 되기 위해서는 면적이 $\dfrac{1}{2}$배로 되어야 한다.

$\therefore R'=\rho\dfrac{2l}{\frac{1}{2}S}=4\rho\dfrac{l}{S}=4R=4[\Omega]$

222 ★★☆
고유 저항이 $\rho[\Omega\cdot m]$, 한 변의 길이가 $r[m]$인 정육면체의 저항$[\Omega]$은?

① $\dfrac{\rho}{\pi r}$
② $\dfrac{r}{\rho}$
③ $\dfrac{\pi r}{\rho}$
④ $\dfrac{\rho}{r}$

해설

정육면체는 단면적이 $r^2[m^2]$, 한 변의 길이가 $r[m]$이므로

저항 $R=\rho\dfrac{l}{S}=\rho\dfrac{r}{r^2}=\dfrac{\rho}{r}[\Omega]$

223 ★★☆
전기 저항에 대한 설명으로 틀린 것은?

① 저항의 단위는 옴$[\Omega]$을 사용한다.
② 저항률(ρ)의 역수를 도전율이라고 한다.
③ 금속선의 저항 R은 길이 l에 반비례한다.
④ 전류가 흐르고 있는 금속선에 있어서 임의 두 점 간의 전위 차는 전류에 비례한다.

해설 전기 저항

$R=\dfrac{l}{\sigma S}=\rho\dfrac{l}{S}[\Omega]$

(단, σ: 도전율, ρ: 고유 저항률)

- 저항의 단위는 옴$[\Omega]$을 사용한다.
- 저항률(ρ)의 역수를 도전율이라고 한다.
- **금속선의 저항 R은 길이 l에 비례한다.**
- 전류가 흐르고 있는 금속선에 있어서 임의 두 점 간의 전위차는 전류에 비례한다.

THEME 03 옴의 법칙

224 ★★★
도전율의 단위로 옳은 것은?

① $[m/\Omega]$
② $[\Omega/m^2]$
③ $[1/\mho\cdot m]$
④ $[\mho/m]$

해설

- 고유 저항: $\rho[\Omega\cdot m]$
- 도전율: $k=\dfrac{1}{\rho}[1/\Omega\cdot m]$(또는 $[\mho/m]$)

225 ★★★
일정 전압의 직류 전원에 저항을 접속하여 전류를 흘릴 때 저항값을 $20[\%]$ 감소시키면 흐르는 전류는 처음 저항에 흐르는 전류의 몇 배가 되는가?

① 1.0배
② 1.1배
③ 1.25배
④ 1.5배

해설

- 원래 저항에서의 전류

  $I=\dfrac{V}{R}[A]$

- 저항값을 $20[\%]$ 감소시켰을 때의 전류

  $I'=\dfrac{V}{0.8R}=1.25\dfrac{V}{R}=1.25I[A]$이므로 처음 저항에 흐르는 전류의 1.25배가 된다.

| 정답 | 221 ④ 222 ④ 223 ③ 224 ④ 225 ③

226 [NEW]

직류 전원의 단자 전압을 내부 저항 $250[\Omega]$의 전압계로 측정하니 $50[V]$이고 $750[\Omega]$의 전압계로 측정하니 $75[V]$이었다. 전원의 기전력 E 및 내부 저항 r의 값은 얼마인가?

① $100[V]$, $250[\Omega]$
② $100[V]$, $25[\Omega]$
③ $250[V]$, $100[\Omega]$
④ $125[V]$, $5[\Omega]$

해설

전체 회로의 저항은 전압계 내부 저항과 전원의 내부 저항의 합이다.

- 내부 저항이 $250[\Omega]$인 전압계로 측정 시

$$I_1 = \frac{50}{250} = \frac{E(\text{전원의 기전력})}{r+250(\text{회로의 전체 저항})}[A]$$

$$\therefore E = \frac{r}{5} + 50[V] \quad \cdots\cdots \; \text{㉠}$$

- 내부 저항이 $750[\Omega]$인 전압계로 측정 시

$$I_2 = \frac{75}{750} = \frac{E(\text{전원의 기전력})}{r+750(\text{회로의 전체 저항})}[A]$$

$$\therefore E = \frac{r}{10} + 75[V] \quad \cdots\cdots \; \text{㉡}$$

㉠ 식과 ㉡ 식을 연립하여 풀면
$E = 100[V]$, $r = 250[\Omega]$

227 [NEW]

옴의 법칙을 미분 형태로 표시하면?(단, i는 전류 밀도이고 ρ는 저항률, E는 전계이다.)

① $i = \frac{1}{\rho}E$
② $i = \rho E$
③ $i = div E$
④ $i = \nabla \times E$

해설

전도 전류 계산식은 옴의 법칙에 의하여
$$I = \frac{V}{R} = \frac{El}{\rho\frac{l}{S}} = \frac{ES}{\rho}[A]$$

따라서 전류 밀도(옴의 법칙 미분형)는 다음과 같다.

$$\frac{I}{S} = i = \frac{1}{\rho}E [A/m^2]$$

228 ★★☆

정상 전류계에서 J는 전류 밀도, σ는 도전율, ρ는 고유 저항, E는 전계의 세기일 때, 옴의 법칙의 미분형은?

① $J = \sigma E$
② $J = \frac{E}{\sigma}$
③ $J = \rho E$
④ $J = \rho\sigma E$

해설

옴의 법칙(미분형)
$$\frac{I}{S} = J = \sigma E [A/m^2]$$

THEME 04 온도 변화에 따른 저항

229 [NEW]

금속 도체의 전기 저항은 일반적으로 온도와 어떤 관계인가?

① 전기 저항은 온도의 변화에 무관하다.
② 전기 저항은 온도의 변화에 대해 정특성을 갖는다.
③ 전기 저항은 온도의 변화에 대해 부특성을 갖는다.
④ 금속 도체의 종류에 따라 전기 저항의 온도 특성은 일관성이 없다.

해설

온도에 따른 저항의 크기
$R_t = R_o[1 + \alpha(t_2 - t_1)]$
도체의 전기 저항은 온도가 상승하면 비례해서 증가하는 정특성을 갖는다.

230 ★★★

20[℃]에서 저항의 온도 계수가 0.002인 니크롬선의 저항이 100[Ω]이다. 온도가 60[℃]로 상승되면 저항은 몇 [Ω]이 되겠는가?

① 108
② 112
③ 115
④ 120

해설

온도에 따른 저항의 크기
$R_t = R_0[1+\alpha(t_2-t_1)]$
$= 100 \times [1+0.002 \times (60-20)]$
$= 100 \times (1+0.08) = 108[\Omega]$

231 ★★★

구리의 고유 저항은 20[℃]에서 $1.69 \times 10^{-8}[\Omega \cdot m]$이고 온도 계수는 0.00393이다. 단면적이 $2[mm^2]$이고 100[m]인 구리선의 저항값은 40[℃]에서 약 몇 [Ω]인가?

① 0.91×10^{-3}
② 1.89×10^{-3}
③ 0.91
④ 1.89

해설

- 20[℃]에서의 저항
$R_0 = \rho\frac{l}{S} = 1.69 \times 10^{-8} \times \frac{100}{2 \times 10^{-6}} = 0.845[\Omega]$
- 40[℃]에서의 저항
$R_t = R_0\{1+\alpha(t_2-t_1)\}$
$= 0.845 \times [1+0.00393 \times (40-20)]$
$= 0.911[\Omega]$

232 ★★☆

온도 0[°C]에서 저항이 $R_1[\Omega]$, $R_2[\Omega]$, 저항 온도계수가 α_1, $\alpha_2[1/°C]$인 두 개의 저항선을 직렬로 접속하는 경우, 그 합성 저항 온도 계수는 몇 [1/°C]인가?

① $\frac{\alpha_1 R_2}{R_1+R_2}$
② $\frac{\alpha_1 R_1 + \alpha_2 R_2}{R_1+R_2}$
③ $\frac{\alpha_1 R_1 - \alpha_2 R_2}{R_1+R_2}$
④ $\frac{\alpha_1 R_2 + \alpha_2 R_1}{R_1+R_2}$

해설

서로 다른 두 도체의 합성 온도 계수
$\alpha = \frac{\alpha_1 R_1 + \alpha_2 R_2}{R_1+R_2}[1/°C]$

233 ★★☆

저항 100[Ω]인 구리선에 900[Ω]의 망간선을 직렬로 연결하면 전체 저항의 온도 계수는 동선의 온도 계수의 약 몇 배 정도가 되는가?(단, 망간선의 저항 온도 계수는 0이다.)

① 0.1
② 0.6
③ 0.9
④ 1.8

해설

서로 다른 두 도체의 합성 온도 계수
$\alpha = \frac{\alpha_1 R_1 + \alpha_2 R_2}{R_1+R_2} = \frac{100\alpha_1 + 900 \times 0}{100+900}$
$= \frac{100}{1,000}\alpha_1 = 0.1\alpha_1$

| 정답 | 230 ① 231 ③ 232 ② 233 ①

THEME 05 전력과 전력량

234 ★★☆

기전력 $1.5[\text{V}]$이고, 내부 저항 $0.02[\Omega]$인 전지에 $2[\Omega]$의 저항을 연결하였을 때 이 저항에서의 소모 전력은 약 몇 $[\text{W}]$인가?

① 1.1 ② 5
③ 11   ④ 55

해설

회로에 흐르는 전류
$$I = \frac{V}{R+r} = \frac{1.5}{2+0.02} = 0.74[\text{A}]$$

저항에서 소모되는 전력
$$P = I^2 R = 0.74^2 \times 2 = 1.1[\text{W}]$$

235 ★★☆

$10^6[\text{cal}]$의 열량은 약 몇 $[\text{kWh}]$의 전력량인가?

① 0.06 ② 1.16
③ 2.27 ④ 4.17

해설

$1[\text{cal}] = 4.2[\text{J}] = 4.2[\text{W}\cdot\text{s}]$
$10^6[\text{cal}] = 4.2 \times 10^6[\text{J}] = 4.2 \times 10^6[\text{W}\cdot\text{s}]$
위의 단위 변환에서
$\therefore 4.2 \times 10^6 \times 10^{-3} \times \frac{1}{3,600} = 1.16[\text{kWh}]$

별해

$1[\text{Wh}] = 860[\text{cal}]$
$\therefore \frac{10^6}{860} = 1162.8 = 1.16[\text{Wh}]$

암기

$1[\text{cal}] = 4.2[\text{J}]$
$1[\text{Wh}] = 860[\text{cal}]$

236 ★☆☆

도전율 σ인 도체에서 전장 E에 의해 전류 밀도 J가 흘렀을 때 이 도체에서 소비되는 전력을 표시한 식은?

① $\int_v \dot{E} \cdot \dot{J}\, dv$
② $\int_v \dot{E} \times \dot{J}\, dv$
③ $\frac{1}{\sigma}\int \dot{E} \cdot \dot{J}\, dv$
④ $\frac{1}{\sigma}\int_v \dot{E} \times \dot{J}\, dv$

해설

- 도체에서 소비되는 전력
  $P = VI\cos\theta[\text{W}]$
- 도체 내 전위
  $V = Ed[\text{V}]$ (단, d: 거리$[\text{m}]$)
- 전류
  $I = J \cdot S[\text{A}]$ (단, S: 단면적$[\text{m}^2]$)
- 소비 전력
  $P = Ed \times JS\cos\theta = EJ\cos\theta \times d \times S = EJ\cos\theta \times v$
  (단, v: 체적$(d \times S)[\text{m}^3]$)
  여기서, $EJ\cos\theta$는 벡터 E와 벡터 J의 내적으로 표현할 수 있으므로
  $EJ\cos\theta = \dot{E} \cdot \dot{J}$
  체적 $v = \int_v dv$이므로
  $P = \int_v \dot{E} \cdot \dot{J}\, dv$

THEME 06 접지 저항(R)과 정전 용량(C)의 관계

237 ★★★

평행판 콘덴서의 극판 사이에 유전율 ε, 저항률 ρ인 유전체를 삽입하였을 때, 두 전극 간의 저항 R과 정전 용량 C의 관계는?

① $R = \rho\varepsilon C$
② $RC = \frac{\varepsilon}{\rho}$
③ $RC = \rho\varepsilon$
④ $RC\rho\varepsilon = 1$

해설

극판 사이의 거리를 $d[\text{m}]$라 하면
정전 용량 $C = \frac{\varepsilon S}{d}[\text{F}]$

저항 $R = \rho\frac{d}{S}[\Omega]$

$\therefore RC = \rho\frac{d}{S} \times \frac{\varepsilon S}{d} = \rho\varepsilon$

238 ★★★

그림과 같이 면적 $S[\text{m}^2]$, 간격 $d[\text{m}]$인 극판 간에 유전율 ε, 저항률 ρ인 매질을 채웠을 때 극판 간의 정전 용량 C와 저항 R의 관계는?(단, 전극판의 저항률은 매우 작은 것으로 한다.)

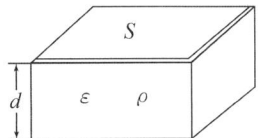

① $R = \dfrac{\varepsilon\rho}{C}$ ② $R = \dfrac{C}{\varepsilon\rho}$

③ $R = \varepsilon\rho C$ ④ $R = \dfrac{1}{\varepsilon\rho C}$

해설

저항과 정전 용량의 관계 $RC = \rho\varepsilon$이므로
$R = \dfrac{\rho\varepsilon}{C}[\Omega]$

239 ★★☆

대지의 고유 저항이 $\rho[\Omega\cdot\text{m}]$일 때 반지름 $a[\text{m}]$인 반구형 접지극의 접지 저항은?

① $4\pi a\rho$ ② $\dfrac{\rho}{4\pi a}$

③ $\dfrac{\rho}{2\pi a}$ ④ $2\pi a\rho$

해설

- 반구형 접지극의 정전 용량
  $C = 4\pi\varepsilon a \times \dfrac{1}{2} = 2\pi\varepsilon a[\text{F}]$
  저항과 정전 용량의 관계 $RC = \rho\varepsilon$이므로
- 접지극의 접지 저항
  $R = \dfrac{\rho\varepsilon}{C} = \dfrac{\rho\varepsilon}{2\pi\varepsilon a} = \dfrac{\rho}{2\pi a}[\Omega]$

암기
반구 도체의 정전 용량
$C = 2\pi\varepsilon_0 a[\text{F}]$

240 ★☆☆

내경이 $2[\text{cm}]$, 외경이 $3[\text{cm}]$인 동심 구도체 간에 고유 저항이 $1.884\times 10^2[\Omega\cdot\text{m}]$인 저항 물질로 채워져 있는 경우 내외 구간의 합성 저항은 약 몇 $[\Omega]$ 정도 되겠는가?

① 2.5 ② 5
③ 250 ④ 500

해설

- 동심 구도체의 정전 용량 $C = \dfrac{4\pi\varepsilon}{\dfrac{1}{a}-\dfrac{1}{b}}[\text{F}]$ (단, $a < b$)

  저항과 정전 용량의 관계 $RC = \rho\varepsilon$이므로
- 동심 구도체의 내외 구간 합성 저항
  $R = \dfrac{\rho\varepsilon}{C} = \dfrac{\rho}{4\pi}\left(\dfrac{1}{a}-\dfrac{1}{b}\right)$
  $= \dfrac{1.884\times 10^2}{4\pi}\left(\dfrac{1}{\dfrac{1}{2}\times 2\times 10^{-2}} - \dfrac{1}{\dfrac{1}{2}\times 3\times 10^{-2}}\right)$
  $= 499.75[\Omega]$

241 NEW

반지름 a, b인 두 개의 구 형상 도체 전극이 도전율 k인 매질 속에 중심 거리 r만큼 떨어져 있다. 양 전극 간의 저항은? (단, $r \gg a$, $r \ll b$이다.)

① $4\pi k\left(\dfrac{1}{a}+\dfrac{1}{b}\right)$ ② $4\pi k\left(\dfrac{1}{a}-\dfrac{1}{b}\right)$

③ $\dfrac{1}{4\pi k}\left(\dfrac{1}{a}+\dfrac{1}{b}\right)$ ④ $\dfrac{1}{4\pi k}\left(\dfrac{1}{a}-\dfrac{1}{b}\right)$

해설

두 개의 구 형상 도체가 떨어져 있으므로 직렬 연결되어 있다고 볼 수 있다.

$R = R_a + R_b = \dfrac{\rho\varepsilon}{C_a} + \dfrac{\rho\varepsilon}{C_b}[\Omega]$

- 구도체의 정전 용량
  $C_a = 4\pi\varepsilon a[\text{F}]$, $C_b = 4\pi\varepsilon b[\text{F}]$
- 합성 저항
  $R = \dfrac{\rho\varepsilon}{4\pi\varepsilon a} + \dfrac{\rho\varepsilon}{4\pi\varepsilon b} = \dfrac{\rho}{4\pi}\left(\dfrac{1}{a}+\dfrac{1}{b}\right)[\Omega]$
- 도전율 $k = \dfrac{1}{\rho}[\mho/\text{m}]$이므로
  $R = \dfrac{1}{4\pi k}\left(\dfrac{1}{a}+\dfrac{1}{b}\right)[\Omega]$

| 정답 | 238 ① 239 ③ 240 ④ 241 ③

242 ★★☆

반지름 a, $b(a<b)$인 동심 원통 전극 사이에 고유 저항 ρ의 물질이 충만되어 있을 때 단위 길이당 저항은?

① $2\pi\rho\ln\dfrac{b}{a}$ ② $\dfrac{\rho}{2\pi\ln\dfrac{b}{a}}$

③ $\dfrac{\rho}{2\pi}\ln\dfrac{b}{a}$ ④ $2a\rho$

해설

- 단위 길이당 동심 원통의 정전 용량

$$C=\dfrac{2\pi\varepsilon}{\ln\dfrac{b}{a}}[\text{F/m}]$$

- 단위 길이당 저항

$$R=\dfrac{\rho\varepsilon}{C}=\dfrac{\rho\varepsilon}{\dfrac{2\pi\varepsilon}{\ln\dfrac{b}{a}}}=\dfrac{\rho}{2\pi}\ln\dfrac{b}{a}\,[\Omega/\text{m}]$$

243 NEW

내부 원통 도체의 반지름이 $a[\text{m}]$, 외부 원통 도체의 반지름이 $b[\text{m}]$인 동축 원통 도체에서 내외 도체 간 물질의 도전율이 $\sigma[\mho/\text{m}]$일 때 내외 도체 간의 단위 길이당 컨덕턴스 $[\mho/\text{m}]$는?

① $\dfrac{2\pi\sigma}{\ln\dfrac{b}{a}}$ ② $\dfrac{2\pi\sigma}{\ln\dfrac{a}{b}}$

③ $\dfrac{4\pi\sigma}{\ln\dfrac{b}{a}}$ ④ $\dfrac{4\pi\sigma}{\ln\dfrac{a}{b}}$

해설

- 동심 원통 도체의 단위 길이당 정전 용량

$$C=\dfrac{2\pi\varepsilon}{\ln\dfrac{b}{a}}[\text{F/m}]$$

- 저항과 정전 용량의 관계 $R=\dfrac{\rho\varepsilon}{C}$이고, 컨덕턴스 $G=\dfrac{1}{R}$이므로

$$G=\dfrac{1}{R}=\dfrac{C}{\rho\varepsilon}=\dfrac{2\pi\varepsilon}{\ln\dfrac{b}{a}}\times\dfrac{1}{\rho\varepsilon}=\dfrac{2\pi}{\rho\ln\dfrac{b}{a}}[\mho/\text{m}]$$

- 도전율 $\sigma=\dfrac{1}{\rho}[\mho/\text{m}]$이므로

$$G=\dfrac{2\pi\sigma}{\ln\dfrac{b}{a}}[\mho/\text{m}]$$

244 ★★★

액체 유전체를 포함한 콘덴서 용량이 $C[\text{F}]$인 것에 $V[\text{V}]$의 전압을 가했을 경우에 흐르는 누설 전류$[\text{A}]$는?(단, 유전체의 유전율은 $\varepsilon[\text{F/m}]$, 고유 저항은 $\rho[\Omega\cdot\text{m}]$이다.)

① $\dfrac{\rho\varepsilon}{CV}$ ② $\dfrac{C}{\rho\varepsilon V}$

③ $\dfrac{CV}{\rho\varepsilon}$ ④ $\dfrac{\rho\varepsilon V}{C}$

해설

- 저항

$$R=\dfrac{\rho\varepsilon}{C}[\Omega]$$

- 누설 전류

$$I=\dfrac{V}{R}=\dfrac{V}{\dfrac{\rho\varepsilon}{C}}=\dfrac{CV}{\rho\varepsilon}[\text{A}]$$

245 ★★☆

액체 유전체를 넣은 콘덴서의 용량이 $20[\mu\text{F}]$이다. 여기에 $500[\text{kV}]$의 전압을 가하면 누설 전류는 몇 $[\text{A}]$인가? (단, 비유전율 $\varepsilon_s=2.2$, 고유 저항 $\rho=10^{11}[\Omega\cdot\text{m}]$이다.)

① 4.2   ② 5.13
③ 54.5   ④ 61

해설

- 저항

$$R=\dfrac{\rho\varepsilon}{C}[\Omega]$$

- 누설 전류

$$I=\dfrac{V}{R}=\dfrac{CV}{\rho\varepsilon}=\dfrac{20\times10^{-6}\times500\times10^3}{10^{11}\times8.854\times10^{-12}\times2.2}\fallingdotseq5.13\,[\text{A}]$$

| 정답 | 242 ③ | 243 ① | 244 ③ | 245 ② |

246 〔NEW〕

그림과 같은 손실 유전체에서 전원의 양극 사이에 채워진 동축 케이블의 전력 손실은 몇 [W]인가?(단, 모든 단위는 MKS 유리화 단위이며, σ는 매질의 도전율[S/m]이라 한다.)

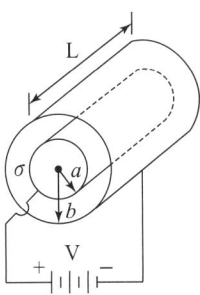

① $\dfrac{\pi\sigma V^2 L}{2\ln\dfrac{b}{a}}$ ② $\dfrac{\pi\sigma V^2 L}{\ln\dfrac{b}{a}}$

③ $\dfrac{2\pi\sigma V^2 L}{\ln\dfrac{b}{a}}$ ④ $\dfrac{4\pi\sigma V^2 L}{\ln\dfrac{b}{a}}$

해설

동축 케이블의 정전용량 $C = \dfrac{2\pi\varepsilon L}{\ln\dfrac{b}{a}}$ [F]

전력 손실 $P_l = I^2 R = \dfrac{V^2}{R}$ [W]

저항과 정전용량의 관계 $RC = \rho\varepsilon = \dfrac{\varepsilon}{\sigma}$ (여기서 ρ: 고유저항, σ: 도전율)을 이용하면 저항은 다음과 같다.

$R = \dfrac{\rho\varepsilon}{C} = \dfrac{\varepsilon}{C\sigma} = \dfrac{\varepsilon}{\dfrac{2\pi\varepsilon L \times \sigma}{\ln\dfrac{b}{a}}} = \dfrac{\ln\dfrac{b}{a}}{2\pi L\sigma}$ [Ω]

따라서 전력 손실 $P_l = \dfrac{V^2}{R} = \dfrac{V^2}{\dfrac{\ln\dfrac{b}{a}}{2\pi L\sigma}} = \dfrac{2\pi\sigma V^2 L}{\ln\dfrac{b}{a}}$ [W]

THEME 07 열전 효과

247 ★☆☆

제벡(Seebeck) 효과를 이용한 것은?

① 광전지 ② 열전대
③ 전자 냉동 ④ 수정 발전기

해설

- 제벡 효과(Seebeck Effect)
  금속선 양쪽 끝을 접합하여 폐회로를 구성하고 한 접점에 열을 가하게 되면 두 접점에 온도 차로 인해 생기는 전위 차에 의해 전류가 흐르게 되는 현상
- 제벡 효과를 이용한 기기: 열전대, 전자 온도계

248 ★★★

두 종류의 금속 접합면에 전류를 흘리면 접속점에서 열의 흡수 또는 발생이 일어나는 현상은?

① 펠티에 효과 ② 제벡 효과
③ 톰슨 효과 ④ 코일의 상대 위치

해설

- 제벡 효과(Seebeck Effect)
  금속선 양쪽 끝을 접합하여 폐회로를 구성하고 한 접점에 열을 가하게 되면 두 접점에 온도차로 인해 생기는 전위차에 의해 전류가 흐르게 되는 현상
- 펠티에 효과(Peltier Effect)
  두 금속으로 이루어진 열전대에 전류를 흐르게 했을 때 열전대의 각 접점에서 발열 혹은 흡열 작용이 일어나는 현상
- 톰슨 효과(Thomson Effect)
  동일한 금속에 부분적인 온도차가 있을 때 전류를 흘리면 발열 또는 흡열이 일어나는 현상

249 ★★★
동일한 금속 도선의 두 점 사이에 온도차를 주고 전류를 흘렸을 때 열의 발생 또는 흡수가 일어나는 현상은?

① 펠티에(Peltier) 효과
② 볼타(Volta) 효과
③ 제벡(Seebeck) 효과
④ 톰슨(Thomson) 효과

해설
- 펠티에 효과(Peltier Effect)
  두 금속으로 이루어진 열전대에 전류를 흐르게 했을 때 열전대의 각 접점에서 발열 혹은 흡열 작용이 일어나는 현상
- 볼타(Volta) 효과: 서로 다른 두 종류의 금속을 접촉시키고 얼마 후에 떼어서 각각 검사하면 양과 음으로 대전되는 현상
- 제벡 효과(Seebeck Effect)
  금속선 양쪽 끝을 접합하여 폐회로를 구성하고 한 접점에 열을 가하게 되면 두 접점에 온도차로 인해 생기는 전위차에 의해 전류가 흐르게 되는 현상
- 톰슨 효과(Thomson Effect)
  동일한 금속에 부분적인 온도차가 있을 때 전류를 흘리면 발열 또는 흡열이 일어나는 현상

THEME 08 전기의 특수한 현상

250 ★★☆
유전체의 초전 효과(Pyroelectric effect)에 대한 설명이 아닌 것은?

① 온도 변화에 관계없이 일어난다.
② 자발 분극을 가진 유전체에서 생긴다.
③ 초전 효과가 있는 유전체를 공기 중에 놓으면 중화된다.
④ 열에너지를 전기에너지로 변화시키는 데 이용된다.

해설
- 파이로 효과(초전 효과)는 압전 효과가 일어나는 결정에 가열 또는 냉각하면 전기분극이 일어나는 것이다.
- 파이로 효과는 열에너지를 전기에너지로 변환하는 데 사용한다.
- 파이로 효과는 온도 변화가 있을 때에만 발생한다.

251 ★★★
다음이 설명하고 있는 것은?

> 수정, 로셸염 등에 열을 가하면 분극을 일으켜 한 쪽 끝에 양(+) 전기, 다른 쪽 끝에 음(-) 전기가 나타나며, 냉각할 때에는 역분극이 생긴다.

① 강유전성
② 압전기 현상
③ 파이로(Pyro) 전기
④ 톰슨(Thomson) 효과

해설
전기의 특수한 현상
- 압전 효과
  - 유전체 결정에 기계적 변형을 가하면 결정 표면에 양, 음의 전하가 발생하여 대전되는 현상
  - 반대로 이 결정을 전계 내에 놓으면 결정이 기계적 변형이 생기기도 한다.
- 파이로(Pyro) 효과
  - 어떤 특수한 물질을 가열시키거나 반대로 냉각을 시키면 전기 분극을 일으키는 현상
  - 로셸염이나 수정 등에서 발생
- 톰슨 효과(Thomson Effect)
  동일한 금속에 부분적인 온도 차가 있을 때 전류를 흘리면 발열 또는 흡열이 일어나는 현상

252 ★★☆
기계적인 변형력을 가할 때 결정체의 표면에 전위차가 발생되는 현상은?

① 볼타 효과
② 전계 효과
③ 압전 효과
④ 파이로 효과

해설
전기의 특수한 현상
- 압전 효과
  - 유전체 결정에 기계적 변형을 가하면 결정 표면에 양, 음의 전하가 발생하여 대전되는 현상
  - 반대로 이 결정을 전계 내에 놓으면 결정이 기계적 변형이 생기기도 한다.
- 파이로(Pyro) 효과
  - 어떤 특수한 물질을 가열시키거나 반대로 냉각을 시키면 전기 분극을 일으키는 현상
  - 로셸염이나 수정 등에서 발생
- 볼타 효과
  서로 다른 두 종류의 금속을 접촉시키고 얼마 후에 뗄 경우 각각의 금속이 양과 음으로 대전되는 현상

| 정답 | 249 ④ 250 ① 251 ③ 252 ③

253 ★☆☆
압전기 현상에서 전기 분극이 기계적 응력에 수직한 방향으로 발생하는 현상은?

① 종효과　　② 횡효과
③ 역효과　　④ 직접효과

해설
기계적인 압력을 가하면 전위 차가 발생하거나 전위 차를 인가할 경우 기계적 변형이 일어나는 현상을 압전 현상이라 한다.
- 종효과: 힘을 가하는 방향과 전위 차 발생 방향이 서로 같은 압전 현상
- 횡효과: 힘을 가하는 방향과 전위 차 발생 방향이 서로 수직인 압전 현상

254 ★★☆
도체나 반도체에 전류를 흘리고 이것과 직각 방향으로 자계를 가하면 이 두 방향과 직각 방향으로 기전력이 생기는 현상을 무엇이라 하는가?

① 홀 효과　　② 핀치 효과
③ 볼타 효과　　④ 압전 효과

해설
홀(Hall) 효과
도체에 전류를 흘리고 이 전류와 직각 방향으로 자계를 가하면 이 두 방향과 직각 방향으로 분극이 나타나고 기전력이 생기는 효과가 발생한다.

255 ★☆☆
임의의 방향으로 배열되었던 강자성체의 자구가 외부 자기장의 힘이 일정치 이상이 되는 순간에 급격히 회전하여 자기장의 방향으로 배열되고 자속밀도가 증가하는 현상을 무엇이라 하는가?

① 자기여효(Magnetic Aftereffect)
② 바크하우젠 효과(Barkhausen Effect)
③ 자기왜현상(Magneto-striction Effect)
④ 핀치 효과(Pinch Effect)

해설
전기의 특수한 현상
- 바크하우젠 효과
  강자성체에 자계를 인가할 경우, 내부 자속이 불연속적으로 변화하는 현상
- 자기왜현상
  니켈 등의 강자성체를 자기장 안에 두면 왜곡 등의 일그러짐이 발생하는 현상
- 자기여효
  강자성체에 자계 인가 시 자화가 시간적으로 늦게 일어나는 현상
- 핀치 효과
  액체 상태의 도체에 전류를 인가하는 경우 액체 도체가 수축·이완하는 현상

256 NEW
압전 효과를 이용하지 않은 것은?

① 수정 발진기　　② 마이크로폰
③ 초음파 발생기　　④ 자속계

해설
압전 효과를 응용한 기기
- 수정 발진기
- 마이크로폰
- 초음파 발생기
- 크리스탈 Pick-Up

진공 중의 정자계

1. 정자계의 쿨롱의 법칙
2. 자계(자장)의 세기
3. 자기력선
4. 자속 및 자속 밀도
5. 자위
6. 자기 쌍극자 및 자기 이중층
7. 막대 자석

CBT 완벽대비 가능한 유형마스터 학습!

THEME	유형분석	관련 번호
THEME 01 정자계의 쿨롱의 법칙	정자계에서 쿨롱의 법칙과 관련된 문제가 등장합니다. 기본적인 내용을 묻는 수준으로 출제됩니다.	257~258
THEME 02 자계(자장)의 세기	자계의 세기, 힘과 관련된 문제가 출제됩니다. 응용문제가 많이 출제되니 이 개념을 이해하는 것이 중요합니다.	259~263
THEME 03 자기력선	자기력선의 특성을 묻는 문제가 나옵니다. 특성을 완벽하게 이해하고 있는 것이 중요합니다.	264~265
THEME 04 자속 및 자속 밀도	자계의 세기와 자속 밀도의 관계를 묻는 문제가 나옵니다. 대부분 계산 문제가 출제됩니다.	266~271
THEME 05 자위	자위의 공식과 단위를 묻는 문제가 출제됩니다. 기본적인 수준으로 나오므로 어렵지 않게 맞힐 수 있습니다.	272~276
THEME 06 자기 쌍극자 및 자기 이중층	자위의 세기 공식을 적용하는 문제들이 출제됩니다. 대부분 응용을 요구하지 않는 쉬운 문제들로 나옵니다.	277~279
THEME 07 막대 자석	회전력과 관련된 공식을 이해하고 계산을 요구하는 문제가 출제됩니다. 간혹 고난도 문제도 출제되는 편입니다.	280~284

학습 효과를 높이는 N제 3회독 시스템

챕터별 전체 1회독이 끝났다면 회독 체크표에 날짜를 기입하고 체크표시를 해주세요.

회독 체크표	☐ 1회독	월 일	☐ 2회독	월 일	☐ 3회독	월 일

CHAPTER 07 진공 중의 정자계

THEME 01 정자계의 쿨롱의 법칙

257 ★★★
10^{-5}[Wb]와 1.2×10^{-5}[Wb]의 점자극을 공기 중에서 2[cm] 거리에 놓았을 때 극 간에 작용하는 힘은 약 몇 [N]인가?

① 1.9×10^{-2}
② 1.9×10^{-3}
③ 3.8×10^{-2}
④ 3.8×10^{-3}

해설
두 점 자극 m_1, m_2 사이에 발생하는 쿨롱의 힘
$$F = \frac{1}{4\pi\mu_0} \times \frac{m_1 m_2}{r^2}$$
$$= 6.33 \times 10^4 \times \frac{10^{-5} \times 1.2 \times 10^{-5}}{(2 \times 10^{-2})^2} = 1.9 \times 10^{-2} [\text{N}]$$

258 ★★☆
공기 중에서 가상 점자극 m_1[Wb]과 m_2[Wb]를 r[m] 떼어 놓았을 때 두 자극간의 작용력이 F[N]이었다면, 이때의 거리 r[m]는?

① $\sqrt{\dfrac{m_1 m_2}{F}}$

② $\dfrac{6.33 \times 10^4 \times m_1 m_2}{F}$

③ $\sqrt{\dfrac{6.33 \times 10^4 \times m_1 m_2}{F}}$

④ $\sqrt{\dfrac{9 \times 10^4 \times m_1 m_2}{F}}$

해설
두 점자극 m_1, m_2 사이에 발생하는 쿨롱의 힘
$F = \dfrac{1}{4\pi\mu_0} \times \dfrac{m_1 m_2}{r^2} = 6.33 \times 10^4 \times \dfrac{m_1 m_2}{r^2}$[N]이므로
$r = \sqrt{\dfrac{6.33 \times 10^4 \times m_1 m_2}{F}}$ [m]

THEME 02 자계(자장)의 세기

259 ★★★
자계의 세기를 표시하는 단위가 아닌 것은?

① [A/m]
② [Wb/m]
③ [N/Wb]
④ [AT/m]

해설
자계의 세기
$H = \dfrac{NI}{l}$[AT/m](또는 [A/m])
$H = \dfrac{F}{m}$[N/Wb](m: 자극의 세기[Wb])

260 ★★★
자극의 크기 $m = 4$[Wb]의 점자극으로부터 $r = 4$[m] 떨어진 점의 자계의 세기[AT/m]를 구하면?

① 7.9×10^3
② 6.3×10^4
③ 1.6×10^4
④ 1.3×10^3

해설
자계의 세기
$H = \dfrac{m}{4\pi\mu_0 r^2} = 6.33 \times 10^4 \times \dfrac{m}{r^2} = 6.33 \times 10^4 \times \dfrac{4}{4^2}$
$\fallingdotseq 1.6 \times 10^4$[AT/m]

| 정답 | 257 ① | 258 ③ | 259 ② | 260 ③ |

261 NEW

그림과 같이 진공에서 6×10^{-3}[Wb]의 자극을 가진 길이 10[cm] 되는 막대자석의 정자극으로부터 5[cm] 떨어진 P점의 자계의 세기는?

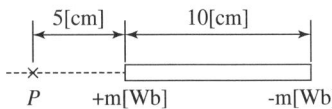

① 13.5×10^4[AT/m]
② 17.3×10^4[AT/m]
③ 23.3×10^4[AT/m]
④ 28.1×10^5[AT/m]

해설

$+m$자극의 위치를 A, $-m$자극의 위치를 B라 하면
점 P에서 A까지의 거리는 5[cm], B까지의 거리는 15[cm]이다.
두 자극의 극성이 다르므로 자계의 세기는
$H_P = H_{AP} - H_{BP}$
$= 6.33\times 10^4 \times \left(\dfrac{6\times 10^{-3}}{(5\times 10^{-2})^2} - \dfrac{6\times 10^{-3}}{(15\times 10^{-2})^2}\right)$
$\fallingdotseq 13.5\times 10^4$[AT/m]

262 ★★☆

비투자율 μ_s, 자속 밀도 B[Wb/m²]인 자계 중에 있는 m[Wb]의 자극이 받는 힘[N]은?

① $\dfrac{mB}{\mu_0\mu_s}$
② $\dfrac{mB}{\mu_0}$
③ $\dfrac{\mu_0\mu_s}{mB}$
④ $\dfrac{mB}{\mu_s}$

해설

자극이 받는 힘
$F = mH = m\times \dfrac{B}{\mu_0\mu_s} = \dfrac{mB}{\mu_0\mu_s}$[N]

암기

전속 밀도 $B = \mu H = \mu_0\mu_s H$[Wb/m²]

263 ★★☆

1,000[AT/m]의 자계 중에 어떤 자극을 놓았을 때 3×10^2[N]의 힘을 받았다고 한다. 자극의 세기[Wb]는?

① 0.03
② 0.3
③ 3
④ 30

해설

자극이 받는 힘 $F = mH$에서
$m = \dfrac{F}{H} = \dfrac{3\times 10^2}{1,000} = 0.3$[Wb]

THEME 03 자기력선

264 NEW

두 개의 자력선이 동일한 방향으로 흐르면 자계강도는?

① 더 약해진다.
② 주기적으로 약해졌다 또는 강해졌다 한다.
③ 더 강해진다.
④ 강해졌다가 약해진다.

해설

자력선(자기력선)이 동일한 방향으로 흐르게 될 경우 자력선을 합한 것과 같은 강도가 되므로 더 강해진다.

265 ★★☆

공기 중에서 자극의 세기 m[Wb]인 점자극으로부터 나오는 총자기력선의 수는 얼마인가?

① m
② $\mu_0 m$
③ $\dfrac{m}{\mu_0}$
④ $\dfrac{m^2}{\mu_0}$

해설

공기 중에서 자기력선 수 $N = \dfrac{m}{\mu_0}$

THEME 04 자속 및 자속 밀도

266

MKS 단위에서 자속의 단위는 [Wb]이다. 1[Wb]와 동일한 값이 아닌 것은?

① 10^4[Gauss·m²] ② 10^8[Maxwell]
③ 10^4[Oersted] ④ 10^8[emu]

해설

$1[\text{Wb}] = 10^8[\text{Maxwell}] = 10^8[\text{emu}] = 10^4[\text{Gauss·m}^2]$

$1[\text{AT/m}] = \dfrac{4\pi}{10^3}[\text{Oersted}]$

267

공기 중 임의의 점에서 자계의 세기 H가 20[AT/m]라면 자속 밀도 B는 약 몇 [Wb/m²]인가?

① 2.5×10^{-5} ② 3.5×10^{-5}
③ 4.5×10^{-5} ④ 5.5×10^{-5}

해설

자속 밀도

$B = \mu_0 H = 4\pi \times 10^{-7} \times 20 = 2.5 \times 10^{-5}[\text{Wb/m}^2]$

268

반지름이 3[cm]인 원형 단면을 가지고 있는 환상 연철심에 코일을 감고 여기에 전류를 흘려서 철심 중의 자계 세기가 400[AT/m]가 되도록 여자할 때, 철심 중의 자속 밀도는 약 몇 [Wb/m²]인가?(단, 철심의 비투자율은 400이라고 한다.)

① 0.2 ② 0.8
③ 1.6 ④ 2.0

해설

자속 밀도

$B = \mu H = \mu_0 \mu_s H = 4\pi \times 10^{-7} \times 400 \times 400 = 0.201[\text{Wb/m}^2]$

269

어떤 자성체 내에서의 자계의 세기가 800[AT/m]이고 자속 밀도가 0.05[Wb/m²]일 때 이 자성체의 투자율은 몇 [H/m]인가?

① 3.25×10^{-5} ② 4.25×10^{-5}
③ 5.35×10^{-5} ④ 6.25×10^{-5}

해설

- 자속 밀도

$B = \mu H = \mu_0 \mu_s H [\text{Wb/m}^2]$

- 투자율

$\mu = \mu_0 \mu_s = \dfrac{B}{H} = \dfrac{0.05}{800} = 6.25 \times 10^{-5}[\text{H/m}]$

270 ★★☆

단면적 $4[\text{cm}^2]$의 철심에 $6 \times 10^{-4}[\text{Wb}]$의 자속을 통하게 하려면 $2,800[\text{AT/m}]$의 자계가 필요하다. 이 철심의 비투자율은 약 얼마인가?

① 346
② 375
③ 407
④ 426

해설

자속은 자속밀도와 단면적의 곱이므로 $\phi = BS[\text{Wb}]$

- 자속밀도
$$B = \frac{\phi}{S} = \frac{6 \times 10^{-4}}{4 \times 10^{-4}} = 1.5[\text{Wb/m}^2]$$

투자율 $\mu = \mu_0 \mu_s = \frac{B}{H}[\text{H/m}]$이므로

- 비투자율
$$\mu_s = \frac{B}{\mu_0 H} = \frac{1.5}{4\pi \times 10^{-7} \times 2,800} = 426.3$$

271 ★★☆

반지름이 $5[\text{mm}]$, 길이가 $15[\text{mm}]$, 비투자율이 50인 자성체 막대에 코일을 감고 전류를 흘려서 자성체 내의 자속 밀도를 $50[\text{Wb/m}^2]$으로 하였을 때 자성체 내에서의 자계의 세기는 몇 $[\text{AT/m}]$인가?

① $\dfrac{10^7}{\pi}$
② $\dfrac{10^7}{2\pi}$
③ $\dfrac{10^7}{4\pi}$
④ $\dfrac{10^7}{8\pi}$

해설

- 자속 밀도
$B = \mu H = \mu_0 \mu_s H[\text{Wb/m}^2]$
- 자계의 세기
$$H = \frac{B}{\mu_0 \mu_s} = \frac{50}{4\pi \times 10^{-7} \times 50} = \frac{10^7}{4\pi}[\text{AT/m}]$$

THEME 05 자위

272 ★★☆

자위의 단위에 해당되는 것은?

① [A]
② [J/C]
③ [N/Wb]
④ [Gauss]

해설

자위
$1[\text{Wb}]$의 자극을 무한 원점에서 임의의 점까지 옮기는 데 필요로 하는 일을 말하며, 단위는 [A] 또는 [AT]이다.

273 ★★☆

자위(Magnetic Potential)의 단위로 옳은 것은?

① [C/m]
② [N·m]
③ [AT]
④ [J]

해설

자위
$1[\text{Wb}]$의 자극을 무한 원점에서 임의의 점까지 옮기는 데 필요로 하는 일을 말하며, 단위는 [A] 또는 [AT]이다.

274 NEW

점자극에 의한 자위는?

① $U = \dfrac{m}{4\pi\mu_0 r}[\text{Wb/J}]$
② $U = \dfrac{m}{4\pi\mu_0 r^2}[\text{Wb/J}]$
③ $U = \dfrac{m}{4\pi\mu_0 r}[\text{J/Wb}]$
④ $U = \dfrac{m}{4\pi\mu_0 r^2}[\text{J/Wb}]$

해설

- 점자극에 의한 자위
$$U = \frac{m}{4\pi\mu_0 r}[\text{A}] = \frac{m}{4\pi\mu_0 r}[\text{J/Wb}]$$

암기

단위 변환
$H = \dfrac{F}{m}\left[\dfrac{\text{N}}{\text{Wb}}\right] = \dfrac{NI}{l}\left[\dfrac{\text{A}}{\text{m}}\right]$ 에서
$[\text{A}] = \left[\dfrac{\text{A}}{\text{m}} \cdot \text{m}\right] = \left[\dfrac{\text{N}}{\text{Wb}} \cdot \text{m}\right] = [\text{N} \cdot \text{m/Wb}] = [\text{J/Wb}]$

| 정답 | 270 ④ 271 ③ 272 ① 273 ③ 274 ③

275 ★★★

원형 선전류 $I[\text{A}]$의 중심축상 점 P의 자위$[\text{A}]$를 나타내는 식은?(단, θ는 점 P에서 원형 전류를 바라보는 평면각이다.)

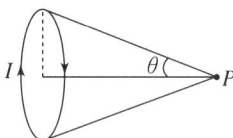

① $\dfrac{I}{2}(1-\cos\theta)$ ② $\dfrac{I}{4}(1-\cos\theta)$

③ $\dfrac{I}{2}(1-\sin\theta)$ ④ $\dfrac{I}{4}(1-\sin\theta)$

해설

P점에서 자위

$U = \dfrac{I}{4\pi}\omega = \dfrac{I}{4\pi}\times 2\pi(1-\cos\theta) = \dfrac{I}{2}(1-\cos\theta)[\text{A}]$

(단, ω: 원뿔의 입체각 $2\pi(1-\cos\theta)$)

276 ★★★

그림과 같은 반지름 $a[\text{m}]$인 원형 코일에 $I[\text{A}]$의 전류가 흐르고 있다. 이 도체 중심축 상 $x[\text{m}]$인 P점의 자위는 몇 $[\text{A}]$인가?

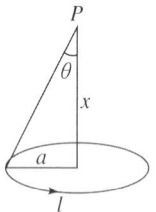

① $\dfrac{I}{2}\left(1-\dfrac{x}{\sqrt{a^2+x^2}}\right)$ ② $\dfrac{I}{2}\left(1-\dfrac{a}{\sqrt{a^2+x^2}}\right)$

③ $\dfrac{I}{2}\left(1-\dfrac{x^2}{(a^2+x^2)^{\frac{3}{2}}}\right)$ ④ $\dfrac{I}{2}\left(1-\dfrac{a^2}{(a^2+x^2)^{\frac{3}{2}}}\right)$

해설

P점에서 자위

$U = \dfrac{I}{4\pi}\omega = \dfrac{I}{4\pi}\times 2\pi(1-\cos\theta) = \dfrac{I}{2}(1-\cos\theta)$

$\cos\theta = \dfrac{x}{\sqrt{a^2+x^2}}$ 이므로

$U = \dfrac{I}{2}\left(1-\dfrac{x}{\sqrt{a^2+x^2}}\right)[\text{A}]$

THEME 06 자기 쌍극자 및 자기 이중층

277 ★★☆

자기 쌍극자에 의한 자위 $U[\text{A}]$에 해당되는 것은?(단, 자기 쌍극자의 자기 모멘트는 $M[\text{Wb}\cdot\text{m}]$, 쌍극자의 중심으로부터의 거리는 $r[\text{m}]$, 쌍극자의 정방향과의 각도는 θ라 한다.)

① $6.33\times 10^4 \times \dfrac{M\sin\theta}{r^3}$ ② $6.33\times 10^4 \times \dfrac{M\sin\theta}{r^2}$

③ $6.33\times 10^4 \times \dfrac{M\cos\theta}{r^3}$ ④ $6.33\times 10^4 \times \dfrac{M\cos\theta}{r^2}$

해설

자기 쌍극자의 자위

$U = \dfrac{M}{4\pi\mu_0 r^2}\cos\theta = 6.33\times 10^4 \times \dfrac{M\cos\theta}{r^2}[\text{A}]$

278 ★★☆

판자석의 세기가 $P[\text{Wb}/\text{m}]$인 판자석의 입체각 ω인 점에서의 자위는 몇 $[\text{A}]$인가?

① $\dfrac{P}{4\pi\mu_0\omega}$ ② $\dfrac{P\omega}{4\pi\mu_0}$

③ $\dfrac{P}{2\pi\mu_0\omega}$ ④ $\dfrac{P\omega}{2\pi\mu_0}$

해설

판자석의 자위

$U = \dfrac{P}{4\pi\mu_0}\omega = \dfrac{P}{2\mu_0}(1-\cos\theta)[\text{A}]$

(단, $\omega[\text{sr}]$: 판자석의 입체각 $2\pi(1-\cos\theta)$)

279 NEW

판자석의 세기가 $0.01[\text{Wb}/\text{m}]$, 반지름 $5[\text{cm}]$인 원형 자석판이 있다. 자석의 중심에서 축상 $10[\text{cm}]$인 점에서의 자위의 세기는 몇 $[\text{AT}]$인가?

① 100 ② 175 ③ 370 ④ 420

해설

입체각 $\omega = 2\pi(1-\cos\theta)$이므로

$U = \dfrac{M}{4\pi\mu_0}\omega = \dfrac{M}{4\pi\mu_0}\times 2\pi(1-\cos\theta) = \dfrac{M}{2\mu_0}(1-\cos\theta)$

$= \dfrac{0.01}{2\times 4\pi\times 10^{-7}}\times\left(1-\dfrac{0.1}{\sqrt{0.05^2+0.1^2}}\right) = 420[\text{AT}]$

| 정답 | 275 ① 276 ① 277 ④ 278 ② 279 ④

THEME 07 막대 자석

280 ★★☆

자극의 세기가 8×10^{-6}[Wb], 길이가 3[cm]인 막대자석을 120[AT/m]의 평등자계 내에 자력선과 30°의 각도로 놓으면 이 막대자석이 받는 회전력은 몇 [N·m]인가?

① 1.44×10^{-4} ② 1.44×10^{-5}
③ 3.02×10^{-4} ④ 3.02×10^{-5}

해설
- 자기모멘트
  $M = ml = 8 \times 10^{-6} \times 3 \times 10^{-2} = 2.4 \times 10^{-7}$[Wb·m]
- 회전력
  $T = MH \sin\theta$
  $= 2.4 \times 10^{-7} \times 120 \times \sin 30°$
  $= 1.44 \times 10^{-5}$[N·m]

281 ★★★

그림과 같이 균일한 자계의 세기 H[AT/m] 내에 자극의 세기가 $\pm m$[Wb], 길이 l[m]인 막대 자석을 그 중심 주위에 회전할 수 있도록 놓는다. 이때 자석과 자계의 방향이 이룬 각을 θ라 하면 자석이 받는 회전력[N·m]은?

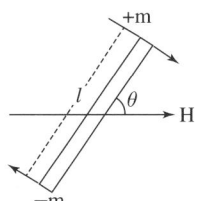

① $mHl\cos\theta$ ② $mHl\sin\theta$
③ $2mHl\sin\theta$ ④ $2mHl\tan\theta$

해설
막대 자석의 회전력
$T = MH\sin\theta = mlH\sin\theta$[N·m]
(단, $M(=ml)$: 자기 모멘트[Wb·m])

282 🆕

그림에서 직선 도체 바로 아래 10[cm] 위치에 자침이 나란히 있다고 하면 이때의 자침에 작용하는 회전력[N·m]은?(단, 도체의 전류는 10[A], 자침의 자극의 세기는 10^{-6}[Wb]이고, 자침의 길이는 10[cm]이다.)

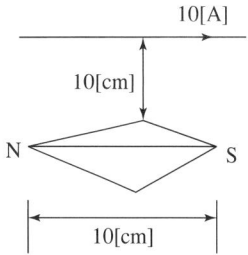

① 15.9×10^{-3} ② 1.59×10^{-3}
③ 1.59×10^{-6} ④ 15.9×10^{-6}

해설
전류에 의한 자계
$H = \dfrac{I}{2\pi r} = \dfrac{10}{2\pi \times 0.1} = \dfrac{50}{\pi}$[AT/m]
자침에 작용하는 회전력
$T = MH\sin\theta = mlH\sin\theta$[N·m]
암페어의 오른손의 법칙에 의해 자계의 방향은 자침과 수직($\theta = 90°$)한 관계에 있다.
∴ $T = mlH\sin 90°$
 $= 10^{-6} \times 10 \times 10^{-2} \times \dfrac{50}{\pi} \times 1 = 1.59 \times 10^{-6}$[N·m]

암기
직선 전류에 의한 자계의 세기
$H = \dfrac{I}{2\pi r}$[AT/m]

283 ★★★

평등 자장 H[AT/m]인 곳에 자기 모멘트 M[Wb·m]을 자장과 수직 방향으로 놓았을 때 이 자석의 회전력은?

① $\dfrac{M}{H}$ ② $\dfrac{H}{M}$
③ MH ④ $\dfrac{1}{MH}$

해설
자석의 회전력
$T = MH\sin\theta$[N·m]
자계와 자기 모멘트가 이루는 각도가 90°이므로
$T = MH\sin 90° = MH$[N·m]

284 ★☆☆

자기 모멘트 $9.8 \times 10^{-5} [\text{Wb} \cdot \text{m}]$의 막대자석을 지구자계의 수평 성분 $10.5[\text{AT/m}]$의 곳에서 지자기 자오면으로부터 $90°$ 회전시키는데 필요한 일은 몇 [J]인가?

① 9.3×10^{-5}
② 9.3×10^{-3}
③ 1.03×10^{-4}
④ 1.03×10^{-3}

해설

자석에 작용하는 회전력
$T = MH\sin\theta\,[\text{N}\cdot\text{m}]$
자오면으로부터 $90°$ 회전시키는데 필요한 일

$$\int_{0°}^{90°} T d\theta = \int_{0°}^{90°} MH\sin\theta\, d\theta = MH(1-\cos 90°)$$
$$= 9.8 \times 10^{-5} \times 10.5 \times (1-0) ≒ 1.03 \times 10^{-3}[\text{J}]$$

| 정답 | 284 ④

비가 와야 무지개가 뜨고
밤이 깊어야 새벽이 오고
산고를 겪어야 아기가 태어납니다.
감동은 고난의 열매입니다.

– 조정민, 『인생은 선물이다』, 두란노

전류에 의해 발생되는 자계

1. 암페어의 법칙
2. 비오-사바르의 법칙
3. 여러 가지 도체 모양에 따른 자계의 세기
4. 솔레노이드에 의한 자계의 세기
5. 플레밍의 왼손 법칙
6. 평행 도선 사이에 작용하는 힘
7. 로렌츠의 힘

CBT 완벽대비 가능한 유형마스터 학습!

THEME	유형분석	관련 번호
THEME 01 암페어의 법칙	암페어의 오른나사 법칙 및 주회 법칙과 관련된 문제가 출제됩니다. 개념뿐만 아니라 계산문제까지 골고루 나옵니다.	285~292
THEME 02 비오-샤바르의 법칙	비오-샤바르의 법칙의 개념을 이해해야 풀 수 있는 문제가 나옵니다. 간혹 어려운 수준의 문제도 출제됩니다.	293~295
THEME 03 여러 가지 도체 모양에 따른 자계의 세기	도체 모양에 따른 자계의 세기는 시험문제에 가장 자주 나오는 부분으로 각 케이스별 자계의 세기를 완벽히 학습해야 합니다.	296~312
THEME 04 솔레노이드에 의한 자계의 세기	환상 솔레노이드와 무한장 솔레노이드의 내부, 외부 자계의 세기를 물어봅니다. 두 개념을 혼동하지 않는 것이 중요합니다.	313~320
THEME 05 플레밍의 왼손 법칙	플레밍의 왼손 법칙에 의한 도선이 받는 힘과 관련된 문제들이 나옵니다. 회전력과 관련된 응용문제도 함께 출제됩니다.	321~329
THEME 06 평행 도선 사이에 작용하는 힘	개념 문제와 계산 문제가 출제됩니다. 공식 암기와 이해를 완벽히 했다면 쉽게 맞힐 수 있는 수준입니다.	330~334
THEME 07 로렌츠의 힘	계산 문제가 주로 등장합니다. 특히, 힘의 크기만 고려하는 것이 아닌 벡터까지 고려하는 문제가 등장하므로 개념을 확실하게 이해하는 것이 중요합니다.	335~340

학습 효과를 높이는 N제 3회독 시스템

챕터별 전체 1회독이 끝났다면 회독 체크표에 날짜를 기입하고 체크표시를 해주세요.

회독 체크표	1회독	월 일	2회독	월 일	3회독	월 일

CHAPTER 08 전류에 의해 발생되는 자계

THEME 01 암페어의 법칙

285
전류 $I[\text{A}]$에 대한 P점의 자계 $H[\text{AT/m}]$의 방향이 옳게 표시된 것은?(단, ⊙은 지면을 나오는 방향, ⊗은 지면으로 들어가는 방향 표시이다.)

①  ②

③ 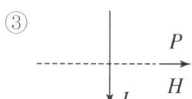 ④

해설
암페어의 오른나사 법칙
오른손 엄지손가락 방향으로 전류를 흘리면 자계는 나머지 네 손가락(오른나사) 방향으로 발생하는 법칙
보기 ②는 주어진 전류에 오른나사 법칙을 적용하여 P점의 자계가 지면으로 들어가는 방향이므로 옳게 표시되었다.

286 ★★★
전류에 의한 자계의 방향을 결정하는 법칙은?

① 플레밍의 왼손 법칙
② 플레밍의 오른손 법칙
③ 암페어의 오른나사 법칙
④ 렌츠의 법칙

해설
- 플레밍의 왼손 법칙
  자계 내 전류를 흘리면 발생되는 자기력 방향을 나타내는 법칙
- 플레밍의 오른손 법칙
  자계 내 전하가 이동할 경우 유도되는 기전력 방향을 나타내는 법칙
- 암페어의 오른나사 법칙
  오른손 엄지손가락 방향으로 전류를 흘리면 자계는 나머지 네 손가락(오른나사) 방향으로 발생하는 법칙
- 렌츠의 법칙
  유도기전력 발생방향은 자속의 변화와 반대 방향으로 유도됨을 나타내는 법칙

287
그림과 같이 도선에 전류 $I[\text{A}]$를 흘릴 때 도선의 바로 밑에 자침이 이 도선과 나란히 놓여 있다고 하면 자침의 N극의 회전력의 방향은?

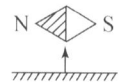

① 지면을 뚫고 나오는 방향이다.
② 지면을 뚫고 들어가는 방향이다.
③ 좌측에서 우측으로 향하는 방향이다.
④ 우측에서 좌측으로 향하는 방향이다.

해설
암페어의 법칙을 적용
- 암페어의 오른손 법칙에 의하여 직선 도선의 아래쪽의 자계의 세기는 들어가는 방향(⊗ 방향)으로 된다.
- 자석 자침의 N극의 회전 방향은 자기장의 방향과 일치하므로 지면 위에서 아래로 향하는 방향으로 회전한다.

288 ★★☆
직선 전류에 의해서 그 주위에 생기는 환상의 자계의 방향은?

① 전류의 방향
② 전류와 반대 방향
③ 오른나사의 진행 방향
④ 오른나사의 회전 방향

해설
암페어의 오른나사 법칙
오른손 엄지손가락 방향으로 전류를 흘리면 자계는 나머지 네 손가락(오른나사) 방향으로 발생하는 법칙

| 정답 | 285 ② 286 ③ 287 ② 288 ④

289 ★★★

공기 중에 있는 무한히 긴 직선 도선에 $10[\text{A}]$의 전류가 흐르고 있을 때 도선으로부터 $2[\text{m}]$ 떨어진 점에서의 자속 밀도는 몇 $[\text{Wb/m}^2]$인가?

① 10^{-5}
② 0.5×10^{-6}
③ 10^{-6}
④ 2×10^{-6}

해설

- 무한 직선 도체로부터의 자계
$$H = \frac{I}{2\pi r}[\text{AT/m}]$$
- 자속밀도 $B = \mu_0 H[\text{Wb/m}^2]$이므로
$$B = \frac{\mu_0 I}{2\pi r} = \frac{4\pi \times 10^{-7} \times 10}{2\pi \times 2} = 10^{-6}[\text{Wb/m}^2]$$

290 ★★☆

전류 I가 흐르는 무한 직선 도체가 있다. 이 도체로부터 수직으로 $0.1[\text{m}]$ 떨어진 점에서 자계의 세기가 $180[\text{AT/m}]$이다. 도체로부터 수직으로 $0.3[\text{m}]$ 떨어진 점에서 자계의 세기$[\text{AT/m}]$는?

① 20
② 60
③ 180
④ 540

해설

- 무한 직선 도체로부터의 자계
$$H = \frac{I}{2\pi r}[\text{AT/m}]$$
- $0.1[\text{m}]$ 떨어진 점의 자계
$$H' = \frac{I}{2\pi \times 0.1} = 180[\text{AT/m}]$$
- $0.3[\text{m}]$ 떨어진 점의 자계
$$H'' = \frac{I}{2\pi \times 0.3} = \frac{I}{2\pi \times 0.1} \times \frac{1}{3} = 60[\text{AT/m}]$$

291 ★★☆

그림과 같이 평행한 무한장 직선도선에 $I[\text{A}]$, $4I[\text{A}]$인 전류가 흐른다. 두 선 사이의 점 P에서 자계의 세기가 0이라고 하면 $\dfrac{a}{b}$는?

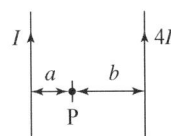

① 2
② 4
③ $\dfrac{1}{2}$
④ $\dfrac{1}{4}$

해설

왼쪽 전류가 P점에서 만드는 자계의 세기
$$H_a = \frac{I}{2\pi a}[\text{AT/m}]$$

오른쪽 전류가 P점에서 만드는 자계의 세기
$$H_b = \frac{4I}{2\pi b}[\text{AT/m}]$$

여기서, $H_a = H_b$이므로
$$\frac{I}{2\pi a} = \frac{4I}{2\pi b} \rightarrow \frac{1}{a} = \frac{4}{b}$$
$$\therefore \frac{a}{b} = \frac{1}{4}$$

292 ★★★

무한장 직선 전류에 의한 자계의 세기$[\text{AT/m}]$는?

① 거리 r에 비례한다.
② 거리 r^2에 비례한다.
③ 거리 r에 반비례한다.
④ 거리 r^2에 반비례한다.

해설

무한장 직선 도체에 의한 자계 세기
$$H = \frac{I}{2\pi r}[\text{AT/m}]$$
즉, 자계의 세기는 거리 r에 반비례한다.

THEME 02 비오-사바르의 법칙

293 ★★★

임의의 형상의 도선에 전류 $I[\text{A}]$가 흐를 때, 거리 $r[\text{m}]$만큼 떨어진 점에서의 자계의 세기 $H[\text{AT/m}]$를 구하는 비오-사바르의 법칙에서 자계의 세기 $H[\text{AT/m}]$와 거리 $r[\text{m}]$의 관계로 옳은 것은?

① r에 반비례
② r에 비례
③ r^2에 반비례
④ r^2에 비례

해설

비오-사바르의 법칙
$$dH = \frac{Idl\sin\theta}{4\pi r^2}[\text{AT/m}]$$
즉, 자계의 세기는 거리 r의 제곱에 반비례한다.

294 ★☆☆

$q[\text{C}]$의 전하가 진공 중에서 $v[\text{m/s}]$의 속도로 운동하고 있을 때, 이 운동 방향과 θ의 각으로 $r[\text{m}]$ 떨어진 점의 자계의 세기$[\text{AT/m}]$는?

① $\dfrac{q\sin\theta}{4\pi r^2 v}$
② $\dfrac{v\sin\theta}{4\pi r^2 q}$
③ $\dfrac{qv\sin\theta}{4\pi r^2}$
④ $\dfrac{v\sin\theta}{4\pi r^2 q^2}$

해설

- 진공 중에서 전하는 직선 운동을 하므로 자계 $H[\text{AT/m}]$는 비오-사바르 법칙으로부터
$$H = \int_0^l dH = \int_0^l \frac{Idl\sin\theta}{4\pi r^2} = \frac{Il\sin\theta}{4\pi r^2}[\text{AT/m}]$$

- 전류 $I = \dfrac{q}{t}[\text{A}]$이고, 도선의 길이 $l = vt[\text{m}]$이므로
자계의 세기
$$H = \frac{Il\sin\theta}{4\pi r^2} = \frac{q}{t} \times vt \times \frac{\sin\theta}{4\pi r^2} = \frac{qv\sin\theta}{4\pi r^2}[\text{AT/m}]$$

295 ★★☆

Biot-Savart의 법칙에 의하면 전류소에 의해서 임의의 한 점 P에 생기는 자계의 세기를 구할 수 있다. 다음 중 설명으로 틀린 것은?

① 자계의 세기는 전류의 크기에 비례한다.
② MKS 단위계를 사용할 경우 비례 상수는 $\dfrac{1}{4\pi}$이다.
③ 자계의 세기는 전류소와 점 P와의 거리에 반비례한다.
④ 자계의 방향은 전류소 및 이 전류소와 점 P를 연결하는 직선을 포함하는 면에 법선 방향이다.

해설

비오-사바르의 법칙
$$dH = \frac{Idl\sin\theta}{4\pi r^2} [\text{AT/m}]$$
(단, r: P점까지의 거리 $[\text{m}]$)

- 자계의 세기는 전류의 크기에 비례하고, 점 P와의 거리의 제곱에 반비례한다.
- MKS 단위계를 사용할 경우 비례 상수는 $\dfrac{1}{4\pi}$이다.
- 자계의 방향은 전류소 및 이 전류소와 점 P를 연결하는 직선을 포함하는 면에 법선 방향이다.

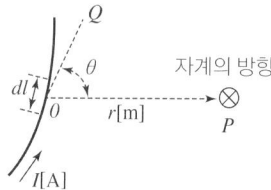

THEME 03 여러 가지 도체 모양에 따른 자계의 세기

296 ★★★
그림과 같이 반지름 a[m]의 원형 전류가 흐르고 있을 때 원형 전류의 중심 O에서 중심축상 x[m]인 점 P의 자계 [AT/m]를 나타낸 식은?

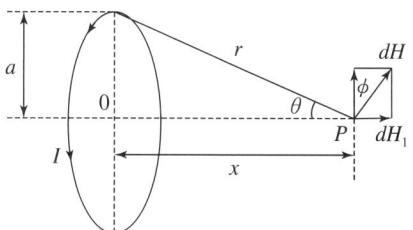

① $\dfrac{a^2 I}{2(a^2+x^2)}$ ② $\dfrac{a^2 I}{2(a^2+x^2)^{\frac{3}{2}}}$

③ $\dfrac{I}{2}\left(1-\dfrac{x}{\sqrt{a^2+x^2}}\right)$ ④ $\dfrac{xI}{2\sqrt{a^2+x^2}}$

해설
원형 코일 중심에서 직각으로 x[m] 떨어진 지점의 자계
$$H=\frac{a^2 I}{2(a^2+x^2)^{\frac{3}{2}}}[\text{AT/m}]$$

297 ★★☆
반지름 1[cm]인 원형 코일에 전류 10[A]가 흐를 때 코일의 중심에서 코일 면에 수직으로 $\sqrt{3}$[cm] 떨어진 점의 자계의 세기는 몇 [AT/m]인가?

① $\dfrac{1}{16}\times 10^3$ ② $\dfrac{3}{16}\times 10^3$

③ $\dfrac{5}{16}\times 10^3$ ④ $\dfrac{7}{16}\times 10^3$

해설
원형 코일 중심에서 직각으로 x[m] 떨어진 지점의 자계
$$H=\frac{a^2 I}{2(a^2+x^2)^{\frac{3}{2}}}[\text{AT/m}]$$
반지름 $a=1$[cm]이고 수직으로 떨어진 지점 $x=\sqrt{3}$[cm]이므로
$$H=\frac{a^2 I}{2(a^2+x^2)^{\frac{3}{2}}}=\frac{(1\times 10^{-2})^2\times 10}{2\times[(1\times 10^{-2})^2+(\sqrt{3}\times 10^{-2})^2]^{\frac{3}{2}}}$$
$$=\frac{1}{16}\times 10^3[\text{AT/m}]$$

298 ★☆☆
반지름이 a[m]인 원형 도선 2개의 루프가 z축상에 그림과 같이 놓인 경우 I[A]의 전류가 흐를 때 원형 전류 중심 축상의 자계 H[AT/m]는?(단, a_z, a_ϕ는 단위벡터이다.)

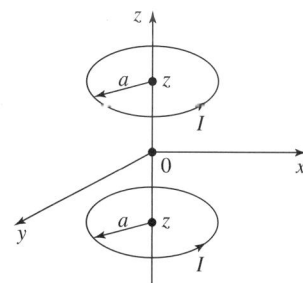

① $\dot{H}=\dfrac{a^2 I}{(a^2+z^2)^{\frac{3}{2}}}a_\phi$ ② $\dot{H}=\dfrac{a^2 I}{(a^2+z^2)^{\frac{3}{2}}}a_z$

③ $\dot{H}=\dfrac{a^2 I}{2(a^2+z^2)^{\frac{3}{2}}}a_\phi$ ④ $\dot{H}=\dfrac{a^2 I}{2(a^2+z^2)^{\frac{3}{2}}}a_z$

해설
- 반지름 a[m]인 원주형 도선으로부터의 자계
$$\dot{H}=\frac{I a^2}{2(a^2+z^2)^{\frac{3}{2}}}a_z[\text{AT/m}]$$
- 암페어 오른나사 법칙으로부터 두 원주형 전류로부터의 자계는 모두 $+a_z$ 방향이므로 전류 중심축상에서 자계는 서로 더해진다.
$$\therefore \dot{H}=\frac{I a^2}{2(a^2+z^2)^{\frac{3}{2}}}a_z\times 2=\frac{I a^2}{(a^2+z^2)^{\frac{3}{2}}}a_z$$

299

각각 반지름이 $a[\mathrm{m}]$인 두 개의 원형 코일이 그림과 같이 서로 $2a[\mathrm{m}]$ 떨어져 있고 전류 $I[\mathrm{A}]$가 표시된 방향으로 흐를 때 중심선상의 P점의 자계의 세기는 몇 $[\mathrm{AT/m}]$인가?

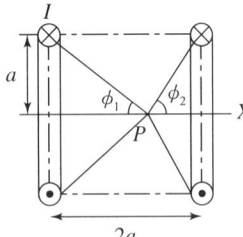

① $\dfrac{I}{2a}(\sin^3\phi_1 + \sin^3\phi_2)$ ② $\dfrac{I}{2a}(\sin^2\phi_1 + \sin^2\phi_2)$

③ $\dfrac{I}{2a}(\cos^3\phi_1 + \cos^3\phi_2)$ ④ $\dfrac{I}{2a}(\cos^2\phi_1 + \cos^2\phi_2)$

해설

- 왼쪽 원형 코일이 P점에서 만드는 자계

$$H_1 = \dfrac{a^2 I}{2(a^2+r^2)^{\frac{3}{2}}} = \dfrac{I}{2} \times \left(\dfrac{a}{\sqrt{a^2+r^2}}\right)^3 \times \dfrac{1}{a}$$

$$= \dfrac{I}{2a}\sin^3\phi_1 \,[\mathrm{AT/m}]$$

- 오른쪽 원형 코일이 P점에서 만드는 자계

$$H_2 = \dfrac{I}{2a}\sin^3\phi_2 \,[\mathrm{AT/m}]$$

$$\therefore H = H_1 + H_2 = \dfrac{I}{2a}(\sin^3\phi_1 + \sin^3\phi_2)[\mathrm{AT/m}]$$

300

반지름 $1[\mathrm{m}]$의 원형 코일에 $1[\mathrm{A}]$의 전류가 흐를 때 중심점의 자계의 세기$[\mathrm{AT/m}]$는?

① $\dfrac{1}{4}$ ② $\dfrac{1}{2}$

③ 1 ④ 2

해설

원형 코일의 중심에서 자계

$H = \dfrac{NI}{2a}\,[\mathrm{AT/m}]$

코일의 권수에 대한 언급이 없으므로 $N=1$

$\therefore H = \dfrac{I}{2a} = \dfrac{1}{2\times 1} = \dfrac{1}{2}[\mathrm{AT/m}]$

301

그림과 같이 권수가 1이고 반지름 $a[\mathrm{m}]$인 원형 전류 $I[\mathrm{A}]$가 만드는 자계의 세기$[\mathrm{AT/m}]$는?

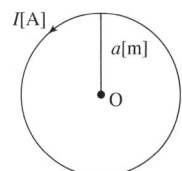

① $\dfrac{I}{a}$ ② $\dfrac{I}{2a}$

③ $\dfrac{I}{3a}$ ④ $\dfrac{I}{4a}$

해설

- 원형 코일 중심에서 직각으로 $r[\mathrm{m}]$ 떨어진 지점의 자계

$$H = \dfrac{a^2 NI}{2(a^2+r^2)^{\frac{3}{2}}}\,[\mathrm{AT/m}]$$

- 원형 코일 중심에서의 자계$(r=0)$

$$H = \dfrac{NI}{2a}\,[\mathrm{AT/m}]$$

- 코일의 권수가 1회인 경우

$$H = \dfrac{I}{2a}\,[\mathrm{AT/m}]$$

302

그림과 같이 반지름 $r[\mathrm{m}]$인 원의 임의의 두 점 a, b(각 θ) 사이에 전류 $I[\mathrm{A}]$가 흐른다. 원의 중심 O의 자계의 세기는 몇 $[\mathrm{AT/m}]$인가?

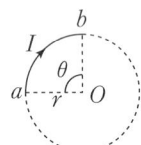

① $\dfrac{I\theta}{4\pi r^2}$ ② $\dfrac{I\theta}{4\pi r}$

③ $\dfrac{I\theta}{2\pi r^2}$ ④ $\dfrac{I\theta}{2\pi r}$

해설

- 반지름 $r[\mathrm{m}]$인 원주 전류에 의한 자계

$H = \dfrac{I}{2r}[\mathrm{AT/m}]$

- 각도 θ만큼의 부분 전류선소에 의한 자계

$2\pi : H = \theta : H',\ \ H' = \dfrac{\theta}{2\pi}H = \dfrac{\theta}{2\pi}\times\dfrac{I}{2r} = \dfrac{I\theta}{4\pi r}[\mathrm{AT/m}]$

303 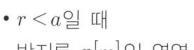 ★★☆

반지름 $a[\mathrm{m}]$인 무한장 원통형 도체에 전류가 균일하게 흐를 때 도체 내부에서 자계의 세기$[\mathrm{AT/m}]$는?

① 원통 중심축으로부터 거리에 비례한다.
② 원통 중심축으로부터 거리에 반비례한다.
③ 원통 중심축으로부터 거리의 제곱에 비례한다.
④ 원통 중심축으로부터 거리의 제곱에 반비례한다.

해설

앙페르 주회법칙으로부터 $\oint \vec{H} \cdot d\vec{l} = I[\mathrm{A}]$이다.

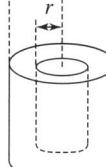

- $r < a$일 때
  반지름 $r[\mathrm{m}]$인 영역 내 흐르는 전류
  $I' = \dfrac{r^2}{a^2} I$
  자계의 크기
  $H = \dfrac{\text{폐회로에 흐르는 전류}}{\text{폐회로 길이}} = \dfrac{1}{2\pi r} \times \dfrac{r^2}{a^2} I = \dfrac{I}{2\pi a^2} r\,[\mathrm{AT/m}]$
  따라서 자계는 원통 중심축으로부터 거리에 비례한다.

- $r > a$일 때
  반지름 $r[\mathrm{m}]$인 영역 내 흐르는 전류
  $I' = I$
  자계의 크기
  $H = \dfrac{\text{폐회로에 흐르는 전류}}{\text{폐회로 길이}} = \dfrac{1}{2\pi r} \times I = \dfrac{I}{2\pi r}\,[\mathrm{AT/m}]$

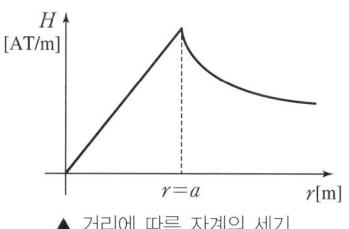

▲ 거리에 따른 자계의 세기

304 NEW

한 변의 길이가 $l[\mathrm{m}]$인 정삼각형 회로에 전류 $I[\mathrm{A}]$가 흐르고 있을 때 삼각형 중심에서의 자계의 세기$[\mathrm{AT/m}]$는?

① $\dfrac{\sqrt{2}\,I}{3\pi l}$ ② $\dfrac{9I}{\pi l}$

③ $\dfrac{2\sqrt{2}\,I}{3\pi l}$ ④ $\dfrac{9I}{2\pi l}$

해설

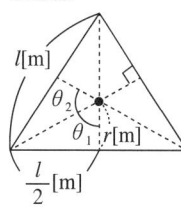

정삼각형의 한 변의 길이를 $l[\mathrm{m}]$라 하면 각 변이 만드는 자계는 비오-사바르의 공식을 이용하여 구한다.

그림에서 한 변으로부터 중심까지 거리는
$r = \dfrac{l}{2}\tan 30° = \dfrac{l}{2\sqrt{3}}[\mathrm{m}]$, $\theta_1 = \theta_2 = \dfrac{\pi}{3}$

변 하나가 만드는 자계의 크기는
$H = \dfrac{I}{4\pi r}(\sin\theta_1 + \sin\theta_2) = \dfrac{I}{4\pi \dfrac{l}{2\sqrt{3}}}\left(\sin\dfrac{\pi}{3} + \sin\dfrac{\pi}{3}\right) = \dfrac{3I}{2\pi l}[\mathrm{AT/m}]$

따라서 세 변이 만드는 정삼각형 중심 자계의 크기는
$H' = H \times 3 = \dfrac{9I}{2\pi l}[\mathrm{AT/m}]$

305 ★★☆

반지름이 $r[\mathrm{m}]$인 반원형 전류 $I[\mathrm{A}]$에 의한 반원의 중심(O)에서 자계의 세기$[\mathrm{AT/m}]$는?

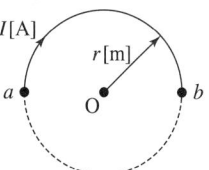

① $\dfrac{2I}{r}$ ② $\dfrac{I}{r}$

③ $\dfrac{I}{2r}$ ④ $\dfrac{I}{4r}$

해설

반원형 코일에 의해 생성되는 중심점 자계는 원형 코일에 의해 생성되는 중심점 자계의 $\dfrac{1}{2}$배이다

$\therefore H = \dfrac{I}{2r} \times \dfrac{1}{2} = \dfrac{I}{4r}\,[\mathrm{AT/m}]$

암기

반원형 코일에 의한 중심점 자계의 세기
$H = \dfrac{I}{4r}[\mathrm{AT/m}]$

306 ★★★

무한장 원주형 도체에 전류 I가 표면에만 흐른다면 원주 내부의 자계의 세기는 몇 $[\text{AT/m}]$인가?(단, $r[\text{m}]$는 원주의 반지름이고, N은 권선수이다.)

① 0
② $\dfrac{NI}{2\pi r}$
③ $\dfrac{I}{2r}$
④ $\dfrac{I}{2\pi r}$

해설
전류가 원주 도체의 표면에만 흐른다고 하였으므로 원주 내부의 자계의 세기는 0이다.

307 NEW

그림과 같이 유한장 직선 AB에 전류 $I[\text{A}]$가 흐르고 있는 직선 도체에서 수직 거리 $a[\text{m}]$ 떨어진 점 P의 자계$[\text{AT/m}]$를 구하면?

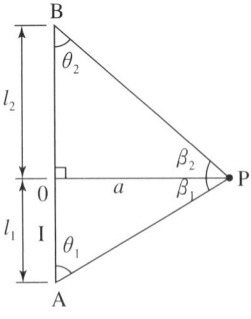

① $\dfrac{I}{4\pi a}(\sin\theta_1 + \sin\theta_2)$
② $\dfrac{I}{4\pi a}(\cos\theta_1 + \cos\theta_2)$
③ $\dfrac{I}{2\pi a}(\sin\theta_1 + \sin\theta_2)$
④ $\dfrac{I}{2\pi a}(\cos\theta_1 + \cos\theta_2)$

해설
유한장 직선 전류에 의한 자계
$H = \dfrac{I}{4\pi a}(\cos\theta_1 + \cos\theta_2)$
$= \dfrac{I}{4\pi a}(\sin\beta_1 + \sin\beta_2) [\text{AT/m}]$

308 NEW

그림과 같이 길이 $\sqrt{3}[\text{m}]$인 유한장 직선 도선에 $\pi[\text{A}]$의 전류가 흐를 때 도선의 일단 B에서 수직하게 $1[\text{m}]$ 되는 P점의 자계의 세기$[\text{AT/m}]$는?

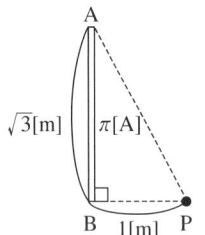

① $\dfrac{\sqrt{3}}{8}$
② $\dfrac{\sqrt{3}}{4}$
③ $\dfrac{\sqrt{3}}{2}$
④ $\sqrt{3}$

해설
유한장 직선 전류에 의한 자계
$H = \dfrac{I}{4\pi a}(\cos\alpha_1 + \cos\alpha_2)$
$= \dfrac{I}{4\pi a}\left(\dfrac{\sqrt{3}}{\sqrt{(\sqrt{3})^2 + 1^2}}\right) = \dfrac{\pi}{4\pi \times 1} \times \dfrac{\sqrt{3}}{2}$
$= \dfrac{\sqrt{3}}{8} [\text{AT/m}]$

암기
그림과 같은 경우 각 α_1, α_2의 표현
$\alpha_1 = \angle ABP$, $\cos\alpha_1 = \cos 90° = 0$
$\alpha_2 = \angle BAP$, $\cos\alpha_2 = \dfrac{\sqrt{3}}{\sqrt{(\sqrt{3})^2 + 1^2}} = \dfrac{\sqrt{3}}{2}$

309 NEW

반지름 $a[\text{m}]$인 원에 내접하는 정 n변형의 회로에 $I[\text{A}]$가 흐를 때, 그 중심에서의 자계의 세기$[\text{AT/m}]$는?

① $\dfrac{nI\tan\dfrac{\pi}{n}}{2\pi a}$
② $\dfrac{nI\sin\dfrac{\pi}{n}}{2\pi a}$
③ $\dfrac{nI\tan\dfrac{\pi}{n}}{\pi a}$
④ $\dfrac{nI\sin\dfrac{\pi}{n}}{\pi a}$

해설
반지름이 $a[\text{m}]$인 원에 내접하는 정 n각형 회로의 중심 자계의 세기
$H = \dfrac{nI\tan\dfrac{\pi}{n}}{2\pi a} [\text{AT/m}]$

| 정답 | 306 ① | 307 ② | 308 ① | 309 ① |

310 ★★★

한 변의 길이가 l[m]인 정사각형 도체에 전류 I[A]가 흐르고 있을 때 중심점 P에서의 자계의 세기는 몇 [A/m]인가?

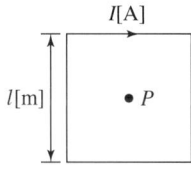

① $16\pi lI$
② $4\pi lI$
③ $\dfrac{\sqrt{3}\pi}{2l}I$
④ $\dfrac{2\sqrt{2}}{\pi l}I$

해설

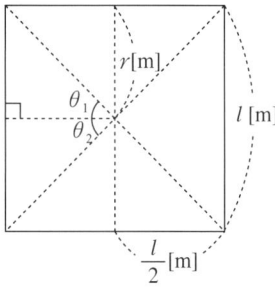

정사각형의 한 변의 길이를 l[m]이라 하면 각 변이 만드는 자계는 유한장 직선 전류에 의한 자계 공식을 이용하여 구한다.

$r=\dfrac{1}{2}l$[m], $\theta_1=\theta_2=\dfrac{\pi}{4}$ 이므로 변 하나가 만드는 자계의 크기는

$H=\dfrac{I}{4\pi r}(\sin\theta_1+\sin\theta_2)=\dfrac{I}{4\pi\times\dfrac{1}{2}l}\left(\sin\dfrac{\pi}{4}+\sin\dfrac{\pi}{4}\right)$

$=\dfrac{\sqrt{2}I}{2\pi l}$[AT/m]

따라서 네 변이 만드는 정사각형의 중심 자계의 크기는

$H_4=H\times 4=\dfrac{2\sqrt{2}I}{\pi l}$[AT/m]

별해

한 변이 l[m]인 정 n각형의 회로의 중심 자계의 세기

$H=\dfrac{nI}{\pi l}\sin\dfrac{\pi}{n}\tan\dfrac{\pi}{n}$

$=\dfrac{4I}{\pi l}\sin\dfrac{\pi}{4}\tan\dfrac{\pi}{4}$

$=\dfrac{4I}{\pi l}\times\dfrac{\sqrt{2}}{2}\times 1=\dfrac{2\sqrt{2}I}{\pi l}$[AT/m]

311 ★★★

한 변의 길이가 4[m]인 정사각형 루프에 1[A]의 전류가 흐를 때, 중심점에서의 자속 밀도 B는 약 몇 [Wb/m²]인가?

① 2.83×10^{-7}
② 5.65×10^{-7}
③ 11.31×10^{-7}
④ 14.14×10^{-7}

해설

한 변의 길이 l[m]인 정사각형 루프의 중심 자계

$H=\dfrac{2\sqrt{2}\,I}{\pi l}$[AT/m]

자속 밀도

$B=\mu_0 H=\dfrac{2\sqrt{2}\,\mu_0 I}{\pi l}=\dfrac{2\sqrt{2}\times 4\pi\times 10^{-7}\times 1}{\pi\times 4}$

$\fallingdotseq 2.83\times 10^{-7}$ [Wb/m²]

312 ★★☆

정사각형 회로의 면적을 3배로, 흐르는 전류를 2배로 증가시키면 정사각형의 중심에서의 자계의 세기는 약 몇 [%]가 되는가?

① 47
② 115
③ 150
④ 225

해설

한 변의 길이가 l[m]인 정사각형 회로의 중심 자계

$H=\dfrac{2\sqrt{2}\,I}{\pi l}$[AT/m]

한 변의 길이가 l[m]인 정사각형의 면적을 3배 증가시키면 한 변의 길이는 $\sqrt{3}$ 배 증가한다.

$\therefore\ H'=\dfrac{2\sqrt{2}\,I'}{\pi l'}=\dfrac{2\sqrt{2}\times 2I}{\pi\times\sqrt{3}\,l}=\dfrac{2}{\sqrt{3}}H$

$=1.15H$[AT/m] ($\therefore$ 115[%])

THEME 04 솔레노이드에 의한 자계의 세기

313 ★★☆
다음 설명 중 옳은 것은?

① 무한 직선 도선에 흐르는 전류에 의한 도선 내부에서 자계의 크기는 도선의 반경에 비례한다.
② 무한 직선 도선에 흐르는 전류에 의한 도선 외부에서 자계의 크기는 도선의 중심과의 거리에 무관하다.
③ 무한장 솔레노이드 내부 자계의 크기는 코일에 흐르는 전류의 크기에 비례한다.
④ 무한장 솔레노이드 내부 자계의 크기는 단위 길이당 권수의 제곱에 비례한다.

해설

① 무한 원통 도체 내부 자계 $H = \dfrac{Ir}{2\pi a^2}[\text{AT/m}]$, $H \propto \dfrac{1}{a^2}$
∴ 자계는 도선 반경 a의 제곱에 반비례
② 무한 원통 도체 외부 자계 $H = \dfrac{I}{2\pi r}[\text{AT/m}]$, $H \propto \dfrac{1}{r}$
∴ 자계는 도선 중심과의 거리 r의 제곱에 반비례
③,④ 무한솔레노이드 내부 자계 $H = nI[\text{AT/m}]$, $H \propto I$, $H \propto n$
∴ 자계는 전류 I에 비례, 단위 길이당 권수 n에 비례

314 ★★★
그림과 같은 환상 솔레노이드 내의 철심 중심에서의 자계의 세기 $H[\text{AT/m}]$는?(단, 환상 철심의 평균 반지름은 $r[\text{m}]$, 코일의 권수는 N회, 코일에 흐르는 전류는 $I[\text{A}]$이다.)

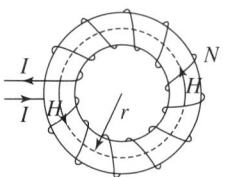

① $\dfrac{NI}{\pi r}$ ② $\dfrac{NI}{2\pi r}$
③ $\dfrac{NI}{4\pi r}$ ④ $\dfrac{NI}{2r}$

해설

환상 솔레노이드 내부 자계
$H = \dfrac{NI}{l} = \dfrac{NI}{2\pi r}[\text{AT/m}]$

315 ★★★
평균 반지름 r이 $20[\text{cm}]$, 단면적 S가 $6[\text{cm}^2]$인 환상 철심에서 권선수 N이 500회인 코일에 흐르는 전류 I가 $4[\text{A}]$일 때 철심 내부에서의 자계의 세기 H는 약 몇 $[\text{AT/m}]$인가?

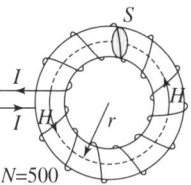

$N=500$
① 1,590   ② 1,700
③ 1,870   ④ 2,120

해설

환상 코일의 내부 자계
$H = \dfrac{NI}{l} = \dfrac{NI}{2\pi r} = \dfrac{500 \times 4}{2\pi \times 20 \times 10^{-2}} = 1{,}592[\text{AT/m}]$

316 ★★☆

철심이 든 환상 솔레노이드의 권수는 500회, 평균 반지름은 10[cm], 철심의 단면적은 10[cm²], 비투자율 4,000이다. 이 환상 솔레노이드에 2[A]의 전류를 흘릴 때 철심 내의 자속 [Wb]은?

① 4×10^{-3}
② 4×10^{-4}
③ 8×10^{-3}
④ 8×10^{-4}

해설

- 환상 솔레노이드의 내부 자계의 세기

$$H = \frac{NI}{l} = \frac{NI}{2\pi r}[\text{AT/m}]$$

- 철심 내 자속

$$\phi = BS = \mu HS = \mu_0 \mu_s \times \frac{NI}{2\pi r} \times S$$

$$= 4\pi \times 10^{-7} \times 4,000 \times \frac{500 \times 2}{2\pi \times 10 \times 10^{-2}} \times 10 \times 10^{-4}$$

$$= 8 \times 10^{-3}[\text{Wb}]$$

암기

공기 중 투자율
$\mu_0 = 4\pi \times 10^{-7}[\text{H/m}]$

317 ★★☆

비투자율이 $\mu_r = 800$, 원형 단면적이 $S = 10[\text{cm}^2]$, 평균 자로 길이 $l = 16\pi \times 10^{-2}[\text{m}]$의 환상 철심에 600회의 코일을 감고 이 코일에 1[A]의 전류를 흘리면 환상 철심 내부의 자속은 몇 [Wb]인가?

① 1.2×10^{-3}
② 1.2×10^{-5}
③ 2.4×10^{-3}
④ 2.4×10^{-5}

해설

- 환상 솔레노이드(철심)의 내부 자계

$$H = \frac{NI}{l}[\text{AT/m}]$$

위의 식을 이용하여 자속 밀도는 다음과 같이 나타낼 수 있다.

$$B = \mu H = \frac{\mu NI}{l} = \frac{\mu_0 \mu_r NI}{l}[\text{Wb/m}^2]$$

- 철심 내부의 자속

$$\phi = BS = \frac{\mu_0 \mu_r NIS}{l}$$

$$= \frac{4\pi \times 10^{-7} \times 800 \times 600 \times 1 \times 10 \times 10^{-4}}{16\pi \times 10^{-2}}$$

$$= 1.2 \times 10^{-3}[\text{Wb}]$$

318 ★★☆

무한장 솔레노이드의 외부 자계에 대한 설명 중 옳은 것은?

① 솔레노이드 내부의 자계와 같은 자계가 존재한다.
② $\frac{1}{2\pi}$의 배수가 되는 자계가 존재한다.
③ 솔레노이드 외부에는 자계가 존재하지 않는다.
④ 권수에 비례하는 자계가 존재한다.

해설

무한장 솔레노이드의 자계
- 철심 내부의 자계

$$H = \frac{NI}{l} = nI[\text{AT/m}]$$

(단, n: 단위 길이당 감은 코일 횟수)

- 철심 외부의 자계

$H = 0$

무한장 솔레노이드의 외부로 흐르는 누설 자속이 없어 자계가 존재하지 않는다.

319 ★★★

1[cm]마다 권수가 100인 무한장 솔레노이드에 20[mA]의 전류를 유통시킬 때 솔레노이드 내부의 자계의 세기[AT/m]는?

① 10
② 20
③ 100
④ 200

해설

무한장 솔레노이드의 자계의 세기

$$H = nI = \frac{100}{10^{-2}} \times 20 \times 10^{-3} = 200[\text{AT/m}]$$

(단, n: 단위 길이당 감은 코일 횟수)

320 ★★★
무한장 솔레노이드에 전류가 흐를 때 발생되는 자장에 관한 설명 중 옳은 것은?

① 내부 자장은 평등 자장이다.
② 외부와 내부 자장의 세기는 같다.
③ 외부 자장은 평등 자장이다.
④ 내부 자장의 세기는 0이다.

해설
무한장 솔레노이드의 자계
- 철심 내부
$$H = \frac{NI}{l} = nI\,[\text{AT/m}]$$
(단, n: 단위 길이당 감은 코일 횟수)
<mark>무한장 솔레노이드의 철심 내부의 계(자장)는 평등 자장이다.</mark>
- 철심 외부
$H = 0$

THEME 05 플레밍의 왼손 법칙

321 ★★★
플레밍의 왼손 법칙에서 왼손의 엄지, 검지, 중지의 방향에 해당되지 않는 것은?

① 전압
② 전류
③ 자속 밀도
④ 힘

해설
플레밍의 왼손 법칙
- 엄지: 힘($F[\text{N}]$)
- 검지: 자속 밀도($B[\text{Wb/m}^2]$)
- 중지: 전류($I[\text{A}]$)

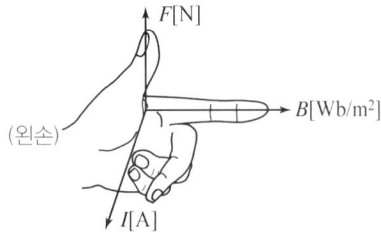

▲ 플레밍의 왼손 법칙

322 ★★★
균일한 자장 내에 놓여 있는 직선 도선의 전류 및 길이를 각각 2배로 하면 이 도선에 작용하는 힘은 몇 배가 되는가?

① 1
② 2
③ 4
④ 8

해설
플레밍의 왼손 법칙
$F = BIl\sin\theta\,[\text{N}]$
$F \propto B, I$이므로 도선의 전류 및 길이를 2배로 늘리면 힘 $F[\text{N}]$는 4배가 된다.

323 ★★☆
전류가 흐르는 도선을 자계 내에 놓으면 이 도선에 힘이 작용한다. 평등 자계의 진공 중에 놓여 있는 직선 전류 도선이 받는 힘에 대한 설명으로 옳은 것은?

① 도선의 길이에 비례한다.
② 전류의 세기에 반비례한다.
③ 자계의 세기에 반비례한다.
④ 전류와 자계 사이의 각에 대한 정현(Sine)에 반비례한다.

해설
플레밍의 왼손 법칙
$F = BIl\sin\theta\,[\text{N}]$
직선 도선이 받는 힘은 다음과 같은 관계에 있다.
- 자속 밀도의 크기에 비례한다.
- 전류의 크기에 비례한다.
- <mark>도선의 길이에 비례한다.</mark>

324 ★★★
균일한 자장 내에서 자장에 수직으로 놓여 있는 직선 도선이 받는 힘에 대한 설명 중 옳은 것은?

① 힘은 자장의 세기에 비례한다.
② 힘은 전류의 세기에 반비례한다.
③ 힘은 도선 길이의 $\frac{1}{2}$ 승에 비례한다.
④ 자장의 방향에 상관없이 일정한 방향으로 힘을 받는다.

해설
플레밍의 왼손 법칙
$F = BIl\sin\theta = BIl\sin 90° = BIl$ [N]
$F \propto B \propto I \propto l$ 이므로 힘은 자장의 세기에 비례한다.

325 ★★★
자속 밀도가 $0.3[\text{Wb/m}^2]$인 평등자계 내에 $5[\text{A}]$의 전류가 흐르는 길이 $2[\text{m}]$인 직선도체가 있다. 이 도체를 자계 방향에 대하여 $60°$의 각도로 놓았을 때 이 도체가 받는 힘은 약 몇 $[\text{N}]$인가?

① 1.3 ② 2.6 ③ 4.7 ④ 5.2

해설
도체가 받는 힘
$F = BIl\sin\theta$
$= 0.3 \times 5 \times 2 \times \sin 60° = 2.6$ [N]

326 NEW
z축 상에 놓인 길이가 긴 직선 도체에 $10[\text{A}]$의 전류가 $+z$ 방향으로 흐르고 있다. 이 도체의 주위의 자속밀도가 $3\hat{x} - 4\hat{y}[\text{Wb/m}^2]$일 때 도체가 받는 단위 길이당 힘$[\text{N/m}]$은?(단, $\hat{x}$, $\hat{y}$는 단위벡터이다.)

① $-40\hat{x} + 30\hat{y}$
② $-30\hat{x} + 40\hat{y}$
③ $30\hat{x} + 40\hat{y}$
④ $40\hat{x} + 30\hat{y}$

해설
• 플레밍의 왼손 법칙에 의한 도체가 받는 힘
$\dot{F} = I(\dot{l} \times \dot{B})[\text{N}]$
• 단위 길이당 힘을 구하기 위해서 도선의 길이를 단위 벡터로 구한 뒤 계산한다.

$\dot{F} = I(\dot{l} \times \dot{B}) = 10 \times \begin{bmatrix} a_x & a_y & a_z \\ 0 & 0 & 1 \\ 3 & -4 & 0 \end{bmatrix}$
$= 10 \times \{(0+4)a_x - (0-3)a_y + (0-0)a_z\}$
$= 40a_x + 30a_y$ [N/m]

327 ★★☆
그림과 같이 전류가 흐르는 반원형 도선이 평면 $z = 0$ 상에 놓여 있다. 이 도선이 자속 밀도 $B = 0.6a_x - 0.5a_y + a_z[\text{Wb/m}^2]$인 균일 자계 내에 놓여 있을 때 직선 도선에 작용하는 힘$[\text{N}]$은?

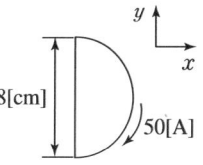

① $4a_x + 2.4a_z$
② $4a_x - 2.4a_z$
③ $5a_x - 3.5a_z$
④ $-5a_x + 3.5a_z$

해설
플레밍의 왼손 법칙
$\dot{F} = I(\dot{l} \times \dot{B}) = 50[0.08a_y \times (0.6a_x - 0.5a_y + a_z)]$
$= 50\begin{bmatrix} a_x & a_y & a_z \\ 0 & 0.08 & 0 \\ 0.6 & -0.5 & 1 \end{bmatrix} = 50(0.08a_x - 0.048a_z)$
$= 4a_x - 2.4a_z$ [N]

328 ★☆☆

권선수가 400회, 면적이 $9\pi\,[\text{cm}^2]$인 장방형 코일에 $1[\text{A}]$의 직류가 흐르고 있다. 코일의 장방형 면과 평행한 방향으로 자속 밀도가 $0.8[\text{Wb}/\text{m}^2]$인 균일한 자계가 가해져 있다. 코일의 평행한 두 변의 중심을 연결하는 선을 축으로 할 때 이 코일에 작용하는 회전력은 약 몇 $[\text{N}\cdot\text{m}]$인가?

① 0.3 ② 0.5
③ 0.7 ④ 0.9

해설

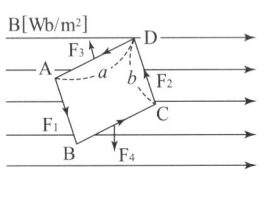 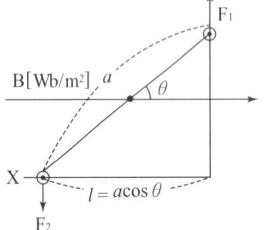

플레밍의 왼손 법칙에 의한 힘
$F_1 = F_2 = BIb\sin\theta = BIb\sin 90° = BIb$
회전력 $\tau_1 = F_1 l = BIba\cos\theta = 0.8 \times 1 \times 9\pi \times 10^{-4} \times \cos 0°$
$= 2.26 \times 10^{-3}[\text{N}\cdot\text{m}]$
권선수가 400회이므로 전체 회전력은
$\tau = \tau_1 \times 400 = 2.26 \times 10^{-3} \times 400 = 0.904[\text{N}\cdot\text{m}]$

329 ★★☆

자계와 직각으로 놓인 도체에 $I[\text{A}]$의 전류를 흘릴 때 $f[\text{N}]$의 힘이 작용하였다. 이 도체를 $v[\text{m/s}]$의 속도로 자계와 직각으로 운동시킬 때의 기전력 $e[\text{V}]$는?

① $\dfrac{vf}{I^2}$ ② $\dfrac{vf}{I}$
③ $\dfrac{v^2 f}{I}$ ④ $\dfrac{vf}{2I}$

해설

- 플레밍의 왼손 법칙에 의한 힘
  $f = BIl\sin\theta[\text{N}]$
  $\therefore Bl\sin\theta = \dfrac{f}{I}$
- 플레밍의 오른손 법칙에 의한 기전력
  $e = Bvl\sin\theta = v\cdot\dfrac{f}{I}[\text{V}]$

암기

플레밍의 오른손 법칙
$e = Bvl\sin\theta[\text{V}]$

THEME 06 평행 도선 사이에 작용하는 힘

330 ★★★

평행 도선에 같은 크기의 왕복 전류가 흐를 때 두 도선 사이에 작용하는 힘에 대한 설명으로 옳은 것은?

① 흡인력이다.
② 전류의 제곱에 비례한다.
③ 주위 매질의 투자율에 반비례한다.
④ 두 도선 사이 간격의 제곱에 반비례한다.

해설

평행 도선 사이에 발생하는 힘
$F = \dfrac{\mu_0 I_1 I_2}{2\pi r}[\text{N/m}]$
전류의 크기가 같을 경우
$F = \dfrac{\mu_0 I^2}{2\pi r}[\text{N/m}]$

- 전류의 방향이 반대일 경우: 반발력 발생
- 전류의 방향이 같을 경우: 흡인력 발생

331 ★★★

진공 중에서 $2[\text{m}]$ 떨어진 두 개의 무한 평행 도선에 단위 길이당 $10^{-7}[\text{N}]$의 반발력이 작용할 때 각 도선에 흐르는 전류의 크기와 방향은?(단, 각 도선에 흐르는 전류의 크기는 같다.)

① 각 도선에 $2[\text{A}]$가 반대 방향으로 흐른다.
② 각 도선에 $2[\text{A}]$가 같은 방향으로 흐른다.
③ 각 도선에 $1[\text{A}]$가 반대 방향으로 흐른다.
④ 각 도선에 $1[\text{A}]$가 같은 방향으로 흐른다.

해설

평행 도선 사이에 발생하는 힘
$F = \dfrac{\mu_0 I_1 I_2}{2\pi r}[\text{N/m}]$
전류의 크기가 같을 경우
$F = \dfrac{\mu_0 I^2}{2\pi r}[\text{N/m}]$

- 전류의 방향이 반대일 경우: 반발력 발생
- 전류의 방향이 같을 경우: 흡인력 발생

각 도선에 흐르는 전류의 크기는 같으므로
$F = \dfrac{\mu_0 I^2}{2\pi \times d} = \dfrac{4\pi \times 10^{-7} \times I^2}{2\pi \times 2} = 10^{-7}[\text{N/m}]$
$\therefore I^2 = 1$이므로 $I = 1[\text{A}]$
반발력이 작용하므로 전류는 반대 방향으로 흐른다.

| 정답 | 328 ④ 329 ② 330 ② 331 ③

332 ★★★

평행한 두 도선 간의 전자력은?(단, 두 도선 간의 거리는 $r[\mathrm{m}]$라 한다.)

① r에 비례
② r^2에 비례
③ r에 반비례
④ r^2에 반비례

해설

평행한 두 도선 간의 전자력
$$F = \frac{\mu I_1 I_2}{2\pi r}[\mathrm{N/m}]$$
따라서 전자력은 r에 반비례한다.

333 ★★☆

선간 전압이 $66,000[\mathrm{V}]$인 2개의 평행 왕복 도선에 $10[\mathrm{kA}]$의 전류가 흐르고 있을 때 도선 $1[\mathrm{m}]$마다 작용하는 힘의 크기는 몇 $[\mathrm{N/m}]$인가?(단, 도선 간의 간격은 $1[\mathrm{m}]$이다.)

① 1
② 10
③ 20
④ 200

해설

평행 도선 사이에 발생하는 힘
$$F = \frac{\mu_0 I_1 I_2}{2\pi r}[\mathrm{N/m}]$$
전류의 크기가 같으므로
$$F = \frac{\mu_0 I^2}{2\pi r} = \frac{4\pi \times 10^{-7} \times (10 \times 10^3)^2}{2\pi \times 1} = 20[\mathrm{N/m}]$$

334 ★★☆

공기 중에서 $1[\mathrm{m}]$ 간격을 가진 두 개의 평행 도체 전류의 단위 길이에 작용하는 힘은 몇 $[\mathrm{N}]$인가?(단, 전류는 $1[\mathrm{A}]$라고 한다.)

① 2×10^{-7}
② 4×10^{-7}
③ $2\pi \times 10^{-7}$
④ $4\pi \times 10^{-7}$

해설

평행 도선 사이에 발생하는 힘
$$F = \frac{\mu_0 I_1 I_2}{2\pi d} = \frac{4\pi \times 10^{-7} \times 1 \times 1}{2\pi \times 1} = 2 \times 10^{-7}[\mathrm{N/m}]$$

THEME 07 로렌츠의 힘

335 ★★★
전하 $q[\text{C}]$이 공기 중의 자계 $H[\text{AT/m}]$ 내에서 자계와 수직 방향으로 $v[\text{m/s}]$의 속도로 움직일 때 받는 힘은 몇 $[\text{N}]$인가?

① $\mu_0 qvH$
② $\dfrac{qvH}{\mu_0}$
③ qvH
④ $\dfrac{qH}{\mu_0 v}$

해설
일정한 자계 내에서 전하가 받는 로렌츠의 힘은
$|\dot{F}| = q|\dot{v} \times \dot{B}| = qvB\sin\theta\,[\text{N}]$이므로
$|\dot{F}| = qvB\sin\theta = \mu_0 qvH\sin 90° = \mu_0 qvH[\text{N}]$

336 ★★☆
전계의 세기가 $5 \times 10^2[\text{V/m}]$인 전계 중에 $8 \times 10^{-8}[\text{C}]$의 전하가 놓일 때 전하가 받는 힘은 몇 $[\text{N}]$인가?

① 4×10^{-2}
② 4×10^{-3}
③ 4×10^{-4}
④ 4×10^{-5}

해설
로렌츠의 힘
$\dot{F} = \dot{F}_E + \dot{F}_H = Q\dot{E} + Q(\dot{v} \times \dot{B})[\text{N}]$
$F_E = QE = 8 \times 10^{-8} \times 5 \times 10^2 = 4 \times 10^{-5}[\text{N}]$

337 ★☆☆
$-1.2[\text{C}]$의 점전하가 $5a_x + 2a_y - 3a_z[\text{m/s}]$인 속도로 운동한다. 이 전하가 $B = -4a_x + 4a_y + 3a_z[\text{Wb/m}^2]$인 자계에서 운동하고 있을 때 이 전하에 작용하는 힘은 약 몇 $[\text{N}]$인가? (단, a_x, a_y, a_z는 단위 벡터이다.)

① 10
② 20
③ 30
④ 40

해설
전하에 작용하는 힘
$\dot{F} = Q(\dot{v} \times \dot{B})$
$= -1.2(5a_x + 2a_y - 3a_z) \times (-4a_x + 4a_y + 3a_z)$
$= -1.2(18a_x - 3a_y + 28a_z)[\text{N}]$
$F = |\dot{F}| = |-1.2\sqrt{18^2 + (-3)^2 + 28^2}| \fallingdotseq 40.1\,[\text{N}]$

338 ★☆☆
$2[\text{C}]$의 점전하가 전계 $E = 2a_x + a_y - 3a_z[\text{V/m}]$ 및 자계 $B = -2a_x + 2a_y - a_z[\text{Wb/m}^2]$ 내에서 속도 $v = 4a_x - a_y - 2a_z[\text{m/s}]$로 운동하고 있을 때 점전하에 작용하는 힘 F는 몇 $[\text{N}]$인가?

① $10a_x + 18a_y + 4a_z$
② $14a_x - 18a_y - 4a_z$
③ $-14a_x + 18a_y + 4a_z$
④ $14a_x + 18a_y + 6a_z$

해설
$\dot{v} \times \dot{B} = \begin{vmatrix} a_x & a_y & a_z \\ 4 & -1 & -2 \\ -2 & 2 & -1 \end{vmatrix}$
$= (1+4)a_x + (4+4)a_y + (8-2)a_z$
$= 5a_x + 8a_y + 6a_z$
로렌츠의 힘 $\dot{F} = Q(\dot{E} + \dot{v} \times \dot{B})[\text{N}]$이므로
$\dot{F} = 2 \times ((2+5)a_x + (1+8)a_y + (-3+6)a_z)$
$= 14a_x + 18a_y + 6a_z[\text{N}]$

| 정답 | 335 ① 336 ④ 337 ④ 338 ④

339 ★★★

평등 자계 내에 전자가 수직으로 입사하였을 때 전자의 운동에 대한 설명으로 옳은 것은?

① 원심력은 전자 속도에 반비례한다.
② 구심력은 자계의 세기에 반비례한다.
③ 원 운동을 하고, 반지름은 자계의 세기에 비례한다.
④ 원 운동을 하고, 반지름은 전자의 회전 속도에 비례한다.

해설

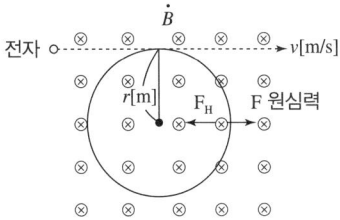

움직이는 전하에 작용하는 자기력(구심력)
$F_H = q|\dot{v} \times \dot{B}| = qvB[N]$ (원 운동)

원 운동에 따른 원심력 $F_{원심력} = \dfrac{mv^2}{r}[N]$

두 힘은 같은 크기이므로 $qvB = \dfrac{mv^2}{r}$

∴ 회전 반경 $r = \dfrac{mv}{qB}[m]$

(q: 전자 전하량, v: 전자 속도, B: 자속 밀도, m: 전자의 질량)
- 전자는 구심력과 원심력이 크기가 같아 원운동을 한다.
- 원심력은 전자 속도의 제곱에 비례한다.
- 구심력은 자계의 세기에 비례한다.
- 반지름은 자계의 세기에 반비례한다.
- 반지름은 전자의 회전 속도에 비례한다.

340 ★★☆

$v[m/s]$의 속도를 가진 전자가 $B[Wb/m^2]$의 평등자계에 직각으로 들어가면 원운동을 한다. 이때 원운동의 주기 $[s]$를 구하면?(단, 원의 반지름은 $r[m]$, 전자의 전하를 $e[C]$, 질량 $m[kg]$이라 한다.)

① $\dfrac{mv}{eB}$ ② $\dfrac{eB}{m}$

③ $\dfrac{2\pi m}{eB}$ ④ $\dfrac{eBr}{2\pi m}$

해설

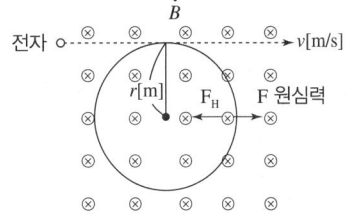

움직이는 전하에 작용하는 자기력
$F_H = Q|\dot{v} \times \dot{B}| = evB[N]$ (원 운동)

원 운동에 따른 원심력 $F_{원심력} = \dfrac{mv^2}{r}[N]$

두 힘은 같은 크기이므로 $evB = \dfrac{mv^2}{r}$

∴ 회전 반경 $r = \dfrac{mv}{eB}[m]$

(e: 전자 전하량, v: 전자 속도, B: 자속 밀도, m: 전자의 질량)

따라서 원운동 속도 $v = \dfrac{eBr}{m}[m/s]$, 반경 $r = \dfrac{mv}{eB}[m]$이므로 선속도 $v[m/s]$와 각속도 $\omega[rad/s]$의 관계로부터 $v = r\omega = r2\pi f = \dfrac{eBr}{m}[m/s]$이다.

∴ $T = \dfrac{1}{f} = \dfrac{2\pi m}{eB}[sec]$

암기

- 전자의 속도 $v = \dfrac{qBr}{m}[m/s]$
- 원운동 궤적의 반지름 $r = \dfrac{mv}{qB}[m]$
- 각속도 $\omega = \dfrac{v}{r} = \dfrac{qBr}{mr} = \dfrac{qB}{m}[rad/s]$
- 주파수 $f = \dfrac{\omega}{2\pi} = \dfrac{qB}{2\pi m}[Hz]$
- 주기 $T = \dfrac{1}{f} = \dfrac{2\pi m}{qB}[s]$

자성체 및 자기 회로

1. 자성체의 기초
2. 자성체의 종류
3. 히스테리시스 곡선
4. 자화의 세기
5. 자성체의 경계면 조건
6. 자기 회로

CBT 완벽대비 가능한 유형마스터 학습!

THEME	유형분석	관련 번호
THEME 01 자성체의 기초	자화 현상에 대한 문제가 나옵니다. 대부분 개념을 묻는 문제들로 구성되어 있습니다.	341~343
THEME 02 자성체의 종류	상자성체, 역(반)자성체, 강자성체의 특성을 물어봅니다. 대부분 특성을 암기하면 쉽게 맞힐 수 있습니다.	344~354
THEME 03 히스테리시스 곡선	히스테리시스 곡선의 기본 개념부터 손실과 관련된 계산 문제까지 여러 형태의 문제가 등장합니다.	355~365
THEME 04 자화의 세기	자화의 세기와 감자율에 대한 문제가 출제됩니다. 공식을 암기하고 적용할 수 있으면 맞힐 수 있는 수준으로 나옵니다.	366~380
THEME 05 자성체의 경계면 조건	경계면 조건과 관련된 문제가 출제됩니다. 전계와 자계의 경계면 조건은 비슷하므로 함께 학습하시는 것이 좋습니다.	381~384
THEME 06 자기 회로	자기 회로에 관한 내용이 전반적으로 출제됩니다. 전기 회로와의 대응 및 공극이 있을 경우의 자기 저항 등 여러 형태의 문제가 출제됩니다.	385~402

학습 효과를 높이는 N제 3회독 시스템

챕터별 전체 1회독이 끝났다면 회독 체크표에 날짜를 기입하고 체크표시를 해주세요.

| 회독 체크표 | 1회독 | 월 일 | 2회독 | 월 일 | 3회독 | 월 일 |

CHAPTER 09 자성체 및 자기 회로

THEME 01 자성체의 기초

341 ★★☆
영구 자석에 관한 설명 중 옳지 않은 것은?

① 히스테리시스 현상을 가진 재료만이 영구 자석이 될 수 있다.
② 보자력이 클수록 자계가 강한 영구 자석이 된다.
③ 잔류 자속 밀도가 높을수록 자계가 강한 영구 자석이 된다.
④ 자석 재료로 폐회로를 만들면 강한 영구 자석이 된다.

해설
자석이 될 만한 자성체 주변에 강한 자계를 일정 시간 가하여 자화가 되면 지속적으로 자석의 성질을 띠는 영구 자석이 된다.

342 NEW
물질의 자화 현상이 일어나는 이유는?

① 전자의 이동
② 전자의 공전
③ 전자의 자전
④ 분자의 운동

해설
자화 현상
물질에 자계를 가하였을 경우 전자가 스핀(자전) 운동을 하여 전자의 방향이 일정한 배열을 이루는데, 이를 자화 현상이라고 한다.

343 NEW
자화된 철의 온도를 높일 때 자화가 서서히 감소하다가 급격히 강자성이 상자성으로 변하면서 강자성을 잃어 버리는 온도는?

① 켈빈(Kelvin)
② 연화 온도(Transition)
③ 전이 온도
④ 퀴리(Curie) 온도

해설
퀴리 온도
강자성체가 강자성 상태에서 상자성 상태로 변하거나 그 반대로 변하는 전이 온도로, 자석과 같은 강자성체를 퀴리 온도 이상으로 가열하면 자석의 성질을 잃어버린다.

THEME 02 자성체의 종류

344 ★★☆
다음 조건 중 틀린 것은?(단, χ_m: 비자화율, μ_r: 비투자율 이다.)

① $\mu_r \gg 1$이면 강자성체
② $\chi_m > 0$, $\mu_r < 1$이면 상자성체
③ $\chi_m < 0$, $\mu_r < 1$이면 반자성체
④ 물질은 χ_m 또는 μ_r의 값에 따라 반자성체, 상자성체, 강자성체 등으로 구분한다.

해설
자성체의 종류
• $\mu_r \gg 1$: 강자성체, $\chi_m = \mu_r - 1 \gg 0$: 강자성체
• $\mu_r > 1$: 상자성체, $\chi_m = \mu_r - 1 > 0$: 상자성체
• $\mu_r < 1$: 반자성체, $\chi_m = \mu_r - 1 < 0$: 반자성체

345 ★★★
반자성체의 비투자율(μ_r) 값의 범위는?

① $\mu_r = 1$
② $\mu_r < 1$
③ $\mu_r > 1$
④ $\mu_r = 0$

해설
자성체의 종류
• 상자성체: $\mu_r > 1$
• 반(역)자성체: $\mu_r < 1$
• 강자성체: $\mu_r \gg 1$

| 정답 | 341 ④ 342 ③ 343 ④ 344 ②   345 ②

346
반자성체가 아닌 것은? ★★☆

① 은(Ag)   ② 구리(Cu)
③ 니켈(Ni)   ④ 비스무트(Bi)

해설

자성체의 종류
- 상자성체
  - 상자성체의 예: 백금(Pt), 알루미늄(Al), 산소(O_2) 등
  - 상자성체의 비투자율: $\mu_s > 1$ (1보다 약간 크다.)
- 반자성체(역자성체)
  - 반자성체의 예: 은(Ag), 구리(Cu), 비스무트(Bi) 등
  - 반자성체의 비투자율: $\mu_s < 1$ (1보다 작다.)
- 강자성체
  - 강자성체의 예: 철(Fe), 니켈(Ni), 코발트(Co) 등
  - 강자성체의 비투자율: $\mu_s \gg 1$ (1보다 매우 크다.)

347
강자성체가 아닌 것은? ★★☆

① 코발트   ② 니켈
③ 철   ④ 구리

해설

자성체의 종류
- 상자성체
  - 상자성체의 예: 백금(Pt), 알루미늄(Al), 산소(O_2) 등
  - 상자성체의 비투자율: $\mu_s > 1$ (1보다 약간 크다.)
- 반자성체(역자성체)
  - 반자성체의 예: 은(Ag), 구리(Cu), 비스무트(Bi) 등
  - 반자성체의 비투자율: $\mu_s < 1$ (1보다 작다.)
- 강자성체
  - 강자성체의 예: 철(Fe), 니켈(Ni), 코발트(Co) 등
  - 강자성체의 비투자율: $\mu_s \gg 1$ (1보다 매우 크다.)

348
다음 중 비투자율(μ_s)이 가장 큰 것은? ★☆☆

① 금   ② 은
③ 구리   ④ 니켈

해설

자성체의 종류
- 상자성체
  - 상자성체의 예: 백금(Pt), 알루미늄(Al), 산소(O_2) 등
  - 상자성체의 비투자율: $\mu_s > 1$ (1보다 약간 크다.)
- 반자성체(역자성체)
  - 반자성체의 예: 은(Ag), 구리(Cu), 비스무트(Bi) 등
  - 반자성체의 비투자율: $\mu_s < 1$ (1보다 작다.)
- 강자성체
  - 강자성체의 예: 철(Fe), 니켈(Ni), 코발트(Co) 등
  - 강자성체의 비투자율: $\mu_s \gg 1$ (1보다 매우 크다.)

349
내부 장치 또는 공간을 물질로 포위시켜 외부 자계의 영향을 차폐시키는 방식을 자기 차폐라고 한다. 다음 중 자기 차폐에 가장 좋은 것은?

① 비투자율이 1보다 작은 역자성체
② 강자성체 중에서 비투자율이 큰 물질
③ 강자성체 중에서 비투자율이 작은 물질
④ 비투자율에 관계없이 물질의 두께에만 관계되므로 되도록 두꺼운 물질

해설

자속은 비투자율이 큰 물체 쪽으로 모이려는 성질이 있으므로 자기 차폐를 하기 위해서는 비투자율이 큰 물질이어야 한다. 따라서 강자성체 중 비투자율이 큰 물질(철, 니켈, 코발트)이 적당하다.

350
강자성체의 설명 중 옳은 것은? ★★★

① 기자력과 자속 사이에는 선형 특성을 갖고 있다.
② 와전류특성이 있어야 한다.
③ 자화된 강자성체에 온도를 증가시키면 자성이 약해진다.
④ 자화 시 잔류자기밀도가 크고 보자력은 작아야 한다.

해설
자화된 강자성체에 온도를 증가시키면 자성이 약해진다.

351
강자성체의 세 가지 특성에 포함되지 않는 것은? **NEW**

① 자기포화 특성
② 와전류 특성
③ 고투자율 특성
④ 히스테리시스 특성

해설
- 비투자율 $\mu_s \gg 1$이므로 고투자율의 특성이 있다.
- 강자성체는 어떤 한계점에 도달하면 자성이 일정하게 되는 자기포화 특성이 있다.
- 히스테리시스 특성은 도체에 자계 H를 인가할 때 각 도체에 나타나는 특성으로 자성체마다, 즉 도체마다 다른 특징이 있다.

352
두 개의 자극판이 놓여 있을 때 자계의 세기 $H[\text{AT/m}]$, 자속 밀도 $B[\text{Wb/m}^2]$, 투자율 $\mu[\text{H/m}]$인 곳의 자계의 에너지 밀도$[\text{J/m}^3]$는? ★★★

① $\dfrac{H^2}{2\mu}$
② $\dfrac{1}{2}\mu H^2$
③ $\dfrac{\mu H}{2}$
④ $\dfrac{1}{2}B^2 H$

해설
단위 체적당 자계 에너지
$$w = \frac{1}{2}BH = \frac{1}{2}\mu H^2 = \frac{B^2}{2\mu}[\text{J/m}^3]$$

353
자화율(magnetic susceptibility) χ는 상자성체에서 일반적으로 어떤 값을 갖는가? **NEW**

① $\chi = 0$
② $\chi > 0$
③ $\chi < 0$
④ $\chi = 1$

해설
자화율 $\chi = \mu_0(\mu_s - 1)$이고, 자성체의 종류 중 상자성체의 비투자율은 $\mu_s > 1$이므로
상자성체에서의 자화율 $\chi > 0$

354
비투자율이 2,000인 철심의 자속 밀도가 $5[\text{Wb/m}^2]$일 때 이 철심에 축적되는 에너지 밀도는 몇 $[\text{J/m}^3]$인가? ★★★

① 2,540
② 3,074
③ 3,954
④ 4,976

해설
단위 체적당 자계 에너지
$$w = \frac{B^2}{2\mu} = \frac{B^2}{2\mu_0\mu_s} = \frac{5^2}{2 \times 4\pi \times 10^{-7} \times 2,000}$$
$$= 4,973.6[\text{J/m}^3]$$

| 정답 | 350 ③ 351 ② 352 ② 353 ② 354 ④

THEME 03 히스테리시스 곡선

355 ★★★
히스테리시스 곡선에서 횡축과 만나는 것은 다음 중 어느 것인가?

① 투자율 ② 잔류 자기
③ 자력선 ④ 보자력

해설
히스테리시스 곡선에서 횡축과 만나는 점(H_c)을 보자력이라고 하며, 잔류 자기를 없애기 위해 필요한 자계의 세기를 의미한다.

356 ★★★
히스테리시스 곡선에서 종축과 만나는 것은 다음 중 어느 것인가?

① 잔류 자기 ② 보자력
③ 기자력 ④ 포화 자속

해설
히스테리스 곡선에서 종축과 만나는 점(B_r)을 잔류 자기라고 하며, 자화가 된 물질에 외부 자계를 가하지 않더라도 물질 내부에 남아있는 자기 성분을 의미한다.

357 ★★☆
히스테리시스 곡선에서 히스테리시스 손실에 해당하는 것은?

① 보자력의 크기
② 잔류 자기의 크기
③ 보자력과 잔류 자기의 곱
④ 히스테리시스 곡선의 면적

해설
강자성체에서 발생하는 히스테리시스 현상을 그린 곡선을 히스테리시스 곡선이라고 하며, 이 곡선의 면적이 히스테리시스 손실의 크기를 나타낸다.

358 ★★☆
전기기기의 철심(자심)재료로 규소강판을 사용하는 이유는?

① 동손을 줄이기 위해
② 와전류손을 줄이기 위해
③ 히스테리시스손을 줄이기 위해
④ 제작을 쉽게 하기 위해

해설
- 전기기기(변압기 등)에서 철심의 재료로 규소강판을 사용하는 것은 히스테리시스손을 줄이기 위함이다.
- 규소강판을 적층하여 사용하는 것은 와류손을 줄이기 위함이다.

359 ★★☆
규소강판과 같은 자심재료의 히스테리시스 곡선의 특징은?

① 보자력이 큰 것이 좋다.
② 보자력과 잔류 자기가 모두 큰 것이 좋다.
③ 히스테리시스 곡선의 면적이 큰 것이 좋다.
④ 히스테리시스 곡선의 면적이 작은 것이 좋다.

해설
규소강판은 주로 전자석 재료로 사용된다.
- 영구자석 재료
  히스테리시스 곡선의 면적 및 보자력이 크고, 잔류 자기도 클 것
- 전자석(일시 자석) 재료
  히스테리시스 곡선의 면적 및 보자력이 작고, 잔류 자기는 클 것

360 ★☆☆
히스테리시스손은 주파수 및 최대 자속 밀도와 어떤 관계에 있는가?

① 주파수와 최대 자속 밀도에 비례한다.
② 주파수에 비례하고 최대 자속 밀도의 1.6승에 비례한다.
③ 주파수와 최대 자속 밀도에 반비례한다.
④ 주파수에 반비례하고 최대 자속 밀도의 1.6승에 비례한다.

해설
히스테리시스손
$P_h = k_h f B_m^{1.6} V [\text{W}]$
(단, k_h: 히스테리시스 상수, f: 인가 신호 주파수[Hz],
B_m: 최대 자속 밀도[Wb/m^2], V: 자성체 체적[m^3])
즉, 히스테리시스손은 주파수에 비례하고 최대 자속 밀도의 1.6승에 비례한다.

361 ★★☆

와류손에 대한 설명으로 틀린 것은?(단, f: 주파수, B_m: 최대 자속 밀도, t: 두께, ρ: 저항률이다.)

① t^2에 비례한다. ② f^2에 비례한다.
③ ρ^2에 비례한다. ④ B_m^2에 비례한다.

해설

와류손

$$P_e = k_e f^2 t^2 B_m^2 = \frac{1}{\rho} f^2 t^2 B_m^2 \, [\text{W/m}^3]$$

• 두께 t^2에 비례
• 주파수 f^2에 비례
• 자속 밀도 B_m^2에 비례
• 저항률 ρ에 반비례

362 ★★★

그림과 같은 히스테리시스 루프를 가진 철심이 강한 평등 자계에 의해 매초 $60[\text{Hz}]$로 자화할 경우 히스테리시스 손실은 몇 $[\text{W}]$인가?(단, 철심의 체적은 $20[\text{cm}^3]$, $B_r = 5[\text{Wb/m}^2]$, $H_C = 2[\text{AT/m}]$이다.)

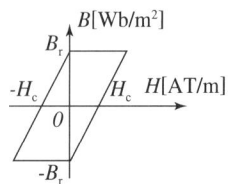

① 1.2×10^{-2} ② 2.4×10^{-2}
③ 3.6×10^{-2} ④ 4.8×10^{-2}

해설

히스테리시스 손실

$$P_h = 4 \times fVH_cB_r = 4 \times 60 \times 20 \times 10^{-6} \times 2 \times 5$$
$$= 4.8 \times 10^{-2} \, [\text{W}]$$

363 ★★★

영구자석의 재료로 적합한 것은?

① 잔류 자속밀도(B_r)는 크고, 보자력(H_c)은 작아야 한다.
② 잔류 자속밀도(B_r)는 작고, 보자력(H_c)은 커야 한다.
③ 잔류 자속밀도(B_r)와 보자력(H_c)은 모두 작아야 한다.
④ 잔류 자속밀도(B_r)와 보자력(H_c)은 모두 커야 한다.

해설

• 영구 자석의 재료
  잔류 자기 및 보자력이 모두 커서 히스테리시스 면적이 큰 물질(강자성체)
• 전자석의 재료
  잔류 자기는 크지만 보자력이 작아서 히스테리시스 면적이 작은 물질(상자성체)

364 [NEW]

전자석에 사용하는 연철(soft iron)은 다음 중 어느 성질을 갖는가?

① 잔류 자기, 보자력이 모두 크다.
② 보자력이 크고, 잔류 자기가 작다.
③ 보자력과 히스테리시스 곡선의 면적이 모두 작다.
④ 보자력이 크고, 히스테리시스 곡선의 면적이 작다.

해설

전자석의 재료(연철 등)의 특징은 다음과 같다.
• 잔류 자기: 크다.
• 보자력: 작다.
• 히스테리시스 곡선의 면적: 작다.

365 ★★☆

전자석의 재료로 가장 적당한 것은?

① 잔류 자기와 보자력이 모두 커야 한다.
② 잔류 자기는 작고, 보자력은 커야 한다.
③ 잔류 자기와 보자력이 모두 작아야 한다.
④ 잔류 자기는 크고, 보자력은 작아야 한다.

해설

• 영구 자석의 재료
  잔류 자기 및 보자력이 모두 커서 히스테리시스 면적이 큰 물질(강자성체)
• 전자석의 재료
  잔류 자기는 크지만 보자력이 작아서 히스테리시스 면적이 작은 물질(상자성체)

THEME 04 자화의 세기

366 ★★★
자화의 세기 단위로 옳은 것은?

① [AT/Wb] ② [AT/m²]
③ [Wb·m] ④ [Wb/m²]

해설
자화의 세기
$$J = \frac{m}{S} \, [\text{Wb/m}^2]$$
즉, 자화의 세기는 자속 밀도와 똑같은 단위를 사용한다.

367 ★★☆
자성체에 대한 자화의 세기를 정의한 것으로 틀린 것은?

① 자성체의 단위 체적당 자기 모멘트
② 자성체의 단위 면적당 자화된 자하량
③ 자성체의 단위 면적당 자화선의 밀도
④ 자성체의 단위 면적당 자기력선의 밀도

해설
- 자화의 세기
$$J = \frac{\text{자기 모멘트}(M)}{\text{자성체의 체적}(V)} \, [\text{Wb/m}^2]$$
- 자속 밀도
$$B = \frac{m(\text{자화량 또는 자기력선수})}{S(\text{표면적})} = \mu_0 H \, [\text{Wb/m}^2]$$
- 자성체의 단위 체적당 자기 모멘트
- 자성체의 단위 면적당 자화된 자하량
- 자성체의 단위 면적당 자화선의 밀도

368 ★★☆
길이가 $l[\text{m}]$, 단면적의 반지름이 $a[\text{m}]$인 원통이 길이 방향으로 균일하게 자화되어 자화의 세기가 $J[\text{Wb/m}^2]$인 경우, 원통 양단에서의 자극의 세기 $m[\text{Wb}]$은?

① alJ ② $2\pi al J$
③ $\pi a^2 J$ ④ $\dfrac{J}{\pi a^2}$

해설
자화 및 자기 모멘트 관계식
$$J = \frac{M}{V} = \frac{ml}{\pi a^2 l} = \frac{m}{\pi a^2} \, [\text{Wb/m}^2]$$
(여기서, 자성체의 체적 $V = \pi a^2 l \, [\text{m}^3]$
자기 모멘트 $M = JV = J\pi a^2 l \, [\text{Wb·m}]$
자극 세기 $m = \pi a^2 J \, [\text{Wb}]$)

369 ★★☆
길이가 $10[\text{cm}]$이고 단면의 반지름이 $1[\text{cm}]$인 원통형 자성체가 길이 방향으로 균일하게 자화되어 있을 때 자화의 세기가 $0.5[\text{Wb/m}^2]$이라면 이 자성체의 자기 모멘트[Wb·m]는?

① 1.57×10^{-5} ② 1.57×10^{-4}
③ 1.57×10^{-3} ④ 1.57×10^{-2}

해설
- 자화의 세기
$$J = \frac{\text{자기 모멘트}(M)}{\text{자성체의 체적}(V)} \, [\text{Wb/m}^2]$$
- 자기 모멘트
$$\begin{aligned} M &= J \times V = J \times (\pi r^2 \times l) \\ &= 0.5 \times \pi (10^{-2})^2 \times 10 \times 10^{-2} \\ &= 1.57 \times 10^{-5} \, [\text{Wb·m}] \end{aligned}$$

| 정답 | 366 ④ 367 ④ 368 ③ 369 ①

370 ★★★

비투자율이 350인 환상 철심 내부의 평균 자계의 세기가 $342[\text{AT/m}]$일 때 자화의 세기는 약 몇 $[\text{Wb/m}^2]$인가?

① 0.12 ② 0.15
③ 0.18 ④ 0.21

해설

자화의 세기
$J = \mu_0(\mu_s - 1)H = 4\pi \times 10^{-7} \times (350-1) \times 342$
$= 0.15 \, [\text{Wb/m}^2]$

371 ★★★

환상 철심의 평균 자계의 세기가 $3,000[\text{AT/m}]$이고, 비투자율이 600인 철심 중의 자화의 세기는 약 몇 $[\text{Wb/m}^2]$인가?

① 0.75 ② 2.26
③ 4.52 ④ 9.04

해설

- 자속 밀도
 $B = \mu_0 H + J$
- 자화의 세기
 $J = B - \mu_0 H = \mu_0 \mu_s H - \mu_0 H = \mu_0(\mu_s - 1)H$
 $= 4\pi \times 10^{-7} \times (600-1) \times 3,000 = 2.26[\text{Wb/m}^2]$

372 ★☆☆

자화의 세기 $J_m[\text{C/m}^2]$을 자속 밀도 $B[\text{Wb/m}^2]$와 비투자율 μ_r로 나타내면?

① $J_m = B(1 - \mu_r)$ ② $J_m = B(\mu_r - 1)$
③ $J_m = B\left(1 - \dfrac{1}{\mu_r}\right)$ ④ $J_m = B\left(\dfrac{1}{\mu_r} - 1\right)$

해설

자속 밀도
$B = \mu_0 H + J_m = \mu_0 \mu_r H [\text{Wb/m}^2]$
자화의 세기
$J_m = \mu_0(\mu_r - 1)H = \mu_0 \mu_r H\left(1 - \dfrac{1}{\mu_r}\right)$
$= B\left(1 - \dfrac{1}{\mu_r}\right)[\text{Wb/m}^2]$

373

강자성체의 자속 밀도 $B[\text{Wb/m}^2]$의 크기와 자화의 세기 $J[\text{Wb/m}^2]$의 크기 사이에는 어떤 관계가 있는가?

① $J = B$ ② $J < B$
③ $J > B$ ④ 관계 없다.

해설

- 강자성체 비투자율
 $\mu_s \gg 1$
- 자화의 세기
 $J = B - \mu_0 H = B\left(1 - \dfrac{1}{\mu_s}\right)[\text{Wb/m}^2]$
 여기서, $\left(1 - \dfrac{1}{\mu_s}\right) < 1$ 이므로 $J < B$

암기

강자성체의 비투자율 $\mu_s \gg 1$

| 정답 | 370 ② | 371 ② | 372 ③ | 373 ② |

374 ★★☆

평균 길이 $1[\text{m}]$인 환상 철심이 있다. 이 철심에 500회의 코일을 감고 $2[\text{A}]$의 전류를 흘려 자속 밀도를 $1.5[\text{Wb/m}^2]$으로 할 때의 철심에 대한 자화의 세기 $[\text{Wb/m}^2]$를 구하면?

① 2.0
② 1.5
③ 1.0
④ 0.5

해설

- 환상 철심의 자계

$$H = \frac{B}{\mu_s \mu_0} = \frac{NI}{l} = \frac{500 \times 2}{1} = 1{,}000 [\text{AT/m}]$$

- 비투자율

$$\mu_s = \frac{1}{1{,}000} \times \frac{B}{\mu_0} = \frac{1.5}{4\pi \times 10^{-7} \times 1{,}000} = 1{,}193.66$$

- 자화의 세기

$$J = \left(1 - \frac{1}{\mu_s}\right)B = \left(1 - \frac{1}{1{,}193.66}\right) \times 1.5 \fallingdotseq 1.5[\text{Wb/m}^2]$$

375 ★☆☆

자화율은 χ, 자속 밀도를 B, 자계의 세기를 H, 자화의 세기를 J라고 할 때, 다음 중 성립될 수 없는 식은?

① $\mu = \mu_0 + \chi$
② $\mu_s = 1 + \frac{\chi}{\mu_0}$
③ $B = \mu_0 H$
④ $J = \chi B$

해설

- 진공 중에서의 자속 밀도
  $B = \mu_0 H [\text{Wb/m}^2]$
- 자성체에서의 자속 밀도
  $B = \mu_0 \mu_s H = \mu_0 H + J$
  $\therefore B = \mu_0 \mu_s H = \mu H = \mu_0 H + J = (\mu_0 + \chi)H$
- 자성체에서의 자화의 세기
  $J = \mu_0 \mu_s H - \mu_0 H = \mu_0(\mu_s - 1)H = \chi H$
  (단, 자화율 $\chi = \mu_0(\mu_s - 1)$)
  $\therefore \mu = \mu_0 \mu_s = \mu_0 + \chi$

376 ★★☆

비자화율 $\chi_m = 2$, 자속 밀도 $\dot{B} = 20 y a_x [\text{Wb/m}^2]$인 균일 물체가 있다. 자계의 세기 $\dot{H}$는 약 몇 $[\text{AT/m}]$인가?

① $0.53 \times 10^7 y a_x$
② $0.13 \times 10^7 y a_x$
③ $0.53 \times 10^7 x a_y$
④ $0.13 \times 10^7 x a_y$

해설

- 비자화율 $\chi_m = \mu_s - 1 = 2$
- 비투자율 $\mu_s = 3$
- 자속밀도 $\dot{B} = \mu_0 \mu_s \dot{H}$ 이므로

$$\dot{H} = \frac{\dot{B}}{\mu_0 \mu_s} = \frac{20 y a_x}{3 \mu_0} = \frac{20 y a_x}{3 \times 4\pi \times 10^{-7}}$$
$$= 0.53 \times 10^7 y a_x [\text{AT/m}]$$

암기

비자화율과 비투자율의 관계
$\chi_m = \mu_s - 1$

377 ★★☆

다음 중 감자력에 관한 설명으로 옳은 것은?

① 자계에 반비례한다.
② 자극의 세기에 반비례한다.
③ 자화의 세기에 비례한다.
④ 자속에 반비례한다.

해설

감자력 $H' = \frac{N}{\mu_0} J [\text{AT/m}]$이므로 자화의 세기에 비례한다.

378
균등 자계 H_0[AT/m] 중에 놓여진 투자율 μ인 자성체의 자화의 세기 J[Wb/m²]는?(단, 자성체의 감자율은 N이다.)

① $\dfrac{\mu_0(\mu-\mu_0)}{\mu_0+N(\mu-\mu_0)}H_0$
② $\dfrac{\mu(\mu_0-\mu)}{\mu+N(\mu_0-\mu)}H_0$
③ $\dfrac{\mu_0(\mu-\mu_0)}{\mu+N(\mu-\mu_0)}H_0$
④ $\dfrac{\mu(\mu_0-\mu)}{\mu_0+N(\mu_0-\mu)}H_0$

해설

감자율을 고려한 자화의 세기

$J = \chi H = \dfrac{(\mu-\mu_0)}{1+N(\mu_s-1)}H_0 = \dfrac{(\mu-\mu_0)}{1+N \times \dfrac{\mu-\mu_0}{\mu_0}}H_0$

$= \dfrac{\mu_0(\mu-\mu_0)}{\mu_0+N(\mu-\mu_0)}H_0$ [Wb/m²]

(단, $H = H_0 - H'$[AT/m], H': 감자력[AT/m])

379
감자율(Demagnetization factor)이 '0'인 자성체로 가장 알맞은 것은?

① 환상 솔레노이드
② 굵고 짧은 막대 자성체
③ 가늘고 긴 막대 자성체
④ 가늘고 짧은 막대 자성체

해설

감자력 $H' = \dfrac{NJ}{\mu_0}$, 감자율 $N = \dfrac{\mu_0 H'}{J}$

감자율이 0인 것의 의미는 자속이 한쪽 방향으로만 흐르는 것을 의미한다.
- 환상 솔레노이드의 감자율 $N=0$
- 구 자성체의 감자율 $N=1/3$

380
진공 중의 평등자계 H_0 중에 반지름이 a[m]이고, 투자율이 μ인 구 자성체가 있다. 이 구 자성체의 감자율은?(단, 구 자성체 내부의 자계는 $H = \dfrac{3\mu_0}{2\mu_0+\mu}H_0$이다.)

① 1
② $\dfrac{1}{2}$
③ $\dfrac{1}{3}$
④ $\dfrac{1}{4}$

해설
- 감자율의 범위 $0 \leq N \leq 1$
- 환상 솔레노이드의 감자율 $N=0$
- 구 자성체의 감자율 $N=1/3$

| 정답 | 378 ① 379 ① 380 ③

THEME 05 자성체의 경계면 조건

381 ★★★

두 자성체가 접했을 때 $\dfrac{\tan\theta_1}{\tan\theta_2} = \dfrac{\mu_1}{\mu_2}$ 의 관계식에서 $\theta_1 = 0$ 일 때 다음 중 표현이 잘못된 것은?

① 자기력선은 굴절하지 않는다.
② 자속 밀도는 불변이다.
③ 자계는 불연속이다.
④ 자기력선은 투자율이 작은 쪽에 모여진다.

해설

$\theta_1 = 0$ 인 경우는 수직으로 입사한 경우로 다음과 같은 특징이 있다.
- 자기력선은 굴절하지 않는다.(수직 입사)
- 자속 밀도는 불변이다.(수직 성분)
- 자계는 불연속이다.(수평 성분이 없음)
- 자기력선은 투자율이 큰 쪽에 모여진다.

382 ★★★

투자율이 각각 μ_1, μ_2 인 두 자성체의 경계면에서 자기력선의 굴절의 법칙을 나타낸 식은?

① $\dfrac{\mu_1}{\mu_2} = \dfrac{\sin\theta_1}{\sin\theta_2}$
② $\dfrac{\mu_1}{\mu_2} = \dfrac{\sin\theta_2}{\sin\theta_1}$
③ $\dfrac{\mu_1}{\mu_2} = \dfrac{\tan\theta_1}{\tan\theta_2}$
④ $\dfrac{\mu_1}{\mu_2} = \dfrac{\tan\theta_2}{\tan\theta_1}$

해설

두 매질 사이의 경계조건
- 접선(수평) 성분: 자계의 크기가 연속된다.
  - $H_{1t} = H_{2t}$ $H_1\sin\theta_1 = H_2\sin\theta_2$
- 법선(수직) 성분: 자속 밀도가 연속된다.
  - $B_{1n} = B_{2n}$ $B_1\cos\theta_1 = B_2\cos\theta_2$
- 매질 사이의 굴절각 관계
  - $\dfrac{H_1\sin\theta_1}{B_1\cos\theta_1} = \dfrac{H_2\sin\theta_2}{B_2\cos\theta_2}$ $\dfrac{\mu_1}{\mu_2} = \dfrac{\tan\theta_1}{\tan\theta_2}$

암기

유전체 경계면 조건
접선(수평) 성분: 전계 및 자계의 세기가 연속된다.
법선(수직) 성분: 전속 밀도 및 자속 밀도가 연속된다.

383 ★★☆

매질 1의 $\mu_1 = 500$, 매질 2의 $\mu_2 = 1,000$ 이다. 매질 2에서 경계면에 대하여 $45°$ 로 자계가 입사한 경우 매질 1에서 경계면과 자계의 각도에 가장 가까운 것은?

① $20°$
② $30°$
③ $60°$
④ $80°$

해설

자성체의 경계면 조건에서

$\dfrac{\mu_1}{\mu_2} = \dfrac{\tan\theta_1}{\tan\theta_2} \Rightarrow \dfrac{500}{1,000} = \dfrac{\tan\theta_1}{\tan 45°}$

(단, θ_1: 투과각, θ_2: 입사각)

따라서 매질 1에서의 자계의 투과 각도를 구하면

$\tan\theta_1 = \dfrac{500}{1,000} \times \tan 45° = 0.5$

$\therefore \theta_1 = \tan^{-1} 0.5 = 26.56°$

매질 1에서 경계면과 자계의 세기가 이루는 각은
$\theta = 90° - 26.56° = 63.44°$

384 ★★★

자성체 경계면에 전류가 없을 때의 경계 조건으로 틀린 것은?

① 자계 H의 접선 성분 $H_{1T} = H_{2T}$
② 자속 밀도 B의 법선 성분 $B_{1N} = B_{2N}$
③ 경계면에서의 자력선의 굴절 $\dfrac{\tan\theta_1}{\tan\theta_2} = \dfrac{\mu_1}{\mu_2}$
④ 전속 밀도 D의 법선 성분 $D_{1N} = D_{2N} = \dfrac{\mu_2}{\mu_1}$

해설

두 매질 사이의 경계조건
- 접선(수평) 성분: 자계의 크기가 연속된다.
  - $H_{1T} = H_{2T}$ $H_1\sin\theta_1 = H_2\sin\theta_2$
- 법선(수직) 성분: 자속 밀도가 연속된다.
  - $B_{1N} = B_{2N}$ $B_1\cos\theta_1 = B_2\cos\theta_2$
- 매질 사이의 굴절각 관계
  - $\dfrac{H_1\sin\theta_1}{B_1\cos\theta_1} = \dfrac{H_2\sin\theta_2}{B_2\cos\theta_2}$ $\dfrac{\mu_1}{\mu_2} = \dfrac{\tan\theta_1}{\tan\theta_2}$

자성체 경계면 조건은 전속 밀도 D의 법선 성분과 무관하다.

| 정답 | 381 ④   382 ③   383 ③   384 ④

THEME 06 자기 회로

385 ★★★
자기 회로의 자기 저항에 대한 설명으로 옳은 것은?

① 투자율에 반비례한다.
② 자기 회로의 단면적에 비례한다.
③ 자기 회로의 길이에 반비례한다.
④ 단면적에 반비례하고, 길이의 제곱에 비례한다.

해설

자기 저항 $R_m = \dfrac{l}{\mu S}$ [AT/Wb]에서

- 자기 저항은 자로의 길이에 비례한다.
- **자기 저항은 투자율에 반비례한다.**
- 자기 저항은 철심의 단면적에 반비례한다.

386 ★★☆
자기 회로에 관한 설명으로 옳은 것은?

① 자기 회로의 자기 저항은 자기 회로의 단면적에 비례한다.
② 자기 회로의 기자력은 자기 저항과 자속의 곱과 같다.
③ 자기 저항 R_{m1}과 R_{m2}을 직렬 연결 시 합성 자기 저항은 $\dfrac{1}{R_m} = \dfrac{1}{R_{m1}} + \dfrac{1}{R_{m2}}$ 이다.
④ 자기 회로의 자기 저항은 자기 회로의 길이에 반비례한다.

해설

- 자기 저항 $R_m = \dfrac{l}{\mu S}$ [AT/Wb]에서
  - 자기 저항은 자로의 길이에 비례한다.
  - 자기 저항은 투자율에 반비례한다.
  - 자기 저항은 철심의 단면적에 반비례한다.
- 기자력 $F = NI = \phi R_m$ [AT] 에서
  - 기자력은 권수와 전류의 곱이다.
  - **기자력은 자속과 자기 저항의 곱이다.**

387 ★☆☆
자기 회로에 대한 설명으로 틀린 것은?(단, S는 자기 회로의 단면적이다.)

① 자기 저항의 단위는 [H](Henry)의 역수이다.
② 자기 저항의 역수를 퍼미언스(permeance)라고 한다.
③ '자기 저항 =(자기 회로의 단면을 통과하는 자속)/(자기 회로의 총 기자력)'이다.
④ 자속 밀도 B가 모든 단면에 걸쳐 균일하다면 자기 회로의 자속은 BS이다.

해설

- 자기 저항
$$R_m = \dfrac{F}{\phi} = \dfrac{l}{\mu S} = \dfrac{\text{총 기자력}}{\text{총 자속}} [\text{AT/Wb} = 1/\text{H}]$$
- 퍼미언스
$$P = \dfrac{1}{R_m} [\text{Wb/AT} = \text{H}]$$

388 ★★☆
비투자율이 50인 환상 철심을 이용하여 100[cm] 길이의 자기 회로를 구성할 때 자기 저항을 2.0×10^7[AT/Wb] 이하로 하기 위해서는 철심의 단면적을 약 몇 [m²] 이상으로 하여야 하는가?

① 3.6×10^{-4}
② 6.4×10^{-4}
③ 8.0×10^{-4}
④ 9.2×10^{-4}

해설

자기 저항 $R_m = \dfrac{l}{\mu S}$ [AT/Wb]이므로

$$S = \dfrac{l}{\mu_0 \mu_s R_m} = \dfrac{100 \times 10^{-2}}{4\pi \times 10^{-7} \times 50 \times 2.0 \times 10^7}$$

$$= 7.96 \times 10^{-4} \, [\text{m}^2]$$

| 정답 | 385 ① 386 ② 387 ③ 388 ③

389 ★★★

단면적 S, 길이 l, 투자율 μ인 자성체의 자기 회로에 권선을 N회 감아서 I의 전류를 흐르게 할 때 자속은?

① $\dfrac{\mu SI}{Nl}$ ② $\dfrac{\mu NI}{Sl}$

③ $\dfrac{NIl}{\mu S}$ ④ $\dfrac{\mu SNI}{l}$

해설

자기 저항 $R_m = \dfrac{l}{\mu S}$[AT/Wb]이고, $NI = R_m \phi$이므로

자속 $\phi = \dfrac{NI}{R_m} = \dfrac{NI}{\dfrac{l}{\mu S}} = \dfrac{\mu NIS}{l}$[Wb]

390 ★★★

공심 환상 솔레노이드의 단면적이 $10[\text{cm}^2]$, 평균 자로의 길이가 $20[\text{cm}]$, 코일의 권수가 500회, 코일에 흐르는 전류가 $2[\text{A}]$일 때 솔레노이드의 내부 자속[Wb]은 약 얼마인가?

① $4\pi \times 10^{-4}$ ② $4\pi \times 10^{-6}$

③ $2\pi \times 10^{-4}$ ④ $2\pi \times 10^{-6}$

해설

공심 환상 솔레노이드의 자속

$\phi = \dfrac{NI}{R_m} = \dfrac{NI}{\dfrac{l}{\mu_0 S}} = \dfrac{\mu_0 NIS}{l}$

$= \dfrac{4\pi \times 10^{-7} \times 500 \times 2 \times 10 \times 10^{-4}}{0.2} = 2\pi \times 10^{-6}$[Wb]

391 ★★☆

다음 중 기자력(magnetomotive force)에 대한 설명으로 틀린 것은?

① SI 단위는 암페어 [A]이다.
② 전기 회로의 기전력에 대응한다.
③ 자기 회로의 자기 저항과 자속의 곱과 동일하다.
④ 코일에 전류를 흘렸을 때 전류 밀도와 코일의 권수의 곱의 크기와 같다.

해설

기자력 $F = R_m \phi = NI$ [A](또는 [AT])

기자력은 전기 회로의 기전력과 대응되며 자기 저항과 자속의 곱 또는 코일의 권수와 전류의 곱으로 표현한다.

392 ★★★

300회 감은 코일에 $3[\text{A}]$의 전류가 흐를 때의 기자력[AT]은?

① 10 ② 90
③ 100 ④ 900

해설

기자력
$F = NI = 300 \times 3 = 900[\text{AT}]$

393 ★★★

환상 철심에 감은 코일에 $5[\text{A}]$의 전류를 흘려 $2,000[\text{AT}]$의 기자력을 발생시키고자 한다면 코일의 권수는 몇 회로 하면 되는가?

① 100회 ② 200회
③ 300회 ④ 400회

해설

기자력은 $F = R_m \phi = NI[\text{AT}]$이므로

코일의 권수 $N = \dfrac{R_m \phi}{I} = \dfrac{F_m}{I} = \dfrac{2,000[\text{AT}]}{5[\text{A}]} = 400$ [Turns]

394 ★★☆
자기 회로와 전기 회로에 대한 설명으로 틀린 것은?

① 자기 저항의 역수를 컨덕턴스라고 한다.
② 자기 회로의 투자율은 전기 회로의 도전율에 대응된다.
③ 전기 회로의 전류는 자기 회로의 자속에 대응된다.
④ 자기 저항의 단위는 [AT/Wb]이다.

해설
전기 저항의 역수를 컨덕턴스, 자기 저항의 역수를 퍼미언스라 한다.

자기 회로	전기 회로
자속 ϕ[Wb]	전류 I[A]
기자력 F[AT]	기전력 E[V]
자속 밀도 B[Wb/m²]	전류 밀도 i[A/m²]
투자율 μ[H/m]	도전율 σ[℧/m]
자계 H[AT/m]	전계 E[V/m]
자기 저항 R_m[AT/Wb]	전기 저항 R[Ω]
퍼미언스 P[Wb/AT]	컨덕턴스[℧]

395 ★★☆
자기 회로와 전기 회로의 대응으로 틀린 것은?

① 자속 ↔ 전류
② 기자력 ↔ 기전력
③ 투자율 ↔ 유전율
④ 자계의 세기 ↔ 전계의 세기

해설

자기 회로	전기 회로
자속 ϕ[Wb]	전류 I[A]
기자력 F[AT]	기전력 E[V]
자속 밀도 B[Wb/m²]	전류 밀도 i[A/m²]
투자율 μ[H/m]	도전율 σ[℧/m]
자계 H[AT/m]	전계 E[V/m]
자기 저항 R_m[AT/Wb]	전기 저항 R[Ω]
퍼미언스 P[Wb/AT]	컨덕턴스[℧]

396 ★★☆
자기 회로에서 키르히호프의 법칙으로 알맞은 것은?(단, R: 자기 저항, ϕ: 자속, N: 코일 권수, I: 전류이다.)

① $\sum_{i=1}^{n} \phi_i = \infty$
② $\sum_{i=1}^{n} N_i \phi_i = 0$
③ $\sum_{i=1}^{n} R_i \phi_i = \sum_{i=1}^{n} N_i I_i$
④ $\sum_{i=1}^{n} R_i \phi_i = \sum_{i=1}^{n} N_i L_i$

해설
임의의 폐자기 회로에 있어 각 부의 자기저항과 자속의 총합은 폐자기 회로의 기자력의 총합과 같다.
$$\sum_{i=1}^{n} R_i \phi_i = \sum_{i=1}^{n} N_i I_i$$

397 ★☆☆
자기 회로의 퍼미언스(Permeance)에 대응하는 전기 회로의 요소는?

① 서셉턴스(Susceptance)
② 컨덕턴스(Conductance)
③ 엘라스턴스(Elastance)
④ 정전 용량(Electrostatic capacity)

해설
- 컨덕턴스: 전기 저항의 역수
- 퍼미언스: 자기 저항의 역수

따라서 퍼미언스에 대응하는 전기 회로 요소는 컨덕턴스이다.

398 🆕

그림과 같은 자기 회로에서 $R_1[\text{AT/Wb}]$, $R_2[\text{AT/Wb}]$, $R_3[\text{AT/Wb}]$는 각 회로의 자기 저항을, $\phi_1[\text{Wb}]$, $\phi_2[\text{Wb}]$, $\phi_3[\text{Wb}]$는 자기 회로에 투과되는 자속이라 하면 자속 $\phi_3[\text{Wb}]$의 값은?

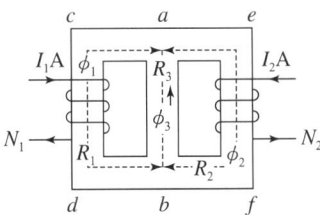

① $\dfrac{N_2 I_2 - N_1 I_1}{R_1 + R_2 + R_3}$

② $\dfrac{(N_2 I_2 - N_1 I_1) R_3}{R_1 R_2 R_3}$

③ $\dfrac{(N_2 I_2 - N_1 I_1) R_1 R_2 R_3}{R_3}$

④ $\dfrac{R_1 N_2 I_2 - R_2 N_1 I_1}{R_1 R_2 + R_2 R_3 + R_3 R_1}$

해설

문제의 자기 회로를 전기적인 등가 회로로 표현하면 다음과 같다.

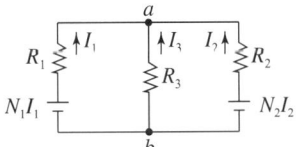

a와 b 사이의 단자 전압 $V_{ab}[\text{V}]$를 구하기 위해 밀만의 정리를 이용한다.

$$V_{ab} = \dfrac{-\dfrac{N_1 I_1}{R_1} - \dfrac{0}{R_3} + \dfrac{N_2 I_2}{R_2}}{\dfrac{1}{R_1} + \dfrac{1}{R_3} + \dfrac{1}{R_2}}$$

$$= \dfrac{-N_1 I_1 R_2 R_3 + N_2 I_2 R_1 R_3}{R_2 R_3 + R_1 R_2 + R_3 R_1}$$

$$= \dfrac{R_3(-N_1 I_1 R_2 + N_2 I_2 R_1)}{R_2 R_3 + R_1 R_2 + R_3 R_1}[\text{V}]$$

$\therefore I_3 = \dfrac{V_{ab}}{R_3} = \dfrac{-N_1 I_1 R_2 + N_2 I_2 R_1}{R_2 R_3 + R_1 R_2 + R_3 R_1}[\text{A}]$

전기 회로의 $I[\text{A}]$는 자기 회로의 $\phi[\text{Wb}]$에 해당하므로

$\phi_3 = \dfrac{-N_1 I_1 R_2 + N_2 I_2 R_1}{R_2 R_3 + R_1 R_2 + R_3 R_1} = \dfrac{R_1 N_2 I_2 - R_2 N_1 I_1}{R_1 R_2 + R_2 R_3 + R_3 R_1}[\text{Wb}]$

399 ★★☆

길이 $1[\text{m}]$의 철심($\mu_s = 1,000$) 자기 회로에 $1[\text{mm}]$의 공극이 생겼다면 전체의 자기 저항은 약 몇 배로 증가되는가?(단, 각부의 단면적은 일정하다.)

① 1.5
② 2
③ 2.5
④ 3

해설

- 공극이 없는 철심의 자기 저항

$R_m = \dfrac{l}{\mu S}[\text{AT/Wb}]$

- 공극이 있는 철심의 자기 저항

$R = \dfrac{l}{\mu S}\left(1 + \dfrac{l_g}{l}\mu_s\right) = R_m\left(1 + \dfrac{10^{-3}}{1} \times 1,000\right)$

$= 2R_m[\text{AT/Wb}]$

따라서 공극이 생긴 경우 자기 저항은 2배 증가한다.

암기

공극이 없는 철심의 자기 저항과 공극이 있는 철심의 자기저항의 비

$\dfrac{R}{R_m} = 1 + \dfrac{l_g}{l}\mu_s$

400 ★★★

자기 회로에서 철심의 투자율을 μ라 하고 회로의 길이를 l이라 할 때 그 회로의 일부에 미소 공극 l_g를 만들면 회로의 자기 저항은 처음의 몇 배인가?(단, $l_g \ll l$, 즉, $l-l_g \fallingdotseq l$이다.)

① $1 + \dfrac{\mu l_g}{\mu_0 l}$ ② $1 + \dfrac{\mu l}{\mu_0 l_g}$

③ $1 + \dfrac{\mu_0 l_g}{\mu l}$ ④ $1 + \dfrac{\mu_0 l}{\mu l_g}$

해설

- 공극이 없는 철심의 자기 저항

  $R_m = \dfrac{l}{\mu_0 \mu_s S}$ [AT/Wb]

- 공극이 있는 철심의 자기 저항

  $R = R_1 + R_2 = \dfrac{l_g}{\mu_0 S} + \dfrac{l-l_g}{\mu_0 \mu_s S} \fallingdotseq \dfrac{l_g}{\mu_0 S} + \dfrac{l}{\mu_0 \mu_s S}$ [AT/Wb]

  $\therefore \dfrac{R}{R_m} = \dfrac{\dfrac{l_g}{\mu_0 S} + \dfrac{l}{\mu_0 \mu_s S}}{\dfrac{l}{\mu_0 \mu_s S}} = 1 + \dfrac{\mu}{\mu_0} \times \dfrac{l_g}{l}$

401 ★☆☆

철심환의 일부에 공극(Air gap)을 만들어 철심부의 길이 l[m], 단면적 A[m^2], 비투자율이 μ_r이고 공극부의 길이 δ[m]일 때 철심부에서 총 권수 N회인 도선을 감아 전류 I[A]를 흘리면 자속이 누설되지 않는다고 하고 공극 내에 생기는 자계의 자속 ϕ[Wb]는?

① $\dfrac{\mu_0 ANI}{\delta \mu_r + l}$ ② $\dfrac{\mu_0 ANI}{\delta + \mu_r l}$

③ $\dfrac{\mu_0 \mu_r ANI}{\delta \mu_r + l}$ ④ $\dfrac{\mu_0 \mu_r ANI}{\delta + \mu_r l}$

해설

- 철심부 자기 저항

  $R_l = \dfrac{l}{\mu A}$ [AT/Wb]

- 공극 자기 저항 $R_g = \dfrac{\delta}{\mu_0 A}$ [AT/Wb]

- 철심환의 전체 자기 저항

  $R_m = R_l + R_g = \dfrac{l}{\mu A} + \dfrac{\delta}{\mu_0 A}$

  $= \dfrac{1}{\mu_0 A}\left(\dfrac{l}{\mu_r} + \delta\right)$ [AT/Wb]

- 기자력 $F = NI = R_m \phi$ [AT]에서

  자속 $\phi = \dfrac{NI}{R_m} = \dfrac{NI}{\dfrac{1}{\mu_0 A}\left(\dfrac{l}{\mu_r} + \delta\right)} = \dfrac{\mu_0 ANI}{\dfrac{l}{\mu_r} + \delta} = \dfrac{\mu_r \mu_0 ANI}{\delta \mu_r + l}$ [Wb]

402

공극을 가진 환상 솔레노이드에서 총 권수 N, 철심의 비투자율 μ_r, 단면적 A, 길이 l이고 공극이 δ일 때, 공극부에 자속밀도 B를 얻기 위해서는 전류를 몇 [A]로 흘려야 하는가?

① $\dfrac{10^7 B}{2\pi N}\left(\dfrac{l}{\mu_r} + \delta\right)$ ② $\dfrac{10^7 B}{2\pi N}\left(\dfrac{\delta}{\mu_r} + l\right)$

③ $\dfrac{10^7 B}{4\pi N}\left(\dfrac{l}{\mu_r} + \delta\right)$ ④ $\dfrac{10^7 B}{4\pi N}\left(\dfrac{\delta}{\mu_r} + l\right)$

해설

자기 저항을 구하면

$R_m = \dfrac{l}{\mu_0 \mu_r A} + \dfrac{\delta}{\mu_0 A} = \dfrac{1}{\mu_0 A}\left(\dfrac{l}{\mu_r} + \delta\right)$ [AT/Wb]

기자력을 구하면

$F = NI = \phi R_m = BA \times \dfrac{1}{\mu_0 A}\left(\dfrac{l}{\mu_r} + \delta\right)$

$= \dfrac{B}{\mu_0}\left(\dfrac{l}{\mu_r} + \delta\right)$ [AT]

$\therefore I = \dfrac{B}{\mu_0 N}\left(\dfrac{l}{\mu_r} + \delta\right) = \dfrac{B}{4\pi \times 10^{-7} N}\left(\dfrac{l}{\mu_r} + \delta\right)$

$= \dfrac{10^7 B}{4\pi N}\left(\dfrac{l}{\mu_r} + \delta\right)$ [A]

인덕턴스

1. 인덕턴스의 종류
2. 결합 계수
3. 코일의 접속
4. 코일(인덕터)에 축적되는 에너지
5. 도체 모양에 따른 인덕턴스의 값
6. 표피 효과(Skin Effect)

CBT 완벽대비 가능한 유형마스터 학습!

THEME	유형분석	관련 번호
THEME 01 인덕턴스의 종류	인덕턴스의 기본 개념과 단위에 관한 문제가 나옵니다. 개념 문제뿐만 아니라 응용 문제도 출제됩니다.	403~407
THEME 02 결합 계수	상호 인덕턴스와 결합 계수의 내용을 물어봅니다. 특별히 어려운 개념이 아니므로 쉽게 맞힐 수 있습니다.	408~411
THEME 03 코일의 접속	코일의 직렬, 병렬 접속에 관한 문제가 출제됩니다.	412~417
THEME 04 코일(인덕터)에 축적되는 에너지	계산 문제 위주로 출제됩니다. 공식에 바로 적용할 수 있는 수준의 문제도 있으나, 합성 인덕턴스를 구한 뒤 계산해야 하는 응용 문제도 출제됩니다.	418~424
THEME 05 도체 모양에 따른 인덕턴스의 값	원주 도체, 동심 원통, 환상 솔레노이드 등 여러 가지 인덕턴스 값과 관련된 문제가 출제됩니다.	425~442
THEME 06 표피 효과 (Skin Effect)	표피 효과와 관련된 공식을 이용한 계산 문제가 주로 출제됩니다. 대부분 문제 유형이 비슷하므로 쉽게 맞힐 수 있습니다.	443~445

학습 효과를 높이는 N제 3회독 시스템

챕터별 전체 1회독이 끝났다면 회독 체크표에 날짜를 기입하고 체크표시를 해주세요.

회독 체크표	☐ 1회독	월 일	☐ 2회독	월 일	☐ 3회독	월 일

CHAPTER 10 인덕턴스

THEME 01 인덕턴스의 종류

403 NEW
자기 인덕턴스의 성질을 설명한 것으로 옳은 것은?

① 경우에 따라 정(+) 또는 부(-)의 값을 갖는다.
② 항상 정(+)의 값을 갖는다.
③ 항상 부(-)의 값을 갖는다.
④ 항상 0이다.

해설
- 자기 인덕턴스는 항상 (+)값을 갖는다.
- 상호 인덕턴스는 권선의 방향에 따라 (+) 또는 (-) 값을 갖는다.

404 ★★★
인덕턴스의 단위에서 1[H]는?

① 1[A]의 전류에 대한 자속이 1[Wb]인 경우이다.
② 1[A]의 전류에 대한 유전율이 1[F/m]이다.
③ 1[A]의 전류가 1초간에 변화하는 양이다.
④ 1[A]의 전류에 대한 자계가 1[AT/m]인 경우이다.

해설
1[H]는 1[A]의 전류에 대한 자속이 1[Wb]인 경우이다.

405 ★★★
표의 ㉠, ㉡과 같은 단위로 옳게 나열한 것은?

㉠	[Ω · s]
㉡	[s/Ω]

① ㉠ [H]   ㉡ [F]
② ㉠ [H/m] ㉡ [F/m]
③ ㉠ [F]   ㉡ [H]
④ ㉠ [F/m] ㉡ [H/m]

해설
- 인덕턴스의 단위 변환

$$v = L\frac{di}{dt}[V]$$

$$L = v\frac{dt}{di}\left[\frac{V \cdot \sec}{A} = \Omega \cdot \sec = H\right]$$

- 정전 용량의 단위 변환

$$i = C\frac{dv}{dt}[A]$$

$$C = i\frac{dt}{dv}\left[\frac{A \cdot \sec}{V} = \frac{\sec}{\Omega} = F\right]$$

| 정답 | 403 ② | 404 ① | 405 ① |

406 ★☆☆
자기 인덕턴스(self inductance) L[H]을 나타낸 식은? (단, N은 권선 수, I는 전류[A], ϕ는 자속[Wb], B는 자속밀도[Wb/m²], H는 자계의 세기[AT/m], A는 벡터 퍼텐셜[Wb/m], J는 전류 밀도[A/m²]이다.)

① $L = \dfrac{N\phi}{I^2}$ ② $L = \dfrac{1}{2I^2}\int \dot{B} \cdot \dot{H}\, dv$

③ $L = \dfrac{1}{I^2}\int \dot{A} \cdot \dot{J}\, dv$ ④ $L = \dfrac{1}{I}\int \dot{B} \cdot \dot{H}\, dv$

해설

인덕턴스 $L = \dfrac{N\phi}{I} = \dfrac{1}{I^2}\int \dot{B} \cdot \dot{H}\, dv = \dfrac{1}{I^2}\int \dot{A} \cdot \dot{J}\, dv$ [H]

암기

인덕턴스
$L = \dfrac{1}{I^2}\int \dot{B} \cdot \dot{H}\, dv = \dfrac{1}{I^2}\int \dot{A} \cdot \dot{J}\, dv$ [J]

자속 밀도와 벡터 퍼텐셜의 관계
$\dot{B} = \nabla \times \dot{A}$

자계와 전류 밀도의 관계
$\dot{J} = \nabla \times \dot{H}$

407 ★★☆
자기 인덕턴스가 각각 L_1, L_2인 A, B 두 개의 코일이 있다. 이때, 상호 인덕턴스 $M = \sqrt{L_1 L_2}$라면 다음 중 옳지 않은 것은?

① A코일이 만든 자속은 전부 B코일과 쇄교된다.
② 두 코일이 만드는 자속은 항상 같은 방향이다.
③ A코일에 1초 동안에 1[A]의 전류 변화를 주면 B코일에는 1[V]가 유기된다.
④ L_1, L_2는 (−) 값을 가질 수 없다.

해설

A코일에 1초 동안에 1[A]의 전류 변화를 주어 B코일에 1[V]가 유기되기 위해서는 상호 인덕턴스 $M = 1$[H]이어야 한다. 문제의 조건에서 상호 인덕턴스 M의 크기는 $\sqrt{L_1 L_2}$이므로 보기 ③이 옳지 않다.

THEME 02 결합 계수

408 ★★★
자기 인덕턴스가 각각 L_1, L_2인 두 코일의 상호 인덕턴스가 M일 때 결합 계수는?

① $\dfrac{M}{L_1 L_2}$ ② $\dfrac{L_1 L_2}{M}$

③ $\dfrac{M}{\sqrt{L_1 L_2}}$ ④ $\dfrac{\sqrt{L_1 L_2}}{M}$

해설

결합 계수는 두 개의 인덕턴스 사이의 쇄교 자속에 의한 유도 결합 정도를 나타내는 것으로 다음과 같이 나타낼 수 있다.

$k = \dfrac{M}{\sqrt{L_1 L_2}}\ (0 \leq k \leq 1)$

- $k = 0$: 무결합(두 코일 간 쇄교 자속이 없는 경우)
- $k = 1$: 완전 결합(누설 자속 발생 없이 전부 쇄교 자속으로 되는 경우)

409 ★★★
자기 인덕턴스와 상호 인덕턴스와의 관계에서 결합 계수 k의 범위는?

① $0 \leq k \leq \dfrac{1}{2}$ ② $0 \leq k \leq 1$

③ $1 \leq k \leq 2$ ④ $1 \leq k \leq 10$

해설

결합 계수는 두 개의 인덕턴스 사이의 쇄교 자속에 의한 유도 결합 정도를 나타내는 것으로 다음과 같이 나타낼 수 있다.

$k = \dfrac{M}{\sqrt{L_1 L_2}}\ (0 \leq k \leq 1)$

- $k = 0$: 무결합(두 코일 간 쇄교 자속이 없는 경우)
- $k = 1$: 완전 결합(누설 자속 발생 없이 전부 쇄교 자속으로 되는 경우)

410 ★★☆

자기 인덕턴스가 L_1, L_2이고 상호 인덕턴스가 M인 두 회로의 결합 계수가 1일 때, 성립되는 식은?

① $L_1 \cdot L_2 = M$
② $L_1 \cdot L_2 < M^2$
③ $L_1 \cdot L_2 > M^2$
④ $L_1 \cdot L_2 = M^2$

해설

자기 인덕턴스 L_1과 L_2, 상호 인덕턴스 M, 결합 계수 k와의 관계

$k = \dfrac{M}{\sqrt{L_1 L_2}} \ (0 \leq k \leq 1)$

• $k = 0$: 무결합(두 코일 간 쇄교 자속이 없는 경우)
• $k = 1$: 완전 결합(누설 자속 발생없이 전부 쇄교 자속으로 되는 경우)

결합 계수 $k = 1$이므로 $1 = \dfrac{M}{\sqrt{L_1 L_2}}$

∴ $L_1 \cdot L_2 = M^2$

411 ★★★

두 개의 코일에서 각각의 자기 인덕턴스가 $L_1 = 0.35[\mathrm{H}]$, $L_2 = 0.5[\mathrm{H}]$이고, 상호 인덕턴스는 $M = 0.1[\mathrm{H}]$이라고 하면 이때 코일의 결합 계수는 약 얼마인가?

① 0.175
② 0.239
③ 0.392
④ 0.586

해설

결합 계수 $k = \dfrac{M}{\sqrt{L_1 L_2}} = \dfrac{0.1}{\sqrt{0.35 \times 0.5}} = 0.239$

THEME 03 코일의 접속

412 ★★★

자기 인덕턴스 $L_1[\mathrm{H}]$, $L_2[\mathrm{H}]$ 상호 인덕턴스가 $M[\mathrm{H}]$인 두 코일을 직렬 연결하였을 경우 합성 인덕턴스는?

① $L_1 + L_2 \pm 2M[\mathrm{H}]$
② $\sqrt{L_1 + L_2} \pm 2M[\mathrm{H}]$
③ $L_1 + L_2 \pm \sqrt{2M}[\mathrm{H}]$
④ $\sqrt{L_1 + L_2} \pm 2\sqrt{M}[\mathrm{H}]$

해설

직렬 접속 합성 인덕턴스
• 가동 접속인 경우: $L_1 + L_2 + 2M[\mathrm{H}]$
• 차동 접속인 경우: $L_1 + L_2 - 2M[\mathrm{H}]$

413 ★★☆

서로 결합하고 있는 두 코일 C_1과 C_2의 자기 인덕턴스가 각각 L_{C_1}, L_{C_2}라고 한다. 이 둘을 직렬로 연결하여 합성 인덕턴스 값을 얻은 후 두 코일 간 상호 인덕턴스의 크기(M)를 얻고자 한다. 직렬로 연결할 때, 두 코일 간 자속이 서로 가해져서 보강되는 방향의 합성 인덕턴스의 값이 L_1, 서로 상쇄되는 방향의 합성 인덕턴스의 값이 L_2일 때, 다음 중 알맞은 식은?

① $L_1 < L_2$, $|M| = \dfrac{L_2 + L_1}{4}$
② $L_1 > L_2$, $|M| = \dfrac{L_1 + L_2}{4}$
③ $L_1 < L_2$, $|M| = \dfrac{L_2 - L_1}{4}$
④ $L_1 > L_2$, $|M| = \dfrac{L_1 - L_2}{4}$

해설

• 가동 접속일 경우의 합성 인덕턴스
  $L_1 = L_{C_1} + L_{C_2} + 2M[\mathrm{H}]$
• 차동 접속일 경우의 합성 인덕턴스
  $L_2 = L_{C_1} + L_{C_2} - 2M[\mathrm{H}]$

따라서 $L_1 > L_2$로 된다.
위 두 식을 서로 빼주어 상호 인덕턴스를 구하면
$L_1 - L_2 = L_{C_1} + L_{C_2} + 2M - L_{C_1} - L_{C_2} + 2M = 4M[\mathrm{H}]$

∴ $M = \dfrac{L_1 - L_2}{4}[\mathrm{H}]$

| 정답 | 410 ④ 411 ② 412 ① 413 ④

414 ★★☆

두 코일 A, B의 자기 인덕턴스가 각각 $3[\text{mH}]$, $5[\text{mH}]$라 한다. 두 코일을 직렬 연결 시 자속이 서로 상쇄되도록 했을 때의 합성 인덕턴스는 서로 증가하도록 연결했을 때의 $60[\%]$이었다. 두 코일의 상호 인덕턴스는 몇 $[\text{mH}]$인가?

① 0.5
② 1
③ 5
④ 10

해설

- 가동 접속일 경우의 합성 인덕턴스
  $L = L_1 + L_2 + 2M[\text{mH}] = 3 + 5 + 2M[\text{mH}]$
- 차동 접속일 경우의 합성 인덕턴스
  $L' = L_1 + L_2 - 2M[\text{mH}] = 3 + 5 - 2M = 0.6L\,[\text{mH}]$

두 식을 정리하여 상호 인덕턴스를 구하면
$3 + 5 - 2M = 0.6 \times (3 + 5 + 2M)$
$3 + 5 - 2M = 1.8 + 3 + 1.2M$

$\therefore M = \dfrac{8 - 4.8}{2 + 1.2} = 1[\text{mH}]$

415 ★★☆

두 자기 인덕턴스를 직렬로 연결하여 두 코일이 만드는 자속이 동일 방향일 때 합성 인덕턴스를 측정하였더니 $75[\text{mH}]$가 되었고, 두 코일이 만드는 자속이 서로 반대인 경우에는 $25[\text{mH}]$가 되었다. 두 코일의 상호 인덕턴스는 몇 $[\text{mH}]$인가?

① 12.5
② 20.5
③ 25
④ 30

해설

- 가동 접속일 경우의 합성 인덕턴스
  $L = L_1 + L_2 + 2M = 75[\text{mH}]$
- 차동 접속일 경우의 합성 인덕턴스
  $L = L_1 + L_2 - 2M = 25[\text{mH}]$

위 두 식을 정리하여 상호 인덕턴스를 구하면
$4M = 75 - 25 = 50[\text{mH}]$
$\therefore M = 12.5[\text{mH}]$

416 ★★☆

두 개의 인덕턴스 $L_1[\text{H}]$, $L_2[\text{H}]$를 병렬로 접속하였을 때의 합성 인덕턴스 L은 몇 $[\text{H}]$인가?

① $L_1 L_2 \pm 2M[\text{H}]$
② $L_1 + L_2 \pm 2M[\text{H}]$
③ $\dfrac{L_1 L_2 - M^2}{L_1 + L_2 \pm 2M}[\text{H}]$
④ $\dfrac{L_1 L_2 + M^2}{L_1 + L_2 \pm 2M}[\text{H}]$

해설

병렬 접속 합성 인덕턴스

- 가동 접속인 경우: $\dfrac{L_1 L_2 - M^2}{L_1 + L_2 - 2M}[\text{H}]$
- 차동 접속인 경우: $\dfrac{L_1 L_2 - M^2}{L_1 + L_2 + 2M}[\text{H}]$

417 NEW

자기 인덕턴스가 각각 L_1, L_2인 두 코일에 서로 간섭이 없도록 병렬로 연결했을 때 그 합성 인덕턴스는?

① $L_1 L_2$
② $L_1 + L_2$
③ $\dfrac{L_1 + L_2}{L_1 L_2}$
④ $\dfrac{L_1 L_2}{L_1 + L_2}$

해설

병렬 접속 합성 인덕턴스

- 가동 접속인 경우: $\dfrac{L_1 L_2 - M^2}{L_1 + L_2 - 2M}\,[\text{H}]$
- 차동 접속인 경우: $\dfrac{L_1 L_2 - M^2}{L_1 + L_2 + 2M}\,[\text{H}]$

두 코일에 서로 간섭이 없도록 연결하였으므로 상호 인덕턴스 $M = 0$이다.

따라서 합성 인덕턴스 $L = \dfrac{L_1 L_2}{L_1 + L_2}[\text{H}]$

| 정답 | 414 ② 415 ① 416 ③ 417 ④

THEME 04 코일(인덕터)에 축적되는 에너지

418 ★★★
자기 인덕턴스 $L[\text{H}]$의 코일에 $I[\text{A}]$의 전류가 흐를 때 저장되는 자기 에너지는 몇 $[\text{J}]$인가?

① LI
② LI^2
③ $\dfrac{1}{2}LI$
④ $\dfrac{1}{2}LI^2$

해설
코일에 저장되는 에너지
$W_L = \dfrac{1}{2}LI^2 \,[\text{J}]$

419 ★★★
$4[\text{A}]$ 전류가 흐르는 코일과 쇄교하는 자속수가 $4[\text{Wb}]$이다. 이 전류 회로에 축적되어 있는 자기 에너지$[\text{J}]$는?

① 4
② 2
③ 8
④ 16

해설
$LI = N\phi$이고 $N=1$이므로
코일에 축적되는 에너지
$W = \dfrac{1}{2}LI^2 = \dfrac{1}{2}\phi I = \dfrac{1}{2}\times 4 \times 4 = 8[\text{J}]$

420 ★★★
권선수가 N회인 코일에 전류 $I[\text{A}]$를 흘릴 경우, 코일에 $\phi[\text{Wb}]$의 자속이 지나간다면 이 코일에 저장된 자계 에너지 $[\text{J}]$는?

① $\dfrac{1}{2}N\phi^2 I$
② $\dfrac{1}{2}N\phi I$
③ $\dfrac{1}{2}N^2\phi I$
④ $\dfrac{1}{2}N\phi I^2$

해설
$LI = N\phi$이고 자계 에너지 $W = \dfrac{1}{2}LI^2$이므로
코일에 축적되는 에너지
$W = \dfrac{1}{2}LI^2 = \dfrac{1}{2}N\phi I\,[\text{J}]$

421 NEW
자기 유도계수가 $20[\text{mH}]$인 코일에 전류를 흘릴 때 코일과의 쇄교 자속수가 $0.2[\text{Wb}]$였다면 코일에 축적된 에너지는 몇 $[\text{J}]$인가?

① 1
② 2
③ 3
④ 4

해설
$L = \dfrac{N\phi}{I}[\text{H}]$이므로 $I = \dfrac{N\phi}{L}[\text{A}]$
코일에 축적되는 에너지
$W = \dfrac{1}{2}LI^2 = \dfrac{1}{2}L\left(\dfrac{N\phi}{L}\right)^2 = \dfrac{(N\phi)^2}{2L}$
$= \dfrac{1}{2}\times\dfrac{(0.2)^2}{20\times 10^{-3}} = 1[\text{J}]$

| 정답 | 418 ④ 419 ③ 420 ② 421 ①

422 ★★☆

하나의 철심 위에 인덕턴스가 $10[\text{H}]$인 두 코일을 같은 방향으로 감아서 직렬 연결한 후에 $5[\text{A}]$의 전류를 흘리면 여기에 축적되는 에너지는 몇 $[\text{J}]$인가?(단, 두 코일의 결합 계수는 0.8이다.)

① 50
② 350
③ 450
④ 2,250

해설

두 코일의 감긴 방향이 같으므로 가동 접속이다.
- 직렬 접속 합성 인덕턴스
$$L = L_1 + L_2 + 2M = L_1 + L_2 + 2k\sqrt{L_1 L_2}$$
$$= 10 + 10 + 2 \times 0.8 \times \sqrt{10 \times 10} = 36[\text{H}]$$
- 코일에 축적되는 에너지
$$W = \frac{1}{2}LI^2 = \frac{1}{2} \times 36 \times 5^2 = 450[\text{J}]$$

423 ★★☆

그림과 같이 각 코일의 자기 인덕턴스가 각각 $L_1 = 6[\text{H}]$, $L_2 = 2[\text{H}]$이고, 코일 사이에 상호 유도에 의한 인덕턴스 $M = 3[\text{H}]$일 때 코일에 축적되는 자기 에너지$[\text{J}]$는?(단, $I = 10[\text{A}]$이다.)

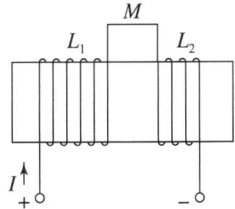

① 60
② 100
③ 600
④ 700

해설

두 코일의 감긴 방향이 다르므로 차동 접속이다.
$L = L_1 + L_2 - 2M = 6 + 2 - 2 \times 3 = 2[\text{H}]$
코일에 축적되는 에너지
$$W = \frac{1}{2}LI^2 = \frac{1}{2} \times 2 \times 10^2 = 100[\text{J}]$$

424 ★★★

그림과 같이 직렬로 접속된 두 개의 코일이 있을 때 $L_1 = 20[\text{mH}]$, $L_2 = 80[\text{mH}]$, 결합 계수 $k = 0.8$이다. 여기에 $0.5[\text{A}]$의 전류를 흘릴 때 이 합성 코일에 저축되는 에너지는 약 몇 $[\text{J}]$인가?

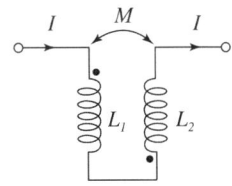

① 1.13×10^{-3}
② 2.05×10^{-2}
③ 6.63×10^{-2}
④ 8.25×10^{-2}

해설

문제에 주어진 코일의 접속은 직렬 가동 접속이므로
- 합성 인덕턴스
$$L = L_1 + L_2 + 2M = L_1 + L_2 + 2k\sqrt{L_1 L_2}$$
$$= 20 + 80 + 2 \times 0.8 \times \sqrt{20 \times 80} = 164[\text{mH}]$$
- 코일에 축적되는 에너지
$$W = \frac{1}{2}LI^2 = \frac{1}{2} \times 164 \times 10^{-3} \times 0.5^2$$
$$= 0.0205[\text{J}] = 2.05 \times 10^{-2}[\text{J}]$$

THEME 05 도체 모양에 따른 인덕턴스의 값

425 ★★★

반지름 $a[\text{m}]$인 원주 도체의 단위 길이당 내부 인덕턴스 $[\text{H/m}]$는?

① $\dfrac{\mu}{4\pi}$
② $\dfrac{\mu}{8\pi}$
③ $4\pi\mu$
④ $8\pi\mu$

해설

- 원주 도체의 내부 인덕턴스
$$L = \frac{\mu l}{8\pi}[\text{H}]$$
- 원주 도체의 단위 길이당 내부 인덕턴스
$$\frac{L}{l} = \frac{\mu}{8\pi}[\text{H/m}]$$

426 ★★☆

균일하게 원형 단면을 흐르는 전류 $I[\text{A}]$에 의한 반지름 $a[\text{m}]$, 길이 $l[\text{m}]$, 비투자율 μ_s인 원통 도체의 내부 인덕턴스는 몇 $[\text{H}]$인가?

① $10^{-7}\mu_s l$
② $3\times 10^{-7}\mu_s l$
③ $\dfrac{1}{4}\times 10^{-7}\mu_s l$
④ $\dfrac{1}{2}\times 10^{-7}\mu_s l$

해설

원통 도체의 내부 인덕턴스

$$L = \frac{\mu l}{8\pi} = \frac{\mu_0 \mu_s l}{8\pi}[\text{H}]$$
$$= \frac{4\pi\times 10^{-7}\mu_s l}{8\pi} = \frac{1}{2}\times 10^{-7}\mu_s l\,[\text{H}]$$

427 ★★☆

내부 도체의 반지름이 $a[\text{m}]$이고, 외부 도체의 내 반지름이 $b[\text{m}]$, 외 반지름이 $c[\text{m}]$인 동축 케이블의 단위 길이당 자기 인덕턴스는 몇 $[\text{H/m}]$인가?

① $\dfrac{\mu_0}{2\pi}\ln\dfrac{b}{a}$
② $\dfrac{\mu_0}{\pi}\ln\dfrac{b}{a}$
③ $\dfrac{2\pi}{\mu_0}\ln\dfrac{b}{a}$
④ $\dfrac{\pi}{\mu_0}\ln\dfrac{b}{a}$

해설

• 동심 원통 도체의 내부와 외부 도체 사이의 인덕턴스(동축 케이블)

$$L_e = \frac{\mu_0 l}{2\pi}\ln\frac{b}{a}\,[\text{H}]$$

• 단위 길이당 동심 원통 도체의 내부와 외부 도체 사이의 인덕턴스

$$\frac{L_e}{l} = \frac{\mu_0}{2\pi}\ln\frac{b}{a}\,[\text{H/m}]$$

428 ★★☆

내부 도체 반지름이 $10[\text{mm}]$, 외부 도체의 내 반지름이 $20[\text{mm}]$인 동축 케이블에서 내부 도체 표면에 전류 I가 흐르고 얇은 외부 도체에 반대 방향인 전류가 흐를 때 단위 길이당 외부 인덕턴스는 약 몇 $[\text{H/m}]$인가?

① 0.27×10^{-7}
② 1.39×10^{-7}
③ 2.03×10^{-7}
④ 2.78×10^{-7}

해설

동심 원통 도체(동축 케이블)

• 내부 도체의 단위 길이당 인덕턴스

$$\frac{L_i}{l} = \frac{\mu}{8\pi}\,[\text{H/m}]$$

즉, 원주 도체의 모양과 동일하다.

• 내부 도체와 외부 도체 사이의 단위 길이당 인덕턴스

$$\frac{L_e}{l} = \frac{\mu_0}{2\pi}\ln\frac{b}{a}\,[\text{H/m}]$$

• 자기 인덕턴스는 동축선 간 투자율에 비례한다.

문제의 조건을 내부 도체와 외부 도체 사이의 인덕턴스식에 대입하면

$$\frac{L_e}{l} = \frac{\mu_0}{2\pi}\ln\frac{b}{a} = \frac{4\pi\times 10^{-7}}{2\pi}\ln\frac{20\times 10^{-3}}{10\times 10^{-3}}$$
$$= 1.39\times 10^{-7}\,[\text{H/m}]$$

429 ★★★

그림과 같이 일정한 권선이 감겨진 권회수 N회, 단면적 $S[\text{m}^2]$, 평균 자로의 길이 $l[\text{m}]$인 환상 솔레노이드에 전류 $I[\text{A}]$를 흘렸을 때 이 환상 솔레노이드의 자기 인덕턴스$[\text{H}]$는?(단, 환상 철심의 투자율은 μ이다.)

① $\dfrac{\mu^2 N}{l}$
② $\dfrac{\mu S N}{l}$
③ $\dfrac{\mu^2 S N}{l}$
④ $\dfrac{\mu S N^2}{l}$

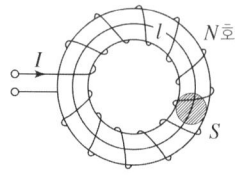

해설

환상 솔레노이드의 자기 인덕턴스

$$L = \frac{\mu S N^2}{l}\,[\text{H}]$$

| 정답 | 426 ④ | 427 ① | 428 ② | 429 ④ |

430 ★★★

어떤 환상 솔레노이드의 단면적이 S이고, 자로의 길이가 l, 투자율이 μ라고 한다. 이 철심에 균등하게 코일을 N회 감고 전류를 흘렸을 때 자기 인덕턴스에 대한 설명으로 옳은 것은?

① 투자율 μ에 반비례한다.
② 권선수 N^2에 비례한다.
③ 자로의 길이 l에 비례한다.
④ 단면적 S에 반비례한다.

해설

환상 솔레노이드의 인덕턴스

$$L = \frac{N\phi}{I} = \frac{\mu S N^2}{l}[\text{H}]$$

- 투자율 μ에 비례한다.
- 단면적 S에 비례한다.
- 권선수 N의 제곱에 비례한다.
- 자로의 길이 l에 반비례한다.

431 ★★★

환상 솔레노이드의 단면적이 S, 평균 반지름이 r, 권선수가 N이고 누설 자속이 없는 경우 자기 인덕턴스의 크기는?

① 권선수 및 단면적에 비례한다.
② 권선수의 제곱 및 단면적에 비례한다.
③ 권선수의 제곱 및 평균 반지름에 비례한다.
④ 권선수의 제곱에 비례하고 단면적에 반비례한다.

해설

환상 솔레노이드의 인덕턴스

$$L = \frac{N\phi}{I} = \frac{\mu N^2 S}{l} = \frac{\mu_0 \mu_s N^2 S}{2\pi r}[\text{H}]$$

따라서 투자율, 권선수의 제곱 및 단면적에 비례하며, 자로 길이(또는 평균 반경)에 반비례한다.

432 ★★★

N회 감긴 환상 코일의 단면적이 $S[\text{m}^2]$이고 평균 길이가 $l[\text{m}]$이다. 이 코일의 권수를 2배로 늘리고 인덕턴스를 일정하게 하려고 할 때, 다음 중 옳은 것은?

① 길이를 2배로 한다.
② 단면적을 $\frac{1}{4}$배로 한다.
③ 비투자율을 $\frac{1}{2}$배로 한다.
④ 전류의 세기를 4배로 한다.

해설

환상 솔레노이드의 자기 인덕턴스

$$L = \frac{\mu S N^2}{l} = \frac{\mu S N^2}{2\pi a}[\text{H}]$$

위 식에서 권수(N)를 2배로 늘리더라도 인덕턴스를 일정하게 하는 방법은

- 비투자율(μ_s)을 $\frac{1}{4}$배로 한다.
- 철심의 단면적(S)을 $\frac{1}{4}$배로 한다.
- 철심의 길이(l)을 4배로 한다.

433 ★★☆

환상 솔레노이드의 자기 인덕턴스[H]와 반비례하는 것은?

① 철심의 투자율 ② 철심의 길이
③ 철심의 단면적 ④ 코일의 권수

해설

자로 길이 $l[\text{m}]$, 권선수 N, 단면적 $S[\text{m}^2]$, 투자율 μ일 때

- 환상 솔레노이드의 인덕턴스

$$L = \frac{N\phi}{I} = \frac{\mu N^2 S}{l} = \frac{N^2}{R_m}[\text{H}]$$

- 투자율 μ에 비례한다.
- 단면적 S에 비례한다.
- 권선수 N의 제곱에 비례한다.
- 자로의 길이 l에 반비례한다.

- 환상 솔레노이드의 단위 길이당 인덕턴스

$$\frac{L}{l} = \frac{\mu N^2 S}{l^2} = \mu n^2 S [\text{H/m}] (단, n = \frac{N}{l} : 단위 길이당 권선수)$$

| 정답 | 430 ② 431 ② 432 ② 433 ②

434 ★★★

다음 중 인덕턴스의 공식이 옳은 것은?(단, N은 권수, I는 전류, l은 철심의 길이, R_m은 자기 저항, μ는 투자율, S는 철심 단면적이다.)

① $\dfrac{NI}{R_m}$ ② $\dfrac{N^2}{R_m}$

③ $\dfrac{\mu NS}{l}$ ④ $\dfrac{\mu_0 NIS}{l}$

해설

- 인덕턴스
  - 기자력 $F = R_m \phi = NI$ [AT]
  - 인덕턴스 $L = \dfrac{N\phi}{I} = \dfrac{N}{I} \times \dfrac{NI}{R_m} = \dfrac{N^2}{R_m}$ [H]
- 솔레노이드의 인덕턴스
  - 철심 내부 자계 $H = \dfrac{NI}{l}$ [AT/m]
  - 철심 내부 자속 $\phi = BS = \dfrac{\mu NI}{l} S$ [Wb]
  - 인덕턴스 $L = \dfrac{N\phi}{I} = \dfrac{\mu N^2 S}{l}$ [H]

435 ★★☆

단면적 S[m²], 자로의 길이 l[m], 투자율 μ[H/m]의 환상 철심에 1[m]당 N회 코일을 균등하게 감았을 때 자기 인덕턴스[H]는?

① $\mu N l S$ ② $\mu N^2 l S$

③ $\dfrac{\mu N^2 l}{S}$ ④ $\dfrac{\mu N^2 S}{l}$

해설

- 1[m]당 N회의 코일을 감으므로 전체 코일 횟수
  $N' = Nl$ [T]
- 환상 솔레노이드의 자기 인덕턴스
  $L = \dfrac{\mu S (N')^2}{l} = \dfrac{\mu S (Nl)^2}{l} = \mu S N^2 l = \mu N^2 l S$ [H]

436 ★★★

그림과 같이 단면적 S[m²]가 균일한 환상 철심에 권수 N_1인 A 코일과 권수 N_2인 B 코일이 있을 때, A 코일의 자기 인덕턴스가 L_1[H]이라면 두 코일의 상호 인덕턴스 M[H]는? (단, 누설 자속은 0이다.)

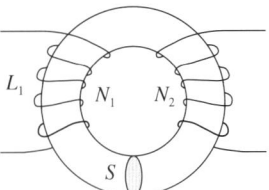

① $\dfrac{L_1 N_2}{N_1}$ ② $\dfrac{N_2}{L_1 N_1}$

③ $\dfrac{L_1 N_1}{N_2}$ ④ $\dfrac{N_1}{L_1 N_2}$

해설

- 환상 솔레노이드의 인덕턴스
  $L = \dfrac{N\phi}{I} = \dfrac{\mu N^2 S}{l} = \dfrac{\mu_0 \mu_s N^2 S}{2\pi r}$ [H]
- L_1, L_2의 인덕턴스
  $L_1 = \dfrac{N\phi}{I} = \dfrac{\mu N_1^2 S}{2\pi r}$ [H], $L_2 = \dfrac{\mu N_2^2 S}{2\pi r} = N_2^2 \times \dfrac{L_1}{N_1^2}$ [H]

따라서 누설자속이 0일 경우 $k=1$이므로 상호 인덕턴스는 다음과 같다.
$M = k\sqrt{L_1 L_2} = \sqrt{L_1 L_2}$
$= \sqrt{L_1 \times \dfrac{N_2^2}{N_1^2} \times L_1} = \dfrac{L_1 N_2}{N_1}$ [H]

암기

상호 인덕턴스
$M = \dfrac{L_1 N_2}{N_1} = \dfrac{L_2 N_1}{N_2}$ [H]

437 ★★★

환상 철심에 권수 3,000회 A 코일과 권수 200회 B 코일이 감겨져 있다. A 코일의 자기 인덕턴스가 360[mH]일 때 A, B 두 코일의 상호 인덕턴스는 몇 [mH]인가?(단, 결합 계수는 1이다.)

① 16
② 24
③ 36
④ 72

해설

- 권수 $N_A = 3,000$인 코일의 인덕턴스
$$L_A = \frac{\mu N_A^2 S}{l} = 360[\text{mH}]$$

- 권수 $N_B = 200$인 코일의 인덕턴스
$$L_B = \frac{\mu N_B^2 S}{l} = \frac{\mu \left(\frac{N_A}{15}\right)^2 S}{l} = \frac{1}{15^2} L_A [\text{mH}]$$

- 상호 인덕턴스
  결합 계수 $k = 1$이므로
$$\therefore M = k\sqrt{L_A L_B} = \sqrt{\frac{L_A^2}{15^2}} = \frac{360}{15} = 24[\text{mH}]$$

별해

환상 철심에서 상호 인덕턴스
$$M = \frac{L_A N_B}{N_A} = \frac{360 \times 10^{-3} \times 200}{3,000} = 24 \times 10^{-3}[\text{H}] = 24[\text{mH}]$$

438 ★★★

환상 철심에 권수 100회인 A 코일과 권수 200회인 B 코일이 있을 때 A의 자기 인덕턴스가 4[H]라면 두 코일의 상호 인덕턴스는 몇 [H]인가?

① 2
② 4
③ 6
④ 8

해설

환상 철심에서 상호 인덕턴스
$$M = \frac{L_A N_B}{N_A} = \frac{4 \times 200}{100} = 8[\text{H}]$$

439 ★★☆

그림과 같이 단면적 $S = 10[\text{cm}^2]$, 자로의 길이 $l = 20\pi[\text{cm}]$, 비투자율 $\mu_s = 1,000$인 철심에 $N_1 = N_2 = 100$인 두 코일을 감았다. 두 코일 사이의 상호 인덕턴스는 몇 [mH]인가?

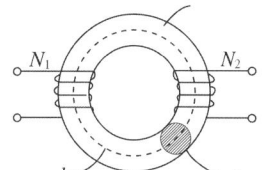

① 0.1
② 1
③ 2
④ 20

해설

- 환상 솔레노이드의 자기 인덕턴스
$$L_1 = \frac{\mu S N_1^2}{l}[\text{H}], \quad L_2 = \frac{\mu S N_2^2}{l}[\text{H}]$$

- 상호 인덕턴스 $M = k\sqrt{L_1 L_2}[\text{H}]$이고 $k = 1$이므로
$$M = \sqrt{\frac{\mu S N_1^2}{l} \times \frac{\mu S N_2^2}{l}} = \frac{\mu S N_1 N_2}{l}$$
$$= \frac{4\pi \times 10^{-7} \times 1,000 \times 10 \times 10^{-4} \times 100 \times 100}{20\pi \times 10^{-2}}$$
$$= 0.02[\text{H}] = 20[\text{mH}]$$

별해

환상 철심에서 상호 인덕턴스
$$M = \frac{L_1 N_2}{N_1} = L_1 \frac{\mu S N_1^2}{l}$$
$$= \frac{4\pi \times 10^{-7} \times 1,000 \times 10 \times 10^{-4} \times 100 \times 100}{20\pi \times 10^{-2}}$$
$$= 0.02[\text{H}] = 20[\text{mH}]$$

440 ★★☆

그림에서 $N=1,000$회, $l=100[\text{cm}]$, $S=10[\text{cm}^2]$인 환상 철심의 자기 회로에 전류 $I=10[\text{A}]$를 흘렸을 때 축적되는 자계 에너지는 몇 [J]인가?(단, 비투자율 $\mu_r=100$이다.)

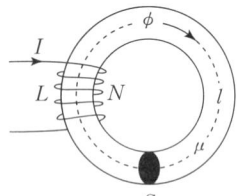

① $2\pi \times 10^{-3}$
② $2\pi \times 10^{-2}$
③ $2\pi \times 10^{-1}$
④ 2π

해설

- 환상 솔레노이드의 인덕턴스
$$L=\frac{N\phi}{I}=\frac{\mu_0\mu_r N^2 S}{l}[\text{H}]$$
- 코일에 축적되는 에너지
$$W=\frac{1}{2}LI^2$$
$$=\frac{1}{2}\times\frac{4\pi\times 10^{-7}\times 100\times 1,000^2\times 10\times 10^{-4}}{100\times 10^{-2}}\times 10^2$$
$$=2\pi[\text{J}]$$

441 ★★☆

무한장 솔레노이드에 전류가 흐를 때 발생되는 자장에 관한 설명으로 옳은 것은?

① 내부 자장은 평등 자장이다.
② 외부 자장은 평등 자장이다.
③ 내부 자장의 세기는 0이다.
④ 외부와 내부의 자장의 세기는 같다.

해설

- 무한장 솔레노이드의 철심 내부의 자장은 평등 자장이다.
- 무한장 솔레노이드의 철심 외부는 누설 자속이 없으므로 자장은 존재하지 않는다.

442 ★★☆

그 양이 증가함에 따라 무한장 솔레노이드의 자기 인덕턴스 값이 증가하지 않는 것은 무엇인가?

① 철심의 반경
② 철심의 길이
③ 코일의 권수
④ 철심의 투자율

해설

- 길이 $l[\text{m}]$, 권선수 N인 무한장 솔레노이드 인덕턴스
$$L=\frac{\mu N^2 S}{l}=\frac{\mu_0 \mu_s N^2 \pi r^2}{l}[\text{H}]$$
- 단위 길이당 인덕턴스(n: 단위 길이당 권수)
$$\frac{L}{l}=\frac{\mu N^2 S}{l^2}=\mu n^2 S[\text{H/m}]$$
∴ μ, N, S, r 증가 시 L이 증가하고 l 증가 시 L이 감소한다.

THEME 06 표피 효과(Skin Effect)

443 ★★★

표피 깊이 δ를 나타내는 식은?(단, $k[\text{S/m}]$: 도전율, $f[\text{Hz}]$: 주파수, $\mu[\text{H/m}]$: 투자율이다.)

① $\dfrac{1}{\pi f \mu k}$
② $\sqrt{\pi f \mu k}$
③ $\dfrac{1}{\sqrt{\pi f \mu k}}$
④ $\pi f \mu k$

해설

표피 두께(깊이)
$$\delta=\frac{1}{\sqrt{\pi \mu f k}}[\text{m}]$$

444 ★★☆

주파수가 $100[\text{MHz}]$일 때 구리의 표피 두께(Skin depth)는 약 몇 $[\text{mm}]$인가?(단, 구리의 도전율은 $5.9\times 10^7[\text{℧/m}]$이고, 비투자율은 0.99이다.)

① 3.3×10^{-2} ② 6.6×10^{-2}
③ 3.3×10^{-3} ④ 6.6×10^{-3}

해설

교류 전류에 의해 도체 표면에 발생되는 표피 두께

$$\delta = \frac{1}{\sqrt{\pi f \mu k}}$$
$$= \frac{1}{\sqrt{\pi \times 100\times 10^6 \times 4\pi \times 10^{-7}\times 0.99\times 5.9\times 10^7}}$$
$$= 6.6\times 10^{-6}[\text{m}]$$
$$= 6.6\times 10^{-3}[\text{mm}]$$

445 ★☆☆

도전도 $k=6\times 10^{17}[\text{℧/m}]$, 투자율 $\mu=\frac{6}{\pi}\times 10^{-7}[\text{H/m}]$인 평면 도체 표면에 $10[\text{kHz}]$의 전류가 흐를 때, 침투 깊이 $\delta[\text{m}]$는?

① $\frac{1}{6}\times 10^{-7}$ ② $\frac{1}{8.5}\times 10^{-7}$
③ $\frac{36}{\pi}\times 10^{-6}$ ④ $\frac{36}{\pi}\times 10^{-10}$

해설

침투 깊이(표피 두께)

$$\delta = \sqrt{\frac{2}{\omega k \mu}} = \sqrt{\frac{2}{2\pi f k \mu}} = \frac{1}{\sqrt{\pi f k \mu}}$$
$$= \frac{1}{\sqrt{\pi \times 10\times 10^3 \times 6\times 10^{17}\times \frac{6}{\pi}\times 10^{-7}}} = \frac{1}{6}\times 10^{-7}[\text{m}]$$

| 정답 | 444 ④ 445 ①

CHAPTER 11

전자 유도 현상

1. 유도 기전력
2. 정현파에 의해 코일에 유도되는 기전력
3. 플레밍의 오른손 법칙
4. 금속 원판을 회전시킬 때 유도되는 기전력

CBT 완벽대비 가능한 유형마스터 학습!

THEME	유형분석	관련 번호
THEME 01 유도 기전력	패러데이의 법칙과 렌츠의 법칙 등 유도 기전력과 관련된 개념을 물어보는 문제가 등장합니다.	446~452
THEME 02 정현파에 의해 코일에 유도되는 기전력	정현파에 의해 유도되는 기전력과 최댓값에 관한 문제가 출제됩니다. 대체로 쉽게 출제되는 편이나 간혹 어려운 문제가 출제되기도 합니다.	453~458
THEME 03 플레밍의 오른손 법칙	유도 기전력의 방향과 발생 조건을 이해하고 있는지를 묻는 문제가 등장합니다.	459~463
THEME 04 금속 원판을 회전시킬 때 유도되는 기전력	원판 회전 시 유도 기전력과 저항에 흐르는 전류를 물어보는 문제가 출제됩니다. 대부분 같은 형태로 출제됩니다.	464~466

학습 효과를 높이는 N제 3회독 시스템

챕터별 전체 1회독이 끝났다면 회독 체크표에 날짜를 기입하고 체크표시를 해주세요.

회독 체크표	1회독	월 일	2회독	월 일	3회독	월 일

CHAPTER 11 전자 유도 현상

THEME 01 유도 기전력

446 ★★★
폐회로에 유도되는 유도 기전력에 관한 설명으로 옳은 것은?

① 유도 기전력은 권선수의 제곱에 비례한다.
② 렌츠의 법칙은 유도 기전력의 크기를 결정하는 법칙이다.
③ 자계가 일정한 공간 내에서 폐회로가 운동하여도 유도 기전력이 유도된다.
④ 전계가 일정한 공간 내에서 폐회로가 운동하여도 유도 기전력이 유도된다.

해설
- 패러데이의 법칙
  $e = N\dfrac{d\phi}{dt}$ [V]
  - 유도 기전력의 크기를 결정하는 법칙이다.
  - 유도 기전력은 권선수 N에 비례한다.
  - 자계가 일정한 공간 내에서 폐회로가 운동하여도 유도 기전력이 유도된다.
  - 유도 기전력은 폐회로에 쇄교하는 자속의 시간적 변화율에 비례한다.
- 렌츠의 법칙
  $e = -N\dfrac{d\phi}{dt}$ [V]
  - 유도 기전력의 방향(극성)을 결정하는 법칙
  - (−)의 의미: 유도 기전력의 극성은 자속의 변화를 방해하는 방향으로 생긴다.

447 ★★★
유도 기전력의 크기는 폐회로에 쇄교하는 자속의 시간적 변화율에 비례한다는 법칙은?

① 쿨롱의 법칙
② 패러데이의 법칙
③ 플레밍의 오른손 법칙
④ 암페어의 주회 적분 법칙

해설
패러데이의 법칙
$e = N\dfrac{d\phi}{dt}$ [V]
- 유도 기전력의 크기를 결정하는 법칙이다.
- 유도 기전력은 권선수 N에 비례한다.
- 자계가 일정한 공간 내에서 폐회로가 운동하여도 유도 기전력이 유도된다.
- 유도 기전력은 폐회로에 쇄교하는 자속의 시간적 변화율에 비례한다.

448 ★★★
다음 (가), (나)에 대한 법칙으로 알맞은 것은?

> 전자 유도에 의하여 회로에 발생되는 기전력은 쇄교 자속 수의 시간에 대한 감소 비율에 비례한다는 (가)에 따르고 특히, 유도된 기전력의 방향은 (나)에 따른다.

① (가) 패러데이의 법칙, (나) 렌츠의 법칙
② (가) 렌츠의 법칙, (나) 패러데이의 법칙
③ (가) 플레밍의 왼손 법칙, (나) 패러데이의 법칙
④ (가) 패러데이의 법칙, (나) 플레밍의 왼손 법칙

해설
- 패러데이의 법칙
  $e = N\dfrac{d\phi}{dt}$ [V]
  - 유도 기전력의 크기를 결정하는 법칙이다.
  - 유도 기전력은 권선수 N에 비례한다.
  - 자계가 일정한 공간 내에서 폐회로가 운동하여도 유도 기전력이 유도된다.
  - 유도 기전력은 폐회로에 쇄교하는 자속의 시간적 변화율에 비례한다.
- 렌츠의 법칙
  $e = -N\dfrac{d\phi}{dt}$ [V]
  - 유도 기전력의 방향(극성)을 결정하는 법칙
  - (−)의 의미: 유도 기전력의 극성은 자속의 변화를 방해하는 방향으로 생긴다.

| 정답 | 446 ③ 447 ② 448 ①

449 ★★☆

막대자석 위쪽에 동축 도체 원판을 놓고 회로의 한 끝은 원판의 주변에 접촉시켜 회전하도록 해 놓은 그림과 같은 패러데이 원판 실험을 할 때 검류계에 전류가 흐르지 않는 경우는?

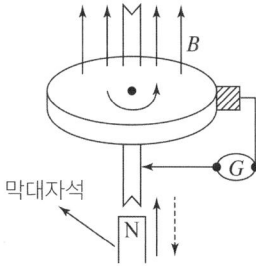

① 자석만을 일정한 방향으로 회전시킬 때
② 원판만을 일정한 방향으로 회전시킬 때
③ 자석을 축 방향으로 전진시킨 후 후퇴시킬 때
④ 원판과 자석을 동시에 같은 방향, 같은 속도로 회전시킬 때

해설

패러데이의 법칙에 의해 기전력이 유도되기 위해서는
$e = N\dfrac{d\phi}{dt}[\text{V}]$에 의해 시간 변화율에 대해 자속의 변화가 있어야만 한다.
그런데 문제의 보기 조건에서처럼 원판과 자석을 동시에 같은 방향, 같은 속두로 회전시킬 때에는 자속의 변화가 생기지 않으므로 기전력이 발생하지 않아 검류계에는 전류가 흐르지 않는다.

450 ★★★

인덕턴스가 20[mH]인 코일에 흐르는 전류가 0.2초 동안 6[A]가 변화되었다면 코일에 유도되는 기전력은 몇 [V]인가?

① 0.6 ② 1
③ 6   ④ 30

해설

유도 기전력의 크기
$e = \left| -L\dfrac{di}{dt} \right| = \left| -20 \times 10^{-3} \times \dfrac{6}{0.2} \right| = 0.6[\text{V}]$

451 ★★★

송전선의 전류가 0.01초 사이에 10[kA] 변화될 때 이 송전선에 나란한 통신선에 유도되는 유도 전압은 몇 [V]인가?(단, 송전선과 통신선 간의 상호 유도 계수는 0.3[mH]이다.)

① 30   ② 300
③ 3,000   ④ 30,000

해설

유도 전압의 크기
$e = \left| -M\dfrac{di}{dt} \right| = 0.3 \times 10^{-3} \times \dfrac{10 \times 10^3}{0.01} = 300[\text{V}]$

452 ★★☆

자기 인덕턴스 0.5[H]의 코일에 1/200초 동안에 전류가 25[A]로부터 20[A]로 줄었다. 이 코일에 유도된 기전력의 크기 및 방향은?

① 50[V], 전류와 같은 방향
② 50[V], 전류와 반대 방향
③ 500[V], 전류와 같은 방향
④ 500[V], 전류와 반대 방향

해설

유도 기전력
$e = -L\dfrac{di}{dt} = -0.5 \times \dfrac{20-25}{\dfrac{1}{200}} = 500[\text{V}]$

따라서 유도된 기전력은 전류와 같은 방향이다.

THEME 02 정현파에 의해 코일에 유도되는 기전력

453 [NEW]

그림과 같이 사각형 모양의 환선이 있다. 면적 $S[\mathrm{m}^2]$를 쇄교하는 자속 밀도 $B=B_0\sin\omega t[\mathrm{Wb/m}^2]$에 의해 유도되는 전압은?(단, 면적의 법선 성분과 자속 밀도가 이루는 각은 θ이다.)

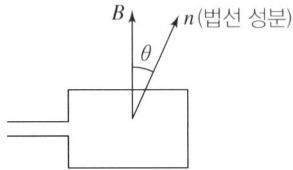

① $-B_0\omega S\cos\omega t\sin\theta$ ② $-B_0\omega S\cos\omega t\cos\theta$
③ $-B_0\omega S\sin\omega t\sin\theta$ ④ $-B_0\omega S\sin\omega t\cos\theta$

해설

- 환선을 쇄교하는 자속
  $\phi = BS\cos\theta = B_0\sin\omega t\, S\cos\theta = B_0 S\sin\omega t\cos\theta\,[\mathrm{Wb}]$
- 환선에 유도되는 기전력
  $e = -\dfrac{d\phi}{dt} = -B_0 S\cos\theta\dfrac{d}{dt}(\sin\omega t)$
  $\quad = -B_0\omega S\cos\theta\cos\omega t\,[\mathrm{V}]$

454 [NEW]

그림과 같은 자속 밀도 $B[\mathrm{Wb/m}^2]$의 평등 자계 내에 한 변이 $a[\mathrm{m}]$인 정방형 회로가 자계와 직각인 중심 둘레를 매분 N회 회전하고 있을 때 이 회로의 유기 기전력은 몇 $[\mathrm{V}]$인가?(단, 면적의 법선 성분과 자속 밀도가 이루는 각은 θ이다.)

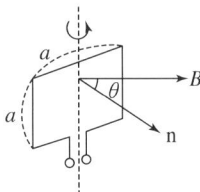

① $\dfrac{2\pi N}{60}a^2 B\cos\dfrac{2\pi N}{60}t$ ② $\dfrac{2\pi N}{60}a^2 B\sin\dfrac{2\pi N}{60}t$
③ $\dfrac{2\pi N}{60}aB\cos\dfrac{2\pi N}{60}t$ ④ $\dfrac{2\pi N}{60}aB\sin\dfrac{2\pi N}{60}t$

해설

- 회로를 쇄교하는 자속
  $\phi = BS\cos\omega t = Ba^2\cos\omega t\,[\mathrm{Wb}]$
- 회로에 유도되는 기전력
  $e = -\dfrac{d\phi}{dt} = -Ba^2\dfrac{d}{dt}(\cos\omega t) = \omega Ba^2\sin\omega t\,[\mathrm{V}]$
- 회로는 매 분 N회 회전하므로
  각속도 $\omega = 2\pi f = \dfrac{2\pi N}{60}$

$\therefore\ e = \omega Ba^2\sin\omega t = \dfrac{2\pi N}{60}Ba^2\sin\dfrac{2\pi N}{60}t\,[\mathrm{V}]$

455 ★★★

정현파 자속의 주파수를 4배로 높이면 유기 기전력은 어떻게 되는가?

① 4배 감소 ② 4배 증가
③ 2배 감소 ④ 2배 증가

해설

유도 기전력의 최대값
$e_m = \omega N\phi_m = \omega NB_m S = 2\pi f\times NB_m S\,[\mathrm{V}]$
$e \propto f$이므로 주파수를 4배로 높이면 유기 기전력은 4배 증가한다.

456 ★★★

자속 밀도 $B[\mathrm{Wb/m}^2]$가 도체 중에서 $f[\mathrm{Hz}]$로 변화할 때 도체 중에 유도되는 기전력 e는 무엇에 비례하는가?

① $e \propto \dfrac{B}{f}$ ② $e \propto \dfrac{B^2}{f}$
③ $e \propto \dfrac{f}{B}$ ④ $e \propto Bf$

해설

자속 $\phi = \phi_m\sin\omega t\,[\mathrm{Wb}]$라 하면
유도 기전력
$e = -N\dfrac{d\phi}{dt} = -N\dfrac{d\phi_m}{dt}(\sin\omega t) = -\omega N\phi_m\cos\omega t$
$\quad = -\omega N\phi_m\left(\sin\omega t - \dfrac{\pi}{2}\right) = -2\pi fN\phi_m\left(\sin\omega t - \dfrac{\pi}{2}\right)[\mathrm{V}]$

- 유도 기전력 $e[\mathrm{V}]$는 자속 $\phi[\mathrm{Wb}]$에 비하여 위상이 $\dfrac{\pi}{2}$만큼 뒤진다.
- 유도 기전력은 주파수 $f[\mathrm{Hz}]$, 자속밀도 $B[\mathrm{Wb/m}^2]$에 비례한다.
  $(\because\ \phi = BS\,[\mathrm{Wb}])$
  $\therefore\ e \propto Bf$

| 정답 | 453 ② 454 ② 455 ② 456 ④

457 <NEW>

N회 권선에 최댓값 $1[V]$, 주파수 $f[Hz]$인 기전력을 유기시키기 위한 쇄교 자속의 최댓값$[Wb]$은?

① $\dfrac{f}{2\pi N}$
② $\dfrac{2N}{\pi f}$
③ $\dfrac{1}{2\pi fN}$
④ $\dfrac{N}{2\pi f}$

해설
- 유도 기전력의 최댓값
  $e_m = \omega N\phi_m [V]$
- 자속의 최댓값
  $\phi_m = \dfrac{e_m}{\omega N} = \dfrac{1}{2\pi fN}[Wb]$

458 ★★☆

저항 $24[\Omega]$의 코일을 지나는 자속이 $0.6\cos 800t[Wb]$일 때 코일에 흐르는 전류의 최댓값은 몇 $[A]$인가?

① 10
② 20
③ 30
④ 40

해설
- 유도 기전력
  $e = -N\dfrac{d\phi}{dt} = -N\dfrac{d}{dt}(0.6\cos 800t)$
  $= 0.6 \times 800 \sin 800t = 480\sin 800t[V]$
  $N=1$을 가정한다면 유도 기전력의 최대 크기는
  $e_m = 0.6 \times 800 = 480[V]$
- 최대 전류
  $I_m = \dfrac{e_m}{R} = \dfrac{480}{24} = 20[A]$

THEME 03 플레밍의 오른손 법칙

459 ★★★

자속 밀도가 $10[Wb/m^2]$인 자계 중에 $10[cm]$ 도체를 자계와 $60°$의 각도로 $30[m/s]$로 움직일 때, 이 도체에 유도되는 기전력은 몇 $[V]$인가?

① 15
② $15\sqrt{3}$
③ 1,500
④ $1,500\sqrt{3}$

해설
플레밍의 오른손 법칙에 의해 유도되는 기전력
$e = Bvl\sin\theta = 10 \times 30 \times 10 \times 10^{-2} \times \sin 60° = 15\sqrt{3}[V]$

460 ★★☆

철도 궤도간 거리가 $1.5[m]$이며 궤도는 서로 절연되어 있다. 열차가 매 시 $60[km]$의 속도로 달리면서 차축이 지구 자계의 수직 분력 $B = 0.15 \times 10^{-4}[Wb/m^2]$를 절단할 때 두 궤도 사이에 발생하는 기전력은 몇 $[V]$인가?

① 1.75×10^{-4}
② 2.75×10^{-4}
③ 3.75×10^{-4}
④ 4.75×10^{-4}

해설
- 철도의 속도
  $v = 60[km/h] = \dfrac{60 \times 10^3}{3,600} = 16.67[m/s]$
- 유도 기전력
  $e = Bvl\sin\theta = 0.15 \times 10^{-4} \times 16.67 \times 1.5 \times \sin 90°$
  $= 3.75 \times 10^{-4}[V]$

| 정답 | 457 ③ | 458 ② | 459 ② | 460 ③ |

461 ★★☆

자속밀도 $B[\text{Wb/m}^2]$의 평등 자계 내에서 길이 $l[\text{m}]$인 도체 ab가 속도 $v[\text{m/s}]$로 그림과 같이 도선을 따라서 자계와 수직으로 이동할 때, 도체 ab에 의해 유도된 기전력의 크기 $e[\text{V}]$와 폐회로 $abcd$ 내 저항 R에 흐르는 전류의 방향은? (단, 폐회로 $abcd$ 내 도선 및 도체의 저항은 무시한다.)

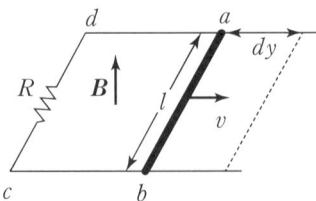

① $e = Blv$, 전류 방향: $c \to d$
② $e = Blv$, 전류 방향: $d \to c$
③ $e = Blv^2$, 전류 방향: $c \to d$
④ $e = Blv^2$, 전류 방향: $d \to c$

해설

- 유도 기전력의 크기
$$e = \int_b^a (\vec{v} \times \vec{B}) \cdot \vec{dl} = Bvl[\text{V}]$$

- 유도 기전력의 방향
플레밍의 오른손 법칙에 의해 이동 도체의 $a \to b$ 방향으로 기전력이 유도된다. 즉, 기전력은 $a \to b \to c \to d \to a$ 방향(시계 방향)으로 유기되고, 전류도 기전력 방향과 동일하게 흐른다.

462 NEW

변의 길이가 각각 $a[\text{m}]$, $b[\text{m}]$인 그림과 같은 직사각형 도체가 x축 방향으로 $v[\text{m/s}]$의 속도로 움직이고 있다. 이때 자속 밀도는 xy평면에 수직이고 어느 곳에서든지 크기가 일정한 $B[\text{Wb/m}^2]$이다. 이 도체의 저항을 $R[\Omega]$이라고 할 때 흐르는 전류는 몇 $[\text{A}]$인가?

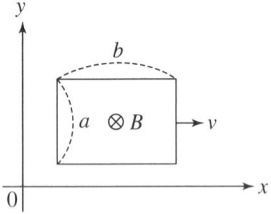

① 0
② $\dfrac{Babv}{R}$
③ $\dfrac{Bv}{R}$
④ $\dfrac{2Bav}{R}$

해설

직사각형 회로 내에 통과하는 자속의 양은 시간 $t[\text{s}]$와 관계없이 항상 일정하다. 따라서 $\dfrac{d\phi}{dt} = 0$이므로 회로에는 유도 기전력이 발생하지 않는다.

463 ★☆☆

자계 중에 한 코일이 있다. 이 코일에 전류 $I = 2[\text{A}]$가 흐르면 $F = 2[\text{N}]$의 힘이 작용한다. 또 이 코일을 $v = 5[\text{m/s}]$로 운동시키면 $e[\text{V}]$의 기전력이 발생한다. 최대 기전력$[\text{V}]$은?

① 3
② 5
③ 7
④ 9

해설

플레밍의 힘 $F = BIl\sin\theta[\text{N}]$에서
$Bl\sin\theta = \dfrac{F}{I}$

플레밍의 오른손 법칙에 의한 기전력
$e = Blv\sin\theta[\text{V}]$

$\therefore e = Bl\sin\theta \times v = \dfrac{Fv}{I} = \dfrac{2 \times 5}{2} = 5[\text{V}]$

| 정답 | 461 ① 462 ① 463 ②

THEME 04   금속 원판을 회전시킬 때 유도되는 기전력

464   NEW
자속 밀도 $B[\mathrm{Wb/m^2}]$의 평등 자계와 평행한 축 둘레에 각속도 $\omega[\mathrm{rad/s}]$로 회전하는 반지름 $a[\mathrm{m}]$의 도체 원판에 그림과 같이 브러시를 접촉 시킬 때 저항 $R[\Omega]$에 흐르는 전류 $I[\mathrm{A}]$는?

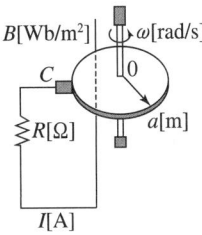

① $\dfrac{\omega B a^2}{2R}$ ② $\dfrac{\omega B a^2}{R}$

③ $\dfrac{\omega B a}{2R}$ ④ $\dfrac{\omega B a}{R}$

해설
- 원판 회전 시 유도 기전력 $e = \dfrac{\omega B a^2}{2}[\mathrm{V}]$
- 저항에 흐르는 전류 $I = \dfrac{e}{R} = \dfrac{\omega B a^2}{2R}[\mathrm{A}]$

465   NEW
그림과 같이 자속 밀도 $60[\mathrm{Wb/m^2}]$인 평등 자계와 평행인 축 주위를 $1,000[\mathrm{rpm}]$의 등각 속도로 회전하는 반지름 $10[\mathrm{m}]$의 원판에 브러시를 접촉시키고 그 사이에 $2[\Omega]$의 외부 저항을 연결하였을 때 $2[\Omega]$에 흐르는 전류는 몇 $[\mathrm{A}]$인가?

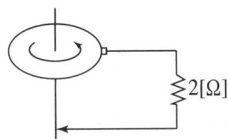

① $\pi \times 10^5$ ② $\dfrac{\pi}{2} \times 10^5$

③ 10^5 ④ $2\pi \times 10^5$

해설
원판 회전 시 저항에 흐르는 전류
$$I = \dfrac{\omega B a^2}{2R} = \dfrac{\dfrac{2\pi N}{60} B a^2}{2R} = \dfrac{\dfrac{2\pi \times 1,000}{60} \times 60 \times 10^2}{2 \times 2}$$
$$= \dfrac{\pi}{2} \times 10^5 [\mathrm{A}]$$

466   NEW
그림과 같이 반지름이 $20[\mathrm{cm}]$인 도체 원판이 있다. 이때 자계 $H = 2.4 \times 10^3 [\mathrm{AT/m}]$는 축과 평행한 방향으로 균일하게 있다. 원판은 분당 $1,200$회의 회전 운동을 하고 있고, 원판의 축과 원판 주위 사이에 $2[\Omega]$의 저항체를 접속시킨다면 저항에 흐르는 전류 $I[\mathrm{mA}]$는?

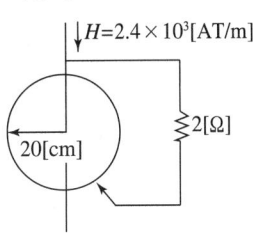

① 3.8   ② 1.9

③ 7.6   ④ 10.5

해설
원판 회전 시 저항에 흐르는 전류
$$I = \dfrac{\omega B a^2}{2R} = \dfrac{\omega \mu_0 H a^2}{2R} = \dfrac{\dfrac{2\pi N}{60} \mu_0 H a^2}{2R}$$
$$= \dfrac{\dfrac{2\pi \times 1,200}{60} \times 4\pi \times 10^{-7} \times 2.4 \times 10^3 \times (20 \times 10^{-2})^2}{2 \times 2}$$
$$= 3.79 \times 10^{-3} [\mathrm{A}] \fallingdotseq 3.8 [\mathrm{mA}]$$

| 정답 | 464 ①   465 ②   466 ① |

CHAPTER 12

전자계

1. 전도 전류와 변위 전류
2. 맥스웰 방정식
3. 전자파

CBT 완벽대비 가능한 유형마스터 학습!

THEME	유형분석	관련 번호
THEME 01 전도 전류와 변위 전류	전도 전류와 변위 전류의 특성에 관해 묻습니다. 개념이 어렵게 느껴질 수 있으나 문제는 대체로 평이한 수준으로 출제됩니다.	467~476
THEME 02 맥스웰 방정식	맥스웰의 4가지 방정식의 의미를 물어보는 문제가 출제됩니다. 시험에 가장 많이 나오는 부분으로 완벽하게 이해하는 것이 중요합니다.	477~489
THEME 03 전자파	전자파의 특성과 포인팅 벡터, 고유 임피던스와 관련된 문제가 등장합니다. 개념 문제부터 응용 문제까지 골고루 출제되는 편입니다.	490~515

학습 효과를 높이는 N제 3회독 시스템

챕터별 전체 1회독이 끝났다면 회독 체크표에 날짜를 기입하고 체크표시를 해주세요.

회독 체크표	☐ 1회독	월 일	☐ 2회독	월 일	☐ 3회독	월 일

CHAPTER 12 전자계

THEME 01 전도 전류와 변위 전류

467 ★★★
전류 밀도 J, 전계 E, 입자의 이동도 μ, 도전율을 σ라 할 때 전류 밀도[A/m²]를 옳게 표현한 것은?

① $J = 0$
② $J = E$
③ $J = \sigma E$
④ $J = \mu E$

해설
전도 전류 계산식은 옴의 법칙에 의하여
$$I_c = \frac{V}{R} = \frac{El}{\rho \frac{l}{S}} = \frac{ES}{\rho} = kES \,[\text{A}]$$
따라서 전도 전류 밀도는
$$i_c = \frac{kES}{S} = kE \,[\text{A/m}^2]$$
문제에서는 전류 밀도를 J, 도전율을 σ라 하였으므로
$$i_c = kE \Rightarrow J = \sigma E \,[\text{A/m}^2]$$

468 NEW
극판 간격 $d[\text{m}]$, 면적 $S[\text{m}^2]$, 유전율 $\varepsilon[\text{F/m}]$이고 정전 용량이 $C[\text{F}]$인 평행판 콘덴서에 $v = V_m \sin\omega t[\text{V}]$의 전압을 가할 때의 변위 전류[A]는?

① $\omega C V_m \cos\omega t$
② $C V_m \sin\omega t$
③ $-C V_m \sin\omega t$
④ $-\omega C V_m \cos\omega t$

해설
변위 전류 밀도
$$i_d = \frac{\partial D}{\partial t} = \varepsilon \frac{\partial E}{\partial t} = \varepsilon \frac{\partial \left(\frac{v}{d}\right)}{\partial t} = \frac{\varepsilon}{d} V_m \omega \cos\omega t \,[\text{A/m}^2]$$
변위 전류
$$I_d = i_d \times S = \frac{\varepsilon}{d} V_m \omega \cos\omega t \times S \,[\text{A}]$$
$C = \frac{\varepsilon S}{d}[\text{F}]$에서 $S = \frac{C}{\varepsilon}d$이므로
$$I_d = \omega C V_m \cos\omega t \,[\text{A}]$$

469 ★☆☆
반지름 $a[\text{m}]$의 원형 단면을 가진 도선에 전도 전류 $i_c = I_c \sin 2\pi f t[\text{A}]$가 흐를 때 변위 전류 밀도의 최댓값 J_d는 몇 [A/m²]가 되는가? (단, 도전율은 $\sigma[\text{S/m}]$이고, 비유전율은 ε_r이다.)

① $\dfrac{f \varepsilon_r I_c}{4\pi \times 10^9 \sigma a^2}$
② $\dfrac{\varepsilon_r I_c}{4\pi f \times 10^9 \sigma a^2}$
③ $\dfrac{f \varepsilon_r I_c}{9\pi \times 10^9 \sigma a^2}$
④ $\dfrac{f \varepsilon_r I_c}{18\pi \times 10^9 \sigma a^2}$

해설
- 전도 전류 밀도
$$i_c = \frac{I_c}{S} = \frac{I_c}{\pi a^2} = \sigma E \,[\text{A/m}^2]$$
$$E = \frac{I_c}{\pi a^2 \times \sigma} \,[\text{V/m}]$$
- 변위 전류 밀도
$$i_d = \frac{\partial D}{\partial t} = \varepsilon \frac{\partial E}{\partial t} = \omega \varepsilon E = 2\pi f \varepsilon_0 \varepsilon_r E \,[\text{A/m}^2]$$
- 변위 전류 밀도의 최댓값을 구하면
$$J_d = i_d = 2\pi f \varepsilon_0 \varepsilon_r E$$
$$= 2\pi f \varepsilon_0 \varepsilon_r \times \frac{I_c}{\pi a^2 \times \sigma}$$
$$= 2 f \varepsilon_0 \varepsilon_r \times \frac{I_c}{a^2 \times \sigma} = \frac{f \varepsilon_r I_c}{18\pi \times 10^9 \sigma a^2} \,[\text{A/m}^2]$$

470 NEW
변위 전류 밀도와 관계 없는 것은?

① 전계의 세기
② 유전율
③ 자계의 세기
④ 전속 밀도

해설
변위 전류 밀도
$$i_d = \frac{\partial D}{\partial t} = \varepsilon \frac{\partial E}{\partial t} = \varepsilon \frac{\partial}{\partial t}\left(\frac{V}{d}\right) \,[\text{A/m}^2]$$
변위 전류 밀도는 전속 밀도, 유전율, 전계의 세기, 전위와 관계가 있다.

| 정답 | 467 ③ | 468 ① | 469 ④ | 470 ③ |

471 ★★★

변위 전류와 관계가 가장 깊은 것은?

① 도체
② 반도체
③ 자성체
④ 유전체

해설

변위 전류는 절연체인 유전체 내에서의 에너지 흐름을 나타내는 전류 밀도이다. 따라서 변위 전류는 유전체와 가장 관계가 깊다.

$$i_d = \frac{\partial D}{\partial t} = \varepsilon \frac{\partial E}{\partial t}$$

472 ★★☆

유전체 내의 전계의 세기가 E, 분극의 세기가 P, 유전율이 $\varepsilon = \varepsilon_s \varepsilon_0$인 유전체 내의 변위 전류 밀도는?

① $\varepsilon \frac{\partial E}{\partial t} + \frac{\partial P}{\partial t}$
② $\varepsilon_0 \frac{\partial E}{\partial t} + \frac{\partial P}{\partial t}$
③ $\varepsilon_0 \left(\frac{\partial E}{\partial t} + \frac{\partial P}{\partial t} \right)$
④ $\varepsilon \left(\frac{\partial E}{\partial t} + \frac{\partial P}{\partial t} \right)$

해설

- 유전체 내에서의 에너지 관계
  $D = \varepsilon_0 E + P [\text{C/m}^2]$
- 유전체 내의 변위 전류 밀도
  $i_d = \frac{\partial D}{\partial t} = \varepsilon_0 \frac{\partial E}{\partial t} + \frac{\partial P}{\partial t} [\text{A/m}^2]$

암기

분극의 세기
$P = D - \varepsilon_0 E [\text{C/m}^2]$

473 ★★☆

간격 $d[\text{m}]$, 면적 $S[\text{mm}^2]$의 평행판 전극 사이에 유전율이 ε인 유전체가 있다. 전극 간에 $v(t) = V_m \sin\omega t [\text{V}]$의 전압을 가했을 때, 유전체 속의 변위 전류 밀도 $[\text{A/m}^2]$는?

① $\frac{\varepsilon \omega V_m}{d} \cos\omega t$
② $\frac{\varepsilon \omega V_m}{d} \sin\omega t$
③ $\frac{\varepsilon V_m}{\omega d} \cos\omega t$
④ $\frac{\varepsilon V_m}{\omega d} \sin\omega t$

해설

변위 전류 밀도

$$i_d = \frac{\partial D}{\partial t} = \varepsilon \frac{\partial E}{\partial t} = \frac{\varepsilon}{d} \times \frac{\partial V}{\partial t} = \frac{\varepsilon}{d} \times \frac{\partial (V_m \sin\omega t)}{\partial t}$$

$$= \frac{\varepsilon}{d} \omega V_m \cos\omega t = \frac{\varepsilon \omega V_m \cos\omega t}{d} [\text{A/m}^2]$$

474 ★☆☆

$\sigma = 1 [\mho/\text{m}]$, $\varepsilon_s = 6$, $\mu = \mu_0$인 유전체에 교류 전압을 가할 때 변위 전류와 전도 전류의 크기가 같아지는 주파수는 몇 $[\text{Hz}]$인가?

① 3.0×10^9
② 4.2×10^9
③ 4.7×10^9
④ 5.1×10^9

해설

변위 전류와 전도 전류의 크기가 같은 조건

- $|i_c| = |i_d| \Rightarrow \sigma E = \omega \varepsilon E$
- $\sigma = \omega \varepsilon = 2\pi f \varepsilon_0 \varepsilon_s$를 만족하므로

$$f = \frac{\sigma}{2\pi \varepsilon_0 \varepsilon_s} = 18 \times 10^9 \times \frac{1}{6} = 3 \times 10^9 [\text{Hz}]$$

암기

변위 전류
$i_d = \frac{\partial D}{\partial t} = \varepsilon \frac{\partial E}{\partial t} = \omega \varepsilon E$
$= 2\pi f \varepsilon_0 \varepsilon_s E$

475 ★☆☆

공기 중에서 $E[\text{V/m}]$의 전계를 $i_d[\text{A/m}^2]$의 변위 전류로 흐르게 하려면 주파수$[\text{Hz}]$는 얼마가 되어야 하는가?

① $f = \dfrac{i_d}{2\pi\varepsilon E}$ ② $f = \dfrac{i_d}{4\pi\varepsilon E}$

③ $f = \dfrac{\varepsilon i_d}{2\pi^2 E}$ ④ $f = \dfrac{i_d E}{4\pi^2 \varepsilon}$

해설

변위 전류 밀도

$i_d = \dfrac{\partial D}{\partial t} = \varepsilon \dfrac{\partial E}{\partial t} = \omega\varepsilon E = 2\pi f\varepsilon E\,[\text{A/m}^2]$

$\therefore f = \dfrac{i_d}{2\pi\varepsilon E}[\text{Hz}]$

476 ★★☆

공기 중에서 $2[\text{V/m}]$의 전계의 세기에 의한 변위 전류 밀도의 크기를 $2[\text{A/m}^2]$으로 흐르게 하려면 전계의 주파수는 약 몇 $[\text{MHz}]$가 되어야 하는가?

① 9,000   ② 18,000
③ 36,000 ④ 72,000

해설

공기 중 변위 전류 밀도

$i_d = \dfrac{\partial D}{\partial t} = \varepsilon_0 \dfrac{\partial E}{\partial t} = \omega\varepsilon_0 E = 2\pi f\varepsilon_0 E\,[\text{A/m}^2]$

$\therefore f = \dfrac{i_d}{2\pi\varepsilon_0 E} = \dfrac{2}{2\pi \times 8.854 \times 10^{-12} \times 2}$

$= 18{,}000\,[\text{MHz}]$

THEME 02 맥스웰 방정식

477 ★★★

다음 중 (   )에 들어갈 내용으로 옳은 것은?

> 맥스웰은 전극 간의 유전체를 통하여 흐르는 전류를 해석하기 위해 (㉠)의 개념을 도입하였고, 이것도 (㉡)를 발생한다고 가정하였다.

① ㉠ 와전류, ㉡ 자계
② ㉠ 변위 전류, ㉡ 자계
③ ㉠ 전자 전류, ㉡ 전계
④ ㉠ 파동 전류, ㉡ 전계

해설

맥스웰 제 1방정식

$rot\,\dot{H} = i_c + \dfrac{\partial \dot{D}}{\partial t}$

맥스웰은 전극 간의 유전체를 통하여 흐르는 전류를 해석하기 위해 **변위 전류의 개념**을 도입하였고, 이것도 자계를 발생한다고 가정하였다.

478 ★★★

자유 공간의 변위 전류가 만드는 것은?

① 전계   ② 전속
③ 자계   ④ 분극지력선

해설

맥스웰 제 1방정식

$rot\,\dot{H} = i_c + \dfrac{\partial \dot{D}}{\partial t}$

변위 전류는 회전하는 자계를 형성한다.

479 ★☆☆
유전체에서의 변위 전류에 대한 설명으로 틀린 것은?

① 변위 전류가 주변에 자계를 발생시킨다.
② 변위 전류의 크기는 유전율에 반비례한다.
③ 전속 밀도의 시간적 변화가 변위 전류를 발생시킨다.
④ 유전체 중의 변위 전류는 진공 중의 전계 변화에 의한 변위 전류와 구속 전자의 변위에 의한 분극 전류와의 합이다.

해설

맥스웰 제 1방정식

$$rot\dot{H} = \nabla \times \dot{H} = i_c + \frac{\partial \dot{D}}{\partial t}$$

변위 전류 밀도 $i_d = \frac{\partial \dot{D}}{\partial t} = \varepsilon \frac{\partial \dot{E}}{\partial t} [\text{A/m}^2]$

- 변위 전류는 회전하는 자계를 형성한다.
- 변위 전류는 전속 밀도(전계, 전압)의 시간적 변화율에 의해 생성되며 전속 밀도, 유전율, 정전 용량에 비례한다.

480 ★☆☆
원통 좌표계에서 전류 밀도 $j = K\dot{r}^2 a_z [\text{A/m}^2]$일 때 암페어의 법칙을 사용한 자계의 세기 $\dot{H}[\text{AT/m}]$는?(단, K는 상수이다.)

① $\dot{H} = \frac{K}{4} r^4 a_\phi$
② $\dot{H} = \frac{K}{4} r^3 a_\phi$
③ $\dot{H} = \frac{K}{4} r^4 a_z$
④ $\dot{H} = \frac{K}{4} r^3 a_z$

해설

맥스웰의 제1방정식에 의해 $\nabla \times \dot{H} = j [\text{A/m}^2]$이다.

- $\dot{H}$를 원통 좌표계에서 표현할 때 전류 밀도는

$$\nabla \times \dot{H} = \frac{1}{r} \begin{vmatrix} a_r & ra_\phi & a_z \\ \frac{\partial}{\partial r} & \frac{\partial}{\partial \phi} & \frac{\partial}{\partial z} \\ H_r & rH_\phi & H_z \end{vmatrix}$$

- 전류 밀도 j는 a_z성분만 있으므로

$$\nabla \times \dot{H} = \frac{1}{r}\left(\frac{\partial(rH_\phi)}{\partial r} - \frac{\partial H_r}{\partial \phi}\right) a_z = K\dot{r}^2 a_z [\text{A/m}^2]$$

이때 $\frac{\partial H_r}{\partial \phi} = 0$ 이므로, $\frac{1}{r}\frac{\partial(rH_\phi)}{\partial r} a_z = K\dot{r}^2 a_z [\text{A/m}^2]$

$$\therefore \frac{\partial(rH_\phi)}{\partial r} = K\dot{r}^3 [\text{A/m}^2]$$

- 양쪽 식을 r에 대해 적분을 하면

$$\int \frac{\partial(rH_\phi)}{\partial r} dr = \int K\dot{r}^3 dr, \quad rH_\phi = \frac{1}{4} K\dot{r}^4$$

자계 $\dot{H}$는 a_ϕ성분만 존재하므로

$$\dot{H} = \frac{1}{4} K\dot{r}^3 a_\phi [\text{AT/m}]$$

| 정답 | 479 ② 480 ②

481 ★★★

패러데이-노이만 전자 유도 법칙에 의하여 일반화된 맥스웰 전자 방정식의 형태는?

① $\nabla \times \dot{E} = i_c + \dfrac{\partial \dot{D}}{\partial t}$

② $\nabla \cdot \dot{B} = 0$

③ $\nabla \times \dot{E} = -\dfrac{\partial \dot{B}}{\partial t}$

④ $\nabla \cdot \dot{D} = \rho$

해설

맥스웰의 제2 기본 방정식

$rot\,\dot{E} = \nabla \times \dot{E} = -\dfrac{\partial \dot{B}}{\partial t}$

- 패러데이의 전자 유도 법칙에서 유도된 방정식
- 자속 밀도의 시간적 변화는 전계를 회전시키고 유기 기전력을 발생시킨다.

482 ★★★

공간 내의 한 점에 있어서 자속이 시간적으로 변화하는 경우에 성립하는 식은?

① $\nabla \times \dot{E} = \dfrac{\partial \dot{H}}{\partial t}$

② $\nabla \times \dot{E} = -\dfrac{\partial \dot{H}}{\partial t}$

③ $\nabla \times \dot{E} = \dfrac{\partial \dot{B}}{\partial t}$

④ $\nabla \times \dot{E} = -\dfrac{\partial \dot{B}}{\partial t}$

해설

맥스웰의 제2 기본 방정식

$rot\,\dot{E} = \nabla \times \dot{E} = -\dfrac{\partial \dot{B}}{\partial t} = -\mu \dfrac{\partial \dot{H}}{\partial t}$

- 패러데이의 전자 유도 법칙에서 유도된 방정식
- 자속 밀도의 시간적 변화는 전계를 회전시키고 유기 기전력을 발생시킨다.

483 ★★☆

맥스웰 전자방정식에 대한 설명으로 틀린 것은?

① 폐곡면을 통해 나오는 전속은 폐곡면 내의 전하량과 같다.
② 폐곡면을 통해 나오는 자속은 폐곡면 내의 자극의 세기와 같다.
③ 폐곡선에 따른 전계의 선적분은 폐곡선 내를 통하는 자속의 시간 변화율과 같다.
④ 폐곡선에 따른 자계의 선적분은 폐곡선 내를 통하는 전류와 전속의 시간적 변화율을 더한 것과 같다.

해설

① 전계 가우스법칙 미분형 $div\,\dot{D} = \rho$

전계 가우스법칙 적분형 $\oint_s \dot{D} \cdot d\vec{s} = Q = \int_v \rho\, dv$

의미: 폐곡면을 통해 나오는 전속은 폐곡면 내에 있는 전하량과 같다.

② 자계 가우스법칙 미분형 $div\,\dot{B} = 0$

자계 가우스법칙 적분형 $\oint_s \dot{B} \cdot d\vec{s} = 0$

의미: 고립된 자극은 존재하지 않으며 자극은 항상 N극과 S극이 공존하므로 자속선의 발산의 원천은 없고 연속의 폐곡선을 형성하므로 폐곡면을 통과하는 자속의 합은 0이다.

③ 패러데이 법칙 미분형 $rot\,\dot{E} = -\dfrac{\partial \dot{B}}{\partial t} = -\mu \dfrac{\partial \dot{H}}{\partial t}$

패러데이 법칙 적분형 $\oint_l \dot{E} \cdot d\vec{l} = -\int_s \dfrac{\partial \dot{B}}{\partial t} \cdot d\vec{s}$

의미: 폐곡선에 따른 전계의 선적분은 폐곡선 내를 통하는 자속의 시간 변화율과 같다.

④ 암페어 주회법칙 미분형 $rot\,\dot{H} = \dot{J} + \dfrac{\partial \dot{D}}{\partial t}$

암페어 주회법칙 적분형 $\oint_l \dot{H} \cdot d\vec{l} = \dot{I} + \int \dfrac{\partial \dot{D}}{\partial t} \cdot d\vec{s}$

의미: 폐곡선에 따른 자계의 선적분은 폐곡선 내를 통하는 전류와 전속의 시간적 변화율을 더한 것과 같다.

정답 | 481 ③ 482 ④ 483 ②

484 ★★★

맥스웰(Maxwell) 전자 방정식의 물리적 의미 중 틀린 것은?

① 자계의 시간적 변화에 따라 전계의 회전이 발생한다.
② 전도 전류와 변위 전류는 자계를 발생시킨다.
③ 고립된 자극이 존재한다.
④ 전하에서 전속선이 발산한다.

해설

- 맥스웰의 제1 방정식

$$rot\,\dot{H} = i_c + \frac{\partial \dot{D}}{\partial t}$$

  - 전도 전류 및 변위 전류는 회전하는 자계를 형성
  - 전류와 자계의 연속성 관계를 나타내는 방정식

- 맥스웰의 제2 방정식

$$rot\,\dot{E} = -\frac{\partial \dot{B}}{\partial t} = -\mu\frac{\partial \dot{H}}{\partial t}$$

  - 패러데이의 전자 유도 법칙에서 유도된 방정식
  - 자속 밀도의 시간적 변화는 전계를 회전시키고 유기 기전력을 발생

- 맥스웰의 제3 방정식

$$div\,\dot{D} = \rho$$

  - 정전계의 가우스 법칙에서 유도된 방정식
  - 임의의 폐곡면 내의 전하에서 전속선이 발산

- **맥스웰의 제4 방정식**

$$div\,\dot{B} = 0$$

  - 정자계의 가우스 법칙에서 유도된 방정식
  - 외부로 발산하는 자속은 없다(자속은 연속적이다).
  - 고립된 N극 또는 S극만으로 이루어진 자석은 만들 수 없다.

485 ★★★

맥스웰의 전자 방정식에 대한 의미를 설명한 것으로 틀린 것은?

① 자계의 회전은 전류 밀도와 같다.
② 자계는 발산하며 자극은 단독으로 존재한다.
③ 전계의 회전은 자속 밀도의 시간적 감소율과 같다.
④ 단위 체적 당 발산 전속 수는 단위 체적당 공간 전하 밀도와 같다.

해설

- 맥스웰의 제1 방정식

$$rot\,\dot{H} = i_c + \frac{\partial \dot{D}}{\partial t}$$

  - 전도 전류 및 변위 전류는 회전하는 자계를 형성
  - 전류와 자계의 연속성 관계를 나타내는 방정식

- 맥스웰의 제2 방정식

$$rot\,\dot{E} = -\frac{\partial \dot{B}}{\partial t} = -\mu\frac{\partial \dot{H}}{\partial t}$$

  - 패러데이의 전자 유도 법칙에서 유도된 방정식
  - 자속 밀도의 시간적 변화는 전계를 회전시키고 유기 기전력을 발생

- 맥스웰의 제3 방정식

$$div\,\dot{D} = \rho$$

  - 정전계의 가우스 법칙에서 유도된 방정식
  - 임의의 폐곡면 내의 전하에서 전속선이 발산

- **맥스웰의 제4 방정식**

$$div\,\dot{B} = 0$$

  - 정자계의 가우스 법칙에서 유도된 방정식
  - 외부로 발산하는 자속은 없다(자속은 연속적이다).
  - 고립된 N극 또는 S극만으로 이루어진 자석은 만들 수 없다.

486 ★★★

맥스웰의 전자 방정식으로 틀린 것은?

① $div\dot{B} = \phi$
② $div\dot{D} = \rho$
③ $rot\dot{E} = -\dfrac{\partial \dot{B}}{\partial t}$
④ $rot\dot{H} = i + \dfrac{\partial \dot{D}}{\partial t}$

해설

- 맥스웰의 제1 방정식

  $rot\dot{H} = i_c + \dfrac{\partial \dot{D}}{\partial t}$

  − 전도 전류 및 변위 전류는 회전하는 자계를 형성
  − 전류와 자계의 연속성 관계를 나타내는 방정식

- 맥스웰의 제2 방정식

  $rot\dot{E} = -\dfrac{\partial \dot{B}}{\partial t} = -\mu\dfrac{\partial \dot{H}}{\partial t}$

  − 패러데이의 전자 유도 법칙에서 유도된 방정식
  − 자속 밀도의 시간적 변화는 전계를 회전시키고 유기 기전력을 발생

- 맥스웰의 제3 방정식

  $div\dot{D} = \rho$

  − 정전계의 가우스 법칙에서 유도된 방정식
  − 임의의 폐곡면 내의 전하에서 전속선이 발산

- **맥스웰의 제4 방정식**

  $div\dot{B} = 0$

  − 정자계의 가우스 법칙에서 유도된 방정식
  − 외부로 발산하는 자속은 없다(자속은 연속적이다).
  − 고립된 N극 또는 S극만으로 이루어진 자석은 만들 수 없다.

487 ★★☆

맥스웰 방정식 중 틀린 것은?

① $\oint_s \dot{B} \cdot d\dot{s} = \rho_s$
② $\oint_s \dot{D} \cdot d\dot{s} = \int_v \rho \cdot dv$
③ $\oint_c \dot{E} \cdot d\dot{l} = -\int_s \dfrac{\partial \dot{B}}{\partial t} \cdot d\dot{s}$
④ $\oint_c \dot{H} \cdot d\dot{l} = \dot{I} + \int_s \dfrac{\partial \dot{D}}{\partial t} \cdot d\dot{s}$

해설

① 자계 가우스법칙 미분형 $div\dot{B} = 0$

  자계 가우스법칙 적분형 $\oint_s \dot{B} \cdot d\dot{s} = 0$

  의미: 고립된 자극은 존재하지 않으며 자극은 항상 N극과 S극이 공존하므로 자속선의 발산의 원천은 없고 연속의 폐곡선을 형성하므로 폐곡면을 통과하는 자속의 합은 0이다.

② 전계 가우스법칙 미분형 $div\dot{D} = \rho$

  전계 가우스법칙 적분형 $\oint_s \dot{D} \cdot d\dot{s} = Q = \int_v \rho\, dv$

  의미: 폐곡면을 통해 나오는 전속은 폐곡면 내에 있는 전하량과 같다.

③ 패러데이 법칙 미분형 $rot\dot{E} = -\dfrac{\partial \dot{B}}{\partial t} = -\mu\dfrac{\partial \dot{H}}{\partial t}$

  패러데이 법칙 적분형 $\oint_l \dot{E} \cdot d\dot{l} = -\int_s \dfrac{\partial \dot{B}}{\partial t} \cdot d\dot{s}$

  의미: 폐곡선에 따른 전계의 선적분은 폐곡선 내 통하는 자속의 시간 변화율과 같다.

④ 암페어 주회법칙 미분형 $rot\dot{H} = \dot{J} + \dfrac{\partial \dot{D}}{\partial t}$

  암페어 주회법칙 적분형 $\oint_l \dot{H} \cdot d\dot{l} = \dot{I} + \int_s \dfrac{\partial \dot{D}}{\partial t} \cdot d\dot{s}$

  의미: 폐곡선에 따른 자계의 선적분은 폐곡선 내 통하는 전류와 전속의 시간적 변화율을 더한 것과 같다.

488 ★☆☆

자계의 벡터 포텐셜을 $\dot{A}$ 라 할 때 자계의 시간적 변화에 의하여 생기는 전계의 세기 $\dot{E}$ 는?

① $\dot{E} = rot\dot{A}$
② $rot\dot{E} = \dot{A}$
③ $\dot{E} = -\dfrac{\partial \dot{A}}{\partial t}$
④ $rot\dot{E} = -\dfrac{\partial \dot{A}}{\partial t}$

해설

- 전계와 벡터 포텐셜의 관계
$$\dot{B} = \nabla \times \dot{A}$$
$$\nabla \times \dot{E} = rot\,\dot{E} = -\dfrac{\partial \dot{B}}{\partial t} = -\dfrac{\partial}{\partial t}(\nabla \times \dot{A}) = -(\nabla \times \dfrac{\partial \dot{A}}{\partial t})$$

- 양변에 $\nabla \times$을 소거하면
$$\dot{E} = -\dfrac{\partial \dot{A}}{\partial t}$$

암기

자속 밀도와 벡터 퍼텐셜의 관계
$$\dot{B} = \nabla \times \dot{A}$$

489 ★☆☆

벡터 포텐셜 $\dot{A} = 3x^2y a_x + 2x a_y - z^3 a_z\,[\text{Wb/m}]$ 일 때의 자계의 세기 $\dot{H}\,[\text{AT/m}]$ 는?(단, μ는 투자율이라 한다.)

① $\dfrac{1}{\mu}(2-3x^2)a_y$
② $\dfrac{1}{\mu}(3-2x^2)a_y$
③ $\dfrac{1}{\mu}(2-3x^2)a_z$
④ $\dfrac{1}{\mu}(3-2x^2)a_z$

해설

- 자속 밀도와 벡터 포텐셜의 관계식에 의해 자속 밀도를 구하면
$$\dot{B} = rot\dot{A} = \nabla \times \dot{A}\,[\text{Wb/m}^2]$$
$$\dot{B} = \nabla \times \dot{A} = \begin{vmatrix} a_x & a_y & a_z \\ \dfrac{\partial}{\partial x} & \dfrac{\partial}{\partial y} & \dfrac{\partial}{\partial z} \\ 3x^2y & 2x & -z^3 \end{vmatrix} = (2-3x^2)a_z\,[\text{Wb/m}^2]$$

- 자계의 세기를 구하면
$\dot{B} = \mu \dot{H}$ 이므로
$$\dot{H} = \dfrac{\dot{B}}{\mu} = \dfrac{1}{\mu}(2-3x^2)a_z\,[\text{AT/m}]$$

THEME 03 전자파

490

다음 중 수평 전파의 설명으로 옳은 것은?

① 대지에 대해서 전계가 수직면에 있는 전자파
② 대지에 대해서 전계가 수평면에 있는 전자파
③ 대지에 대해서 자계가 수직면에 있는 전자파
④ 대지에 대해서 자계가 수평면에 있는 전자파

해설

수평 전파는 전계가 대지에 대해 수평면에 있는 전자파를 말한다.
수직 전파는 전계가 대지에 대해 수직면에 있는 전자파를 말한다.

491 ★★★

횡전자파(TEM)의 특성은?

① 진행 방향의 E, H 성분이 모두 존재한다.
② 진행 방향의 E, H 성분이 모두 존재하지 않는다.
③ 진행 방향의 E 성분만 존재하고, H 성분은 존재하지 않는다.
④ 진행 방향의 H 성분만 존재하고, E 성분은 존재하지 않는다.

해설

횡전자파(TEM)의 특성
- 전계 E와 자계 H가 모두 전자파의 진행 방향과 수직으로 존재한다.
- 전자파 진행 방향의 전계와 자계의 성분은 모두 존재하지 않는다.

| 정답 | 488 ③ 489 ③ 490 ② 491 ②

492

전자파의 특성에 대한 설명으로 틀린 것은? ★★☆

① 전자파의 속도는 주파수와 무관하다.
② 전파 E_x를 고유 임피던스로 나누면 자파 H_y가 된다.
③ 전파 E_x와 자파 H_y의 진동 방향은 진행 방향에 수평인 종파이다.
④ 매질이 도전성을 갖지 않으면 전파 E_x와 자파 H_y는 동위상이 된다.

해설

자유 공간 전자파의 특성

- 전파 속도 $v = \dfrac{1}{\sqrt{\varepsilon\mu}}$ 이므로 주파수와 무관하며 ε, μ에 의해 결정된다.
- 고유 임피던스 $\eta = \dfrac{E}{H} = \sqrt{\dfrac{\mu}{\varepsilon}}$ 이므로 $H = \dfrac{E}{\eta}$
- 자유 공간에서 전계 E와 자계 H는 동위상으로 진행하며 전파와 자파는 항상 공존하기 때문에 전자파이다.
- 전파와 자파의 진동 방향은 진행 방향에 수직인 방향만 가진다.
- 전파와 자파는 서로 수직인 관계이다.

493

무손실 유전체에서 평면 전자파의 전계 E와 자계 H 사이 관계식으로 옳은 것은? ★★★

① $H = \sqrt{\dfrac{\varepsilon}{\mu}}\, E$
② $H = \sqrt{\dfrac{\mu}{\varepsilon}}\, E$
③ $H = \dfrac{\varepsilon}{\mu} E$
④ $H = \dfrac{\mu}{\varepsilon} E$

해설

고유 임피던스 $\eta = \dfrac{E}{H} = \sqrt{\dfrac{\mu}{\varepsilon}}\,[\Omega]$이므로

- 전계 $E = \sqrt{\dfrac{\mu}{\varepsilon}}\, H\,[\mathrm{V/m}]$
- 자계 $H = \sqrt{\dfrac{\varepsilon}{\mu}}\, E\,[\mathrm{AT/m}]$

494

자유공간(진공)에서의 고유 임피던스는? ★★★

① $\dfrac{1}{120\pi}$
② 100π
③ 120π
④ $\dfrac{1}{100\pi}$

해설

고유 임피던스

$$\eta = \dfrac{E}{H} = \sqrt{\dfrac{\mu_0}{\varepsilon_0}} = \sqrt{\dfrac{4\pi \times 10^{-7}}{\dfrac{10^{-9}}{36\pi}}} = 120\pi\,[\Omega]$$

495

비투자율 $\mu_s = 1$, 비유전율 $\varepsilon_s = 90$인 매질 내의 고유 임피던스는 약 몇 $[\Omega]$인가? ★★★

① 32.5
② 39.7
③ 42.3
④ 45.6

해설

고유 임피던스

$$\eta = \sqrt{\dfrac{E}{H}} = \sqrt{\dfrac{\mu}{\varepsilon}} = \sqrt{\dfrac{\mu_0 \mu_s}{\varepsilon_0 \varepsilon_s}} = \sqrt{\dfrac{\mu_0}{\varepsilon_0}} \times \sqrt{\dfrac{\mu_s}{\varepsilon_s}}$$

$$= 377 \times \sqrt{\dfrac{1}{90}} = 39.73\,[\Omega]$$

496 ★★★

전자파 파동 임피던스 관계식으로 옳은 것은?

① $\sqrt{\varepsilon}H = \sqrt{\mu}E$
② $\sqrt{\varepsilon\mu} = EH$
③ $\sqrt{\varepsilon}E = \sqrt{\mu}H$
④ $\varepsilon\mu = EH$

해설

전자파의 고유(파동) 임피던스

$$\eta = \frac{E}{H} = \sqrt{\frac{\mu}{\varepsilon}} = \sqrt{\frac{\mu_0\mu_s}{\varepsilon_0\varepsilon_s}} = 377\sqrt{\frac{\mu_s}{\varepsilon_s}}\,[\Omega]$$

위 식을 정리하면
$\sqrt{\varepsilon}E = \sqrt{\mu}H$

497 ★★☆

전계 $E = \sqrt{2}E_c \sin\omega\left(t - \frac{x}{c}\right)$ [V/m]의 평면 전자파가 있다. 진공 중에서 자계의 실효값은 몇 [A/m]인가?

① $\frac{1}{4\pi}E_c$
② $\frac{1}{36\pi}E_c$
③ $\frac{1}{120\pi}E_c$
④ $\frac{1}{360\pi}E_c$

해설

• 전자파의 고유(파동) 임피던스

$$\eta = \frac{E}{H} = \sqrt{\frac{\mu}{\varepsilon}} = \sqrt{\frac{\mu_0\mu_s}{\varepsilon_0\varepsilon_s}} = 377\sqrt{\frac{\mu_s}{\varepsilon_s}}\,[\Omega]$$

∴ 공기에서의 고유 임피던스 $\eta = \sqrt{\frac{\mu_0}{\varepsilon_0}} = 377[\Omega]$

• 자계의 실효값

$$H = \frac{E_m}{\sqrt{2}\cdot 377} = \frac{E_c}{377} = \frac{1}{120\pi}E_c\,[\text{A/m}]$$

(단, E_m: 전계 E의 최대값 $(= \sqrt{2}E_c)$)

498 ★☆☆

유전율이 $\varepsilon = 4\varepsilon_0$이고 투자율이 μ_0인 비도전성 유전체에서 전자파의 전계의 세기가 $\dot{E}(z,t) = 377\cos(10^9 t - \beta z)a_y$ [V/m]일 때의 자계의 세기 H는 몇 [A/m]인가?

① $-2\cos(10^9 t - \beta z)a_z$
② $-2\cos(10^9 t - \beta z)a_x$
③ $-7.1 \times 10^4\cos(10^9 t - \beta z)a_z$
④ $-7.1 \times 10^4\cos(10^9 t - \beta z)a_x$

해설

• 전자파의 전계와 자계는 방향이 90° 차가 발생하고 전파가 y축 방향이면 자파는 $\pm x$축 방향이다.

$$\eta = \frac{E}{H} = \sqrt{\frac{\mu}{\varepsilon}} = \sqrt{\frac{\mu_0\mu_s}{\varepsilon_0\varepsilon_s}} = \sqrt{\frac{\mu_0}{4\varepsilon_0}} = \frac{377}{2}[\Omega]$$

• 자계의 세기

$$H = \frac{2}{377}E = \frac{2}{377}\times 377 = 2[\text{AT/m}]$$

• 자계의 방향

전자파의 진행 방향이 z축이고 $\dot{E} \times \dot{H}$에서, $\dot{E}$의 방향이 y 방향이므로 $\dot{H}$의 방향은 $-x$이다.

499 ★☆☆

영역 1의 유전체 $\varepsilon_{r1} = 4$, $\mu_{r1} = 1$, $\sigma_1 = 0$과 영역 2의 유전체 $\varepsilon_{r2} = 9$, $\mu_{r2} = 1$, $\sigma_2 = 0$일 때 영역 1에서 영역 2로 입사된 전자파에 대한 반사 계수는?

① -0.2
② -5.0
③ 0.2
④ 0.8

해설

각각의 유전체 영역에서의 고유 임피던스

• $\eta_1 = \sqrt{\frac{\mu_0\mu_{r1}}{\varepsilon_0\varepsilon_{r1}}} = 377\times\sqrt{\frac{1}{4}} = 188.5[\Omega]$

• $\eta_2 = \sqrt{\frac{\mu_0\mu_{r2}}{\varepsilon_0\varepsilon_{r2}}} = 377\times\sqrt{\frac{1}{9}} = 125.7[\Omega]$

반사 계수

$$A = \frac{\eta_2 - \eta_1}{\eta_2 + \eta_1} = \frac{125.7 - 188.5}{125.7 + 188.5} = -0.2$$

암기

경계면에 전자파가 수직으로 입사할 경우

• 반사 계수: $\frac{\eta_2 - \eta_1}{\eta_2 + \eta_1}$

• 투과 계수: $\frac{2\eta_2}{\eta_2 + \eta_1}$

500 ★★★

유전율 ε, 투자율 μ인 매질 내에서 전자파의 전파 속도는?

① $\sqrt{\dfrac{\mu}{\varepsilon}}$ ② $\sqrt{\mu\varepsilon}$

③ $\sqrt{\dfrac{\varepsilon}{\mu}}$ ④ $\dfrac{1}{\sqrt{\mu\varepsilon}}$

해설

전자파의 전파 속도
$$v = \dfrac{1}{\sqrt{\mu\varepsilon}} = \dfrac{1}{\sqrt{\mu_0\mu_s\varepsilon_0\varepsilon_s}} = \dfrac{c}{\sqrt{\mu_s\varepsilon_s}} \;[\text{m/s}]$$

501 ★★★

비유전율이 2이고, 비투자율이 2인 매질 내에서의 전자파의 전파 속도 v[m/s]와 진공 중의 빛의 속도 v_0[m/s] 사이 관계는?

① $v = \dfrac{1}{2}v_0$ ② $v = \dfrac{1}{4}v_0$

③ $v = \dfrac{1}{6}v_0$ ④ $v = \dfrac{1}{8}v_0$

해설

전자파의 전파 속도
$$v = \dfrac{1}{\sqrt{\mu\varepsilon}} = \dfrac{1}{\sqrt{\mu_0\mu_s\varepsilon_0\varepsilon_s}} = \dfrac{v_0}{\sqrt{\mu_s\varepsilon_s}} = \dfrac{v_0}{\sqrt{4}} = \dfrac{v_0}{2}\;[\text{m/s}]$$

502 ★★★

비유전율 4, 비투자율 1인 매질 내에서의 전자파의 전파 속도 [m/s]는 얼마인가?

① 1.5×10^8 ② 2.5×10^8

③ 1.5×10^{-8} ④ 2.5×10^{-8}

해설

전자파의 전파 속도
$$v = \dfrac{1}{\sqrt{\mu\varepsilon}} = \dfrac{1}{\sqrt{\mu_0\mu_s\varepsilon_0\varepsilon_s}} = \dfrac{c}{\sqrt{\mu_s\varepsilon_s}} = \dfrac{3\times10^8}{\sqrt{1\times4}}$$
$$= 1.5 \times 10^8\;[\text{m/s}]$$

503 ★★★

유전율 $\varepsilon = 8.854 \times 10^{-12}$ [F/m]인 진공 중을 전자파가 전파할 때 진공 중의 투자율[H/m]은?

① 7.58×10^{-5} ② 7.58×10^{-7}

③ 12.56×10^{-5} ④ 12.56×10^{-7}

해설

진공 중의 전자파 속도
$$v = \dfrac{1}{\sqrt{\varepsilon_0\mu_0}} = 3\times10^8\;[\text{m/s}]$$
$$\therefore\;\mu_0 = \dfrac{1}{(3\times10^8)^2 \times \varepsilon_0} = \dfrac{1}{(3\times10^8)^2 \times 8.854\times10^{-12}}$$
$$= 12.56 \times 10^{-7}\;[\text{H/m}]$$

504 ★★☆

평면파 전파가 $\dot{E} = 30\cos(10^9 t + 20z)j$ [V/m]로 주어졌다면 이 전자파의 위상 속도는 몇 [m/s]인가?

① 5×10^7 ② $\dfrac{1}{3} \times 10^3$

③ 10^9 ④ $\dfrac{3}{2}$

해설

• 평면파
$\dot{E} = 30\cos(10^9 t + 20z)j = 30\cos(\omega t + \beta z)j$ [V/m]에서
각 주파수 $\omega = 10^9$, 위상 정수 $\beta = 20$

• 위상 속도
$$v = \dfrac{\omega}{\beta} = \dfrac{10^9}{20} = 5\times10^7\;[\text{m/s}]$$

| 정답 | 500 ④ 501 ① 502 ① 503 ④ 504 ①

505 ★★☆

어떤 TV 방송의 전자파의 주파수를 190[MHz]의 평면파로 보고 $\mu_s=1, \varepsilon_s=64$인 물 속에서의 전파 속도[m/s]와 파장 [m]을 구하면?

① $v=0.375\times10^8, \quad \lambda=0.19$
② $v=2.33\times10^8, \quad \lambda=0.21$
③ $v=0.87\times10^8, \quad \lambda=0.17$
④ $v=0.425\times10^8, \quad \lambda=1.2$

해설

- 진공 중의 전자파 속도
$$v=\frac{1}{\sqrt{\varepsilon_0\mu_0}}=3\times10^8 \,[\text{m/s}]$$

- 유전체 중의 전자파 속도
$$v=\frac{1}{\sqrt{\varepsilon\mu}}=\frac{1}{\sqrt{\varepsilon_0\varepsilon_s\mu_0\mu_s}}=\frac{3\times10^8}{\sqrt{\varepsilon_s\mu_s}}=\frac{3\times10^8}{\sqrt{1\times64}}$$
$$=0.375\times10^8\,[\text{m/s}]$$

- 유전체 중의 전자파 파장
$$\lambda=\frac{v}{f}=\frac{0.375\times10^8}{190\times10^6}=0.197\,[\text{m}]$$

506 ★★☆

공기 중에서 전자기파의 파장이 3[m]라면 그 주파수는 몇 [MHz]인가?

① 100
② 300
③ 1,000
④ 3,000

해설

자유 공간에서 $f\lambda=c=3\times10^8\,[\text{m/s}]$이므로 전자기파의 주파수
$$f=\frac{c}{\lambda}=\frac{3\times10^8}{3}=100\times10^6\,[\text{Hz}]=100[\text{MHz}]$$

507 ★★★

전계 및 자계의 세기가 각각 $\dot{E}\,[\text{V/m}], \dot{H}\,[\text{AT/m}]$일 때, 포인팅 벡터 $\dot{P}[\text{W/m}^2]$의 표현으로 옳은 것은?

① $\dot{P}=\frac{1}{2}\dot{E}\times\dot{H}$
② $\dot{P}=\dot{E}\,rot\,\dot{H}$
③ $\dot{P}=\dot{E}\times\dot{H}$
④ $\dot{P}=\dot{H}\,rot\,\dot{E}$

해설

- 전기 회로의 전력
$P=VI\,[\text{W}]$
- 전자파의 전력 밀도(포인팅 벡터)
$\dot{P}=\dot{E}\times\dot{H}\,[\text{W/m}^2]$
$P=|\dot{E}\times\dot{H}|=EH\sin\theta=EH[\text{W/m}^2]$

508 ★★★

전계 $E[\text{V/m}]$ 및 자계 $H[\text{AT/m}]$의 에너지가 자유 공간 사이를 $c[\text{m/s}]$의 속도로 전파될 때 단위 시간에 단위 면적을 지나는 에너지$[\text{W/m}^2]$는?

① $\frac{1}{2}EH$
② EH
③ EH^2
④ E^2H

해설

- 전기회로의 전력
$P=VI\,[\text{W}]$
- 전자파의 전력밀도(포인팅 벡터)
$\dot{P}=\dot{E}\times\dot{H}[\text{W/m}^2]$
$P=|\dot{E}\times\dot{H}|=EH\sin\theta=EH[\text{W/m}^2]$

| 정답 | 505 ① 506 ① 507 ③ 508 ②

509 ★★★
전자파의 에너지 전달 방향은?

① $\nabla \times \dot{E}$의 방향과 같다.
② $\dot{E} \times \dot{H}$의 방향과 같다.
③ 전계 $\dot{E}$의 방향과 같다.
④ 자계 $\dot{H}$의 방향과 같다.

해설
- 포인팅 벡터 $\dot{P} = \dot{E} \times \dot{H}$의 방향이 전자파 방향이다.
- $\dot{E}$와 $\dot{H}$는 서로 수직이다.
- 포인팅 벡터는 전자파의 단위면적당 에너지이다.

510 ★☆☆
매초마다 S면을 통과하는 전자 에너지를 $W = \int_s \dot{P} \cdot n \, ds$ [W]로 표시하는데 이 중 틀린 설명은?

① 벡터 P를 포인팅 벡터라 한다.
② n이 내향일 때에는 S면 내에 공급되는 총 전력이다.
③ n이 외향일 때에는 S면에서 나오는 총 전력이 된다.
④ P의 방향은 전자계의 에너지 흐름의 진행 방향과 다르다.

해설
전자 에너지 $W = \int_s \dot{P} \cdot n \, ds$ [W]의 의미
- 벡터 $\dot{P}$를 포인팅 벡터라 한다.
- n이 내향일 때에는 S면 내에 공급되는 총 전력이다.
- n이 외향일 때에는 S면에서 나오는 총 전력이 된다.
- 포인팅 벡터는 $\dot{P} = \dot{E} \times \dot{H}$이므로 전자계의 에너지 흐름의 진행 방향과 같다.

511 ★☆☆
방송국 안테나 출력이 W[W]이고 이로부터 진공 중에 r[m] 떨어진 점에서 자계의 세기의 실효치는 약 몇 [AT/m]인가?

① $\dfrac{1}{r}\sqrt{\dfrac{W}{377\pi}}$
② $\dfrac{1}{2r}\sqrt{\dfrac{W}{377\pi}}$
③ $\dfrac{1}{2r}\sqrt{\dfrac{W}{188\pi}}$
④ $\dfrac{1}{r}\sqrt{\dfrac{2W}{377\pi}}$

해설
- 포인팅 벡터 $\dot{P} = \dot{E} \times \dot{H}$ [W/m²]로부터
$P = EH = \dfrac{E^2}{\eta_0} = \eta_0 H^2$ [W/m²]
- 전자파는 모든 방향으로 방사되므로 거리 r [m]인 지점에서 전력 밀도 $P = \dfrac{W}{S} = \dfrac{W}{4\pi r^2}$ [W/m²] (∵ 방사된 면적 = 구의 겉넓이)
- 자계의 실효값
$H = \sqrt{\dfrac{P}{\eta_0}} = \sqrt{\dfrac{W}{4\pi r^2 \eta_0}} = \dfrac{1}{2r}\sqrt{\dfrac{W}{377\pi}}$ [AT/m]

암기
구의 겉넓이
$S = 4\pi r^2$ [m²]

512 ★★☆
도전성을 가진 매질 내의 평면파에서 전송 계수 γ를 표현한 것으로 알맞은 것은?(단, α는 감쇠 정수, β는 위상 정수이다.)

① $\gamma = \alpha + j\beta$
② $\gamma = \alpha - j\beta$
③ $\gamma = j\alpha + \beta$
④ $\gamma = j\alpha - \beta$

해설
전파 정수(전송 계수)
$\gamma = \alpha + j\beta$
(단, α: 감쇠 정수, β: 위상 정수)

513

양도체에 있어서 전자파의 전파 정수는?(단, 주파수 $f[\text{Hz}]$, 도전율 $\sigma[\text{S/m}]$, 투자율 $\mu[\text{H/m}]$이다.)

① $\sqrt{\pi f \sigma \mu} + j\sqrt{\pi f \sigma \mu}$
② $\sqrt{2\pi f \sigma \mu} + j\sqrt{2\pi f \sigma \mu}$
③ $\sqrt{2\pi f \sigma \mu} + j\sqrt{\pi f \sigma \mu}$
④ $\sqrt{\pi f \sigma \mu} + j\sqrt{2\pi f \sigma \mu}$

해설

양도체의 전파 정수
$\gamma = \alpha + j\beta$
여기서 α(감쇠정수)와 β(위상 정수)는
$\alpha = \beta = \sqrt{\pi f \sigma \mu} = \sqrt{\dfrac{\omega \sigma \mu}{2}}$

514

손실 유전체에서 전자파에 대한 전파 정수 γ로서 옳은 것은?

① $j\omega\sqrt{\mu\varepsilon}\sqrt{j\dfrac{\sigma}{\omega\varepsilon}}$
② $j\omega\sqrt{\mu\varepsilon}\sqrt{1-j\dfrac{\sigma}{2\omega\varepsilon}}$
③ $j\omega\sqrt{\mu\varepsilon}\sqrt{1-j\dfrac{\sigma}{\omega\varepsilon}}$
④ $j\omega\sqrt{\mu\varepsilon}\sqrt{1-j\dfrac{\omega\varepsilon}{\sigma}}$

해설

손실이 있는 유전체의 전파정수
$\gamma = \alpha + j\beta = \sqrt{j\omega\mu(\sigma + j\omega\varepsilon)}$
$= j\omega\sqrt{\mu\varepsilon}\sqrt{1-j\dfrac{\sigma}{\omega\varepsilon}}$

515

전계 $6[\text{V/m}]$, 주파수 $10[\text{MHz}]$인 전자파에서 포인팅 벡터는 몇 $[\text{W/m}^2]$인가?

① 9.5×10^{-3}
② 9.5×10^{-2}
③ 1.5×10^{-3}
④ 1.5×10^{-2}

해설

포인팅 벡터의 크기 $P = EH = E \times \dfrac{E}{377} = \dfrac{E^2}{377}$ 이므로 주어진 조건을 대입하면 다음과 같다.
$P = \dfrac{6^2}{377} = 9.5 \times 10^{-2}\,[\text{W/m}^2]$

| 정답 | 513 ① 514 ③ 515 ②

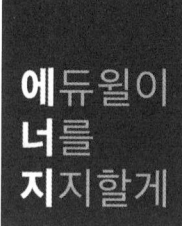

끝이 좋아야 시작이 빛난다.

— 마리아노 리베라(Mariano Rivera)

여러분의 작은 소리
에듀윌은 크게 듣겠습니다.

본 교재에 대한 여러분의 목소리를 들려주세요.
공부하시면서 어려웠던 점, 궁금한 점,
칭찬하고 싶은 점, 개선할 점, 어떤 것이라도 좋습니다.

에듀윌은 여러분께서 나누어 주신 의견을
통해 끊임없이 발전하고 있습니다.

에듀윌 도서몰 book.eduwill.net
- 부가학습자료 및 정오표: 에듀윌 도서몰 → 도서자료실
- 교재 문의: 에듀윌 도서몰 → 문의하기 → 교재(내용, 출간) / 주문 및 배송